ISBN 978-0-656-99959-0
PIBN 10357569

This book is a reproduction of an important historical work. Forgotten Books uses
state-of-the-art technology to digitally reconstruct the work, preserving the original format
whilst repairing imperfections present in the aged copy. In rare cases, an imperfection in
the original, such as a blemish or missing page, may be replicated in our edition. We do,
however, repair the vast majority of imperfections successfully; any imperfections that
remain are intentionally left to preserve the state of such historical works.

Jahrbuch

des

Provinzial=Museums zu Hannover

umfassend

die Zeit 1. April 1908—1909.

Hannover.
Druck von Wilh. Riemschneider.
1909.

Inhalts-Übersicht.

Jahresbericht.

Die Weiterentwicklung unseres Museums hat auch in dem vergangenen Geschäftsjahre hocherfreuliche Ergebnisse aufzuweisen.

Die Neubearbeitung und Neuaufstellung der vor- und frühgeschichtlichen Sammlung durch Herrn Dr. Hahne ist nahezu vollendet und ist das Erscheinen eines wissenschaftlichen Führers durch diese Sammlung noch in diesem Sommer zu erwarten.

Die ethnographische Sammlung ist durch Herrn Dr. Hambruch neugeordnet und neu aufgestellt und ein Führer verfasst, dessen Druck in kurzer Zeit vollendet ist.

Auch für die kunsthistorischen Sammlungen ist ein Führer in Vorbereitung, welcher noch im Laufe des Jahres 1909 zur Ausgabe gelangen wird.

Für die naturhistorischen Sammlungen sind ebenfalls zwei Führer in Vorbereitung, welche noch in dem neuen Geschäftsjahre erscheinen werden.

Der Abteilungsdirektor der naturhistorischen Sammlungen, Herr Dr. Fritze, wird den Führer durch die zoologischen Sammlungen,

Herr Dr. Windhausen den Führer durch die geologisch-paläontologischen Sammlungen verfassen.

Der Besuch der Sammlungen ist in steter Zunahme begriffen.

Wie in den Vorjahren so haben auch in dem verflossenen Geschäftsjahre Führungen seitens der Museums-Verwaltung durch die Sammlungen stattgefunden.

Dem bisherigen Direktorial-Assistenten Herrn Dr. Fritze ist die Amtsbezeichnung Abteilungsdirektor der naturhistorischen Abteilung beigelegt.

Herr Dr. Fastenau ist von seiner einjährigen Studienreise zurückgekehrt und hat am 1. April seine Tätigkeit an den kunsthistorischen Sammlungen wieder aufgenommen.

Herr Dr. Windhausen, welcher die geologisch-paläontologischen Sammlungen bearbeitete, wird zu unserm grossen Bedauern seine Tätigkeit an unserem Museum Ende Mai aufgeben, um einem ehrenvollen Rufe nach Argentinien zu folgen.

Herrn Medizinalrat Brandes und Herrn Rentner Andrée sind wir für ihre Mitarbeit an der botanischen und mineralogischen Sammlung zu lebhaftem Danke verpflichtet.

Bevor wir über die Vermehrung der einzelnen Sammlungen berichten, wird es von Nutzen sein zu zeigen, wie sich im Laufe der Zeit das Sammelgebiet des Provinzial-Museums geändert hat und hat ändern müssen dadurch, dass eine Anzahl Museen in der Provinz neben dem Provinzial-Museum entstanden sind und mitarbeiten an den Aufgaben, welche den Museen gestellt sind.

Unser Provinzial-Museum ist 1853 durch die Vereinigung dreier Sammlungen entstanden, welche sich zu einem Museum für Kunst und Wissenschaft zusammenschlossen. Die Sammlung des historischen Vereins für Niedersachsen, des Vereins für die öffentliche Kunstsammlung und der naturhistorischen Gesellschaft wurde von diesen drei Vereinen unabhängig voneinander in einem gemeinsamen Hause verwaltet und weiter entwickelt.

1870 übernahm die Provinzial-Verwaltung die Kosten des Weitersammelns, und die Gesamtheit der Sammlungen, welche Eigentum der Vereine blieb, wurde Provinzial-Museum genannt. 1886 übernahm die Provinz auch Haus und Grundstück und die Aktienschuld des Museums.

Solange war das Provinzial-Museum das einzige Museum in der Stadt Hannover.

Das Sammelgebiet umfasste alles, was überhaupt von Museen gesammelt werden kann. Kunst, Altertümer jeder Art, Münzen, Ethnographica und naturgeschichtliche Gegenstände, ohne Rücksicht auf irgend welche Grenzen, welche später zu beobachten waren.

Neben dem Provinzial-Museum entstand dann Ende der achtziger Jahre des vorigen Jahrhunderts das Kestner-Museum der Stadt Hannover.

Dasselbe bestand einmal aus dem Vermächtnisse Hermann Kestners, Sammlungen römisch-griechischer und ägyptischer Altertümer, ferner aus der vom Senator Fr. Culemann angekauften Sammlung kirchlicher Altertümer.

Als nun 1890 für das Provinzial-Museum ein Direktor berufen und damit systematische Museums-Arbeit eingeleitet wurde, da war es klar, dass eine gewisse Abgrenzung zwischen den beiden Museen in der Stadt Hannover stattfinden musste.

Da das Kestner-Museum als Kunstgewerbe-Museum sich weiter bilden und hierfür Vorbilder sammeln wollte, so ergab sich für das Provinzial-Museum ein Verzichten auf das Sammeln kunstgewerblicher Gegenstände.

Dieser Verzicht wurde um so mehr notwendig, als die Sammlungen des Kunstgewerbe-Vereins bald darauf im Leibnizhause untergebracht und in dauernden Zusammenhang mit der Stadtverwaltung gebracht wurden.

Im Verlaufe weiterer Jahre entstand alsdann das Vaterländische Museum der Stadt Hannover, welches sich zur Aufgabe gestellt hat, die monumentalen Belege für die Heimatkunde der Provinz Hannover zu sammeln.

Auch dadurch wurde dem Provinzial-Museum eine Entlastung zu Teil, dass es von jetzt an auf das Sammeln solcher kulturhistorischer Gegenstände verzichten konnte, welche ausschliesslich in das Gebiet der Heimatkunde zu verweisen sind.

Ausser diesen genannten Museen sind in der Stadt Hannover noch zwei Sammlungen vorhanden, deren Bestrebungen von vornherein für das Provinzial-Museum nicht in Betracht kommen konnten, die Sammlungen des Hannoverschen Gewerbevereins für modernes Kunstgewerbe und die Sammlungen des Handels- und Industrie-Museums. —

Es war somit durch das Entstehen der städtischen Museen eine Entlastung des Provinzial-Museums ermöglicht, welche dem noch verbleibenden Sammelgebiete zu gute kommt, aber auch eine gewisse Veränderung desselben zur Folge haben musste.

Musste naturgemäss nun auf alle kunstgewerblichen profanen Gegenstände verzichtet werden, so musste ebenso eine Scheidung eintreten auf dem Sammelgebiete kirchlicher Altertümer, auf dem bis dahin alles gesammelt wurde, was im kirchlichen Besitze gewesen war.

Durch den Verzicht auf alle Gegenstände des Kunstgewerbes hatte sich der Schwerpunkt des Sammelns für das Provinzial-Museum dem reinen Kunstgebiete zugeneigt, und es kann auf dem Gebiete kirchlicher Altertümer nur noch ein Augenmerk gerichtet werden auf solche Gegenstände, welche dem Gebiete der Malerei oder der Skulptur angehören.

Da die stadthannoverschen Museen ausschliesslich Kunstgewerbe und Heimatkunst sammeln, so treten dieselben nicht mit den Bestrebungen des Provinzial-Museums in Wettbewerb, und somit ist auch eine unliebsame Konkurrenz nicht zu befürchten.

Sind somit dem Sammelgebiete der Museen in der Stadt Hannover sachliche Grenzen gezogen, so wird, um die Erwerbungen des Provinzial-Museums besser beurteilen zu können, auch der Einfluss örtlicher Begrenzung nicht ausser Acht gelassen werden dürfen. Es wird zu beachten sein das Verhältnis des Provinzial-Museums als Landes-Museum zu den Nachbar-Provinzen, so wie seine Beziehungen zu den Ortsmuseen der Provinz Hannover.

Das Provinzial-Museum hat, so lange es meiner Leitung untersteht, auf das peinliebste vermieden über die Grenzen unserer Provinz hinauszugreifen. Wenn ein solches Verhalten auch als ein selbstverständliches betrachtet werden muss, so sind doch wohl Fälle denkbar, die es für ein Provinzial-Museum wünschenswert erscheinen lassen, ein Stück aus einer anderen Provinz zu erwerben, welches eine wesentliche Ergänzung zu den vorhandenen Werken eines Meisters bilden kann; dann wird ein offen ausgesprochener Wunsch und ein freundliches Inseinvernehmensetzen mit der Direktion des benachbarten Landes-Museums in der Regel zum gewünschten Ziele führen.

Im allgemeinen aber sollen die örtlichen Grenzen für das Sammelgebiet der Landes-Museen mit den Grenzen ihrer Provinz zusammenfallen, und das macht die Erscheinung verständlich, dass die Erwerbungen, welche auf dem Gebiete der Skulptur und Malerei gemacht werden können, der Zahl nach verschwindend wenige sind gegenüber den Erwerbungen von Kunstgewerbe-Museen, welchen für ihre Erwerbungen keine örtlichen Grenzen, sondern nur die Grenzen ihrer finanziellen Kräfte gezogen sind.

Eine weitere Beschränkung ist den Landesmuseen durch das Vorhandensein zahlreicher Ortsmuseen auferlegt.

Das Verhältnis der Landes- oder Provinzial-Museen zu den Ortsmuseen ist im wesentlichen festgelegt durch die natürliche Beschränkung der Ortsmuseen auf ihre besondere Landschaft, während das Landesmuseum die ganze Provinz umfassen muss. Zunächst sind sämtliche Museen in der Provinz als Rettungs- und Bergungs-Anstalten anzusehen gegen Verderben, Verschleppen und Verzetteln kultur- und kunstgeschichtlicher Altertümer. Sie haben alle das Gemeinsame der Abwehr gegen die Schädigung, sie sind als befestigte Lager zu betrachten gegen alle feindlichen Einflüsse, welche unseren Kultur- und Kunstdenkmälern drohen.

Wenn den Landesmuseen die ganze Provinz, den Ortsmuseen ihr engerer Bezirk als örtliches Sammelgebiet anzuweisen ist, so wird doch keine unliebsame Konkurrenz eintreten können, da das Sammeln eines mit reicheren Mitteln ausgestatteten Landesmuseums naturgemäss sich in ganz anderer Weise vollziehen wird, als dasjenige der verschiedenen Ortsmuseen.

In den meisten Sammlungen der Landesmuseen ist bereits ein erhebliches Material vorhanden, welches darauf hinweist, bestimmte Lücken zu füllen, um durch den Erwerb einzelner bestimmter Stücke das Vorhandene verstehbarer zu machen, aus der Menge des Stofflichen eine Persönlichkeit herauswachsen zu lassen und so den Werdegang der Kunst in der Vergangenheit an bestimmten Dingen und Persönlichkeiten in die Erscheinung treten zu lassen. Das sind Aufgaben, welche den Ortsmuseen nicht zufallen, welche von ihnen nicht gelöst werden können, wegen der Beschränkung ihrer örtlichen Grenzen und ihrer Mittel.

Ist somit den Landesmuseen mehr das wissenschaftlich systematische Sammeln zugewiesen, bei welchem immer nur wesentliche und ganz bestimmte Stücke in Frage kommen können, so ist in viel weiterem Umfange den Ortsmuseen die Aufgabe der Rettungsanstalten zuzuweisen, alles zu sammeln, was uns die Vergangenheit überliefert hat und so weniger den Werdegang der Kunst zu zeigen, als in hervorragender Weise die Kulturentwicklung ihrer Landschaft vorzuführen und dem Heimatgefühl ihrer Gegend Stütze und Förderung zu gewähren.

Gewährt nun die Provinzial-Verwaltung der Provinz Hannover dem Provinzial-Museum für seine grösseren Zwecke grössere Mittel, so erhalten auch alle Ortsmuseen in der Provinz, soweit sie sich lebensfähig erwiesen haben, jährliche Beihülfen von der Provinz, um ihren Aufgaben mehr gerecht werden zu können.

Damit ist ein sehr bedeutsames Ziel erreicht. Wir können so den ganzen Denkmälerschatz der Provinz als ein Ganzes betrachten, zu deren Hüter und Bewahrer im gegebenen Falle sämtliche Museen in der Provinz, nach Massgabe ihrer besonderen Aufgaben, berufen sind. Und durch den Umstand, dass die Provinzial-Verwaltung nicht allein dem Landesmuseum Mittel gewährt, sondern auch die Ortsmuseen unterstützt, ist ein Gefühl der Zusammengehörigkeit hervorgerufen, welches besonders geeignet erscheinen musste, diese Museen noch enger zusammen zu schliessen auf Sammelgebieten, welche durch Fürsorge-Gesetze uns noch nicht haben geschützt werden können.

Der Zusammenschluss dieser Museen in der Provinz Hannover ist im Dezember 1908 erreicht und vollzogen auf dem Gebiete der vor- und frühgeschichtlichen Forschung.

Die Notwendigkeit, sich auf diesem Gebiete zusammenzuschliessen, ist schon lange von allen Museen der ganzen Monarchie, welche auf diesem Gebiete tätig sind, erkannt. Auf keinem Gebiete ist die Notwendigkeit einer Abwehr von unberechtigten Eingriffen in das Sammelgebiet der Provinzen so klar erkannt, als auf dem Gebiete der Vorgeschichte. Auf keinem Sammelgebiete wie auf diesem ist ein solcher Unfug getrieben.

Während einige wenige Berufene in stiller Gelehrtenstube, ohne den Kultus der eigenen Person, das scheinbar unerkennbare Gebiet der Prähistorie durchsuchten und durchleuchteten und in zäher Gelehrten-Arbeit die vorgeschichtliche Wissenschaft aus einem Aschenbrödel zu einer vollwertigen Schwester aller anderen Wissenschaften machten, waren an der Oberfläche dieses Gebietes gewinnsüchtige Händler und eitle Dilettanten am Werke, der vorhistorischen Wissenschaft und dem Bestande des vorhistorischen Materials einen schier unersetzlichen Schaden zuzufügen. Und besonders der krankhafte Ehrgeiz der Dilettanten, welche täglich Lorberen pflücken und unter allen Umständen Neues bringen zu müssen glauben, welche für vorgefasste Meinung die Belegstücke suchten und wie Taschenspieler alles dasjenige, welches nicht in diese Meinung passt, unterschlagen und den ehrlichen Mut nicht haben, gegebenen Falls ein non liquet zu sprechen, das sind die Schädlinge am Baume der Wissenschaft, die einen Notstand erzeugt haben, dem unter allen Umständen abgeholfen werden muss. Es bedarf schwerer harter Arbeit in unserer Provinz, um den Einfluss dieser unehrlichen Jongleure zu beseitigen, und nur eine ernste gründliche Nachprüfung jener marktschreierischen Weisheit auf dem Gebiete der Prähistorie und der Burgenkunde, wie er sich in unserer Provinz lange Jahre hindurch breit gemacht hat, wird imstande sein, der ernsten wissenschaftlichen Forschung wieder das Interesse aller Gebildeten zuzuführen. Weit mehr als alle Verschleppung durch Händler hat dem Ansehen der Prähistorie dieser krankhafte Ehrgeiz des Dilettantismus geschadet. Und dieser in allen Provinzen erkannte Notstand hat seinen wesentlichen Grund darin, dass der grösste Teil der vorgeschichtlichen noch nicht gehobenen Altertümer sich im Privatbesitze befindet und von der Fürsorge der Denkmalpflege gegen Händler und wissenschaftliches Freibeutertum nicht geschützt werden kann und der Ausbeutung unehrlicher Dilettanten zum Opfer fällt.

Um diesem Notstande abzuhelfen ist bereits vor Jahren der Versuch gemacht, diejenigen Museen der Monarchie, welche auf dem Gebiete der Prähistorie sich betätigen wollen, zu Zweckverbänden zusammenzuschliessen, Bestrebungen, welche über Vorschläge nicht hinausgekommen sind und um Pfingsten 1907 bis auf eine bessere Zukunft vertagt werden mussten.

Das mag auch gut so sein. Denn es wird nicht verkannt werden können, dass ein Zusammenschluss von Museen in den verschiedensten Provinzen des preussischen Staates, ohne dass diese sonst irgend eine Fühlung mit einander hätten, bei ihrer verschiedenen landschaftlichen Eigenart doch wohl kaum erspriessliche gemeinsame Arbeit ermöglicht haben würde.

Für diese vielen Museen ohne gegenseitige Verbindung kann es nur einen gemeinsamen Mittelpunkt geben. Das ist die deutsche Gesellschaft für Vorgeschichte in Berlin, welche im Januar 1909 nach jahrelangen Vorbereitungen endlich ins Leben treten konnte, dem die berufensten Vertreter der vorgeschichtlichen Wissenschaft angehören, an dessen Spitze der bis jetzt einzige reichsdeutsche Universitäts-Professor für Vorgeschichte, Herr Dr. Kossinna steht. Und die ebenfalls seit Jahren vorbereitete Zeitschrift dieser deutschen Gesellschaft für Vorgeschichte ist mit der Gesellschaft der gegebene Mittelpunkt, in dem die sonst so vielfach auseinanderstrebenden Kräfte der Museen in der Monarchie in gemeinsamer Arbeit sich zusammen finden können.

Anders liegt es in den einzelnen Provinzen als in der Gesamtmonarchie.

Die Gleichartigkeit des vorgeschichtlichen Materials, die Gleichartigkeit der Bevölkerung in einer Provinz und die Gleichartigkeit aller Bestrebungen innerhalb der Grenzen einer Provinz lassen viel eher eine gemeinsame Arbeit aller Museen in der Provinz erhoffen, als dies von denjenigen der Gesamtmonarchie erwartet werden kann.

Und als nun am Ende des Jahres 1908 die Gründung der deutschen Gesellschaft für Vorgeschichte in Berlin mit einer eigenen Zeitschrift gesichert war, da haben wir hier in der Provinz Hannover den Zusammenschluss derjenigen Museen vollzogen, welche auf dem Gebiete der Vorgeschichte mit arbeiten wollen.

Auf die Einladung des Provinzial-Museums sind die Vertreter der eingeladenen Ortsmuseen im Provinzial-Museum erschienen, haben die Organisation einer Vereinigung beraten und nach den Vorschlägen des Provinzial-Museums angenommen. Die Zwecke und Ziele dieser neugegründeten „Museen-Vereinigung für vorgeschichtliche Landesforschung in der Provinz Hannover" sind in folgender Denkschrift niedergelegt:

„Die Vorgeschichtsforschung hat sich in den letzten Jahrzehnten das Bürgerrecht im Kreise der akademischen Wissenschaften errungen; sie wird als „Realwissenschaft" aber dauernd an rein praktische Sammeltätigkeit und Einzelforschung gebunden sein, die nach der Eigenart des Forschungsmaterials auf geographisch gesonderten Gebieten weit verstreut ist.

Es ist aber notwendig, dass diese Einzelforschungen in systematischer Weise betrieben werden, damit einheitliches und zuverlässiges Material für die weitere wissenschaftliche Verarbeitung geschaffen wird.

Die Pflegestätten derartiger sachlicher Arbeiten sind die Museen und örtlichen Museumsvereine. Den öffentlichen Museen fällt hierbei die nächstliegende Tätigkeit zu, das Suchen, Sammeln und Bergen des Materials; ihre Arbeit, deren Stetigkeit durch öffentliche Mittel gewährleistet wird, ist somit die eigentliche Grundlage für unsere Wissenschaft.

Eine zielbewusste Organisation der Arbeit dieser öffentlichen Institute ist Erfordernis für das Gedeihen der Wissenschaft, und sie wird auch den Weg bilden zur weiteren zweckmässigen Ausgestaltung der Institute selbst.

Für die Durchführung von derartigen Arbeitsorganisationen öffentlicher Institute über grössere geographische Gebiete hin ist in Preussen aus vielen Gründen das Gebiet der Provinzen die gegebene Grundlage, zumal da in den Landesmuseen bereits ein natürlicher Mittelpunkt für solche Zusammenschlüsse gegeben ist.

Die Landesvertretung, in deren Händen die materielle Ausgestaltung unserer Landesmuseen und ihrer Forschungen liegt, wird auch imstande sein, den Ausbau der Forschungen durch Unterstützung solcher Organisationen zu fördern, die die Einzelarbeiten im Lande zu erfolgreichen Gesamtleistungen zusammenzufassen geeignet sind. Wir schlagen zur Einleitung derartiger gemeinsamer Bestrebungen vor, dass sich diejenigen Museen der Provinz Hannover, die sich mit heimatlicher Vorgeschichts-Forschung beschäftigen wollen, zusammenschliessen zu einer „Museenvereinigung für vorgeschichtliche Landesforschung in der Provinz Hannover." Sie soll die Aufgabe haben, die Einzelarbeiten zu erfolgreichen Gesamtergebnissen zusammenzufassen und andererseits die im Interesse des Ganzen stehende Einzelarbeit zu fördern.

Weiter soll sie über folgende Punkte geeignete Massnahmen beraten und durchführen zur Sicherung erfolgreicher vorgeschichtlicher Landesforschung und zur Verhinderung der Zersplitterung und Schädigung des heimatlichen Forschungsmaterials:

1) Dauernde Verständigung über Ausbeutung und Verwertung neuer Funde und über Ausführung notwendig werdender Ausgrabungsarbeiten. Einrichtung eines hierfür notwendigen Nachrichtendienstes.
2) Beratung über Mittel und Wege zur Verhinderung von Raubbau und Freibeutertum auf dem Gebiete vorgeschichtlicher Funde.
3) Sachliche Stellungnahme zu denjenigen wissenschaftlichen Einrichtungen und Unternehmungen, die der Landesforschung als Grundlage bedürfen und sie zu fördern geeignet sind."

Da es nun doch wohl vorkommen kann, dass man sich in einzelnen Fällen über die Frage nicht einigen kann, in welches Museum im gegebenen Falle ein Fund gelangen soll, so ist eine Verständigungskommission eingesetzt, welche unter dem Vorsitze des Landeshauptmanns oder seines Stellvertreters die entscheidende Bestimmung zu treffen hat.

Die Vertreter der Museenvereinigung treten in angemessenen Zwischenräumen, etwa halbjährlich, zur Beratung zusammen.

Als Organ der Vereinigung dient das Nachrichtenblatt, für welches die Unkosten im Etat des Provinzial-Museums aufgenommen sind.

Wie die vorhistorischen Denkmäler ebenso wie die Kunstdenkmäler den Bestimmungen der Denkmalpflege unterliegen, so soll auch dem Denkmal-Archiv des Provinzial-Konservators als zweite Abteilung ein Archiv für vorgeschichtliche Forschung angegliedert werden, im Anschluss an die Sammlungen des Provinzial-Museums.

Diese Museenvereinigung muss als ein hervorragender Fortschritt in der Weiterentwickelung der musealen Bestrebungen in der Provinz Hannover bezeichnet werden. Zwölf

Museen haben sich vereinigt zu gemeinsamer Arbeit und zu gemeinsamer Abwehr aller feindlichen Einflüsse, welche schon zu lange am Werke gewesen sind, die vorgeschichtliche Landesforschung der Provinz Hannover zu schädigen.

Die Bedeutung einer solchen Museenvereinigung liegt nicht allein auf dem Gebiete der Vorgeschichte, wenn auch hier der Notstand am grössten ist. Dieser Zusammenschluss hat die Museen der Provinz einander nahe gebracht zu gemeinsamer Arbeit und ermöglicht es dem Provinzial-Museum mehr als bisher, den kleinen Ortsmuseen helfend zur Seite zu stehen durch Rat und Tat. Dieses engere Zusammenarbeiten ermöglicht es dem Provinzial-Museum mehr als bisher, geeignete Persönlichkeiten der Ortsmuseen in der Ausgrabungstechnik zu unterweisen, und geeignete Persönlichkeiten in dem Präparieren und Konservieren naturhistorischer Gegenstände auszubilden, um so in engster Fühlung untereinander auch gemeinsame Arbeitsmethoden wirksam werden zu lassen.

Die weitere Bearbeitung unserer vorgeschichtlichen Sammlung hat grössere Schwierigkeiten gezeigt, als vorauszusehen war, und es ist auch dadurch die vorbereitete Publikation unserer vor- und frühgeschichtlichen Altertümer verzögert worden. Herr Dr. Hahne, dem die Neuordnung obliegt, wird hierüber gesondert Bericht erstatten.

Unabhängig von den Grenzen der Provinz ist das Sammelgebiet unserer Gemälde-Galerie.

Die Sammlung von Gemälden alter Meister besteht aus 615 Werken, welche dem Besitzstande der Fideikommiss-Galerie des Gesamthauses Braunschweig und Lüneburg angehören, und einigen wenigen Bildern, welche Eigentum der Provinz oder des Vereins für die öffentliche Kunstsammlung sind.

Unser Museum hat naturgemäss, bei der Beschränktheit der Mittel, auf ein Weitersammeln auf diesem Gebiete verzichtet und sich ausschliesslich den weiteren Ausbau der Sammlung von Werken moderner Meister angelegen sein lassen.

Auch in dieser Sammlung ist die Fideikommiss-Galerie des Gesamthauses Braunschweig und Lüneburg mit 182 Bildern vertreten. Der übrige Bestand gehört der Provinz und dem Vereine für die öffentliche Kunstsammlung an. Dieser Zusammenhang des Vereins für die öffentliche Kunstsammlung mit unserem Museum bedarf dringend in irgend einer Form einer anderweitigen Regelung.

Da der Verein für die öffentliche Kunstsammlung bei den Ankäufen seine eigenen Mittel verwendet, so werden diese Ankäufe alljährlich ohne irgend welche Mitwirkung des Provinzial-Museums und in sehr vielen Fällen ohne Rücksichtnahme auf die Bedürfnisse des Provinzial-Museums vollzogen, welche doch allein massgebend sein dürfen für ein richtiges Ausgestalten unserer Sammlungen.

Die Weiterentwickelung der Bildersammlung unseres Museums, soweit sie durch die Museums-Verwaltung bewirkt wird, fasst ausschliesslich solche Werke ins Auge, welche geeignet sind, uns den Weg der Entwickelung der Kunst nur in guten Werken zu zeigen, soweit es im Rahmen der verfügbaren Mittel möglich ist, ohne Rücksicht auf irgend welche persönliche Verhältnisse.

Diese für ein öffentliches Museum selbstverständliche Richtschnur ist für einen Verein nicht bindend, und sind daher auch vom Verein für die öffentliche Kunstsammlung öfter Bilder angekauft und in unserm Museum untergebracht, welche wohl nur angekauft werden konnten, weil man einen Künstler unterstützen wollte, ein Standpunkt, den wohl ein Verein einnehmen kann, niemals aber eine Museums-Verwaltung einnehmen darf. Hier scheiden sich unsere Wege. Unser Museum ist, wie schon erwähnt, aus dem Zusammenschluss von drei Vereinssammlungen entstanden. Als die Neuorganisation des Museums seit 1890 soweit vorbereitet war, dass eine Trennung von den Vereinen geboten erschien, da wurden die Sammlungen des historischen Vereins und der naturhistorischen Gesellschaft von der Provinz käuflich übernommen, und so schieden diese beiden Vereine aus der Verwaltung des Museums aus, um eine einheitliche Leitung und eine museale Berufsarbeit zu ermöglichen.

Was auf dem Gebiete dieser beiden Sammlungen sich vollziehen konnte, das wird auch auf dem Gebiete der Kunstsammlung sich vollziehen müssen und es darf erhofft werden, dass bald ein gangbarer Weg gefunden wird, den jetzigen unbefriedigenden Zustand zu beseitigen. Es dürfte auch dann noch im Interesse einer gesunden Weiterentwicklung unserer Kunstsammlung liegen, wenn der Verein, wie die beiden anderen, aus dem Museums-Verbande ausscheidet und an anderem Orte nach seinen Gesichtspunkten seinen Bestand erweitert. Auch hier könnte, wie es an vielen Orten mit Erfolg angestrebt ist, eine Trennung und damit eine Dezentralisation nur von Nutzen sein. Und auch der Verein würde seinen Bestrebungen, besonders das Schaffen heimischer Künstler zu fördern, besser gerecht werden können, wenn er der Fürsorge der Stadtverwaltung sich anvertraut, welche ja schon oft in dankenswerter Weise sich heimischer Künstler angenommen hat, als wenn der Verein in unserm Museumsverbande mit den Hauptrichtlinien desselben sich nicht in Übereinstimmung befindet.

Eine solche Neuordnung der Dinge darf jedoch nicht auf das zeitige Wohlwollen von Persönlichkeiten gegründet sein, sondern muss auf die Basis eines festen Abkommens sich dauernd stützen können. Eine solche Neuordnung würde nicht nur der verschieden gearteten Sammeltätigkeit beider von Nutzen sein, sie würde auch geeignet sein, der schier unerträglichen Überfüllung in unserer Galerie ein Ende zu machen.

Würde eine solche Sonderung des Sammelns an Kunstwerken beiden Teilen zu gute kommen, so ist es nicht minder notwendig und erstrebenswert, die beiderseitigen Sammlungen der Provinz und der Stadt durch einen Austausch zu ergänzen und straffer zu gliedern.

Wie schon erwähnt hat unser Museum auf alles Kunstgewerbliche verzichtet, aber es ist noch im Besitze reicher kunstgewerblicher Schätze, welche imstande sind, die Sammlungen der städtischen Museen in hervorragender Weise zu ergänzen, in denen wiederum sich Gegenstände befinden, welche im Provinzial-Museum im Rahmen des dortigen Sammelgebietes erst zur vollen Geltung kommen würden.

Am Schlusse dieses Jahresberichts darf das caeterum censeo nicht fehlen, dass der Neubau eines naturhistorischen Museums nicht mehr hinausgeschoben werden kann, wenn unser Museum nicht ernsten Schaden nehmen soll. Wir haben keinen Raum mehr, um die Sammlungen aufzustellen, wir haben keinen Raum mehr in den Magazinen. Wir müssen gute Ausstellungsgegenstände ins Depot bringen, um Neuerwerbungen aufstellen zu können, und wir müssen auf allen unseren Sammelgebieten uns in unzulässigster Weise einschränken, weil wir Neuerwerbungen nicht mehr aufstellen können.

Videant consules!

Hannover, im April 1909.

Der Direktor.
Reimers.

Vermehrung der Sammlungen.

I. Historische Abteilung.

1. Vor- und frühgeschichtliche Sammlung.

A. Geschenke.

Kieselgeräte verschiedener Kulturstufen des Paläolithicums. Gefunden am Sirgenstein bei Weiler (Württemberg). Geschenk der Herren Dr. R. R. Schmidt in Tübingen und Dr. Salfeld in Hannover. (Kat.-Nr. 16 999.)

Tongefässscherben und andere Einzelfunde von der Düsselburg bei Rehburg (Kreis Stolzenau) und dem Steinhuder Meer, aus einem Ringwall bei Celle, vom „Hahnenkamp" bei Oeynhausen, von der Grotenburg bei Detmold und von einer alten Siedlung bei Lehrte (Kreis Burgdorf). Geschenk des Herrn Professor Schuchhardt in Berlin. (Kat.-Nr. 17 000—17 007.)

Tongefässscherben aus einem alten Wall bei Wülfel (Landkreis Hannover) und **Reste von Eisengerät** von der alten Burg bei Misburg (Landkreis Hannover). Geschenk des Herrn Major von Bibra in Hannover. (Kat.-Nr. 17 008 und 17 011.)

Tongefässe und andere Einzelfunde von einem spätbronzezeitlichen Urnenfriedhof bei Letter (Kreis Linden). Geschenk des Herrn Lehrer Bock in Letter (Kat.-Nr. 17 009 und 17 012 bis 17 015.)

Tongefässscherben und andere Kleinfunde von der Heisterburg auf dem Deister. Geschenk des Herrn Professor Schuchhardt in Berlin. (Kat.-Nr. 17 010.)

Kieselgeräte von steinzeitlichen Siedlungen bei Kaltenweide und Stöcken (Landkreis Hannover). Gesammelt und geschenkt von Herrn Dr. Hahne in Hannover. (Kat.-Nr. 17 018—17 021.)

Durchbohrte geschliffene Steinaxt. Gefunden bei Stöcken (Landkreis Hannover). Geschenk des Herrn Meier in Hannover, Entenfangweg. (Kat.-Nr. 17 022.)

Keulenkopf aus Stein. Gefunden bei Solchstorf (Kreis Uelzen). Geschenk des Herrn Landesbaurat Nessenius in Hannover. (Kat.-Nr. 17 023.)

Bronzedolch mit reichverziertem Griff aus einem Hügel bei Hammah (Kreis Stade). Überwiesen von der Kgl. Generalkommission in Hannover. (Kat.-Nr. 17 024.)

Kieselgeräte und verschiedene Einzelfunde aus der Gegend von Soderstorf (Kreis Winsen a. d. Luhe), Uetze (Kreis Burgdorf), Harmelingen (Kreis Soltau) und Walsrode (Kreis Fallingbostel). Geschenk des Herrn Ingenieur Hoffmann in Hannover. (Kat.-Nr. 17 026—17 029.)

Scherben eines Tongefässes. Gefunden bei einem Steingrab bei Sögel (Kreis Hümmling). Geschenk des Herrn Maler Fricke in Hannover. (Kat.-Nr. 17 034.)

Bronzeaxt. Gefunden bei Polle a. d. Weser. Geschenk des Herrn Amtsgerichtsrat Wermuth in Polle. (Kat.-Nr. 17 035.)

B. Ankäufe.

Ergebnisse einer auf Kosten des Provinsial-Museums veranstalteten Ausgrabung von drei Grabhügeln bei Wohlde (Landkreis Celle). Vergl. den Ausgrabungsbericht von Dr. Hahne auf betr. Seite dieses Jahrbuchs. (Kat.-Nr. 17 016.)

Bronzegefäss, als Graburne verwendet, aus der vorchristlichen Eisenzeit. Gefunden bei Verden a. d. Aller. (Kat.-Nr. 17 017.)

Ergebnisse einer auf Kosten des Provinzial-Museums veranstalteten Ausgrabung auf den Tonwerken bei Hoya (Kreis Hoya), bestehend in zwei aus Holz konstruierten Brunnen mit vielen einzelnen Fundstücken (Tongefässscherben, Tierknochen etc.). Vergl. den Ausgrabungsbericht von Dr. Hahne auf betr. Seite dieses Jahrbuchs. (Kat.-Nr. 17030—17033.)

2. Geschichtliche Sammlung.

Ankäufe.

Kleiner reichgeschnitzter Barockaltar mit einer Darstellung Christi am Kreuze zwischen Maria und Johannes. Anfang des 18. Jahrhunderts. (Kat.-Nr. 2114.)

Holzgeschnitzter Flügelaltar. In der Mitte Christus und die gekrönte Maria. Links davon St. Ludwig, rechts die heil. Anna selbdritt. Im nördlichen Flügel die Heiligen Katharina und Martha, im südlichen Flügel die Apostel Andreas und Matthäus. Aus der alten Kirche in Ehmen bei Fallersleben. Um 1600. (Kat.-Nr. 2118.)

Holzfigur, St. Georg. 16. Jahrhundert. (Kat.-Nr. 2119.)

Holzfigur, Christus. 16. Jahrhundert. (Kat.-Nr. 2120.)

3. Münzsammlung.

Ankäufe.

Zinnmedaille. Claus Friedrich von Reden. (Kat.-Nr. 35.)

4. Ethnographische Abteilung.

A. Geschenke.

Bogen der Aino (Japan). Geschenk des Herrn Abteilungs-Direktor Dr. Fritze in Hannover. (Kat.-Nr. 4851.)

Katzen-Mumie. Aus einem ägyptischen Mumiengrabe. Geschenk der Frau Meyer in Hannover. (Kat.-Nr. 4878.)

Herr Dr. Basedow in Adelaide schenkte folgende Gegenstände, welche er auf seinen Forschungsreisen auf dem Festlande von Australien gesammelt hat:

Leibgürtel, aus Menschenhaar geflochten, getragen von Männern des Larrekiya-Stammes im Nordterritorium Australiens. (Kat.-Nr. 4181.)

3 Speerspitzen aus silurischem Quarzit. Victoria-River-Gebiet. (Kat.-Nr. 4882—4884.)

7 Quarzsplitter von Siedlungsplätzen des ausgestorbenen Enecunterbay-Stammes, in Dünen bei Wait-Binga an der Südküste von Süd-Australien gefunden. (Kat.-Nr. 4885—4891.)

3 Quarzitgeräte der Ureinwohner von Musgrave Ranges, Nordwest-Australien. (Kat.-Nr. 4892—4894.)

34 Steinsplitterchen bezw. **Geräte,** aus einem Steinbruch der Eingeborenen von Tennants Creek, Mac Donalds Ranges, Nordterritorium Australiens. (Kat.-Nr. 4895—4924.)

B. Ankäufe.

Eine Kollektion von **Kleidungsstücken** aus China, u. a. Anzug eines Mandarinen, Pelzjacke, Pelzmütze etc. (Kat.-Nr. 4852—4857.)

Eine Kollektion von **Kleidungsstücken** und **Waffen** der Sioux in Dakota. (Kat.-Nr. 4858—4877.)

271 Spielmarken aus Nussschalen aus Kamerun. (Kat.-Nr. 4925—5195.)

5. Handbibliothek.

A. Geschenke.

University-Museum of Cambridge. Twenty-second annual report of the Antiquarian Committee to the Senat. 1907. Überreicht vom University-Museum in Cambridge.

Catalogue of the Antiquities. Desgl.

Boeles, De oudste Beschaving op de Friesche Klei. Überreicht durch Herrn Dr. P. C. J. A. Boeles in Leeuwarden.

Rübel, Die Dortmunder Reichsleute. Überreicht vom Städtischen Museum in Dortmund.
Rübel, Reichshöfe im Lippegebiet. Desgl.
Regeling, Der Dortmunder Fund römischer Goldmünzen. Desgl.
Behnecke, Vorchristliche Friedhöfe im Landkreise Harburg. Überreicht von Herrn Lehrer Theod. Behnecke in Harburg.
Hambruch, Das Meer in seiner Bedeutung für die Völkerverbreitung. Überreicht von Herrn Dr. P. Hambruch in Hamburg.
University - Museum of Cambridge. Twenty - three annual report of the Antiquarian Committee to the Senat. 1908. Überreicht vom University - Museum in Cambridge.
Katalog der Kgl. Gemäldegalerie in Dresden. Überwiesen von der Kgl. Gemäldegalerie in Dresden.
Kunstdenkmäler der Provinz Hannover. V. 1. Kreise Verden, Rotenburg, Zeven. Überwiesen vom Landesdirektorium der Provinz Hannover.
Katalog griechischer Münzen aus der Sammlung Weber in Hamburg. Überwiesen von Herrn Dr. J. Hirsch in München.
Bericht des Oldenburgischen Vereins für Altertumskunde. Überwiesen vom Verein für Altertumskunde in Oldenburg.
Verbindung für historische Kunst. Denkschrift. Überwiesen von der Verbindung für historische Kunst in Berlin.
Mund, Die Erztaufen Norddeutschlands. Überwiesen vom Landesdirektorium der Provinz Hannover.
Günther, Die Geschichte der Harzischen Münzstätten. Überwiesen von Herrn F. Günther in Klausthal.
Basedow, Beitrag zur Entstehung der Stilisierungsornamente der Eingeborenen Australiens. Geschenk des Herrn Dr. G. Basedow.

B. Ankäufe.

Lindenschmit, Die Altertümer unserer heidnischen Vorzeit. Band V. Heft 9.
Photographien prähistorischer Fibeln aus dem Museum in Cambridge.
Photographien prähistorischer Fibeln aus dem Britischen Museum in London.
Zeller, Die romanischen Baudenkmäler von Hildesheim.
v. Estorff, Warlisch und Hagen.
v. Estorff, Briefe an Professor E. Desor.
Kemble, Horae ferales.
v. Hefner, Allgemeines Wappenbuch.
Kiekebusch, Der Einfluss der römischen Kultur auf die germanische.
Reichskursbuch 1908.
Nachtrag zum Adressbuch der Stadt Hannover für 1908.
Correspondenzblatt für Anthropologie 1908.
Grote, Geschlechts- und Wappenbuch der Provinz Hannover.
Jahrbuch der Bremischen Kunstsammlungen. 1. Jahrgang. Heft 1 und 2. 1908.
Jahrbuch des Provinzial-Museums zu Hannover. Jahrgang 1907/08.
Montelius, Om Tidbestämning inom Bronsaldern.
Blasius, Die anthropologische Literatur Braunschweigs.
Dehio, Handbuch der deutschen Kunstdenkmäler. Bd. III. Süddeutschland.
Gemeindelexikon für das Königreich Preussen. IX. Provinz Hannover.
Tewes, Steingräber.
Adressbuch der Stadt Hannover. 1909.
100 Stereoskopbilder für die ethnographische Sammlung des Provinzial - Museums.
Zwei Illustrationstafeln für die ethnographische Sammlung des Provinzial - Museums.
Führer durch das Bayerische National - Museum in München.
Grottenplan der Einhornhöhle von Scharzfeld. Holzschnitt.
Karte von Deutschland.
Jacobi, Wandtafel der Saalburg.
Meinhold, Pfahlbauten. Wandkarte.
Baldamus, Wandkarte der Völkerwanderungszeit.
Umlauft, Wandkarte des römischen Reiches.
Gurlitt, Fünf Wandtafeln zum gallischen Kriege.

Bendorf, Vorgeschichte Mitteldeutschlands. Vier Wandtafeln mit Text.

Troeltsch, Vorgeschichte. Wandtafel.

Forrer, Elsass-Lothringen. Wandtafel. Mit Text.

Splieth, Das Bronzealter Schleswig-Holsteins.

Köpp, Die Römer in Deutschland.

Asche, Zwei Karten der Provinz Hannover und des Regierungsbezirks Hannover.

Forrer, Urgeschichte Europas.

Lindenschmit, Tracht und Bewaffnung des römischen Heeres während der Kaiserzeit.

Führer durch das Schleswig-Holsteinische Museum in Kiel.

Lezius, Das Recht der Denkmalpflege.

Museumskunde. Band V. 1909.

Fünfzig Braundruckkarten von Europa.

Hoernes, Natur- und Urgeschichte des Menschen.

Posse, Die Siegel der deutschen Kaiser und Könige. Band I.

Bericht über die Prähistoriker-Versammlung am 23.—31. Juli 1907 in Cöln.

Tafel vorgeschichtlicher Altertümer der Oberlausitz.

Staatshandbuch über die Provinz Hannover. 1909.

Mithoff, Mittelalterliche Künstler und Werkmeister Niedersachsens und Westfalens.

Kolonie und Heimat in Wort und Bild. 1. Jahrgang. 1907/08.

Eichhorn, Die paläolithischen Funde von Taubach in den Museen zu Jena und Weimar.

Jahrbuch der Kgl. Preussischen Kunstsammlungen. 30. Band. 1900.

Die Altertümer unserer heidnischen Vorzeit.

Zeitschrift für Ethnologie. 1909.

Wörter und Sachen, Kulturhistorische Zeitschrift für Sprach- und Sachforschung.

Berichte über die Fortschritte der römisch-germanischen Forschung. 1904—1907.

C. Im Schriftenaustausch erhalten:

Aachen.	Museums-Verein. „Aachener Kunstblätter, Heft II und III."
Basel.	Öffentliche Kunstsammlung. „Katalog."
—	„ „ „Jahresbericht. N. F. 4."
Berlin.	„Führer durch die prähistorische Sonderausstellung."
Bielefeld.	Historischer Verein für die Grafschaft Ravensberg. „XXII. Jahresbericht."
Cöln.	Kunstgewerbe-Verein. „XVII. Jahresbericht. 1908."
Danzig.	Provinzial-Museum. „Amtlicher Bericht über das Westpreussische Provinzial-Museum in Danzig für das Jahr 1907 und 1908.
Darmstadt.	Grossherzogliches Landesmuseum. „Führer durch die Kunst- und historischen Sammlungen."
Dresden.	Historisches Museum. „Berichte aus den Königlichen Sammlungen. 1907."
Düsseldorf.	Kunstgewerbe-Museum. „Jahresbericht für das Verwaltungsjahr 1907/08."
—	desgl. „Katalog der Ausstellung von jüdischen Bauten und Kultusgegenständen. 1908."
—	desgl. „Katalog der Ausstellung von Vorbildern für den römisch-katholischen Kultus. 1908."
—	desgl. „Bibliothekskatalog des Central-Gewerbevereins zu Düsseldorf. 1908."
Einbeck.	Verein für Geschichte und Altertümer der Stadt Einbeck. „Jahresbericht für das Jahr 1907."
Frankfurt a. M.	Städtisches Völkermuseum. „Veröffentlungen. 1907. Heft 1."
Halle.	Provinzial-Museum. „Jahresschrift für die Vorgeschichte der sächsisch-thüringischen Länder. VII. Band. 1908."
Hamburg.	Museum für Hamburgische Geschichte. „Bericht für das Jahr 1907."
Hannover.	Stadtbibliothek. „4. Nachtrag zum Katalog. 1908."
Leeuwarden.	Friesisches Museum. „79. Verslag van het Friesch Genootschap van Geschied-, Oudheid- en Taalkunde, 1906—1907."
Leiden.	Rijks Ethnographisch Museum. „Jahresbericht 1906/07."
Leipzig.	Städtisches Museum für Völkerkunde. „Georg M. Stenz, Beiträge zur Völkerkunde Süd-Schantungs. Leipzig, 1907." (Veröffentl. d. Städt. Museums für Völkerkunde in Leipzig.)
—	„Jahrbuch des Städtischen Museums für Völkerkunde. 2. Band. 1907."
Lübeck.	Museum Lübeckischer Kunst- und Kulturgeschichte. „Wegweiser."
—	desgl. „Bericht über das Jahr 1907."
Mainz.	Römisch-Germanisches Central-Museum. „Mainzer Zeitschrift Jahrgang III. 1908."

Münster.	Landesmuseum der Provinz Westfalen. „Das Landesmuseum der Provinz Westfalen. Festschrift. Münster, 1908."
Nürnberg.	Bayerisches Gewerbe-Museum. „Bericht über das Jahr 1907."
—	desgl. „Auszug aus dem Gesamtkatalog der Bibliothek des Bayerischen Gewerbe-Museums."
Posen.	Kaiser Friedrich-Museum. „5. Jahresbericht. 1907."
Salzwedel.	Altmärkischer Verein für vaterländische Geschichte. „35. Jahresbericht. 1908."
—	desgl. „Die Abschiede der 1. General-Kirchenvisitation in der Altmark. 2. Bd. 1. Heft. 1907."
Stockholm.	Kungl. Vitterhets, Historie och Antikvitets Akademien. „Fornvännen. 1908. Heft 2—4."
Troppau.	Kaiser Franz Josef-Museum für Kunst und Gewerbe. „Jahresbericht für das Jahr 1907."

II. Kunstabteilung.

1. Gemälde-Sammlung.

A. Geschenke.

Alexander Schmidt-Michelsen, Landstrasse nach Schloss Rheinsberg. Aus dem Nachlass des Künstlers überwiesen. (Kat.-Nr. 356.)

B. Ankäufe.

P. J. Dierckx, Das Mundbrot der Kleinen. (Kat.-Nr. 354.)

Alice Ronner, Amaryllis. (Kat.-Nr. 355.)

Vom Verein für die öffentliche Kunstsammlung wurde erworben:

Adolf Hengeler, Herbstlandschaft bei Mureau. (Kat.-Nr. 760.)

Paul Meyerheim, Tiger und Pfau. (Kat.-Nr. 761.)

2. Skulpturen-Sammlung.

Vom Verein für die öffentliche Kunstsammlung wurde erworben **Engelhard,** Büste eines Germanen aus Kalkstein. (Kat.-Nr. 47.)

Reimers.

III. Naturhistorische Abteilung.

Die Entwicklung der Sammlungen der naturhistorischen Abteilung im verflossenen Amtsjahr zeigt, was ihre Reichhaltigkeit betrifft, im allgemeinen ein erfreuliches Bild. Dagegen leidet ein Teil von ihnen, namentlich die zoologischen Sammlungen, in Bezug auf ihren organischen Ausbau, die systematische Übersichtlichkeit und die für das Auge gefällige Aufstellung schwer unter dem herrschenden Platzmangel, der sich immer mehr zu einer wirklichen Calamität auswächst.

Auf die so schmerzlich und mit Recht vermissten, besonders auch im Interesse der Kenntnis und Liebe zur Heimat so überaus wünschenswerten, biologischen Gruppen aus der einheimischen Tierwelt musste einzig des Raummangels wegen Verzicht geleistet werden. Von der Erwerbung von Tieren, die in unsrer Sammlung noch fehlen, obwohl sie einerseits für unsre einheimische Fauna charakteristisch sind, und obwohl andererseits ihre Beschaffung leicht oder wenigstens ohne allzu grosse Schwierigkeit und ohne bedeutenden Geldaufwand möglich ist, wurde abgesehen, weil sie unter den gegenwärtigen Umständen zwecklos wäre und später jederzeit nachgeholt werden kann. Es sei in dieser Beziehung nur erinnert an Tier und Kalb unseres Rotwildes, an Rehwild im Sommer- und Winterkleid u. a. m. Aus dem entgegengesetzten Grunde war bei sich bietender günstiger Gelegenheit die Erwerbung wissenschaftlich interessanter und charakteristischer Tiere des Auslandes, z. B. grösserer Antilopen unserer Kolonien, trotz des Raummangels für die Leitung der Abteilung geboten, um einmal die Sammlungen auf der Höhe zu erhalten und andererseits dem Vorwurf zu begegnen, als hätte sie es, gedrückt durch die misslichen Verhältnisse der Gegenwart, an Weitblick für eine gedeihliche, grosszügigere Entwicklung der Sammlungen in einer hoffentlich nicht allzu fernen Zukunft fehlen lassen.

Um für neue Erwerbungen in den Schränken Raum zu schaffen, musste zu dem Hilfsmittel gegriffen werden, Skelette, Schädel und weniger empfindliche Tiere auf grossen Konsolen an den Wänden unterzubringen; erweist sich auch diese Aushilfe als nicht mehr durchführbar, sei es, weil auch hier der. Platz zu Ende ist, sei es, weil die freistehenden Tiere durch den Staub usw. zu sehr leiden würden, so bleibt nur übrig, abwechselnd einen Teil der Schausammlung im Depot unterzubringen, doch ist auch hier die Raumknappheit bereits eine grosse. Eine gründliche, dauernde Abhilfe aber kann, wie die Verhältnisse einmal liegen, nur geschaffen werden durch den Bau eines eigenen naturwissenschaftlichen Landesmuseums. —

Die Schausammlung der Säugetiere wurde bereichert um 86 ganze Tiere, Skelette oder Schädel, auch die Sammlung unmontierter Skelette von zur recenten resp. diluvialen Fauna Deutschlands gehörigen Säugetieren vermehrt. In der Vogelsammlung gelangten 20 einheimische und 66 ausländische Vögel neu zur Aufstellung. Eine grosse Bereicherung erhielt die Sammlung der Vogelbälge durch eine Schenkung des Herrn F. Schwarzkopf in Hongkong, bestehend in nahezu 300 Vogelbälgen von der Insel Hainan an der Südküste Chinas. Die anderen zoologischen, sowie die botanische Sammlung zeigen nicht den gleichen Zuwachs, hier erwies sich der Raummangel als ein Hemmnis sowohl für die Zahl der Ankäufe. als der Geschenke.

Den grössten Unterschied gegen die Vorjahre weist die paläontologische Sammlung auf, und zwar ist dies im Wesentlichen das Verdienst des Herrn Dr. phil. A. Windhausen, der vom 1. August ab mit einer gänzlichen Neuordnung der Sammlung beschäftigt war und sie auch zum Teil durchgeführt hat. Dies Letztere gilt von der Provinzial-Sammlung, in der nunmehr die schönsten Stücke und viele Originale der berühmten Struckmannschen Sammlung ausgestellt sind. Der wichtigste Teil dieser Sammlung, enthaltend den Weissen Jura und den Wealden, wurde aus dem Erdgeschoss in den Saal 37 überführt und dort in Wandschränken in der Weise eingeordnet, dass das Material zugleich stratigraphisch und nach Fundorten durchgearbeitet wurde. Somit ist jetzt der wertvollste Teil der Struckmannschen Sammlung in übersichtlicher und bequem zugänglicher Weise untergebracht. Die Ordnung der Sammlung zur allgemeinen Formationskunde wurde soweit durchgeführt, dass sie einem späteren Bearbeiter keine grösseren Schwierigkeiten bietet; eine Sammlung zur allgemeinen Geologie wurde neu angelegt, wenn auch manche hierher gehörigen Gegenstände schon vorher vorhanden waren. Viele Abbildungen und Photographieen, ein reiches Material an Karten, Profilen usw. erleichtern dem Publikum das Verständnis vom Bau der Erdkruste und der Lebensweise ihrer Bewohner in früheren Erdepochen. — Im Saal 39 (Mineralogischer Saal) fand das im Jahre 1906 erworbene Riesenhirsch-Skelett seinen Platz, da der Raum im paläontologischen Saale hierfür nicht ausreichte. (Vergl. den Schlussaufsatz dieses Jahrbuches, sowie Tafel XVIII). — Die Mineraliensammlung erhielt eine für die Provinz Hannover besonders wichtige Vermehrung in Gestalt einer in einem besonderen Schranke untergebrachten Sammlung von Kalisalzen und deren Nebengesteinen, an deren Zusammenbringung sich eine Reihe von Gewerkschaften beteiligte. — Die Handbibliothek wurde um eine grosse Anzahl von Werken vermehrt, die die Durcharbeitung der Sammlungen erleichtern oder überhaupt erst ermöglichen. —

An auswärtige Gelehrte wurden mehrfach Gegenstände aus unseren Sammlungen zu Studienzwecken ausgeliehen, ebenso an Mitglieder hiesiger naturwissenschaftlicher Vereine zu Demonstrationszwecken. —

Getauscht wurde mit der Kgl. Grubenverwaltung von St. Andreasberg i. H., mit dem Kgl. Geologisch-paläontologischen Museum in Dresden, dem Geologischen Institut und Museum in Göttingen, sowie mit mehreren Privatsammlern. —

Von auswärtigen Museen besichtigte der Unterzeichnete das städtische Museum für Natur- und Völkerkunde in Freiburg i. Br., das Zoologische Museum in Kiel, sowie gelegentlich der Teilnahme an der 80. Versammlung deutscher Naturforscher und Ärzte in Cöln das dortige städtische Museum für Naturkunde und das zoologische und vergleichend-anatomische Museum in Bonn a. Rh. — Für die Sammlungen der naturhistorischen Abteilung sind folgende Zugänge zu verzeichnen:

1. Zoologische Sammlung.

Säugetiere.

(Die bereits zur Aufstellung gelangten Säugetiere, Skelette und Schädel sind in dem an anderer Stelle dieses Jahrbuchs gebrachten 2. Nachtrag zum Katalog der Säugetiersammlung aufgeführt und deshalb in nachstehendem Zugangsverzeichnis nicht erwähnt.)

A. Geschenke.

2 junge Dachse [1]) (Meles taxus Bodd.) ♀♀ von Wettmar (Kr. Burgdorf); Geber: Herr Weinhändler Böhning in Hannover. —

1 Meerkatze (Cercopithecus [Mona] spec.) ♀ juv. vom Südende des Tanganyika-Sees; Geber: Herr G. Cohrs in Daressalaam. —

1 Schwarzes Reh (Capreolus caprea Gray) ♀ aus der Oberförsterei Haste; Geber: Herr Wildhändler Ernst in Hannover. —

1 Rehgehörn (Capreolus caprea Gray) ♂ von Sievershausen i. S.; Geber: Herr Landwirt Gleie in Sievershausen. —

1 Menschenschädel (Homo sapiens L.) ♀ aus einer Kiesgrube bei Ricklingen; Geber: Herr Brauereigehilfe Huth in Linden. —

1 Zwergfledermaus (Vesperugo [Vesperugo] pipistrellus Schreb.) aus Hannover; Geber: Herr Aufseher Nordmeier in Hannover. —

1 Hermelin im Sommerkleid (Putorius [Ictis] ermineus (L.)) ♀ von Meyenfeld (Kr. Neustadt a. Rbg.); Geber: Herr Hofbesitzer Oberheu in Meyenfeld. —

3 Rehgehörne (Capreolus caprea Gray) ♂♂♂ von Sievershausen i. S.; Geber: Herr Landwirt Ohm in Sievershausen. —

1 Tschakma-Pavian (Papio [Choeropithecus] porcarius Bodd.) ♂ aus Südafrika; Geber: Herr Tierhändler Ruhe in Alfeld a. d. L. —

1 Abwurfstange vom Edelhirsch (Cervus [Cervus] elaphus L.) ♂ von Sievershausen i. S.; Geber: Herr Hilfspräparator Schwerdtfeger in Hannover. —

1 Kleine Hufeisennase (Rhinolophus hipposideros (Bechst.)) von Gross-Oldendorf (Kr. Hameln); Geber: Herr Lehrer Sender in Gross-Oldendorf. —

4 Mopsfledermäuse (Synotus barbastellus Schreb.),
3 Zwergfledermäuse (Vesperugo [Vesperugo] pipistrellus Schreb.),
1 Gemeine Fledermaus (Vespertilio [Vespertilio] murinus Schreb.), sämtlich aus der Einhornhöhle bei Scharzfeld a. H.; Geber: Herr Dr. phil. Windhausen in Hannover. —

B. Ankäufe.

1 Skelett vom Menschen (Homo sapiens L.) ♂ aus Europa. —
1 Mohrenmaki (Lemur macaco L.) ♀ aus Madagaskar. —
1 Kaninchen (Lepus cuniculus L.) ♀ aus Hannover. —
1 Schweinshirsch (Cervus [Rusa] porcinus Zimm.) ♂ aus Indien. —
1 Axishirschkalb (Cervus [Axis] axis Erxl.) ♂ juv. aus Ostindien. —
1 Oberschädel vom Damhirsch (Cervus [Dama] dama L.) ♂ aus Europa. —
1 Rehgehörn (Capreolus caprea Gray) ♂ von Windhausen b. Grund a. Harz. —
1 Oberschädel vom Sumpfhirsch (Cariacus [Blastocerus] paludosus (Desm.)) ♂ aus Brasilien. —

Vögel.

(Die mit einem * bezeichneten Objekte in dieser, sowie in den folgenden Sammlungen der naturhistorischen Abteilung sind bereits zur Aufstellung gelangt.)

A. Geschenke.

1 Schmarotzer-Raubmöwe (Stercorarius parasiticus (L.)) ♂ juv. von Marklendorf a. d. Aller (Kr. Fallingbostel); Geber: Herr Lehrer Baden in Hannover. —

1 Glaskasten mit 40 südamerikanischen Vögeln; Geber: Herr Fabrikant Becker in Hannover. —

---

[1]) Nach mindestens elfmonatlicher Tragzeit der Dächsin in der Gefangenschaft geworfen. (Vergl. Böhning in „Deutsche Jäger-Zeitung", Bd. 51, Nr. 33, Seite 538—540.)

*1 Hausrotschwänzchen (Ruticilla tithys (L.)) ♂ von Letter bei Hannover; Geber: Herr Lehrer Bock in Letter. —

1 Nebelkrähe (Corvus cornix L.) von Hannover; Geber: Herr Präparator Bruhns in Hannover. —

1 Riesenreiher (Megerodius goliath (Cretzschm.)) juv. von Daressalaam; Geber: Herr G. Cohrs in Daressalaam. —

1 Kolkrabe (Corvus corax L.) ♀,

*1 Merlinfalke (Falco aesalon Tunst.) ♂ juv.,

1 Grosstrappe (Otis tarda (L.) ♀,

*1 Zwergsäger (Mergus albellus L.) ♀, sämtlich aus der Umgebung von Rehburg-Stadt; Geber: Herr Dr. med. Funke in Rehburg-Stadt. —

2 Saatkrähen (Corvus frugilegus L.) von Dransfeld; Geber: Herr Förster Grunewald in Dransfeld. —

*1 stark albinotische Amsel (Merula merula (L.)) ♂ alb. von Lemförde (Kr. Diepholz),

*1 Zwergsäger (Mergus albellus L.) ♂ vom Dümmer; Geber: Herr Lehrer Harling in Lemförde. —

1 Mittlerer Buntspecht (Dendrocopus medius (L.)) ♀ von Bredenbeck am Deister; Geber: Herr Tischlermeister Hasenjäger in Bredenbeck. —

1 Abnormes Ei vom Haushuhn; Geber: Herr Könecke. in Hannover. —

2 Alpenlerchen (Otocorys alpestris (L.)) ♀♀,

*1 Zwergrohrdommel (Ardetta minuta (L.)) ♂,

1 Grünfüssiges Sumpfhuhn (Gallinula chloropus (L.)) ♀,

1 Schellente (Fuligula clangula (L.)) ♀; sämtlich von Ostermarsch bei Norden; Geber: Herr Lehrer Leege in Ostermarsch. —

*1 Gänsesäger (Mergus merganser L.) ♀,

1 Sturmmöve (Larus canus L.) ♂ juv., beide vom Dümmer; Geber: Herr Hofbesitzer Rönneker in Lembruch (Kreis Diepholz). —

295 Vogelbälge von der Insel Hainan,

6 Vogelbälge von Hongkong; Geber: Herr Kaufmann Schwarzkopf in Hongkong. —

*1 Weidenmeise (Parus [Poecile] montanus salicarius Br.) ♂ von Sievershausen im Solling,

*1 Mohrenlerche (Melanocorypha yeltoniensis (Forst.)) ♂ aus Innerasien,

1 Rabenkrähe (Corvus corone L.),

1 Saatkrähe (Corvus frugilegus L.),

1 junges Birkhuhn (Tetrao tetrix L.) ♂ juv.; sämtlich aus Hannover,

3 exotische Vogelbälge; Geber: Herr Präparator F. Schwerdtfeger in Sievershausen i. S. —

*1 Schädel vom Gänsegeier (Gyps fulvus (Gm.)) aus Siebenbürgen; Geber: Herr Oberförster a. D. Stolze in Goslar. —

1 Hühnerhabicht (Astur palumbarius (L.)) ♂ von Eldagsen (Kr. Springe); Geber: Herr Oberstleutnant a. D. Wedemeyer in Eldagsen. —

B. Ankäufe.

*1 Ruticilla erythronota (Eversm.) ♂ von Gamenacha, Fei-Gebiet (Turkestan). —

*1 Ruticilla erythronota (Eversm.) ♀ von Issyk-Kul (Turkestan). —

*2 Ruticilla erythrogastra (Güld.) ♂, ♀ von Issyk-Kul (Turkestan). —

*1 Accentor atrigularis Brandt ♀ von Issyk-Kul (Turkestan). —

*1 Pratincola caprata L. ♂ von Bairam-Ali (Transkaspien). —

*1 Cinclus leucogaster Eversm. ♂ von Issyk-Kul (Turkestan). —

*2 Leptopoecile sophiae Severtz. ♂, ♀ von Aksu (Ostturkestan). —

*1 Emberiza cioides Brandt ♂ von Radefka (Amurgebiet). —

*1 Emberiza luteola Sparrm. ♂ von Issyk-Kul (Turkestan). —

*2 Loxia curvirostra L. var. albiventris Swinh. ♂, ♀ aus dem Ili-Gebiete (Turkestan). —

*2 Carpodacus rhodochlamys (Brandt) ♂, ♀ von Issyk-Kul (Turkestan). —

*1 Carpodacus rhodopterus (Licht.) var. severtzovi Sharpe ♂ von Issyk-Kul (Turkestan). —

*2 Uragus sibiricus (Pall.) ♂, ♀ aus dem Altai-Gebirge. —

*1 Carduelis caniceps Vigors ♂ von Issyk-Kul (Turkestan). —

*1 Garrulus brandti Eversm. ♂ von Radefka (Amurgebiet). —

*3 Uferschwalben (Clivicola riparia (L.)) ♂, ♀♀ von Ahlem bei Hannover. —

1 Eutoxeres aquila (typicus) (Bourc.) von Bogota. —

2 Saucerottea beryllina (Licht.) ♂, ♀,

1 Eugenes fulgens (Swains.) ♂,

1 Hylocharis leucotis (Vieill.) ♂,

1 Selasphorus platycercus (Swains.) ♂,

1 Calothorax lucifer (Swains.) ♂, sämtlich von Puebla (Mexiko). —

*1 Eustephanus fernandensis (P. P. King) ♂ von Juan Fernandez. —

*1 Geranoaëtus melanoleucus (Vieill.) ♂ aus Patagonien. —

*1 Lagopus mutus rupestris (Gm.) ♂ im Winterkleid vom Fujoshtfjördr (Nord-Island). —

*3 junge Birkhühner (Tetrao tetrix L.) ♂♂♂ in verschiedenen Übergangskleidern aus Schlesien. —
*1 Phasianus mongolicus Brandt ♀ aus dem Altai-Gebirge. —
1 Thaumalea amherstiae (Leadb.) ♂ aus China. —
1 Schwarzstorch (Ciconia nigra L.) aus der Wathlinger Feldmark bei Celle. —
1 Sammetente (Oidemia fusca (L.)) ♂ juv. von Juist. —
*1 Dickschnabellumme (Uria brünnichi Sab.) ♀ vom Eyjafjördr (Nord-Island). —

Reptilien.
Geschenke.

1 Eidechse,
5 Schlangen, sämtlich von Hongkong; Geber: Herr Kaufmann Schwarzkopf in Hongkong. —
1 Kreuzotter (Pelias berus (L.)) von Diesten (Ldkr. Celle); Geber: Herr Dr. phil. Wulfes in Hannover. —

Fische.
Geschenke.

2 Barsche (Perca fluviatilis L.) juv.,
1 Dreistachlicher Stichling (Gasterosteus aculeatus L.),
4 Gemeine Hornhechte (Belone vulgaris Flem.) juv.,
1 Breitrüsselige Seenadel (Siphonostoma typhle L.),
1 Kleine Schlangennadel (Nerophis ophidion L.), sämtlich aus der Kieler Föhrde bei Labö; Geber: Herr Abteilungsdirektor Dr. Fritze in Hannover. —
3 Hochflugfische (Exocoetus spec.) aus dem Atlantischen Ocean,
3 Pimelodus spec. aus dem Rio de la Plata bei Buenos Ayres,
5 Fische (3 verschiedene Species) aus der Bai von Montevideo,
1 Fisch aus dem Rio-Negro (Brasilien); Geber: Herr Schiffsarzt Dr. med. Krome, z. Z. auf Reisen. —
4 Fische (3 verschiedene Species) von Hongkong; Geber: Herr Kaufmann Schwarzkopf in Hongkong. —

Weichtiere.
Geschenke.

*1 Schale vom Schiffsbot (Nautilus pompilius L.) aus der Südsee,
*1 vom Schiffsbohrwurm (Teredo navalis L.) zerfressenes grosses Stammstück der Rotbuche aus der Kieler Föhrde; Geber: Herr Abteilungsdirektor Dr. Fritze in Hannover. —

Insekten.
A. Geschenke.

1 Frassstück des kleinen Kiefernbastkäfers (Myeophilus minor Hartig) aus der Umgegend von Hannover; Geber: Herr Gärtner Poser in Hannover. —
5 Käferlarven von Hongkong,
Eine Anzahl Schmetterlinge von Hainan; Geber: Herr Kaufmann Schwarzkopf in Hongkong. —
211 Insekten (meist Käfer) von Hiroshima (Japan); Geber: Herr Hauptmann v. Troschke in Hiroshima. —

B. Ankäufe.

156 Insekten (meist Käfer) aus Deutsch-Südwest-Afrika. —
6 Insektenbauten aus Santa Catharina (Brasilien). —

Tausendfüsser.
Geschenke.

7 Skolopendriden von Hongkong; Geber: Herr Kaufmann Schwarzkopf in Hongkong. —

Spinnentiere.
Geschenke.

1 Spinne von Hongkong; Geber: Herr Kaufmann Schwarzkopf in Hongkong. —
3 Spinnen von Hiroshima (Japan); Geber: Herr Hauptmann v. Troschke in Hiroshima. —

Krebstiere.
Geschenke.

Eine Anzahl mariner Crustaceen aus der Kieler Föhrde; Geber: Herr Abteilungsdirektor Dr. Fritze in Hannover. —
2 Isopoden von Hongkong; Geber: Herr Kaufmann Schwarzkopf in Hongkong. —

Würmer.

Geschenke.

1 Borstenwurm von St. Vincent; Geber: Herr Schiffsarzt Dr. Krome, z. Z. auf Reisen. —

Korallpolypen.

Geschenke.

1 Seefeder (Pteroides spec.) von Hongkong; Geber: Herr Kaufmann Schwarzkopf in Hongkong. —

2. Botanische Sammlung.

A. Geschenke.

3 Früchte von Quercus vallonea Kotschy aus Syrien; Geber: Herr Oberlandesgerichtsrat Franke in Hannover. —
2 Palmfrüchte aus Westindien; Geber: Herr Dr. phil. Lorenz in Hannover. —
1 mit ausserordentlich vielen Zapfen besetzter Zweig der Fichte (Picea excelsa Lk.) aus Wittlohe bei Verden; Geber: Herr Hofbesitzer Tietje in Wittlohe. —
1 abnorm gebildeter Wipfel der Föhre (Pinus silvestris L.) von Fuhrberg (Kr. Burgdorf); Geber: Herr Gastwirt Wöhler in Fuhrberg. —

B. Ankäufe.

Eine grössere Sammlung Brasilianischer Hölzer.

3. Geologisch - Paläontologische Sammlung.

A. Geschenke.

Eine Anzahl fossiler Früchte aus der Braunkohle von Brühl bei Bonn a. Rh.; Geber: Herr Kommerzienrat Behrens in Hannover. —
1 Koralle (Geschiebe) von Schamwege (Kr. Nienburg); Geber: Herr Oberlandmesser Brenning in Hannover. —
1 Koniferenstamm aus den Kieselguhrwerken von Unterlüss; Geber: Herr Dr. Bünte in Unterlüss. —
*1 diluvialer Schädel vom Wildschwein (Sus scrofa L.) ♀ aus dem Bierdener Bruch bei Achim; Geber: Herr Lehrer Fahrenholz in Hannover. —
*1 Kantengeschiebe von Elze (Kr. Burgdorf); Geber: Herr Abteilungsdirektor Dr. Fritze in Hannover. —
1 Backzahn vom Mammuth (Elephas primigenius Blum.) vom Oberlauf der Wolga,
Eine Anzahl Versteinerungen von verschiedenen, meist aussereuropäischen Fundorten; Geber: Herr Dr. phil. Lorenz in Hannover. —
*3 Platten Buntsandstein mit Gervillia murchisoni Gein. von Dehnsen (Kr. Alfeld); Geber: Herr Lehrer Marioth in Wunstorf. —
*1 recente Muschelbreccie von Melbourne,
*15 Clymenia spec. aus dem Oberdevon des Enkebergs bei Brilon,
*1 Taschenkrebs aus dem Pläner der Umgegend von Hannover,
Einige Geschiebe mit Versteinerungen aus dem Obersilur und Oxford von Königsberg; Geber: Herr Dr. phil. Mascke in Göttingen. —
Eine Anzahl Ammoniten aus den Coronaten - Schichten von Bad Essen,
Pflanzenreste und Handstücke aus dem Buntsandstein des Bremketals bei Göttingen,
Eine Anzahl Versteinerungen von verschiedenen europäischen Fundorten,
15 Versteinerungen und Handstücke aus dem Permo - Carbon der Salt - Range (Indien); Geber: Herr Dr. phil. Salfeld in Göttingen. —
*2 Platten mit Versteinerungen aus dem Silur von Gotland; Geber: Herr Zahnarzt Schrammen in Hildesheim. —
1 Backzahn vom Mammuth (Elephas primigenius Blum.) aus der Weser bei Rinteln; Geber: Kgl. Wasserbauinspektion Minden i. W. —

Eine grössere Anzahl Versteinerungen von verschiedenen Fundorten in der Provinz Hannover; Geber: Herr cand. geol. Wetzel in Göttingen. —

*Eine Anzahl Versteinerungen und Handstücke aus dem Zechstein und der Culmgrauwacke der Umgegend von Scharzfeld a. H.; Geber: Herr Dr. phil. Windhausen in Hannover. —

B. Ankäufe.

*2 Dudleyplatten aus dem Obersilur von Dudley (England). —

*(z. T.) 46 Versteinerungen aus dem oberen Senon von Haldem bei Dielingen (Westfalen). —

94 Versteinerungen von verschiedenen Fundplätzen in der Umgebung von Hannover. —

18 Versteinerungen, meist Cephalopoden, vom Fischerhof bei Linden. —

Eine Anzahl Versteinerungen aus der unteren Kreide von Behrenbostel (Kr. Neustadt a. Rbg.) —

*1 Harnisch (polierte Rutschfläche) aus dem Weissen Jura von Ebingen (Württemberg). —

C. Eingetauscht.

Eine Anzahl Versteinerungen aus der unteren Kreide und der Trias von verschiedenen Fundorten.

31 Versteinerungen aus dem Senon und Emscher von Blankenburg und Spiegelsberge.

*5 Handstücke zur Demonstration der cenomanen Transgression am Rande des sächsischen Granulitgebirges. —

* Eine Anzahl Handstücke zur allgemeinen Geologie. —

4. Mineralogische Sammlung.

A. Geschenke.

20 Erzstufen aus Otjozonjati (Deutsch-Südwest-Afrika); Geber: Herr Kaufmann Borchers in Hannover. —

*4 Standgläser mit Kalisalzen von Gross-Rhüden (Kr. Marienburg); Geber: Gewerkschaft „Carlsfund" in Gross-Rhüden. —

*15 Standgläser mit Salzen und Kali-Industrie-Produkten von Sehnde (Kr. Burgdorf); Geber: Kaliwerke „Friedrichshall" in Sehnde. —

*1 grosse Gipsstufe aus einer neu erschlossenen Höhle bei Eisleben; Geber: Herr Bergwerksdirektor Geipel in Eisleben. —

*1 Bergkrystall mit Petroleum-Einschluss aus dem Kaukasus; Geber: Herr Architekt Grote in Hannover. —

*7 Standgläser mit Kalisalzen von Diekholzen bei Hildesheim; Geber: Gewerkschaft „Hildesia" in Diekholzen. —

1 Kasten mit Salzen und Nebengesteinen,

*30 Boracitkrystalle, sämtlich von Hohenfels bei Algermissen (Ldkr. Hildesheim); Geber: Gewerkschaft „Hohenfels" in Algermissen. —

*7 Standgläser mit Kalisalzen und Nebengesteinen von Freden (Kr. Alfeld); Geber: Gewerkschaft „Hohenzollern" in Freden. —

*16 Standgläser mit Salzen und Nebengesteinen,

*1 grosses Stück gneissartiger Salzton, sämtlich von Volpriehausen (Kr. Uslar); Geber: Gewerkschaft „Justus" in Volpriehausen. —

*20 Standgläser mit Salzen und Kali-Industrie-Produkten von Stassfurt; Geber: Kalisyndikat G. m. b. H. in Stassfurt-Leopoldshall. —

9 Phosphatproben von verschiedenen Fundorten; Geber: Herr Dr. phil. Lorenz in Hannover. —

3 Stück Bernstein aus Samland. —

*1 Meteorit (30 Gramm) von Pultusk (Russland); Geber: Herr Dr. phil. Mascke in Göttingen. —

21 Erzstufen aus Nord-Norwegen,

3 Erzstufen von Archangel (Russland),

2 Erzstufen von den Lofoten; Geber: Herr Bergwerksdirektor Thilo in Narvik (Norwegen). —

1 Syenit,

1 Lamprophyr, beide aus dem Plauenschen Grund bei Dresden; Geber: Herr Dr. phil. Windhausen in Hannover. —

B. Ankäufe.

*1 Eisenglanzrose in Kalk vom Westerberg bei Osnabrück. —

250 Basalte mit Einschlüssen vom Finkenberg bei Bonn a. Rh. —

C. Eingetauscht.

*10 Erzstufen und Mineralien von St. Andreasberg i. H. —

*1 Weissbleierz mit Miesit von Mies in Böhmen. —

*1 Silberkies von Freiberg i. S. —

19

5. Handbibliothek.

A. Geschenke.

Erster Jahresbericht des Niedersächsischen Geologischen Vereins; Geber: Niedersächsischer Geologischer Verein in Hannover. —
Kershaw, Butterflies of Hongkong; Geber: Herr Kaufmann Schwarzkopf in Hongkong. —
19 Broschüren meist zoologischen und geologisch-paläontologischen Inhalts; Geber: die Herren Dr. phil. Andrée in Clausthal (6); Abteilungsdirektor Dr. Fritze in Hannover (3); Privatdozent Dr. Hahne in Hannover (1); Professor Dr. Ishikawa in Tokyo (Japan) (2); Geh. Bergrat Prof. Dr. v. Koenen in Göttingen (4); Direktorial-Assistent Runde in Hannover (1); Dr. phil. Wedekind in Wolfenbüttel (1); Dr. phil. Windhausen in Hannover (1). —

B. Ankäufe.

Meerwarth, Lebensbilder aus der Tierwelt; Säugetiere: Bd. I, Lieferung 3—16; Vögel: Bd. I, Lieferung 3—16. —
Gray, Hand-list of seals, morses, sea-lions, and seabears in the British Museum. —
Matschie, Die Säugetiere Deutsch-Ostafrikas. —
Lydekker, Wild oxen, sheep and goats of all lands. —
Lydekker, The deer of all lands. —
Reichenow, Die Vögel Deutsch-Ostafrikas. —
Guenther, Handbuch der Ichthyologie. —
Möbius und Heincke, Die Fische der Ostsee. —
Pfeffer, Die Fische Ostafrikas. —
Wytsman, Genera insectorum, Lieferung 65 - 75. —
Gemminger und de Harold, Catalogus coleopterorum hucusque descriptorum synonymicus et systematicus. Tom. X, 1 und 2 (Cerambycidae). —
30 Arbeiten über Japanische Käfer von folgenden Autoren: Bates (2), Blandford (1), Candèze (1), Gorham (1), Jacoby (1), Lewis (3), de Marseul (2), Morawitz (2), v. Motschulsky (1), Putzeys (1), Reitter (1), Roelofs (4), v. Schönfeldt (1), Sharp (8), Waterhouse (1). —
Bates, Descriptions of new genera and species of Geodephagous Coleoptera from China. —
Sharp, On some aquatic coleoptera from Ceylon. —
Sharp, Revision of the Hydrophilidae of New Zealand. —
Lampert, Die Grossschmetterlinge und Raupen Mitteleuropas. —
Seitz, Die Grossschmetterlinge der Erde, Band I, Lieferung 20—40, Band II, Lieferung 2—23. —
Matsumura, Die Cicadinen Japans. I. —
Dahl, Kurze Anleitung zum wissenschaftlichen Sammeln und Konservieren von Tieren. —
Ascherson und Gräbner, Synopsis der mitteleuropäischen Flora, Lieferung 56—60. —
Engler, Das Pflanzenreich, Heft 33—37. —
Engler und Prantl, Die natürlichen Pflanzenfamilien, Lieferung 231—235. —
Rabenhorst, Kryptogamenflora, Lieferung 107—110 und Band VI, Lieferung 7. —
Wägler, Die geographische Verbreitung der Vulkane. —
Becker, Die Eruptivgesteine des Niederrheins und die darin enthaltenen Einschlüsse. —
Becker, Der Basalt vom Finkenberg. —
Rinne, Gesteinskunde. —
Hintze, Handbuch der Mineralogie, 12. Lieferung. —
9 Führer durch verschiedene Abteilungen des British-Museum (Natural History). —
An wissenschaftlichen Zeitschriften wurden gehalten:
Zoologischer Anzeiger mit Bibliographia zoologica. —
Ornithologische Monatsberichte. —
Entomologische Zeitschrift. —
Neues Jahrbuch für Mineralogie, Geologie und Paläontologie mit Centralblatt für Mineralogie, Geologie und Paläontologie. —

C. Im Schriftenaustausch erhalten.

Bericht über das Zoologische Museum in Berlin im Rechnungsjahr 1907. —
Mitteilungen aus dem Zoologischen Museum in Berlin, Band IV, Heft 1. —
Abhandlungen des Naturwissenschaftlichen Vereins zu Bremen. Band XIX, Heft 2. —
92. Jahresbericht der Naturforschenden Gesellschaft in Emden (1906/07). —
Festschrift zur Erinnerung an die Eröffnung des neuerbauten Museums der Senckenbergischen Naturforschenden Gesellschaft in Frankfurt a. M. —
Die Kataloge der Vogel-, Reptilien und Batrachier-Sammlung im Museum der Senckenbergischen Naturforschenden Gesellschaft in Frankfurt a. M. —
Bericht der Senckenbergischen Naturforschenden Gesellschaft in Frankfurt a. M. Jahrgang 1906—1908. —

3*

Verzeichnis der wissenschaftlichen Veröffentlichungen der Senckenbergischen Naturforschenden Gesellschaft (1826—1897). —

Kobelt, Katalog der aus dem paläarctischen Faunengebiet beschriebenen Säugetiere. —

Kobelt, Reiseerinnerungen aus Algerien und Tunis. —

v. Heyden, Die Käfer von Nassau und Frankfurt. —

55.—57. Jahresbericht der Naturhistorischen Gesellschaft zu Hannover. —

Jahreshefte des naturwissenschaftlichen Vereins für das Fürstentum Lüneburg, XVII, 1905—1907. —

Museum für Natur- und Heimatkunde zu Magdeburg. Abhandlungen und Berichte. I. Band, 4. Heft. —

Jahrbücher des Nassauischen Vereins für Naturkunde. Jahrgang 61. (1908.) —

Natuurkundig Tijdschrift voor Nederlandsch-Indië. Deel LXVII. —

Archivos do Museu Nacional do Rio de Janeiro. Vol. XIII. —

Tromsoe Museums Aarshefter, Jahrgang 1902, 1903, 1904, 1906, 1907. —

Nova acta regiae societatis scientiarum upsaliensis, Series IV, Vol. II, No. 3. —

Proceedings of the Royal Society of Victoria, new series, vol. XVIII—XXI part 1. —

XXXVI. Jahresbericht der Zoologischen Sektion des Westfälischen Provinzial-Vereins für Wissenschaft und Kunst. —

Fritze.

Zur Ausgestaltung der vorgeschichtlichen Sammlung des Provinzialmuseums in Hannover als Hauptstelle für vorgeschichtliche Landesforschung in der Provinz Hannover.

Von **H. Hahne.**

Das Geschehen der geschichtlichen Zeiten begleiten überall „kulturgeschichtliche" Erscheinungen, von der historischen Forschung oft unterschätzt als blosse materielle
Begleiterscheinungen komplizierter Vorgänge „höherer Art". Da aber im Dasein des Einzelnen,
wie im Leben der kleinen und grossen Menschengruppen, sogenannte materielle und vermeintlich
als von der Materie unabhängig zu verstehende Vorgänge unentwirrbar ineinandergreifen, so
sind die kulturgeschichtlichen Vorgänge Ursachen und Folgen in jeder Art historischen
Geschehens. Diese Erkenntnis hat sich in der Erforschung der Geschichte der Menschheit
heute fast überall Bahn gebrochen, und das „Alltagsleben" des Menschen findet neben und mit
dem öffentlichen, das die grossen geschichtlichen Ereignisse trägt, mehr und mehr Darstellung,
da man in ihm für viele Rätsel der Geschichte die Lösung fand!

Vor den historischen liegen die frühgeschichtlichen Jahrhunderte, von deren
Ereignissen wir auch aus örtlieb und zeitlich sehr lückenhaften und oft genug unzuverlässigen
schriftlichen Quellen unsichere Kunde besitzen. In Bauten und Einzelkunstwerken, in
Gräbern und Siedelungsresten findet sich aber, natürlich lückenhafter als aus den historischen,
die Hinterlassenschaft der materiellen, der „Kultur-Arbeit" der Menschen jener Zeiten;[*]
oft genug steht sie bereits fremdartig dem Kulturgut historischer Zeiten gegenüber, und ihre
Zusammensetzung und Eigenart ist vielfach nur schwer erklärbar aus den Berichten der Chroniken,
die zumeist nur über politische und kirchliche Dinge zu melden wissen. Wo fänden wir in
ihnen zum Beispiel systematische Auskunft über Form und Art der Waffen, Geräte, der Ornamentik der Tonwaren und Schmucksachen und über die Handelsbeziehungen des frühen Mittelalters und viele andere kulturgeschichtliche Fragen der Frühgeschichte, mit deren Beantwortung
die Lösung gefunden wäre für manche Strömung der Sitte und des Handels und Wandels in
den Völkern und für die in der politischen Geschichte auftretenden Folgen solcher kulturgeschichtlichen Vorgänge.

Die frühgeschichtlichen Überlieferungen verschwinden allmählich in
die „graue Vorzeit" in Jahrhunderten und Jahrtausenden der Menschheitsgeschichte ohne
schriftliche Überlieferung. Die Spuren der vorgeschichtlichen Menschen schienen ein
Chaos von Einzel-Erscheinungen; sie von den Kulturresten aus frühgeschichtlicher
Zeit zu trennen, dafür gab es keine Anhaltspunkte. Wie verlockend aber war es doch von
jeher, nach Mitteln zu suchen, Waffen und Geräte der „alten Germanen" von denen der Römer,
denen der Kelten zu sondern, die fränkischen von den heidnisch-sächsischen, die Spuren der
Phöniker im Norden, der Kimbern und Teutonen im Süden zu verfolgen! Von der schriftlichen
Urkunde aus hoffte man s. Z. zunächst in das Wissen über die Vorzeit eindringen zu können.
Die Andeutungen unzuverlässiger frühgeschichtlicher Quellen, verknüpft mit
einem noch völlig ungesicherten Fundmaterial, musste aber notwendigerweise auf
Irrwege völlig unkontrollierbarer Hypothesen führen. Zwar wurde viel Verblüffendes
verkündet, viele geistreiche, besonders dem begeisterten Laienpublikum einleuchtende Hypothesen
erdacht, aber der Wunsch erwies sich fast immer als der Vater des Gedankens,
und so geistreich diese Gedanken waren, sie blieben doch Spielerei! In der
„Burgwall-Forschung" unserer Tage z. B. und vielen anderen von historischen Hypothesen

[*] Für unsere Zwecke ist die moderne Scheidung von Kultur und Zivilisation unnötig.

ausgehenden Untersuchungen, bei denen — sogar gelegentlich mit vollem Bewusstsein, — die
materielle Untersuchung nur als Nebensache betrachtet wird, kämpft die der alten Kuriositäten-
wissenschaft nahe verwandte Methode noch heute mit der modernen Vorgeschichtsforschung,
die eine selbständige Wissenschaft ist!

Von einer ganz anderen Seite geht die moderne Vorgeschichtsforschung
an ihre Probleme heran. Ihr Gebiet grenzt einerseits an das der geologischen
Erdgeschichte, deren Archiv die Schichten der Erde sind, deren Forschungsmethode
eine rein „naturwissenschaftliche" ist, weil sie von vornherein nur mit den grossen
Naturgesetzen und mit allgemeinen Entwicklungsgängen als Schlüssel für das Erkennen des
Einzel-Geschehens rechnet. Aus der allgemeinen Geschichte der Erde und ihrer
Lebewesen taucht aber die Sondergeschichte der Gattung homo, des Menschen, auf.
Erst spät, und in verschiedenen Menschengruppen zu verschiedener Zeit, ist durch die Auf-
zeichnungen der Zeitgenossen die Kunde von diesen und jenen Vorgängen aus der
Geschichte der Menschheit festgehalten: Lückenhaft und vielfach missverständlich sind die ältesten
dieser Dokumente, und sie bleiben in allen Zeiten einseitig infolge von Sonderinteressen der
Schreibenden. Alle Geschichtsschreibung ging zudem von der Überzeugung aus,
dass des Menschen Wollen und Handeln nicht abhängig sei von Gesetzen, wie
sie das Naturgeschehen beherrschen!

Trotz allen anthropozentrischen Ideen aber ist der Mensch doch ein Teil
der Lebewesenwelt der Erde und seine „höheren" Entwicklungsstufen sind und werden
nicht im Widerspruch zu allgemein gültigen Naturgesetzen erreicht. Eine in
diesem Sinne „naturwissenschaftliche" Betrachtungsweise beherrscht heute die
Forschungszweige, deren Arbeit der „Entwicklungsgeschichte der Menschheit" gilt.

Die moderne **Anatomie, Zoologie, Physiologie** und **Psychologie** nehmen den Menschen
völlig von der naturwissenschaftlichen Seite als ein Lebewesen unter Vielen, die
moderne **somatische Anthropologie** fügt die Ergebnisse jener Forschungsgebiete zusammen
zu einer „Naturgeschichte der Gattung Mensch". Die **„Urgeschichte"** verfolgt die
ersten Schritte des Menschenzweiges aus dem grossen Stammbaume der Lebewesen
heraus zum homo sapiens, dem „Kultur"-Träger. Dieses Grenzgebiet zwischen Natur-
wissenschaft und Menschengeschichte erfordert bereits kombinierte und daher kompli-
zierte Arbeitsmethoden; das Dasein des Urmenschen muss in vielen Beziehungen noch
lange in den Bahnen des Tierreiches verlaufen sein; es tauchen aber in der Urzeit allmählich die Werte auf, die aus den Handlungen des täglichen Kampfes um's Dasein Kultur-
arbeit werden lassen und dann weiter die Verschiedenheiten des Entwicklungslaufes verschiedener Gruppen hervorruft. — In den vorgeschichtlichen Zeiten ihrer Entwicklung
gehen dann die einzelnen Menschengruppen schneller oder langsamer ihre gesonderten
Wege bis zur künstlichen Geschichte, deren Lauf die Schrift festhält. Die vorgeschichtlichen Kulturzustände Europas sind keinesfalls allein zu erfassen mit den Methoden der
Geschichtsforschung; für den Historiker sind ihre Träger deshalb Naturvölker und Barbaren!

Die **Völkerkunde** studiert die noch lebenden sogenannten primitiven Menschengruppen,
die heutigen „Naturvölker", deren Kulturbilder Züge zeigen, verwandt denen der vorgeschichtlichen Vorfahren der Kulturvölker. Manche Beobachtung der Völkerkunde dient auch zur
Erklärung vorgeschichtlicher Befunde. Ein schwerer Irrtum aber ist es, z. B. die vorgeschichtlichen Europäer ohne weiteres mit den Massen der verschiedenen
„Naturvölker" zu messen! Es darf nicht vergessen werden, dass jene heute lebenden
„Primitiven" doch ebenso alt sind, wie die Kulturvölker, und dass ihr Primitivsein durch Still-
stand und Rückschritt bedingt ist. In den ur- und vorgeschichtlichen Stufen der
Kulturvölker und ihren Daseinsformen lagen auf alle Fälle ganz andere,
fruchtbarere Anlagen und Entwicklungsbedingungen; sie haben von dem ur-
geschichtlichen Zustand zum geschichtlichen der Kulturvölker geführt, durch die vorgeschichtliche Stufe, die dem Wesen nach etwas Besonderes ist und deren Erforschung eigene
Forschungsmethoden bedingt!

Diese aufzufinden und zu verwerten ist Aufgabe der modernen Ur- und
Vorgeschichtsforschung. Nicht lediglich als Vorstufe des geschichtlichen dürfen
wir den vorgeschichtlichen Menschen der verschiedenen Gegenden und Zeiten unserer
europäischen Welt betrachten; er ist uns bedeutungsvoll um seiner selbst willen,

weil sein Entwicklungsgang die grosse Stufe vom Nochnicht-Menschen zum Kultur-Menschen bedeutet.

In dem Denken, Tun und Lassen des Ur- und vorgeschichtlichen Menschen liegen die Keime und Wurzeln für unsere stolzesten Kulturgüter. In dem Verständnis für seinen Entwicklungslauf, in der Erkenntnis seiner örtlich und zeitlich verschiedenen Zustände liegen die Vorbedingungen für das Verstehen von Art und Form unseres eigenen körperlichen und geistigen Daseins, für die Verwandtschaften und Feindschaften innerhalb unserer Kulturwelt! Vieles in unserem Denken und Fühlen, das unser Schicksal ist, würden wir besser verstehen und richtiger würdigen, und wir würden in Vielem richtiger, weil entwicklungsgeschichtlich folgerichtiger handeln, wenn wir unsere Art besser kennen würden.

Von den natürlichen Nachbarwissenschaften unzertrennbar steht so die Vorgeschichtsforschung in der Reihe der „Wissenschaften vom Menschen" als ein Sondergebiet mit Sonderaufgaben.

Nach langen mühsamen Versuchen hat sich die **Prähistorie ihre eigenen Methoden** für das eigene Forschungsgebiet herausgearbeitet. Die eigentlichen und eigensten „Dokumente" unserer Wissenschaft sind eine unendliche Menge von Einzelfundstücken und Kulturresten aus Gräbern und Siedlungen, über weite Gebiete hin verstreute Einzelheiten. In die aus schriftlichen Urkunden zu erschliessenden historischen Kulturbilder passen sie nicht hinein: das macht sie eben zu prähistorischen. Rein materiell und empirisch ist nun die erste Arbeit der Vorgeschichtsforschung gewesen und muss sie immer wieder sein! Man hat diese Methoden naturwissenschaftliche genannt, weil sie zunächst absichtlich von der verlockenden Verknüpfung mit geschichtlichen Überlieferungen absehen und bis zu einem gewissen Grade auch davon, dass ihre Materialien Produkte „bewusster" menschlicher Arbeit sind.

Geographisch inventarisierende Fundstatistik schafft die feste Grundlage für alle weiteren Untersuchungen! Unmittelbar ergibt sich aus ihr z. B. die Scheidung der lokalen von weiter verbreiteten Formen der Kulturprodukte, wie z. B. der einzelnen Geräte, Grab- und Siedelungsformen, Waffen und Ornamente. Ihr immer wiederkehrendes Zusammenvorkommen in gleichartigen Gräbern, Siedlungen usw. zeigt bereits die zeitliche Zusammengehörigkeit mancher Kulturerscheinungen, deutet also bereits den Kulturgehalt vorgeschichtlicher lokaler Gruppen an. Für die Urzeit der Menschheit, die einem vergangenen Erdzeitalter (dem Diluvium, der Eiszeit) angehört, ergibt sich aus der Übereinanderlagerung der Kulturreste in verschiedenen Erdschichten die chronologische Ansetzung in die verschiedenen Abschnitte des Eiszeitalters. Auch in den Grabhügeln und Siedlungsstellen aus der geologischen Jetztzeit liegen oft in getrennten Schichten Hinterlassenschaften verschiedener Zeiten übereinander (Troja). Unsere Ausgrabungsarbeiten müssen deshalb überall vor allem „Fundstratigraphie" treiben, wie die Geologen, denn aus dem Übereinander der Fundschichten folgt ihr verschiedenes Alter.

Durch ihr Vorkommen in solchen Fundschichtenfolgen gewinnen nun die zunächst geographisch gesonderten Erscheinungen weitere Bedeutung: zusammengehörige Fundgruppen, zeitlich gesondert, stellen Kulturfolgen dar, geben Auskunft über die materielle Kultur bestimmter Gegenden in verschiedenen Zeiten, also über das Dasein vorgeschichtlicher Menschengenerationen und Menschengruppen.

Geschichtslose Menschengruppen leben aber oft in der Nähe von solchen mit geschichtlicher Überlieferung, wie z. B. die Nordeuropäer zur Zeit der Griechen und Römer; Beziehungen oder Berührungen der historischen mit den gleichzeitigen geschichtslosen, also prähistorisch zu bezeichnenden Gruppen, haben hier und da — oft in grossen Pausen — stattgefunden, und dieses oder jenes materielle Kulturerzeugnis gelangte so aus der einen Gruppe zur andern und erscheint in den örtlichen Fundgruppen als Fremdling. Seine Anwesenheit hier wie dort birgt wieder ein zeitliches Moment: Gerätformen nordeuropäischer Art, die sich in römischen Siedlungen finden, die nicht jünger sein können als das II. Jahrhundert, müssen vor diesem Zeitpunkt entstanden sein. Findet sich eine griechische Vase des V. Jahrhunderts in einem nordeuropäischen Grabe, so kann dieses nicht früher angelegt sein.

In die Kette der relativen Chronologie fügen sich so allmählich mehr und mehr Daten der absoluten ein; und immer fester werden so die Stützpunkte für unsere Forschung! Weiter lassen sich nun regelmässige Formwandlungen gewisser Erzeugnisse z. B. des Handwerks und der Kunst durch verschiedene zeitlich mehr oder minder weit getrennte Fundschichten, bezw. aufeinanderfolgende Kulturen eines Gebietes verfolgen; so ergibt sich für sie eine Art Entwicklungsgeschichte, zunächst für die betreffenden umgrenzten Örtlichkeiten oder Kulturkreise. Nun zeigen sich aber für solche lokalen „typologischen Reihen" die formalen Folge- oder Vorstufen oft in anderen Kulturkreisen: zu der geographischen und chronologischen Gruppierung tritt damit ein ganz neues Moment: die Erkenntnis der Wanderung von Kulturgut, von Form der Waffen, Geräte und Ornamente, wie von Erzeugnissen der Gebräuche und Sitten. Bisweilen bricht auch die durch mehrere Fundschichten verfolgbare ruhige Entwicklung einer geschlossenen Kulturgruppe plötzlich ab, und die weiteren Entwicklungsstufen der Gruppe finden sich in einem anderen geographischen Gebiet: die Wanderung ganzer Kulturkreise drückt sich hierin aus. Ein andermal wieder verschmilzt die Kultur zweier in älteren Stufen kulturell getrennter Kreise in jüngeren Stufen zu einem Kulturkreis mit einheitlicher Kultur, deren Wurzeln in den beiden ehemals gesonderten Kulturgruppen liegen! — Träger aller dieser Wandlungen der Kultur ist aber der Mensch!

Der Grund all des Wechsels in der Zusammensetzung des Kulturbildes Europas während der vorgeschichtlichen Zeit müssen örtlich verschiedene Entwicklungsgänge sein und gegenseitige Beeinflussungen mehr oder weniger benachbarter Menschengruppen mit verschiedener materieller Kultur durch Handel und „politische" Vorgänge. Dazu kommen endlich Verschiebungen solcher Kulturgruppen gegeneinander infolge von Wanderungen ihrer Träger, der vorgeschichtlichen Stämme und Völkergruppen. Hier öffnen sich weite Gebiete für unsere Untersuchungen!

Um weiter zu kommen, bedürfen wir der vorsichtigsten Verwendung von Erfahrungen der Geschichte, Frühgeschichte, Volkskunde, mit der unsere Forschung tausend Fäden verknüpfen, und Völkerkunde, betreffend die Formen und Folgen von Handelsbeziehungen zwischen Kulturvölkern und primitiveren, die Berücksichtigung der Möglichkeit von Sitten- und Kultur-Übertragungen zwischen bluts- und kulturfremden Menschengruppen. Endlich spielen die Ergebnisse und Theorien der Rassenforschung und viele andere noch höchst vorsichtig zu behandelnde Überlegungen der „Gegenwartsforschungen" in unsere Untersuchungen hinein. Bei den ethnographischen Fragen in der Vorgeschichte gibt die Untersuchung der körperlichen Überreste der Träger von Kulturgruppen oder deren bildlichen Darstellungen oft den Ausschlag. Wir brauchen wie überall in der Wissenschaft, Arbeitshypothesen. Es wäre ideal, wenn sie nie zur Autosuggestion und zum Blendmittel würden!

Ein Forschungszweig gibt hier besonders viele wichtige Gesichtspunkte für kulturgeschichtliche sowohl wie kulturarchäologische Untersuchungen: die Siedelungsgeographie, die Lehre der ursächlichen Zusammenhänge zwischen Erdboden, Klima und Menschendasein: die Gesetze dieser Wechselwirkung gelten für schriftlose Menschengruppen so gut wie für geschichteschreibende, und deshalb sind sie offenbar besonders wertvoll für die Verknüpfung prähistorischer Kulturwandlungen mit historischen.

So werden denn für geschichtslose Zeiten Zusamenhänge gefunden oder angenommen, wie sie für historische Zeit die „Kulturgeschichte" verfolgt! Aus der Erfahrung aber, dass kulturgeschichtliche Zusammenhänge die allgemeingeschichtlichen wiederspiegeln, nimmt die „Kulturarchäologie" den Mut, ihrerseits von kulturgeschichtlichen Ergebnissen aus die Spuren geschichtlichen Geschehens schriftloser Zeiten und Gebiete zu suchen, um so Ur- und Vorgeschichte und Geschichte aneinander zu knüpfen.

Im Norden Europas, besonders in Skandinavien, hat sich an der Hand der dort in grosser Fülle erhaltenen vorgeschichtlichen Denkmäler die Methode der selbständigen („reinen") Prähistorie entwickelt.

Als zeitlich aufeinanderfolgend konnten in der vorchristlichen Zeit zunächst für Nordeuropa drei grosse Perioden unterschieden werden, die gekennzeichnet sind durch das Vorhandensein und Fehlen gewisser Kulturgüter: Auf eine um 2000 v. Chr. endende Steinzeit, die noch keine Metalle zu Nutzzwecken verwandte, folgt eine Bronzezeit, in der die Bronze die Rolle als Nutzmetall spielte, wie das Eisen dann seit der vorchristlichen Eisenzeit, d. h. seit etwa 500 in Nordeuropa. Für die spätere Zeit dienen dann historische Vorgänge, deren kulturelle Einwirkungen sich in den nordeuropäischen Funden zeigen, als Einteilungsprinzip. Auf die ältere und jüngere römische Kaiserzeit folgt die Völkerwanderungszeit, die fränkische und Wikingerzeit, für den Osten die slawische Periode: Jede Kulturperiode und Gruppe, über die die historische Überlieferung keine oder nur spärliche Auskunft gibt, ist also noch Gebiet der prähistorischen Forschung, der Kulturarchäologie, die zugleich Vorgeschichte ist.

Gerade in Zeiten und Gebieten, wo sich die geschichtliche Überlieferung berührt mit überlieferungslosen Vorgängen, haben sich die Beweise für die Richtigkeit unserer Ergebnisse gefunden. Die rein kulturarchäologische Untersuchung der Funde der ersten Jahrhunderte in Ostdeutschland und Südost-Europa ergeben z. B. Entwicklungsgänge und Wanderungen, die sich völlig decken mit den Überlieferungen der germanischen Stammeswanderungen jener Zeit: ja vielfach konnte diese Überlieferung wesentlich ergänzt, Fragliches auch korrigiert oder gesichert werden. Derartige Untersuchungen haben auch beigetragen zur Aufhellung der Vorgänge der Keltenwanderungen und vor allem der Römerkriege! Die Feststellung von Handelsbeziehungen und Wanderungen mit ihren kulturellen Folgen haben hierbei wesentliche Dienste getan, mehr oft, als die natürlich stets gesuchte Anknüpfung an frühgeschichtliche Überlieferung. — Die Erfahrungssätze, die sich hier für unsere Forschung ergaben, ermöglichten dann, auch die völlig überlieferungslosen Vorspiele dieser Vorgänge in den Grundzügen zu erkennen.

Und endlich ergaben sich für die weit vor aller Geschichte liegenden Zeiten, durch Rückschlüsse aus Kuländerung und Kulturwanderung, die Entwicklungen und Verschiebungen von Menschengruppen: also ein geschichtliches Geschehen in grossen Zügen: So konnten wir z. B. für das Ende der Steinzeit grosse Auswanderungen aus dem Grenzgebiet eines grossen einheitlichen nordeuropäischen Kulturkreises feststellen, mit Ausstrahlungen in diejenigen Länder, in denen später die indogermanischen Völker auftreten; ihre Folge sind Rückströmungen neuer Kulturgüter und -formen aus dem Mündungsgebiete der Wanderungsströme in das Ausgangsgebiet. Derartige Auswanderungen von Menschen mit darauf folgender Einwanderung von Kulturerscheinungen lassen sich ja in allen Zeiten vielfach beobachten. Sprachwissenschaftliche, anthropologische, siedlungsgeographische und frühgeschichtliche Untersuchungen schliessen sich mit unseren Beobachtungen zu der Annahme zusammen, dass sich hinter den kulturarchäologischen Vorgängen am Ende der Steinzeit (vor und um 2000 v. Chr.) die Ausbreitung des indogermanischen Stammvolkes verbirgt, dessen in Nordeuropa zurückgebliebener Anteil die Germanen sind (Kossinna). Bei den neueren Beobachtungen über die ersten Entwicklungsstufen der indogermanischen Völker (Inder, Meder, Perser, Armenier, Thraker, Phryger, Griechen, Römer, Kelten, Slawen und Germanen) und ihrer Berührung z. B. mit den Völkern des „alten Orient" hat sich diese Annahme vielfach bestätigt und sich als wertvoll für die Erklärung vieler Fragen des Altertums überhaupt erwiesen.

Gegner dieser Annahme sind fast nur noch Forscher, denen nach eigenem Eingeständnis — oder ohne dasselbe — die Arbeit und die Ergebnisse der modernen Vorgeschichtsforschung im Ganzen fern liegen, oder deren Studien nur den „Norden" oder nur den „Süden" betreffen, die Endpunkte der grossen vorgeschichtlichen und geschichtlichen Kultur- und Wanderungsströme; hier zeigen sich aber häufig die Bewegungen nicht so klar, wie in dem vermittelnden Zwischengebiet, Mitteleuropa, und wie gerade in Deutschland, wo für unsere modernen Forschungen zur Zeit ein Hauptarbeitsgebiet ist!

In der örtlichen und zeitlichen Gruppierung der vorgeschichtlichen Funde spiegelt sich also das vorgeschichtliche Geschehen wieder, dessen Erkenntnis vollkommener werden wird in dem Masse, als das Fund-Material lückenloser sein wird.

Nur die wissenschaftliche Sichtung der Funde aus der geschichtslosen Zeit kann festen Halt geben für die Fäden, die aus der Geschichte und Frühgeschichte hinüberlaufen!

Ein lückenloser Überblick über die unendlich zahlreichen vorgeschichtlichen Funde ist heute noch unmöglich, da ein grosser Teil derselben nicht mit der Sorgfalt gehoben ist und wird, die jene Funde zu Dokumenten für unsere Forschung macht. Ein sehr grosser Teil des gehobenen Materiales ist auch infolge der Nichtbeachtung unserer in früheren Zeiten meist von Laien und in der Art oberflächlicher „Liebhabereien" vertretenen Forschung verdorben, und die bis vor kurzem fast überall in Deutschland unzulängliche und oft genug geradezu unzugängliche Aufbewahrung der vorgeschichtlichen Funde hinderte den weiteren Ausbau vorgeschichtlicher Kenntnisse, der in der Hand weniger, meist mit privaten Mitteln arbeitenden Forscher lag. Ein sonderbares Kapitel gerade der deutschen Geistesgeschichte ist die lange anhaltende Gleichgültigkeit der Wissenschaft gegen die Reste der eigenen „schriftlosen" und „heidnischen" Vorzeit, die noch heute in weiten Kreisen in einer förmlichen beschämten Verachtung unserer „barbarischen" Vorfahren sich äussert!

Erst die Entwicklung der Früh- und Vorgeschichtsforschung in den alten orientalischen und südeuropäischen Kulturstaaten hat zur Folge gehabt, dass auch in der heimatlichen Früh- und Vorgeschichtsforschung seitens weiterer Kreise Werte erkannt wurden und dass sich nun auch mehr und mehr geschulte Kräfte den Gebieten der „Prähistorie" zuwandten, die bis dahin mehr der Tummelplatz für begeistertes Laientum und übeles Dilettantentreiben war.

Jetzt begannen infolgedessen mehr und mehr öffentliche Museen und sonstige wissenschaftliche Anstalten einen Teil ihrer Mittel der Erforschung der Herkunft unserer heimatlichen Bevölkerung und der Wurzeln unserer vaterländischen Kultur und Geschichte zur Verfügung zu stellen. In den skandinavischen Ländern ist durch die allgemeine Anteilnahme des Volkes die Vorgeschichtsforschung längst einer der durch staatliche Förderung bevorzugte vornehmsten Zweige heimatlicher Kulturarbeit geworden. In Deutschland sind seit einiger Zeit die ersten Schritte in derselben Richtung getan. Was uns vor allem fehlte, waren Anstalten, die das Fundmaterial bestimmter geographischer Gebiete so vorbereiten, dass die Wissenschaft mit ihnen als mit unbezweifelbar echten Dokumenten rechnen kann! Aus dieser Überlegung ergeben sich ohne weiteres die natürlichen Forderungen unserer Wissenschaft an solche Institute: Ein Ideal sich zu vergegenwärtigen wird die Arbeit an seiner Verwirklichung fördern! **Wir brauchen Folgendes:**

1) Hebung von Funden durch geschulte und sachverständige Kräfte, die mit ausreichenden Hilfsmitteln versehen sind, um die Funde so behandeln zu können, wie unersetzbare Dokumente es verdienen. Besondere Anforderungen besonders an die Hilfskräfte stellt die Notwendigkeit des unausgesetzten Bereitseins zu Hebung und Bergung gefährdeter Funde und dann die oft sehr schwierigen und meist sofort nötig werdenden Konservierungsarbeiten!

2) Museale Bearbeitung (Konservierung!), die nicht nachsteht der für naturhistorisches und besonders für Kunst-Museumsgut längst selbstverständlichen Sorgfalt. Die Tätigkeit geschulter Präparatoren ist für die vorgeschichtliche Archäologie eine der brennendsten Forderungen. Was aus vorgeschichtlichen Funden gemacht werden kann, sieht man mit Neid zum Beispiel im französischen Nationalmuseum in St. Germain en Laye! —

3) Bezüglich der musealen Darstellung und Vorbereitung für weitere wissenschaftliche Benutzung stellen die vorgeschichtlichen Funde heute deshalb noch besonders grosse Anforderungen an alle auch die kleinsten Institute, die sich ihrer Pflege annehmen wollen, weil es sich um Dinge handelt, von denen erst ein geringster Teil infolge bisheriger Vernachlässigung der nötigen Bearbeitung und Veröffentlichung selbst den Fachkreisen genügend bekannt geworden ist. Es sollte in der Aufbewahrung der Funde eine archivartige Anordnung herrschen, dass die wissenschaftliche Benutzung in jeder Weise erleichtert wird.

4) Da aber zur Hebung der Vorgeschichtsforschung die Anteilnahme sozusagen des ganzen Volkes notwendig ist, weil die grundlegenden Materialien, die Erdboden-Funde nur dann vor Schädigung gesichert werden können, wenn die Besitzer solcher Bodenflächen, die vorgeschichtliche Denkmäler und Funde enthalten,

so ist im Volke das Verantwortungsgefühl gegenüber den Funden mit allen Mitteln zu heben: das wird aber nur durch möglichst allgemeine Verbreitung von Aufklärung erreicht werden können, die ihrerseits am besten dadurch erstrebt wird, dass die Anstalten und Organisationen, denen die Pflege von Wissen und Kultur zufällt, erstens mit gutem Beispiele vorangehen in der verständnisvollen und nach der heutigen Lage der Dinge notwendigerweise bevorzugenden Behandlung der vorgeschichtlichen Altertümer, und weiter dadurch, dass die vorgeschichtlichen Kenntnisse in einer „schmackhaften" Form dargereicht werden: in anziehenden Museeneinrichtungen, wo auch des Künstlers Mitwirkung der Sache zu Gute käme, und durch eine Pflege der unbeweglichen Denkmäler, die gleicherweise der Erhaltung dienen sollte, wie auch der Pflege der Pietät gegen sie unter den Umwohnern.

5) In fachmännischen Kreisen herrscht längst der Wunsch nach einer gesamtdeutschen Organisation aller dieser Museumsarbeiten; aus Mangel an sachverständiger und zugleich einflussreicher Führung ist sie bisher nicht verwirklicht. Die Grundlagen für eine solche Organisation, über die sich in Fachkreisen leider noch keine festen Ansichten herausgebildet haben, ergeben sich aus folgender Überlegung:

Das Gebiet des heutigen Deutschland umfasst in verschiedenen Zeiten verschiedene Kultur- und Menschengruppen; aber immer sind doch dabei gewisse Gebiete einheitlich, so Nordwestdeutschland, Ostdeutschland.

Geographisch wäre eine grundsätzliche Einteilung in Arbeitsgebiete durchführbar, die den vorgeschichtlichen Geschehnissen in den Hauptzügen gerecht würde; aber politisch böten sich der praktischen Ausführung solcher Einteilung grosse Schwierigkeiten. Die politische Einteilung der Arbeitsgebiete ist die am ersten durchführbare; sie wird auch aus vielen Gründen, die besonders auf dem Verwaltungsgebiete liegen, die wirksamste sein, wenn ausserdem eine allgemeine Verständigung über die Grundsätze der Forschungsorganisation zu erzielen wäre. Sie könnte etwa nach folgendem Plane geschehen:

a. Ortssammlungen müssten vor allem für fachmännische Bergung und Aufbewahrung der vorgeschichtlichen Funde ihrer nächsten Umgebung Sorge tragen; nur wenn Überschuss von Mitteln und Kräften vorhanden ist, sollten allgemeine Gesichtspunkte bei der Ausgestaltung dieser Ortssammlungen verfolgt werden; Vorträge, aufklärende Ausstellungen und dergleichen sollen die nötige Belehrung in der Bevölkerung verbreiten.

b) Bezirkssammlungen haben zunächst dieselben Aufgaben. Vor allem sollten sie für ein vorgeschichtliches Landesarchiv und die Aufgaben der vorgeschichtlichen Kartographie das Material ihrer Bezirke sichten und vorbereiten. Der Zusammenhang mit den grösseren Kultur-Gebieten, dem ihre Funde angehören, müsste in ihren Sammlungen Darstellung finden durch Karten, Bilder typischer Funde und dergl. mehr.

c) Landessammlungen (Provinzial-Museen in Preussen, Staatsmuseen kleiner Staaten) hätten dieselbe Aufgabe zunächst für ihren örtlichen Bezirk, für den sie Bezirks- oder Ortssammlungen enthalten; ausserdem sollen sie aber in ihrer Aufstellung ein „grosses Bild" der zeitlichen und örtlichen Eingruppierungen der Landesmaterialien in die vorgeschichtlichen Perioden und Kulturen darbieten. Wenn schon für Orts- und Bezirkssammlungen fachmännische Leitung erwünscht ist, so ist sie Voraussetzung für die Landessammlungen und deren Aufgaben, unter denen die Ausgestaltung des Hauptarchives für vorgeschichtliche Landesforschung und die Verwertung seines Inhaltes den meisten Platz einnimmt: Die „lehrhafte" Aufstellung der Sammlungsmaterialien wird die nächste Frucht sein, fortlaufende

Veröffentlichungen und wissenschaftliche Inventarisierung und kartographische Verarbeitung des Landesmateriales zu einer Landes-Vorgeschichte die dauernde Aufgabe der Hauptstelle für vorgeschichtliche Landesforschung. Diese Hauptstellen sollten folgende Grundsätze haben: Centralisation des Wissens aber nicht Centralisation der Funde, Belehrung und Unterstützung durch Rat und Tat nach allen Seiten, wissenschaftliche Veröffentlichungen und Popularisation der Ergebnisse der Landesforschung.

d) Das Reichsmuseum (in Berlin) hätte dieselben Aufgaben für das ganze Reich, wie die Landesmuseen für ihr Land haben; naturgemäss müsste es also von allerersten Fachleuten geleitet werden!

Eine sehr wichtige Frage betrifft die Anteilnahme seitens der staatlichen Denkmalspflege an der Arbeit der Vorgeschichtsforschung. Die Aussicht auf gesetzliche Regelung taucht seit vielen Jahren immer wieder auf, ohne bisher zu fester Gestaltung geführt zu haben. Destomehr ist mancherorts unterdessen seitens der Provinzialkonservatoren getan, jedoch fehlt noch die allgemeine Verständigung und vor allem die nötigste Grundlage, eben die Organisation der Vorgeschichtsforschung selbst.

Die **Provinz Hannover** nimmt infolge ihres Reichtums an bereits gehobenen und noch nicht gehobenen beweglichen sowie an nicht beweglichen vorgeschichtlichen Bodenfunden eine hervorragende Stellung unter den deutschen Landesteilen ein. Auch die Rolle, die ihr Gebiet in allen vorgeschichtlichen Perioden gespielt hat als vermittelnd zwischen dem skandinavischen Norden und dem Ostseegebiet einerseits und den mitteldeutschen Ländern andererseits, ist sehr wesentlich für die vorgeschichtlichen Geschehnisse.

Dieser besonders grossen Bedeutung stand bisher gegenüber ein grosser Mangel an zielbewusster, organisierter Arbeit. Verschiedene höchst verdienstvolle Einzelpersonen und einzelne Museen und Vereine haben grosses Material zusammengebracht. Besonders rege war das Interesse Einzelner an vorgeschichtlicher Forschung im Anfang und Mitte des vorigen Jahrhunderts; vor allen seien genannt die Namen des Grafen v. Münster, v. Estorff's, v. Wellenkamp's, Wächter's und des früheren Leiters der Provinzialsammlung des Studienrats Müller, der sich höhere Ziele gesetzt hatte, deren Erreichung aber vor allem dadurch beeinträchtigt wurde, dass die Geldmittel und die zweckmässige Personalunterstützung bei den so vielfach ja rein mechanischen Arbeiten ausserordentlich beschränkt war. Ein Einzelner kann ohne ausreichende geschulte Hilfskräfte nichts Ganzes schaffen auf einem Forschungsgebiete, dessen Zustand in besonders hohem 'Grade vielseitige Arbeit erfordert!

Die Landesverwaltung hat nun in den letzten Jahren Mittel und Wege gefunden, zu einer endgültigen, der Lage der Wissenschaft und der Bedeutung der vorgeschichtlichen Schätze entsprechenden Ausgestaltung der vorgeschichtlichen Landessammlung zu einer praktischen und wissenschaftlichen Hauptstelle für vorgeschichtliche Landesforschung in der Provinz Hannover.

In erster Linie steht die **Neugestaltung der vorgeschichtlichen Sammlung des Provinzial-Museums.**

Anfang 1907 erhielt ich den Auftrag, die vorgeschichtliche Abteilung des Provinzialmuseums nach dem Gesichtspunkt moderner Forschung zu ordnen und aufzustellen, sowie einen Führer dafür zu schreiben, und freudig ergriff ich diese Gelegenheit, an einer Stelle Hand anlegen zu können an der praktischen Ausführung unserer Pläne. Die reiche Landessammlung in Hannover enthält für die deutsche Vorgeschichtsforschung in Hannover ausserordentlich wichtiges Material. Ihrer wissenschaftlichen Verwertung standen aber bekanntermassen schwerwiegende Hindernisse entgegen; die besonders schönen Materialien, aus denen sich im Laufe des vorigen Jahrhunderts der alte Stamm der Abteilung zusammengesetzt hat, litt an den Folgen unzureichender Methoden des Sammelns und der musealen Verwertung wie die aller deutschen Museen! —

Die jetzige vorgeschichtliche Sammlung im Provinzial-Museum enthält Materialien sehr verschiedener Herkunft: Ergebnisse der Sammel- und Ausgrabungstätigkeit des historischen Vereins bilden den von der Provinz käuflich erworbenen Stamm; in diesem sind bereits verschiedene grössere und kleinere ganze Sammlungen aus Privatbesitz enthalten, so die von Münster, Wächter, Thiemig und Frye. Vor allem waren aus dem Besitztum des Gesamthauses Braunschweig-Lüneburg und S. M. des Königs von Hannover die grossen Sammlungen v. Estorff und von Wellenkamp, sowie kleinere angekaufte Fundserien, die der Schmidt'schen und Blumenbach'schen Sammlung, der Geschichtsvereinssammlung unter Wahrung des Eigentumsrechts angegliedert und sind unter der gleichen Bedingung dann dem Provinzial-Museum überwiesen.

Die Vereins-Sammlung ist käuflich von der Landesverwaltung erworben und unter ihre Verwaltung genommen. Die Sammlung ist in 3 Sälen im Erdgeschoss des 1902 gebauten Provinzial-Museums untergebracht, in 3 grosse Gruppen geteilt: Funde der Steinzeit, die der vorrömischen Metallzeit und die der Zeit nach Christi Geburt. — Die Sammlung des Gesamthauses Braunschweig-Lüneburg ist vertragsmässig in einem besonderen Raume untergebracht; ihr Fundmaterial in stein- und metallzeitliches gesondert. — In allen Teilen der Sammlung war die Ordnung nach Regierungsbezirken durchgeführt.

Als wertvolle Vorarbeiten für meine Aufgabe fand ich einen 5 bändigen von Herrn Runde vor der Aufstellung im neuen Provinzial-Museum geschriebenen, mit reichem Zeichnungsmaterial versehenen Katalog der 17000 Nummern enthaltenden vorgeschichtlichen Sammlungen vor, weiter einen älteren Zettelkatalog und einen schon weit geförderten nach dem Sammlungsbestande aufgenommenen Literaturkatalog über die Fundorte, die in der Sammlung vertreten waren.

Meine erste Arbeit war eine Vergleichung der Kataloge mit den Beständen. Dabei wurde zunächst die bereits gegebene Gruppierung in 3 Abschnitte beibehalten, weil sich sehr bald bei dem Versuch feinerer chronologischer Einteilung Schwierigkeiten zeigten, die darin begründet sind, dass gerade für Nordwestdeutschland Übersichten über den Fundbestand an vorgeschichtlichen Altertümern fast gänzlich mangeln. — Sämtliche Funde wurden mit Zetteln versehen, die als Ergänzung der bereits vorhandenen Fundortschilde Zeit und Art des Erwerbes und nähere Fundortangaben enthielt, soweit das aus dem Katalog zu ersehen war. Diese eingehendere Bezeichnung erwies sich als nötig um ursprünglich zusammengehörige Funde wieder zusammenzufinden und dann auch zusammen zur Aufstellung bringen zu können. Bereits für diese Arbeit erwies sich vielfach eine Nachprüfung der Fundzusammensetzung als sehr wünschenswert für ältere Funde; das konnte nur geschehen an der Hand von Erwähnungen in der Literatur, da fast kein Originalbericht vorhanden war; nur für die Ausgrabungen etwa der letzten 10 Jahre lagen einige Fundberichte vor!

Ganz besonders im Hinblick auf die Neuaufstellung, bei der die Funde mehr als bei der bisherigen Anordnung zur allgemeinverständlichen Darstellung gebracht werden sollten, mussten diese wichtigsten Zeugnisse, die Fundberichte, soweit sie irgend zu erlangen waren, herangezogen werden, da ohne sie ein Fund ja nur sehr bedingten Wert hat.

Neben den bisherigen einfachen Einzel-Fundortangaben sollten bei der Neuaufstellung die Grabfunde, Massen- und Einzelfunde als solche bezeichnet und die wichtigsten durch erklärende Beischriften, reconstruierende Zeichnungen und dergl. hervorgehoben werden — damit auch das Laienpublikum Verständnis für die Vorgeschichtsforschung bekäme! Alle derartigen Darstellungen können aber eben nur durchgeführt werden, wenn Fundberichte vorliegen und andere Angaben, die das Fundstück von der Stufe des „typischen Stückes" der alten Anschauung auf die des sozusagen „individuellen Fundes" hebt, der über die Fragen, die die moderne Wissenschaft stellt, Auskunft geben kann.

Bei diesen zunächst rein museumstechnischen Arbeiten ergaben sich bald schwerwiegendste Hindernisse für die Einhaltung der ursprünglich auf etwa $^1/_2$ Jahr bemessenen Frist zur Fertigstellung der Neuordnung:

Der grosse neue Rundesche Hauptkatalog war angelegt nach Zusammenstellungen aus einer älteren Serie von Katalogen, in denen das Material nicht nach einheitlichen Prinzipien verzeichnet war und in denen etwaige Fundberichte und Angaben nur in höchst mangelhafter Form Berücksichtigung gefunden hatten. Sie waren auch nicht mit fortlaufender Numerierung versehen gewesen sondern in vielen Unterabteilungen angelegt, teils nach dem Material, teils nach (bei grösseren Funden) Fundorten etc. immer wieder mit Nr. 1 beginnend! Die Objekte hatten hiermit gleichlautende Zahlen getragen, bevor sie im Anschluss an den neuen Katalog fortlaufend bezeichnet wurden. Bei der Übertragung aber aus einem solchen Katalog-Labyrinth mussten ja allerlei Fehler unterlaufen; aber auch schon bei der Verwaltung und Aufstellung in der Zeit seiner alten Katalogisierung konnten Irrtümer nicht ausbleiben, noch dazu solange die Verwaltung noch nicht in einer Hand gelegen hatte und jeder neue „Kustos" mit neuen Ideen und Ordnungsprinzipien an die Sammlung herangegangen war. So stellte sich denn bei Stichproben sogleich heraus, dass zwar der Katalog sozusagen „theoretisch" den Bestand der Sammlung wiedergab, dass aber die Fundstücke, gemäss ihrer neuen Nummernbezeichnung nach dem Katalog zusammengestellt, sehr oft nicht wirklich die zusammengehörigen Materialien waren bezw. sein konnten nach ihrem schon unabhängig vom Fundbericht feststellbaren archäologischen Charakter.

Nur zwei sehr wertvolle Aktenstücke aber fand ich vor: die Fundberichte des Grafen Münster über einen grossen Teil seiner Ausgrabungen aus den Jahren 1807 bis etwa 1822; das betreffende Material gehört zu der alten Sammlung des historischen Vereins. Für die Ordnung und Aufstellung der Funde waren diese Berichte noch nicht ausgebeutet, wie sich bald zeigte. Weiter war bei der Sammlung der Fideicomissgalerie vorhanden der Originalkatalog zu der schönen Wellenkampschen Sammlung der Fideicommissgalerie: mit guten Fundberichten, aber ohne Illustrationen. — Die Identifizierung und die kritische Bearbeitung und Zusammenstellung der v. Münster'schen Materialien nach den Berichten erforderte viel Zeit, hat sich aber sehr gelohnt, denn nun ist ein grosser Teil der Steingräberfunde wissenschaftlich sicheres Material und ebenso ein grosser Teil der bekannten Urnenfriedhöfe der Umgebung von Nienburg und anderen Fundserien. Eine besondere Schwierigkeit stellte sich ein bei der Bearbeitung der in der wissenschaftlichen Welt wohlbekannten Münster'schen Funde aus Steinzeitgräbern: Die Gefässe waren in den 80er Jahren im Centralmuseum zu Mainz „restauriert", und zwar so gründlich, dass ihre ursprüngliche Farbe und Patina völlig von übergestrichenen Gips- und Farbmassen verdeckt war und die fehlenden Teile der Gefässe (oft mehr als die Hälfte der Gefässe!) waren so gründlich ergänzt, dass, zumal unter der allesbedeckenden Farbdecke, oft die ursprünglichen von den ergänzten Teilen nicht eher zu unterscheiden waren, als bis das Stück „zurückrestauriert" war, d. h. mit mühsamsten mechanischen und chemischen Mitteln Echtes und Gefälschtes getrennt war. Fachleute haben alte Ornamente dieser Steingefässe gelegentlich von der Gefässseite copiert, auf der sie am deutlichsten waren, und von der sie auch auf den vorhandenen photographischen Wiedergaben dargestellt sind: diese „schönsten" Seiten stellten sich oft als die ergänzten heraus!

Jetzt ist alle falsche Pracht durch Farbunterscheidung für den ersten Blick kenntlich gemacht; und viele Stücke konnten erst in diesem „reinen" Zustand mit den prachtvoll genauen Beschreibungen und Zeichnungen der künstlerischen Berichte identifiziert werden!

Auf Schritt und Tritt galt es bei der Arbeit in der ganzen Sammlung solche und andere „alten Sünden" wieder gut zu machen!

Die leider spärlichen Skelettreste der vorgeschichtlichen Sammlung waren jederzeit arg vernachlässigt und durcheinandergebracht, — ich fand die meisten vor mit der Bezeichnung „Provinz Hannover"; ein paarmal gelang es aber durch glückliche Zufälle zusammengehöriges wieder zu vereinigen und an seine Stelle zu bringen: so verrieten einmal Kopf und Rumpf ihre Zusammengehörigkeit dadurch, dass der eigenartige Leim, den der Finder benutzt hatte, noch an dem Stücke sass oder die Erdreste der Fundstelle; ein andermal liessen die für einen bestimmten Sammlungsbestand kennzeichnenden Papierstreifen Bruchstücke von Gegenständen zusammenfinden! —

Wo für die Ordnungsarbeiten Fundberichte vorlagen, war so schliesslich mit einigem Nachdenken noch allerlei zu machen; — aber die Zusammenstellungen nach den Katalogen muteten dem „prähistorischen Gewissen" oft garzuviele Unwahrscheinlichkeit zu: dass sich zwischen die v. Estorff'schen Materialien „aus dem Lüneburg'schen" italienische, oder fränkische und andere Fundstücke eingeschlichen hatten, war der bekannteste Notstand.

Die Beschreibungen im Wellenkamp-Katalog genügten leider nicht, die offensichtliche Verwirrung dieser Sammlung zu klären; so standen hier weiter gute Fundberichte neben dem schönen aber nicht identifizierbaren Material. Und zuguterletzt ergab sich noch, dass jene obengenannte Katalogserie, die dem Runde'schen Katalog zu Grunde liegt, offenbar selbst nur die Verarbeitung einer oder gar mehrerer älterer Kataloge sein musste! Diese ältesten Originalkataloge bezw. Eingangsjournale und die Fundberichte des alten Sammlungsbestandes fehlten aber fast ganz, mussten aber ursprünglich vorhanden gewesen sein. Der empfindlichste Mangel war aber das fast völlige Fehlen der Original-kataloge der verschiedenen grossen Sammlungen, die einst in ihrer Gesamtheit aus Privat-besitz in die damalige Vereinssammlung übergegangen waren! Umfragen führen dann darauf, einen Teil der Fundberichte, z. B. der in Müllers Statistik oft erwähnten „amtlichen Berichte", aus Berichten, die im Oberpräsidium usw. liegen, zu gewinnen. Endlich fand sich in der alten Registratur des Historischen Vereins für Nieder-sachsen eine sehr grosse Anzahl von Fundberichten und anderen wichtigen Aufzeichnungen über die ältesten Materialien der jetzigen vorgeschichtlichen Abteilung des Provinzial-Museums in Akten des Vereins, der dem Provinzial-Museum diese wertvollen Papiere nunmehr zur Verfügung gestellt hat. —

Mehrere hundert Berichte konnten aus diesen Akten für unsere Sammlung gewonnen, und viele durch beigegebene Zeichnungen u. A. mit den Funden identifiziert werden. Vor allem aber fanden sich zwei Original-Kataloge: der der Wächter-schen Sammlung, reich mit Handzeichnungen versehen und der in Fach-kreisen schon oft vermisste Originalkatalog der v. Estorff'schen Sammlung. Wieder also konnten zwei höchst wertvolle Bestände der Abteilung kritisch gesichtet werden und ergaben grosse, nunmehr mehr oder weniger „sichere" Materialien. Der v. Estorff'sche Katalog gab auch für fast alle in Betracht kommenden Fälle, wo es galt, aus dieser Sammlung die von Fachkreisen längst bemängelte Beimischung süddeutscher und südeuropäischer Funde zu hannoverschen auszumerzen, sichere Unterlagen oder wenigstens deutliche Hinweise! —

Endlich spielte mir meine Durchsicht der Aktenmassen des Historischen Vereins ein wichtiges Papier in die Hand, eine Ablieferungsbestätigung seitens der Hand-bibliothek S. M. des Königs von Hannover über einen grossen Aquarellen-Atlas der v. Wellenkamp'schen Sammlung, der sonst nirgends in der Literatur oder dem Samm-lungskataloge erwähnt ist. Dieser prachtvolle von Soltau und Sohn gemalte Atlas wurde uns von S. Kgl. Hoheit dem Herzog v. Cumberland gütigst zur Sammlung der Fideicommissgalerie überwiesen und hat in Verbindung mit dem bereits vorhandenen handschriftlichen Kataloge Wellenkamps unschätzbare Dienste geleistet, einen weiteren Teil unserer Abteilung wissenschaftlich herzurichten! Einige kleinere Funde kamen hinzu und eine Reihe mündlicher Aufklärungen. Als Kuriosum sei erwähnt, dass ich ganz zufällig in alten Papieren des Magdeburger Stadtarchivs Fundberichte fand über eine im Provinzial-Museum befindliche kleine Fundgruppe aus dem Lüneburgischen. Es ist offenbar ein Duplikat des Originalberichtes, den der Finder mit Verkaufsangebot ver-schiedenen Interessenten sandte: in unseren Akten war aber kein Exemplar vorhanden.

Bei der Ausbeutung dieser glücklichen Funde zeigte sich erst, wie viele Fehler sich in die vorgeschichtliche Sammlung seit deren Begründung im Anfang des vorigen Jahrhunderts eingeschlichen hatten und dass sie als wissenschaftlich verwertbares Material tatsächlich mit Recht nicht ange-sehen ist. —

Man hätte ja wohl daran denken können, aus den wenigen Materialien, die gleich anfangs ohne grosse Schwierigkeiten auch mit Hilfe der Literatur identifi-zierbar waren, besonders aus jüngeren Funden, über die Fundberichte vorhanden waren, eine wenn auch sehr kleine, so doch aus sehr zuverlässigen Funden bestehende Sammlung zusammenzustellen und das übrige Material etwa nach Auswahl einer sogenannten „Typen-sammlung" i. Ü. als wissenschaftlich wertlos zu magazinieren. Systematische Ausgrabungen und Ankäufe hätten so die empfindlichsten Lücken der Sammlung allmählich schliessen können und sie wäre so doch vielleicht noch zu einer Landesmuseumssammlung geworden, wo die wesentlichen Erscheinungen der Landesvorgeschichte dargestellt werden sollen. Aber erstens leuchtet sofort nach den ersten Arbeiten und besonders den „Akten-Entdeckungen" der grosse wissenschaftliche Wert ein, den die Möglichkeit einer tiefergehenden Bearbeitung der Sammlung barg und es stand noch ein anderer Gedanke im Zusammenhang mit dem Auftrag, die vorgeschichtliche Provinzial-Museums-Sammlung fachgemäss zu ordnen und zu bearbeiten. **Es sollen in der Art der grossen Inventare der Kunstdenkmäler der Provinzen auch die vorgeschichtlichen Denkmäler der Provinz Hannover zusammengestellt werden!**

Dieser seit 1894 vorbereitete, aber besonders wegen Mangel an Mitteln bislang zurückgestellte Plan der Museums-Verwaltung, welcher jetzt zur Ausführung gelangen wird, kommt ganz ausserordentlich den dringendsten Bedürfnissen unserer Wissenschaft entgegen, er war aber nur ausführbar auf Grund ausgedehnter vorgeschichtlicher Fundmaterialien; hierzu aber genügten weder die doch nur spärlichen sicheren Funde der Provinzial-Museums-Sammlung, auch nicht, wenn die Materialien aller sonst in der Provinz Hannover vorhandenen öffentlichen und privaten Sammlungen hinzugenommen worden wären: diese anderen Sammlungen hätten dazu ausserdem auch erst wieder kritisch bearbeitet werden müssen, da auch ihre Bestände infolge der allgemeinen Lage unserer Forschung meist keineswegs einwandsfrei sind! Andererseits war es längst in Fachkreisen allgemein bekannt, dass die Materialien des Provinzial-Museums und gerade die älteren und ältesten Bestände Funde enthalten von einzigartiger Bedeutung für die Vorgeschichte Norddeutschlands, und dass es unwiederbringliche Materialien seien, da die schnell fortschreitende Bodenkultur die Aussicht auf ähnliche reiche Ausbeuten täglich verringert!

So wurde eine viel weitgreifendere und tiefergehende Aufgabe gestellt, durch die von grossem Verständnis für neuere Forschung geleitete Entschliessung der Verwaltung, für die mit den geschilderten Untersuchungen notwendigste Vorarbeiten getan sind: Zusammentragen und Ordnen von tausend Kleinigkeiten und ein oft genug mühseliges Sieben und Sichten des reichen Fundmateriales, das als Ergebnis sehr verschiedenartiger und verschiedenwertiger Sammeltätigkeit eines Jahrhunderts den Bestand der vorgeschichtlichen Abteilung unseres Museums bildet.

Dieser Umweg über die kritische Sichtung der wiedergefundenen Originalberichte hat für die Neuordnung und Neuaufstellung der Sammlung „gesichertes Material" von ganz beträchtlichem Umfange geschaffen; die Fundberichte selbst bilden eine wertvolle Ergänzung bei der Aufstellung der Funde; und die Vermehrung gesicherter Funde des Provinzial-Museums unter Zuhilfenahme der Literatur und in anderen Sammlungen zu findenden Materiales gestattet bereits einen ganz guten Überblick über die vorgeschichtlichen Fundbestände der Provinz Hannover; und so wird es bald möglich sein, wenigstens in grossen Zügen die Entwicklungsgänge der vorgeschichtlichen Kultur der Provinz zur Darstellung zu bringen.

Die **Sammlung** ist jetzt in ihren drei Erdgeschoss-Sälen folgendermassen aufgestellt:

I. **Der erste Saal** enthält den grössten Teil der Sammlungen, in magazinartiger Anordnung nach Regierungsbezirken, Kreisen und alphabetischer Fundortfolge. Statt der üblichen amtlichen Reihenfolge der Regierungsbezirke und Kreise erwies sich eine geographische Gruppierung von Nordost nach Südost als zweckmässig, weil dabei ohne weiteres wichtige Gruppierungen innerhalb der vorgeschichtlichen Funde zu Tage treten, Folgen grosser vorgeschichtlicher Kulturströmungen und dergl., die an die verkehrs- und siedlungs-geographischen Bedingungen der Provinz gebunden waren!

Aus Platz- und Lichtmangel kann dieser Plan, wie alle anderen jetzt nur andeutungsweise ausgeführt werden, vor Allem auch ohne die wünschenswerte Übersichtlichkeit der Aufstellung.

Es müssen deshalb auch hier grosse Gesamtfunde, wie die Ergebnisse der Untersuchungen der Einhornhöhle bei Scharzfeld, sowie die der Ausgrabungen von Anderlingen, Wohlde, Hoya und Anderes untergebracht werden. —

Die Funde der einzelnen Fundorte liegen möglichst in chronologischer Ordnung. Die „sicheren" und die „fraglichen" Materialien sind als solche gekennzeichnet. Die Beischriften an den Funden geben Auskunft über Fundort, Fundstelle und Umstände, Finder, Schenker, Datum der Auffindung und Einlieferung und andere Bemerkungen, die für das Studium dieser Abteilung wichtig sind. Es ist eine archivartige Materialdarstellung für den Forscher und für diejenigen unter den Laien, die nur z. B. gern wissen möchten, was in ihrer engeren Heimat gefunden worden ist. Deshalb sollen in dieser Abteilung auch besonders wichtige, aber in der Sammlung nicht im Original vorhandene Funde wenigstens in Abbildungen oder Nachbildungen hier an ihrer Stelle stehen! Hier werden auch die archäologischen Karten einzelner Gegenden Aufstellung finden, für die allerlei Vorarbeiten bereits vorhanden sind in der Art der v. Estorff'schen Karte von der Umgegend von Uelzen.

II. Der zweite Saal enthält als eine sehr wichtige Ergänzung der ersten Sammlungs-Abteilung in gleicher Anordnung die Schätze der Fidéicomisssammlung.

III. Der dritte Saal ist eine „Lehrsammlung", die systematische Darstellung der Vorgeschichte der Provinz Hannover, die mit dem schon jetzt vorliegenden schönen Material nur bei mehr Raum und Licht erst wirklich würdig ausgestaltet werden könnte! —

Das chronologische Prinzip ist hier in der systematischen Sammlung in erster Linie massgebend. Ihre grossen Abschnitte sind: die Urzeit bis zur Zeit der grossen Steinzeitgräber, die jüngere Steinzeit bis zur Einführung der Nutzmetalle, die eisenlose Metallzeit (Bronzezeit) bis zum Auftreten von Eisen als Nutzmetall; die Zeit des Einflusses der keltischen Kultur, die Zeit der Römer-Germanenkriege bis zum Ende des Limes und dem Beginn der historischen Germanenwanderungen, dann die Wanderzeit und die Periode der fränkischen Macht und endlich das Stiefkind aller Museen, die frühmittelalterlichen von Burgstätten und anderen Fundstellen stammenden Kulturreste, wie besonders Keramikreste u. dergl., die „nicht schön genug" sind für „Kunstmuseen", deren endlich zu erhoffende systematische Verarbeitung aber zu der Erforschung unserer Früh- und Vorzeit sehr viel wichtige Erkenntnis beitragen wird. —

Innerhalb der zeitlichen ist wieder die oben für Saal I bezeichnete geographische Ordnung von NO—SW durchgeführt, hierdurch treten die Kultur-Gruppen und Kreise der verschiedenen Zeiten in die Erscheinung, die für unsere Forschung so grundlegend wichtig sind! In dieser Abteilung sind nur möglichst gut gesicherte Funde verwendet, und grosses Gewicht wird auf die Erklärung der Funde durch zeichnerische Darstellungen gelegt, wie z. B. erläuternde Rekonstruktionen, Karten der Lage des Fundortes und der Fundstelle, kurz auf die Erklärung von Fundumständen und Fundstücken! Übersichtskarten der Verbreitung vor- und frühgeschichtlicher Erscheinungen, Modelle und andere Darstellungen dieser Dinge selbst, auch Karten der frühgeschichtlichen (politischen) Geographie, z. B. Entwicklung des römischen und des fränkischen Reiches u. a. mehr sollen die grossen Gesamtbilder geben, für die das Sammlungs-Material, das Einzelstück nur die oft wenig anziehenden Mosaik-Steine sind. Lücken des Materiales werden durch plastische, photographische und andere Wiedergaben wichtiger Funde, so auch besonders der in der Fideicommissgalerie befindlichen Originale gefüllt werden, und vor allem durch systematische Ausgrabungen.

Soweit es das für manche Perioden sehr reichlich vorliegende Material und der besonders hier viel zu geringe Platz gestattet, kommen weiter parallellaufend der „Landessammlung" diejenigen näher oder ferner liegender Kulturkreise in grossen Zügen zur Darstellung, die für die vorgeschichtliche Entwicklung unseres Landes wichtig gewesen sind, und zwar werden hier diejenigen Materialien in Original-Abgüssen und Abbildungen vorgeführt, die Handelswege und andere vorgeschichtliche Beziehungen zu den Kulturkreisen veranschaulichen, denen das Gebiet der Provinz jeweils angehört hat: So sind neben den heimatlichen spätsteinzeitlichen und frühbronzezeitlichen die kretisch-myke-nischen Gruppen, neben der heimischen vorchristlichen Eisenzeit der keltische Kulturkreis, neben den germanischen der ersten nachchristlichen Jahrhunderte die römische Welt gekennzeichnet, denn nur aus der Übersicht über die Gesamterscheinung der vor- und frühgeschichtlichen Perioden Europa's erwächst das Verständnis für die Vorgeschichte der heimatlichen Kultur. Hierher gehören auch die ersten Anfänge einer anthropologischen Sammlung, eine Zusammenstellung typischer Gefäss-scherben, auch Vergleichsserien aus der Ethnologie, Serien primitiver Instru-mente aus unseren modernen heimischen Handwerken und anderes mehr.

Die Fundberichte, amtlichen Berichte, Kauf- und Vertragsverhandlungen, sonstige gelegentliche Aufzeichnungen aus den Akten, die Originalkataloge und Ausarbeitungen und Zusammenstellungen daraus, und möglichst reichliche bildliche Darstellungen der Funde selbst, alles in einer Art Zettelkatalogform aktenmässig geordnet nach Fundorten, und die bereits begonnenen Zusammenstellungen nach Chronologie, Kulturgruppe, Typen usw., bilden den Grundstock zum „Archiv für vorgeschichtliche Landesforschung in der Provinz Hannover", mit dem Ziel des archäologischen Inventars und der archäologischen Karte Hannovers als der Grundlage für eine Vorgeschichte Hannovers.

Durch die Begründung einer am 21. XII. 08 ins Leben gerufenen „Museenver-vereinigung für vorgeschichtliche Landesforschung in der Provinz Hannover" haben alle die an der vorgeschichtlichen Landesforschung in Hannover beteiligten Institute ihre Bereitschaft zu zielbewusster Arbeit an den hier entwickelten Aufgaben der Landesforschung unter der Führung des Provinzial-Museums dargetan.

Die vorgeschichtliche Provinzial-Museumssammlung soll zusammen mit dem Archiv für vorgeschichtliche Landesforschung die Hauptstelle für vorge-schichtliche Landesforschung in der Provinz Hannover sein, an die sich sowohl unsere Museenvereinigung, als alle weiteren Organisationsbestrebungen in natürlicher Weise angliedern; die Zwecke und Ziele der Orts- und Bezirksmuseen werden so am besten gewahrt, wie die der Centralisierung in der einmütigen Zusammenarbeit an grösseren Aufgaben, die von den Zielen unserer Wissenschaft vorgeschrieben sind.

Die Provinz Hannover ist mit dieser selbständigen Arbeitsorganisation für vorgeschichtliche Landesforschung in Preussen vorangegangen.

Selbständige lokale oder grössere Gesellschaften für Vorgeschichte gab es seither in Deutschland aber auch nicht. Die Vorgeschichtsforschung galt hier bisher lediglich als Anhängsel verschiedener Wissenschaften: der Geschichtsforschung, der Anthropologie, der Völkerkunde, oder der Archäologie des südeuropäischen Altertums.

Durch den Zusammenschluss aller ausschliesslich oder indirekt für europäische und vorderasiatische Vorgeschichtsforschung arbeitenden Persönlichkeiten, Vereinigungen und An-stalten zu einer „Deutschen Gesellschaft für Vorgeschichte", deren Gründung durch den seit 1907 in Berlin tätigen ersten reichsdeutschen akademischen Lehrer für Vorgeschichte Prof. Dr. G. Kossinna, mit einer sofortigen Anteilnahme von 200 Mitgliedern aus allen europäischen Ländern, am 4. I. 09 vollzogen ist, werden die Leistungen der Vorgeschichts-Wissenschaften mehr als bisher gefördert, und ihre Ergebnisse allgemein zugänglicher gemacht durch das Organ der Gesellschaft, die Zeitschrift für Vorgeschichte „Mannus"; und dadurch wird auch den Forderungen unserer Wissenschaft mehr Nachdruck verliehen werden. Sie gipfeln in dem Wunsche der Gleichstellung der vorgeschichtlichen mit den Sammlungen für Kunst und Naturgeschichte in Bezug auf

Räumlichkeiten,
Hilfskräfte und
Hilfsmittel

unter sofortiger Berücksichtigung der besonders hohen Ansprüche, die die Neu-Organisation eines Sammelgebietes stellt, das „gleicherweise wissen-schaftlich und populär" sein muss, wenn es seinen so wichtigen Aufgaben gerecht werden soll.

Ein hannoverscher Landesverein für Vorgeschichte, der die „nichtamtlichen"
Helfer und Freunde unserer Wissenschaft zu gemeinsamer Arbeit an der heimatlichen Forschung vereinigen soll, ist im Werden, er wird natürlich enge Fühlung
haben mit unserer Hauptstelle und der Deutschen Gesellschaft für Vorgeschichte, zu deren Mitgliedern das Landesdirektorium, unsere Museenvereinigung, das
Provinzial-Museum und viele Einzelpersonen in der Provinz und Stadt Hannover bereits zählen.

Hoffen wir, dass sich derartige Organisationen, ausgehend von den
Arbeitsstätten unserer Wissenschaft, unterstützt von öffentlicher und privater Anteilnahme und den nötigen Geldmitteln, bald überall emporarbeiten. Es stehen bis heute
noch so viele Gebildete unserer Arbeit fern, vor Allem wohl ,weil ihr bisher noch in
Manchen die äusseren Formen anderer Wissenschaften fehlten: Zusammenschlüsse und leicht-
verständliche und gut zugängliche Veröffentlichungen der Ergebnisse. Daher die noch so wenig
allgemeine Kenntnis unserer Ziele, die auf die Dauer doch niemandem gleichgültig bleiben können. Gilt es doch, auf Grund wissenschaftlicher exakter
Forschung an die Lösung jener Fragen heranzugehen, die auf manchem Irrweg schon so
oft versucht ist: Die Wurzeln und Anfänge zu finden für unser und unserer Väter
Volksart, Sitten, Sinn und Schicksale; für das Tun und Denken unserer Vorfahren und für die Geschichte unseres Landes, die wir aus der geschriebenen
Überlieferung kennen, die „vorgeschichtlichen" Anfänge zu finden, und so die
Quellen zu erkennen für Vieles in unserem eigenen Tun und Denken, das nicht
erklärt wird aus den geschichtlichen Zusammenhängen, das aber begründet
liegt in den Wurzeln unserer Art, die „vorgeschichtlich" sind!

Hans Raphon.

Von J. Reimers.

Fig. 1.

Um die Wende des 15. Jahrhunderts war in niedersächsischen Landen ein Maler tätig, welcher an hervorragendem Können und aussergewöhnlicher Gestaltungskraft die zeitgenössischen Künstler Norddeutschlands weit überragte.

Sein niederdeutscher Name, Raphon, Raphoen, Raphun oder Raphaun, welcher auch in Oberdeutschland als Rephun oder Rebhun vorkommt, wird erklärt durch das Siegel seines jüngsten Bruders Bertold oder Bartel, welcher Kanonikus in Einbeck war und ein Rebhuhn als Siegelbild führte (Fig. 1). Urkunden des 15. und 16. Jahrhunderts geben über seine Familie und seine Herkunft einwandfreien Aufschluss. Aber Johannes Letzner, Pastor in Iber, gibt in seiner Dasselischen und Einbeckischen Chronik von 1596 Nachrichten über unseren Meister, welche mit dem urkundlichen Material in Widerspruch stehen, denen aber nichtsdestoweniger spätere Chronisten, wie auch die neuere Kunstgeschichte, Woltmann und Wörmann,[1]) sowie auch Janitscheck[2]) gefolgt sind und welche dadurch zu irrtümlicher Auffassung über den Meister gelangten. Aber auch diejenigen Autoren in der Literatur des 19. Jahrhunderts wie Lucanus,[3]) Mithoff[4]) und auch Engelhardt,[5]) welch letzterer Raphon monographisch behandelt hat,[6]) haben durch mancherlei irrtümliches und ungenaues Lesen von Inschriften auf erhaltenen Kunstwerken dazu beigetragen, dass die äusseren Lebensumstände und der Werdegang unseres Künstlers nicht so zweifellos festgelegt erscheinen, wie es seine Bedeutung für die Kunstgeschichte wohl erfordern kann. Von den bis jetzt bekannten 9 Werken des Meisters, 7 Flügelaltären und 2 verschiedenen Flügeln von solchen Altären, befinden sich 5 ganze Altäre und die beiden einzelnen Altarflügel in unserem Provinzial-Museum.

Es darf deshalb wohl berechtigt erscheinen, alle Nachrichten und Meinungen über unseren Meister nachzuprüfen und das urkundliche Material, wie auch seine Werke, soweit als notwendig, wieder vorzuführen, um zu einer einwandfreien Darstellung seines Werdeganges zu gelangen.

Der erste Chronist ist Johannes Letzner aus Hardechsen, Pastor zu Iber, welcher in seiner Chronik[7]) unserem Meister unter den Dechanten des Alexanderstiftes in Einbeck eine Stelle anweist. Den ersten Dechanten findet Letzner 1309 ohne Namen. Dann ist 1384 ein Herr Ludolphus Dechant gewesen. Derselbe hat alle Dompröpste, Dechanten und Canonici von Anfang an auf eine Tafel schreiben und in der Kirche S. Alexandri an der Nordwand aufhängen lassen. Diese Tafel ist abhanden gekommen, und Letzner hat nicht erfahren können, wohin dieselbe gekommen. Dann erwähnt er als Dechanten Herrn Johannes Topff, er weiss aber nicht, wie lange der regiert hat, darauf folgt Herr Johan Crimenos, diesem folgt Bartoldus Crabberodt, welcher 1502 am 12. August verstorben ist „Und 1507 ward Johan Raphun wiederum erwehlet, welcher ein überaus Kunstreicher, guter Maler gewesen, wie seine stück, so noch an etlichen Orten vorhanden, solches bezeugen. Er ist anno 1528 verstorben. An seiner Statt ist Conradus Olemannus Decanus geworden".

---

[1]) Woltmann und Wörmann, Geschichte der Malerei. 1882.
[2]) Janitscheck, Geschichte der deutschen Malerei. 1890.
[3]) Lucanus, Geschichte des Halberstädter Domes. 1837.
[4]) Mithoff, Kunstdenkmäler und Altertümer im Hannoverschen. 1873.
[5]) Engelhardt, Studien zur Kunstgeschichte Niedersachsens. Duderstadt 1891.
[6]) Engelhardt, Hans Raphon. 1895.
[7]) Johannes Letzner, Dasselische und Einbeckische Chronica. Erfurt 1596. I. Buch 6, Kap. 4, S. 64.

Der nächste Chronist ist Eckstorm,[1]) welcher in seiner Walkenrieder Chronik, nachdem er das grosse Werk Raphons beschrieben hat, sagt: „Caeterum Johannes Raphon pictor solertissimus in Ducatu Brunsvicensi Transsylvana multa id genus opera praeclara reliquisse dicitur. Pietatis autem et industriae suae hoc consecutus est praemium, ut A. C. 1507 factus sit Deeanus Ecclesiae S. Alexandri, quae est Embeccae, ubi Anno Christi 1528 vivere in terris desiit." Offenbar hat Eckstorm hier die Nachrichten des Letzner, ohne dieselben auf ihre Glaubwürdigkeit zu prüfen, übernommen.

Auch Lucanus ist diesen Angaben gefolgt. Er sagt in seiner Beschreibung des Raphonschen Altares im Halberstädter Dome:[2]) „Le tableau d'autel, peint par Jean Raphon, est d'une grande importance et le chef d'oeuvre des tableaux du moyen âge dans les eglises du Nord et de l'Est de la Saxe. Raphon, sans doute élève de l'école de Nuremberg, a peint dans l'esprit et dans la manière d'Albert Dürer; mais la composition est plus riche et le coloris plus vigoureux. Raphon était prevôt du chapitre d'Eimbeck en 1507; le tableau en question fut peint en 1508 et 1509, et le maitre mourut en 1528. On observe ici encore quelques tableaux de son école, mais d'un mérite secondaire." Die Unterschrift des Altares lautet nach der Abbildung bei Lucanus: Anno. Domini. millesimo. quingentesimo. octavo. presens. opus. per. me. Johannem. Raphon. a b Embeck. est. completum. pariter. et. fabricatum.

Diese Nachrichten nun sind es gewesen, welche Autoren wie Woltmann und Wörmann, sowie auch Janitscheck verleitet haben, anzunehmen, Raphon stamme aus Einbeck und sei dort Geistlicher gewesen.

Nicht wenig dazu beigetragen hat Lucanus, welcher seltsamerweise die Inschrift des Halberstädter Bildes nicht richtig wiedergegeben hat. Obwohl er die Form der Buchstaben der Schrift nachmalt, so dass er sie doch genau angesehen haben muss, so schreibt er ab Embeck est completum, während tatsächlich die Inschrift lautet: In Embeck est completum pariter et fabricatum, welches weiter nichts besagt, als dass das Werk in Einbeck angefertigt und vollendet ist, nicht aber, dass Hans Raphon aus Einbeck stammt. Wollte der Maler sich als solchen bezeichnen, dann würde er dem Sprachgebrauch gemäss sich Embicensis genannt, oder ab Embeck oder de Embeck gesagt haben.

Auch Mithoff in seinen „Künstlern und Werkmeistern"[3]) gibt diese Inschrift des Halberstädter Bildes unrichtig mit ab Embeck wieder, ein Zeichen, dass er die Inschrift nicht selber gelesen, sondern sich auf die Wiedergabe bei Lucanus verlassen hat. Mithoff nimmt nach den Ausführungen Grotefends[4]) an, dass Raphon kein Einbecker, sondern ein Northeimer gewesen ist, ohne dass ihn diese seine Auffassung zu einer Nachprüfung der Inschrift des Halberstädter Bildes veranlasst hätte.

Gegen die Letznersche Darstellung über Hans Raphon wendet sich zuerst Klinkhardt,[5]) aber erst Grotefend hat mit dieser Legende, dass Hans Raphon, der Maler, Dechant des Stiftes S. Alexander gewesen sei, gründlich aufgeräumt.

Es ist keine Urkunde bekannt, welche bezeugt oder es wahrscheinlich macht, dass der Maler Hans Raphon aus Einbeck stammt. Aus seinen beglaubigten Werken geht nur hervor, dass er unter anderem in Einbeck tätig gewesen ist. Auf dem Flügelaltar im Dome in Halberstadt steht, dass er das Werk in Einbeck gearbeitet hat, wie er auch zwei kleine Flügelaltare im Provinzial-Museum, den einen für das Alexanderstift, den andern für die Kirche beatae Mariae virginis und einen dritten Altar für die Marktkirche S. Jacobi dort angefertigt hat. Aber ebenso ist er auch in Göttingen tätig gewesen, wie sein grosses verschollenes Werk, welches er 1499 in dem Pauliner Kloster[6]) daselbst gearbeitet hat, beweist.

Grotefend weist nun urkundlich nach, dass die Daten Letzners unrichtig sind und Letzner im höchsten Grade unzuverlässig ist. Er zeigt, dass unter den Dechanten des Alexanderstifts in Einbeck in der Zeit von 1507—1528 für einen Johan Raphon kein Platz ist. Auf

---

[1]) Eckstorm, Chronicon Walkenredense. Helmstadii 1617. S. 187.
[2]) Lucanus, La cathédrale d'Halberstadt. Halberstadt 1837. Beschreibung zu Taf. VII daselbst.
[3]) Mithoff, Künstler und Werkmeister. Hannover 1883.
[4]) Zeitschrift des historischen Vereins für Niedersachsen. 1851. S. 325 ff. Grotefend, Zur Geschichte des Alexanderstiftes in Einbeck.
[5]) Klinkhardt, Vaterländisches Archiv des Königreiches Hannover. Band III. Heft 1 p. 162 ff.
[6]) Eckstorm, Chronicon Walkenredense. Helmstadii 1617. S. 187.

Grund der verschiedensten Urkunden wird eine geschlossene Reihe von 27 Dechanten vom Jahre 1224 bis 1604 aufgeführt, von denen hier genannt sein mögen:

Johan Brüggemann 1463—1482,
Berthold Crabberod 1483—1506,
Giso von Uslar 1506—1508,
Andreas Topp 1506—1528,
Michael v. Mandelsloh 1529,
Wedekind Delliehausen 1530—1531,
Conrad Olemann 1532—1541 usw.

Giso von Uslar und Andreas Topp waren als Gegner von zwei Parteien gewählt. Giso von Uslar trat 1508 zurück.

Damit ist zunächst dargetan, dass Raphon kein Dechant und dann auch kein Geistlicher war, denn nur als Dechant wird er von den älteren Quellen bezeichnet.

Da der Name des Malers Hans Raphon durch seine Werke wohl weiteren Kreisen bekannt geworden ist, so hat ihn Letzner wohl mit seinem Bruder Bertold Raphon verwechselt. Derselbe wird urkundlich erwähnt am 5. Januar 1507 und 27. November 1512 als Canonicus ecclesiae beatae Mariae Virginis prope et extra muros Embicenses und erhält am 5. Mai 1519 als possessor capellae sancti Bonifacii prope Ingersleben Moguntinae dioecesis von dem geistlichen Commissarius zu Erfurt die Erlaubnis, mit Dithmar Krusen, dem Dechanten des Stiftes beatae Mariae Virginis vor Eimbeck,[1]) die beneficia zu tauschen. Am 26. August 1519 tritt er als decanus beatae Mariae Virginis extra muros Embicenses auf und bekleidete diese Würde bis zum Jahre 1529, wo er sie niederlegte. Er lebte noch am 22. März 1536 als Canonicus des Stiftes S. Alexander in Einbeck.

Nach diesen Mitteilungen Grotefends ist wohl mit Sicherheit anzunehmen, dass Letzner den Maler Johan Ráphon, den er zum Dechanten vom Alexanderstift macht, mit seinem Bruder Bertold Raphon, dem Dechanten der ecclesia beatae Mariae Virginis prope et extra muros Embicenses verwechselt hat.

Alle urkundliche Daten über die Familie Raphon weisen mit wenigen Ausnahmen auf Northeim hin. Die früheste Nachricht stammt aus dem Jahre 1468.

Nach einer Urkunde vom 8. März 1481[2]) verkauft Bernardus, der Abt des Stiftes S. Blasii in Northeim, dem Mester Henrike Raphoen, Greten syner ehliken hussfruwen, Hanse, Katherinen, Gesen, Henrike, Bertolde, des sulven Henrikes unde Greten, syner ehliken Hussfruwen, naturliken unde lifliken Kynderen, eine halbe Hufe Landes. Dafür gibt ihm Henrik Raphon seine Fischereigerechtsame in der Ruhme, welche diesem vom Herzog Wilhelm d. J. von Braunschweig aus Dankbarkeit verliehen hatte, weil er ihm einen Beinschaden geheilt hatte.[3]) In dem Copialbuche des Offizialates zu Einbeck wird 7. April 1506 derselbe Henrik Raphon als Cyrologus (Chirurgus) erwähnt: „Hinricus Raphon Cyrologus, prudentum dominorum Consulum et consulatus oppidi Northeym." Weiter bezeugt wird dieser Hinrik Raphon durch eine Nachricht des Franciscus Lubecus[4]) aus Göttingen, Pfarrer zu Northeim, über die heute noch in der Stadtkirche S. Sixti befindliche eherne Taufe: „1510 ist die schöne herrliche Tauffe, die allhier zu Northeim ist, zu Braunschw. gegossen worden durch den kunstreichen Heinrich Mēten. Es hat aber ein gar berühmter Wund- und Leib-Arzt, ein Bürger zu Northeim, M. Heinrich Raphon mit Nahmen, aus seine eigene Unkosten machen undt giessen lassen." Diese eherne Taufe, welche sich noch heute in der S. Sixtikirche in Northeim befindet, hat in gotischer Minuskel folgende Inschrift: Ꭿñoˆ dñiˆ . mˆ . ccccˆ . Xˆ . do leit . meister . ḣinrik . rapḣaun . me . dusse . dope . godde . to . loue . unde . den . selen . to . bate . gḣegoten . dorḣ . meister . ḣirik . mēten.[5])

Aus der vorerwähnten Urkunde vom 8. März 1481 geht nun hervor, dass der Wundarzt Henrik Raphon zu Northeim mit seiner Frau Grete fünf Kinder hatte: Hans, Katharine, Gese, Henrik und Bertold.

---

[1]) Das Collegial-Stift B. Mariae Virginis, jetzt nicht mehr vorhanden, lag vor dem Tideger Tor.
[2]) Copialbuch des Stiftes S. Blasii zu Northeim. Teil II, fol. LXII.
[3]) Hoffmann, Antiquitates monasterii St. Blasii Northeimii. M. S. in der Königl. Bibliothek in Hannover.
[4]) Historia und Chronica von der Grafschaft Northeim durch Franciscum Lubecum Gottingensem. M. S. in der Königl. Bibliothek in Hannover.
[5]) Ist diese Inschrift von Grotefend l. c. Mithoff und Engelhardt unrichtig wiedergegeben.

Durch die Reihenfolge, in der die Kinder in jener Urkunde genannt werden, zuerst ein Sohn, dann zwei Töchter, dann wieder zwei Söhne, wird angenommen werden können, dass sie nach dem Alter aufgeführt sind und dass Hans das älteste von den Kindern ist.

Aus dem weiteren Inhalte dieser Urkunde entnehmen wir, dass der Schwiegersohn des Henrik Raphon Carsten Godeschalkes heisst, und wahrscheinlich Katharine, die älteste Tochter, zur Frau hatte, während die jüngere Tochter Gese dann mit dem in einer Notariatsurkunde vom 27. November 1512 genannten Schwiegersohne Hinrik Olrikes verheiratet gewesen sein muss. Bertold Raphon, der jüngste Sohn, war, wie wir gesehen haben, Geistlicher und zuletzt Canonikus des Stiftes S. Alexander in Einbeck, den Letzner mit dem Maler Hans Raphon, den er zum Dechanten von S. Alexander macht, verwechselt hat. — Er kommt urkundlich am 5. Januar 1507 und 27. November 1512 als canonicus ecclesiae B. Mariae Virginis prope et extra muros Embicenses vor und wird urkundlich am 26. August 1519 als Dechant dieser Kirche erwähnt, welche Würde er 1529 niederlegt. Am 22. März 1536 wird er noch als Canonicus des Alexanderstiftes in Einbeck genannt.

Wo Henrik, der jüngste Sohn, geblieben ist, darüber ist nichts bekannt. Wir werden mit Grotefend annehmen dürfen, dass er jung und unverheiratet gestorben ist, da er nirgends urkundlich mehr erwähnt wird. In einer Notariatsurkunde vom 27. November 1512 des Copial-buches, welche eine Erbangelegenheit behandelt, kommen drei Enkel des Arztes Henrik Raphon vor und zwar: Hans Raphon, Bürger zu Northeim und dessen beide Schwestern, die Frau des Hans Midem, Bürgers zu Northeim, deren Name nicht genannt wird, und Katharine Raphon, Klosterjungfrau zu Höckelheim. Da von den fünf Kindern des Arztes Raphon das jüngste, Bertold, Geistlicher, das zweite, Henrick, nirgends erwähnt wird und als früh verstorben angenommen werden kann, die zwei andern, Gese und Katharina, mit ihren Nachkommen für den Namen Raphon nicht in Frage kommen, so müssen diese drei Enkel des Henrik Raphon die Kinder seines ältesten Sohnes Hans Raphon gewesen sein, welcher nach dem Inhalt dieser Notariatsurkunde vor dem 27. November 1512 verstorben sein muss, da hier über seinen Nachlass ver-handelt wird.

Diese von Grotefend ausgeführte Darstellung der Familienglieder Raphon wird als richtig und einwandfrei angenommen werden können. Nicht so ohne weiteres aber ist der Annahme Grotefends beizustimmen, dass der Maler Hans Raphon, welcher unter anderem in Einbeck tätig war, und Hans Raphon, ältester Sohn des Henrik Raphon, ein und dieselbe Person sind. Dass dieser Hans Raphon nirgends als Maler genannt wird, bemerkt auch Grotefend, glaubt aber trotzdem an der Identität beider nicht zweifeln zu sollen. Freilich kann nicht geschlossen werden, dass Hans Raphon, der Sohn Henriks, deshalb nicht mit dem Maler Hans Raphon identisch sein könne, weil er nirgends als Maler genannt wird. Von dem Vater wird berichtet, dass er dem Herzoge Wilhelm d. J. ein Bein wieder gesund gemacht, dass er ein Cyrologus (Chirurgus) sei, und ihm dafür zum Dank der Fischereigerechtigkeit in der Ruhme überlassen wird. Darüber wird mit ihm selber verhandelt und so sein Beruf kund gegeben. — Dabei werden seine Kinder genannt, deren bürgerlicher Beruf gleichgültig war. Auch die beiden Schwiegersöhne des Wundarztes Henrik, Carsten Godeschalkes und Hinrik Olrikes, werden ohne Nennung ihres bürgerlichen Berufes nur als Bürger von Northeim erwähnt. Es kann deshalb auch nicht auffallen, wenn der älteste Sohn des Henrik Raphon, Hans, wenn er Maler war, als solcher nicht genannt wird.

Wenn wir so die Grotefendsche Annahme, dass der Maler Hans Raphon und der älteste Sohn des Henrik Raphon, Hans, ein und dieselbe Person gewesen sei, als sehr wahrscheinlich annehmen können, so müssen wir doch Engelhardt[1]) darin beipflichten, dass der Schluss Grote-fends kein zwingender ist.

Grotefend hat mit seinem urkundlichen Material unzweifelhaft dargetan, dass der Maler Hans Raphon nicht Dechant des Alexanderstiftes in Einbeck gewesen sein kann. Er hat mit seinen Urkunden nachgewiesen, dass in Northeim um dieselbe Zeit, als der Maler Hans Raphon tätig war, eine angesehene Familie Raphon in Northeim lebte. Es ist aber nirgends glaubhaft bekundet, dass der Maler Hans Raphon aus Einbeck stammt, aber auch nicht, dass er Nort-heimer war, wie auch nicht nachgewiesen ist, dass der älteste Sohn des Arztes Henrik Raphon

¹) Dr. R. Engelhardt, Hans Raphon ein niedersächsischer Maler um 1500. Leipzig 1895.

Maler gewesen. — Es ist noch nachzuweisen, oder doch mehr als bis jetzt wahrscheinlich zu machen, dass Hans, der Sohn des Chirurgen Raphon, mit dem Maler Hans Raphon, der unter anderem in Einbeck tätig war, ein und dieselbe Person gewesen ist. Urkundliches Material wird kaum dafür mehr erbracht werden können, da Grotefend nach seinem Berichte gerade daraufhin alle einschlägigen Urkunden geprüft hat. Es wird deshalb zunächst zu prüfen sein, ob nicht in des Meisters vorhandenen Werken der Nachweis zu finden ist, dass derselbe aus Northeim stammt. Wenn das gelingt, dann dürfte wohl nicht mehr daran zu zweifeln sein, dass Hans Raphon,.... der Sohn des Arztes Henrik, und Hans Raphon,.... der Maler, ein und dieselbe Person gewesen sind.

Diesen Nachweis glaube ich durch einen Wandelaltar erbringen zu können, welcher sich in unserem Provinzial-Museum befindet und das Monogramm des Hans Raphon trägt.

Der Altar stammt aus der Marktkirche S. Jakobi in Einbeck, war mit Holzgerümpel zusammengeworfen, zum Verbrennen bestimmt, als denselben der Hofmaler, Prof. Oesterley sen. in Hannover für sich erwarb und so rettete. Von Oesterley wurde derselbe mit mehreren anderen Kunstgegenständen 1873 vom Provinzial-Museum erworben. Der Altar ist datiert. Auf dem nördlichen Flügel steht unten in gotischer Minuskel: anno dm. Auf dem südlichen Flügel hat gestanden 1500. Die Jahreszahl ist abgeblättert, hat sich aber bei der Erwerbung durch Hofmaler Oesterley, wie derselbe bekundet hat, noch auf dem Flügel befunden.

Auf der Rückseite des nördlichen Hauptflügels befindet sich auf der Mütze eines Henkerknechtes ein deutliches H. In derselben Weise befindet sich auf der Mütze eines anderen Henkers auf der Rückseite des südlichen Hauptflügels ein R. Diese beiden Buchstaben sind von Mithoff[1] und Engelhardt[2] erwähnt. Mithoff gibt eine Nachzeichnung nach dem Original, welche jedoch sehr ungenau ist. Taf. I, Fig. 1 und 2 gibt die genaue photographische Wiedergabe. Die Schnörkel bei dem H (Fig. 1) sind überaus zart und treten vollkommen gegen den Buchstaben H zurück. Hinter dem R (Fig. 2) steht ein Gebilde, welches Mithoff und Engelhardt, weil sie dasselbe wohl für einen Schnörkel angesehen, weiter nicht beachtet haben. Dieser scheinbare Schnörkel ist aber an Körperlichkeit und Grösse vollwertig mit dem R. Auch tritt das R sichtlich links an die Seite, um für den gleichberechtigten Nachbarn Platz zu lassen. Und dieser Nachbar ist nicht ein Schnörkel, sondern ein Buchstabe und zwar ein N. Wir haben somit das Monogramm H.R.N., Hanso Raphon Northeimensis oder Northemensis.

Man könnte nun einwenden, dass Raphon, wenn er seinen Namen lateinisch geben wollte, sich, wie es auf dem Halberstädter Altar geschehen ist, Johannes nennen würde, ... opus . per . me . Johannem . Raphon .... completum. Aber auf dem Altare von 1506 im Provinzial-Museum heisst es: Hans Raphon fecit. Auch in den Urkunden heisst der älteste Sohn des Meisters Henrik in Northeim Hans und nicht Johannes; und auf dem verschollenen Walkenrieder Altar stand nach der Walkenrieder Chronik .... Hansone Raphon .... pingente, während der Prior Johannes Piper genannt wird, ein Zeichen, dass der übliche Name für Raphon Hans und nicht Johannes ist, und dass wir das Monogramm auf dem Altar von 1500 H.R.N. zwanglos als Hanso . Raphon . Northeimensis lesen können. Konnte der Schluss Grotefends, dass der Maler Hans Raphon und der älteste Sohn des Meisters Henrik in Northeim identisch seien, aus dem urkundlichen Material allein noch nicht als zwingend angesehen werden, so werden wir nach der Feststellung des Monogramms H.R.N. nicht mehr an der Richtigkeit der Grotefendschen Annahme zweifeln können.

Die Werke unseres Meisters wollen wir hier in der Reihenfolge ihrer Entstehung folgen lassen:

1. Das älteste bekannte Werk Raphons ist datiert von 1499 und von Eckstorm[3] in seiner Walkenrieder Chronik beschrieben. Daselbst wird erzählt, dass das Werk im Pauliner Kloster in Göttingen gemalt und, nachdem dasselbe verlassen, nach Walkenried gebracht sei.[4] Monendus et hoc est lector benevolus, tabulam hanc factam esse Gottingae in monasterio Paulino, quo desolato tabula ad Walkenredense est translata. Von dort ist das Werk im

[1] Mithoff, Kunst und Altertümer im Hannoverschen: II. Taf. II.
[2] Engelhardt, Hans Raphon.
[3] Eckstorm, Chronicon Walkenredense. Helmstadii 1617. S. 185.
[4] Eckstorm, l. c. S. 187.

dreissigjährigen Kriege 1631 von den fortziehenden Mönchen nach Prag gebracht.[1]) Da das Werk unauffindbar und wahrscheinlich zerstört ist, so lassen wir hier die Beschreibung bei Eckstorm folgen.

Dieselbe lautet:

Interior et media tabulae pars exhibet CHRISTVM mediatorem pro generis humani salute cruci affixum inter duos latrones, cum multis παρέργοισ spectatu dignis. Exhibet praeterea alis interioribus dispassis duodecim tabellas vivis coloribus pietas, in quibus Dominus IESVS. 1. Instituit sacrosanctam coenam corporis et sanguinis sui, 2. contristatur et capitur in horto. 3. flagris caditur, 4. coronatur spinis, 5. condemnatur innocens, 6. educitur ad locum supplicii, 7. de cruce deponitur, 8. sepulcro includitur, 9. Descendit ad inferos, 10. Resurgit gloriose, 11. Ascendit ad coelos, 12. mittit Spiritum Sanctum. Atque haec conspiciuntur in interiori tabula, et lateribus interioribus primae et secundae alae: Habet enim tabula alas quatuor. In alae primae et secundae lateribus exterioribus, octo spaciis τετραγώνοις est. I Domini IESV nativitas, 2. Circumcisio, 3. Praesentatio in templo, 4. Magorum muneratio, 5. Christi et parentum exilium, 6. Infanticidium, 7. Christus duodecennis docens in templo, 8. a Johanne babtizatur. Alae tertiae et quartae latera interiora totidem spaciis tetragonis exhibent spectandam. 1. Praesentationem B. Virginis, 2. Desponsationem ejusdem cum Josepho, 3. Salutationem Archangeli, 4. Itionem B. Virginis ad Elisabetham cognatam, 5. Nuptias Canaeas. 6. Obitum, 7. Elevationem et 8. Ἀποθέωσισ B. Virginis. Alae tertiae et quartae latera exteriora habent spacia duodecim, in quibus videre est 1. Monachus oleae ramum gestans, 2. S. Benedictus Abbas, 3. B. Paulus Apostolus, 4. B. Petrus Apostolus, 5. Episcopus nescio quis, 6. Virgo nescio quae habens in manibus phialas duas, 7. Regina gestans in manu cor ardens, 8. Rex, cui cultellus est inpactus capiti, pugio infixus pectori, 9. Miles cataphractus, 10. S. Ursula altera manu tenens sagittam tricuspidem, altera ramum oleae, 11. S. Dominicus Abbas, 12. S. Bernardus, ut videtur, qui dextra manu tenet tabellam habentem effigiem CHRISTI judicis; sinistra librum apertum et hauc sententiam exhibentem: „Timete Deum, et date illi honorem, quia venit hora judicii."

In superiori tabulae margine alis interioribus explicatis leguntur ea quae sequntur: „Praeclarissimum hoc opus, perfectum est Procurante Johanne Piper Priore officiosissimo, lectore insuper promptissimo et Hansone Raphon quasi Apelle altero pingente, Anno Domini M. CCCC. XCIX. In inferiori margine legitur sequens distichon: „Eripit e tristi baratro nos Passio Christi: Ex ipso munda cum sanguine profluit unda."

2. Das zweite Werk ist ein Wandelaltar im Besitze des Provinzial-Museums in Hannover (Taf. II und III), 2 m lang, 1,2 m hoch. Derselbe befand sich in der Marktkirche S. Jacobi in Einbeck, bezeichnet mit anno dm̄. (1500) in gotischer Minuskel. Die Jahreszahl ist abgeblättert, aber bezeugt durch Hofmaler Prof. Oesterley sen. in Hannover, in dessen Besitze der Altar sich befand, bevor derselbe vom Provinzial-Museum erworben wurde. — Das Mittelstück enthält Skulpturen, in der Mitte Maria auf der Mondsichel mit dem Jesuskinde in Strahlenglorie als Himmelskönigin. Um dieselbe in den Ecken vier Engel mit Marterwerkzeugen. Links davon oben die heil. Margarethe, welche jedoch nicht zum Altar zugehörig ist, unten ein Heiliger, dem die Attribute fehlen, in Rittergestalt. Rechts von dem Marienbilde oben ein Bischof, unten die heil. Elisabeth. — Der nördliche Flügel enthält Reliefs, die Verkündigung und die Darstellung Jesu im Tempel. Auf dem südlichen Flügel sind in Relief die Geburt und die Anbetung der heiligen drei Könige angebracht. Auf den Aussenseiten der ersten Flügel und den Innenseiten der äusseren Flügel ist das Martyrium des S. Bartholomäus dargestellt, welches von Raphon selber gemalt ist. Auf der Kopfbedeckung des einen Henkerknechtes auf dem südlichen Hauptflügel steht das H., auf dem nördlichen Hauptflügel das R. N. (Taf. I, Fig. 1 und 2 und Taf. III). Unten auf diesem nördlichen Hauptflügel steht in gotischer Minuskel anno dm̄., auf dem südlichen Flügel hat 1500 gestanden. Auf der Rückseiten der beiden äusseren Flügel sind auf dem nördlichen die Marter der 11000 Jungfrauen, auf dem südlichen Flügel die Marter des heil. Gereon dargestellt, welche Bilder als Werkstattarbeit zu bezeichnen sind. Die Verteilung der Darstellungen sowie des Monogrammes auf die Flügel ist bei Engelhardt nicht richtig angegeben. — Auf die Skulpturen der Vorderseite wird später eingegangen werden.

3. Das dritte Werk, datiert von 1503, ist ein kleines Triptychon aus dem Stifte B. Mariae Virginis vor Einbeck, jetzt im Provinzial-Museum in Hannover, gehört zum Besitzstande der Fideikommiss-Galerie des Gesamthauses Braunschweig und Lüneburg. Dasselbe muss stil-

---

[1]) Leuckfeld, Antiquitates Walkenredenses II. S. 129.

kritisch, wenn es auch nicht bezeichnet ist, dem Meister Raphon zugeschrieben werden. (Taf. IV), 0,75 m breit, 1,32 m hoch. Im Mittelteile steht in Holz geschnitzt Maria auf der Mondsichel mit dem Kinde, darunter steht: Dñ ïōh. mentzen canonicus h. ecc. dedit hanc imaginem anno 1503. Auf der Innenseite des nördlichen Flügels ist oben Papst Gregor d. Gr., unten S. Jakobus maj., vor dem der Donator, Kanonikus Joh. Mentzen kniet, gemalt. Auf dem Spruchbande steht: O. mater dei miserere mei. Auf dem Südflügel steht ein Bischof ohne Attribut und S. Nicolaus. Die Aussenseite, offenbar Werkstattarbeit, zeigt auf dem nördlichen Flügel S. Dionysius mit seinem Haupte in den Händen und S. Benedictus; auf dem südlichen Flügel S. Martin, welcher mit einem Messer seinen Mantel zerteilt und S. Johannes d. Täufer mit Lamm und Buch. Durch das Jahr der Stiftung 1503 ist das Werk zeitlich festgelegt.

4. Das vierte Werk (Taf. V), 0,78 m breit, 1,36 m hoch, ein Gegenstück zu Nr. 3, ein kleiner Flügelaltar im Provinzial-Museum zu Hannover, ist ebenfalls Eigentum der Fideikommis-Galerie des Gesamthauses Braunschweig und Lüneburg. Das Werk stammt aus der Stiftskirche St. Alexander zu Einbeck. In der Mitte steht, wie bei Nr. 3, die geschnitzte Statue der Maria mit dem Kinde auf der Mondsichel in Strahlenglorie. Auf der Innenseite des Nordflügels steht S. Magdalena mit Salbgefäss und S. Bona mit Buch und Doppelkreuz. Auf der Innenseite des Südflügels ist dargestellt S. Katharina mit Rad und Schwert und S. Elisabeth mit Weinkrug und einer Schüssel mit Fischen. — Die Aussenseite zeigt auf dem Nordflügel St. Alexander als Ritter. Zu seinen Füssen kniet ein Canonicus mit Spruchband, auf dem geschrieben steht: SVSPICE . VIRGO . PRECES. — Auf dem Südflügel S. Jucunda mit Krone und Palme, darunter das Wappen des Donators. Dies Altarwerk muss gleichzeitig mit dem Altar unter Nr. 3 angenommen werden. Die Malerei auf der Rückseite ist Werkstatt-Arbeit und auch diejenige auf der Vorderseite dürfte kaum von der eigenen Hand des Meisters herrühren.

5. Das fünfte beglaubigte Werk (Tafel VI) ist ein gemaltes Triptychon von 1506, 2,22 m breit und 2 m hoch. Über das Werk berichtet Gruber[1]), der Altar sei zuerst in der S. Jürgens-(Georgs-)Kapelle vor dem Albaner Tore, von Kalands-Priestern gesetzt worden. Diese sei 1638 abgebrochen und das Altarwerk in die Kreuzkirche gebracht, und soll dasselbe 200 Göttingische Mark gekostet haben. Von dort kam das Werk in die akademische Kunstsammlung zu Göttingen und von dort in das Welfen-Museum, welches in seiner Gesamtheit seit 1894 sich im Provinzial-Museum in Hannover befindet.

Das Mittelbild zeigt eine figurenreiche Kreuzigung mit der Überschrift in einer Reihe: TANTVS . AMOR . PIETASQ . INGENS . DILECTIO . TANTA . EXCIDAT A[2]) . FIRMO .
PECTORE . CHRISTE MEO 1506.
Die Unterschrift lautet:
AN . NE[3]) . LABÍ POTERVNT . HII[4]) . MENTE . DOLORES . LANCEA . CRVX . CLAVÍ .
SPVTA . FLAGELLA VEPRES.

Auf dem nördlichen Flügel ist dargestellt Maria mit dem Kinde, Joseph und die heilige Sippe. Die heilige Anna. Maria Salome mit ihren Kindern. Der heilige Jakobus, Johannes Ev., Maria Cleophae mit Judas, Thaddäus, Simon, Jakobus min. und Joseph justus.
Die Überschrift lautet:
EFFICE . NAMQ . POTES . VT . NOS . TVA . SANCTA . PROPAGO.
Unterschrift:
COMITER . ACCIPIAT . REFOVENS . O . DIVA . VIRAGO.

Auf dem südlichen Flügel ist der heilige Georg im Kampfe mit dem Drachen dargestellt.
Überschrift:
QVANTVS . EGO . IN . BELLO . FVERAM . MÍHÍ . SANCTA . SVB . ARMÍS .
Unterschrift:
SVB . CLIPEO . GALEA . CASSÍDE . VITA . FVIT. — HANS . RAPHON . FECIT.

Die Aussenseiten enthalten Werkstatt-Malereien. Nordflügel: Ein Heiliger im weissen Obergewande kniet vor einem Crucifixus, neben ihm ein Löwe und ein Buch. Im Hintergrunde eine Kirche, vor welcher ein Heiliger mit Nimbus sitzt. — Bewaffnete führen ein bepacktes Pferd.

---

[1]) Gruber: Zeit- und Geschichtbeschreibung der Stadt Göttingen. Hannover 1734. II. Buch. Cap. X. S. 94 und 95. (Bei Grotefend und Mithoff nicht richtig angegeben.)
[2]) Engelhardt schreibt irrtümlich E Firmo.
[3]) Engelhardt und Mithoff schreiben ANNE.
[4]) Engelhardt schreibt HI.

Südflügel: Zwei Heilige sitzen im Vordergrunde, oben erscheint ein Rabe mit einem Brod im Schnabel. Im Hintergrunde ein liegender und ein stehender Heiliger mit zwei Löwen. Die Beischriften der Vorderseite sind sowohl bei Mithoff als auch bei Engelhardt nicht genau wiedergegeben.

6. Das sechste Werk ist ein gemaltes Triptychon im Dome zu Halberstadt, datiert durch die Jahreszahlen 1508 und 1509, 1,64 m breit und 1,76 m hoch. — Dasselbe ist nicht ganz so gross, als das unter Nr. 5 aufgeführte, hat jedoch mit diesem mancherlei Ähnlichkeit. Auch hier zeigt das Mittelbild eine figurenreiche Kreuzigung mit der Unterschrift: ANNO . DOMINÍ . MILLÉSIMO . QVINGENTESIMO . OCTAVO . PRESENS . OPVS . PER . ME . JOANNEM . RAPHON . IN . EMBEK . EST . COMPLETVM . PARITER . ET . FABRICATVM. [1]) Die Flügel (Werkstatt-Arbeit) sind laut Inschrift auf dem südlichen Flügel 1509 vollendet. Auf der Innenseite zeigen dieselben je 2 Darstellungen über einander. Auf dem nördlichen Flügel die Verkündigung und die Anbetung. Auf dem südlichen Flügel die Geburt und die Beschneidung.

Auf den Aussenseiten sieht man auf dem nördlichen Flügel, wie Thomas seine Hand in die Seite des Herrn legt. Auf dem südlichen Flügel sieht man acht heilige Jungfrauen: Agatha, Katharina, Thekla, Dorothea, Barbara, Magdalena, Martha und eine Heilige mit einem Schwert. Auf der Predella sind dargestellt die Heiligen Sebastian, Rochus, Erasmus, Anna, Johannes Babt., Antonius und Christophorus (cfr. S. 37, Abs. 2).

7. Das siebente Werk (Taf. VII) ist ein kleines gemaltes Triptychon im Provinzial-Museum in Hannover, 0,84 m breit und 1,09 m hoch. Dasselbe stammt nach Mitteilungen des Hofmalers Oesterley sen. aus dem Kloster Teistungenburg unweit Duderstadt. Bei der Säkularisierung des Klosters gelangte das Werk nach Oesterley durch die letzte Äbtissin an deren Bruder, den Pfarrer Engelhardt zu Göttingen, welcher es dem damals in Göttingen wirkenden Professor Hofmaler Oesterley schenkte. Von diesem hat es dann 1873 das Provinzial-Museum in Hannover erworben. —

Das Mittelbild, eine Maria als Halbfigur mit dem Kinde, ist nicht von Raphon gemalt, wohl aber die anderen Bilder. Auf der Innenseite des Südflügels ist St. Andreas, auf dem Nordflügel' S. Johannes Ev. und auf beiden Aussenseiten die Verkündigung dargestellt.

8. Das achte Werk (Taf. VIII, 1) ist ein Altarflügel im Provinzial-Museum in Hannover, 1,58 m hoch und 0,59 m breit. Woher derselbe stammt, ist nicht mehr festzustellen. Auf der einen Seite ist gemalt Jakobus maj., darunter ein Bischof mit Stab, Buch und Horn. Auf der anderen Seite befinden sich zwei Darstellungen. Auf der einen erhebt ein Eremit mit Stab erstaunt die Linke über einen vor ihm schlafenden Ritter. Neben ihm ein Knappe mit einem Pferde und Jagdhunden. Im Hintergrunde jagt ein Jäger zu Pferde eine Hindin. Engelhardt erkennt hierin eine Scene aus der Legende des heil. Aegidius. Die andere Darstellung zeigt einen Heiligen tot auf einer Bahre liegend. Drei Mönche mit schwarzem Obergewand und blauem Untergewand schneiden die Nägel an Füssen und Händen, und rasieren den Leichnam. Ein anderer mit brauner Kappe, schwarzem Obergewand und braunem Untergewand hält ein Buch. Ein fünfter mit brauner Kappe in weissem Obergewand und blauem Untergewand steht auf einem Stab gestützt.

9. Das neunte Werk (Taf. VIII, 2) ist ein Altarflügel im Provinzial-Museum in Hannover, 0,81 m breit und 1,44 m hoch, dessen Herkunft ebenfalls unbekannt ist. Auf der einen Seite ist die Verkündigung dargestellt. Die andere Seite zeigte Spuren von geschnitzten Figuren auf Goldgrund und Namen und zwar in der oberen Reihe S. Margarethe, S. Petrus, S. Paulus, S. Thomas. In der unteren Reihe S. Urbanus, S. Andreas, S. Simon und Juda und S. Matheus. — Diese Seite war demnach die Vorderseite eines Flügels, während die jetzt noch vorhandene bemalte Seite die Rückseite des Flügels ist. Da die Tafel sich ausserordentlich krümmte und Risse bekam, so musste diese Skulpturenseite parkettiert · werden, so dass die Spuren nicht mehr zu sehen sind.

Das sind diejenigen 9 Werke, welche Raphon selbst oder zum Teil seinen Schülern zuzuschreiben sind, von denen im Provinzial-Museum fünf ganze Werke Nr. 2, 3, 4, 5, 7 und zwei einzelne Altarflügel Nr. 8 und 9 vorhanden sind.

[1]) Bei Lucanus und Mithoff l. c. ist die Inschrift fehlerhaft mit ab Embeck, statt mit in Embeck wiedergegeben.

Ein Flügelaltar in der Michaeliskirche in Hildesheim, von dem zwei Flügel sich im Römermuseum daselbst befinden, schreibt Engelhardt ebenfalls mit Bestimmtheit Raphon zu. Das ist ein Irrtum. Das Werk ist unzweifelhaft von demselben Künstler, den wir noch nicht kennen, von dem zwei Altarflügel im Provinzial-Museum, Nr. 424a und 424b der Fideikommisgalerie, stammen. Es ist dies ein niedersächsischer Künstler, welcher in überaus reizvoller Weise Darstellungen aus Dürers Marienleben auf diesen beiden Tafeln für seine Zwecke frei verwendet hat.

Auch der Flügelaltar im Römermuseum in Hildesheim, welcher früher sich im Arnekenstifte befand und gleichfalls von Engelhardt Raphon zugeschrieben wird, kann nicht mit demselben in Verbindung gebracht werden.

Das in dem Katalog der braunschweiger Galerie von 1900 unter Nr. 33 aufgeführte, als von einem niedersächsischen Meister angefertigte Altarwerk, wurde früher Raphon zugeschrieben. Ebenso wurden die Malereien im Huldigungssaale im Rathause in Goslar mit Raphon zusammengebracht, und gleichfalls sollte der Flügelaltar in der Ägidienkirche in Hannoversch-Münden von Raphon gearbeitet sein. Die vorerwähnten 9 Werke, welche mit Sicherheit als Werke Raphons anzusehen sind, bieten Material genug, um stilkritisch mit Sicherheit feststellen zu können, dass die vorerwähnten Werke in Hildesheim, Braunschweig, Goslar und Münden nicht mit dem Namen Raphon in Verbindung gebracht werden können.

Es bleibt nun noch die Frage zu beantworten, ob die Skulpturen, welche in den verschiedenen Altären Raphons sich befinden, auch von ihm selbst gearbeitet sind.

Wir wissen, dass im Mittelalter Malkunst und Schnitzkunst eng verbunden waren. Wir kennen im 14. Jahrhundert Namen, wie Berthold Meister, Hans Vackandey, welche Bildschnitzer und Maler genannt werden, ebenso Goldschläger und Maler waren, und es waren Maler, Bildschnitzer, Glaser und Goldschläger in einer Innung vereinigt. Tilmann Riemenschneider, der Bildschnitzer, wird 1483 vom Magistrat in Nürnberg als Malerknecht in Pflicht genommen. Das heisst aber nicht, dass er Maler und Bildschnitzer war, sondern dass er der Maler-Innung zugehörte, weil die Maler für die Altarwerke, welche sie als Unternehmer zu liefern hatten, Bildschnitzer beschäftigten. In diesem Sinne war Tilmann Riemenschneider Malerknecht. Von keinem ist es verbürgt, dass er beides, Malerei und Bildschnitzerei, selber ausübte, wenn er auch so genannt wird.

Als Beispiel, dass in Niedersachsen solche Meister doch gelebt haben, wird Hans von Geissmar und ein Meister Wolter in Hildesheim angeführt. Bei näherer Betrachtung aber finden wir, dass es bei ihnen nicht anders gewesen ist als bei allen anderen, dass sie ein Altarwerk zu liefern übernahmen, die Malerei mit ihren Gehülfen selbst ausführten und die Schnitzereien von Bildschnitzern anfertigen liessen.

Der Beweis, dass Meister Wolter beide, Malerei und Schnitzwerke, gearbeitet habe, wird in einem Vertrage gefunden, welchen der Abt Henning von St. Godehard in Hildesheim am 9. Dezember 1504 mit ihm abschloss. Der Vertrag lautet in extenso: „Mester Wolter schal makenn darup de cronen up de taphelen unde in de bynnerste taphelen elven ghesneden bilde unde in de myddelsten achte bilde unde buten ver bilde malen!" [1] . . . . . Das Werk soll 2 Jahre nach Datum dieses Vertrages fertig sein. Daraus folgert Engelhardt, [2] dass Meister Wolter sowohl die Malereien, als auch die Bildschnitzereien gearbeitet habe. — Aus dem Vertrage geht weiter nichts hervor, als dass Meister Wolter sich verpflichtet, einen Altar mit Bildschnitzereien und Malereien innerhalb 2 Jahren für den vereinbarten Preis an das Kloster Godehardi zu liefern.

Ähnlich steht es mit Hans von Geismar. Dessen Altar für die Albani-Kirche in Göttingen wird bei Gruber [3] eingehend beschrieben: „ . . . . In einem dieser Felder findet sich mit güldenen Zablen die Jahreszahl 1499 . . . . . Unter dem mittelsten Plane lieset man in goldenem Grunde, mit römischen Buchstaben: Anno millesimo quadringentesimo nonagesimo nono completum hec tabella Johannes Geism. — "

---

[1] Copialbuch des Klosters Godehardi zu Hildesheim fasc. XVI. im Staatsarchiv in Hannover (VI. 61a No. 161) abgedruckt bei Mithoff: Künstler uud Werkmeister 1883. S. 430.
[2] Engelhard Beiträge zur Kunstgeschichte Niedersachsens. Duderstadt 1891 und Hans Raphon 1895.
[3] Gruber: Zeit- und Geschichtsbeschreibung der Stadt Göttingen 1734. II. Buch, VIII. Cap., S. 82 ff.

Aus dieser Unterschrift geht zunächst nichts weiter hervor, als dass das Werk 1499 von Hans von Geismar vollendet ist, nicht aber, dass er die Malerei und Bildschnitzereien beide selbst gefertigt habe. Dieses will sowohl Mithoff als auch Engelhardt, wie auch J. H. Müller in Folgendem finden: Auf der Vorderseite war der Altar ein Schrein mit geschnitzten Figuren auf Goldgrund. Auf dem ausgesparten Goldgrund hinter einer Figur steht nun mit Rotschrift eine Inschrift, welche bei Mithoff angegeben wird: Ick Hanss fon Gessmar habe dusse bille gemaket 1499. — Von Mithoff haben es dann J. H. Müller und Engelhardt übernommen, ohne sich selbst von der Richtigkeit überzeugt zu haben. Engelhardt folgert nun daraus: Bezeugt sei dadurch, dass Hans von Geismar die Schnitzereien selbst gemacht und es dürfe angenommen werden nach der anderen Inschrift: conpletum est tabella Johannes Geism., dass er auch die Bilder gemalt habe. Die Inschrift lautet jedoch ganz anders:[1] „Eck Hanss fon Gesmer habe due tabellē gemaket 1499." — Die Inschrift bezeugt also ausdrücklich, dass der Meister die Bilder gemalt hat. Da wir keine Schnitzerei von Hans von Geismar kennen, so ist es nicht möglich, zu bestimmen, in wie weit die Malereien mit den Schnitzereien überein gestimmt haben. Es wird jedoch mit den Schnitzereien so sein, dass er sie von Bildschnitzern in seinem Dienste hat machen lassen.

Dasselbe wird von den Schnitzereien, welche in den Altären Raphons sich befinden, angenommen werden können. Die Rundfiguren des Altares Nr. 2, Taf. H, von 1500 im Provinzial-Museum zeigen alle ohne Ausnahme lange, birnenförmige Gesichter mit gespitzten Lippen, langer nach innen gebogener Nase und spitzem Kinn, Formen, welche sich auf keinem der von Raphon gemalten Bilder wiederfinden. Die Gesichter der Raphonschen Bilder sind ausnahmelos rund und breit, mit breitem derben Kinn gebildet, so dass es gänzlich ausgeschlossen erscheinen muss, dass Raphon auch diese Skulpturen selbst gemacht oder gezeichnet haben kann.

Diese eigenartigen birnenförmigen Gesichter mit den gespitzten Lippen und den langen nach innen gebogenen Nasen kommen auf einem aus einem Altarwerke stammenden Relief im Provinzial-Museum, Nr. 970, die Krönung der Maria darstellend, vor, dessen Herkunft bis jetzt nicht festgestellt werden konnte. Das Stück ist ganz zweifellos von demselben Bildschnitzer gearbeitet, welcher die Figuren in dem Raphonschen Altar Nr. 2 von 1500 gefertigt hat. — Diese Figuren kann Raphon weder selbst gemacht noch gezeichnet haben. Eher schon könnte man an eine Raphonsche Zeichnung der Marienstatuen in den Altären 3 und 4, Taf. IV und V, denken. Besonders der Kopf der Maria im Altar Nr. 3, Taf. V, ist durchaus den Raphonschen gemalten Köpfen desselben Altares verwandt. Aber weder die Malereien noch die Zeichnung der Maria stehen auf der Höhe des Raphonschen Könnens und werden die Marienfiguren wohl von derselben Schülerhand gezeichnet sein, von welcher die Bemalung der Aussenseiten dieser Altäre stammt.

Voraussichtlich wird Raphon für seine Werkstatt verschiedene Bildschnitzer beschäftigt haben.

Über das Alter des Meisters ist uns nichts überliefert. Aus der Beschreibung des verschollenen Bildes von 1499 kann man jedoch ohne weiteres annehmen, dass er zu der Zeit, als er ein so gewaltiges Bild malte, welches ihm die Bezeichnung eines zweiten Apelles eintrug, bereits in reiferen Jahren gewesen sein muss. Aus den urkundlichen Nachrichten kann nun wohl annähernd sein Alter bestimmt werden, welches diese Annahme bestätigt. 1481 wird er urkundlich mit vier anderen Geschwistern als ältester Sohn des Wundarztes Henrik Raphon in Northeim erwähnt. Dieselbe Urkunde ergibt, dass seine älteste Schwester Katharine mit Carsten Godeschalkes verheiratet war. Wenn wir nun annehmen, dass diese Schwester sich mit 18 Jahren verheiratet hat und 1481 zwei Jahre verheiratet, also 20 Jahre alt war, so werden wir für den ältesten Sohn Hans 1481 wohl ein Alter von 22 Jahren annehmen können. Diese Rechnung wird ungefähr zutreffend sein. Wir dürfen danach annehmen, dass Hans Raphon 1499 40 Jahre alt war und auf der Höhe seines Könnens stand. Wenn die Altersannahme zutreffend ist, dann ist er 1512, als über seinen Nachlass verhandelt, 52 Jahre alt verstorben.

---

[1] Als ich diese Inschrift nachprüfen wollte, war es mir nicht möglich, die Originalinschrift zu sehen, weil die Flügel des Werkes im Göttinger Altertums-Museum so an der Wand befestigt sind, dass man dieselbe nicht sehen kann. Es hängt aber eine gute Photographie daneben, und der Leiter des Göttinger Altertums-Museums, Herr Dr. Crome, machte mich auf die irrtümliche Lesung der Inschrift aufmerksam.

Seine Tätigkeit entfaltete Raphon in Göttingen, woselbst er im Pauliner Kloster den verschollenen Altar von 1499 gearbeitet hat.

Dann scheint er sich nach Eihbeck gewandt zu haben. Dass er tatsächlich dort gelebt hat, ist urkundlich nicht nachgewiesen, aber als wahrscheinlich anzunehmen.

Den Altar Nr. 2 von 1500 arbeitet er für die Marktkirche S. Jakobi daselbst.

Den Altar Nr. 3 verfertigt er 1503 für die Kirche B. Mariae Virginis.

Den Altar Nr. 4 fertigt er 1503 oder 1504 für die Kirche St. Alexander in Einbeck.

Den figurenreichen Altar Nr. 6 im Dom in Halberstadt arbeitet und vollendet er 1508 und 1509 laut Inschrift in Einbeck, und es wird auch angenommen werden dürfen, dass er das dem Halberstädter Altar verwandte

Altarwerk Nr. 5 von 1506, welches ursprünglich in der Georgskapelle in Göttingen sich befand, in Einbeck gemalt hat.

Wenn wir im Auge behalten, dass sein jüngster Bruder Bertold 1507 als Canonicus der Kirche B. Mariae Virginis vor Einbeck genannt wird und damals etwa 37 Jahre alt war, so wird man auch annehmen können, dass derselbe schon vor 1507 Priester in Einbeck gewesen ist.

Und dieser Umstand macht es verstehbar, dass der Maler Hans Raphon seine Haupttätigkeit in Einbeck, dem Wohnsitze seines Bruders, entfaltet hat.

In diesem Sinne wird man ihn einen Einbecker nennen können, auch wenn er in Northeim geboren ist.

Die Würdigung des Meisters in der Kunstgeschichte ist im grossen und ganzen wohl anerkennend, aber sie wird doch seinem Können nicht vollauf gerecht. Auf dem verschollenen Bilde von 1499, welches Eckstorm in seiner Walkenrieder Chronik 1617 ausführlich beschreibt und zweifellos selber gesehen hat, da es erst 1631 nach Prag gebracht wurde, wird er ein zweiter Apelles genannt: Praeclarissimum hoc opus perfectum est Procurante Johanne Piper Priore officiosissimo, lectore insuper promtissimo, et Hansone Raphon quasi Apelle altero pingente Anno domini MCCCC XCIX. —

Wenn nun auch die Bezeichnung ein zweiter Apelles als ein Euphemismus der Zeit aufgefasst werden kann, so geht doch daraus hervor, dass man ihn als einen hervorragenden Künstler eingeschätzt hat.

Die Beurteilung in der neueren Kunstgeschichte, welche ihn wohl als tüchtigen Maler gelten lässt, stellt doch mit Vorliebe seine Mängel, Überhäufung von Figuren und Gewandfalten, sowie eine strichelnde Manier des Malens, in den Vordergrund. Dieselbe stützt sich auf sein bedeutendstes uns erhaltenes Werk Nr. 5 von 1506 und auf das Halberstädter Bild Nr. 6 von 1508 und 1509, welche in der Tat diese Mängel zeigen. Die strichelnde Manier und der spitze Pinsel sind wohl verstehbar bei diesen figurenreichen Bildern mit verhältnismässig kleinen Figuren. Dass aber unser Meister auch flächig zu malen versteht, zeigt er an der Darstellung der Marter des heiligen Bartholomäus aus dem Altar Nr. 2 von 1500, auf welchem die Figuren grösser sind und einen breiteren Pinsel gestatten (s. Taf. I, Fig. 2 und 3).

Auch Janitschek wird unserem Meister deshalb nicht gerecht, weil er von der irrigen Annahme ausgeht, dass Raphon Dechant des Alexanderstiftes in Einbeck gewesen sei und dass der Priesterstand ihn verhindert habe auf der Wanderschaft seine bedeutenden Fähigkeiten zu entwickeln. — Dieser ihm von Letzner angedichtete Priesterstand hat auch die Beurteilung seines Könnens beeinflusst und zu irrigen Schlüssen geführt.

Hans Raphon ist in Northeim geboren und wird vielleicht unter dem Chorherrn des S. Blasienstiftes daselbst, Henricus Franko, welcher als guter Maler jener Zeit erwähnt wird, seine Kunst erlernt haben. — Dann wissen wir von seiner Kunst nichts mehr bis 1499, in welchem Jahre er das grosse verschollene Altarwerk in Göttingen, etwa 40 Jahre alt, vollendet. Es ist kein Werk von ihm übrig geblieben, welches wir der Zeit vor 1499 zuschreiben könnten, während doch unzweifelhaft Werke aus dieser Zeit vorhanden gewesen sein müssen. Aber seine erhaltenen Werke mit den kraftvollen Gestalten, den breiten markigen und kräftig modellierten Gesichtern, mit dem Ausdruck tiefen innerlichen Lebens, prägen sich leicht und sicher dem Bewusstsein des Beschauers ein. Die lebendige Gestaltung, sichere Zeichnung und frische ansprechende Farbengebung erhebt sein Können weit über alle Künstler seiner Zeit, welche in Norddeutschland gewirkt haben.

Aber auch seine Mängel sind für den Meister bezeichnend. Die Überfülle an Figuren, ein Bestreben nach reicher Darstellung, welches sich auch in der überreichen Faltengebung der Gewänder zeigt, lässt die Gesamtkomposition unübersichtlich und überladen erscheinen. Seine ernsten und würdigen Frauengestalten mit den charakteristischen, mehr breiten als länglichen Gesichtern, dem kräftig geschnittenen Mund und dem stark modellierten Kinn, wie die markigen Männergesichter gemahnen an die oberdeutsche Schule, die ihm wohl bekannt gewesen sein muss. Denn auch Lukas Cranach d. Ä. hat ein Bild für das Alexanderstift in Einbeck gemalt, welches 1675 in die Schlosskirche in Hannover überführt worden ist.

Von einer Schule Raphons können wir nicht reden, denn es sind keine Bilder bekannt, welche eine solche Schuleinwirkung erkennen liessen. Zweifellos aber ist eine Einwirkung seinerseits auf einen Zeitgenossen nicht zu verkennen, welcher mit ihm 1499 in Göttingen tätig war. Das grosse Altarwerk des Hans von Geismar, welcher, jünger als Raphon, 1499 Bürger von Göttingen wurde, steht ganz unzweifelhaft unter dem Einflusse Raphonscher Kunst, wenn es auch nicht annähernd die künstlerische Höhe Raphonscher Werke erreicht.

Der Brand von 1540, dem so zahlreiche Kunstwerke und Urkunden in Einbeck zum Opfer gefallen sind, wird auch manches Werk unseres Meisters vernichtet haben, welches derselbe vor 1499 geschaffen hat.

Der Unverstand und der Vandalismus der Menschen hat voraussichtlich dafür gesorgt, dass das Wenige, was Feuersbrünste übrig gelassen haben, auf neun Stücke zusammengeschmolzen ist.

Der Meister der weiblichen Halbfiguren.

Ein Beitrag zu seiner Kenntnis.

Von J. Fastenau.

Hierzu Tafel IX — XI.

Unter dem Namen eines Meisters der weiblichen Halbfiguren hat die Kunstwissenschaft eine Gruppe von Bildern eingeordnet, auf denen man einzelne junge musizierende, mit Schreiben oder Lesen beschäftigte Damen der vornehmen Gesellschaft in reicher Tracht — zumeist in halber Figur, bis etwa zur Hüfte — dargestellt sieht. Daran schliessen sich Halbfiguren weiblicher Heiligen, zu Gruppen vereinigte musizierende Damen, Gestalten aus der griechischen und römischen Mythologie und biblische Darstellungen.[1] Über die Heimat des Meisters sind die Meinungen der Kunstgelehrten geteilt, nur über die Zeit herrscht jetzt wohl Einigkeit, indem man sein Wirken etwa in das erste Drittel des 16. Jahrhunderts verlegt. Im Laufe der Jahre ist die Zahl der Bilder, die man dem Meister zuwies, beständig gewachsen, jetzt zählt man bereits 82.[2] Alle diese Bilder sind jedoch an Qualität sehr verschieden und gehören zum grossen Teile wohl nur der Schule oder Richtung des Meisters an.

Ein vortreffliches Werk, die Halbfigur einer jungen Lautenspielerin, befindet sich im Provinzial-Museum in Hannover und gehört zum Besitzstande der Fideikommiss-Galerie des Gesamthauses Braunschweig und Lüneburg. Dieses Bild, das zu den besten mir bekannten Werken des Meisters gehört, fand ich in der Litteratur entweder garnicht oder nur flüchtig erwähnt, sodass hier eine eingehende Würdigung am Platze sein dürfte. Daran möchte ich einige Bemerkungen über zwei andere hiesige, im Provinzial-Museum und im Kestner-Museum aufbewahrte Bilder und eine Reihe weiterer Werke aus dem Kreise des Meisters knüpfen, die ich kürzlich auf einer Studienreise besichtigte.

Das Bild der Lautenspielerin im Provinzial-Museum (Abb. Tafel IX) stammt aus der ehemaligen Sammlung Hausmann in Hannover. Es ist auf Eichenholz gemalt, 0,27 m hoch und 0,20 m breit. Die Dargestellte wird en face in halber Figur hinter einem Tisch mit moosgrüner Decke sichtbar. Sie hält die Laute vor sich und blickt in zwei auf dem Tische liegende Notenblätter herab. Rechts steht ein reichgetriebener goldener Pokal.

Die anmutige junge Lautenspielerin trägt ein eng anschliessendes, an der Brust rechteckig ausgeschnittenes dunkelgraues Kleid, das, wie die purpurroten, sackartig weiten Oberärmel anscheinend aus Sammet gefertigt ist. Die gepufften Unterärmel sind goldgelb, an den Handgelenken mit weissen Krausen besetzt. Oben an der Brust ist das Gewand schwarz gesäumt. Über diesem Saum sieht man einen Streifen des ebenfalls rechteckig ausgeschnittenen Hemdes. Etwas weiter oberhalb zieht sich bogenförmig über die Brust ein schmales goldschimmerndes Band, das mit Steinen besetzt und zierlich ornamentiert ist.

Das dünne dunkelblonde Haar ist zart gewellt und in der Mitte gescheitelt. Den Hinterkopf bedeckt ein wulstartig drapiertes Schleiertuch, durch welches das Haar hindurchschimmert. Vorne sieht man einen dünnen gedrehten Goldreif mit einer kleinen Agraffe in der Mitte. Über dem Scheitel liegt der Schleier glatt an. Rechts hängt ein Zipfel zur Seite.

---

[1] Eine nach den Stoffen geordnete Übersicht über die Werke des Meisters gibt Fr. Wickhoff im Jahrbuch der kunsthistorischen Sammlungen des Allerhöchsten Kaiserhauses, Band XXII (1901), Heft 5. (Die Bilder weiblicher Halbfiguren aus der Zeit und Umgebung Franz I. von Frankreich. Mit 9 Tafeln und 11 Textillustrationen.)

[2] Nach einer Mitteilung Friedländers in der Kunstgeschichtlichen Gesellschaft in Berlin. (Sitzungsbericht IV, 1909.)

Von grosser Anmut ist der Kopf. Das Gesicht ist voll oval geformt, mit feiner schmaler Nase, kleinem Mund und dünnen, sanft geschwungenen Augenbrauen. Unter den tief gesenkten Lidern schimmern die braunen Augen hervor.

Die Fleischfarben, ganz zart rötlich weiss, mit feinen durchsichtigen grauen Schatten, sind auf das sorgfältigste vertrieben. Der Hintergrund ist gleichmässig schwarz.

Unter den Bildern der Pinakothek in Turin befindet sich ebenfalls eine junge Lautenspielerin (Höhe 0,43 m; Breite 0,30 m), bezeichnet als Giovanni Mostaert. Die junge Dame sitzt, als Halbfigur sichtbar, rechts an einem Tisch. Sie blickt in ein aufgeschlagenes Notenheft, das auf der dunkelgrünen Tischdecke liegt. Ferner steht auf dem Tisch ein goldener Pokal, gegen den ein Buch gelehnt ist. Im Hintergrunde sieht man in der Rückwand des Zimmers ein Fenster mit rautenförmig in Blei gefassten Scheiben. Durch dieses blickt man in eine nur ganz schwach angedeutete Landschaft. Der Horizont ist oben tief blau und geht nach unten zu allmählich in lichte Töne über. Rechts von der Frau hängt an der schwärzlichen, dunklen Wand eine Laute. Der Kopf der Frau erinnert auffallend an den der Lautenspielerin in Hannover, nur die Haarbehandlung und die Kopftracht weicht ab. Auf dem Bilde in Turin liegt das in der Mitte gescheitelte dunkelblonde Haar glatt an. Hinten ist es mit einer Haube bedeckt (zunächst ein breiter weisser Streifen, dann ein schmaler Streifen von goldgelber Farbe).

Das purpurrote (Sammet-?)Kleid ist wieder an der Brust rechteckig ausgeschnitten und oben mit einem schwarzen Saum versehen. Das Hemd ist hier aber nicht sichtbar. Die Ärmel sind schwarz, unten blickt durch die Schlitze ein weisser Stoff. Um den Hals trägt die Dame eine dünne Kette mit einem Anhängsel, ferner eine etwas tiefer auf die Brust herabhängende Schnur.

Das zweite Bild des Provinzial-Museums in Hannover (Tafel X) stellt Maria mit dem Kinde dar (Eichenholz, Höhe 0,38 m; Breite 0,21 m).[1] Maria sitzt, bis etwa zu den Knien sichtbar, rechts an einem kleinen Holztisch, auf welchem ein aufgeschlagenes Buch liegt. Mit stillem Ausdruck blickt sie auf das in ihrem Schosse sitzende Kind herab, dem sie die Brust darbietet. Das völlig nackte, von Maria leicht von hinten gestützte Kind sitzt auf einem grauweissen Tuche, das nur den Rücken umhüllt. Der Blick des Kindes ist nach dem Beschauer gerichtet.

Marias blaugrünes Untergewand, das die linke Brust unbedeckt lässt, ist mit einem runden Halsausschnitt versehen. Über ihren rechten Arm, die linke Schulter und den Schoss fällt der malerisch drapierte leuchtend rote Mantel. Maria trägt ein grauweisses Kopftuch, weiter nach vorne, über dem in der Mitte gescheitelten Haar ein durchsichtiges, schleierartiges Tuch. Das leicht gewellte dunkelblonde Haar bedeckt den oberen Teil der Ohrmuscheln, über die rechte Schulter fallen zwei lange Strähne herab.

Der rötlich weisse Fleischton ist zart und kühl, mit feinen durchsichtigen grauen Schatten modelliert, reicht jedoch an Delikatesse nicht an das Bild der Lautenspielerin im Provinzial-Museum heran. Der Hintergrund ist, wie bei diesem Bilde, gleichmässig schwarz. In Bezug auf den Kopftypus kann man eine, wenn auch nur entfernte Verwandtschaft zwischen beiden Stücken feststellen, grösser ist die Übereinstimmung in der Behandlung der Hände.

Das Kestner-Museum in Hannover besitzt eine der zahlreichen Magdalenen-Darstellungen, nach denen man unseren Anonymus wohl auch als den „Meister der Magdalenen" bezeichnet hat. Das Bild (Tafel XI) ist auf Eichenholz gemalt und 0,14 m hoch und 0,12 m breit. Die Heilige, in face, bis zur Hüfte sichtbar, steht hinter einem hellgrün gedeckten Tisch. Ihr Kopf ist etwas nach rechts geneigt. Herabblickend wendet sie ein Blatt eines vor ihr liegenden Buches um und umfasst mit der Rechten des Fuss eines goldenen reich getriebenen Pokals, dessen Deckel ganz ähnlich gebildet ist wie auf dem Bilde der Lautenspielerin im Provinzial-Museum und wie dort von einer kleinen Statuette bekrönt wird. Das Buch hat Gelbschnitt, rote und schwarze Lettern und liegt auf einer bräunlichen Decke.

Die Heilige trägt ein enganschliessendes dunkles blaugraues Kleid — die Farbe ist ganz ähnlich wie bei der Lautenspielerin im Provinzial-Museum — anscheinend aus Sammet, mit einem weiten rechteckigen Brustausschnitt. Über diesem ist ein Streifen des weissen Hemdes sichtbar. Etwas weiter oberhalb zieht sich in flachem Bogen über die Brust eine goldene Kette, die abwechselnd mit roten und blauen Steinen geschmückt ist. Unterhalb der

---

[1] In Wickhoffs Liste fehlt dieses Bild.

Kette fällt eine um den Hals geschlungene dünne schwarze Schnur in Bogenlinien auf die Brust herab. Die Kette hält anscheinend den Mantel zusammen, der die Oberarme bedeckt. Dieser ist aus einem dünnen, malerisch drapierten rotbraunen Stoff. Die Unterärmel sind blassorangefarben und an den Handgelenken mit weissen Krausen besetzt, die lange Zipfel bilden. Auf dem Hinterkopf trägt die Heilige zunächst ein dünnes schleierartiges Tuch, von dem aber nur wenig zu sehen ist, darüber eine Haube, deren beide vordere Streifen weiss resp. blassrot gefärbt und mit zwei Schmuckschnüren versehen sind. Die hintere, schwarze Partie der Haube steht nach vorne etwas über.

Das in der Mitte gescheitelte Haar ist blond, von braungelber Farbe. Die Fleischfarben sind wieder hell und kühl gestimmt und fein verschmolzen, jedoch nicht so zart wie bei der Lautenspielerin im Provinzial-Museum. Der Gesichtstypus ist bei weitem nicht so vornehm wie auf diesem Bilde. Die Kopfform ist rundlich, die Farbe der Wangen frisch rot. Der Hintergrund ist dunkelgrün, mit schwarzen Schatten an den Seiten.

Je eine Magdalena besitzt ferner die Ambrosiana in Mailand und die Akademie in Venedig. Auf dem Mailänder Bilde steht die Heilige, etwas nach links zur Seite blickend, hinter einem dunkel (schwärzlichbraun) gedeckten Tisch. Sie legt die Linke an das goldene pokalartige Salbgefäss und hebt mit der Rechten den Deckel empor. Das Kostüm ist genau wie bei der Lautenspielerin im Provinzial-Museum in Hannover, nur fehlt die obere Bordüre an der Brust. Es ist aus dunklem, bräunlichen Stoff, an der Brust wieder rechteckig ausgeschnitten. Oben ist es mit einem schwarzen, horizontal verlaufenden Saum versehen, darüber kommt ein Streifen des weissen Hemdes zum Vorschein. Die Oberärmel sind sackartig weit, aus leuchtend rotem (Sammet-?) Stoff. Durch die Schlitze der Unterärmel blickt der weisse gebauschte Stoff der Hemdärmel, die unten mit einer Krause abschliessen. Um den Hals trägt die Heilige eine goldene, bis auf die Brust herabfallende Kette.

Die haubenartige Kopfbedeckung besteht, von vorne nach hinten gerechnet, aus einem durchsichtigen, schleierartigen Streifen, einem weissen Streifen mit einer schmalen Goldschnur, einem roten Streifen und einer schmalen geflochtenen Goldborte. Das Haar ist an den Seiten gebauscht, leicht gewellt und schimmert seidig. Die Fleischfarbe ist kühl, glatt vertrieben, der Hintergrund schwarz.

Auf dem Bilde in Venedig (Höhe 0,46 m; Breite 0,36 m)[1] sitzt die Heilige an einem Tisch und blättert mit gesenktem Blick in einem Buche. Dieses ist mit einer lilaroten Schutzdecke versehen. Auf dem Holztisch, der ohne Decke ist, steht die Salbbüchse. Das tiefdunkle Kleid ist wieder mit einem rechteckigen Brustausschnitt versehen. Eine Art Unterjacke, die vorne durch einen Schlitz hindurch das weisse Hemd sehen lässt, reicht aber bis zum Halse hinauf. Ihre Ärmel kommen unten an den weiten Ärmeln des Obergewandes zum Vorschein. Auch das Hemd bedeckt die ganze Brust bis zum Halse. Die Heilige trägt ein braunweiss gestreiftes Kopftuch und vorne über dem Haar einen wie Glas durchsichtigen Schleier. Das dünne gewellte Haar liegt glatt an. Die Fleischfarben sind hier leuchtend warm goldgelb. Der Hintergrund ist schwarz. Wickhoff hält die Zuweisung dieses Bildes an den Meister der weiblichen Halbfiguren für falsch.

Ein sehr schwaches Stück der Brera in Mailand (Höhe 0,36 m; Breite 0,27 m) stellt eine heilige Katharina dar.[2] Die Heilige sitzt, als Halbfigur sichtbar, fast ganz en face, links an einem matt dunkelgrün gedeckten Tisch. Sie blickt in ein aufgeschlagenes Buch. Auf dem Tisch liegt ihr Attribut, das Schwert, von dem jedoch nur der Griff und ein Teil der Klinge zu sehen ist. Hinter dem Tisch bemerkt man ein Stück des Rades. Der Hintergrund ist schwarz.

Das Kleid der Heiligen, aus roter Seide, hat einen schwarzen Schulterkragen und einen kleinen dreieckigen Brustausschnitt. Die Oberärmel sind sackartig weit, von braunem Stoff, die Unterärmel gepufft und geschlitzt. Die Puffen bestehen aus dunkelgrünen, mit Goldborten verzierten Streifen, und durch die Schlitze blickt der weisse gebauschte Stoff der Hemdärmel hervor. An den Handgelenken endigen die Ärmel mit einer Krause.

Das in der Mitte gescheitelte Haar ist vorne mit einem durchsichtigen Schleiertuch bedeckt, weiter zurück bemerkt man ein weissgraues Kopftuch.

[1] Phot. Anderson 12 729.
[2] Bei Wickhoff ist — wohl irrtümlich — eine „Schreibende" in der Brera aufgeführt.

In der Pinakothek in Turin befindet sich eine Darstellung der Salome, die vom Henker das Haupt Johannis des Täufers in Empfang nimmt (Halbfigurenbild, Höhe 0,59 m; Breite 0,56 m). Salome steht, nach rechts gewandt, mit gesenkten Augen an einem Tisch. An der anderen Seite des Tisches, links, steht der Henker, von dem nur der Kopf und ein Teil des Oberkörpers sichtbar ist. Er trägt in der Rechten einen blanken Türkensäbel und hält mit der Linken über einer Schale das Haupt des Täufers empor, nach welchem Salome beide Hände verlangend ausstreckt. Auf dem Kopfe trägt der Henker ein blassrotes geschlitztes Barett.

Für den Meister der weiblichen Halbfiguren charakteristisch ist die Tracht der Salome. Das Haar ist in der Mitte gescheitelt. Das Kopftuch zeigt in der Mitte des vorderen schmalen Streifens eine Agraffe. Das Gewand ist an der Brust rechteckig ausgeschnitten. Unter dem dunkelgrünen, mit Goldsäumen geschmückten Mieder, das vorne ein wenig auseinander klafft, wird das weisse Hemd sichtbar. Dieses ist oben ebenfalls mit einem Goldstreifen verziert. Die blassroten Ärmel sind gepufft und geschlitzt.

Der Fleischton ist gelblich. Im allgemeinen erscheint das Kolorit ein wenig manieristisch und verrät oberitalienischen Einfluss. Der Kopf Salomes erinnert entfernt an Lionardos Idealtypen. Der Hintergrund ist schwarz.[1] Meiner Ansicht nach gehört auch dieses Bild entschieden in die Richtung des Meisters der weiblichen Halbfiguren.[2]

Eines der feinsten Werke des Meisters ist in der Galerie des Grafen Harrach in Wien enthalten. Auf diesem Bilde (Höhe $0{,}58^1/_2$ m; Breite $0{,}52^1/_2$ m)[3] sieht man drei musizierende junge Damen. Eine junge Flötenspielerin sitzt hinter einem grün gedeckten Tisch. Sie hat beim Spiel den rechten Ellenbogen leicht auf den Tisch gestützt und blickt in ein aufgeschlagenes Liederbuch herab. Auf dem Tisch bemerkt man ferner zwei geschlossene blassrot gebundene Bücher und eine aus drei Röhren bestehende Kapsel (wohl für die Flöte), deren Deckel abseits liegt. Hinter der Flötenspielerin steht links eine junge Dame mit einem Notenblatt in den Händen. Ihr Kopf ist leicht abwärts geneigt, sie blickt vom Notenblatte auf und scheint mit ihren Gedanken abzuschweifen. Eine dritte, rechts von der Flötenspielerin stehende junge Dame spielt auf einer Laute. Alle drei Damen verraten in ihren Gesichtszügen eine derartig enge Verwandtschaft, dass man sie für Geschwister halten könnte. Bei allen dreien das gleiche volle und weiche Oval des Gesichts, die dünnen, zarten Augenbrauen, die feine schmale Nase und der kleine anmutige Mund.

Die Flötenspielerin trägt ein purpurrotes Seidenkleid mit weissen gepufften Ärmeln. Es ist an der Brust mit einem weiten rechteckigen Ausschnitt versehen, das Mieder verschnürt. Um den Hals trägt die junge Dame an einer dünnen Kette ein Anhängsel.

Ihren Hinterkopf bedeckt eine Art Haube, bestehend aus einem breiten eng anschliessenden Streifen, an den sieb nach hinten ein reich mit Gold und Perlen verziertes Netz schliesst, das die Fülle der Haare birgt. Vorne bleibt ein grosser Teil des in der Mitte gescheitelten, zierlich gekräuselten dunkelblonden Haares unverhüllt. Die Haartracht und Kopfbedeckung der beiden anderen Damen ist ganz ähnlich. Bei der Dame mit dem Notenblatt stellt sich aber der hintere Teil der Haube als ein dunkles, lang herabfallendes Tuch dar, während bei der Lautenspielerin der hintere, beutelförmige Teil der Haube hinaufgeschlagen ist und ein Stück nach vorne überragt. Wie bei der Flötenspielerin ist auch bei den anderen Damen der vordere, eng anliegende Teil der Haube mit schmalen zierlich ornamentierten Goldreifen versehen. Im allgemeinen erinnert die Kopfbedeckung der drei Damen an die der Magdalena in Mailand, die der Lautenspielerin speziell an die Magdalenas in Hannover.

Die Frau mit dem Notenblatt trägt ein mattblaues Kleid mit rechteckigem Brustausschnitt, sackartig weiten, violettroten Oberärmeln und goldgelben Unterärmeln, die unten mit weissen Krausen besetzt sind. Das gleichfalls mit einem rechteckigen Brustausschnitt versehene Kleid der Lautenspielerin ist schwärzlichbraun. Hier sind die sackartig weiten Oberärmel moosgrün, die Unterärmel blassrot. Bei beiden Damen zieht sich oben über die Brust ein fein

---

[1] Im Katalog der Turiner Pinakothek liest man über dieses Bild: „Già attributo a Leonardo da Vinci, indi a Bernardino Luini. È invece opera d'un fiammingo che imitava i Leonardeschi." — Ähnlich äussert sich E. Jacobsen im Archivio Storico dell'Arte, 1897, S. 208: „.... è evidentemente una riproduzione neerlandese d'un quadro milanese. Tali imitazioni di „Erodiadi" spezialmente del Luini e del Solario s'incontrano numerose."

[2] In Wickhoffs Liste ist dieses Bild nicht aufgeführt.

[3] Nach Wickhoff ist später ein Rand an das Bild angesetzt worden. Abbildung Tafel XXXII.

verziertes schmales goldschimmerndes Band. Über dem Brustausschnitt wird bei allen drei Damen ein Streifen des weissen Hemdes sichtbar.

Die Fleischpartien sind sehr zart behandelt, die Farben hell und glatt vertrieben. Über den Haaren liegen feine, dünne Glanzlichter.

Das Zimmer, in welchem das Konzert vor sich geht, ist bis etwa zur Scheitelhöhe der beiden stehenden Damen vertäfelt. Die einzelnen Felder der Täfelung sind mit Ornamenten im Geschmacke der frühen Renaissance geschmückt. Links wird die Wand durch ein Fenster unterbrochen, dessen Scheiben rautenförmig in Blei gefasst sind. Im Hintergrunde hängt an der Wand eine Laute.

Ausser diesem Bilde beim Grafen Harrach sind in dem Aufsatze von Wickhoff noch zwei andere Bilder mit je drei musizierenden Damen beschrieben und abgebildet, nämlich eines in St. Petersburg und eines in Meiningen. Sie sind alle drei etwa gleich gross und stehen einander in Bezug auf die gesamte Auffassung und Komposition sehr nahe. Auf dem Bilde in St. Petersburg ist der Gesichtstypus der Damen fast identisch mit dem der Damen des Wiener Bildes. Naeh R. Stiassny (Repertorium für Kunstwissenschaft XI, 1888, S. 381) besitzt ferner die Galerie in Weimar eine unerkannte Originalwiederholung mit ganz geringen Änderungen von dem Bilde in der Galerie Harrach.

Die Porträts eines Mannes und einer Frau in der Kaiserlichen Galerie in Wien [1]), welche Wickhoff unter die Werke des Meisters aufgenommen hat, scheinen mir in keinerlei Beziehung zu diesem zu stehen. Der bartlose junge Mann ist, wie die Frau, in Vorderansicht dargestellt, als Brustfigur, mit einem Barett auf dem Kopfe. Die Frau steht hinter einem Tisch mit bunter orientalischer Decke, auf dem ein illuminiertes Buch liegt. In der Rechten hält sie ein Paar Handschuhe, in der Linken eine Kette, an der ein Kreuzchen hängt. Sie trägt ein blaugrünes Kleid, dessen rechteckiger Brustausschnitt schwarz gesäumt ist, und ein schlichtes Kopftuch. Die Unterärmel sind lachsrot. Der Blick der Frau ist auf den Beschauer gerichtet, die Augen sind voll geöffnet. Nur die Tracht ist ähnlich wie bei unserem Meister. Zu dessen weicher Anmut stehen aber die herben und festen Gesichtszüge auf dem Wiener Frauenbildnis in merklichem Gegensatze. [2])

Das Museo Civico in Venedig besitzt eine interessante Kopie nach einem Werk des Meisters der weiblichen Halbfiguren (etwa 0,80 m hoch und 0,90 m lang). Das Bild stellt eine lustige musizierende Gesellschaft — nach Scheibler eine Scene aus der Parabel vom Verlorenen Sohn — dar. Der Stoff erinnert an das Bild beim Grafen Harrach in Wien. Aus dem vornehmen „Konzert" ist hier aber ein breites, derbes Sittenbild geworden. Rechts und links sitzt an einem dunkel gedeckten Tisch je eine junge Frau (als Halbfigur sichtbar). Die links sitzende Frau spielt auf einer Flöte, die rechts sitzende auf einer Laute. Beide blicken in ein Notenheft, das auf dem Tische liegt. Hinter dem Tisch sitzt ein Mann mit einem Vollbart in dunkler Tracht, der mit der Rechten den Takt angibt. Er trägt einen weissen Kragen und zwei Krausen an den Ärmeln. Ein rotes Tuch liegt quer über seiner linken Schulter. Hinter ihm und der Flötenspielerin steht eine Frau, die aus einer Glaskanne Wein in eine Schale giesst. Links von der Flötenspielerin sieht man den Kopf und teilweise den Oberkörper einer weiteren Gestalt. Auf dem Tisch liegen drei Äpfel oder Pfirsiche und ein paar Kirschen. Im Vordergrunde stehen auf dem Tisch zwei kleine gefüllte Weingläser, vor der Lautenspielerin ein Teller mit Kirschen. Links hinter den Frauen ist der Hintergrund tief dunkel, rechts blickt man neben einem Baum, von dem nur der Stamm und ein kleiner Teil der Krone sichtbar ist, in eine Landschaft. In dieser sieht man eine Häusergruppe vlämischen Stils. Das Rot der Häuser ist ganz blass, der Himmel hell und kühl gestimmt.

Charakteristisch ist auf diesem Bilde wieder die Haartracht und das Kostüm. Die Kleider der beiden musizierenden Frauen sind an der Brust bogenförmig ausgeschnitten. Die Flötenspielerin trägt ein graubraunes Kleid mit dunklem Saum an der Brust und Unterärmeln von dunkelroter Seide mit weissen Krausen. Das den Hinterkopf bedeckende Tuch ist ganz ähnlich drapiert wie das der heiligen Katharina in Mailand. Bei der Lautenspielerin ist der

---

[1]) Bei Wickhoff Fig. 11 uud Tafel XXXVII abgebildet.

[2]) Scheibler (Repertorium für Kunstwissenschaft X, 1887, S. 281) meint von deu beiden Wiener Porträts, dass sie „am uächsten dem Meister der weiblichen Halbfiguren kommen, der zwischen Mostaert uud Orley steht." Th. v. Frimmel (Galeriestudieu, 3. Folge, 1899, S. 481) urteilt über die Bilder: „Richtung des Meisters der weiblichen Halbfiguren, doch nicht von ihm selbst."

Scheitel nicht sichtbar, da der Kopf ins Profil gestellt ist. Sie trägt über dem eigentlichen, vorn sichtbaren Kopftuch eine dunkle Haube. Ihr Kleid ist von blassgrauer Farbe.

Das ganze Bild macht entschieden den Eindruck, als ob es einem vlämischen Genre-Maler vom Anfang des 16. Jahrhunderts entstammt.[1])

Ein anerkanntes Hauptbild des Meisters, ein dreiteiliges Altarbild mit einer Kreuzigungs-Darstellung, befindet sich in der Turiner Pinakothek. Es nimmt unter den anderen Werken des Meisters nicht allein durch den behandelten biblischen Stoff, sondern auch dadurch eine Ausnahmestellung ein, dass hier statt der sonst üblichen Halbfiguren ganze Figuren verwendet sind. Das Stück ist 1,21 m lang und 1,55 m breit.[2])

Auf dem Mittelbilde sieht man Christus mit geschlossenen Augen am Kreuze hängen. Ein Zipfel seines Lendentuches flattert nach rechts. Der blinde Longinus, links auf einem Schimmel sitzend, führt mit der Lanze den Stoss nach Christi Seite. Ein hinter ihm haltender gepanzerter Reiter lenkt mit der einen Hand den Lanzenstoss. Im Vordergrunde, dem Beschauer den Rücken zukehrend, steht ein Krieger in rotem Mantel, mit turbanartiger Kopfbedeckung. Aufblickend deutet er mit der erhobenen Linken auf Christus. Rechts im Vordergrunde ist Maria ohnmächtig zusammengesunken. Magdalena, vor dem Kreuzesstamm knieend, hält mit ihrer Rechten die Rechte Marias und führt mit der Linken ein schleierartig dünnes Tuch an die Augen. Von hinten wird Maria durch den Evangelisten Johannes (hier merkwürdigerweise mit Schnurr- und Kinnbart) gestützt. Er trägt einen roten Mantel, Maria ein dunkelblaues Gewand. Im Mittelgrunde, rechts vom Kreuze Christi, halten zwei gepanzerte Reiter, deren einer eine Fahne mit zwei Doppeladlern trägt. Rechts hinter den Reitern steht ein Mann mit einer Lanze. Sein langes Kopfhaar flattert zur Seite.

Das Terrain zeigt im Vordergrunde eine bräunlich-gelbe Färbung. Im Hintergrunde erblickt man eine Ebene mit Häusern, vielen Türmen und kastellartigen Gebäuden. Neben Kirchtürmen mit hohen Helmdächern bemerkt man viele runde, sowie quadratische flach abschliessende Türme, ferner auch eine Art Zentralbau. Links liegt eine Burg auf schroffem Felsen. In der Ferne wird ein steil abfallender Höhenzug sichtbar. Der Gesamtton der Landschaft ist grünlich-blau. Der Himmel ist oben schwarz und geht nach unten zu streifenförmig in blaue Töne über. Ganz unten ist der Horizont blassrosa gefärbt.

Die Krieger sind antik-renaissancemässig kostümiert, mit krummen Türkensäbeln und halb antiken, halb mittelalterlichen Panzern ausgerüstet. Der Reiter mit der Fahne und Longinus tragen mit bunten Federn besetzte Helme.

Die am Fusse des Kreuzes kniende Magdalena verrät in ihrem Gesichtstypus eine auffallende Verwandtschaft mit der Magdalena in Mailand. Ihr dunkelblondes Haar ist in der Mitte gescheitelt und bildet hinten einen breiten Flechtenkranz. Die Gesichtsform ist länglich-oval; die Nase fein gebildet, der Mund klein und zierlich.

Das purpurrote Untergewand ist an der Brust rechteckig ausgeschnitten und mit einem schwarzen Saum versehen. Darunter wird das ganz zart angedeutete, zierlich gefältete Hemd, ebenfalls mit Brustausschnitt, sichtbar. Der feine Stoff ist kaum von der Hautfarbe zu unterscheiden. Die Ärmel sind dunkelgrün. Der den Unterkörper bedeckende, malerisch drapierte Mantel ist weiss.

Auf dem rechten Flügelbilde stehen im Vordergrunde zwei Frauen. Etwas zurück hängt rechts, fast ganz von hinten gesehen, der eine der beiden Schächer an einem Baumstamm. Sein Haar fällt über die Stirne herab, und ein Zipfel seines Lendentuches flattert malerisch zur Seite. Die eine Frau, im Dreiviertelprofil nach rechts, hat die Hände betend erhoben. Sie trägt ein dunkelgrünes Kleid mit matt gelbbraunen Ärmeln und goldgelbem Rock, ferner einen

---

[1]) Im Museo Civico ist das Bild als Kopie nach dem Meister der weiblichen Halbfiguren bezeichnet. — R. Stiassny schreibt im Repertorium für Kunstwissenschaft XI, 1888, S. 380: „Höchst wahrscheinlich unserem Anonymen [Meister der weiblichen Halbfiguren] ist die interessante Tafel im Museo Correr beizulegen, die sich der richtigen Benennung — sie gilt als Mostaert — wohl nur infolge der ausnehmend schlechten Beleuchtung entzogen hat." — Wickhoff tritt dieser Ansicht Stiassnys scharf entgegen und sieht in dem Bilde des Museo Civico [= Museo Correr] nur das Werk eines schlechten Nachahmers des Hemskerk. — Für mich gehört das Bild zweifellos in den Kreis des Meisters der weiblichen Halbfiguren.

[2]) Phot. Brogi 2521. — Ferner eine Reproduktion und kurze Besprechung des Bildes bei Emil Jacobsen, La Regia Pinakoteca di Torino (Archivio Storico dell'Arte, 1897, S. 206—208).

purpurroten Mantel. Das Kleid hat auch hier wieder an der Brust einen rechteckigen schwarzgesäumten Ausschnitt, darunter wird wieder das feingefältete, ebenfalls ausgeschnittene Hemd sichtbar.

Die andere, links stehende Frau trägt ein tiefbraunes, fast schwarzes Gewand, dessen rechteckiger Brustausschnitt einen roten Saum hat. Das unter dem Kleide zum Vorschein kommende weisse Hemd ist an der Brust ebenfalls rechteckig ausgeschnitten. Diese, ganz von vorne gesehene Frau wendet sich zu ihrer Begleiterin und deutet mit der Linken nach dem Kreuze Christi.

Die Haartracht der beiden Frauen ist wie bei Magdalena, das gewellte, blonde, seitwärts über die Ohrmuscheln gelegte Haar in der Mitte gescheitelt. Auf dem Hinterkopf trägt die rechts stehende Frau eine Art Haube von schwarzem Stoff mit breiten roten Streifen und einem dünnen Netz von Goldfäden. Die zweite Frau trägt eine wulstartige gelbliche Haube, die vorne in der Mitte mit einem ovalen rotschimmernden Schildchen geschmückt ist.

Der Kopftypus beider Frauen erinnert unverkennbar an den der Magdalena auf dem Mittelbilde. Wie die drei musizierenden Damen in Wien haben auch diese drei Frauen eine so grosse Ähnlichkeit mit einander, dass sie als Schwestern gelten könnten. Magdalenas Gesicht erinnert an Form und Schnitt besonders an die Lautenspielerin in Hannover. Der Gesichtstypus der drei musizierenden Damen in Wien ist hier die Haarbehandlung eine andere. Das Haar ist auf dem Wiener Bilde dünn, gekräuselt und liegt ziemlich glatt an. Auf dem Turiner Altar ist es dagegen so frisiert, dass es in breiten Partien die Ohrmuscheln bedeckt.

Im Hintergrunde erblickt man eine Hügellandschaft mit einem Flusse, zart blaugrün im Gesamtton, wie die Landschaft des Mittelbildes. In der Ferne sieht man auf einem Hügel ein Kastell mit Türmen. Der Horizont ist ebenso behandelt wie auf dem Mittelbilde.

Auf dem linken Flügel hängt, im Dreiviertelprofil nach rechts gesehen, der zweite Schächer an einem Baumstamm. Er ist mit einem Hemd bekleidet, dessen eines Ende vorne emporflattert. Im Vordergrunde steht, dem Beschauer den Rücken zukehrend, ein Krieger in braunem Lederpanzer, unter dem ein kurzes weisses, vom Winde gebauschtes Hemd sichtbar ist. Die eng anliegenden Beinlinge sind rot, der Helm ist mit bunten Federn besetzt. Der Krieger stützt mit der Rechten einen Schild auf den Boden und trägt in der Linken eine (nur zum Teil sichtbare) blassrote Fahne. Ihm gegenüber steht ein Mann in kurzem dunkelgrünen Rock und gelben Stiefeln, mit einem weissen Turban auf dem Kopfe. Das steinige, in der Farbe bräunlich gelbe Terrain und die Behandlung des Horizontes ist ebenso wie auf dem Mittelbilde und dem rechten Flügel.

Wie bei den Frauenköpfen, so herrscht auch bei den Männerköpfen eine mehr oder weniger grosse Übereinstimmung. Man vergleiche z. B. den Kopf Christi mit dem des Mannes mit der Lanze rechts im Mittelbilde. Durch die gebauschten und flatternden Gewänder und Tücher und durch den bunten Federputz auf den Helmen der Krieger kommt in das sonst nicht sehr temperamentvolle Bild ein phantastischer Zug hinein.

An den Gewändern ist ein volles, warmes Rot bevorzugt. Der blaugrüne Fernenton der Landschaft erinnert an die niederländische Schule vom Anfang des 16. Jahrhunderts, die weite Ebene mit den jäh abfallenden Höhen an die Art Patinirs. Überhaupt scheint mir das Bild zweifellos niederländischen Ursprungs zu sein. Wenn die Architekturen in der Landschaft des Mittelbildes italienische Anklänge zeigen, so spricht das keineswegs dagegen. Ein Zentralbau, wie er auf unserem Bilde sichtbar ist, kommt z. B. in ganz ähnlicher Art auch auf einem Bilde Patinirs vom Jahre 1524, der „Ruhe auf der Flucht" in Berlin, vor. Es ist eben die Zeit, in der sich italienische Einflüsse in der niederländischen Malerei bemerkbar machen.[1])

<hr/>

[1]) Wickhoff schreibt (S. 241) über dieses Bild: „Der Altar in Turin ist ein Antwerpener Bild. Es ist ein Künstler, der unter dem übermächtigen Einfluss des Quentin Massys aufwuchs, im Wetteifer mit Herri met de Bles und Patinir. Das Kolorit stammt von Quentin, die bizarr gekleideten und in den älteren Bildern etwas schraubenartig gedrehten Figuren weisen auf Herri met de Bles, während der Künstler sich in seinen Landschaften als ein glücklicher Nebenbuhler des Patinir erweist. Mit ihren realistischen Mittelgründen und phantastischen Burghügeln sind sie schöne Vertreter der Landschaft der Antwerpener Schule."

Robert Stiassny (Repertorium f. Kunstwissenschaft XI, 1888, S. 381) vermutet, dass das Bild „in die frühere, augenscheinlich von B. van Orley beeinflusste Periode" des Meisters der weiblichen Halbfiguren zu setzen ist. Es weist nach R. Stiassny direkte Analogien mit der Kreuzabnahme Orleys in der Eremitage (Phot. von Braun Nr. 474) auf.

Die beiden Doppeladler auf der Fahne rechts im Mittelbilde sind wohl am einfachsten als das Wappen des Hauses Habsburg zu erklären, wenn man sich vergegenwärtigt, dass im Jahre 1477 die Niederlande durch die Heirat Maximilians I. mit Maria von Burgund an die Habsburger kamen und dass Margarete von Österreich in den Jahren 1507—1530 die Statthalterschaft in den Niederlanden führte, in welche Zeit jedenfalls die Entstehung des Turiner Bildes fällt.[1]

Aus der Reihe der hier besprochenen Bilder lassen sich wohl die Kreuzigung in Turin, die Magdalena in Mailand, die Lautenspielerinnen in Hannover und Turin und das Konzert in Wien als zweifellos eigenhändige Werke unseres Meisters herausheben. Das Turiner Bild ist vielleicht an den Anfang zu stellen, wo der vlämische Charakter noch stark überwiegt, während die übrigen Stücke mehr italienische Einflüsse zeigen. Das Wiener Bild stellt in seiner delikaten Durchführung wohl den Höhepunkt dar. Als Werke von geringerer Hand, vielleicht von Schülern ausgeführt, schliessen sich die Magdalena in Hannover und die Katharina in Mailand an, ferner steht die Madonna in Hannover, die aber doch wohl in den Kreis des Meisters einzubeziehen ist. Die Salome in Turin und die h. Magdalena in Venedig, wo der Fleischton im Gegensatze zu der sonst beliebten porzellanartig weissen Farbe warm gelblich ist, könnten von einem oberitalienisch (lionardesk) beeinflussten Schüler stammen.

Für die örtliche und zeitliche Fixierung unseres Meisters ist, wie mir scheint, die Kostümfrage von besonderer Wichtigkeit, weshalb auch bei den behandelten Bildern jedesmal das Gewand und der Kopfputz eingehend beschrieben ist. Auf allen Bildern, auch den Heiligenbildern, begegnet man modisch aufgeputzten Damen in reicher, vornehmer Tracht. Die aus kostbaren Stoffen bestehenden Gewänder sind auf einigen der Bilder zurückhaltend in der Farbe, dunkelgrau, blassgrau, graubraun, bräunlich, tief dunkel, auf anderen Bildern prächtig purpurrot, mattblau, blaugrün oder dunkelgrün, in der Regel mit einem weiten rechteckigen Brustausschnitt versehen, der schwarz gesäumt ist. Dieser Brustausschnitt weist nach einer gütigen Mitteilung des Herrn Dr. Doege in Berlin auf das 1. Viertel des 16. Jahrhunderts. Die Ärmel sind entweder einheitlich, gepufft und geschlitzt, immer von anderer Farbe als das Gewand, schwarz, blassrot, dunkelgrün und braungelb oder sie bestehen aus einem sackartig weiten Oberärmel und einem engeren Unterärmel. Auch die Unter- und Oberärmel sind in der Farbe verschieden, z. B. purpurrot und goldgelb, braun und dunkelgrün, moosgrün und blassrot. Unten an den Handgelenken zeigt sich immer eine zierliche Krause. Um den Hals pflegen die Damen goldene Ketten zu tragen oder es ziehen sich über ihre Brust goldschimmernde, mit bunten Steinen geschmückte Bänder.

Die Kopftracht ist sehr verschiedenartig. Vielfach kommen Hauben vor, die hinten einen Beutel aus schwarzem Stoff oder ein Netz bilden. Bei der Lautenspielerin auf dem Wiener Bilde und der h. Magdalena in Hannover ist der Beutel nach vorne hinaufgeschlagen. Ausser diesen Hauben sieht man wulstartigen Kopfputz und frei drapierte schlichte oder gestreifte Kopftücher. Über den vorderen Teil des Kopfes ist bisweilen ein Schleier gebreitet.

Auf einer etwa zwischen 1515 und 1520 entstandenen „Beweinung Christi" von Barent van Orley in London ist die h. Magdalena ganz ähnlich kostümiert wie die Frauen auf dem Turiner Kreuzigungsbilde unseres Meisters. Ein Flügel des Hanneton-Altars von B. van Orley in Brüssel, der nach Friedländer[2] nicht vor 1521, aber auch nicht wesentlich später anzusetzen ist, zeigt die Stifterin mit ihren zahlreichen Töchtern. Die Töchter tragen ganz ähnliche Hauben wie die Dame mit dem Notenblatt auf dem Wiener Bilde. Die älteste Tochter erinnert mit ihrem Gesichtstypus übrigens entschieden an den Meister der weiblichen Halbfiguren. Die jungen Frauen auf dem Mittelbilde des Hanneton-Altars, das die Beweinung Christi darstellt, stehen mit ihrer wulstartigen Kopftracht den Frauen auf dem Turiner Kreuzigungsbilde nahe. Aus dem Jahre 1522 besitzt die Münchener Pinakothek ein Bild des Lucas van Leyden, auf dem man Maria mit dem Kinde, Magdalena und einen Stifter sieht. Hier erinnert die Kopftracht der h. Magdalena an die der h. Katharina in Mailand. Die „Kreuzauffindung" Barthel Behams in München aus dem Jahre 1530 weist bei den Frauen mehrfach die Haubentracht unseres Meisters auf. Eine Haube wie die der Dame mit dem Notenblatt auf dem Wiener Bilde trägt die auf einer Zeichnung Holbeins d. J. in Windsor dargestellte Mrs. Souch.

---

[1] Auf einem Bilde des Quentin Massys, dem „Gastmahl des Herodes" vom Jahre 1511 in Antwerpen, sieht man auf einem Schildchen einen einzelnen Doppeladler.

[2] Jahrbuch der Kgl. Preussischen Kunstsammlungen Bd. XXX, S. 96.

Einer freundlichen Mitteilung des Herrn Dr. Doege entnehme ich, dass der Kopfputz der drei musizierenden Damen beim Grafen Harrach in Wien spezifisch französisch ist und in Frankreich von etwa 1500 bis um die Mitte des 16. Jahrhunders, zum Teil auch noch später vorkommt. Danach scheint es, dass der Meister in Frankreich zu suchen ist. Einen weiteren wichtigen Hinweis auf Frankreich bildet der Text in dem Liederbuch des Wiener Bildes. Wickhoff hat festgestellt, dass er aus einer Liedersammlung des Clement Marot, eines Dichters am Hofe des Königs Franz I. von Frankreich, stammt und nach Auflösung der Abkürzungen folgendermassen lautet:

> „Joissance vous donneray
> mon ami, et si vous menneray
> La ou pretend vostre esperance.
> Vivante ne vous laisseray,
> encores quand mort seray,
> sy vous auray en souvenance."

Wie man aus dem allein lesbaren Anfangswort Joissance auf dem Notenblatt der Lautenspielerin in Hannover schliessen kann, stand hier vielleicht der gleiche Text unter den Noten. Nach Wickhoff ergibt sich weiterhin aus der Zimmervertäfelung und der rautenförmigen Fensterverglasung, wie sie sich auf dem Bilde der Galerie Harrach findet, Frankreich als Heimatland unseres Meisters, und schliesslich erkennt Wickhoff in diesem Jean Clouet, der 1516 als Hofmaler in die Dienste Franz I. von Frankreich trat und 1540 starb.

Nach dem ganzen Stilcharakter des Meisters der weiblichen Halbfiguren kann ich jedoch der Ansicht Wickhoffs nicht beipflichten, glaube vielmehr an der traditionellen Einordnung des Meisters unter die niederländischen „Romanisten" vom Anfang des 16. Jahrhunderts festhalten zu müssen. Abgesehen von dem Stil verweist schon das Kostüm unseren Meister in das erste Drittel des 16. Jahrhunderts, also in jene Zeit, wo die bis dahin rein nationale niederländische Malerei fremde Einflüsse, italienische und wohl auch französische, aufnimmt. Manche seiner Bilder, wie z. B. die Kreuzigung in Turin, wurden früher für Werke des Barent van Orley (1491 oder 1492—1542) gehalten. Dass er tatsächlich wohl in der Nähe dieses Meisters zu suchen ist, zeigt das erwähnte Flügelbild des Hanneton-Altars in Brüssel.

Bericht über die Ausgrabung von Hügeln bei Wohlde, Kr. Celle.

Von H. Hahne.

Hierzu Tafel XII und XIII.

Nordöstlich von Bergen, Kr. Celle, liegt das Dorf Wohlde, aus einem Dutzend statt-licher Bauernhöfe bestehend. Wohlde ist Haltestelle der Eisenbahn Bergen-Celle, die 1902 gebaut wurde. Bei deren Tracierung wurde südwestlich von Wohlde (Stelters Koppel) ein mannshoher Erdhügel angeschnitten: es fand sich eine „Spitze von einem Degen mit einem Ende wie ein Pfeil"[1] (Griffzungenschwert?), nach anderer Aussage wurde „ein zerbrochener Dolch" gefunden, mitten im Hügel, in einem Haufen dunkler Erde „wie Asche". In einem kleineren Hügel, der behufs Aufschüttung des Bahndammes abge-tragen wurde, „war nichts" und „in einem dritten, ganz kleinen, ein Topf mit schwarzer Asche. Der Topf war ca. 15—20 cm hoch, und war mit Steinen umpackt". Steinaufhäufungen fehlten in allen Hügeln.[1]

Bereits in früheren Jahrzehnten (ca. 1873) sollen in der Gegend nordöstlich von Wohlde Hügel von Liebhabern ausgegraben sein; von eindrucksvollen Funden bei allen diesen Abtragungen und Grabungen hat man nie etwas gehört, es sind immer, ausser modernen Dingen, „Ringe von Messing" (d. h. Bronze) und andere Kleinigkeiten, gelegentlich einmal ein „Kupferdolch" (Bronze?) gefunden.

Auch im Anschluss an den Chausseebau Bergen-Soltau sollen bereits östlich von Wohlde, wohl südlich von der Chaussee, 3—4 Hügel zerstört worden sein. Nach Aussage von alten Leuten scheint sich einst ein Hügelkranz von NW. nach O. um Wohlde herumgezogen zu haben auf einer ebenso verlaufenden Erhebung. Das nordwestliche Ende ist die heutige „Kirchenkoppel" von Bergen gewesen, ein in der Feldmark Hagen gelegenes Grundstück von 27 Morgen Heideboden, das östliche Ende lag südlich der Chaussee nahe dem Bahnkörper. Ausserdem scheint eine (oder 2?) isolierte Gruppe südwestlich am Bahnkörper gelegen zu haben, dort wo die Hügel beim Bahnbau zerstört und wo heute noch einige Hügel vorhanden sind. Zwischen der Kirchenkoppel und dem Dorf sind nie Hügel gewesen, ausser zwei, dicht südwestlich neben ihr, jenseits des Feldweges nach Hagen liegenden, also zu der grossen Gruppe gehörigen; ebensowenig westlich von der Kirchenkoppel (vgl. die Karte = Tafel XII, 1). Die Hügel in und dicht bei der Kirchenkoppel sind die einzigen noch erhaltenen des nördlichen Hügel-kranzes; denn alle anderen sind in den letzten Jahrzehnten eingeebnet, seit das Gelände der „alten Gemeinheit" zwischen Kirchenkoppel und Chaussee und die privaten Grundstücke zwischen Chaussee und Bahn urbar gemacht sind. Müllers Statistik bringt die unklare Angabe: Hinter Wohlde nordöstlich 22, vor dem Orte im Holze 18, rechts am Wege nach Bergen 9. Die Papensche Karte von 1837 mit Nachträgen von 1896 verzeichnet hier keine Hügel. Auf der Karte der preussischen Landesaufnahme (1899. Herausgegeben 1901) ist die NW.—NO.-Reihe durch etwa 30 Hügelzeichen angegeben, die südwestliche Gruppe durch 2. Das Regierungsinventar erwähnt „34—40 Hügelgräber im Nordosten von Wohlde".

Im Jahre 1890 soll der Landrat von Celle die s. Z. noch bestehenden Hügel haben zählen lassen, es sollen s. Z. im ganzen 150 gewesen[2] einbegriffen die in und bei der Kirchenkoppel, in der jetzt noch 28 Hügel vorhanden sind und 3 halbe, die bei Anlage des Grenzgrabens der Koppel angeschnitten sind. Die südwestlich bei der Koppel auf einem Hagener Grundstück liegenden zwei Hügel sind beide angeschnitten von kleinen Sandgruben der

---

[1] Aussagen von Arbeitern, die s. Z. beim Bahnbau beschäftigt waren.
[2] Aussage des Herrn Ortsvorstehers Kothe-Dohnsen.

Gemeinde Hagen. Funde sind hier noch nicht gemacht. Für die spätere Ausgrabung der Hügel ist dem Provinzial-Museum Erlaubnis erteilt worden.

Während der Einebnung der Hügel bei der Urbarmachung hat sich Herr Präceptor Römstedt in Bergen um die Rettung der vorgeschichtlichen Funde grosse Verdienste erworben. Die Funde befinden sich bis auf einige, die in Privatbesitz gelangten, jetzt in seiner gut gepflegten und mit Verständnis und guter Kritik zusammengebrachten Sammlung heimatlicher, vorgeschichtlicher und volkskundlicher Altertümer. Nach der Auskunft seiner Berichte und den Aussagen einiger Bauern (Bramann-Wohlde u. a.), sowie aus meiner Untersuchung der Römstedtschen Sammlung sei nur folgendes über diese früheren Funde in der „alten Gemeinheit" hervorgehoben. In der Hügelgruppe lagen grosse (ca. 30 m Durchmesser und mehr) und kleinere Hügel durcheinander; es hat den Anschein gehabt, „als hätten zu den grossen je mehrere kleinere gehört". Meist bestanden die Hügel nur aus „loser Erde", d. h. feinem lössartigem Sand; „in der Mitte auf dem Mutterboden fand sich meist eine Anhäufung fester grauer und schwarzer Erde" („Bimbodden"). Hierin lagen meist die Funde: kleine Bronzedolche und Kurzschwerter mit ohne Griffzunge, einige Lappenäxte, eine mit Absatz, eine „geknickte Randaxt"[1]), Radnadeln und einfache Kopfnadeln, auch einige dünne, enge Goldspiralen, Bronzelöckchen und kleine Bronzeröhrchen, enge Nobbenringe und einfache Bronzearmringe, längsgeriefte Bronzearmbänder „in Diademform" und endlich eine Anzahl Bernsteinperlen zu einem Kollier vereinigt, endlich Silexspähne und auch ein schön gearbeiteter Silex-„Dolch"; alles also offenbar Funde der älteren Bronzezeit (Montelius I/II).

Nur in ganz wenigen der grössten Hügel sind Steinhäufungen gefunden, einmal einige Kopfsteine „um die Funde herum", in einem anderen grossen Hügel, der „Königshügel" genannt, fand sich aus Kopfsteinen eine Setzung, die eine Spirale von etwa drei Läufen darstellte, am Rande des Hügels anfangend, in der Mitte an der Stelle endigend, wo die Funde lagen: ein kleiner Dolch mit zwei Nieten, ein längsgeriefetes Bronzehalsband „in Diademform" und Nadelreste.

Von Skeletten sind in den verschiedenen Hügeln zusammen mit den Funden nur sehr geringe Reste (Zähne) gefunden; meist fehlte jede Spur, aber mehrmals soll die dunkle Stelle in der Hügelmitte Menschenlänge gehabt haben; einmal soll unter der Fundstelle „eine dünne aus weissem Knochenmehl bestehende Schicht in Menschenform" gefunden haben; dabei lag ein in drei Teile zerbrochenes Kurzschwert mit Nieten und ein „Bronzemeissel" (Lappenaxt nach der Beschreibung).

Im Mantel einiger Hügel fanden sich allerlei jüngere Dinge, in einem einige blaue Glasperlen (in der Art der La Tène-Perlen) mit Resten von Bronzeröhrchen darin, wohl aus einer Nachbestattung stammend.

Nach alledem handelt es sich bei der Nordwest-Ost-Hügelreihe um eine ausgedehnte Hügelgräbergruppe aus der älteren Bronzezeit (Periode I—II Montelius). In der südöstlichen Gruppe scheint das Langschwert auf jüngere Gräber hinzuweisen, auf noch jüngere das Urnenbegräbnis in dem kleinen Hügel und die Nachbestattung.

Das Provinzial-Museum besitzt, besonders aus alten Beständen (um 1854) frühbronzezeitliche Funde aus Hügeln der „Umgebung von Bergen", von keinem ist aber sicher, dass er aus den Hügeln bei Wohlde stammt.

1908 bestand die Möglichkeit, dass die Kirchenkoppel ganz oder teilweise zur Urbarmachung veräussert und dann auch der Rest dieser Hügelgruppe eingeebnet werden sollte; deshalb wurde im Juni 1908 die Aufgrabung der Hügel durch das Provinzial-Museum begonnen. Es wurde in der Zeit vom 10. bis 27. Juni einer der grössten Hügel (A der Skizze Tafel XII, 2) und zwei dicht dabei liegende (B und C) kleine ausgegraben. Unterdessen wurde von dem Kirchenvorstand in Bergen der Beschluss gefasst, die Koppel nicht zu veräussern; die Grabungen sind infolgedessen zunächst eingestellt; die Kirchenkoppel soll nunmehr wegen ihres Denkmalwertes erhalten werden und mit ihr dieser letzte Rest der einst so bedeutenden vorgeschichtlichen Gräbergruppe.

---

[1]) „Hannoverscher Typus." Typenkarte Zeitschr. f. Ethnol. 1904. S. 547.

Hügel A ist der westlichste Hügel der ganzen Wohlder NW.-O.-Gruppe gewesen, er liegt auf dem westlichen Ende einer Bodenerhebung.[1]) Hügel B liegt süd-südwestlich dicht an A, Hügel C südlich etwa 5 Schritt entfernt. Die drei Hügel bilden sichtlich eine kleine Gruppe für sich.

Alle Masse und Verhältnisse, die im folgenden Bericht in Betracht kommen, sind besonders aus der Skizze Tafel XII, 2 zu ersehen.

Alle drei Hügel waren in der Mitte platt und machten im ganzen den Eindruck, als wären sie auseinander gelaufene, ursprünglich mehr halbkugelförmige Aufschüttungen. Grabungsspuren zeigten sich nirgends. Die Bodenbeschaffenheit in der nächsten Umgebung des Hügels ist nicht gleichmässig, offenbar besonders infolge der Aushebung von Material für den Hügelbau. Folgendes Profil ist das gewöhnliche:

I. Heideboden.

II. Ungeschichteter feinkörniger, gelber, lössartiger aber kalkfreier, fast ganz steinfreier Sand (Löss), nach unten hin dunkler, fest und tonartig.

III. Eine „Steinsohle" bezw. Anreicherung von Geröllen, die in der darunter folgenden Schicht reichlich vertreten sind.

IV. Gelber dichter Sand in discordanter Parallelstruktur mit vielen Silex und anderen Geröllen.

Einige hundert Meter südlich der Kirchenkoppel tritt in der „Eichenkoppel" ein kleiner Quell zu Tage über einem meist trockenem „Wasserloch".

Hügel A

hatte einen Durchmesser von ca. 30 m, seine Ränder wie die aller anderen verliefen allmählich ohne Steinkranz oder dergleichen in die Umgebung. Die Höhe in der Mitte betrug etwa 1,25 m über dem Heideboden, und etwa 2 m (bei F der Skizze) von dem Kies an gerechnet, der sich überall in verschiedener Tiefe der Koppel unter dem Heideboden und dem Löss findet.

Die Aufgrabung der Hügel ist mit ausgiebiger Sorgfalt vorgenommen, einzelne Partien wurden nacheinander untersucht, wie es die Verfolgung der Befunde nötig macht; dabei ist aber die schichtenweise ausgeführte Abtragung aller Teile durchgeführt, um möglichst viel Aufschluss über die Feinheiten des Hügelaufbaues zu gewinnen.

Bei der Abplaggung traten in einer Zone rings im äusseren Drittel des Hügels einige grosse Gerölle zu Tage; die Sondierung ergab, dass sie zu einem im Inneren des Hügels liegenden Kranz von „Steinpackungen" gehörten.

Zunächst wurde die Zone des Hügels, die diese Packungen enthielt, untersucht, dabei besonders die Beschaffenheit der Packungen, ihr Verhältnis zu einander und zu der Schichtung des Hügels beachtet; dann die Aussenzone des Hügels, wobei durch radiale Gräben mehrfach die Profile dieses Hügelteiles und sein Verhältnis zur Umgebung festgestellt ist. Dann wurde der Mittelteil des Hügels vorgenommen und einschliesslich der Steinpackungszone bis auf den Urboden abgetragen: immer unter Belassung von Erdbrücken und Blöcken, die vom Mutterboden bis zur ehemaligen Hügeloberfläche die ursprünglichen Verhältnisse bis zum Ende der Grabung festhalten sollten. — An den wichtigsten Stellen sind kleine Blöcke bis heute stehen gelassen zu etwaiger Nachprüfung. Die Messungsfixpunkte standen auf solchen Erdblöcken.

In gleicher Weise sind dann auch die beiden Nachbarhügel untersucht und ihr Zusammenhang mit dem grossen.

Auf der Skizze Tafel XII, 2 bezeichnet die mit starker Linie umgrenzte Figur diejenigen Partien, die bis zum Mutterboden abgetragen sind, die kleinen Quadrate die Orientierungs-Erdblöcke: der mit F. bezeichnete in der Mitte vom Hügel A trug eine Stange mit Fahne, die mit N. St. und S. St. bezeichneten trugen Massstangen zur Orientierung nach Norden und Süden. Diese drei Punkte dienten während der Ausgrabung als Fixpunkte: Nordstange (N. St.), Mittelfahne (F.) und Südstange S. St.); dass diese erste Vermessung nicht den NS.-Durchmesser der ganzen Anlage trafen, lag an dem Mangel scharfer Grenzen und Formen des Hügels A. —

---

[1]) Auf der Karte Tafel XII, 1 ist er gezeichnet.

Die Steinpackungen sind in der Skizze einfach umzogen dargestellt. (I—XIII im Hügel A, I—III im Hügel B.)

Durch Radialgräben und Sondierung wurde eine rings um den Hügel laufende aber durch seine äusserste Abdachung verdeckte kiesige Zone von etwa 1 m Breite (ca. 2 m von den Packungen entfernt) gefunden, eine stärkere Geröll-Anhäufung von der Zusammensetzung der überall in der Umgebung vorhandenen „Steinsohle".

Ein Querprofil des Hügels in der Fortsetzung des radialen Nordgrabens zeigte einen Befund, der sich in noch einigen anderen Radialgräben wiederfand: Der Kies und die nach oben folgende Steinsohle und (hier ziemlich dünne) Sandschicht entspricht den allgemeinen Verhältnissen der Umgebung. Von der Humusdecke der Umgebung ist die des Hügels eine direkte Fortsetzung; unter ihr liegt die Aufschüttungsmasse des Hügels, feiner Sand mit vielen Steinen; nun setzt sich aber ausserdem eine humöse Verfärbung von der Humusdecke der Umgebung aus horizontal in den Hügel hinein etwa 8 m fort. Etwa 5 m vom Rande fand sich die erwähnte „Kieszone" in bezw. auf dieser „alten Oberfläche"; bei ca. 8 m wurde diese humöse Schicht undeutlich; 9 m vom Rande stiess man auf die Steinpackungen (Packung I im Nordgraben).

Die Aufschüttungsmasse des Hügels besteht aus dem lössartigen Sand („Flottsand" der kgl. geolog. Landesanstalt) mit vielen Steinen gemischt. In der Hügelmasse treten deutlich zwei übereinanderliegende Zonen hervor (Tafel XII, 9): die obere hellere ist durch „Austrocknung" eventuell verbunden mit Auslaugung", also lange nach dem Aufbau des Hügels entstanden. (Dem Landesgeologen Herrn Dr. Stoller, der einen Tag auf der Ausgrabungsstelle anwesend war, verdanke ich diese Erklärung.)

In dieser Aussenzone des Hügels ausserhalb der Steinpackungen ist sonst kein bemerkenswerter Befund festgestellt. Nirgends zeigten sich hier Holz- oder Kohlenspuren, „Pfostenlöcher" oder dergleichen Anzeichen für ehemals vorhandene Konstruktionen, die mit der Errichtung des Hügels zusammengehangen haben können. Auf die Stelle, wo Hügel A und B zusammenhingen, kommen wir weiter unten.

In dem Hügel, etwa 8,5 m vom jetzigen, undeutlichen Aussenrand entfernt, befand sich der Kranz von **„Steinpackungen"**[1] als äussere Umgrenzung des mittleren Hügelteils. Der Steinpackungskranz hatte einen nicht ganz gleichmässigen Durchmesser von ca. 12 m. Die Packungen sind mehr oder weniger deutlich voneinander gesonderte Anhäufungen meist intakter, seltener zerschlagener Gerölle von durchschnittlich mindestens Kopfgrösse; kleinere fanden sich im Innern der Packungen und grössere meist oben auf ihnen und an einigen besonderen Stellen. Als Packung I ist die grösste und höchste bezeichnet; sie liegt im Nordteil des Hügels und gab sich sogleich nach der Abplaggung durch einige oberflächlich liegende Steine zu erkennen (wie auch Packung III), und liess sich auch sofort durch Sondierung in ihrer Gestalt als umfangreichste feststellen (Abb. Tafel XII, 3, 4). Hier begann auch die Ausgrabung. Die weitere Zählung erfolgte im Sinne des Uhrzeigers. Vgl. Tafel XII. Die Grundflächen der Packungen liegen nicht in einer Horizontalebene, die der westlichen im ganzen tiefer als die der östlichen; allein durch die Abdachung des Geländes gegen W. ist diese Verschiedenheit der Tiefanlage der Grundflächen von I—IX genügend erklärt; die Basis der Packungen X—XII lag aber ca. 25 cm tiefer als die der östlich direkt anschliessenden Packung XIII, und 50 cm tiefer als I; die Grundfläche der Packung IX stieg ziemlich schnell von Norden nach Süden um 50 cm, also die Packungen (IX) X—XII lagen insgesamt tiefer als I—VIII (IX); d. h. sie waren verschieden tief in die natürliche Sandschicht über dem Kies eingetieft; zugleich sind es auch die niedrigsten. Folgende Tabelle zeigt die Maasse der Packungen:

		grösste Höhe	grösste Länge	grösste Breite
Packung	I	ca. 1,00 m	ca. 4,00 m	ca. 1,60 m
„	II	„ 0,80 „	„ 2,00 „	„ 1,70 „
„	III	„ 1,00 „	„ 2,00 „	„ 1,50 „
„	IV$_b^a$	„ 1,00 „	a + b = ca. 4,00 m	a „ 1,00 „ b „ 0,75 „
„	V	„ 0,80 „	ca. 2,00 m	„ 0,50 „

[1] Vergleiche zu den Steinpackungen Tafel XII.

	grösste Höhe	grösste Länge	grösste Breite
Packung VI	ca. 0,80 m	ca. 2,00 m	ca. 0,50 m
„ VII	„ 0,60 „	„ 1,75 „	„ 0,50 „
„ VIII	„ 0,60 „	„ 1,75 „	„ 0,75 „
„ IX	„ 1,00 „	„ 2,80 „	„ 1,25 „
„ X	„ 0,40 „	„ 2,00 „	„ 1,00 „
„ XI	„ 0,40 „	„ 2,00 „	„ 1,00 „
„ XII	„ 0,25 „	} zusammen ca. 5,00 m	—
„ XIII	„ 0,40 „		

Es bestehen also erhebliche Differenzen in der Ausdehnung der Packungen; ebenso auch in ihrer Anordnung, ihrem Aufbau und ihrem Gehalt an Funden (s. aber S. 64).

XII und XIII sind ganz unregelmässige Steinhäufungen; aber auch bei den anderen „Packungen" kann man von wirklich geschlossenen Anlagen mit scharfen Grenzen und ausgeprägten Formen nicht sprechen. Packungen IX und X hatten die Form etwa elliptischer kleiner Hügel, und auch Nr. VIII zeigte ein erkennbares Prinzip des Aufbaues: wenige dachförmig gegeneinander geneigte grosse, meist glatte Steine über einem Kern aus kleinen Steinen und Sand. Packung VII war wallartig geformt. Die einzelnen Häufungen sind voneinander durchgehends 80 cm entfernt; zwischen IV, V und VI—VII und XI—XIII sind diese Lücken nicht deutlich, und ob z. B. I und IV nicht vielmehr je zwei enger aneinanderliegende Häufungen sind, war nicht zu entscheiden. — Packungen I, III, IV, V, VI, IX fielen rings ziemlich steil ab, nach dem Kranzinnern steiler als nach aussen. —

Die Längserstreckung der „Packungen" fand sich meist im Sinne der Kranzlinie der ganzen Anlage. Teil a der Packung IV lag mit seiner relativ schmalen Seite gegen das Kranzinnere, Teil b verlief aber in Kommaform nach aussen, im Sinne eines Radius zum Kranze. Packungen VII und VIH liefen nach SW. gegeneinander im Winkel und aus der Kranzrundung heraus und fassten eine besondere Anlage ein (s. u. Fund I).

Das Innere aller Packungen zeigte zunächst eine gemeinsame Besonderheit: Es war bei fast allen nachweisbar, dass der zwischen den Steinen befindliche Sand an den Aussenseiten der Packungen locker und gelb gleich dem des Hügelmantels war, auf der dem Kranzinnern zugewandten Seite war er weit fester, bisweilen von toniger Konsistenz und grau- bis dunkelgrauwolkig (s. Tafel XIII, 9). Dieser „harte Sand" setzte sich dann (bei einigen, z. B. XI—XIII und IV nicht sicher nachweislich) eine Strecke weit von der betreffenden „Packung" gegen das Kranzinnere ohne scharfe Grenze fort. An einigen Stellen, so besonders bei II und VI, schienen die „harten Stellen" nach dem Kranzinnern hin rundlichen Grundriss zu haben; überall hatten sie über der Basis der betreffenden Packung, in die sie sich hineinzogen, eine Höhe von etwa 50 cm.

Eine Zone derartiger „harter Stellen" zog sich ausserdem von SSW. nach NNO. durch das ganze Kranzinnere, innerhalb von Packung II beginnend und zwischen VII und VIII endigend (s. unten bei Beschreibung von Fund I bis VII), nirgends aber fand sich derartiges ausserhalb des Packungskranzes.

In den Steinhäufungen, und zwar fast immer innerhalb des harten Sandes, fanden sich fast in allen Packungen wenige kleine, scharfkantige Holzkohlebrocken, geringe Reste von grobmassigen Tongefässen und, zweifellos von Menschenhand geschlagene, Splitter von Silex (s. Funde und Tabelle am Schluss). In Packung I fand sich von diesen Resten besonders viel, auch ein kleines ca. 2 cm langes, wohl sicher gebranntes, jetzt stark verwittertes Stück Röhren-Knochen von z. Z. kreidiger Beschaffenheit. Ein solches Knochenrestchen lag auch in Packung III (und bei „Fund III" s. unten).

Auch an den anderen „harten Stellen" (s. unten) fanden sich überall Holzkohletrümmer und sehr kleine Topfscherben; nicht wenige auch zerstreut im Mittelteil des Hügels etwa 50 cm unter der Hügeloberfläche besonders oberhalb der harten Stellen.

An zwei Stellen nur fanden sich unverbrannte Holzreste, beide Male im Zusammenhang mit anderen Funden, und zwar beide Male mit Bronze: in Fund V, fast im Zentrum des Packungskranzes, und in Fund VI (s. d.).

Nicht die geringste Spur von „Pfostenlöchern" oder zusammenhängenden Dunkelfärbungen und ähnlichen Zeichen für ehemalige, zusammenhängende Holzmassen, Pfähle, Bohlen, Särge oder dergleichen sind im ganzen Hügel gefunden. Einige Male nur kamen schärfer markierte Stellen von nicht über Kopfgrösse zum Vorschein, z. B. nahe bei Fund VI, sie erwiesen sich aber nur als „harte graue Stellen" ohne deutliche Formen und ohne organische Reste. — Nirgends ergaben sich aber auch sichere Anhaltspunkte für die Annahme des ursprünglichen Vorhandenseins von Skeletten im Hügel; weder Knochenreste oder wenigstens Zahnkronen, noch Verfärbungen des Sandes in Körperform, noch Behältnisse oder Unterlagen, die auf ehemalige Skelettlager hätten schliessen lassen. Ebensowenig fanden sich auf Brandbestattung verdächtige Erscheinungen, Aschenanhäufungen oder Leichenbrandreste: Die 2 Knochenrestchen in Packung I und III und Fund III dürfen wohl nicht als solche gelten; nur die wolkig verfärbten harten Stellen könnten als Spuren ehemaliger Aschenanhäufungen, dann aber ohne jede Knochenreste, in Betracht kommen; solche grauwolkigen, harten, bisweilen tonartigen, bei jüngeren Funden gelegentlich noch schmierigen Massen, entstehen aber im Sandboden nach der Verwesung von fetthaltigen Substanzen; die letzten Reste vermoderter Gräber zeigen solche Massen zwischen den Sargresten. Dr. Stoller war bei seiner Anwesenheit in Wohlde nach anderen Erfahrungen sofort der Ansicht, dass die festen wolkigen Stellen Spuren verwester organischer Substanz seien.

Im Folgenden sollen die auf Tafel XIII, 1—7 abgebildeten **Funde aus Hügel I** einzeln beschrieben werden.

Fund I.

Bei der schichtenweise erfolgten Abtragung der Hügelpartie innerhalb der Süd-Packungen markierte sich im gelben Sande, 1,40 m über dem Kies, ein schwarzbrauner Kreis von 1 m Durchmesser mit einer winkligen Ausbiegung, die gegen SSW., genau auf die Lücke zwischen Packung VII und VIII hin gerichtet war. Den Kreis bildete ein ca. 3 cm breiter ziemlich scharf markierter braunschwarzer Streifen ohne jede Spur organischer Reste.

, Etwa 10 cm tief liess sich diese Figur bei schichtweise vorgenommener Abtragung der Stelle in die Tiefe verfolgen, dann trat im Innern des Kreises eine bräunliche Verfärbung auf, und von der Stelle, die der Packung VII zunächst benachbart war, zog sich eine ähnliche Verfärbung, verbunden mit einer Verhärtung des Sandes, an die Innenseite der Packung VII hin. Nach der Tiefe wurde die Verfärbung innerhalb des Kreises bald sehr intensiv und sie ging über in eine moderig riechende Anhäufung von lockerem Sande.

Bei vorsichtigem „Herauspräparieren" dieser ganzen Stelle zeigte sich, dass der zuerst erschienene schwarze Kreis nur der obere Rand einer beckenförmigen Mulde war, deren Wände gleichmässig von einer schwarzen festen Schicht markiert wurden, die aber nach unten und aussen hin nicht sehr scharf begrenzt war; die winkelige Ausbiegung verlor sich nach unten. Die tiefste Stelle lag weiter nach dem Hügelmittelpunkt hin, als der Mittelpunkt des zuerst erschienenen schwarzen Kreises (s. Tafel XII, 6 und 8).

Das ganze Innere der Anlage war von der Moderschicht erfüllt, die stellenweis, besonders an den Wänden der Mulde, fast schwarz und aschenartig war, aber sich überall durch ihr lockeres Gefüge von der ebenfalls schwärzlichen aber festeren „Wandschicht" unterschied, so dass sie ausgehoben werden konnte, bis nur die Mulde stehen blieb. Aussen gegen den gelben Sand grenzte sich die Muldenwand überall deutlich ab, doch auch weniger scharf als gegen die Moderschicht innen; es sass also die „Mulde" wie ein Becken im gelben Sande. Vom Boden der Mulde liefen zackige („stalaktitenförmige") schwarze Infiltrationen des Sandes etwa 10—15 cm in die Tiefe. An der schon bezeichneten Stelle stand die Mulde in ihrem oberen Teil im Zusammenhang mit der Innenseite der Packung VII durch einen schwarzen Streifen; ähnliches war angedeutet nach Packung VIII hin.

Mitten in der oberen Partie der Modermassen in der Mulde, etwa 10 cm unter dem Niveau, in dem der schwarze Kreis zuerst sichtbar wurde, lag eine Spirale von 6 Windungen dünnen Golddrahtes von durchschn. ca. 3,5 cm Windungsdurchmesser, ausserdem ein ganz kleines Stück grobe Topfscherbe. — Es ergab sich, dass die ganze Anlage das SSW.-Ende einer „harten Stelle" bildete, die sich noch ca. 4,5 m gegen die Hügelmitte und etwa 2 m hinter der Packung VIII hinzog, ohne sie zu berühren, und in der sich übrigens sonst keinerlei Funde zeigten. „Vor" der Mulde, zwischen den SW.-Enden der Packung VII und VIH lag ein kopfgrosser Stein einzeln in der Höhe der Packungs-grundflächen. An der Spitze der Packung VII nach der Mulde hin 50 cm von ihr entfernt lag in demselben Niveau ein künstlich hergerichtetes halbiertes Geröll (Tafel XII, 7) von auffälliger Form mit der flachen Seite nach unten. Die glatte „Vorderfläche" scheint eine natürliche Bruchfläche mit Windschliff zu sein, ihrer Spitzbogenform ist durch Bearbeitung nachgeholfen!

Gegen die Hügelmitte lag, deutlich getrennt von der genannten harten Stelle, eine kleinere von etwa 1,2 m Durchmesser, ebenfalls ohne Funde; weiterhin in der Richtung von Packung VI auf die Hügelmitte zu folgte noch eine rundliche harte Stelle von grösserer Ausdehnung, in der Holzkohlereste und kleine Topfscherben lagen.

Fund II.

Etwa 1,50 m vom Innern der Packung IX gegen die Hügelmitte, lag 0,75 m unter der Hügeloberfläche, mindestens 25 cm oberhalb der harten Stelle hinter Packung IX, im völlig indifferenten gelben Sande, ohne irgendwelche begleitenden Erscheinungen eine „nordische"[1]) Absatzaxt von Bronze in ziemlich stark verwittertem Zustande (Ornament?).

Fund III.

Etwa ebenso weit vom Innenrande der Packung VI nach der Hügelmitte entfernt lag dicht unter dem Heideüberzug im Sande eine schön gearbeitete Silex-Pfeilspitze.

Fund IV.

Ca. 2 m von der SSW.-Spitze der „Mulde" gegen SSW. auf der Grenze zwischen Hügel A und B fand sich in geringer Tiefe ein Rundschaber aus Silex.

Fund V.

In einer auf der „Steinsohle" aufliegenden, etwa 50 cm dicken „harten Stelle" von etwa 4 m Länge SSW.—NNO., und ca. 2,50 m Breite, fanden sich zwischen 10—20 cm Höhe kleine Holzkohletrümmer, ein Silexspahn und einige Topfscherben.

In der Mitte der Stelle, die sich bis 40 cm über den Kies erhob, kam eine wie ein kleiner Hügel geformte Bildung von 0,55 m Durchmesser und rundlicher, undeutlicher Begrenzung zum Vorschein. 10 cm über der Kiessohle lag die Grundfläche dieses Hügelchens, die Kuppe erhob sich bis ca. 25 cm; das Hügelchen bedeckten modrige Massen, die auf der Kuppe am dunkelsten waren; sie bestanden offenbar aus mehreren (mindestens 3) übereinandergelegten Schichten; deutlich hoben sich ab: eine oberste von 1 cm, eine untere von $^1/_2$ cm, eine mittlere von 1,5 cm; die mittelste rötlichbraune liess deutlich Holzstruktur erkennen, die obere schwärzliche und die gleichartige untere nicht sicher; zu unterst waren wieder Holzreste deutlich erkennbar. Oben über diese Massen zogen mehrere einzelne Holzfaser-bündel in verschiedener Richtung, offenbar Reste einzelner dünner Zweige oder Stäbe. Im westlichen Teile dieser Massen steckte ein Bronzedolch mit der Spitze schräg nach unten gegen NW. hin. Eine Holzscheide ist in Resten erhalten. Der Griff ist, bis auf die 4 Niete und kleinen Holzreste am Griffabschluss an der Unterseite zwischen den Nieten, nicht erhalten, vielleicht infolge der Unvorsichtigkeit eines Arbeiters, der auf den Fund stiess (auf dessen Konto wohl auch die Zertrümmerung des Dolches kommt). Näheres über die Holzreste ist aus den Photographien (Tafel XIII, 5 f und g) zu ersehen.

Von dem Dolch aus zogen sich dünne, riemenförmige schwarze krümelige Massen mehrere Centimeter nach unten und den Seiten in den Sand hinein (Tafel XIII, 5 g).

Fund VI

kam ebenfalls in einer kleinen „harten Stelle" im Niveau des Fundes VI zum Vorschein. Bei geringen Resten von vermodertem Holz fanden sich Holzkohletrümmer, ein gebranntes Knochenstückchen von jetzt kreidiger Beschaffenheit und Bruchstück von zwei gänzlich oxydierten, dünnen „diademförmigen Armbändern".

---

[1]) Zeitschr. f. Ethnol. 1905, S. 799.

Fund VII.

Fund VI lag schon in nächster Nähe von Packung II, an deren Aussenseite Fund VII zum Vorschein kam: eine Goldspirale, fast völlig gleich der aus Fund I. Die Packung II war kleiner und nicht so scharf umgrenzt wie die benachbarten grossen I und III, zwischen denen sie lag, nicht unähnlich wie Fund I zwischen Packung VII und VIII. Von ihrer steilen Südwand zog sich eine rundliche harte Stelle etwa 1,5 m gegen die Hügelmitte (s. Tafel XIII, 9); grauer fester Sand setzte sich in das Innere der Nordhälfte der Packung hinein und enthielt hier Holzkohle und 1 Silexspahn. Die Mitte der Aussenseite (NNO.-Fläche) der Packung trat etwas zurück gegen ihre Seiten, deren nördliche von der harten Sandpartie mit einigen kleinen Steinen gebildet wurde, deren südliche aus mehreren recht grossen Steinen bestand; zwischen diesen Partien fand sich ohne auffällige Begleiterscheinungen die Spirale, etwa 25 cm unter dem Niveau der Packungsoberfläche, ca. 1 m über dem Kies des Hügelgrundes, also in gleicher Höhe, wie die Spirale in Fund I. —

Von der Fahne 8,20 m, von dem Funde IV 7,40 m entfernt, fand sich im Nordwestteil des Hügels gegen NW. dicht ausserhalb der Packung XI, aber ohne sichtbaren Zusammenhang, mit ihr eine auffällige Anhäufung mehrerer grosser Steine (Tafel XII, 9 und 10) ca. 1 m unter der Hügeloberfläche, dicht über der Kiessohle.

Auf einem länglichrunden, platten Stein von ca. 75 cm lag ein kleinerer mit einer glatten Fläche nach unten; nordöstlich und südwestlich neben diesen lag quer je ein mittelgrosses längliches Geröll, unter und neben diesen Steinen einige kleine, genau nach NW. und ca. 2,5 m nach aussen, lag ein grosses längliches Geröll auf der Kieszone.

Das Ganze schien eine „Orientierung" gegen SW. zu haben.

Dieser Eindruck von Orientierung in der Anlage des Hügelinneren war auch dadurch gegeben, dass diese Steinhäufung radial gegenüber dem nach SO. auslaufenden Zipfel von Packung IV lag, und dass der diesen Punkt verbindende Durchmesser wieder senkrecht steht zu dem, der von Packung II zu der Mulde verläuft, d. h. der die Fundstelle der beiden Goldspiralen verbindet. Und diese beiden Goldspiralfundstellen sind wiederum jeweils von 2 symmetrischer als die anderen gestellten Packungen: I und III und VII bis VI und VIII bis IX flankiert. Zu dieser SSW.-NNO.-Orientierung scheint auch die Verteilung der übrigen Befunde und Funde Beziehung zu haben: die mittlere Hügelzone, die die harten Stellen und die Funde I—VII enthält, läuft von NO. nach SW.

Und endlich ist genau in der Fortsetzung des NNO.-SSW.-Durchmessers nach SSW. auch

Hügel B[1])

angelegt! Der südwestliche Rand dieses kleineren Hügels B war durch den Weg, der südlich an der Kirchenkoppel vorbeiführte, zerstört; sein nordöstlicher Rand verlief in den des Hügels A, die anderen ohne jede erkennbare Grenze in die Umgebung; die höchste Erhebung des Hügels B über der Kiessohle der Gegend betrug ohne Heidekraut höchstens 50 cm. Die Stelle der höchsten Erhebung scheint auch zugleich die Hügelmitte gewesen zu sein, wenigstens machte das der Befund des Hügelinneren wahrscheinlich. Von der Mitte etwas nach Westen fand sich eine harte Stelle (M.) von grauer Farbe ohne jede Funde, in der Ausdehnung von etwa 1 × 2 m von NO. nach SW. verlaufend und etwa 0,20 cm hoch. Im Südwesten, ziemlich symmetrisch, lagen zwei „Packungen" aus Sand und kleinen Steinen, die nordwestliche (II) ca. 2 m lang, 1 m breit, die südöstliche (I) rundlich etwa 1 m im Durchmesser. Symmetrisch zu II lag im NW.-Teil von Hügel B Packung III von 2 × 1 m. Die Packungen erhoben sich bis dicht unter die Oberfläche. Packung I und II ergaben keinerlei Funde, in Packung III fanden sich Holzkohletrümmer und Topfscherbenreste (Tafel XIII, 10c), völlig gleich dem aus Hügel A. Im Ostteil des Hügels kam eine harte graue rundliche Stelle ohne deutliche Abgrenzung zum Vorschein, etwa 1 m lang, von ihr aus zog sich ca. 1 m gegen Norden eine schwärzliche fleckige Verfärbung, worin Holzkohlenreste und Scherbenstückchen lagen.

---

[1]) Siehe Tafel XII, 11 und Tafel XIII, 10.

In der harten Stelle fand sich eine Radnadel aus Bronze vom „hannover-schen" Typus[1]) und ein zu einer 1 cm langen Röhre von 0,5 cm Durchmesser zusammengerolltes Bronzeblech.

Die drei Packungen und die Fundstelle der Nadel lagen im Sinne eines Kranzes von ca. 6 m Durchmesser (gemessen an der Aussenseite der Packungen), um die harte Stelle, die etwas gegen W. von seiner Mitte verschoben lag. Die undeutlichen Grenzen des Hügels gegen SO. und NW. waren auch im Innern nicht markiert.

Im NO. fand sich, etwa 1 m von der Aussenseite der Packung IH beginnend, gegen den Hügel A hin eine steinige Zone von 6 m Breite, die den Eindruck einer Weg-Beschotterung machte; sie erstreckte sich mit etwas Verbreiterung bis zum Hügel A; ihre nicht ganz scharfe Grenze gegen Hügel B lief fast geradlinig im Sinne einer Tangente zu dem Packungskranze von B. In Hügel A stieg ihre Oberfläche dadurch, dass die ganze Schicht dicker wurde, an bis zu einem Niveau entsprechend der Mitte der Höhe der Mulde mit Fund I und der Oberfläche der Packungen VII und VIII, also bis etwa 50 cm über die natürliche Kiessohle.

Die Seitenränder, ziemlich scharf markiert, liefen gegen Packung IX und VI des Hügels A. Die Entfernung von den Enden von Packung VII und VIII bis zum Ende der Beschotterung in Hügel B betrug 7 m.

Hügel C

hatte mit A und B keinerlei nachweislichen Zusammenhang, er lag ca. 8 m von dem Zipfel von Packung IV gegen SO. entfernt; er ist etwa von den gleichen Dimensionen wie Hügel C ge-wesen, einzelne Packungen waren nicht unterschieden, nur traten in einem Durchmesser von wieder ca. 6 m einige stärkere nicht scharf umgrenzbare Kiesanhäufungen auf, über deren einer, im NW.-Teil des Hügels, härtere Beschaffenheit des Sandes be-merkbar war; hier lag ein durch absichtliches Zerschlagen hergestellter grosser Silex-scherben mit scharfen z. T. Benutzungsspuren zeigenden Rändern (Tafel XIII, 11), und hier, wie auch einzeln zerstreut im Hügelinnern, fanden sich einige kleine grobe Topfscherben-reste und wenige Holzkohlentrümmer.

Diese drei Hügel A, B, C bildeten sichtlich eine zusammengehörige Gruppe, wie schon die Orientierung gegenüber A zeigt und die Schotterung zwischen A und B; die nächsten Hügel lagen von ihnen beträchtlich weiter entfernt, als A B C voneinander.

Eine stichhaltige Erklärung des Aufbaues des Hügels lässt sich vor-läufig nicht geben; natürlich liessen sich allerlei naheliegende Mutmassungen ausmalen. Die Annahme ehemaliger, jetzt vergangener Holzkonstruktionen wäre die verlockendste, aber sie lässt sich nicht stützen durch die tatsächliche Beobachtung; ebenso lässt sich das etwaige einstige Vorhandensein von Leichen nicht beweisen, und auch bei der Erklärung der Mulde (Fund I) ist man auf Mutmassungen angewiesen; der Gedanke einer Opferstelle liegt nahe.

Die Einzelpackungen mit ihrer durchschnittlichen Länge von 2 m liess zunächst an Begräbnisstellen denken, von denen sich dann nur die Reste etwaiger „Opfer" erhalten hätten (Scherben, Holzkohle, Silexspahnmesser). Fund II, III, IV könnten Beziehung zu Fund I haben; Fund VI könnte wie die anderen harten Stellen ohne Steinpackungen, vor allem Fund V, vielleicht auch als Lagerstelle vergangener Skelette in Betracht kommen. Ein eini-germassen sichere Anhaltspunkt für diese Annahme sind Beobachtungen, wie sie z. B. bei Aus-grabungen von holsteinischen Grabhügeln, ebenfalls aus der älteren Bronzezeit, gemacht sind (Mitteilungen d. Anthrop. V. in Schleswig-Holstein Heft XI, 1898, besonders S. 25 und 31), und nach denen an der Stelle von sicher einst vorhandenen Skeletten nur eine Schicht „dunkel-grauer lehmiger Erde" übrig geblieben war. Das Verschwinden von etwa einst vorhandenen Holzresten wäre in unseren Wohldener Hügeln besonders gründlich geschehen bis auf die Stelle, wo Bronze bezw. ihr Rost mit Holz in Berührung blieb (vgl. auch oben S. 58). Für Fund V

---

[1]) Typenkarte. Zeitschr. für Ethnol. 1904, S. 591.

liegt dann die Annahme besonders nahe, dass er der Rest eines, das Hügelzentrum bildenden aus Holzbohlen gerichteten Grabraumes ist (ganz ähnlicher Befund in dem Hügel von Eversdorf in Holstein l. c. S. 24—25).

Zu einer Vermutung über das ursprüngliche Aussehen der Hügel gelangt man, wenn man folgende Beobachtungen zusammenhält: Die Hügel machen mit ihrer unregelmässigen Form und ihren verlaufenden Grenzen den Eindruck, als seien sie auseinandergelaufene ursprünglich höhergewölbte Gebilde. Die alte Humusfläche, die von aussen bis an die Kieszone heranreicht, könnte bedeuten, dass hier an der Kieszone die ursprüngliche Hügelgrenze war, der „Schotterweg" zum Nebenhügel könnte mit der Kieszone (Schotterweg um den grossen Hügel? bei dem Verfallen des Grabes herabgerutschte Gerölle?) Zusammenhang gehabt haben. Die Packungen bildeten vielleicht die Aussenwand des grossen Hügels. Wenn hier Holzkonstruktionen (Wände?) gewesen sind, so sind sie vermodert bevor der Hügel (infolge ihres Wegfallens?) „auseinanderfloss"; ihre Reste wären mit in der Humuslage enthalten. Erkennbar waren sie allerdings nicht! Die „Mulde", wie die Packung II würden ebenfalls ursprünglich frei gelegen haben können. Die Spiralen sind für Armringe zu eng, sie könnten Zierrate, etwa von Stäben gewesen sein.

Die Annahme eines Mittelgrabraumes aus Holz in Hügel A würde die Einsenkung in in der Mitte erklären. Alle drei Hügel hätten wir uns also als ursprünglich ein gut Teil höher zu denken, dabei A von 12 m, B und C von 6 m Durchmesser.

Herr Dr. Stoller berichtete mir über eine interessante Parallele zu unserer Ausgrabung bei Woblde: Bei Backeberg (b. Hermannsburg) hat Dr. Stoller selbst Hügelgräber ausgegraben und hat den Ausgrabungen von Pastor Harms beigewohnt. In einer grösseren Hügelgruppe lag ein grosser Hügel mit Steinblockkranz; in seiner Mitte wurde in freier Erde eine Bronze-Lanzenspitze gefunden. 4—5 m nach SW. lag ein kleiner Hügel mit einem Kranz von kleinen Steinen; in der Mitte fanden sich Kohleschmitzen, aber keine Funde. Alle Hügel der Gruppe waren mit wohlerkennbaren „gepflasterten" geschotterten Wegen verbunden!

Die organischen Reste aus dem Hügel sind in verschiedener Weise (in Alkohol, in Formalin und trocken mit Karbolgelatinetränkung) aufbewahrt; vom Mittelstück des Fund V ein grosses Stück mit der noch darin steckenden Dolchklinge und Scheide. Ein Gutachten der Kgl. geol. Landesanstalt über eine Reihe der Holz- und Holzkohlenspuren besagt, dass die Holzkohletrümmer aus Packung X und die zerstreuten aus dem Hügelinnern höchstwahrscheinlich Erlenholzkohlen sind. Unter den Proben von Fund V, die alle von dicotylen Holzarten zu stammen scheinen, wird Eichenholz vermutet. —

Aus dem obigen Auszug unserer Ausgrabungsnotizen geht auch hervor, wie viele Kleinigkeiten bei jedem Spatenstich zu beobachten sind, und dass die moderne Ausgrabungstechnik, die sich ständig verfeinert, himmelweit verschieden ist von der „Buddelei" der Dilettanten!

Hoffentlich gibt unsere Untersuchung Anregung zu weiteren eingehenden Beobachtungen, die sich dann einmal ganz von selbst zusammenfügen werden zur endgültigen Aufklärung über die Anlage unserer Hügelgräber der älteren Bronzezeit.

Selbstverständlich dürfen nicht ohne weiteres wenn auch noch so verführerische Beobachtungen von Hügeln anderer geographischer Gebiete und anderer zeitlicher Perioden herangezogen werden zur Ergänzung unserer Beobachtungen.

Die brennendste Forderung unserer Wissenschaft ist zur Zeit: Vermehrung des sicheren' Materiales, besonders durch fachgemäss gehobene Funde, wie sie die Grundlage der klassischen und orientalischen Archäologie bilden; und nicht weniger als dort Aufwand an Mitteln, Fachwissen und Sorgfalt und nicht weniger Ausschaltung dilettantischer oder leichtfertiger Geschäftigkeit im Graben, Sammeln und Interpretieren!

Folgende **Fundliste** soll die Übersicht über den Bericht erleichtern:

Hügel A.

Packung I Topfscherben. Holzkohle (gebranntes) Knochenstückchen.

   „ II   „   „   Silexspahn. Goldspirale = Fund VII s. unten.

     III   „   (gebranntes) Knochenstückcken.

  .. IV   —   „   Silexspahn.

  „   V ⎫
  ,   VI ⎭ von Fremden zerstört. Bei der Nachlese ist nichts gefunden ausser Holzkohle.

  „ VII   —

  „ VIII —

  „ IX Topfscherben. Holzkohle. Silexspahn.

  .. X   —   „   „

  „ XI   —   —

  „ XII Topfscherben.   „   Silexspähne.

  „ XIII

Fund I = Mulde zwischen VII und VIII. Goldspirale II und ein kleiner Topfscherben im Moder.

  „ II Bronze-Absatzaxt.

  „ III Silex-Pfeilspitze.

  „ IV Silex-Rundschaber.

  „ V Bronze-Dolch mit vier Nieten und Reste der Scheide und des Griffes aus Holz, darunter liegend Topfscherben, Silexspahn, Holzkohle.

  „ VI Zwei „diademförmige" Bronze-Armbänder in Holzresten; daneben Holzkohle und ein (gebranntes) Knochenstückchen.

  „ VII Goldspirale I in Packung II s. oben.

Ausserdem Topfscherben und Holzkohletrümmer innerhalb des Packungskranzes in den harten Stellen, und in der Hügelmitte auch über denselben.

Hügel B.

Packung I   —

  „   II   —

  „   III Topfscherben. Holzkohle.

Fundstelle der Nadel: Bronze-Radnadel, Bronzeblechröhrchen.

      nahe dabei: Topfscherben. Holzkohle.

Hügel C.

In einer harten Stelle: Topfscherben. Holzkohle. Silexspahn.

zerstreut im Hügel: „   „   —

Bericht über Ausgrabungen bei Hoya.

Von H. Hahne.

Hierzu Tafel XIV und XV.

Die Tonwerke Hoya liegen südlich von der Stadt Hoya, links an der Chaussee nach Bücken auf einer leichten Bodenerhebung, die den alten Namen „Ottemeyers Höchte" führt, ein km nach Westen von der Weser entfernt, die hier einen leichten Bogen nach Westen beschreibt im Verlauf der südlich von Drübber beginnenden grossen West-Schleife, an deren äusserster Ausbiegung Hoya liegt.

Von dem Knick bei Drübber aus ziehen sich Altwasser der Weser nach Süden längs des Ostufers eines von langgestreckten Höhenzügen begleiteten Urstromtales.

Hoya liegt mitten in einer Niederung, wo eine andere alte, jetzt noch stark bruchige Talsenke im Westen abzweigt; in dieser Senke, die gegen Bremen hin gerichtet ist, laufen Meliorationskanäle, die z. T. südlich von Hoya in die Weser münden, wenig nördlich von der Stelle, die den Tonwerken zunächst liegt. Ein langer Deich zieht sich hier am linken Weserufer von Hoya nach Süden gegen Bücken hin, durch die stellenweise bruchige Niederung, in der, gerade zwischen Tonwerken und Weser, eine flache dünenartige Erhebung liegt. Längs des Westrandes des alten Urstromtales ist bei Duddenhausen und nach Süden hin, westlich von Bücken, auf der v. Papen'schen Karte von 1886 ausgedehnter Bruch verzeichnet. Der bezeichnete Urtal-Rand westlich von Hoya ist das Ostende zusammenhängender Höhenzüge, die im Westen an der Ems im Hümmling endigen und im Norden und Süden an die grossen Moor- und Niederungs-Gebiete grenzen. Andererseits treten gerade in der Gegend von Hoya die Höhenzüge westlich und östlich von der Weser besonders nahe an einander heran, wie es innerhalb des Flachlandes weseraufwärts ähnlich nur bei Nienburg, weserabwärts nirgends sonst der Fall ist. Durch diese geographischen Verhältnisse ist die Gegend von Hoya offenbar seit Alters als Übergangsstelle im Wesertal geeignet gewesen. Die Weser hat aber in dieser Gegend nach Osten und Westen stark mäandriert. In den Tongruben der Tonwerke Hoya sind am Westrand der „Höchte" Verhältnisse aufgedeckt, die es wahrscheinlich machen, dass auch hier einst ein altes West-Ufer der Weser verlief oder wenigstens ein Rand des grossen Überflutungsgebietes, dessen Bereich die ganze Niederung darstellt.

Leider sind die interessanten geologischen Verhältnisse noch nicht eingehend untersucht, sodass wir uns hier auf kurze Angaben beschränken müssen. Der Ostrand der „Höchte" verläuft von Norden nach Süden mit einer Ausbiegung nach Westen, er ist von einem Wall mit lebender Hecke begleitet. Aufschlüsse zeigen, dass über dem in der ganzen Gegend anstehenden feinkörnigen, diskordant geschichteten (diluvialen?) Sand auf der Höchte sogleich „sehr guter Ton" folgt, der für die Tonwerke ausgebeutet wird.

Ausserhalb der „Höchte" folgt auf den Sand zunächst eine moorige Schicht, in der deutliche „oft noch ganz frisch, aber gelb aussehende" Reste von Schilf liegen; darüber liegt hier dann erst der Ton.

Bei hohem Wasserstand füllt das Grundwasser auf der „Höchte" die Kiesschicht bis an den Ton, das Gelände ausserhalb der Höchte steht dabei unter Wasser (Weidenbestand).

In dem Tongrubenteil ausserhalb der Höchte ist ein halber Steinaxthammer (eine nordeuropäische Form) im Ton gefunden. Auf dem Rande der Höchte, dicht ausserhalb des jetzigen Heckenwalles, stiess man in Abständen von etwa 10 Metern auf vier rundliche

„Flecke" von etwa 1,50 m Durchmesser im Ton, die infolge von Aschenanhäufungen schwärzlich-graue Färbung hatten, und in deren Umgebung der Ton rot und stellenweise festgebrannt war; offenbar waren es also Brandstellen. Über ihnen fand sich 1 m ungestörter Ton; die Brand-stätten bezeichnen also eine alte Oberfläche innerhalb des Tones, auf der bei neuen Überdeckungen mit Wasser neue Tonlagen abgesetzt sind. In und bei den Feuerstellen sind Scherben gefunden: Reste einer groben, aber gut gebrannten Topfware in der Art der aus frühest-mittelalterlicher Zeit stammenden (s. Tafel XV, 1—6); mit charakteristischen Orna-menten ist nur ein Scherben (Tafel XV, 6) verziert, und zwar mit einer Stempelver-zierung, wie sie seit der „späten Kaiserzeit" in Nord-Europa häufig ist; auf dieselbe Zeit weist auch eine Perle aus schwärzlichem Glas mit blauen und gelben einge-schmolzenen Fäden und Augen geziert (Tafel XV, 7). Beide Stücke fanden sich bei der Feuerstätte I, in deren Nähe (1 m entfernt) auch Scherben eines bombenförmigen Gefässes gefunden sind. Bei der Feuerstätte II lagen in demselben Niveau, wie diese selbst, rundliche, höchstens faustgrosse Eisenschlacken. Von IV stammen grobe feste Scherben, die aussen gelbgraue Farbe haben und innen Kohle- und Aschenreste zeigen (Tafel XV, 9).

Innerhalb des Heckenwalles, längs der Höchte, in Gruppen, die ungefähr 10 m Abstand voneinander hatten, sind in den letzten Jahren mehrfach „hohle Eichen-stümpfe" im Ton gefunden, ohne Wurzeln, wie auf Fragen hin bestätigt wurde. Sie reichten unten in den Sand hinein und wurden deshalb nicht entfernt, sondern sind bei der Planierung der erschöpften Tongrubenteile verschüttet. Funde anderer Art sind nicht bekannt geworden. Genaueres war nicht mehr zu ermitteln. Auch einzelne Pfähle haben am Höchterande im Ton gesteckt, von denen noch Reste vorhanden sind. Die Stelle, wo sie stehen, liegt etwa 20 m südlich der Feuerstätte IV.

Mitte November 1908 war man wieder auf einen solchen hohlen Eichenstumpf· gestossen, der aber durch das Vorhandensein eines felgenartigen Holzkranzes im Innern auffiel, sowie dadurch, dass Tierknochen in ihm gefunden wurden, und in seiner Nähe „pallisadenartige Hölzer" und eine aus Holzbohlen gefügte Wand.
Das Provinzial-Museum erhielt hiervon Nachricht und Ende November wurden Ausgrabungen begonnen, für deren Ermöglichung trotz aller Witterungsunbilden, wir Herrn Harry Meyer-Hoya zu grösstem Danke verpflichtet sind.

Bericht über die Untersuchung und Ausgrabung: Zunächst wurden die bereits fast gänzlich entfernten Reste der **Feuerstätten** untersucht. An der Stelle von III und IV fanden sich nur noch einzelne Scherben auf der jetzigen Erdoberfläche zerstreut, und Asche sowie Klumpen von durch Feuer gerötetem und gehärtetem Ton.
Von Fundstelle II sass noch etwa die Hälfte im ehemaligen Tongrubenrand der Aussenseite des Heckenwalles und zwar innerhalb des Tones; sie wurde herauspräpariert und zeigte Kesselform (Tafel XV, 24). Der ehemalige Innenraum der Grube war unten gefüllt mit abwechselnden dünnen Schichten von Asche und sandigem z. T. rotgebrannten Ton; dann folgten sandige Tonmassen, die allmälig in die oberen Tonschichten der Gegend übergingen; sichtlich ist also die Grube „zugeschlämmt", und zwar bei der Ablagerung der oberen Tondecke der Gegend; dafür sprechen auch die unscharfen oberen Grenzen des Grubendurchschnittes gegen den reinen Ton. Funde zeigten sich nicht. —

Wenig südlich von der Brandstätte IV, aber innerhalb des Heckenwalles, war im Herbst bei niedrigem Wasserstand eine Kiesgrube zur Gewinnung von Baukies angelegt. In ihrer Ostwand zeigte sich der Querschnitt einer ursprünglich **muldenförmigen** etwa 0,75 cm betragenden **Vertiefung** von etwa 2 m Durchmesser im Kies, deren obere Ränder bereits in den untersten Schichten des darüber liegenden Tones verliefen (M. II, Tafel XIV, 2). Diese unterste Tonschicht war längs der ganzen Ostwand der Grube in etwa 10 cm Dicke stark sandig und enthielt viele Gerölle, nahe der Mulde besonders dichtliegende, zerklopfte flache Steine und auch Eisenschlackenstücke. Das Innere war ausgefüllt mit stellenweise schlickigem, tonigem Sand, ähnlich der untersten Tonschicht, von der die Ausfüllung der Mulde gewissermassen eine Fortsetzung war.

Einige grobe Topfreste und feuergeschwärzte Steine lagen in der Füllmasse. Auffallend war, dass die unterste Spitze der Mulde überging in eine starke horizontale Sandlinse im Kies.

Von der Mitte dieser Mulde 4 m nach Süden, war die Mitte einer zweiten, **Mulde II,** von etwas grösseren Dimensionen (M. II, Tafel XIV, 2, 3), deren Inneres dieselbe Beschaffenheit hatte. Auch die nächste Umgebung dieser Mulde zeigte besonders dichten Belag von z. T. zerschlagenen Steinen, worunter viele Eisenschlackenklumpen, u. a. ein luppenförmiges Stück (Tafel XV, 12) waren. Im Innern der Mulde kamen in verschiedener Tiefe Topfscherben zum Vorschein, alles Reste von ziemlich gutgebrannter Ware; nur ein Stück zeigte Verzierung (Tafel XV, 11), es ist ein Stück vom Rand .und der oberen Bauchpartie eines schwärzlichen, glatten vasenförmigen Gefässes. Von flachen Horizontalkehlen, die um den oberen Bauchteil laufen, hängen ebenso eingetiefte konzentrische, nach unten offene Halbkreise herab. Formen, Ton und Technik gleichen völlig denen unserer „sächsischen" Völkerwanderungs-urnen. Hier fanden sich auch mehrere Scherben von stark mit zerschlagenem Quarz gemischter, gut gebrannter Tonmasse; sie gehören einem Gefäss an, dass etwa kugelig gewesen ist mit wenig markiertem Boden (von 10 cm Durchmesser).

Hier lag ein Stück vom Fussteil eines glatten schwärzlichen Gefässes aus grober Masse (Tafel XV, 10); 2 erhaltene querdurchbohrte Zapfen lassen auf das ehemalige Vorhandensein von 2 weiteren schliessen, die Form des Restes auf einen ursprünglich etwa tulpenförmigen Becher. In der Öffnung der einen Öse steckt die verkohlte oder vermoderte Rindenhülle eines holzigen Gebildes.

Endlich lagen hier einige Tierknochen und ein Zahn von einem Boviden.

Von den Seitenpartieen dieser Mulde zog sich aber eine trichterförmige Vertiefung noch 1,50 m tief in den Sand hinab bis auf eine Sandschicht, die hier überall unter der Kiesschicht folgt. In dieser trichterförmigen Vertiefung kam **ein viereckiger Holzbau** zum Vorschein, auf dem Sande mit seinem Unterrande aufstehend und in die Ausfüllung des oberen Muldenteiles mit seinem Oberrande hineinreichend. Zwischen dem Holzbau und den Trichterwänden fand sich eine Auffüllung gemischt aus Ton, Sand und vielem Schlick. Balkenstücke, Brettreste, Aststücke (einer mit Birkenrinde) und dazwischen Reiser und Zweige bildeten im oberen Drittel eine Lage, die hier den Zwischenraum zwischen den Trichterwänden und dem Holzbau bedeckten; hier fand sich auch eine halbe Haselnuss. — Dünne und gröbere Bohlen lagen zu oberst. Auf und unter dieser Bohlenlage fanden sich in der Ausfüllung reichlicher Topfscherben: Boden- und Randstücke von grossen und kleinen Gefässen, dabei auch ein starker grober Henkel (Tafel XV, 15—17); ausserdem Steine und Schlacke.

Die Westseite des Baues war bereits freigelegt vor unserer Untersuchung (die „Holzwand"); es scheint, als ob hier keine „Bohlenlage" gewesen ist, wie auch die Aussagen der Arbeiter bestätigen.

Die aus sandiger und schlickiger Schicht bestehende Ausfüllung des oberen Muldenteils setzt sich in das Innere des Holzbaues fort; im untersten Teil war sie besonders stark schlickig.

Der **Holzbau A** ist aus Bohlen von Holz errichtet, die bei der Aufgrabung so schwammig weich waren, dass leider der Transport trotz allerlei Versuchen nicht möglich war, zumal bei der herrschenden feuchten Witterung. Eine an die Königliche Geologische Landesanstalt eingesandte Probe erwies sich als Erlenholz. Der Bau wurde nicht völlig freigelegt und ausgeleert; es wurden Stücke der Umgebung und der Ausfüllung belassen, die den Bau halten sollten, bis er durch Austrocknen und zum Transport geeignet sein würde, oder sonst auf irgend eine Weise bei günstigeren Witterungsverhältnissen würde geborgen werden können. Das Ganze ist mit einem Schutzverschlag versehen. Sehr bald eintretendes Steigen des Grundwassers und Frost haben dann weitere Unternehmungen vereitelt; bis heute (Juni 1909) liegt die Stelle noch im Wasser; an eine Weiterarbeit an der Fundstelle und die Bergung des Baues ist bis zu einer Zeit des Wassertiefstandes nicht zu denken.

Fünf im damaligen Zustande etwa 5 cm dicke, gut gearbeitete 10—17 cm breite, bis 1,20 m lange B o h l e n, und darüber Reste von zwei bezw. drei dünneren schmalen (vielleicht sind diese allerdings erst nachträglich zusammengedrückt von der Erdlast) bildeten die Westwand des Baues. Die anderen Wände sind noch nicht ganz freigelegt, sind aber offenbar ebenso gebildet. Durch eine r e g e l r e c h t e V e r k ä m m u n g waren die Bohlen des unteren etwa 90 cm hohen Teiles des rechteckigen Baues zusammen gehalten (Tafel XIV, 3). D i e v i e r u n t e r s t e n B o h l e n, zusammen ca. 65 cm hoch, waren g u t e r h a l t e n, d i e d a r ü b e r l i e g e n d e n waren sehr morsch; sie s c h e i n e n, wie der weiter zu beschreibende ganze obere Teil des Baues, erst n a c h t r ä g l i c h, d u r c h E r d d r u c k, z u s a m m e n g e p r e s s t zu sein. Allerdings waren die Ausmessungen des Baues in diesem oberen Teil überhaupt etwas geringer. In der Höhe der Grenze des unteren und oberen Teiles befand sich die „Bohlenlage" (Tafel XIV, 3, 4).

D e r o b e r e R a n d d e s o b e r e n T e i l e s verlief ohne deutliche Grenzen in die Sand-Tonmasse, e r w a r g e b i l d e t v o n R e s t e n d ü n n e r H o l z b r e t t e r und formlosen Holzmassen, deren Faserzüge aber alle im Sinne eines ebenfalls v i e r e c k i g e n o b e r s t e n, s i c h n a c h o b e n a l l m ä h l i c h b i s z u 1 m v e r j ü n g e n d e n, T e i l e s d e r A n l a g e verliefen.

Das Innere des Baues wurde nur teilweise geleert. Z u o b e r s t i n d e r E b e n e d e s R a n d e s der Anlage kamen unzusammenhängende R e s t e d ü n n e r B r e t t e r zum Vorschein, die nach ihrer Lage mit den Rändern in irgendwelchem Zusammenhang gestanden haben müssen: entweder sind es herabgesunkene Randteile oder Reste eines Deckels des Ganzen.

In der Ebene der Bohlenlage, zwischen vielen morschen, ganz wirren Brettresten, lagen d i e R e s t e z w e i e r k r e u z f ö r m i g ü b e r e i n a n d e r l i e g e n d e r B r e t t e r o d e r S t a n g e n, die die gegenüberliegenden Ecken des Baues verbanden. Das Kreuz hat entweder nur zur Versteifung des oberen Kastenteiles gedient, oder zusammen mit Brettern als ein Deckel oder Zwischenboden. Eine etwa 10 cm starke r u n d l i c h e S t a n g e ging von diesem Niveau s e n k - r e c h t i n d i e T i e f e; sie wurde bis etwa in die Mitte der Anlage verfolgt.

Ü b e r d i e s e r S c h i c h t mit dem K r e u z, 10 cm unter dem Rande des Baues und dicht an der Wand lagen Scherben eines festgebrannten Gefässes mit etwa kugeligem Bauch, ausserdem Reste eines groben Henkels, ein geglättetes Randstückchen eines schwarzen Gefässes und hier fand sich auch ein flacher Klumpen fest zusammen gekitteten graugrünen Sandes, aus dem bei der Reinigung im Museum eine s t a r k o x y d i e r t e K u p f e r m ü n z e d e s A n t o n i n u s P i u s zum Vorschein kam. (Bestimmung durch das Kgl. Münzkabinet in Berlin, ohne nähere Angaben über die Münze s. Tafel XV, 14.)

Mit einer weiteren Probeuntersuchung (durch Sondierung etc.) des Inneren des Baues, die keine Funde mehr ergab, begnügte ich mich im Interesse der Erhaltung des Ganzen für die hoffentlich bald möglich werdende Abtragung.

N a c h W e s t e n 3,50 m vom Mittelpunkt dieser Anlage A entfernt war der Mittelpunkt e i n e s z w e i t e n H o l z b a u e s B (Tafel XIV, 2, 5), der bei der Kiesausbeutung, noch vor A, aufgedeckt war. Z w i s c h e n b e i d e n A n l a g e n s o l l s c h l i c k i g e r s a n d i g e r T o n g e w e s e n s e i n bis auf das Niveau des Unterrandes von A; leider war nichts näheres mehr festzustellen.

Der Holzbau B bestand aus einem etwa 1 m langen u n t e r s t e n S t ü c k e i n e s E i c h e n s t a m m e s, das künstlich ausgehöhlt und von der Rinde befreit ist, und jetzt einen Cylinder von etwa 1,25 m im lichten Durchmesser und bis 15 cm Wanddicke bildet. Der o b e r e R a n d ist unregelmässig zackig und verdünnt, offenbar a b g e f a u l t; er hat im Niveau des oberen Randes des Baues A und in derselben Sand-Tonschicht gesessen, wie jener. Der u n e r e R a n d ist durch Axthiebe grob hergerichtet; er verläuft nicht in einer senkrecht zur Achse des Ganzen liegenden Ebene und zeigt einige künstliche L ü c k e n.

Aussen und innen markiert sich eine Zone von verwittertem (angefaultem) Aussehen vom oberen Rande bis zum oberen Drittel.

Innen soll hier ein f e l g e n a r t i g z u s a m m e n g e s e t z t e r H o l z k r a n z gesessen haben (Tafel XV, 18). An dem Cylinder sind keine Anzeichen für eine Befestigung dieses Stückes zu bemerken. Das Aussehen, besonders des abgenutzten Aussenrandes des Stückes und die Speichenlöcher machen die Annahme, dass e s e i n e R a d f e l g e i s t, sicher; das Stück hat entweder z u r V e r s t e i f u n g d e s C y l i n d e r s, der vielleicht schon in alter Zeit geborsten war, gedient, oder es bildete, möglicherweise zusammen mit Brettern, von denen Reste unter den vor unserer Untersuchung gesammelten Teilen sind, einen Verschluss des Cylinders, ähnlich wie das Kreuz in A. Die Zusammensetzung und die Arbeit dieses Radreifens ist aus den Abbildungen Tafel XV, 18 ersichtlich: Er ist offenbar aus 4 an der verschiedenen Faserung erkennbaren Teilstücken zusammengesetzt. Eines davon I ist ganz erhalten mit seinen 2 nach aussen konisch verengten Speichenlöchern und der Verzapfung nach den Nachbarstücken. Auch diese sind vorhanden; sie zeigen beide je 4 auffällige quere Durchbohrungen, die nichts mit der Verzapfung oder mit den Speichen zu tun haben: vielleicht sind sie erst angebracht bei der Verwendung des verbrauchten Radkranzes an dem Holzbau. Von dem 4. Teil sind nur Reste vorhanden. Ausserdem fand sich ein Zapfenstück, das nicht zu einer Verzapfung der Felgenteile gehören kann, das wohl ein Speichenrest ist (Tafel XV, 18 i).

Das Rad hat 0,80 cm äusseren Durchmesser gehabt, die Felge ist 9 cm breit, 5 cm dick.

Das Niveau, in dem der Felgenrest in B gesessen haben soll, entsprach, wie das Niveau des Kreuzes in A, dem oberen Rande einer Anhäufung von Holzstücken. Auf der Abbildung Tafel XIV, 2 steht der Rest des Cylinders etwas zu tief, da er bei der Aufdeckung schon herabgesunken ist.

Auf der Südseite des Cylinders waren eine Menge Holzstücke angehäuft, die ursprünglich eine zusammenhängende Konstruktion gebildet haben, wie aus den erhaltenen Resten zu schliessen war.

Sicher scheint vor Allem, dass dicht am Cylinder einige Pfähle senkrecht im Grunde standen: in dem noch unberührt erhaltenen Reste des Baues (Tafel XIV, 5) war das Verhältnis noch festzustellen; ebenso, dass innerhalb und ausserhalb dieser Pfähle Bretter und andere Holzstücke wandartig, wenn auch nur ganz unregelmässig, aufgebaut waren; von da gingen ein paar Pfähle radial nach aussen zu grossen Bohlen, die etwa im Viereck wieder wandartig das Ganze umgeben haben (ob auch auf der Nordseite, ist unsicher). Die Pfähle zwischen den beiden Bohlensetzungen sind mit einzelnen Bohlen verkämmt (s. Tafel XV, 19—21).

Zwischen den beiden Bohlenwänden und zwischen der inneren und dem Cylinder scheinen allerlei Holzklötze und Stücke angehäuft gewesen zu sein, dazwischen wieder schlick- und sandreicher Ton und darin Reste von dünnen Zweigen und Reisern. Reste von Haselnüssen und einige Tierknochenreste und Zähne, unter anderm vom Hirsch stammend, fanden wir hier noch selbst.

Auch im Innern des Cylinders, der von sehr dunklem, schlickigem und tonigem Sand ausgefüllt war, fanden sich Tierknochenreste, u. a. ein Humerus von einem Boviden oder einem Hirsch.

Im tiefsten Teil, der bei unserer Untersuchung noch fast unberührt war, fanden sich wieder Tierknochenreste, Reiser und grobe Topfscherben, u. a. ein Randstück (Tafel XV, 18), von der Art der Scherben aus A.

Von der äusseren Hölzerhäufung schoben sich ein paar unregelmässige Bohlen unter den unteren Rand, eine durch eine der Lücken ins Innere des Cylinders hinein in eine Anhäufung von Steinen, Holzblöcken und Klötzen, auf der der Cylinder und zum Teil auch die innere „Wand" ruhten. Diese Anhäufung lag in der obersten Schicht des feinen Sandes unter dem Kies, also da, wo auch der Unterrand von A liegt, zeigte aber sehr viel schlickigere und moderigere Beschaffenheit als das Innere von A.

Im Sande der Umgebung konnten ausserhalb der beschriebenen Reste von B keine Zeichen für weitere ehemals vorhandene Pfähle u. dergl. gefunden werden. Es scheint also an der ursprünglichen Gestalt der Anlage nichts Wesentliches zu fehlen; gegen Norden war angeblich keine Holzhäufung vorhanden gewesen; hier lagen noch einige starke Bohlen unter dem Cylinder in dem Sande eingebettet, ein paar grobe Pfähle steckten schräg im Sand und ragten in den Sand-Ton, der ringsherum noch an dem Baue sass (Tafel XIV, 2 u. 5).

Wiederum 3,50 m von der Mitte von B nach Westen, also gegen die Höhe der Höchte, in gerader Fortsetzung der Linie A B war die Mitte der Spuren einer dritten Anlage, die vor unserer Untersuchung bereits beseitigt war bis auf die untere Hälfte eines dünnen Pfahles, der mit seinem zugespitzten Ende im Sand steckte.

Sechs zugespitzte schmale Bretter und Pfähle (Tafel XV, 22), waren von diesem dritten **Holzbau (C)** aufgehoben, der von den Arbeitern folgendermassen beschrieben wurde: Eine Anzahl ungefähr 1 m lange „Pallisaden" sollen dicht nebeneinander so im Sande gesteckt haben, dass sie zusammen eine „Röhre" von etwa 0,50 m Durchmesser bildeten, die wie die andern Bauten bis in die unteren Schichten des Tones hinaufgereicht hätte. Um sie herum soll kein Ton oder Schlick gewesen sein, nur innen wäre der Sand tonig und grau gewesen.

Zwischen B und C soll der Kies unberührt gewesen sein und nicht, wie zwischen A und B „tonig".

Die Untersuchung des derzeitigen Bodens der Tongrube an dieser Stelle, der etwa dem Niveau der Grenze zwischen Kies und Sand entsprach, zeigte im Sande mindestens 5 in einem Kreise von 50 cm Durchmesser stehende braunschwarze und graue Flecke, die sich teils als moderige Reste von den etwa 10 cm langen Spitzen von 5 zugespitzten schmalen Brettern herausstellten, teils als frisch durch schmutzigen Sand wieder ausgefüllte Löcher, wo solche Bretter gesteckt hatten. Durch das Herausreissen sind die Spuren im Sande z. T. verwischt.

Rings um diese Spuren, im Umkreis von etwa im ganzen 1 m, fanden sich ganz unregelmässige Holz(?)-Moderspuren, z. T. von tiefbrauner Farbe, fast wie Kohle aussehend, bis zu einer Tiefe von etwa 70 cm.

Weder die einzelnen Spuren noch das Ganze zeigten erkennbare Formen oder einen erkennbaren Grundriss. Einige bis 20 cm lange Moderstreifen liefen in unregelmässiger Figur tangential ziemlich dicht um den Grundriss der „Röhre". —

Im Innern des Röhrengrundrisses war der im übrigen gelbe Sand grau gefärbt, soweit die Holzspuren reichten; zuoberst war hier schlickiger Ton dem Sande beigemischt. Ein Topfscherben, angeblich von derselben groben Art, wie die von A und B, soll in der Röhre gefunden sein.

Wiederum etwa 3,50 m von der Mitte dieser Reste entfernt nach NW., in einem Winkel von etwa 100 Grad gegen die Linie A B C, war die Mitte eines, dem Bau B ähnlichen **vierten Holzbaues (D)**, dessen Westseite bereits längere Zeit entfernt war.

Im Sande steckten noch 6 oben abgefaulte, unten zugespitzte, schmale Bretter von Eichenholz von durchschnittlich 1,20 m Länge, im Sinne eines Kreises von etwa 1 m (Tafel XIV, 6).

Aussen um diese Bretterstellung herum sassen die Reste (etwa ²/₃) eines zum Cylinder ausgehöhlten Eichenstumpfes (das Stück nahe der Wurzel) von ca. 1 m lichtem Durchmesser und ca. 0,75 m Höhe. Wie am Cylinder von B sind die oberen Ränder verdünnt und zackig, offenbar abgefault, der untere Rand ist mit der Axt grob zugerichtet, soweit die Reste erhalten sind; Lücken, wie sie bei B vorhanden sind, fehlen. Der untere Rand des Cylinders hat nicht auf der Oberfläche des Sandes aufgestanden, sondern sass mitten im Kies, entsprechend der Mitte der Latten. Nach unten waren keine Spuren von Holz- oder Steinhäufungen zu bemerken.

Auffallend war, dass eine der Latten schräg von innen nach aussen unter dem südlichen Rande des Cylinders hindurch gesteckt war, wie zur Stütze für den Cylinder, der vielleicht im Übrigen auf vergänglichem Material gestanden hat.

Um den Bau herum fand sich nichts weiter; im Innern hatte der Sand graue Färbung, die bis in's Niveau der unteren Spitzen der Latten hinabreichte, hier aber nur noch den mittleren Teil des Kreisinnern einnahm.

Zusammenfassung.

Die Anlage des Baues B mit seinem „Schlink" und nicht weniger die des Baues A rechtfertigen die Bezeichnung „Brunnen" im weiteren Sinne des Wortes. Die Anlagen stehen im Sand, der nur bei sehr niedrigem Wasserstand wasserfrei ist; sie ragen mit ihren Rändern in die untere Sand-Tonschicht hinauf, die nach allen Anzeichen einer verschwemmten alten Oberfläche entspricht.

Bei A ist deutlich, dass eine seichte Mulde an den Rand des Brunnens hinab-geführt hat, bezw. bis auf das Niveau der Bohlenlage, die wohl eine Art Tritt neben dem Brunnenhals bildete. Als Brunnenhals oder -kasten kann wohl der obere nach oben verengte Teil des Baues A angesehen werden; die im Innern senkrecht stehende Stange wäre als Schöpfstange am einfachsten erklärt. Die Bretterreste im Niveau der oberen Öffnung und im Innern des oberen Teiles des Baues können als Deckelrest in Betracht kommen; das Kreuz vielleicht als Verfestigung des oberen Teiles, die Topfreste auf der Bohlenlage als Stücke zerbrochener Schöpfkrüge.

Die andern Einzelfunde (Knochen, Münzen) im obersten Teil des Innenraumes des Baues dagegen können an ihrer Stelle erst abgelagert sein, als der Bau bis zu dieser Höhe verschwemmt war, oder es muss in der Höhe des Kreuzes ein Zwischen-boden angenommen werden.

Die sandigen Tonschichten des Innern setzen sich aber gleichmässig fort in die Ausfüllung der Mulde über dem Bau bis ins Niveau der allgemeinen Verschwemmungs-schicht hinauf, in der auch die Stein-Pflasterung (?) um den obern Rand der Mulde über A und der der Mulde nördlich von A liegt.

So würden die Funde in diesen verschwemmten Partieen nach ihrem „Fund-Niveau" wohl zusammen gehören. Die Gleichartigkeit der Topfreste und Schlacken von A und der Mulde M spricht auch für Gleichaltrigkeit.

Wenn man nach dem Ornament der Scherben über A (Tafel XV, 11) die Völker-wanderungszeit als Entstehungszeit annähme, würde zwar die Münze von Antoninus Pius (138—161 n. Chr.) etwas altertümlich in dieser Gesellschaft anmuten, aber ihr sehr abgegriffener Zustand spricht für lange Benutzung, vielleicht als Schmuck (s. die An-bohrung im Revers). Bei der Verschwemmung der alten Oberfläche könnten ja auch Dinge in den Brunnen geschwemmt sein, die schon lange auf bezw. in dieser Oberfläche gelegen haben.

Die Beziehungen von B zu dieser alten Oberfläche scheinen dieselben wie die von A gewesen zu sein.

Im nahen Dorfe Bücken stiess man übrigens kürzlich beim Graben eines neuen Brunnens in 1 m Tiefe auf einen mit Eichenbohlen überdeckten alten, der aus einem hohlen Eichenstamm bestand. — Da er gutes Wasser enthielt, benutzt man ihn jetzt weiter als „Brunnenrohr". Leider war er bisher nicht für eine Untersuchung betreffs des Alters der Anlage zugänglich. Möglicherweise sind bis in neuere Zeit in unserer Gegend solche Brunnenanlagen gemacht.

Die Verwendung gehöhlter Baumstämme zum Fassen z. B. auch von Quellen ist ein weit verbreiteter Brauch. Herr Dr. Fritze berichtet z. B. auch aus Japan (Globus LXIII, Nr. 13, S. 206) über die Verwendung von hohlen Stämmen als „Brunnen". — Die vielumstrittenen „Kreisgruben" in den Watten, die Sodenbrunnen z. B. auf Sylt u. a. haben sicher Beziehung zu unseren Funden; über Zeit und Art jener Brunnenanlagen muss aber erst noch mehr Klarheit geschaffen werden, ehe diese „Beziehungen" zu Erklärungen ausgenutzt werden können! Vgl. übrigens Zeitschr. f. Ethnol. 1885. S. 505. und besonders Correspondenzbl. d. deutsch. Gesellsch. f. Anthrop. 1905. S. 59.

Die Anlage von B ist wohl so geschehen, dass zunächst von der damaligen Oberfläche bis in den Sand hinab eine Grube gegraben wäre, in die zu unterst ein Schlink gebracht ist, darauf ist der hohle Stamm als Brunnen gesetzt. Wiewiet die umgebenden Holz-konstruktionen und die Felge von vornherein zum Bau gehörten, wieweit sie etwa später nötig werdende Stützvorrichtungen sind, lässt sich nicht sicher sagen, zumal da das ur-sprüngliche Aussehen des Ganzen nicht sicher mehr feststellbar war. Über die Art der oberen Öffnung des Brunnens lässt sich nichts Sicheres vermuten.

Die Anlage von A ist viel klarer bis auf etwaige schon vor der Untersuchung beseitigte, vor der Westwand liegende Konstruktionen.

In einer bis zum Sande gehenden Grube ist der Holzkasten, und zwar ohne Schlink aufgebaut; einige dicke Balken aussen an der Süd- und Nordwand sowie die Holzhäufung dienen als Halt und zugleich als Unterlage für den Tritt um den Brunnenkasten, der wohl die Form einer abgestumpften Pyramide hatte und mit einem Deckel geschlossen war.

Was die Mulde M bedeutet, ist unklar; eine Feuerstätte ist sie nicht gewesen; möglich ist, dass die Berührung mit der Kiesader etwas bedeutet. Vielleicht war sie ein Wassertümpel zum Auffangen oder Ableiten von Wasser, hierfür spräche die Nähe von A. Jedenfalls ist auch M zugeschlemmt, wohl gleichzeitig mit A.

Die Reste von C lassen keine einwandfreie Erklärung zu. Die Anlage scheint hohl gewesen zu sein (vielleicht umkleidet mit vergangener Masse?) und geht bis zum Sand — eine Ähnlichkeit mit einem Brunnenrohr liegt auf der Hand.

Der Bau D hat eine gewisse Ähnlichkeit mit B, auffällig ist nur das Fehlen eines Schlinks, und dass der Cylinder nicht bis zum Sand hinabreicht: es müsste für die Zeit seiner Benutzung als Brunnen ein höherer Wasserstand vorausgesetzt werden oder ein Unterbau aus vorzüglichem Material.

Dass diese vier Holzwerke alle innen hohl gewesen sind und dass ihre Höhlung, wie Tonbeimischung und Verfärbung zeigt, bis zum Sande herabgereicht hat und oben in die alten Oberflächen-Schichten innerhalb des Tones, lässt für alle vier Zusammenhang mit Wasserversorgung annehmen. Das Vorhandensein von tiefhinabreichendem Ton-Sand zwischen A und B weist auf eine Verbindung zwischen beiden hin.

Die als Feuerstätten bezeichneten Mulden 1—4 ausserhalb des Heckenwalles liegen innerhalb des Tones, in dessen unteren sandigen Schichten.
Das Niveau ehemaliger Oberränder der Mulden 1—4 scheint aber dasselbe zu sein, wie das der Mulde M und der Mulde über A. Mulde 1—4 liegen ja am Aussenrande der „Höchte", wo die Kiesoberfläche absinkt und wo s. Z. auf der Oberfläche bereits eine dickere sandige Tonschicht gelegen haben kann als bei A—D. Wichtig wäre eine sichere Zeitbestimmung der Scherbe mit „fränkischem" Stempelornament und der bunten Perle.
Stempelverzierung kommt sehr häufig auf unsern sächsischen Urnen der Völkerwanderungszeit vor. Das Gefäss aus M. 4 war aber viel gröber und dickwandiger, der Stempel gröber und einfacher, als wir es von jenen Urnen gewöhnt sind. Perlen mit Mustern, wie die vorliegende, finden sich wieder auf unsern sächsischen Völkerwanderungsurnenfriedhöfen, wie in den Gräbern derselben Zeit in anderen Gebieten.
Abschliessend kann über die Ansetzung der vorliegenden Stücke noch nicht geurteilt werden, ebensowenig darüber, ob die Scherbe aus der Mulde über A gleichaltrig mit der Scherbe und Perle aus M. 1 ist. Der Antoninus Pius-Münze müsste auf jeden Fall ein langewährendes Leben als Münze bezw. als Schmuck zugestanden werden.

Die in Aussicht genommenen weiteren Untersuchungen der Fundstelle, besonders auch seitens geologischer Sachverständiger, wird hoffentlich noch zur Klärung der vielen Fragen beitragen, die sich an den zweifellos sehr wichtigen Fund anschliessen.

Die Aufklärung über die Gleichzeitigkeit oder das Nacheinander der Anlagen könnte sich ergeben aus der geologischen bezw. geographischen Aufklärung über die Vorgänge der Oberflächenverschwemmung der Stelle und also auch über die hydrographischen

Verhältnisse des Wesertales bei Hoya überhaupt. Zweifellos aber könnte andererseits eine sichere archäologische Diagnose hier auch Fingerzeige geben über die Reihenfolge und das absolute Alter der geologischen, das alluviale Weserbett betreffenden Vorgänge an dieser Stelle.

Der viereckige Kastenbrunnen lenkt natürlich den Blick auf die Brunnenanlagen der Saalburg, Oberaden und anderer Stellen, wo ähnliche Brunnen in „römischer" Umgebung auftreten. Durch die Vergleichung wird aber nichts erklärt betreffs der Herkunft dieser „Brunnen"-Form, da wir nicht wissen, welche Art Anlagen die Nordeuropäer vor der „römischen Zeit" besassen, trotz Schröder's schöner Untersuchung über den puteus (Zeitschr. des Vereins für hessische Gesch.- und Landeskunde N. F. B. 33, S. 33. Vergleiche den Bericht über die Tagung des Nordwestdeutschen Verbandes für Altertumsforschung in Cassel, April 1509, Vortrag Schröder's über den „puteus"). Auf der Altenburg bei Cassel finden sich viereckige Gruben unbekannter Bestimmung aus dem letzten vorchristlichen Jahrhundert, mit Bohlenkonstruktionen, die eine Art Vorstufe für die unseres Baues A sind; eine derselben scheint mir übrigens der Rest eines Grabbaues zu sein, ähnlich denen der Hallstatt- und La Tènezeit in Süddeutschland und der Rheingegend, die ebenfalls kunstvolle Verzahnungen aufweisen. Neuerdings sind auch schon aus der frühesten Bronzezeit Mitteldeutschlands Zimmermannsarbeiten bekannt geworden, die neben vielen anderen Beobachtungen (ich erinnere an den Schiffsbau der See-Germanen) zeigen, dass die Zimmermannskunst, von deren Werken nur noch viel zu wenige bekannt geworden und beschrieben sind, eine alte gute Tradition in Nordeuropa hatte![1]

Nach den sachverständigen Aussagen von Zimmerleuten ist an keinem der Holzteile der Funde von Hoya Sägeschnitt bemerkbar, nur Axthiebe, auch an den feineren Brettern. Das in der Anlage A verarbeitete Holz ist weiches Laubholz, wohl Erle. Unter den aussen aufgehäuften Stücken war ausserdem Birke erkennbar. B, C und D bestehen lediglich aus Eichenholz, wenigstens alle grösseren Stücke.

Die Bauten B bis D sind im Provinzial-Museum konserviert und aufgestellt; hoffentlich gelingt es, auch den Bau A, wenigstens seine wesentlichen Teile, zu retten, und über die Gesamtanlage auf der Höchte, zu der die „Brunnen" gehören, in neuen Grabungen Aufschluss zu gewinnen!

Über die Tierreste lässt sich für die nächstliegenden Fragen nichts besonderes sagen. Anzeichen für Drehscheibenarbeit sind an keinem der Gefässreste von Hoya nachweisbar.

Die Archäologie der Gegend lässt uns für die nachchristliche Zeit bisher fast ganz im Stich mit verwertbaren Funden.

Aus den frühgeschichtlichen Daten, die erst noch gründlich befragt werden müssen, ist allerlei zu entnehmen, was auf Vorgänge der Völkerwanderung und auf frühe Verbindung der Gegend mit dem römischen und dann dem fränkischen Westen hinweist und vielleicht auch noch auf unsere Funde mehr Licht werfen wird, wenn die weiteren Untersuchungen genauere archäologische Anhaltspunkte gebracht haben werden; bis dahin müssen wir uns gedulden trotz verlockendster Gedankengänge in die Zeit der frühgeschichtlichen Schicksale der Gegend von Hoya! —

---

[1] Zur Frage der Brunnenanlagen vergl. auch Moritz Heyne „Deutsche Hausaltertümer".

Vier Serien Steingeräte der Eingeborenen von Neuholland.

Von H. Hahne.

Hierzu Tafel XVI.

Die ethnographische Sammlung des Provinzial-Museums besitzt eine kleine aber gute Sammlung von Gegenständen aus Neuholland, dem australischen Festlande, in der die Haupttypen von Waffen, Schmuck und Geräten der Eingeborenen in guten Stücken vertreten sind. Sie stammen aus verschiedenen Händen, sind teils angekauft, teils Geschenke (siehe Führer durch die ethnogr. Abteilung).

Eine wertvolle Serie ist Geschenk von H. Basedow sen.-Adelaide (Hannover 1892). Sein Sohn Dr. Herbert Basedow, Landesgeologe in Adelaide, hat neuerdings seines Vaters Geschenk durch eine Reihe wichtiger Stücke ergänzt aus Sammlungsmaterialien, die er von seinen Forschungsreisen, besonders von seiner Nordwest-Expedition 1905[1]) mitgebracht hat. (Vergl. Zugangsverzeichnis dieses Jahrbuches.) Von diesen letzten Zugängen verdienen vier Serien von primitiven Steingeräten der Eingeborenen Nord- und Süd-Australiens baldige Veröffentlichung, da es sich um an sich wichtige Funde noch dazu von neuen Fundorten handelt. —

Die früher wenig beachteten und ungenügend studierten einfachen australischen Steingeräte sind in den letzten Jahren zu grosser Wichtigkeit gelangt, seit Untersuchungen über die menschlichen Geräte der europäischen Urzeit mit grösserer Eindringlichkeit betrieben werden.[2])

Die primitiven Steingeräte der australischen und tasmanischen Eingeborenen weisen nämlich die weitgehendsten Ähnlichkeiten auf mit den Geräten des europäischen Urmenschen, zunächst bezüglich der Form und Herstellungsart, aber auch in den Gebrauchsspuren und anderen technischen Merkmalen.

Auch bezüglich der Bedingungen und Formen des Daseins der australischen „Blacks" und der Ur-Europäer bestehen Ähnlichkeiten, ebenso wie bezüglich der Daseinsäusserungen, z. B. auch in der Kunst; und offenbar ähneln sich auch beider Anschauungen über Leben und Tod. Endlich haben die anthropologischen Untersuchungen der körperlichen wie der „seelischen" Beschaffenheit der Blacks viele hochwichtige Ergebnisse für die Entwickelungsgeschichte der Menschheit überhaupt gebracht. So ist der „jüngste Erdteil" und seine einstigen und heutigen Bewohner in den Mittelpunkt der modernen Anthropologie gerückt infolge der Fäden, die von dort hinübergehen zu der Urzeit der Menschheit.

Aus der jetzt schnell anwachsenden Literatur seien zur Orientierung folgende Schriften genannt:

    I. Von Arbeiten von Herm. Klaatsch:
- a. Seine populäre Darlegung in Krämers „Weltall und Menschheit" Bd. II.
- b. „Die Fortschritte d. Lehre v. d. foss. Knochenresten d. Menschen i. d. J. 1900—1903" und „neue Erkenntnisse und Probleme der Abstammung und Rassengliederung der Menschheit" in Merkel u. Bonnet's „Ergebnissen der Anatomie und Entwicklungsgeschichte 1902. S. 545—651 und ibid. 1909 die Übersicht bis 1909".

---

[1]) Siehe Literatur unten S. 78.

[2]) Vergl. vor allem die Verhandlungen der Berliner Ges. für Anthrop. in Zeitschr. für Ethnol. seit 1902 und die der deutschen und ausländischen Kongresse für Anthrop. und Urgeschichte seit derselben Zeit, bes. unter den Stichworten Paläolithicum, Eolithen, Tertiär, Diluvium.

c. Reiseberichte über seine Reise nach Australien in den Jahren 1904—07, bes. Zeitschr. f. Ethnologie 1906—07 u. Corresp.-Bl. der dtsch. Ges. f. Anthrop. XXXVIII. Nr. 9/12.

d. „Der primitive Mensch der Vergangenheit und der Gegenwart" in Verhandl. d. Ges. dtsch. Naturf. u. Ärzte 1908.

e. „Das Gesichtsskelett der Neandertalrasse und der Australier". Verhandl. d. anatom. Ges. Verslg. Berlin 1908. Jena 1908.

f. Als kurze Zusammenfassung mit Literaturangaben zu weiterer Orientierung, bes. über unser Thema: H. Klaatsch, „Die Steinartefakte der Australier und Tasmanier, verglichen mit denen der Urzeit Europas". Zeitschr. f. Ethnol. 1908. S. 407—428 mit Tafel III u. IV.

II. Von den Berichten von H. Basedow jr.:

a. „Anthropological Notes made on the South Australian Government N.-W. Prospecting Expedition 1903" in „Transactions of the Royal society of South Australia". Adelaide. 1904.

b. „A. N. o. the western coastal tribes of the northern territory of South Australia". ibidem vol. XXXI. 1907.

c. Über die Kunst der Eingeborenen s. Zeitschr. f. Ethnol. 1907 S. 707 flgde. und Arch. f. Anthropol. 1908 S. 217 flgde.

III. Aus der australischen Literatur:

a. R. Brough Smyth „The aborigines of Victoria with notes relating to the habits of the Natives of other parts of Australia and Tasmania". Melbourne, London 1878.

b. Spencer and Gillen „The northern tribes of Central Australia". London 1904.

c. Walther E. Roth „North Queensland Ethnographie" besonders Bulletin VII „Domestic implements, arts and manufactures" mit 26 besonders für unser Thema sehr lehrreichen Tafeln.

IV.: A. Rutot „Un grave problème". Bulletin de la société belge de Géologie. Bruxelles 1907 und „La fin de la question des Eoliths" im Bericht über die Prähistorikerversammlung in Köln. Juli 1907.

Die von H. Basedow jr. dem Provinzial-Museum geschenkten Stücke zeigen alle die Merkmale dafür, dass sie künstliche „Abschläge" von muschelig splitternden Gesteinen sind und zwar sämtlich von Kiesel in verschiedenen Modifikationen. Die Tafel XVI gibt bis auf wenige formlose Splitter alle Stücke wieder, und zwar alle von der „Oberseite" der „Abschläge" gesehen bis auf Fig. 7 und Fig. 8; die Fig. 8 zeigt einen Abschlag von der „Unterseite": im Bilde unten die „Basis" des Abschlages mit der „Schlagfläche" (rechts unten), auf die der Schlag auftraf, der den Abschlag vom Steinblock, dem „Kernstein" trennte. Die Stelle, wo der Schlag auftraf, ist die Spitze der „kegelförmigen Schlagmarke", des „Schlagkegels" [1]) (X. X.) geworden, der übergeht in den „Schlaghügel" der Unterseite des Abschlages, die seine Loslösungsfläche (vom Kernstein) ist. Auf dem Schlaghügel sieht man strahlenförmige „Schlagnarben" (Strahlennarben) und von diesen ausgehend und nach der Mitte des Schlaghügels hinlaufende „Schlaghügelabsplisse". Alles sind Prellerscheinungen infolge der Prozedur des Abschlagens des Stückes vom Kernstein; auch sind die vom Schlaghügel ausgehenden konzentrischen „Schlagwellen", die über die Unterfläche hinziehen und Kraftwellen markieren, ähnlich den Wellenringen im Wasser nach einem Schlag oder Stoss, z. B. durch einen fallenden Stein.

Bei x der Tafel zeigen die nicht sichtbaren Oberflächen der Abschläge den Schlagkegel bezw. -hügel, hier ist also die Basis der Abschläge.

Die Stücke unserer Serien gehören also nicht der allerprimitivsten eolithischen „Steintechnik" an, die vom direkten Gebrauch unbearbeiteter Steintrümmer ausgeht. Die regelmässigen Bearbeitungsspuren an den Rändern bestehen ausnahmslos aus Negativen, Betten von kleinen Abschlägen, deren Basis auf der Oberseite der grossen Abschläge, die das Gerät darstellen, liegt („einseitige Randbearbeitung").

[1]) S. Zeitschr. f. Ethnologie 1904 S. 825.

Auf Tafel XVI sind die wichtigsten Stücke der vier Serien australischer Steingeräte der Sammlung Basedow abgebildet, deren Merkmale nun, soweit die Tafel-Abbildungen sie nicht ohne weiteres zeigen, beschrieben werden sollen. Durch Hinweise auf die einschlägige Literatur sollen unsere Stücke in die bereits beschriebenen Typenreihen neuholländischer Steingeräte eingereiht werden; besonders wichtig sind die Feststellungen Roths (l. c.), der die betr. Geräte und ihren Gebrauch, wie er sie in den Händen lebender Eingeborener beobachtete, in systematischer Reihenfolge abbildet und beschreibt. Auf seine Arbeit l. c. Bulletin VII sei besonders verwiesen, zumal auch auf den Text desselben Nr. 3, 16, 20, 22 über Holzbearbeitung und Steingeräte. Gerade durch Roth's Arbeit ist die Werkzeugnatur vieler australischer Stücke erst belegt, die ohne diesen Nachweis besonders den Uneingeweihten nicht als Geräte erscheinen würden. Diese Feststellungen sind wieder von grösster Wichtigkeit für die Erörterung über die Werkzeugnatur mancher alteuropäischer Funde.

Serie A.

Tafel XVI, Fig. 1—2 zu Prov.-Mus. Hannover, Katalog d. Ethnogr. Samml. Nr. 4882—4884.

Basedows Notiz: „Quarzit des Unter-Silur (Ordovician) vom Victoria River-Gebiet. Fundort Daly River. Nordterritorium. Speerspitzen, heute noch gebraucht, gehören zum Typus Nr. 8 meiner „Notes on the western coastal tribes . . . . . S. 32".

Der Daly River mündet in den Timor Sea südwestlich von Melville Island, s. Stielers Handatlas 77. C. D. 11.

Fig. 1. Eine schöne Lamelle von grauem grobkörnigen Quarzit mit Schlaghügel (bei x auf der Unterseite). Die Basis der Lamelle ist rundlich zurechtgeschlagen. Über diese Herrichtung vgl. Roth l. c. Tafel III über die Herstellung von Abschlägen ibidem Tafel III, IV und Text bes. S. 16. Soweit diese Herrichtung reicht, reichen auch Reste von Wachs, womit die Spitze am Speerholz befestigt war. Ausser einigen belanglosen, wohl zufälligen Ausbrüchen am Rande zeigt das Stück keine Gebrauchsspuren.

Fig. 2 ist ein blattförmiger Abschlag von demselben Quarzit. Die Basis ist rundlich hergerichtet (die Randausbrüche s. Fig. 1 links unten sind frisch), sie trägt Reste von Harz mit angebackenen Sandkörnern. Um die Spitze, besonders oben rechts, befinden sich Randausbrüche, wohl vom Gebrauch herrührend, oder angebracht zur Verbesserung der Form. Ein nicht abgebildetes Stück ist ein mittleres Bruchstück einer schmalen Lamelle wie Fig. 1.

Basedow l. c. S. 32 sagt: „Type 8 (nach Spencer and Gillen S. 671 ff.). Stone-headed spear, with the head made of flaked quartzite, and the shaft of reed. This type is common (scilicet unter den Stämmen des Nordterritoriums von Süd-Australien). The spear is eleven feet long, the stone head varying in length from two to six inches. The stone is chipped from Ordovician quartzite that occurs in extensive outcrop on the Victoria river and elsewhere. The stone is attached with beeswax, resin, and vegetable string." Die Speerform ist auch sonst in Neuholland üblich, vgl. u. a. Klaatsch, Zeitschr. f. Ethnol. 1908 S. 418, Fig. 1. Ausserdem werden solche Steinspitzen auch als Dolchklingen und Messer verwendet, vgl. W. E. Roth, Tafel VI—VIII und XVII und S. 16 und 22. Nach H. Basedow tragen die Männer oft solche Dolche mit Scheide im Haar. (Mündlich IV. 09.) Vgl. auch B. Smyth l. c. Bd. I, S. 379—380, bes. Fig. 200—201. Solche Speere aus Victoria sind auch im Provinzial-Museum Hannover vorhanden.

Serie B.

Tafel XVI, Fig. 3, 4, 5 Prov.-Mus. Hannover. Katalog d. Ethnol. Samml. Nr. 4892—4894.

Notiz Basedows: „Musgrave Ranges. West-Central-Australien. Gesammelt auf meiner Nordwest-Expedition 1903." Die Musgrave Ranges sind Höhenzüge im NW. von Neuholland, südlich der Timor Sea, am Nordrand der grossen Sandwüste. Stielers Handatlas 1905. 77. G. 9,'10.

Fig. 3. Blattförmiger Abschlag von feuersteinähnlichem gelblichem Kiesel. Die Basis ist rundlich hergerichtet durch Randabsplitterungen und Absplitterungen an der Basis. Beide Längsseiten sind mit feinen regelmässigen Randausbrüchen versehen (Spuren von Benutzung?) —

Der Spitzenteil ist durch grössere Ausbrüche in eine, den Mittelgrat einschliessende, daher widerstandsfähigere Spitze verwandelt, die feine Ausbrüche und Glättung als Benutzungsspuren zeigt. Das Gerät scheint ein Bohrer zu sein.

Ein ähnliches Stück, aber nur mit einseitiger Auskerbung neben der Spitze, ist W. E. Roth, S. 20 und Tafel XIII, Fig. 99, und zwar als Konkav-Schaber (Kerb- oder Hohlschaber) benutzt bei der Glättung von Stäben beschrieben. Vgl. über Hohlschaber, Doppelhohlschaber und Bohrer auch Klaatsch, Zeitschr. f. Ethnol. 1908 S. 425 und Tafel IV. — H. Basedow sah derartige Instrumente nicht bei den lebenden Eingeborenen der Gegend (mündliche Auskunft 1909).

Fig. 4 ist ein lamellenförmiger Abschlag von graublauem Kiesel, die Basis ist rundlich hergerichtet durch Randabschläge. Beide Längsseiten sind mit vielen feinen Randaussplitterungen versehen (Gebrauchsspuren). Die Spitze ist abgebrochen und zeigt eine alte Bruchfläche.

Das Stück scheint zu dem Typus von 1 zu gehören; H. Basedow sah derartige Stücke nicht im Gebrauch der Eingeborenen der Gegend (mündliche Auskunft 1909).

Fig. 5. Blattförmiger breiter Abschlag von am Rande durchsichtigen chalcedonartigem Kiesel. Die Basis ist mit wenigen Randaussplitterungen unten versehen und trägt Reste von Harz auf der Unterseite. Beiderseits neben der Spitze finden sich feine Randabsplitterungen, wohl Benutzungsspuren.

Auch dieses Stück gehört zu den „Spitzen", die zugleich scharfrandig sind, also zum Schneiden geeignet (vgl. bei Roth, S. 22 und Tafel VII und XII und Smyth, S. 379 ff.). Nach H. Basedows mündlicher Auskunft benutzen die heutigen, noch zahlreichen Bewohner der Gegend das Gerät Fig. 5 zu chirurgischen Operationen, besonders zur Mikaoperation und der Circumcision.

Serie C.

Tafel XVI, Fig. 6, 7 zu Prov.-Mus. Hannover, Katalog d. Ethnogr. Samml. Nr. 4885—4891.

Notiz H. Basedows: „Quarzsplitter aus den vom Winde transportierten Dünen bei Waitpinga, Südküste von Süd-Australien. „Kitchen-middens" (Lagerplätze mit Feuerstellen und Überresten von verzehrten Tieren, von Geräten etc.; mündliche Auskunft 1909) vom ausgestorbenen Encounterbay-Stamm. Quarz steht nicht an bei der Fundstätte." Die Encounterbay liegt südlich von Adelaide. Stielers Handatlas 1905. 80 OP. 15. (Waitpinga ist nicht angegeben.)

Fig. 6 ist eine dünne Lamelle von weissem, durchsichtigem Quarz, mit unregelmässigen Randausbrüchen.

Fig. 7. Desgleichen, rechts von dem dicken scharfen Rande feinere Randaussplitterungen; es handelt sich vielleicht um ein Gerät des Typus, den Fig. 13, 16, 17, 18 darstellen (s. dort). Das Stück zeigt rechts unten auf der Abbildung einen schön ausgebildeten Schlagkegel, also ist die abgebildete Seite die Unterfläche des Abschlages, rechts von dem Kegel ist der Rest der ehemaligen Kernsteinoberfläche sichtbar.

Beide Stücke, und ebenso die 5 nicht abgebildeten, sind scharfrandige Splitter, die zum Schneiden, Bohren und Schaben zu gebrauchen sind und auch so von den Eingeborenen benutzt werden, vgl. Basedow Notes von 1907 l. c. S. 50. — Smyth l. c. S. 330 ff. — E. Roth l. c. S. 16 „Stone work flaking".

Serie D.

Tafel XVI, Fig. 9—24 zu Prov.-Mus. Hannover. Katalog d. Ethnogr. Samml. Nr. 4895—4924.

Basedows Notiz: „Von einem Steinbruch, der seit Urzeiten von Eingeborenen besucht worden ist, um Steinmaterial für Artefacte und Oker zu gewinnen. Auch heute noch von einigen Stämmen benutzt, die teils direkt, teils durch Handel das Material erwerben. — Tennants Creek. Mac Douall Ranges. Nord-Territorium." —

Tennants Creek ist eine Telegraphenstation am gleichnamigen Bach nördlich der Höhenzüge der Mac Douall R., südwestlich vom Carpentariagolf in NO. von Neuholland. Stielers Handatlas 1905. 78. F. 13.

Die Stücke sind sämtlich künstliche, lamellenförmige, blattförmige oder breite muschelförmige Abschläge von Kiesel; 8 und 9 haben chalcedonartiges Aussehen, 11, 16, 23, 24 sind

„Sandsteine mit kieseligem Bindemittel", „hard siliceous sandstone" (vgl. R. B. Smyth l. c. S. 358), die übrigen Stücke sind bald mehr gelblichem Feuerstein, bald mehr Jaspis und Chalcedon gleichende Kieselvarietäten.[1])

Patina, d. h. tiefergehende Oberflächenveränderung, und nachträgliche, d. h. nach der Herstellung des Abschlages entstandene Verfärbungen der auf Tafel XVI abgebildeten Stücke sind sehr verschieden, bei manchen sind sie weit fortgeschritten, so besonders bei 11, 13, 17, 19. Es ist mir nicht bekannt, ob das Klima und die Lagerstätten in jener Gegend schnell derartige Veränderungen erzeugt, wie z. B. in Ägypten, oder ob die weit fortgeschrittene Patinierung und Verfärbung grosses Alter der Stücke anzeigt. Auf der abgebildeten Oberseite zeigt Fig. 13, auf der Unterseite Fig. 2, 3, 5, 10, 15, 16, 19, 20, 24 eine bräunliche matte Verfärbung, infolge irgendwelcher Einflüsse der Lagerstätte.

Über Fig. 8 s. S. 78 unten. Das Stück zeigt rechts einige frische Randausbrüche; es scheint unbenutzt zu sein.

Fig. 9 zeigt rechts und links Herrichtungs- oder Gebrauchsspuren; einen Abschlag an der Basis. Oben ist das Stück offenbar als Kerb- oder Hohlschaber benutzt. Vergl. Klaatsch l. c. Zeitschr. f. Ethnol., S. 424/25. — Smyth l. c. S. 380 ff. — Roth l. c. S. 9 Nr. 3 und Tafel XIII.

Fig. 10 und 11 sind lamellenförmige Abschläge, die Längsseiten zeigen stellenweise feinere Randaussplitterungen (Gebrauchsspuren?).

Fig. 12 ist ein Abschlag, dessen Ende (oben in der Abbildung) durch gröbere und darauf folgende feinere regelmässige Randabschläge eine halbkreisförmige Kante geworden ist und so eine sehr typische Form angenommen hat, die ein Spahn annimmt, der als Konvexschaber benutzt ist, besonders zum Ausschaben von Holz zur Herstellung von Gefässen zum Wasserholen. Diesem Zweck dienen Splitter mit rundlichen Kanten und Schneiden ohne weiteres oder nach einiger Zurichtung. Vergl. Roth l. c. Tafel XII, XIII. Abschläge von für diesen Zweck unbrauchbarer Form werden durch sorgsame Bearbeitung der zu benutzenden Ränder vermittels regelmässiger Absplitterung hergerichtet. Nötigenfalls wird dann die Basis des Stückes noch verdünnt und rundlich zugestutzt (bei Fig. 12 ist das nur wenig geschehen). Der so sorgsam bearbeitete Abschlag bildet dann den wirksamen Teil, die wirksame „Arbeitskante" eines sehr wichtigen und vielgestaltigen Werkzeuges, des „Native gouge", dessen Herstellung und Verwendung zur Herstellung von Holzgefässen Roth l. c. Tafel III, IV, V und Tafel XIV und Text bes. S. 9, Nr. 4, S. 17, Nr. 23 und S. 31, Nr. 62 eingehend darstellt: Der als Konvexschaber hergerichtete Abschlag wird vermittels Harz oder Wachs an dem Ende eines Stabes befestigt und bildet mit diesem zusammen eine Art primitiven Grabstichel oder Raspel. Vergl. auch Smyth l. c. S. 379, Fig. 199 und S. 382; Klaatsch l. c. Zeitschr. f. Ethn., S. 424.

Fig. 13 ist ebenfalls ein solcher Halbrundschaber von sehr kleiner Form, die nach Klaatsch l. c. Zeitschr. f. Ethn., S. 425 nicht ungewöhnlich ist! Die Randbearbeitung („Kantenschärfung", „Retouche d'utilisation" französischer Autoren) ist an diesem Stück an der Basis (in der Figur oben) und rechts an der Seite angebracht, die „retouche d'accomodation" d. h. die Herrichtung zur Anpassung an den Stiel resp. Griff („Griffanpassung") am entgegengesetzten linken Ende.

Fig. 14 ist ein Abschlag, der ohne weiteres als Rundschaber zu. benutzen wäre; die Basis ist absichtlich verdünnt; die der Basis gegenüberliegende Schärfe zeigt regelmässige Randausbrüche, die Gebrauchsspuren sein können.

Fig. 15 zeigt an der Basis (rechts) und dem Ende (links) reichliche Kantenbearbeitung, scheint auch ein solcher Schaber zu sein; seine Arbeitskante ist wohl die linke.

Fig. 16—18 sind ebenfalls solche ausgesprochenen Native-gouge-Steine. E. Roth bildet ganz entsprechende Stücke l. c. Tafel V in Photographie ab. Unsere Fig. 16 hat die Arbeitskante am Abschlagende (in der Abbildung oben); die Basis ist rundlich hergerichtet. Fig. 17 zeigt an der Basis (unten in der Abbildung) regelmässige Randbearbeitung, am Ende (oben) feine Be-

---

[1]) Herrn Römer-Hannover danke ich fachmännischen Rat bei dieser Feststellung der Gesteinsarten.

nutzungsspuren. Fig. 18 verhält sich ähnlich, nur ist das Ende (oben) stark abgenutzt und wohl auch nachgeschärft. .

Fig. 19 und 20 sind ausgesprochene „Messer", beide aus grossen lamellenförmigen Abschlägen desselben feinkörnigen Kieselgesteines hergestellt. Fig. 19 zeigt keine besondere Herrichtung der Basis; die linke scharfe Seite zeigt feine Randausbrüche (Benutzung), die rechte Seite wird von dem Rest der Kruste des Knollens gebildet, von dem die Lamelle abgeschlagen ist. Diese Seite ist gleichsam der Messerrücken. Dass das Vorhandensein eines solchen wirklich beabsichtigt wurde, zeigt das Messer Fig. 20, dessen rechte Kante durch sorgfältige Bearbeitung zu einem dicken stumpfen Rücken geworden ist, der bogenförmig auch um die Spitze herumläuft, so dass von der dem Rücken gegenüberliegenden scharfen Seite des ursprünglich „blattförmigen" Abschlages nur die ziemlich gerade verlaufende Partie als Messerschneide übrig gelassen ist; sie zeigt unter der Spitze deutliche Benutzungsspuren. Die Basis des Messers ist sorgsam rundlich hergerichtet zur Einfügung in ein Heft, einen Griff, der aus Harz oder Holz oder nur aus einem Fellstück bestanden hat. Solche Messer, aber scheinbar ohne ausgesprochenen, absichtlich angearbeiteten Rücken, sind abgebildet und beschrieben bei Smyth l. c. S. 380 und Fig. 200 und 201; 200 ist an einem Holzstiel mit Harz befestigt, 201 an der Basis nur mit einem Stück Opossumfell umwickelt. Auch bei Roth l. c. Tafel XVII und Klaatsch l. c. Zeitschr. f. Ethn. S. 418, Fig. 6, sind ähnlich geschäftete Messer und Dolche dargestellt, deren Steinklingen aber völlig gleichen unseren Figg. 1 und 2, also zweischneidig sind und nur an der Basis, dem Griffteil, absichtliche Abstumpfung zeigen.

Fig. 21 ist ein blattförmiger Abschlag ohne deutlichen Schlaghügel auf der Unterseite, aber sonst stellt er ein kleines Exemplar der Form Fig. 2 und 5 dar. Die Basis scheint nicht künstlich hergerichtet zu sein.

Fig. 22, 23 und 24 sind Bruchstücke von lamellenförmigen Abschlägen oder bedeutungslose und unbrauchbare Splitter, Abfallstücke, wie sie bei der Herstellung von Steingeräten natürlich vielfach entstehen. Fig. 22 und Fig. 24 zeigen an der rechten und linken Seite Randausbrüche, die auch zufällig entstanden sein könnten.

Von allen Sorten der üblichen australischen Steingeräte, ausser den Äxten und Klopfsteinen, sind Beispiele in unseren Serien vorhanden. Seit der Urzeit haben sich in Australien diese Gerättypen offenbar wenig verändert, wie die weitgehende Gleichartigkeit der Funde aus allen Gegenden und Zeiten zeigt.

Dem Uneingeweihten erscheint es oft verwunderlich, wenn wir unter der Masse der Feuersteinsplitter aus „Steinwerkstätten" der europäischen Steinzeit so viele unscheinbare Stücke als Geräte ansprechen, eben auf Grund gewisser „technischer" Merkmale. Die australischen Funde sind in dieser Beziehung lehrreich: Man muss bedenken, dass jeder scharfe Steinsplitter ein wirksames Gerät für primitive Bedürfnisse darstellt. Smyth l. c. S. 379 u. folgde. und Roth l. c. S. 16 Nr. 22 erwähnen ausdrücklich, dass die als Nebenprodukt bei der Herstellung der schönen Lamellen abfallenden Steinsplitter zu vielerlei Zwecken als schneidende, bohrende und schabende Geräte Verwendung finden.

Die Seltenheit von geeignetem und dem primitiven „Bergbau" zugänglichem Material, die es in Australien sogar zu einem Handelsgut macht, erklärt zur Genüge, dass jedes einigermassen brauchbare Splitterchen auch wirklich benutzt und ausgenutzt wird.

In den Steinzeitfunden Europas ist zu beobachten, dass auf Steinwerkstätten in Gegenden, die s. Z. reichliches Rohmaterial darboten, zwar eine weit grössere Verschwendung desselben durch wählerischere Benutzung einfacher Abschläge zu Geräten getrieben worden ist, als in Gegenden, die ärmer an Rohmaterial waren (vgl. Klaatsch, Zeitschr. f. Ethnol. 1907 S. 666 über einen solchen reichen Fundplatz in Nordwest-Australien). Trotzdem sind die Gerätsorten grundsätzlich die gleichen hier und dort, und auch im ganzen die gleichen beim Gerätinventar des Neuholländers und des Europäers der Steinzeit. Es ist bei der Erforschung der europäischen Ur-Steinzeit so viel gesucht nach sicheren Merkmalen, nach „Kriterien" für die Werkzeugnatur der „primitiven Steingeräte ohne absichtliche Formgebung". Natürliche Vorgänge können ja auch allerlei Zertrümmerungen an natürlichen und künstlichen Gesteinstrümmern verursachen, sodass eine Verarbeitung zu Geräten und Bearbeitung oder Zerarbeitung ihrer Kanten und Schärfen vorgetäuscht wird. Die gesicherten Beobachtungen an den australischen Steingeräten belegen nun aber ohne weiteres deren Werkzeugnatur, und weisen den Weg, deren Merkmale auch an dem alteuropäischen Material zu erkennen, das jenen weitgehend ähnelt. Diese Gleichartigkeit ist nicht so wunderbar, als sie manchem erscheinen mag; erstens liegt allem menschlichen Gerätgebrauch nur eine geringe Anzahl von „Ur-Verrichtungen" zu Grunde, die etwa folgende sind:

> Klopfen (Hämmern, Schlagen) und Quetschen und Drücken als Abart.
>
> Stechen (Bohren — Keilwirkung),
>
> Schneiden (und Sägen),
>
> Schaben (Kratzen, Hobeln, Polieren). [1])

Die hierdurch bewirkte Gleichartigkeit aller primitivsten Stein-Geräte, die durch die primitiven Lebensbedürfnisse bedingt ist, wird noch verstärkt durch die Gleichartigkeit des Rohmaterials.

Zum Klopfen, Schlagen und Quetschen dient jede Art von Geröll oder Steintrümmerstück, wenn es nur schwer und fest ist. Zu den anderen Verrichtungen wurden ausser scharfen und spitzen Muschelschalen, Hölzern, Knochen und Tierzähnen sicher schon in der ältesten Urzeit der Menschheit bald scharfsplitternde Steine als „Geräte" ergriffen; Kieselsorten sind, wo sie vorkommen, auf der ganzen Erde von jeher zu primitiven Werkzeugen verarbeitet.

Die Entwickelung zu höherer Technik in der Herstellung von Steingeräten hat in manchen, seit der Urzeit weit von einander getrennten Menschengruppen zu auffällig gleichartigen Gerätformen geführt; solche Convergenzerscheinungen haben schon oft irregeführt zu Konstruktionen von Zusammenhängen von Kulturen und Rassen. [2])

An der Hand der Beobachtung lebender primitiver Völker und ihres Gerätgebrauches können wir zur Zeit am besten zu exakten Vorstellungen über den Gebrauch von primitiven Steingeräten gelangen; und die Australier sind geradezu hierfür klassisch! Die Steingeräte der seit 1888 ausgestorbenen Tasmanier bieten vor Allem erstaunliche und höchst wichtige Vergleiche mit unseren vielumstrittenen ältesten europäischen Funden des sogen. Eolithicums, der Ur-Steinzeit; die der Neuholländer ausserdem mit den entwickelteren europäischen Steinzeitstufen, dem diluvialen Paläolithicum, der sogen. „älteren Steinzeit", weiter der „mittleren Steinzeit" der geologischen Übergangszeit (Ancylus- und Litorinaperiode der Ostsee), und endlich der jüngeren Steinzeit, der Zeit der grossen Steingräber Nordeuropas. Auch jüngere Perioden behalten neben Metallgeräten lange noch den Gebrauch von Steinwerkzeugen bei, die gelegentlich auch ganz primitiv sind.

So wichtig also einerseits die richtige Beurteilung primitiver Steingeräte für die Völkerkunde, wie für die Vorgeschichtswissenschaft ist, so wertvoll ist andererseits gerade das eingehende Studium derartiger Funde für eine „naturwissenschaftliche" Schulung in der Beobachtung feinster Unterschiede und Gleichheiten: Und die ist für beide Wissenschaften dringend nötig. — Von diesem Gesichtspunkt ging auch die vorliegende Studie über Steingeräte der Eingeborenen Neuhollands aus.

[1]) Vgl. auch Rutot. l. c. Kölner Bericht S. 52.
[2]) Klaatsch l. c. Zeitschr. f. Ethnol. 1908.

Eine Holzkeule der Eingeborenen von Neuholland mit bildlichen Darstellungen.

Von H. Hahne.

Hierzu Tafel XVII.

Bei unserer gemeinsamen Durcharbeitung der auch für die europäische Urgeschichts-forschung so wichtigen australischen Materialien der ethnographischen Sammlung des Provinzial-Museums im März 1909 machte Herbert Basedow (s. o. Seite 77) aufmerksam auf eine Holzkeule, die die Nr. 1777 des Kataloges der ethnographischen Sammlung trägt und mit einer grossen Serie neuholländischer Stücke am 8. IX. 1890 aus der Sammlung Albert in Lauenstein angekauft ist; sie zeigt eine bildliche Darstellung, die von Interesse ist als Beleg der Kunstleistungen der australischen Eingeborenen, die ohne jeden fremden Einfluss, und schon lange vor der Einwanderung der Europäer auf Felsen, in Grotten, und besonders auch auf ihren Gefässen, an ihren Kähnen und an Holzgeräten und -waffen ausser Ornamenten allerlei figürliche Darstellungen anbrachten.

Diese vielfach durch ihre grosse Naturtreue auffallenden Bildwerke haben zum Teil einen grossen Reiz auch für verwöhnte Europäeraugen, wie besonders die jüngst von H. Basedow veröffentlichten farbigen Proben zeigen in seinen „Anthropological notes on the western coastal tribes of the northern territory of South Australia" in den „Transactions of the royal Society of South Australia". Bd. XXXI 1907 s. Tafel XI—XIX. — Dort auch weitere Literatur. Vgl. auch H. Basedow „Felsgravierungen hohen Alters in Central-Australien" Zeitschr. f. Ethnol. 1907 S. 707—717 und derselbe „Beitrag zur Entstehung der Stilisierungsornamente der Eingeborenen Australiens" im Archiv f. Anthropologie 1908 S. 217—220.

Die besten Leistungen finden sich, wie es scheint, in Südost-Australien, auf dem Gebiet von Victoria.[1] Dass unsere Keule ebenfalls aus Victoria stammt, ist wahrscheinlich, obwohl sie nicht mit Fundortangabe versehen ist: Erstens sind aber zugleich mit der Keule aus derselben Hand eine Reihe sehr fein ornamentierte Holzschilde erworben, die nach R. Brough Smyth (l. c. S. 330 folgde. mit Figur 113 folgden.) für die Eingeborenen von Victoria kennzeichnend sind. Der Name Nullah-Nullah, mit dem die Keule vom Finder etikettiert ist, scheint nach Smyth (l. c. S. XIV.) wieder der in Victoria übliche Name für Keulen zu sein, die wie auch die unsere, aus einem jungen Baumstamm hergestellt werden, dessen Wurzelursprungs-stelle als dickerer Teil (Kopf) hergerichtet wird. Diese primitivste Form hat nun allerlei Ausbildungen erfahren zu morgensternartigen Formen oder Formen wie die unsere, die H. Basedow (mündliche Auskunft März 09) gerade wieder aus Victoria kennt.

Unser Stück hat bräunliche Farbe und ist gut geglättet.

Tafel XVIIIa zeigt die ganze Gestalt der Keule: links der aus dem Wurzelknollen hergestellte Kopf mit feuergehärteter Spitze und einigen natürlichen Längsrissen (Fig. a und b) und Löchern von Bohrwürmern. Rechts der drehrunde Griff mit drei rings herumlaufenden eingekratzten bezw. eingeschnittenen Ringen (R. I, II, III), deren beide obere durch je einen Streifen auf der abgebildeten Vorder- wie auch auf der Rückseite verbunden sind; die Streifen bestehen aus kleinen eingehackten oder eingeritzten Strichen. Der Zwischenraum zwischen dem mittleren und unteren Ring ist von solcher Strichelung ausgefüllt.

[1] R. Brough Smyth „The aborigines of Victoria, with notes relating to the habits of the Natives of other parts of Australia and Tasmania." Melbourne-London 1878. S. 283 folgde.

Der Keulenkopf hat linsenförmigen Durchschnitt; die Seitenränder (auf Tafel XVII bei f. ist der linke abgebildet) sind scharfkantig. Derartige Keulen werden zum Schlagen, Stechen und Werfen benutzt.

Der Kopf der Keule trägt auf der Vorderseite (Tafel XVII b) und auf der Rückseite (Tafel XVII c) die bildlichen Darstellungen, über die H. Basedow an der Hand der auf Tafel XVII c und e wiedergegebenen zeichnerischen Wiedergaben der abgerollten Bildflächen folgende Aufzeichnungen gemacht hat, die er mir zum Zweck dieser Veröffentlichung freundlichst zur Verfügung gestellt hat. Figur 1 und 2, Tafel XVII b 1, 2: „Zeichnungen von dem über den ganzen australischen Kontinent verbreiteten Jagdvogel Emu (Dromaeus Novae-Hollandiae. Vergl. H. Basedow l. c. Tafel XVII. Sehr hübsch und auffallend naturgetreu ist die Haltung des Tieres wiedergegeben: herabgesunkene Brust, von der die charakteristischen Federbüschel herabhängen; stark gewölbter Rumpf mit fast senkrecht herabfallendem Schwanz. Dass der Schnabel nach unten gerichtet ist, deutet an, dass eine ruhige, nicht flüchtige Haltung gemeint ist — der Schnabel würde sonst auch horizontal gestellt sein; jedenfalls sind die Tiere grasend dargestellt. Auch die Haltung der Beine ist eine ruhige.

Wie gewöhnlich bei den Zeichnungen und Kunstleistungen der australischen Eingeborenen sind die Zehen nicht im Einklang mit der Stellung des ganzen Vogels gezeichnet. Die Dreigliederung des Fusses ist, obgleich der Vogel im Profil wiedergegeben ist, deutlich hervorgehoben. (Vgl. auch H. Basedow l. c. Tafel XIX, Fig. 9, wo ein Krokodil wiedergegeben ist, auf dessen Rücken Augen sowohl wie Anus angedeutet sind, s. auch Fig. 2 daselbst.) Dieses geschah jedenfalls deswegen, weil die Fussabdrücke bei der Jagd, infolgedessen auch bei der Belehrung der Jugend, eine grosse Rolle spielen."

Fig. 3. Tafel XVII, b, 3 und d. „Nackte Figur eines eingeborenen Jägers, der in der rechten Hand den Speer wurfbereit im Speerwerfer („Mero") hält. Der Speer ist im Bilde unverhältnismässig kurz dargestellt, jedenfalls infolge des Platzmangels. In der linken Hand hält der Mann einen Bumerang."

Zu den übrigen Figuren, Tafel XVII, b, 4, 5 und c, 6, 7: „Auf beiden Seiten sind Eidechsen, jedenfalls der Monitor-Art (Varanus), auf die viel gejagt wird, und deren Fleisch sehr geschätzt wird, dargestellt (H. Basedow l. c. Tafel XIII). Die Proportionen sind gut. Charakteristisch sind die Einschnürung am Hals, die Rundung der Augenregion, die Zuspitzung des Schwanzes und die Aufblähung des Leibes. Wie gewöhnlich, ist auch bei dieser Darstellung der Eidechsen grosse Inkonstanz in der Wiedergabe der Zahl der Zehen der verschiedenen Individuen wahrzunehmen" (s. H. Basedow l. c. und desselben „Anthropological Notes made on the South Australian Government N.W.-Prospecting Expedition 1903" in „Transactions of the royal society of S.-Australia, Adelaide 1904").

Die Keule und die Figuren zeigen im Original folgende Masse: Ganze Länge der Keule genau 0,70 m. Grösste Breite 6,2 cm, grösste Dicke 4,2 cm. Entfernung von der Kopfspitze Sp. bis zum ersten Ring R I am Griff = 47,5 cm.

Grösste Länge der Fig. 1 = 8 cm.
„   „   „   „   2 = 9,5 cm.
„   „   „   „   3 = 6 cm ohne Speer und Speerwerfer. Der Speerwerfer allein = 3,5 cm.
„   „   „   „   4 = 12,5 cm.
„   „   „   „   5 = 14,5 cm.
„   „   „   „   6 = 14,5 cm bis zur Schnauze von 7.
„   „   „   „   7 = 22 cm.

Alle Figuren sind, meist ohne Konturierung, dadurch hergestellt, dass ihre Flächen mittelst kleiner eingeritzter oder eingestochener Strichelchen gedeckt sind. Mit schwarzem Farbstoff sind dann die Flächen nochmals gedeckt, was auf der Abbildung nicht sichtbar ist. Die Konturen dieser Farbstofffläche runden die nur gravierten Formen ab; die Abbildungen b 2 und c 2 geben die gefärbten Flächen wieder und deuten die Gravierung nur an. —

An einem Bein des Emu Tafel XVII b 1, ferner an der Schnauze der Fig. 7, sowie an dem Speerwerfer und dem Speer der Figur b 3, die in Fig. d noch deutlicher sichtbar sind, hat der Künstler einen Versuch gemacht, die betreffenden Teile im Relief herauszuheben.

Die Art, die Flächen der Figuren durch Strichelung zu füllen, könnte, wie Basedow vermutet, davon herrühren, dass der Künstler zunächst die Schuppung der Eidechsen durch Querstrichelung (bei Fig. 7 besonders deutlich) nachgeahmt hat, und diese Technik dann auch für die anderen Figuren beibehalten hat.

Wie die Steingeräte der neuholländischen Eingeborenen (s. o. S. 77), so haben auch ihre künstlerischen Leistungen grosses Interesse für das Studium der Urzeit Europas und für die Forschungen, die die Urzeit der Menschheit und ihre primitiven Zustände überhaupt betreffen[1]); die Ergebnisse aller dieser Forschungen, besonders in Verbindung mit den modernen Untersuchungen über die Kunst des Kindes, haben ganz neue Bahnen eröffnet für die Psychologie der Kunst! Mit Eskimo- und Buschmann-Zeichnungen u. A. bilden die Zeichnungen und Malereien der neuholländischen Eingeborenen eine eigenartige Gruppe von „Kunstleistungen" kulturell tiefstehender Rassen. Wie der europäische „Urmensch" der diluvialen Steinzeit, geben sie von der Umwelt die Dinge wieder, die sie am meisten beschäftigen; und sie stellen sie in frischester Naturwahrheit dar, weil sie infolge ihrer einfachen physischen Beschaffenheit die Wahrnehmungen ihrer Sinne ohne Zuthaten der die Sinneseindrücke umgestaltenden Phantasie wiedergeben als reine Abbildungen.

---

[1]) Auf diese Bedeutung der Kunst der Neuholländer weist ausser Basedow l. c. z. B. auch hin Klaatsch in seinen Reiseberichten über seine australische Reise, Zeitschr. f. Ethnol. 1906 S. 764—800, bes. S. 795, und 1907 S. 636—690.

2. Nachtrag zum Katalog der Säugetiersammlung des Provinzial-Museums zu Hannover.

Von Adolf Fritze.

Die Vermehrung des zur Aufstellung gelangten Teiles der Säugetiersammlung während der Amtsjahre 1907 und 1908 wird durch folgende Tabelle veranschaulicht:

	Ganze Tiere	Skelette	Schädel	Skelettteile	Zusammen
Ankäufe	36	2	42	2	85
Geschenke . . .	33	1	24	—	55
Eingetauscht . .	1	—	2	—	3
Zusammen . .	70	3	68	2	143

Von diesen 143 neu aufgestellten Stücken dienten 6 zum Ersatz minderwertiger Exemplare:

3 a. (2.) *Anthropopithecus troglodytes (L.)* wurde ersetzt durch 3 d. (853.);
90 b. (171.) *Vulpes [Vulpes] alopex (L.)* durch 90 p. (871.);
90 d. (174.) *Vulpes [Vulpes] alopex (L.)* juv. durch 90 q. (872);
150 f. (406.) *Mus [Epimys] rattus L.* alb. durch 150 i. (809);
173 a. (429.) *Hystrix cristata L.* durch 173 c. (882.) —
An Stelle von 201 a. (501.) *Lama huanachus (Molina)* ♀ trat 359 a. (868.) *Lama huanachus pacos L.* ♂. —

Demnach weist der ausgestellte Teil der Säugetiersammlung des Provinzial-Museums gegenwärtig folgende Zusammensetzung auf:

Ganze Tiere 514
Skelette 30
Schädel 275
Skelettteile, Gehörne, Zähne usw. 113
Frassstücke und Nester 6
Gipsabgüsse 2

Zusammen . . 940

Die Zahl der vertretenen Arten, Unterarten und Varietäten beträgt 366.

I. O. Bimana. Zweihänder.

Zu 1. *Homo sapiens L.* Mensch.

    e. (814.) Schädel. Neu-Britannien. G.: Rentier von Germershausen, Hannover, 1906.

II. O. Primates. Affen.

F. Simiidae.

Zu 3. *Anthropopithecus troglodytes (L.).* Schimpanse.

    d. (853.) ♂ juv. Kongostaat. Gek. 1906.

    e. (854.) ♂ juv. Schwarzgesichtige Form. Kongostaat. Gek. 1906.

Zu 311. *Gorilla gorilla (Wymann).* Gorilla.

    d. (811.) ♀ Skelett. Kongostaat. Gek. 1906.

    e. (899.) ♀ juv. Schädel. Kongostaat. Gek. 1906.

F. Cercopithecidae.

Zu 6. *Cercopithecus [Rhinostictus] nictitans (L.).* Weissnasige Meerkatze.

    c. (914.) ♀ Westafrika. Gek. 1903.

334. *Cercopithecus [Mona] albogularis Sykes.* Weisskehlige Meerkatze.

    a. (855.) ♂ Zentral-Afrika. Gek. 1903.

    b. (856.) ♀   „   „   „   „

    c. (921.) ♂ Schädel. Zentral-Afrika. Gek. 1903.

    d. (875.) ♀   „   „   „   „   „

Zu 14. *Cercocebus collaris Gray.* Halsband-Mangabe.

    b. (857.) ♂ Kongostaat. Gek. 1903.

Zu 17. *Macacus [Vetulus] silenus (L.).* Wanderu.

    b. (840.) ♀ Indien. Gek. 1902.

    c. (906.) ♀ Schädel. Indien. Gek. 1902.

Zu 20. *Macacus [Macacus] maurus F. Cuv.* Mohren-Makak.

    b. (841.) ♂ Celebes. Gek. 1902.

Zu 27. *Papio [Choeropithecus] sphinx E. Geoffr.* Brauner Pavian.

    c. (920.) ♂ Schädel. Afrika. Gek. 1903.

Zu 312. *Papio [Choeropithecus] olivaceus J. Geoffr.* Anubis-Pávian.

    b. (858.) ♂ Schädel. Tropisches Westafrika. Gek. 1906.

Zu 28. *Papio [Hamadryas] hamadryas (L.).* Mantelpavian.

    c. (919.) ♀ Schädel. Abessinien. Gek. 1903.

    d. (926.) ♂ juv. Schädel. Abessinien. G.: Zoologischer Garten, Hannover, 1908.

335. *Papio [Mormon] leucophaeus F. Cuv.* Drill.

    a. (884.) ♀ juv. Westafrika. G.: Wille, Einbeck, 1908.

    b. (876.) ♀ juv. Schädel. Westafrika. G.: Wille, Einbeck, 1908.

F. Cebidae.

336. *Alouata seniculus (L.).* Roter Brüllaffe.

    a. (825.) ♂ Kolonie Hansa am Rio de São Paulo (Brasilien). 26. 4. 1907. Gek. 1907.

    b. (850.) ♂ Schädel und Stimmsäcke. Kolonie Hansa am Rio de São Paulo (Brasilien). Gek. 1907.

337. *Brachyurus [Brachyurus] rubicundus J. Geoffr. & Der.* Rotes Scharlachgesicht.

    a. (887.) ♂ Para (Brasilien). G.: Schiffsarzt Dr. Krome, Hannover, 1908.

    b. (901.) ♂ Schädel. Para (Brasilien). Einget. 1908.

III. 0. Prosimiae. Halbaffen.

F. Lemuridae.

Zu 313. *Lemur varius J. Geoffr.* Vari.
    c. (933.) ♂ Madagaskar. Gek. 1908.

Zu 44. *Lemur macaco L.* Mohrenmaki.
    c. (949.) ♀ Schädel. Madagaskar. Gek. 1908.

Zu 314. *Lemur catta L.* Katta.
    b. (838.) ♂ Schädel. Madagaskar. Gek. 1906.

338. *Hapalemur griseus (E. Geoffr.).* Halbmaki.
    a. (897.) ♂ Madagaskar. Gek. 1908.
    b. (908.) ♂ Schädel. Madagaskar. Gek. 1908.

F. Nycticebidae.

339. *Galago [Otolemur] crassicaudatus kirki Gray.* Hellgrauer Ohren-Maki.
    a. (935.) ♂ Ostafrika. Gek. 1908.
    b. (950.) ♂ Schädel. Ostafrika. Gek. 1908.

IV. 0. Chiroptera. Fledermäuse.

F. Pteropidae.

340. *Epomophorus gambianus Ogilby.* Grosser Flederhund.
    a. (859.) Daressalaam. G.: G. Cohrs, Daressalaam, 1904.

F. Vespertilionidae.

341. *Synotus barbastellus (Schreb.).* Mopsfledermaus.
    a. (889.) Einhornhöhle b.Scharzfeld a.H. 18.2.1906. G.: Schriftstell. R.Löns, Scharzfeld,1905.
    b. (890.) „ „ „ „ „ „ „ „ „ „
    c. (891.) „ „ „ „ „ „ „ „ „ „

342. *Vespertilio [Vespertilio] murinus Schreb.* Gemeine Fledermaus.
    a. (936.) Skelett. Einhornhöhle bei Scharzfeld a. H. 7. 2. 1909. G.: Dr. phil. Windhausen, Hannover, 1908.

V. 0. Insectivora. Insektenfresser.

F. Talpidae.

Zu 55. *Talpa europaea L.* Gemeiner Maulwurf.
    g. (916.) Schädel. Hattorf a. H. G.: Ingenieur Stelling, Hannover, 1908.

VI. 0. Carnivora. Raubtiere.

F. Ursidae.

Zu 315. *Ursus [Ursus] arctos L.* Brauner Bär.
    b. (893.) juv. Osteuropa. Gek. 1902.

343. *Ursus [Ursus] thibetanus F. Cuv.* Kragenbär.
    a. (862.) ♀ Schädel. Tibet. G.: Tierhändler Ruhe, Alfeld a. d. L., 1906.

Zu 316. *Ursus [Helarctos] malayanus Raffl.* Malaienbär.
    b. (860.) ♂ Schädel. Südostasien. Gek. 1905.

F. Mustelidae.

344. *Taxidea americana (Bodd.).* Amerikanischer Dachs.
    a. (886.) ♂ Nordamerika. Gek. 1908.
    b. (892.) ♂ Schädel. Nordamerika. Gek. 1908.

12

Zu 67. *Meles taxus Bodd.* Dachs.

h. (888.) ♀ juv. Gladenbach bei Marburg (Hessen). 28. 5. 1908. G.: Dr. med. Benzinger, Hannover, 1908.

i. (877.) ♀ juv. Schädel. Gladenbach bei Marburg (Hessen). G.: Dr. med. Benzinger, Hannover, 1908.

345. *Zorilla zorilla Gmel.* Bandiltis.

a. (898.) ♀ Südafrika. G.: Tierhändler Ruhe, Alfeld a. d. L., 1908.

b. (911.) ♀ Schädel. Südafrika. G.: Tierhändler Ruhe, Alfeld a. d. L., 1908.

Zu 70. *Galictis [Galictis] vittata (Schreb.).* Kleiner Grison.

b. (885.) Joinville, Santa Katharina (Brasilien). Gek. 1908.

c. (907.) Schädel. Joinville, Santa Katharina (Brasilien). Gek. 1908.

Zu 73. *Mustela melampus Temm.* Schwarzfussmarder.

a. (827.) W. K. Kaga (Japan.) G.: Kaufmann Danckwerts, Hamburg, 1907.

Zu 74. *Mustela foina Erxl.* Steinmarder.

l. (896.) ♀ Hannover, Marienstrasse. 17. 11. 1908. G.: Frl. Börgemann, Hannover, 1908.

m. (910.) ♀ Schädel. Hannover. G.: Frl. Börgemann, Hannover, 1908.

n. (925.) Schädel. Deutschland. G.: Kürschner Steinlen, Hannover, 1907.

Zu 75. *Putorius [Lutreola] lutreola (L.).* Nörz.

c. (844.) Schädel. Dobrudscha. Gek. 1903.

Zu 76. *Putorius [Lutreola] itatsi Temm.* Itachi.

c. (828.) Japan. G.: Kaufmann Danckwerts, Hamburg, 1907.

d. (829.) „   „   „   „   „   „   „   „

e. (909.) Schädel. Japan. G.: Kaufmann Danckwerts, Hamburg, 1907.

Zu 77. *Putorius [Putorius] putorius (L.).* Iltis.

g. (866.) ♂ Hattorf a. Harz. 2. 4. 1908. G.: Ingenieur Stelling, Hannover, 1908.

i. (912.) ♂ Schädel. Hattorf a. Harz. G.: Ingenieur Stelling, Hannover, 1908.

k. (845.) ♂ Schädel. Niendorf a. d. Ostsee. G.: Schröder, Hannover, 1907.

l. (846.) ♀ juv. Schädel. Soltau. G.: Präparator C. Schwerdtfeger, Hannover, 1907.

m. (929.) juv. Schädel. Oerrel (Kr. Soltau). G.: Provinzial-Förster Jacobi, Oerrel, 1902.

Zu 78. *Putorius [Putorius] putorius furo L.* Frettchen.

c. (780.) ♂ Burgwedel. 17. 1. 1907. G.: Pelzwarenhändler Scherer, Hannover, 1906.[1])

d. (783.) ♂ Schädel. Burgwedel. G.: Pelzwarenhändler Scherer, Hannover, 1906.

346. *Putorius [Putorius] eversmanni Less.* Steppeniltis.

a. (938.) ♀ Rumänien. 6. 12. 1908. Gek. 1908.

b. (939.) ♀ Schädel. Rumänien. Gek. 1908.

347. *Putorius [Putorius] sarmaticus (Pall.).* Tigeriltis.

a. (823.) ♂ Cernavoda (Rumänien.) 3. 5. 1905. Gek. 1907.

Zu 79. *Putorius [Ictis] nivalis (L.).* Wiesel.

d. (830.) ♀ Letter bei Hannover. 8. 9. 1907. G.: Lehrer Bock, Letter, 1907.

Zu 80. *Putorius [Ictis] ermineus (L.).* Hermelin.

p. (826.) ♀ S. K. Sievershausen i. S. 8. 10. 1907. G.: Präparator C. Schwerdtfeger, Hannover, 1907.

q. (870.) ♀ S. K. Letter bei Hannover. 1. 5. 1908. G.: Lehrer Bock, Letter, 1908.

r. (865.) ♀ Ü. K. Letter bei Hannover. 5. 4. 1908. „   „   „   „   „

s. (934.) ♀ Abnorme Färbung.[2]) Leinhausen (Landkr. Hannover). 28. 12. 1908. Gek. 1908.

F. Canidae.

Zu 86. *Canis [Canis] dingo Blumenb.* Dingo.

b. (848.) ♂ Schädel. Australien. Gek. 1904.

---

[1]) Nummern 78 c. und d. sind im 1. Nachtrag zum Katalog der Säugetiersammlung (vergl. Jahrbuch 1906/07) unter 77 g. und i. irrtümlich als ♂ Albino und ♂ Schädel bei *Putorius [Putorius] putorius L.* angeführt.

[2]) Gemisch von Sommer- und Winterkleid, aber nicht als „Übergangskleid" zu bezeichnen. Das ausgestopfte Exemplar wurde von einem hiesigen Präparator gekauft, es hatte nach dessen Aussage an der rechten Halsseite ein dickes Geschwür.

Zu 88. *Canis [Lupulus] mesomelas Schreb.* Schabracken-Schakal.
  b. (843.) ♀ Afrika. Gek. 1907.
  c. (836.) ♀ Schädel. Afrika. Gek. 1907.
Zu 90. *Vulpes [Vulpes] alopex (L.).* Gemeiner Fuchs.
  p. (871.) ♀ Langenholzen (Kr. Alfeld a. d. L.). 24. 4. 1902. Gek. 1902.
  q. (872.) ♀ juv. Dudensen (Kr. Neustadt a. Rbg.). 12. 4. 1908. G.: Rendant
   Lüddecke, Hannover. 1908.
  r. (873.) ♀ juv. Dudensen (Kr. Neustadt a. Rbg.). 12. 4. 1908. G.: Rendant
   Lüddecke, Hannover, 1908.
  s. (874.) ♂ juv. Dudensen (Kr. Neustadt a. Rbg.). 12. 4. 1908. G.: Rendant
   Lüddecke, Hannover, 1908.
  t. (902.) juv. Schädel. Bennemühlen (Kr. Burgdorf). G.: Fahr.-Direktor Fricke,
   Hannover, 1905.

F. Viverridae.

Zu 97. *Viverra [Viverra] civetta Schreb.* Afrikanische Zibethkatze.
  d. (837.) ♀ Schädel. Afrika. Gek. 1905.
348. *Viverra [Viverra] zibetha L.* Asiatische Zibethkatze.
  a. (817.) ♀ China. G.: Kaufmann Schwarzkopf, Hongkong, 1907.
  b. (835.) ♀ Schädel. China. G.: Kaufmann Schwarzkopf, Hongkong, 1907.
Zu 318. *Herpestes galera Erxl.* Kurzschwanz-Ichneumon.
  d. (942.) ♂ Afrika. G.: Tierhändler Ruhe, Alfeld a. d. L., 1908.
349. *Herpestes auropunctatus Hodgs.* Goldstaub-Manguste.
  a. (924.) ♀ Schädel. Indien. G.: Zoologischer Garten, Hannover, 1905.

F. Felidae.

Zu 104. *Felis [Uncia] leo L.* Löwe.
  c. (824.) ♂ Wahehe-Gebiet (Deutsch-Ostafrika). Gek. 1907.
  d. (863.) ♀ Schädel. Afrika. Gek. 1904.
  e. (917.) ♀ juv. (7 Tage alt) Schädel. Afrika. Gek. 1902.
350. *Felis [Uncia] tigris sondaicus Fitzing.* Sunda-Tiger.
  a. (818.) ♂ juv. Sunda-Inseln. Gek. 1906.
  b. (833.) ♂ juv. Schädel. Sunda-Inseln. Gek. 1906.
Zu 107. *Felis [Leopardus] onça L.* Jaguar.
  c. (864.) ♂ Schädel. Amerika. Gek. 1902.
351. *Felis [Leopardus] uncia Schreb.* Irbis.
  a. (943.) ♂ Innerasien. Gek. 1908.
  b. (922.) ♂ Schädel. Innerasien. Gek. 1908.
Zu 110. *Felis [Zibethailurus] serval Schreb.* Serval.
  e. (834.) ♀ Schädel. Afrika. Gek. 1903.
Zu 114. *Felis [Felis] catus L.* Wildkatze.
  k. (913.) ♀ Schädel. Waake im Göttinger Wald. G.: Rentier Köthe, Göttingen, 1905.
  l. (928.) ♀ Schädel. Altenau a. Harz. Gek. 1905.
Zu 116. *Felis [Felis] domestica Briss.* Hauskatze.
  h. (852.) Schädel. Siam. Gek. 1902.

VII. 0. Pinnipedia. Flossenfüsser.

F. Otariidae.

Zu 120. *Eumetopius [Eumetopias] stelleri (Less.).* Seelöwe.
  b. (867.) juv. (1 Tag alt). G.: Tierhändler Ruhe, Alfeld a. d. L., 1908.
  c. (881.) juv. (1 Tag alt). Schädel. G.: Tierhändler Ruhe, Alfeld a. d. L., 1908.

F. Phocidae.

352. *Phoca [Pusa] sibirica Gm.* Baikal-Seehund.
  a. (944.) Kultuk, Baikalsee. 3. 1908. Gek. 1908.
  b. (923.) Schädel. Kultuk, Baikalsee. Gek. 1908.

VIII. O. Rodentia. Nagetiere.

I. Unterordn. Sciuromorpha.

F. Sciuridae.

353. *Pteromys leucogenys Temm.* Momo.
  a. (831.) Japan. G.: Kaufmann Danckwerts, Hamburg, 1907.
  b. (832.) Schädel. Japan. G.: Kaufmann Danckwerts, Hamburg, 1907.
Zu 125. *Sciuropterus volucella (Pall.).* Assapan.
  a. (869.) ♀ Nordamerika. Gek. 1908.
Zu 128. *Sciurus [Eosciurus] bicolor Sparrm.* Zweifarbiges Eichhörnchen.
  c. (903.) ♀ Schädel. Südasien. Gek. 1905.
Zu 130. *Sciurus [Sciurus] vulgaris L.* Gemeines Eichhörnchen.
  e. (807.) ♀ Schwärzliche Abänderung. Rübeland a. H. 15. 11. 1906. G.: Forstaspirant Böhme, Rübeland, 1906.
  f. (808.) ♀ Schwärzliche Abänderung. Rübeland a. H. 15. 11. 1906. G.: Forstaspirant Böhme, Rübeland, 1906.
354. *Sciurus [Macroxus] ludovicianus Custis.* Breitschwänziges Eichhörnchen.
  a. (941.) ♂ Nordamerika. Gek. 1908.
  b. (927.) ♂ Schädel. Nordamerika. Gek. 1908.
Zu 138. *Spermophilus [Spermophilus] citillus (L.).* Gemeiner Ziesel.
  b. (821.) ♂ Cernavoda (Rumänien). 21. 4. 1906. Gek. 1907.
  c. (816.) ♂ Schädel. Cernavoda (Rumänien). Gek. 1907.

2. Unterordn. Myomorpha.

F. Muridae.

Zu 150. *Mus [Epimys] rattus L.* Hausratte.
  h. (810.) ♂ Dahlenrode (Landkr. Göttingen). 5. 1. 1906. G.: Lehrer Strüh, Dahlenrode, 1905.
  i. (809.) ♂ Albino. Dahlenrode (Landkr. Göttingen). 19. 12. 1905. G.: Lehrer Strüh, Dahlenrode, 1905.
Zu 159. *Cricetus [Cricetus] cricetus (L.).* Gemeiner Hamster.
  i. (930.) Schädel. Ricklingen b. Hannover. Gek. 1902.
  k. (931.) juv. Schädel. „ „ „ „ „
355. *Cricetus [Mesocricetus] newtoni Nhrg.* Newtons-Hamster.
  a. (822.) ♂ Mirceavoda (Rumänien). 15. 5. 1906. Gek. 1907.
Zu 160. *Lemmus lemmus (L.).* Lemming.
  h. (946.) Schädel. Tromsö, 1903. Gek. 1903.
  i. (948.) „ „ „ , „ ,
Zu 163. *Evotomys glareolus (Schreb.).* Gemeine Waldwühlmaus.
  c. (947.) Schädel. Sievershausen i. S. G.: Präparator C. Schwerdtfeger, Hannover, 1908.

3. Unterordn. Hystrichomorpha.

F. Hystricidae.

Zu 173. *Hystrix cristata L.* Gemeines Stachelschwein.
  c. (882.) ♀ Südeuropa. Gek. 1908.
  d. (880.) ♀ Schädel. Südeuropa. Gek. 1908.
356. *Hystrix africae-australis Ptrs.* Ostafrikanisches Stachelschwein.
  a. (883.) ♀ Nördliches Deutsch-Ostafrika. G.: Tierhändler Ruhe, Alfeld a. d. L., 1908.
  b. (879.) ♀ Schädel. Nördliches Deutsch-Ostafrika. G.: Tierhändler Ruhe, Alfeld a. d. L., 1908.

F. Coendidae.

357. *Erethizon dorsatus (L.).* Urson.
  a. (815.) Nordamerika. Einget. 1907.
  b. (849.) Schädel. Nordamerika. Einget. 1907.

F. Lagostomidae.

Zu 176. *Viscacia maxima (Blainv.).* Viscacha.
    d. (851.) ♂ Schädel. Argentinien. Gek. 1905.

F. Dasyproctidae.

358. *Dasyprocta prymnolopha Wagl.* Geschopfter Aguti.
    a. (945.) ♀ Nördliches Südamerika. Gek. 1908.
    b. (915.) ♀ Schädel. Nördliches Südamerika. Gek. 1908.

F. Caviidae.

Zu 181. *Hydrochoerus capybara Erxl.* Wasserschwein.
    e. (861.) ♀ juv. Schädel. Brasilien. Gek. 1905.

4. Unterordn. Lagomorpha.

F. Leporidae.

Zu 183. *Lepus [Lepus] europaeus Pall.* Gemeiner Hase.
    n. (895.) ♀ juv. Einbeck. 20. 9. 1908. G.: Baumeister Remmers, Hannover, 1908.

IX. 0. Ungulata. Huftiere.

2. Unterordn. Proboscidea.

F. Elephantidae.

Zu 189. *Elephas indicus L.* Asiatischer Elefant.
    d. (812.) ♂ juv. Indien. G.: Tierhändler Ruhe, Alfeld a. d. L., 1906.

4. Unterordn. Artiodactyla.

F. Suidae.

Zu 198. *Babirussa babirussa (L.).* Hirscheber.
    e. (813.) ♂ Schädel. (Durch die übermässige Verlängerung der oberen Eckzähne
    sind neben der Medianlinie Drucknekrosen entstanden, von denen die
    linke, tiefere, die ganze Spongiosa durchdringt.) Gek. 1907.

F. Camelidae.

359. *Lama huanachus pacos L.* Alpaca.
    a. (868.) ♂ Südamerika. Gek. 1907.
    b. (878.) ♂ Schädel. Südamerika. Gek. 1907.

F. Cervidae.

Zu 216. *Capreolus caprea Gray.* Reh.
    cc. (937.) ♂ Kopf mit Sechsergehörn im Bast. Lothringen. 2. 2. 1909. Gek. 1908.
    dd. (918.) ♀ Schwarze Abänderung. Schädel. Oberförsterei Haste (Reg.-Bez. Cassel).
    G.: Wildhändler Ernst, Hannover, 1908.
360. *Cariacus [Coassus] spec.* Spiesshirsch.
    a. (839.) ♂ juv. Brasilien. Gek. 1904.
    b. (905.) ♂ juv. Schädel. Brasilien. Gek. 1904.

F. Bovidae.

361. *Bubalis caama F. Cuv.* Hartebeest.
    a. (900.) ♀ Rhodesia südlich vom Zambesi. Gek. 1908.
362. *Connochoetes gnu (Zimm.).* Weissschwänziges Gnu.
    a. (894.) ♂ Oranjefluss-Kolonie. Gek. 1908.

363. *Antidorcas euchore Forster.* Springbock.
    a. (819.) ♂ Südafrika. Gek. 1906.
Zu 253. *Nemorrhaedus [Kemas] goral (Hardw.).* Goral.
    b. (842.) ♂ Tibet. G.: Tierhändler Ruhe, Alfeld a. d. L., 1906.
364. *Capra [Capra] pyrenaica Bruch & Schimp.* Bergsteinbock.
    a. (847.) ♂ Pyrenäen. Gek. 1907.
365. *Ovis [Ammotragus] nahoor Hodgs.* Nahur.
    a. (820.) ♂ Tibet. G.: Tierhändler Ruhe, Alfeld a. d. L., 1906.
Zu 268. *Bison americanus (Gmel.).* Amerikanischer Büffel.
    b. (932.) ♀ Nordamerika. Gek. 1908.

XII. O. Edentata. Zahnarme.

I. Unterordn. Xenarthra.

F. Bradypodidae.

366. *Choloepus didactylus (L.).* Zweizehenfaultier.
    a. (940.) ♀ Skelett. Südamerika. Gek. 1908.

XIII. O. Marsupialia. Beuteltiere.

I. Unterordn. Diprotodontia.

F. Phalangeridae.

Zu 290. *Trichosurus vulpecula (Kerr.).* Fuchskusu.
    c. (904.) ♀ Schädel. Australien. G.: Zoologischer Garten, Hannover, 1905.

Die Montierung des Riesenhirsch-Skeletts im Provinzial-Museum zu Hannover.

Von Adolf Fritze.

Hierzu Tafel XVIII.

Im Jahrgang 1907/08 dieses Jahrbuchs wurde ein Riesenhirsch-Schädel beschrieben und abgebildet, den das Provinzial-Museum im Jahre 1906 mit dem zugehörigen beinahe vollständigen Skelett erworben hatte. Nunmehr ist letzteres durch den Präparator und den Rohrmeister des Museums montiert worden, und vielleicht ist die Art und Weise der Montierung vom museums-technischen Standpunkt aus nicht ganz uninteressant.

Das Skelett (vergl. Tafel XVIII) weist folgende Masse auf:

Höhe vom Postament bis zur Spitze der ersten Schaufelzacke: 2,77 m.

Höhe vom Postament bis zur Spitze des Dornfortsatzes des 6. Brustwirbels: 1,65 m.

Länge vom Vorderende des Schädels bis zum Hinterende des Beckens in gerader Linie gemessen: 2,60 m. —

Die Montierung ist in der Weise ausgeführt, dass vom Hinterhauptsloch durch sämtliche Wirbellöcher bis zum Kreuzbeinende (die Schwanzwirbel fehlen) eine Eisenschiene verläuft, an welcher vier entsprechend gebogene runde Eisenstangen befestigt sind, die den Gliedmassen als Stütze dienen. Das Becken ist mittelst Schrauben am Kreuzbein befestigt, ebenso die Rippenköpfchen an den betreffenden Wirbeln. Ausserdem werden die Rippen in ihrer Lage gehalten durch zwei stärkere Drähte, die sich jederseits vom 6. Halswirbel bis zum 3. Lendenwirbel hinziehen, und an denen die einzelnen Rippen mittelst dünnen Drahtes befestigt sind. Die Schulterblätter werden an der Innenseite durch einen kurzen Draht, die grösseren Arm- und Beinknochen durch kleine Eisenbänder und Schrauben an den Stützstangen gehalten und können zu Studienzwecken leicht abgenommen werden, die kleinen sind durch Drahtstifte mit einander verbunden.

Sämtliche Eisenteile besitzen dieselbe Färbung wie die Knochen und fallen dadurch sehr wenig ins Auge, so dass das Ganze bei aller Festigkeit einen leichten und zierlichen Eindruck macht. Leider wird dieser stark beeinträchtigt durch eine vom Postament bis zum Unterkiefer reichende starke eiserne Stütze (Gasrohr), auf die ein nach oben gebogenes Rohr aufgeschraubt ist, das mittelst zweier Bandeisen das Geweih trägt. Diese ganze Konstruktion war notwendig, da beide Stangen zwischen Rose und Mittelsprosse Bruchstellen zeigten, hätte sich aber vermeiden lassen, wenn eine Möglichkeit vorhanden gewesen wäre, dem Geweih auf andere Weise, etwa durch Drähte von der Decke her, einen Halt zu geben. Andererseits ist dadurch erreicht, dass dem Skelett, dessen Postament auf Rollen läuft, jeder beliebige Platz angewiesen werden kann. —

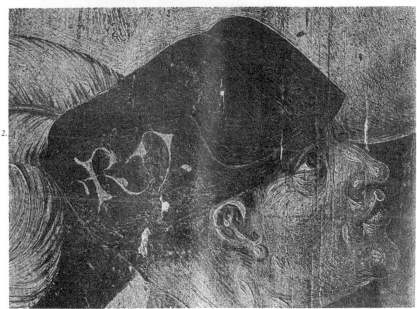

Hans Raphon, Werk No. 2: Wandel-Altar von 1500 mit Monogramm.
1. Kopf mit H, 2. Kopf mit R N, natürliche Grösse.

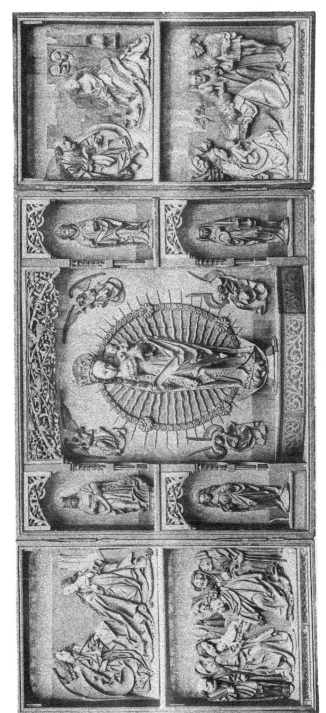

Hans Raphon.

Werk No. 2: Wandel-Altar von 1500, Vorderansicht.

Hans Raphon.

Werk No. 2: Wandel-Altar von 1500, geschlossen.

GRAPH. KUNSTANSTALT BRUNO ALPERS JUN. HANNOVER.

Hans Raphon.

Werk No. 3: Flügel-Altar von 1503 für das Stift S. B. Mariae vor Einbeck.

Hans Raphon.

Werk No. 4: Flügelaltar der Kirche St. Alexander in Einbeck.

Tafel VI.

Hans Raphon.
Werk No. 5: Flügel-Altar von 1506 für Göttingen.

GRAPH. KUNSTANSTALT GEORG ALPERS JUN. HANNOVER.

Tafel VII.

Hans Raphon.

Werk No. 7: Flügel-Altar aus Teistungenburg.

Tafel VIII.

Werk No. 8.

Hans Raphon.
Zwei einzelne Altarflügel.

Werk No. 9.

Tafel IX.

Meister der weiblichen Halbfiguren.

Lautenspielerin.
Hannover, Provinzial-Museum.

Tafel X.

Meister der weiblichen Halbfiguren.

Maria mit dem Kinde.
Hannover, Provinzial-Museum.

Tafel XI.

Meister der weiblichen Halbfiguren.

Magdalena.
Hannover, Kestner-Museum.

Tafel XII.

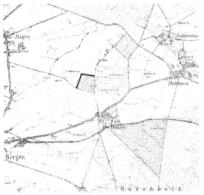

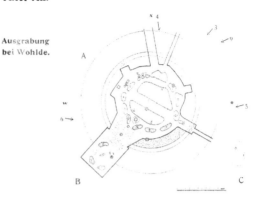

Ausgrabung
bei Wohlde.

A

B   C

1.   Umgebung von Wohlde. Die Kirchenkoppel ist markiert.
     Aus Messtischblatt 1602 (Bergen) und 1603 (Hermannsburg).

2.   Ausgrabungsplan.
     Die Pfeile zeigen die Richtung der photogr. Aufnahmen Fig. 3—6 und 9.

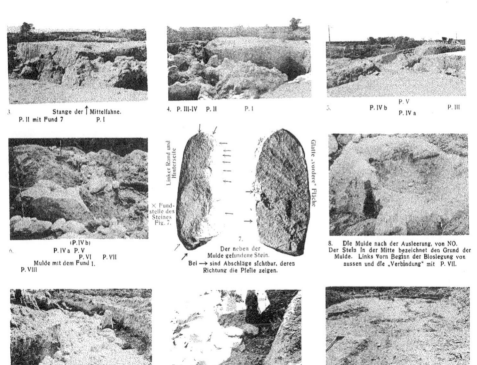

3.   Stange der ↑ Mittelfahne.
     P. II mit Fund 7   P. I

4.   P. III-IV   P. II   P. I

5.   P. V
              P. IV b   P. III
                   P. IV a

6.   (P. IV b)
         P. IV a P. V
              P. VI   P. VII
     Mulde mit dem Fund 1.
     P. VIII

Linker Rand und Hinterseite

Glatte „vordere" Fläche

× Fund-
stelle des
Steines
Fig. 7.

7.   Der neben der
            Mulde gefundene Stein.
     Bei → sind Abschläge sichtbar, deren
     Richtung die Pfeile zeigen.

8.   Die Mulde nach der Ausleerung, von NO.
     Der Stein in der Mitte bezeichnet den Grund der
     Mulde. Links vorn Beginn der Bloslegung von
     aussen und die „Verbindung" mit P. VII.

9.   P. VIII   P. IX
         P. X   Erdblock
         P. XI   Steinsetzung Fig. 10
         P. XII
     P. XIII

10.   Packung XI und Steinsetzung.

     I   II
     IV Fundstelle der Radnadel   III z. T. freigelegt
     Schotter angeschnitten.
          11. Hügel B von NNO.

Tafel XIII.

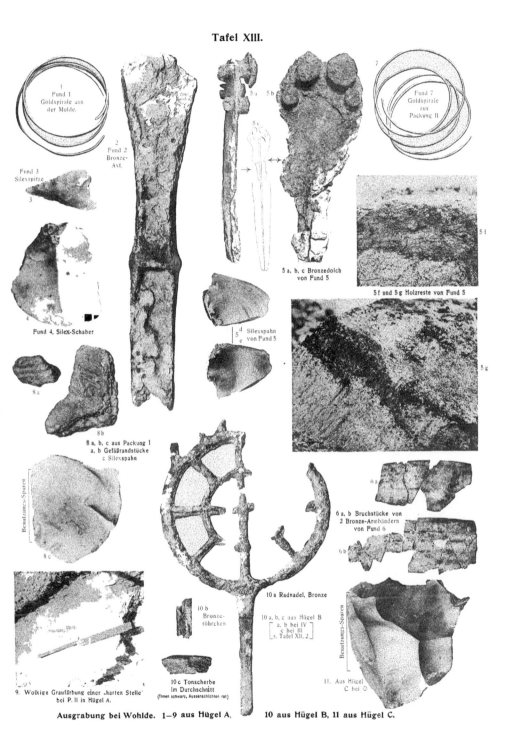

1
Fund 1
Goldspirale aus
der Mulde.

Fund 7
Goldspirale
aus
Packung II

2
Fund 2
Bronze-
Axt.

Fund 3
Silexspitze

3

5 a

5 b

5 c

5 a, b, c Bronzedolch
von Fund 5

5 f

5 f und 5 g Holzreste von Fund 5

5 g

Fund 4, Silex-Schaber

d Silexspahn
5 e von Fund 5

8 a

8 b

8 a, b, c aus Packung I
a, b Gefäßrandstücke
c Silexspahn

Benutzungs-Spuren

8 c

6 a

6 a, b Bruchstücke von
2 Bronze-Armbändern
von Fund 6

6 b

10 a Radnadel, Bronze

10 b
Bronze-
röhrchen

10 a, b, c aus Hügel B
a, b bei IV
c bei III
s. Tafel XII, 2.

Benutzungs-Spuren

9. Wolkige Graufärbung einer „harten Stelle"
bei P. II in Hügel A.

10 c Tonscherbe
im Durchschnitt
(innen schwarz, Aussenschichten rot)

11. Aus Hügel
C bei O

Ausgrabung bei Wohlde. 1—9 aus Hügel A,   10 aus Hügel B, 11 aus Hügel C.

Tafel XIV.

1. Umgebung von Hoya (Generalstabskarte).
Die Stelle der Tonwerke (Zgl.) ist markiert.

Mulde M.   Pflaster.   A   B

2. Ostwand der Tongrube.
a Hecke, b Humus, c Ton, d Sand-Ton, e Kies, f Sand,
g Grundwasser am 26. XI. 08.

3. Holzbau A, westliche Seite, vor der Abdeckung.
Bei ✕ Funde Tafel XV, 10, 11, bei O Funde Tafel XV, 15—17.
d, e, f wie bei Fig. 2.

4. Holzbau A von S. und oben, nach der Bloßlegung.
Bei ✕ ist die Münze, Tafel XV 14 gefunden, O wie bei Fig. 3.

5. Holzbauten B und C, von SW., vor der Untersuchung.
An dem Cylinder von B fehlt links ein Stück.

6. Holzbau D von Osten, d, e, f wie bei Fig. 2.
✕ ✕ ✕ ✕ Bruchstücke des Cylinders.
Nur das erste links an seiner ursprünglichen Stelle.

Ausgrabungen bei Hoya.

GRAPH. KUNSTANSTALT GEORG ALPERS JUN. HANNOVER.

Tafel XV.

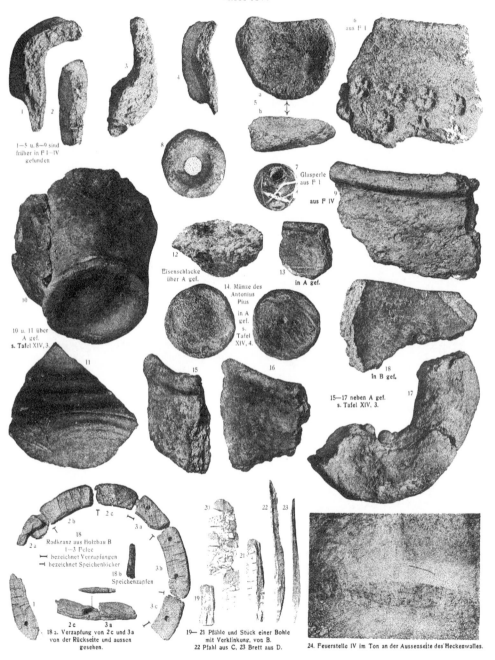

6
aus F I

1—5 u. 8—9 sind
früher in F I—IV
gefunden

8

7 Glasperle
aus F I
s.
aus F IV

9

12

Eisenschlacke
über A gef.

13

in A gef.

14. Münze des
Antonius
Pius

in A
gef.
s.
Tafel
XIV, 4.

10

10 u. 11 über
A gef.
s. Tafel XIV, 3.

11

15

16

18
In B gef.

15—17 neben A gef.
s. Tafel XIV, 3.

17

2 b

T 2 c

18

2 a

3 a

Radkranz aus Holzbau B
1—3 Felge
⊢ bezeichnet Verzapfungen
⊢ bezeichnet Speichenlöcher

18 b
Speichenzapfen

3 b

1

3 c

2 c

3 a

18 a. Verzapfung von 2 c und 3 a
von der Rückseite und aussen
gesehen.

20

22

23

21

19

19—21 Pfähle und Stück einer Bohle
mit Verklinkung, von B.
22 Pfahl aus C, 23 Brett aus D.

24. Feuerstelle IV im Ton an der Aussenseite des Heckenwalles.

Ausgrabungen bei Hoya.

Steingeräte der Eingeborenen von Neuholland.

Serie A. Fig. 1–2: Daly River, Nord-Territorium.
Serie B. Fig. 3–5: Musgrave Ranges, NW-Australien.
Serie C. Fig. 6–7: Waffpinga, Encounterbay SW-Australien.
Serie D, Fig. 8–24: Tennants Creek, NO-Australien.

Bei ⨯ Basis der Stücke, Schlaghügel auf der nicht sichtbaren
    Unterseite.
Bei ↗ ist der Schlaghügel sichtbar, da die Unterseite der
    betr. Stücke abgebildet ist.

Tafel XVII.

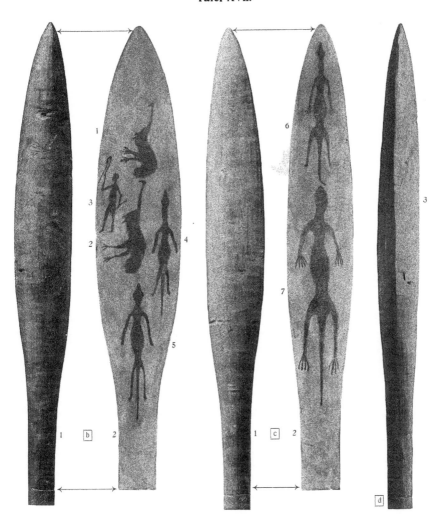

Holzkeule der Eingeborenen von Neuholland mit bildlichen Darstellungen.

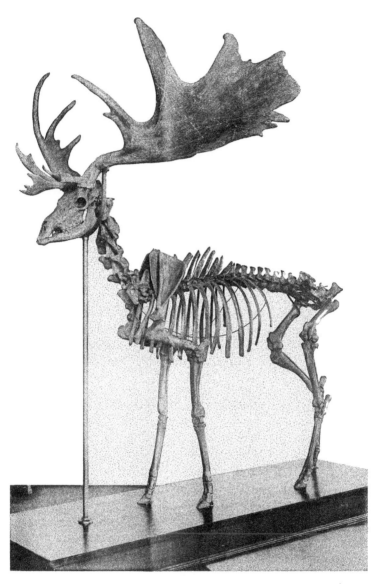

Skelett des Riesenhirsches.
(Megaceros giganteus Blumenb.)

Jahrbuch

des

rovinzial=Museums zu Hannover

umfassend

die Zeit 1. April 1909 — 31. März 1910.

I. Teil.

Hannover.
Druck von Wilh. Riemschneider.
1910.

Mitteilung.

Da die Arbeit von H. Hahne über Moorleichenfunde einen grösseren Umfang, als ursprünglich vorgesehen, erhalten wird, und ein Termin für den Abschluss sich infolgedessen noch nicht bestimmen lässt, so sieht sich die Direktion veranlasst, diese Arbeit mit den dazu gehörigen Tafeln als einen zweiten Teil des Jahrbuchs folgen zu lassen.

Hannover, im Dezember 1910.

Der Direktor.

I. V.:

Dr. **Fritze,**
Abteilungs-Direktor.

Jahrbuch

des

Provinzial=Museums zu Hannover

umfassend

die Zeit 1. April 1909 — 31. März 1910.

I. Teil.

Hannover.
Druck von Wilh. Riemschneider.
1910.

Inhalts-Übersicht.

Das vergangene Geschäftsjahr war ein in mehr als einer Beziehung hochbedeutsames für die Weiterentwicklung unseres Museums.

Am 10. Mai v. Js. erlag der Direktorial-Assistent Herr Runde langem schmerzhaftem Siechtum, das ihn schon seit längerer Zeit verhindert hatte, seiner Tätigkeit im Provinzial-Museum in gewohnter Weise nachzugehen. Am 31. März d. Js. legte dann der Museumsdirektor Herr Dr. Reimers sein Amt nieder, das er seit dem 1. April 1890, also 20 Jahre lang, bekleidet hatte. In seine Amtsdauer fallen eine Reihe der für die Entwicklung unseres Museums wichtigsten Ereignisse, so namentlich die Überweisung des Welfen-Museums zur Aufbewahrung im Provinzial-Museum und die Eröffnung desselben im Jahre 1895, ferner die Erbauung und Eröffnung des jetzigen Provinzial-Museums. Die Leitung der Geschäfte übernahm bis zur Wahl eines neuen Direktors Abteilungsdirektor Dr. Fritze.

An Stelle des verstorbenen Herrn Runde wurde durch Landtagsbeschluss der bisherige wissenschaftliche Hilfsarbeiter am Provinzial-Museum Herr Privatdozent Dr. Hahne zum Direktorial-Assistenten ernannt.

Die Besprechung des so oft und so schwer beklagten Raummangels in unserm Museum nahm in den Verhandlungen des diesjährigen 44. Hannoverschen Provinzial-Landtages am 17. Februar d. Js. eine längere Zeit als in den Vorjahren in Anspruch. Anerkannt wurde das Vorhandensein dieser schweren Kalamität, sowie die absolute Notwendigkeit, hier Abhilfe zu schaffen, von den sämtlichen zur Frage sprechenden Rednern; ebenfalls herrschte Einstimmigkeit darüber, dass eine dauernde und wirksame Abhilfe nur geschaffen werden könne durch Abtrennung der naturhistorischen Sammlungen von den übrigen und durch ihre Unterbringung in einem besonderen neu zu erbauenden Naturhistorischen Museum. Da auch sonst der weiteren Ausgestaltung unserer Sammlungen von allen Seiten das freundlichste Interesse entgegengebracht wurde, so dürfen wir uns der angenehmen Hoffnung hingeben, dass dem guten Wort und dem guten Willen dieses Mal auch die gute Tat folgen wird.

Im August 1909 wurden bei Gelegenheit der Tagung der Deutschen Gesellschaft für Vorgeschichte die vor- und frühgeschichtlichen Sammlungen, die zwecks Neubearbeitung und Neuaufstellung längere Zeit geschlossen gewesen waren, wieder eröffnet, und gleichzeitig erschien ein „Wegweiser durch die vorgeschichtliche Sammlung im Provinzial-Museum zu Hannover". Von den übrigen in Vorbereitung befindlichen Führern sind erschienen: Der Führer durch die Plastik des Altertums von Direktor Dr. Reimers, der Führer durch die Sammlung für Völkerkunde von Dr. Hambruch und der Führer durch die Waffensammlung von Dr. Fastenau.

Vom 1. August 1909 bis zum 31. März 1910 war Herr Dr. phil. Wackenroder als wissenschaftlicher Hilfsarbeiter mit der Bearbeitung eines Teiles der mittelalterlichen Gipse und und Skulpturen beschäftigt.

An Stelle des wissenschaftlichen Hilfsarbeiters an der paläontologischen Sammlung, Herrn Dr. phil. Windhausen, der eine Stellung als Staatsgeologe der Argentinischen Republik angenommen hat, trat im Mai v. Js. Herr cand. geol. Roemer zunächst als freiwilliger Hilfsarbeiter.

Wie in den Vorjahren, so haben auch im verflossenen Amtsjahr die Herren Rentner Andrée und Medizinalrat Brandes sich der Mitarbeit an unserer mineralogischen resp. botanischen Sammlung unterzogen, und sagen wir beiden Herren hierfür auch an dieser Stelle unseren verbindlichsten Dank.

Alle übrigen Vorkommnisse sind ·bei den Berichten über die einzelnen Abteilungen aufgeführt.

Hannover, im Juli 1910.

Der Direktor.
I. V.:

Dr. **Fritze,**
Abteilungs-Direktor.

Vermehrung der Sammlungen.

I. Historische Abteilung.

I. Vor- und frühgeschichtliche Sammlung.

A. Geschenke.

Scherben eines Tongefässes (neolithisch?). Gefunden nahe bei einem Steingrabe bei Sögel, Kreis Hümmling. Geschenk des Herrn Malers Fricke-Hannover. (Katalog-No. 17034.)

Bronze-Absatzaxt (frühe Bronzezeit). Gefunden im Acker bei Polle, Kreis Hameln. Geschenk des Herrn Amtsrichters Wermuth-Polle. (K.-No. 17035.)

Silex-Dolch (neolithisch). Gefunden auf dem „Rössehop" bei Eldagsen, Kreis Springe. Geschenk des Herrn Oberstleutnant Wedemeyer-Eldagsen. (K.-No. 17039.)

Silextrümmer mit natürlichen Sprengerscheinungen. Gefunden bei Hannover. Geschenk des Herrn Huth-Hannover. (K.-No. 17042.)

Mittelalterliche Tongefässscherben. Gefunden auf der Iburg. Geschenk des Herrn Präzeptor Römstedt-Bergen. (K.-No. 17353—59.)

Mittelalterliches Eisenbeil. Gefunden bei Lehrte, Kreis Burgdorf. Überwiesen an die Fideikommisssammlung des Gesamthauses Braunschweig-Lüneburg von Sr. Kgl. Hoheit dem Herzog von Cumberland, Herzog von Braunschweig und Lüneburg. (K.-No. 17372.)

2 Altägyptische Tongefässe. Gefunden bei Luksor in Ägypten. Geschenk von Herrn Grafen Grote-Gmunden.' (K.-No. 17373—74.)

Urnenreste und Leichenbrand (frühe Eisenzeit?). Gefunden bei Eixe, Kreis Peine. Geschenk der Realschule in Peine. (K.-No. 17389—93.)

Menschlicher Schädel von einem Skelett. Gefunden in einer Lehmgrube (Kipphut) bei Sarstedt, Kr. Hildesheim. Geschenk des Herrn Huth-Hannover. (K.-No. 17394.)

Probe aus einem Muschelhaufen bei Eckernförde bei Kiel. (Muscheln und Silexsplitter.) Geschenk des Herrn Oberlehrer Dr. Wichmann-Celle. (K.-No. 17395—97.)

Mittelalterliche Tongefässscherben. Gefunden aus dem Friedhof von Wiensen, Kreis Uslar. Überwiesen vom Herrn Regierungspräsidenten in Hildesheim. (K.-No. 17447—79.)

Frühmittelalterliche Funde von der Burgstelle bei Königsdahlum, Kreis Marienburg. (Ziegelreste, Scherben, Metallreste, Sporen, Menschenknochen.) Geschenk des Herrn Lehrer Steinmetz-Königsdahlum. (K.-No. 17676—99.)

Zerschlagene Silex und **verbrannte Knochen,** gefunden bei einem Ausflug des hannoverschen Landesvereins für Vorgeschichte bei Garbsen, Kr. Neustadt a. R. (K.-No. 17792—93.)

Zerschlagene Silex. Gefunden bei derselben Gelegenheit bei Stöcken, Landkreis Hannover. (K.-No. 17794—95.)

Funde aus der Rotensteinhöhle am Ith (Herzogtum Braunschweig). Tierreste (diluviale?) Mittelalterliche Tongefässreste. Scherben und Menschenknochen unbestimmten Alters. Holzkohle. Geschenk der Herren Jörres und Württemberger-Hannover. (K.-No. 17805—18.)

Silex, Eisenschlacken und Tongefässscherben. Gefunden bei Schwarmstedt, Kreis Fallingbostel. Geschenk des Herrn Oberlehrer Dr. Wichmann-Celle. (K.-No. 17819—59.)

Gerahmtes photographisches Kunstblatt, eine der steinzeitlichen Steinkammern bei Barskamp, Kr. Bleckede, darstellend. Geschenk des Herrn Hofphotographen Nölle-Göttingen. (K.-No. 17941.)

1*

Tongefässscherben (frühmittelalterlich?). Gefunden bei Melle. Geschenk des Herrn Kammerherrn v. Pestel-Melle. (K.-No. 17942—44.)

Funde aus einem alten **Torf** bei Lehrte (Tierknochen, Schnecken, durchbohrte Hirschhornaxt — alles frühalluvial. Ausserdem vorgeschichtliche Tongefässscherben). Geschenk der Herrn Direktor Kersten und Dr. Bödeker-Lehrte. (K.-No. 17958—69.)

2 Photos von 2 früheisenzeitlichen **Schmuckgehängen**, die in einer Urne bei Wölpe, Kreis Nienburg gefunden sind. Geschenk des Museums für die Grafschaft Hoya und Diepholz in Nienburg. (K.-No. 17970—71.)

Tongefäss, Gefässreste, Leichenbrand und Holzkohle (frühe Eisenzeit?). Gefunden im Glockenberg bei Marienwerder, Kreis Neustadt a. R. Geschenk des Herrn Ad. Thöl-Hannover. (K.-No. 17972—75.)

Steine und **Asche** von einer Feuerstelle am heiligen Berge bei Vilsen, Kreis Hoya. Geschenk des Herrn Amtsrichters v. Rose-Bruchhausen. (K.-No. 17976—79.)

Ergebnisse der Untersuchung mehrerer steinzeitlicher Siedelungen bezw. Silex-Schlagstellen und mittelalterlicher Fundstellen in der Gegend von Oldershausen, Kreis Osterode. Steinzeitliche Silexgeräte und -Splitter, Steinhämmer und Keile und Gefässscherben. Mittelalterliche Tongefässscherben. Geschenk des Herrn Lehrer Lampe-Harriehausen.

B. Ankäufe und Ausgrabungen.

Germane. Gipsabguß einer römischen Büste im Kgl. Museum in Berlin. (K.-No. 17037.)

Germanin. Gipsabguß einer römischen Büste in der Eremitage in St. Petersburg. (K.-No. 17038.)

Menschlicher Schädel mit abnormer Stirnbildung. Fundort unbekannt. (K.-No. 17040.)

Männlicher Kopf. Gips. Rekonstruktion von Professor Merckel nach Funden aus der Völkerwanderungszeit bei Rixdorf, Kreis Göttingen. (K.-No. 17041.)

Spätbronzezeitlicher Depotfund, bestehend aus 3 Halsringen, 4 Armringen, 4 Bronzeteilen unbekannter Bestimmung. Gefunden im Torf bei Hannoversch-Ströhen, Kreis Sulingen. (K.-No. 17044—54.)

Gipsabguss des altdiluvialen menschlichen **Unterkiefers von Mauer** bei Neckargemünd. (Homo heidelbergensis, Schötensack). (K.-No. 17314.)

Australierschädel. Gipsabguß. (Sammlung Klaatsch 72). (K.-No. 17319.)

Skelettreste des Diluvialmenschen von Neanderthal bei Düsseldorf. Gipsabgüsse nach dem Original im Provinzial-Museum zu Bonn. (K.-No. 17321—37.)

Schädel der **Neanderthalrasse** des Diluvialmenschen. Rekonstruktion nach Klaatsch. Gips. (K.-No. 17320.)

Original-Nachbildungen von germanischen **Waffen** der **Völkerwanderungszeit.** Langschwert, Hauschwert, Haumesser, Wurfaxt, Streitaxt, Speere, Bogen, Pfeil. (K.-No. 17338—50.)

Kopf eines Germanen (Bastarne nach Furtwängler) mit Haarknoten, Gipsabguß des hellenistischen Originals aus dem 3. Jahrhundert vor Chr., im Musée cinquantenair in Brüssel. (K.-No. 17352.)

Funde aus Skelettgräbern der **frühen Völkerwanderungszeit,** wahrscheinlich aus Südrußland. (Von Auswanderern erworben.) (Holzbüchsen, Holzspindeln, Holzkamm, Karneolkammee, Silberfibel mit Almandinen und verschiedene Kleinigkeiten.) (K.-No. 17375—88.)

Knochen vom Riesenhirsch mit Schnitt- und Hiebspuren. Gefunden im diluvialen Löß bei Selxen, Kreis Hameln. (K.-No. 17398—430.)

Funde aus dem alt-alluvialen **Leinekies** bei Herrenhausen. (Tierreste, Holz, Muscheln, künstlicher Silexspahn.) (K.-No. 17431—46.)

Ergebnisse einer **Ausgrabung** des Provinzialmuseums im Schwarzen Berg bei Bleckede. 10 Urnengräber und 3 Knochenlager der älteren Eisenzeit. Steinzeitliche Silexspähne und -geräte.

Ergebnisse von **Ausgrabungen** der Herrn G. und C. Schwantes bei Rassau, Kreis Ülzen. Angekauft vom Provinzial-Museum. Skelettgräber mit slawischen Schmuckstücken und deutschen Münzen des ausgehenden 13. Jahrhunderts. Urnengräber und Knochenlager der älteren Eisenzeit. (Vergl. „Prähistorische Zeitschrift" Band I, Heft 2 und 3/4.)

Ergebnisse einer **Grabung** des Provinzialmuseums auf der „Burg" bei Königsdahlum, Kreis Marienburg, einer mittelalterlichen Burgstätte. (Baumaterialien, Tongefäßreste, Metallgeräte, Menschenknochen). (K.-No. 17700—788.)

Gipsabgüsse von 2 glasierten mittelalterlichen **Tongewichten** und I glasierten **Spinnwirtel.** Originale, gefunden bei Gut und Burg Hudemühlen, Kreis Fallingbostel, im Besitz der Schule zu H. (K.-No. 17789—91.)

Desgl. von einem ornamentierten **Gold-Armband** der mittleren Bronzezeit. Original, gefunden in einem Steingrabe bei Woltersdorf, Kreis Lüchow, im Besitz des wendländischen Museums zu Lüchow. (K.-No. 17796.)

Desgl. von einem **Bronze-Dolch** der frühen Bronzezeit. Original, gefunden bei Puttball, Kreis Lüchow, im Besitz des wendländischen Museums zu Lüchow. (K.-No. 17797.)

Desgl. von wahrscheinlich natürlichen **Silex-Trümmern** (angeblich menschlichen Artefakten) aus diluvialen Kiesen und Sanden der Provinz Hannover (Eitzum, Hameln) und Provinz Brandenburg (Knelow). Originale in der Sammlung Dr. Menzel, Kgl. Geolog. Landesanstalt-Berlin. (K.-No. 17798—803.)

79 Perlen aus Bernstein, Glas und Schmelz. Gefunden in einem Grabe aus dem 4. bis 5. Jahrhundert nach Chr. in der Gegend von Harburg. (K.-No. 17860.—938.)

Lehrsammlung zur Einführung in das Paläolithicum Deutschlands. 154 Gipsabgüsse nach Originalen in verschiedenen Sammlungen und von verschiedenen Fundorten. Zusammengestellt von Herrn Dr. R. R. Schmidt-Tübingen. (K.-No. 17980—18133.)

Viele Photographien, Wandtafeln und andere Abbildungen aus dem Gebiete der deutschen Vorgeschichte, sind zur Erläuterung der Vorgeschichte der Provinz Hannover in der vorgeschichtlichen Sammlung des Museums ausgestellt.

2. Geschichtliche Sammlung.

A. Geschenke.

Eine grosse Truhe mit rotem Plüsch überzogen und Messingbeschlag. (K.-No. 2125.)

Eine kleine Truhe mit Metall-Beschlägen aus dem Jahre 1690. (K.-No. 2126.)

Gemalter Fächer aus Stoff mit Elfenbeinstäben, getragen bei der Vermählung der Frau Hedwig Dorothea v. d. Borstell, geb. v. d. Beck im Jahre 1768. (K.-No. 2127.)

Gemalter Fächer aus Papier mit Elfenbeinstäben, getragen in der Zeit von 1768 bis 1827 von Frau Hedwig Dorothea v. d. Borstell, geb. v. d. Beck. (K.-No. 2128.)

Ein Shawl mit Rosenkante, getragen von Frau v. d. Borstell, geb. v. d. Beck in der Zeit von 1768 bis 1827. (K.-No. 2129.)

Ein Shawl mit schwarz-rotem Muster, getragen von Frau v. d. Borstell, geb. Schulte v. d. Lühe in der Zeit von 1825 bis 1868. (K.-No. 2130.)

Ein Brautschleier der Frau Eleonore v. d. Borstell, geb. Schulte v. d. Lühe aus dem Hause Esteburg. Getragen bei ihrer Trauung am 25. Januar 1825. (K.-No. 2130.)

Sämtliche Gegenstände stammen aus dem Nachlasse der Frau Anna Lukretia v. d. Borstell, geb. Warner v. Warnerhörne, und sind dem Provinzial-Museum durch den Kaiserlich Deutschen Korvettenkapitän E. Freiherr v. Bülow in Kiel überwiesen worden.

B. Ankäufe.

Eine Radschlossbüchse mit der Jahreszahl 1681. Schaft und Kolben sind mit Beineinlagen geschmückt. Die Schlossplatte ist graviert. (K.-No. 2124.)

Johannes der Evangelist, Statuette aus gebranntem Ton. Anfang des 16. Jahrhunderts. (K.-No. 2123.)

3. Münzsammlung.

Ankäufe.

25 Brakteaten aus dem bei Öhlstorf gemachten Funde. (K.-No. 56—80.)

4. Ethnographische Sammlung.

A. Geschenke.

Herr Oberst Haferkampf-Hannover schenkte folgende Gegenstände aus Ostafrika: Geschnitzte **Holzschuhe** (K.-No. 5196—97), einen **Koran** (K.-No. 5199) aus Kilwa. Einen **Dolch** aus Lindi (K.-No. 5200), ausserdem eine japanische **Tabakpfeife** und **2 chinesische Specksteinfiguren.** (K.-No. 5198 u. 5201—2.)

Von einem ungenannten Geber wurden dem Museum folgende Gegenstände aus Tempeln des Kaiserpalastes zu Peking geschenkt:

6, meist auf Seide gemalte Bilder (Porträts und szenische Darstellungen). (K.-No. 5214—19.)

Bronzefiguren (K.-No. 5206—7) und **Thonplaketten** (K.-No. 5209—13): Buddah-Darstellungen.

Eine **Fayencefigur** (K.-No. 5208), eine Gottheit darstellend.

Herr G. Cohrs in Dar-es-Salam schenkte folgende Gegenstände aus Deutsch-Ost-afrika:

2 **Gürtel** mit Pulverhorn und Patronentaschen. (K.-No. 5204—5.)

I **Handtrommel.** Ukinga. (K.-No. 5339).

I **Armspirale** aus Messing. Ukinga. (K.-No. 5340.)

I **Kriegsmesser** („Hammessu"). Hula. (K.-No. 5341.)

I **Palmblattgürtel** für Weiber („Mikindu"). (K.-No. 5342.)

I **vollständiger Webstuhl.** (K.-No. 5343.)

I **Stab** zur Reinigung der Zähne. (K.-No. 5344.)

I **Bogen** mit Rohr-Sehne. Victoria-Njansa-See. (K.-No. 5375.)

Japanische Tageszeitung. Geschenk des Herrn Abteilungs-Direktors Dr. Fritze-Hannover. (K.-No. 5346.)

Herr Dr. H. Basedow in Adelaide schenkte folgende Gegenstände, die er auf seinen Forschungsreisen in Centralaustralien gesammelt hat:

2 „**Seelenhölzer**" (Churinga). (K.-No. 5347—48.)

Kopfring für Tragelasten. (K.-No. 5349.)

Kopfkissen für Tragelasten. (K.-No. 5350.)

Nasenpflock aus einem Vogelknochen. (K.-No. 5351.)

2 **Schleichschuhe.** (K.-No. 5352—53.)

Geflochtene Stirnbinde. (K.-No. 5354.)

2 **Männer-Gürtel** aus Menschenhaar geflochten. (K.-No. 5355—56.)

Mütze aus Tier- und Menschenhaar. (K.-No. 5357.)

Dazu eine Anzahl Broschüren und Karten, die Forschungsreisen Basedows in Australien betreffend. (S. Zugänge zur Bibliothek und Naturhistorische Abteilung.)

B. Ankäufe.

Stereoskopischer Apparat mit Bildern aus dem Gebiete der Länder- und Völkerkunde. (K.-No. 5220—5338.)

Karten des Weltverkehrs, Karten der deutschen **Kolonieen.**

Original-Photographieen aus Siam. (Dr. Hosseus-Berlin). (K.-No. 5364—98.)

Holzschnitzwerke aus der Südsee. Schilder, Hauspfosten und Schmuckbretter aus Neu-Pommern und Neu-Mecklenburg. (Aus der Sammlung Geisler). (K.-No. 5358—64. 5400.)

5. Handbibliothek.

A. Geschenke.

Jürgens, O. Katalog der Stadtbibliothek in Hannover. Vom Verfasser überwiesen.

Jürgens, O. Hannoversche Chronik. Vom Verfasser überwiesen.

Jürgens, O. Hannoversche Geschichtsblätter, Jahrgänge 1901 bis 1909. Vom Herausgeber, Herrn Dr. O. Jürgens, überwiesen.

Hirsch, Jakob. Numismatische Bibliothek. Überwiesen von Herrn Dr. Hirsch in München.

Hollack, Emil. Vorgeschichtliche Übersichtskarte von Ostpreussen nebst dazu gehörigen Erläuterungen. Überwiesen durch den Herrn Minister der geistlichen, Unterrichts- und Medizinalangelegenheiten.

Bericht über den 7. Niedersachsentag vom 5. bis 7. Oktober 1908. Überweisung des Niedersächsischen Ausschusses für Heimatschutz.

Voss, A. Keramische Stilarten der Provinz Brandenburg und benachbarter Gebiete. Von Herrn Provinzial-Konservator und Museumsdirektor Dr. Reimers überwiesen.

Voss, A. Vorschläge zur prähistorischen Kartographie. Desgleichen.

Mitteilungen der Anthropologischen Gesellschaft in Wien. Desgleichen.

Splieth, Wilhelm. Vorgeschichtliche Altertümer Schleswig-Holsteins. Desgleichen.

Schuchhardt, Karl. Römisch-germanische Forschung in Nordwest-Deutschland. Desgleichen.

Hagen, Karl. Holsteinische Hängegefässfunde. Desgleichen.

Krause, Eduard und Schoetensack, Otto. Die megalithischen Gräber Deutschlands. Desgleichen.

Rathgen, Friedrich. Die Konservierung von Altertumsfunden. Desgleichen.

Kröhnke, Otto. Dissertation über die chemischen Untersuchungen an vorgeschichtlichen Bronzen Schleswig-Holsteins. Desgleichen.

Schönermark, Gustav. Wahrheit und Dichtung im Kestner-Museum zu Hannover. Desgleichen.

Böblau, Johannes. Zur Ornamentik der Villanova-Periode.

Katalog der Königlichen und Provinzial-Bibliothek zu Hannover. Vom Landesdirektorium der Provinz Hannover überwiesen.

Pessler, W. Karte über die Unterarten des altsächsischen Bauernhauses. Vom Verfasser überwiesen.

Galerie-Katalog des Palazzo Blanco und Palazzo Rosso in Genua. Vom Provinzial-Konservator und Museumsdirektor Dr. Reimers überwiesen.

Baedekers Nordwest-Deutschland. Desgleichen.

Fiala, Eduard. Münzen und Medaillen der Welfischen Lande. Teil: Das neue Haus Braunschweig zu Wolfenbüttel I und II. Überweisung von der Verwaltung Sr. Königlichen Hoheit des Herzogs von Cumberland, Herzogs zu Braunschweig und Lüneburg.

Vöge, Wilhelm. Über die Bamberger Domskulpturen. 2 Exemplare. Von Herrn Museumsdirektor Dr. Reimers überwiesen.

Wingenroth, Max. Die Jugendwerke des Benozza Gozzoli. Desgleichen.

Wehner, Heinrich. Über die Kenntnis der magnetischen Nordweisung im frühen Mittelalter. Desgleichen.

Bather, F. A. Presidential Address to the Museums Association: Aberdeen 1903. Desgleichen.

Sonderabdruck aus dem Jahrbuch der Königlich Preussischen Kunstsammlungen von 1892. Desgleichen.

Zur Erinnerung an Alfred von Sallet. Desgleichen.

Zur Erinnerung an Friedrich Lippmann. Desgleichen.

Verzeichnis der käuflichen Gipsabgüsse in der Formerei der Königlichen Museen in Berlin. Überwiesen von der Verwaltung der Königlichen Museen in Berlin.

Crome, Bruno. Das Markuskreuz vom Göttinger Leinebusch. Vom Verfasser, Herrn Dr. Crome überwiesen.

Katalog der Sammlung des Freiherrn Adalbert v. Lanna in Prag. I. Teil. Überweisung durch das Kunst-Auktionshaus von Rudolf Lepke in Berlin.

Reinecke, Dr. Ein späthallstättischer Grabfund von Ricklingen im Donauried. Vom Verfasser überwiesen.

Reinecke, Dr. Frühbronzezeitliche Ringhalskragen aus Oberbayern. Zum Grabfunde von Fürst. Desgleichen.

Reinecke, Dr. Abhandlung über Funde gelegentlich des Eisenbahnbaues in der Umgebung von Bruck a. Amper. Desgleichen.

Jürgens, Otto. 2 Exemplare des 5. Nachtrages zum Kataloge der Stadtbibliothek Hannover. Vom Verfasser überwiesen.

Baugeschichtlicher Führer durch Trier. Von Herrn Museumsdirektor Dr. Reimers überwiesen.

Führer durch den Domschatz von Hildesheim. Desgleichen.

Kentenich, Dr. Aus dem Leben einer Trierer Patrizierin. Desgleichen.

Kurzer Führer durch das Provinzial-Museum in Trier. Desgleichen.

Krüger, E. Die Trierer Römerbauten. Desgleichen.

Neher, Ludwig. Der Neubau des Senkenbergischen Naturhistorischen Museums in Frankfurt a. M. Desgleichen.

Willers, Heinrich. Die Römische Messing-Industrie in Nieder-Germanien. Desgleichen.

Hettner, Felix. Das römische Trier. Desgleichen.

v. Behr. Die römischen Baudenkmäler in und um Trier. Desgleichen.

v. Pelser-Berensberg, Franz. Alt-Rheinisches. Desgleichen.

Katalog der Gemäldesammlung J. Abraham, Berlin. Überweisung durch das Kunst-Aktionshaus von Rudolf Lepke in Berlin.

Katalog der Münzensammlung Buchenau und Heye. Überwiesen von A. E. Kahn in Frankfurt a. M.

Denkschrift über eine historische Kommission für Hannover, Braunschweig und Schaumburg-Lippe. Überweisung des Historischen Vereins für Niedersachsen in Hannover.

Linde, Hermann. Die Entwertung unserer Galerien durch das moderne Restaurationsverfahren. Überweisung des Hauptausschusses der allgemeinen Deutschen Kunstgenossenschaft in München.

Busse, Hermann. Ein Hügelgrab bei Diensdorf am Scharmützelsee, Kreis Beeskow-Storkow. Vom Verfasser überwiesen.

Bredt, E. W. Deutsche Lande, deutsche Maler. Überweisung des Verlegers Theodor Thomas in Leipzig.

Pessler, W. Richtlinien zu einem Volkstum-Atlas von Niedersachsen. Überweisung des Verfassers.

Pessler, W. Die Abarten des altsächsischen Bauernhauses. Neue Folge, Band VIII, Heft 3. Desgleichen.

B. Ankäufe.

Verzeichnis sämtlicher Ortschaften der Provinz Hannover.

92 Stück Graudruckkarten von den Provinzen Schleswig-Holstein und Hannover.

19 Bilder von vorgeschichtlichen Begräbnisstätten in der Provinz Hannover.

Götze, A., Höfer, P. und Zschiesche, P. Vor- und frühgeschichtliche Altertümer Thüringens mit dazu gehöriger Karte.

Reichskursbuch 1909.

Nachtrag zum Adressbuch 1909.

Forrer und Müller. Kreuz und Kreuzigung Christi.

Mithoff. Archiv für Niedersachsens Kunstgeschichte.

Jahrbuch der bremischen Sammlungen. II. Jahrgang, 1. und 2. Halbband.

Berliner Münzblätter, Jahrgang 1909.

Schuchhardt, Carl. Schliemanns Ausgrabungen (3 Exemplare).

Jahrbuch des Provinzial-Museums zu Hannover. Jahrgang 1908/09.

Michaelis. Dizionario pratico (Deutsch-Italienisches Wörterbuch).

Muret-Sanders. Englisch-Deutsches Wörterbuch.

Ringklib, H. Statistisches Handbuch der Provinz Hannover.

v. Hefner, Otto Titan. Neues Wappenbuch des blühenden Adels im Königreiche Hannover und Herzogtume Braunschweig.

Mannus, Zeitschrift für Vorgeschichte, Organ der Deutschen Gesellschaft für Vorgeschichte. Jahrgang 1909.

Bock, Fr. Geschichte der liturgischen Gewänder des Mittelalters.

Boeheim, Wendelin. Handbuch der Waffenkunde.

Schönermark, Gustav. Das Kruzifixus in der bildenden Kunst.

Foy, W. Ethnologica I.

Beissel, St. Gefälschte Kunstwerke.

Fischel, Oskar. Tizian, des Meisters Gemälde (Klassiker der Kunst, Band III).

Scherer, Valentin. Dürer, des Meisters Gemälde, Kupferstiche und Holzschnitte (Klassiker der Kunst, Band IV).

Rosenberg, Adolf. Rubens, des Meisters Gemälde in 551 Abbildungen (Klassiker der Kunst, Band V).

Gensel, Walter. Velazquez, des Meisters Gemälde in 172 Abbildungen. (Klassiker der Kunst, Band VI).

Prähistorische Zeitschrift, I. Band, 1909.

Götze, A. Germanische Funde aus der Völkerwanderungszeit: Gotische Schnallen.

Verzeichnis der Abgüsse und wichtigeren Photographien mit Germanen-Darstellungen des Römisch-Germanischen Zentral-Museums in Mainz.

Hager, Georg. Heimatkunst, Klosterstudien und Denkmalpflege.

Schweitzer, H. Die Skulpturensammlung im städtischen Suermondt-Museum zu Aachen, 2 Bände.

Eine Photographie von der Stelle der Aufdeckung des Hildesheimer Silberfundes.

Zwei Photographien von der Ausgrabungsstelle der Hügelgräber im Giesener Holze bei Hildesheim.

Lampert, Kurt. Die Völker der Erde, 2 Bände.

Mommsen, Th. Römische Geschichte, 4 Bände.

Curtius, Ernst. Griechische Geschichte, 3 Bände.

Forrer, R. Die Zschillesche Waffensammlung, 2 Bände.

Forrer, Robert. Gold- und Silberschmuck.

Forrer, Robert. Die Schwerter und Dolche in ihrer Formenentwickelung.

Zschille, R. und Forrer, R. Die Steigbügel in ihrer Formenentwickelung.

Zschille, R. und Forrer, R. Die Pferdetrense in ihrer Formenentwickelung.

Furtwängler, A. und Urlichs, H., L. Denkmäler griechischer und römischer Skulptur.

Collignon, Maxime. Geschichte der griechischen Plastik, 2 Bände.

Adressbuch der Städte Hannover und Linden für 1910.

Weiss, Hermann. Kostümkunde.

Volbehr, Theodor. Die Zukunft der deutschen Museen.

Reinhardt, Ludwig. Der Mensch zur Eiszeit.

Blasel, Karl. Die Wanderzüge der Longobarden.

v. Pflugk-Harttung. Weltgeschichte (Mittelalter), Ullsteins Verlag.

Wagner, Ernst. Fundstätten und Funde vorgeschichtlicher Zeit usw. I. Teil: Das Badische Oberland.

Schoetensack, Otto. Der Unterkiefer des Homo Heidelbergensis.

Posse, Hans. Die Gemälde-Galerie des Kaiser-Friedrich-Museums. Erste Abteilung: Die Romanischen Länder.

C. Im Schriftenaustausch erhalten:

Basel.	Jahresbericht der öffentlichen Kunstsammlung in Basel für das Jahr 1909.
Berkeley.	University of California. American Archaeology and Ethnology. Vol. I. No. 1 und 2, Vol. II. No. 1, 2, 3, 4 und 5, Vol. III. No. 1, Vol. IV. No. 1, 2, 3, 4, 5 und 6, Fol. V. No. 1, 2, 3 pp., Vol. VI. No. 1 und 2/3, Vol. VII. No. 1, 2 und 3, Vol. VIII. No. 1, 2, 3, 4 und 5.
Berlin.	Amtliche Berichte aus den Königlichen Kunstsammlungen in Berlin. Jahrgang 1. September 1907 bis Ende September 1908.
—	Desgleichen Jahrgang 1. Oktober 1908 bis Ende September 1909.
—	Verzeichnis der käuflichen Gipsabgüsse in der Formerei der Königlichen Museen.
—	Amtliche Berichte aus den Königlichen Kunstsammlungen aus Berlin. Jahrgang 1. Oktober 1909 bis Ende September 1910.
—	Deutsche Anthropologische Gesellschaft: Schiffsfahrzeuge in Albanien und Macedonien.
Bielefeld.	XXIII. Jahresbericht des Historischen Vereins für die Grafschaft Ravensberg. 1909.
Bremen.	Bericht des Gewerbemuseums für das Jahr 1908.
—	Jahresbericht des Vorstandes des Kunstvereins in Bremen. Jahrgang 1908—1909.
Cöln a. Rh.	XVIII. Jahresbericht des Kunstgewerbe-Museums der Stadt Cöln für 1908.
Dresden.	Berichte aus den Königlichen Sammlungen pro 1908.
—	Bericht über die Verwaltung und Vermehrung der Königlichen Sammlungen für Kunst und Wissenschaft für die Jahre 1906 und 1907.
Frankfurt a. M.	Veröffentlichungen aus dem städtischen Völker-Museum. 1. und 2. Teil.
Geestemünde.	Jahresbericht der „Männer vom Morgenstern," Heimatbund an der Elb- und Wesermündung. Jahrgang 1907/08, Heft 10.
Genua.	Palazzo Blanco, Bericht des Museums für Geschichte und Kunst.
Halle a. S.	Jahresbericht für die Vorgeschichte der sächsisch-thüringischen Länder, 8. Band.
Harburg.	Vorchristliche Friedhöfe im Kreise Harburg.
Helsingfors.	Suomen Museo. Finskt Museum. 1908.
—	Suomen Muinais-Muistoyhdistyksen Aikakanskirja XXIV.
Königsberg i. Pr.	Sitzungsberichte der Altertumsgesellschaft „Prussia". Jahrgänge 1890, 1892, 1893/95, 1895/96, 1896/1900, 1900—1904.
Leeuwarden.	80ste Verslag van het friesch Genootschap van Geschied-, Oudheid- en Taalkunde te Leeuwarden.
Leeuwarden.	De Vrije Fries. Tydschrift van Geschied-, Oudheid- en Taalkunde (1908).
Leiden.	Rijks Ethnographisch Museum. Jahresbericht 1907/08.
Leipzig.	Katalog des Museums der bildenden Künste.
Lübeck.	Bericht des Museums Lübeckischer Kunst- und Kulturgeschichte über das Jahr 1908.
—	Wegweiser durch das Museum Lübeckischer Kunst- und Kulturgeschichte und durch dessen kirchliche Halle.
Lüneburg.	6. Heft der Museumsblätter.
Mainz.	Römisch-germanisches Zentral-Museum. „Mainzer Zeitschrift", Jahrgang IV, 1909.
Münster i. W.	Mitteilungen des Vereins für Geschichte und Altertumskunde Westfalens und des Landes-Museums der Provinz Westfalen. 1. Jahrgang, Heft 1, 2, 3 und 4.
Nürnberg.	Bayrisches Gewerbe-Museum. Jahresbericht 1908.
Posen.	Kaiser-Friedrich-Museum. 6. Jahresbericht 1908.
Rotterdam.	Museum voor land- en volkenkunde en Maritiem museum „Prins Hendrik". Verslag 1908.
Salzwedel.	36. Jahresbericht des Altmärkischen Vereins für vaterländische Geschichte.
Stendal.	Beiträge zur Geschichte, Landes- und Völkerkunde der Altmark Band II, Heft 1, 2/3, 4, 5, 6.
Stockholm.	Kungl. Vitterhets, Historie och Antikvitets Akademien. Fornvannen 1909. Heft 1, 2, 3 u. 4.
Troppau.	Jahresbericht des Kaiser Franz-Joseph-Museums für 1908.
Upsala.	Kungl. Vetenskaps Societen. Recherches sur les couleurs des Etoiles Fixes par Östen Bergstrand.
Wolfenbüttel.	Jahrbuch des Geschichtsvereins für das Herzogtum Braunschweig. Jahrgänge 1—7.
—	Braunschweigisches Magazin. Jahrgänge 1902—1908.

II. Kunstabteilung.

Erwerbungen irgend welcher Art sind nicht zu verzeichnen.

III. Naturhistorische Abteilung.

Die Entwicklung der naturhistorischen Abteilung zeigt nicht das günstige Bild der Vorjahre. Zwar ist die Zahl der eingegangenen Geschenke nicht wesentlich zurückgegangen, im Gegenteil sind einige grössere Schenkungen zu verzeichnen, da aber dem Platzmangel bisher nicht abgeholfen werden konnte, so nahm derselbe naturgemäss mit jeder Vermehrung der Schausammlung weiter zu, bis sich eine Aufstellung neuer Erwerbungen nur noch dadurch ermöglichen liess, dass ältere Stücke aus den Schauschränken und Sälen entfernt und in dem Publikum nicht zugänglichen Räumen untergebracht wurden. Da aber die für solche Zwecke vorgesehenen Zimmer des Erdgeschosses, soweit sie nicht als Arbeitsräume benutzt werden müssen, bereits vollständig gefüllt sind, sogar in dem sowieso nicht grossen Bibliothekszimmer jeder noch verfügbare Platz durch Alkohol-Präparate und Insektensammlungen eingenommen ist, da endlich der Versuch, ausserhalb des Museumsgebäudes geeignete Räumlichkeiten zur Aufbewahrung von Sammlungsgegenständen zu finden, zu keinem Resultat führte, so blieb nur übrig, die älteren Stücke und nicht oder noch nicht zur Ausstellung geeignete Objekte in bisher dem Publikum zugängliche Räume zu bringen und diese für den Besuch zu schliessen. Gleichzeitig handelte es sich darum, einen Platz zu schaffen, an dem die dringend notwendige Umarbeitung unserer Spirituspräparate und die Präparation der grossen, dem Museum im Laufe der Jahre geschenkten Insektenbestände vorgenommen werden konnte.

Als besonders geeignet für diese Zwecke erwiesen sich die nunmehr geschlossenen in der Südwestecke des Obergeschosses gelegenen Säle 49 und 50, die keine Durchgangssäle sind, auch vom grossen Publikum weniger besucht werden und infolge ihrer isolierten Lage keine wesentliche Erschwerung des Aufsichtsdienstes bilden. Diese Säle enthalten die Reptilien, Amphibien, Fische und die wirbellosen Tiere mit Ausnahme der Mollusken, welch letztere, früher im Obergeschoss aufgestellt, bereits vor Jahren notgedrungen im paläontologischen Saal des Hauptgeschosses untergebracht werden mussten, als der Raum für die Gemäldesammlung im Obergeschoss nicht mehr ausreichte.

Ist durch diese Massregel ein Stocken des gesamten Betriebes der naturhistorischen Abteilung für den Augenblick vermieden worden, so ist es doch als ein auf die Dauer unhaltbarer Zustand zu bezeichnen, wenn von allen zoologischen Sammlungen nur noch diejenigen der Säugetiere, Vögel und Mollusken dem Publikum zugänglich sind. Der Umstand, dass die Besichtigung der übrigen Sammlungen solchen Besuchern, die an ihnen ein wissenschaftliches Interesse nehmen, unter Führung bezw. in Gegenwart eines Museumsbeamten nach wie vor ermöglicht ist, ändert hieran nicht das Geringste. Nur der baldige Bau eines eigenen naturhistorischen Landesmuseums, dessen Notwendigkeit, wie bereits in der Einleitung dieses Jahrbuchs ausgeführt wurde, ja auch allseitig anerkannt wird, vermag hier dauernd Abhilfe zu schaffen und zu gesunden Zuständen zu führen. —

Über die Vermehrung der Sammlungen durch Geschenke und Ankäufe gibt das nachfolgende Zugangsverzeichnis, sowie der an anderer Stelle dieses Jahrbuchs veröffentlichte 3. Nachtrag zum Katalog der Säugetiersammlung Auskunft.

Unter den Schenkungen verdienen besonders hervorgehoben zu werden diejenigen der Herren Schwarzkopf in Hongkong, Cohrs in Daressalaam und Rautenberg in Lüderitzbucht, denen das Museum auch schon in den Vorjahren zahlreiche und wertvolle Zuwendungen zu verdanken hatte.

Die bei weitem grösste Vermehrung weisen wiederum die Säugetier- und Vogel-Sammlung, diesesmal, namentlich infolge der Schwarzkopf'schen und Rautenberg'schen Schenkungen, auch die Insektensammlung auf, ebenso die paläontologisch-geologische Sammlung. Der anscheinend nur geringe Zuwachs der mineralogischen Sammlung durch Ankauf beruht darauf, dass die erworbene Stufe, ein Prachtstück ersten Ranges, einen hohen Wert repräsentiert. —

An auswärtige Gelehrte wurden mehrfach Gegenstände aus unseren Sammlungen zu Studienzwecken ausgeliehen, ebenso an Mitglieder hiesiger naturwissenschaftlicher Vereine zu Demonstrationszwecken. Führungen von Vereinen durch die Abteilung bezw. durch einzelne Sammlungen haben auch in diesem Amtsjahr mehrfach stattgefunden.

Eine Kommission, bestehend aus den Herren Landeshauptmann v. d. Wense, Landesbaurat Magunna, Museumsdirektor Dr. Reimers und dem Unterzeichneten, besichtigte im Mai das neue Museum der Senckenbergischen Naturforschenden Gesellschaft in Frankfurt a. M.; letzterer ausserdem die Museen in Lüneburg und Emden, auch nahm er teil an der 81. Versammlung deutscher Naturforscher und Ärzte in Salzburg. —

Für die Sammlungen der naturhistorischen Abteilung sind folgende Zugänge zu verzeichnen:

1. Zoologische Sammlungen.

Säugetiere.

(Die bereits zur Aufstellung gelangten ganzen Tiere, Skelette, Schädel und Gehörne sind in dem an anderer Stelle dieses Jahrbuchs gebrachten 3. Nachtrag zum Katalog der Säugetiersammlung aufgeführt und deshalb in nachstehendem Zugangsverzeichnis nicht erwähnt).

A. Geschenke.

2 Hermeline im Sommerkleid (Putorius [Ictis] ermineus (L.)) ♀♀ von Ahnsbeck (Kr. Celle); Geber: Herr Lehrer Asche in Hannover. —

2 Junge Lippenbären (Melursus ursinus (Shaw.)) aus Indien; Geber: Herr Kommerzienrat Behrens in Hannover. —

1 Rote Schopfantilope (Cephalophus harveyi Thos.) ♀,

2 Gehörne vom Moschusböckchen (Nesotragus moschatus von Düb.), sämtlich aus Deutsch-Ostafrika; Geber: Herr Rechnungsrat Cohrs in Daressalaam. —

1 Schädel vom Pustelschwein (Sus verrucosus Müll. & Schleg.) ♂ von Java; Geber: Herr Kaufmann Hoffmann in Hamburg. —

1 Ohreufledermaus (Plecotus auritus (L)) aus Hannover; Geber: Herr stud. rer. nat. v. Kewenter in Hannover. —

Mehrere Fledermäuse aus Keetmanshoop (Deutsch-S. W.-Afrika); Geber: Herr Kaufmann Rautenberg in Lüderitzbucht. —

1 Dreifarbiges Eichhörnchen (Sciurus [Heterosciurus] prevostii Desm.) ♂ von den Sunda-Inseln; Geber: Herr Tierhändler Ruhe in Alfeld a. d. L. —

1 Nasenaffe (Nasalis larvatus (Wurmb.)) ♀ von Quop am Sarawak-River, Sarawak (Borneo); Geber: Das Sarawak-Museum in Kuching (Borneo). —

1 Maulwurf (Talpa europaea L.) aus Hannover; Geber unbekannt. —

B. Ankäufe.

1 Ceylon-Hutaffe (Macacus [Zati] pileatus Shaw.) ♀ aus Ceylon. —

1 Tschakma-Pavian (Papio [Choeropithecus] porcarius Bodd.) ♂ aus Südafrika. —

1 Fliegender Hund (Pteropus edwardsi E. Geoffr.) ♀ aus Madagaskar. —

1 Lippenbär (Melursus ursinus (Shaw.)) ♂ aus Indien. —

1 Rieseneichhorn (Sciurus [Eosciurus] indicus Erxl.) ♂ aus Indien. —

1 Lemming (Lemmus lemmus L.) aus Schweden. —

1 Schneehase im Übergangskleid (Lepus timidus L.) ♀ aus Schweden. —

1 Gemeiner Hase (Lepus europaeus Pall.) ♀ aus Hannover. —

1 Entwicklungsreihe (8 Stück) von Abwurf-Schaufeln und -Stangen vom Elch (Alces machlis Ogilby) ♂ aus Schweden. —

1 Arabische Gazelle (Gazella arabica Licht.) ♂ aus Arabien. —

1 Rinderschädel (Bos taurus L.) ♀ aus Deutschland. —

Vögel.

(Die mit einem * bezeichneten Objekte sind in dieser, sowie in den folgenden Sammlungen der naturhistorischen Abteilung sind bereits zur Aufstellung gelangt).

A. Geschenke.

3 Eier vom Sperber (Astur nisus (L.)) aus der Eilenriede bei Hannover; Geber: Herr Rentier Becker in Hannover. —

*1 hahnenfedrige Fasanhenne (Phasianus colchicus L.) ♀ von Cremzow bei Stargard (Pommern); Geber: Herr General-Direktor Berliner in Berlin-Grunewald. —

1 Nest eines Webervogels (Ploceus spec.) aus Daressalaam; Geber: Herr Rechnungsrat Cohrs in Daressalaam. —
*1 Amsel (Merula merula (L.)) ♂ (wurde skelettiert),
1 Mönchsgrasmücke (Sylvia atricapilla (L.)) ♂,
1 Gemeiner Star (Sturnus vulgaris L.) ♂, sämtlich von Lingen a. d. Ems;
1 Blesshuhn (Fulica atra L.) ♀,
1 Sumpfläufer (Limicola platyrhyncha (Temm.)) ♀,
2 Kampfhähne (Philomachus pugnax (L.)) ♀♀,
1 junge schwarze Seeschwalbe (Hydrochelidon nigra (L.)),
1 Tafelente (Fuligula ferina (L.)) ♀, sämtlich von Geeste (Kreis Meppen); Geber: Herr stud. rer. nat. Detmers in Hannover. —
1 Turmfalk (Cerchneis tinnunculus (L.)) ♀,
1 Punktiertes Rohrhuhn (Ortygometra porzana (L.)) ♂, beide von Rehburg-Stadt; Geber: Herr Dr. med. Funke in Rehburg-Stadt. —
2 Kraniche (Grus grus (L.)) ♀♀, von Lemförde (Kreis Diepholz),
1 Punktiertes Rohrhuhn (Ortygometra porzana (L.)) ♂,
1 junge schwarze Seeschwalbe (Hydrochelidon nigra (L.)) vom Dümmer; Geber: Herr Lehrer Harling in Lemförde. —
1 Grünfüssiges Rohrhuhn (Gallinula chloropus (L.)) von Lenthe (Landkr. Linden); Geber: Herr Inspektor Kaune in Lenthe. —
1 Binsenrohrsänger (Calamodus aquaticus (Temm.)),
1 Schilfrohrsänger (Calamodus schoenobaenus (L.)) ♂, beide aus Deutschland,
1 Bartmeise (Panurus biarmicus (L.)) ♂ aus Südeuropa,
12 verschiedene Vögel aus Südamerika,
1 Ei vom Emu (Dromaeus novaehollandiae Vieill.) aus Australien; Geber: Herr stud. rer. nat. v. Kewenter in Hannover. —
*1 Waldschnepfe (Scolopax rusticula L.) ♀, partiell albinotisch, von Plumhof (Kr. Burgdorf); Geber: Herr Lehrer Kuckuck in Hannover. —
*1 Grosser Albatross (Diomedea exulans L.),
1 Diomedea spec.,
1 Uria spec., sämtlich aus dem Stillen Ozean; Geber: Herr Navigationslehrer Dr. Meyer in Hannover. —
3 Vogelnester aus Keetmanshoop (Deutsch-S.-W.-Afrika); Geber: Herr Kaufmann Rautenberg in Lüderitzbucht. —
1 Rauchschwalbe (Hirundo rustica L.) ♂ aus Hannover; Geber: Herr Museumsdirektor Dr. Reimers in Hannover. —
*z. T. 27 Vogelbälge von Java; Geber: Frl. Riedel in Hannover. —
*2 Alpenkrähen (Pyrrhocorax graculus (L.)) ♂ ♀ aus dem Himalaya,
*1 Hornrabe (Bucorax cafer (Schleg.)) aus Afrika (wurde skelettiert),
1 Mittlerer Säger (Mergus serrator L.) ♂ aus Europa; Geber: Herr Tierhändler Ruhe in Alfeld a. d. L. —
*1 Eiderente (Somateria mollissima (L.)) ♂ (Jugendkleid) vom Eichholzteich der Domäne Clus bei Gandersheim; Geber: Herr Direktor Dr. Schäff in Hannover. —
1 junge Pfeifente (Anas penelope L.) ♂,
1 junge Krickente (Anas crecca L.) ♀, beide von Geeste (Kr. Meppen); Geber: Herr Fischmeister Schimmöller in Geeste. —
86 Vogelbälge von Hainan (China),
1 Ptilorhis magnifica (Vieill.) ♂ von Neu-Guinea; Geber: Herr Kaufmann Schwarzkopf in Hongkong. —
1 Goldregenpfeifer (Charadrius pluvialis (L.)) ♂ von Nienburg; Geber: Herr Badehalter Strunk in Hannover. —
1 Ei eines Kakadu (Cacatua spec.); Geber: Frau Teusch in Hannover. —
1 Haussperling (Passer domesticus (L.)) ♂, partiell albinotisch, von Fischbeck a. d. Weser; Geber: Herr Weibezahn in Fischbeck. —

B. Ankäufe.

2 Kleine Gerfalken (Falco gyrfalco L.) ♂ ♀ aus Norwegen. —
*1 Pseudogyps africanus (Salvad.) ♀ aus Ostafrika. —
*2 Kondore (Sarcorhamphus gryphus (L.)) ♂ ♀ aus den Cordilleren von Ekuador. —
*2 Elliots Fasanen (Phasianus ellioti Swinh.) ♂ ♀ aus China. —
*1 Nonnengans (Branta leucopsis (Bechst.)) ♀ von Juist. —

Reptilien.

A. Geschenke.

*1 Pantherschildkröte (Testudo pardalis Bell.) aus Deutsch-Ostafrika; Geber: Herr Rechnungsrat Cohrs in Daressalaam. —

Eine grosse Anzahl Reptilien von Keetmanshoop (Deutsch-S.-W.-Afrika); Geber: Herr Kaufmann Rautenberg in Lüderitzbucht. —
1 Kopf und Rückenschild der Suppenschildkröte (Chelone mydas (L.)) aus Ceylon (?); Geber: Herr Kaufmann Ruge in Hannover. —

B. Ankäufe.

1 Hydraspis spec. aus Brasilien. —

Fische.

Geschenke.

Eine Anzahl Nordseefische aus dem Wattenmeer bei Juist; Geber: Herr Abteilungsdirektor Dr. Fritze in Hannover. —
1 Gebiss eines grossen Hechtes (Esox lucius L.) aus der Aller bei Ahlden (Kr. Fallingbostel); Geber: Herr Dr. med. Schmitz in Linden. —
1 Lamprete (Petromyzon marinus L.) aus der Aller bei Eilte (Kr. Fallingbostel); Geber: Herr Wanner in Eilte.

Weichtiere.

Geschenke.

1 Gehäuse von Achatina spec. von Daressalaam; Geber: Herr Rechnungsrat Cohrs in Daressalaam.
16 Schalen und Gehäuse von zur Fabrikation von Perlmutterknöpfen verwendbaren Muscheln und Schnecken; Geber: Hannoversche Knopffabrik Gompertz & Meinrath. —
24 Gehäuse von Haliotis spec. von Hongkong; Geber: Herr Kaufmann Schwarzkopf in Hongkong. —

Insekten.

A. Geschenke.

Eine Anzahl Insekten aus Argentinien; Geber: Herr Chemiker Dr. phil. Asbrand in Linden. —
Eine grosse Anzahl Insekten aus Deutsch-Ost-Afrika; Geber: Herr Rechnungsrat Cohrs in Daressalaam. —
Eine Anzahl Insekten aus der Provinz Hannover; Geber: Herr Abteilungsdirektor Dr. Fritze in Hannover. —
1 Eremit (Osmoderma eremita Scop.) ♂ von Bredenbeck am Deister; Geber: Herr Tischlermeister Hasenjäger in Bredenbeck a. D. —
9 Raupensäcke von Oeceticus spec. aus Argentinien; Geber: Herr Arbeiter Huxhagen in Hannover. —
Eine grosse Anzahl Insekten, hauptsächlich Coleopteren, von Keetmanshoop (Deutsch-S.-W.-Afrikas),
3 Coleopteren von Capri; Geber: Herr Kaufmann Rautenberg in Lüderitzbucht. —
Etwa 1900 Schmetterlinge von Hainan (China); Geber: Herr Kaufmann Schwarzkopf in Hongkong. —

B. Ankäufe.

1 Vespidenbau mit Vespen von der Kolonie Irati bei Ponta-Grossa in Parana (Brasilien). —
15 Eier von Phyllium pulchrifolium Serv. von Salatiga (Java). —
8 Eier von Phryganistria sarmentosa West. aus Java. —

Tausendfüsse.

Geschenke.

3 Juliden von Keetmanshoop (Deutsch-S.-W.-Afrika); Geber: Herr Kaufmann Rautenberg in Lüderitzbucht. —

Spinnentiere.

Geschenke.

Eine grosse Anzahl Skorpione und einige Spinnen von Keetmanshoop (Deutsch-S.-W.-Afrika); Geber: Herr Kaufmann Rautenberg in Lüderitzbucht. —

Krebstiere.

Geschenke.

1 Sacculina carcini Thomps. an Carcinus maenas Leach aus dem Wattenmeer bei Juist; Geber: Herr Abteilungsdirektor Dr. Fritze in Hannover. —
4 Lepidurus productus (L.). ♀♀♀♀ von Gross-Gerau in Hessen; Geber: Herr Oberpostassistent Knodt in Darmstadt. —
1 Apus cancriformis Schäff. ♀ aus der Umgegend von Bothfeld (Landkr. Hannover); Geber: Verein Linné in Hannover. —

Stachelhäuter.

Geschenke.

1 Echinus miliaris Müll. aus dem Wattenmeer bei Juist; Geber: Herr Abteilungsdirektor Dr. Fritze in Hannover. —

Korallpolypen.

Geschenke.

2 Kolonieen von Hydractinia echinata (Flem.) auf von Eupagurus bernhardus Fabr. bewohnten Schneckengehäusen aus dem Wattenmeer bei Juist; Geber: Herr Abteilungsdirektor Dr. Fritze in Hannover. —

Schwämme.

Geschenke.

* 2 Skelette von Euplectella spec. von den Philippinen; Geber: Herr Kaufmann Schwarzkopf in Hongkong. —

2. Botanische Sammlungen.

Geschenke.

1 Querschnitt eines Buchenstammes mit starker Wucherung aus Springe am Deister; Geber: Herr Apotheker Capelle in Springe a. D. —
5 Schoten von Acacia spec.,
1 Frucht von Afzelia africana Ktze.,
1 „ vom Affenbrotbaum (Adansonia digitata L.),
2 Stücke Kopal mit Insekten-Einschlüssen, sämtlich von Daressalaam; Geber: Herr Rechnungsrat Cohrs in Daressalaam. —
1 Widerbart (Epipogon aphyllus Sw.) vom Duinger Berg (Kr. Alfeld); Geber: Herr Apotheker Foerster in Alfeld a. d. L. —
2 Früchte von Pithecotherium echinatum K. Schub.,
Früchte von Geoffraea inermis L. aus Guatemala; Geber: Herr Holzberg in Las Vinas (Guatemala).

3. Geologisch-Paläontologische Sammlung.

A. Geschenke.

3 Belemniten aus dem Jura von Linden; Geber: Herr Bergarbeiter Bollin in Linden. —
4 Fossile Pflanzenreste aus der Westfälischen Steinkohle; Geber: Herr Werkmeister Franke in Hannover. —
1 Fischabdruck auf Kupferschiefer von Eisleben; Geber: Herr Fricke in Hannover. —
Eine Anzahl Versteinerungen und Handstücke aus dem Tertiär von Hemmoor (Kr. Neuhaus a. d. O.);
20 Schneckengehäuse aus dem Kalktuff von Alfeld a. d. L.; Geber: Herr Abteilungsdirektor Dr. Fritze in Hannover. —
2 Kreidegeschiebe (1 Echinide, 1 Spongie) aus der Umgegend von Hannover; Geber: Herr Kaufmann Funke in Hannover. —
3 Geweihbruchstücke von Cervus elaphus L.,
1 Stange von Capreolus caprea Gray, sämtlich aus einer Kiesgrube bei Herrenhausen; Geber: Herr Baggermeister Gast in Herrenhausen. —

*6 Versteinerungen aus dem Tertiär von Hemmoor (Kr. Neuhaus a. d. O.); Geber: Herr Baurat Gravenhorst in Stade. —

Infusorienerde von Armstorf (Kr. Osten); Geber: Herr Gastwirt Meyns in Lamstedt (Kr. Neuhaus a. d. O.). —

2 Backzähne von Elephas primigenius Blumenb. aus einer Kiesgrube bei Barnten (Ldkr. Hildesheim); Geber: Herr Zahlmeister v. Meurers in Hannover. —

Eine grössere Anzahl Handstücke und Versteinerungen von verschiedenen süddeutschen Fundorten; Geber: Herr cand. geol. Roemer in Hannover. —

*5 Versteinerungen aus dem oberen Neokom von Mellendorf (Kr. Burgdorf); Geber: Herr Dr. med. Stadtländer in Mellendorf. —

3 Ammoniten von der Porta-Westphalica; Geber: Herr Strauss in Minden i. W. —

1 Drucksutur von Hilter (Kr. Aschendorf); Geber: Herr Dr. phil. Wetzel in Kiel. —

*4 Handstücke zur allgemeinen Geologie von verschiedenen Harzer Fundorten; Geber: Herr Staatsgeologe Dr. phil. Windhausen in Buenos-Ayres (Argentinien). —

B. Ankäufe.

Palaeozoicum.

Cambrium — Devon.
68 Stück aus Böhmen.

Mesozoicum.

I. Lias.
    c. 75 Stück von Oldentrup bei Bielefeld. —

II. Brauner Jura.
    c. 500 Stück von Gretenberg (Kr. Burgdorf), Bethel bei Bielefeld, Lechstedt (Kr. Marienburg), Lindener Bahneinschnitt bei Hannover. —

III. Weisser Jura.
    12 Stück von Nammen (Prov. Westfalen). —

IV. Untere Kreide.
    c. 400 Stück von Jetenburg (Schaumburg-Lippe), Stadthagen (Schaumburg-Lippe), Sachsenhagen (Lippe-Detmold), Ihme bei Hannover, Behrenbostel (Kr. Neustadt a. Rbg.), Vöhrum (Kr. Peine), Algermissen (Ldkr. Hildesheim), Alt Warmbüchen (Kr. Burgdorf). —

Kaenozoicum.

Tertiär.
    c. 35 Stück von Basbeck, Bünde (Westfalen). —

*1 Sericitglimmerschiefer (Bündner Schiefer) von Val Canaria bei Airolo. —
*1 Biotitgneiss von Sulzbach (Schwarzwald).
*1 Muscovit-Glimmerschiefer von Valle de Varaita (Piemont.) —
*1 Phyllit von Pfitsch (Tirol). —
*1 Phyllitfaltung von Erdmannsdorf (Sachsen). —
*1 Phyllitfaltung von Neustadt a. d. Mettau (Böhmen). —
*1 Granulitfaltung von Tirschheim (Sachsen). —
*1 Gebogener Kieselschiefer von Lössnitz (Sachsen). —
*1 Gebogener Tonschiefer von St. Goar (Rheinpreussen). —
*1 Flyschschiefer mit Faltung und Gleitfläche von Fürrenalp bei Engelberg (Schweiz). —
*1 Holzgneiss von Doubrarcan (Böhmen). —
*1 Löss vom Kreuzberg bei Bonn a. Rh. —
*1 Lösskindel von Kuttenberg (Böhmen). —
*1 Flasche Wüstensand aus der Sahara. —
*2 Verwitterungsstufen von Gneiss von Freiberg (Sachsen). —
*1 Kieselsinterabsätze vom Geysir (Island). —
*1 Solfatarenbildung (Schwefel sublimiert in Obsidian) von Stromboli. —
*1 Solfatarenbildung (Salmiak) von Hähnichen bei Dresden. —
*1 Predazzit von Predazzo (Tirol). —
*1 Metamorpher Kalk von Predazzo (Tirol). —
*1 Wellensandstein (Ripple Marks) von Eisenach. —

4. Mineralogische Sammlung.

A. Geschenke.

*2 Asbest von Kisakki (Deutsch-Ostafrika); Geber: Herr Rechnungsrat Cohrs in Daressalaam. —

*2 Standgläser mit Kalisalzen von Limmer und Dehnsen (Kr. Alfeld); Geber: Gewerkschaft „Desdemona" in Limmer und Dehnsen. —
*2 Gipskristalle mit Wassereinschluss von Eisleben; Geber: Herr Bergwerksdirektor Geipel in Eisleben. —
*1 Fasergips des Mittleren Muschelkalks,
*1 Gebänderter Gips des Zechsteins, beide von den Giesener Bergen bei Hildesheim; Geber: Herr Staatsgeologe Dr. phil. Windhausen in Buenos-Ayres (Argentinien). —

B. Ankäufe.

*1 grosse Stufe Arsenkies nach Arsen mit Silberkies und Rotgiltigerz, Arseneisensinter nach Bitterspat auf Kalkspat von St. Andreasberg i. H.

C. Eingetauscht.

*2 Apophyllite, besondere Kristallform, von St. Andreasberg i. H. —

5. Handbibliothek.

A. Geschenke.

Schkuhr, Botanisches Handbuch, 3 Bde. Text, 3 Bde. Abbildungen; Geber: Herr Baumeister Rieken in Hannover. —
13 Broschüren geologischen und paläontologischen Inhalts; Geber: die Herren Privatdocent Dr. Andrée in Karlsruhe (1), Dr. phil. Basedow in Adelaide, Südaustralien (3), Privatdocent Dr. Salfeld in Göttingen (1), Staatsgeologe Dr. Windhausen in Buenos-Ayres (8). —

B. Ankäufe.

Zoologie.

Das Tierreich, Lieferung 25. —
Brauer, Die Süsswasserfauna Deutschlands, Lieferung 1, 3—13, 15, 17—19. —
Meerwarth, Lebensbilder aus der Tierwelt; Säugetiere: Lieferung 17—20; Vögel: Lieferung 17—20. —
Lampert, Das Leben der Binnengewässer. —
Lydekker, Die geographische Verbreitung und geologische Entwicklung der Säugetiere. —
Ogilvie-Grant, On the Birds of Hainan. —
Wytsman, Genera Insectorum, Lieferung 76—99. —
17 Arbeiten über Japanische und Afrikanische Coleopteren von folgenden Autoren: Bates (1), Candèze (1), Gorham (1), Kolbe (13), Sharp (1). —
Seitz, Die Grossschmetterlinge der Erde, Band I, Lieferung 41—60, Band II, Lieferung 24—49. —
Crowley, On the Butterflies collected by the late Mr. John Whitehead in the Interior of the Island of Hainan. —
Keller, Die antike Tierwelt, Band I. —
Leonhardt und Schwarze, Das Sammeln, Erhalten und Aufstellen der Tiere. —
Ziegler, Zoologisches Wörterbuch, 2. Lieferung. —

Botanik.

Engler, Das Pflanzenreich, Heft 38—40.
Engler und Prantl, Die natürlichen Pflanzenfamilien, Lieferung 236—240. —
Rabenhorst, Kryptogamenflora, Lieferung 111—117 und Band VI, Lieferung 8—9. —
Ascherson und Gräbner, Synopsis der mitteleuropäischen Flora, Lieferung 61—67. —

Geologie und Paläontologie.

Wahnschaffe, Die Oberflächengestaltung des norddeutschen Flachlandes. —
Quenstedt, Der Jura. —
F. A. Roemer, Die Versteinerungen des Harzgebirges. —
Langenhan, Fauna und Flora des Rotliegenden in der Umgebung von Friedrichroda in Thüringen. —
42 Arbeiten über die Geologie und Paläontologie der Provinz Hannover und der Nachbargebiete von folgenden Autoren: Behrensen (1), Beushausen (1), Bode (2), Bölsche (2), Brauns (5), Broili (1), Credner (2), Dames (1), Denckmann (1), Dubbers (1), Gottsche (2), Grupe (1), Haas (1), Halfar (2), Hoyer (1), Kluth (1), v. Koenen (1), Koert (1), Krause (2), Madsen (1), Menzel (1), Reuss (1), Schlüter (4), Stille (1), Tiessen (1), Wermbler (1), Wiechmann (1), Wunstorf (1), Wüst (1). —
Zakrzewski, Die Grenzschichten des Braunen und Weissen Jura in Schwaben. —

Zirkel, Lehrbuch der Petrographie, Band I—III. —
Jahrbuch der Kgl. Preussischen geologischen Landesanstalt und Bergakademie zu Berlin, Jahrgang 1881. —

Mineralogie.

Sauer, Mineralkunde als Einführung in die Lehre vom Stoff der Erdrinde. —

An wissenschaftlichen Zeitschriften wurden gehalten:

Zoologischer Anzeiger mit Bibliographia zoologica.
Ornithologische Monatsberichte. —
Entomologische Zeitschrift. —
Neues Jahrbuch für Mineralogie, Geologie und Paläontologie mit Centralblatt für Mineralogie, Geologie und Paläontologie. —

C. Im Schriftenaustausch erhalten.

Mitteilungen aus dem Zoologischen Museum in Berlin, IV. Band, Heft 2. —
Bericht über das Zoologische Museum zu Berlin im Rechnungsjahr 1908. —
Abhandlungen des Naturwissenschaftlichen Vereins zu Bremen, XIX. Band, Heft 3. (Anliegend: Schauinsland, Darwin und seine Lehre). —
Commissão de Estudos das Minas de Carvão de Pedra do Brasil, — J. C. White, Relatorio final. —
Naturforschende Gesellschaft in Emden, 93. Jahresbericht. (1907/08.) —
40. Bericht der Senckenbergischen Naturforschenden Gesellschaft in Frankfurt a. M. (Jahrgang 1909.) —
Missouri Botanical Garden, XX. Jahrgang (1909). —
Jahrbücher des Nassauischen Vereins für Naturkunde, Jahrgang 62 (1909).
Natuurkundig Tijdschrift voor Nederlandsch Jndië, Deel LXVIII. —
Nova acta regiae societatis scientiarum upsaliensis. Series IV, vol. 2, No. 4—6. —
Proceedings of the Royal Society of Victoria, vol. XXI (New Series), part I—II. —
Annual report of the Board of Regents of the Smithsonian Institution, Jahrgang 1907. —
Report on the Progress and Condition of the U. S. National Museum for the year ending 30. june. 1908 & 30. June 1909. —

6. Verschiedenes.

A. Geschenke.

*1 Photographie einer Kolonie der Brandseeschwalbe (Sterna cantiaca Gm.) auf Rottum (Holland); Geber: Herr Rentner Brons in Emden. —
*3 Tafeln zur Erläuterung der Deutschen Kalisalz-Lagerstätten; Geber: Kalisyndikat G. m. b. H. in Leopoldshall-Stassfurt.
2 geologische Karten aus der Umgebung von Hannover; Geber: Herr Staatsgeologe Dr. Windhausen in Buenos-Ayres. —

B. Ankäufe.

1 Gipsrelief der Gebirgszüge um Alfeld a. d. L. —
*22 Photographieen geologisch interessanter Landschaften zur Erläuterung der Sammlung zur allgemeinen Geologie. —
*6 Photographieen von der Vogelkolonie der Insel Laysan. —
*4 Photographieen, die verschiedenen Stadien der Präparation einer Bisonkuh darstellend. —
Toula, Geologische Karte der Erde. —
13 Blätter der Geologischen Karte von Preussen und benachbarten Bundesstaaten mit Erläuterungen. —
26 Messtischblätter. —

Fritze.

3. Nachtrag zum Katalog der Säugetiersammlung des Provinzial-Museums zu Hannover.

Von Adolf Fritze.

Die Vermehrung des zur Aufstellung gelangten Teiles der Säugetiersammlung während des Amtsjahres 1909 wird durch folgende Tabelle veranschaulicht:

	Ganze Tiere	Skelette	Schädel	Skeletteile, .Gehörne, Zähne usw.	Zusammen
Aus alten Beständen	—	—	1	—	1
Ankäufe	18	5	18	3	44
Geschenke	8	3	22	7	40
Zusammen	26	8	41	10	85

Infolge der Überfüllung der Ausstellungssäle, über die an anderer Stelle dieses Jahrbuchs berichtet ist, mussten einige ältere Stücke magaziniert werden, um Neuerwerbungen Platz zu machen. Es sind dies:

56 a. (183.) *Ursus [Thalassarctos] maritimus Desm.*
105 a. (181.) *Felis [Uncia] tigris L.*
108 a. (92.) *Felis [Leopardus] pardus L.*

Demnach weist der ausgestellte Teil der Säugetiersammlung des Provinzial-Museums gegenwärtig folgende Zusammensetzung auf:

Ganze Tiere 540
Skelette 38
Schädel 316
Skeletteile, Gehörne, Zähne usw. 123
Frassstücke und Nester. 6
Gipsabgüsse 2

Zusammen . . . 1022

gegen 940 im Vorjahr.

Die Zahl der vertretenen Arten, Unterarten und Varietäten beträgt 385.

I. 0. Bimana. Zweihänder.

Zu 1. *Homo sapiens L.* Mensch.
    f. (997.) Schädel eines Hottentotten. Bethanien. (Deutsch-S.-W.-Afrika.) G.: Kaufmann Rautenberg, Lüderitzbucht, 1909.
    g. (1029.) Schädel eines neugeborenen ♂ G.: Provinzial-Hebammen-Lehranstalt, Hannover, 1909.

II. 0. Primates. Affen.

F. Simiidae.

Zu 3. *Anthropopithecus troglodytes (L.).* Schimpanse.
    f. (964.) ♀ juv. Schädel. Kongostaat. G.: Tierhändler Ruhe, Alfeld a. d. L., 1909.

F. Cercopitheci.

367. *Nasalis larvatus (Wurmb.).* Nasenaffe.
    a. (1032.) ♀ Schädel. Sarawak (Borneo). G.: Sarawak-Museum, Kuching (Borneo), 1909.
368. *Cercopithecus [Mona] spec.*
    a. (954.) ♀ juv. Südende des Tanganyka-Sees. G.: Rechnungsrat Cohrs, Daressalaam, 1908.
    b, (955.) ♀ juv. Schädel. Südende des Tanganyka-Sees. G.: Rechnungsrat Cohrs, Daressalaam, 1908.
369. *Cercopithecus [Diana] diana (L.).* Diana-Affe.
    a. (992.) ♀ Westafrika. Gek. 1909.
    b (978.) ♀ Schädel. Westafrika. 1909.
370. *Macacus [Zati] pileatus Shaw.* Ceylon-Hutaffe.
    a. (1007.) ♀ Schädel. Ceylon. Gek. 1909.
Zu 17. *Macacus [Vetulus] silenus (L.).* Wanderu.
    d. (996.) ♀ Skelett. Indien. Gek. 1909.
Zu 19. *Macacus [Macacus] rhesus Audeb.* Rhesusaffe.
    c. (963.) ♂ juv. Schädel. Südasien. G.: Tierhändler Ruhe, Alfeld a. d. L., 1909.
371. *Papio [Choeropithecus] porcarius Bodd.* Tschakma.
    a. ♂ Schädel. Südafrika. Gek. 1909.

III. 0. Prosimiae. Halbaffen.

F. Lemuridae.

Zu 44. *Lemur macaco L.* Mohrenmaki.
    d. (953.) ♀ Madagaskar. Gek. 1908.

VI. 0. Carnivora. Raubtiere.

F. Procyonidae.

Zu 64. *Nasua rufa Desm.* Gemeiner Nasenbär.
    e. (987.) ♀ Südamerika. Gek. 1909.
    f. (966.) ♀ Schädel. Südamerika. Gek. 1909.

F. Mustelidae.

372. *Meles anakuma Temm.* Japanischer Dachs.
    a. (1034.) Skelett. Japan. G.: Kaufmann Danckwerts, Hamburg, 1909.
Zu 72. *Mustela martes L.* Edelmarder.
    c. (1001.) Schädel. Küstrin. G.: Präparator Schwerdtfeger, Hannover, 1909.
    d. (1002.) Schädel. Deutschland. G.: Gymnasiast W. von Bentheim, Hannover, 1909.
Zu 73. *Mustela melampus Temm.* Schwarzfussmarder.
    c. (911.) S. K. Japan. G.: Kaufmann Danckwerts, Hamburg, 1909.
    d. (1035.) Skelett. Japan. G.: Kaufmann Danckwerts, Hamburg, 1909.

F. Canidae.

Zu 85. *Canis [Canis] lupus L.* Wolf.
    f. (1000.) Schädel. Kiruna (Schweden). Gek. 1909.
Zu 88. *Canis [Lupulus] mesomelas Schreb.* Schabrackenschakal.
    d. (1012.) ♂ Keetmanshoop (Deutsch-S.-W.-Afrika). G.: Kaufmann Rautenberg, Lüderitzbucht, 1909.
    e. (1013.) ♀ Keetmanshoop (Deutsch-S.-W.-Afrika). G.: Kaufmann Rautenberg, Lüderitzbucht, 1909.
    f. (1008.) ♂ Schädel. Keetmanshoop (Deutsch-S.-W.-Afrika). G.: Kaufmann Rautenberg, Lüderitzbucht, 1909.
    g. (1009.) ♀ Schädel. Keetmanshoop (Deutsch-S.-W.-Afrika). G.: Kaufmann Rautenberg, Lüderitzbucht, 1909.
373. *Nyctereutes procyonoides (Gray).* Marderhund.
    a. (990.) Japan. G.: Kaufmann Danckwerts, Hamburg, 1909.
    b. (1033.) Skelett. Japan. G.: Kaufmann Danckwerts, Hamburg, 1909.
Zu 90. *Vulpes [Vulpes] alopex (L.).* Gemeiner Fuchs.
    u. (1031.) ♂ Schädel. Sievershausen i. S. G.: Präparator Schwerdtfeger, Hannover, 1909.
    v. (952.) juv. Schädel. Provinz Hannover. G.: Rendant Lüddecke, Hannover, 1909.

F. Viverridae.

Zu 318. *Herpestes galera Erxl.* Kurzschwanz-Ichneumon.
    e. (989.) ♀ Deutsch-Ostafrika. Gek. 1909.
    f. (968.) ♀ Schädel. Deutsch-Ostafrika. Gek. 1909.

F. Felidae.

Zu 319. *Felis [Leopardus] pardus L. var. nimr. Hempr. & Ehrbg.* Steppenleopard.
    b. (1010.) ♂ Deutsch-Ostafrikanisches Seengebiet. Gek. 1909.
    c. (1011.) ♀ „ „ „ „
    d. (1005.) ♂ Schädel. Deutsch-Ostafrikanisches Seengebiet. Gek. 1909.
    e. (977.) ♀ „ „ „ „ „ „

VII. O. Pinnipedia. Flossenfüsser.

F. Otariidae.

374. *Arctocephalus [Callorhinus] ursinus (L.).* Seebär.
    a. (1014.) ♀ Tsugaru-Strasse (Japan.) G.: Yamato, Tokyo (Japan.) 1909.

VIII. O. Rodentia. Nagetiere.

I. Unterordn. Sciuromorpha.

F. Sciuridae.

375. *Sciurus [Eosciurus] indicus Erxl.* Rieseneichhorn.
    a. (986.) ♀ Indien. Gek. 1909.
    b. (1004.) ♂ Schädel. Indien. Gek. 1909.
    c. (962.) ♀ „ „ „ „
Zu 129. *Sciurus [Heterosciurus] prevostii Desm.* Dreifarbiges Eichhörnchen.
    b. (1003.) ♂ Schädel. Sunda-Inseln, G.: Tierhändler Ruhe, Alfeld a. d. L., 1909.
376. *Cynomys ludovicianus Ord.* Präriehund.
    a. (1030.) ♀ Skelett. Nordamerika. Gek. 1909.

2. Unterordn. Myomorpha.

F. Muridae.
Zu 160. *Lemmus lemmus (L.).* Lemming.
    k. (1025.) Skelett. Schweden. Gek. 1909.

F. Spalacidae.
377. *Myoscalops argenteo-cinereus (Ptrs.).* Erdbohrer.
    a. (993.) ♀ Blantyre (Brit.-Zentralafrika). Gek. 1909.
    b. (998.) ♀ Skelett. Blantyre (Brit.-Zentralafrika). Gek. 1909.

F. Leporidae.
Zu 182. *Lepus timidus L.* Schneehase.
    e. (1016.) S. K. Malmbäck. (Schweden.) Gek. 1909.
    f. (1006.) Schädel. Malmbäck. (Schweden.) Gek. 1909.

IX. O. Ungulata. Huftiere.

2. Unterordn. Proboscidea.

F. Elephantidae.
Zu 188. *Elephas africanus Blumenb.* Afrikanischer Elefant.
    h. (976.) juv. Schädel. Afrika.
Zu 189. *Elephas indicus L.* Indischer Elefant.
    i. (970.) ♂ juv. Schädel. Indien. G.: Tierhändler Ruhe, Alfeld a. d. L., 1906.

4. Unterordn. Artiodactyla.

F. Hippopotamidae.
Zu 200. *Hippopotamus amphibius L.* Nilpferd.
    e. (994.) ♀ juv. Schädel. Deutsch-Ostafrika. G.: Rechnungsrat Cohrs, Daressalaam, 1904.

F. Cervidae.
Zu 206. *Cervus [Rusa] porcinus (Zimm.)* Schweinshirsch.
    b. (983.) ♂ juv. (Spiesser). Indien. Gek. 1908.
378. *Cervus [Rucercus] schomburgki Blyth.* Schomburgks Hirsch.
    a. (974.) ♂ Oberschädel. Siam. G.: Geh. Baurat a. D. Gehrts, Hannover, 1909.

Zu 326. *Cervus [Rucercus] eldii (Guthrie).* Leierhirsch.
    b. (971.) ♂ Oberschädel. Siam. G.: Geh. Baurat a. D. Gehrts, Hannover, 1909.
    c. (972.) ♂   „   „   „   „   „   „ „ „   „   ,   „   ⌡
Zu 209. *Cervus [Axis] axis (Erxl.)* Axis.
    b. (951.) ♂ (2 Tage alt), Schädel. Ostindien. Gek. 1908.
Zu 213. *Cervus [Dama] dama L.* Damhirsch.
    c. (956.) ♂ Oberschädel. Europa. Gek. 1908.
Zu 214. *Alces machlis Ogilby.* Elch.
    e. (985.) ♂ Schädel. Malmbäck (Schweden). Gek. 1909.
    f. (1024.) ♂ Geweih eines Kümmerers. Schweden. Gek. 1909.
    g. (984.) ♂ Abwurfschaufel. Schweden. Gek. 1909.
Zu 215. *Rangifer tarandus (L.).* Ren.
    f. (1023.) ♀ Schädel. Lappland. G.: Naturalienhändler Dahse, Alstad (Schweden). 1909.
Zu 216. *Capreolus caprea Gray.* Reh.
    e. e. (982.) ♂ Galizien. Gek. 1909.
    f. f. (957.) ♂ Geweih. (Spiesser im Bast.) Sievershausen i. Solling. G.: Landwirt Ohm, Sievershausen, 1908.
    g. g. (958.) ♂ Geweih. Sievershausen i. Solling. G.: Landwirt Ohm, Sievershausen, 1908.
    h. h. (959.) ♂ Geweih.   „   „   „   „   „   „
    i. i. (960.) ♂ Geweih.   „   „   G.: Landwirt Gleie, Sievershausen, 1908.
    k. k. (961.) ♂ Geweih. Windhausen b. Grund a. Harz. Gek. 1908.
379. *Cariacus [Blastocerus] paludosus (Desm.).* Sumpfhirsch.
    a. (973.) ♂ Oberschädel. Brasilien. Gek. 1908.

F. Bovidae.

Zu 223. *Bubalis lichtensteini Ptrs.* Sambese-Kuhantilope.
    c. (1026.) ♂ Barotseland, N.-W.-Rhodesia (S.-Afrika). Gek. 1909.
    d. (1027.) ♀   „   „   „   „   „
380. *Cobus [Adenota] kob Erxl.* Cesse-Antilope.
    a. (1021.) Gehörn. Zentralafrika. G.: Rechnungsrat Cohrs, Daressalaam, 1909.
Zu 237. *Cobus [Adenota] leche Gray.* Lechwe-Antilope.
    b. (980.) ♂ Barotseland, N.-W.-Rhodesia (S.-Afrika). Gek. 1909.
    c. (981.) ♀   „   „   „   „   „
    d. (965.) ♀ Schädel. Barotseland, N.-W.-Rhodesia (S.-Afrika), 1909.
Zu 248. *Tragelaphus scriptus roualeyni Gord.-Cumm.* Ostafrikanischer Buschbock.
    b. (1022.) ♂ Gehörn. Deutsch-Ostafrika. G.: Rechnungsrat Cohrs, Daressalaam, 1909.
381. *Capra [Ibex] nubiana F. Cuv.* Arabischer Steinbock.
    a. (1020.) ♂ Gehörn. Arabien. G.: Rechnungsrat Cohrs, Daressalaam, 1909.
382. *Bibos sondaicus Schleg. & Müll.* Banteng.
    a. (975.) Oberschädel. Siam. G.: Geh. Baurat a. D. Gehrts, Hannover, 1909.
Zu 268. *Bison americanus (Gmel.).* Amerikanischer Büffel.
    c. (1015.) ♀ juv. Nordamerika. Gek. 1909.
    d. (969.) ♀ juv. Schädel. Nordamerika. Gek. 1909.

XII. O. Edentata. Zahnarme.

I. Unterordn. Xenarthra.

F. Bradypodidae.

383. *Bradypus cuculliger Wagl.* Kapuzenfaultier.
    a. (1019.) Surinam. Gek. 1909.
    b. (979.) Schädel. Surinam. Gek. 1909.

XIII. O. Marsupialia. Beuteltiere.

I. Unterordn. Diprotodontia.

F. Macropodidae.

384. *Macropus spec.*
    a. (988.) ♂ Australien. Gek. 1909.
    b. (967.) ♂ Schädel. Australien. Gek. 1909.
385. *Onychogale frenata (Gould.).* Gezäumtes Känguru.
    a. (1017.) ♂ Australien. Gek. 1902.
    b. (1018.) ♀ Australien. G.: Tierhändler Ruhe, Alfeld a. d. L., 1906.
    c. (995.) ♀ Schädel. Australien. G.: Tierhändler Ruhe, Alfeld a. d. L., 1906.

XIV. O. Monotremata. Kloakentiere.

F. Echidnidae.

Zu 306. *Echidna aculeata (Shaw.)* Stachliger Ameisenigel.
    b. (999.) ♀ Skelett. Australien. Gek. 1909.

Pflanzengeographische und biologische Betrachtungen über den Sanddorn (Hippophaë rhamnoïdes, L.) auf Juist und anderen Nordseeinseln.

Von Enno Arends, Juist.

Das Wachstum, das Gedeihen und die Entwickelung sowie der Charakter der Pflanzenwelt eines Landes wird durch die geographische Lage, durch das Klima und die Bodenbeschaffenheit desselben bedingt.

Betrachten wir von diesem Gesichtspunkte die Nordseeinsel Juist, so ergeben sich manche Eigenartigkeiten und Besonderheiten, die auf die Vegetation von Einfluss sind.

Juist ist eine 16,5 qkm grosse Insel in der Nordsee, die sich in der Richtung von O. nach W. 17 km lang, von N. nach S. durchschnittlich nur 1 km breit, zwischen den Inseln Borkum und Norderney erstreckt und von dem ostfriesischen Festlande etwa 15 km entfernt ist. Das nur eben über den Meeresspiegel sich erhebende Eiland ist nach N. durch mächtige, bis zu 20 m hohe Stranddünen gegen die Nordsee geschützt, während es nach S. gegen das Wattenmeer offen liegt.

Wegen dieser günstigen Lage der Insel in der Nordsee kommen hier die Faktoren des Seeklimas besonders zur Geltung. Und sicherlich würden die günstigen klimatischen Eigenschaften, besonders die Gleichmässigkeit und Milde, der hohe Feuchtigkeitsgehalt, die ausgiebigen Niederschläge, welche zumeist aus Regen bestehen, während Schnee und Hagel selten sind, sowie die Fülle der Luft an anregendem Licht das Wachstum und Gedeihen der Pflanzen in hervorragender Weise fördern, wenn nicht ein Faktor hinderlich entgegenstände: der Wind.[1]

[1] Über den nachteiligen Einfluss des Windes auf die Pflanzenwelt herrscht noch keine genügende Klarheit. Die Meinungen darüber sind verschieden. Diese Frage ist aber so wichtig und interessant, dass ich hier die verschiedenen Ansichten namhafter Fachmänner kurz anführe: Nach Hansen[1] wird die Schädigung und schliessliche Vernichtung der Vegetation nicht nur durch heftige Stürme, sondern auch durch Seewinde von gewöhnlicher Stärke herbeigeführt; es handelt sich dabei vorwiegend um einen langsamen Prozess, der im Sommer zur Zeit der Belaubung stattfindet. „Es ist nicht der kürzere heftige Anprall des Sturmes, sondern der ohne Unterlass wehende und verzehrende Wind, der die Bäume langsam den Trockentod sterben lässt". Die direkte Wirkung des Windes beschränkt sich in der Regel auf die Blätter, indem das Parenchym derselben von der Spitze und den Rändern aus beginnend nach der Mitte fortschreitend austrocknet und das Absterben dieser lebenswichtigen Atmungsorgane die Pflanzen beschädigt werden oder ganz zu Grunde gehen. Focke[2] ist der Meinung, die Beeinträchtigung der Bäume werde durch den vom Seewind mitgeführten Salzstaub herbeigeführt, wobei die Blätter und jungen Triebe direkt geschädigt werden. Er hält es ferner für wahrscheinlich, dass die durch wehenden Flugsand bewirkten Verletzungen der Oberhaut die eigentliche Ursache der Sturmschäden an niedrigen krautigen Gewächsen sind.[3] Dagegen wirken nach Friedrich[4] die Seeluft an und für sich nicht nachteilig, im Gegenteil soll sie dazu dienen, die Oberhaut der Blätter zu verdicken und zu kräftigen und dadurch widerstandsfähiger gegen den Wind zu machen. Nach Borggreve[5] ist es lediglich die mechanische Kraft des Windes, welche das Gedeihen der Holzgewächse beeinträchtigt; durch gegenseitiges Reiben und Peitschen auch während des Winters werden die Zweige ihrer Knospen und zum Teil auch ihrer Rinde beraubt. In diesem Sinne meint auch Gerhardt[6], der Wind wirke zerstörend durch seine mechanische Kraft, durch gegenseitige Reiben und Aneinanderschlagen, Umknicken und Abbrechen der Äste, Zweige, Nadeln und Blätter; auch leiden die Blätter durch das beständige Anschlagen und Reiben der durch den Wind getriebenen Sandkörner und die durch den salzhaltigen Seewind gebildeten feinen scharfen Eiskrystalle. Buchenau[7] ist der Ansicht, dass die durch den Wind gelockerten Wurzeln nicht mehr imstande seien, das Wasser aus dem Boden zu befördern und durch das andauernde Rütteln und Schütteln die Leitungsbahnen des Saftstromes behindert werden, das durch den starken Wind verdunstende Wasser in genügender Menge zu ersetzen, dass also die jungen Blätter und Triebe indirekt vertrocknen. Im übrigen spielt auch ihm dabei das Anschlagen und Reiben des durch den Sturm fortgerissenen und aufgewirbelten feinen, scharfen, trockenen Sandes eine grosse Rolle. Nach Kihlmann[8] kommt in arktischen Gegenden der Wind erst in zweiter Linie in Betracht. Die Austrocknung und Schädigung der Pflanzenwelt wird hauptsächlich durch die Bodenkultur verursacht; infolge der niedrigen Temperatur wird die Saftströmung verlangsamt, sodass sie nicht mit genügender

Hansen[1]) hat die Wirkung des Windes auf die Pflanzenwelt der ostfriesischen Inseln in eingehender Weise dargestellt, und wir können ihm auf Grund unserer Beobachtungen und Erfahrungen auf der Insel Juist darin beistimmen, dass dieses klimatische Element allen voransteht, dass alle Pflanzen mehr oder weniger von ihm abhängig sind und nur ebenbürtige Arten, die durch besonderen Bau und Wuchs ausgerüstet sind, im harten Kampfe mit dem Winde bestehen können. Der Wind ist es, welcher der ganzen Insel seinen Stempel aufdrückt; er bildet die Dünen, die mit ihren charakteristischen Gewächsen, dem Helm, dem Sanddorn, der Kriechweide u. a. spärlich bewachsen, einen eigenartigen Eindruck gewähren, und bedingt das kahle, eintönige Aussehen der Insel, indem er den Wuchs von höheren Bäumen und Sträuchern verhindert.

Daneben spielen im Sinne Warmings[10]) Temperatur und Bodenverhältnisse, Trockenheit, Wärmekapazität, Nahrungsgehalt, Beweglichkeit des Sandbodens u. a. eine grosse Rolle. Und es wachsen hier deshalb besonders solche Pflanzen, die geringe Anforderungen an den Boden stellen und sich dem Boden der Insel anpassen, indem sie durch tiefgehende, weitkriechende unterirdische Wurzeln und Rhizome und reichliche Sprossenbildung gleichsam verankert sind. In pflanzengeographischer und biologischer Hinsicht kommt jedoch für die Pflanzenwelt der Nordsee-Inseln in erster Linie der Wind in Betracht.

Auf der Insel gedeihen am besten solche Pflanzen, die sich dem Windklima anpassen. Darum sind hier die niedrigen und niederliegenden Arten, mit am Boden kriechenden Sprossen und mit bodenständigen Blattrosetten, vorherrschend. Und wir finden hier deshalb auch so viele einjährige Pflanzen, die sich durch jährliche Fortpflanzung vermehren, indem sie im Spätsommer keimen, im Frühling blühen und dann absterben. Durch reichliche Samenbildung wird für ihre Fortpflanzung gesorgt, wenn auch die Mutterpflanzen durch den Wind zu Grunde gehen. Hochwachsende und dauernde Pflanzen können, sofern sie nicht künstlich durch Mauern, Bretterverschläge und Hecken, oder in natürlicher Weise durch Dünen und Gebüsch Schutz finden oder in tief in den Boden eingegrabenen Äckern und Gärten (Tunen) wachsen, nur dann bestehen, wenn sie durch ihren anatomischen Bau gegen die Verdunstung erzeugende und austrocknende Kraft des Windes gerüstet sind. Eine Schutzvorrichtung in diesem Sinne bildet u. a. besonders der Bau der Pflanzen, vornehmlich sich äussernd durch ein starkes, festes Gerüst sowie durch harte, lederartige, schülfrige Blätter, mit dichter, fester Oberhaut, wodurch dem Vertrocknen entgegen gewirkt wird.

Unter den aufrechten, windbeständigen Holzgewächsen nimmt der Sanddorn die erste Stelle ein. Er tritt auf Juist als Charakterpflanze so sehr im Vordergrund und bietet in pflanzengeographischer und biologischer Hinsicht so viel Interessantes dar, dass es sich wohl verlohnt, zum Verständnis der eigenartigen Inselvegetation mit ihm sich eingehend zu beschäftigen.

Der zur Familie der Ölweidengewächse gehörige Sanddorn (Hippophaës rhamnoïdes, L.), auch wohl Strand- oder Seedorn genannt, wächst hier überall in grosser Menge, sowohl auf trockenen Dünen, sogar an ihren Nordwestabhängen, wo er der vollen Wucht der vorherrschenden Stürme ausgesetzt ist, als auch in sumpfigen Niederungen, ja sogar auf den Aussenweiden, die bei höheren Fluten von dem 3 1/2 prozentigen Salzwasser der Nordsee überschwemmt werden. Am besten gedeiht er hier in feuchten Dünentälern, an geschützten Plätzen, wo er vereinzelt eine Höhe von über 3 Meter erreicht, während er an freien, dem Winde ausgesetzten Stellen von zwerghaftem, krüppeligem Wuchse ist und nur 0,5—1 Meter hoch wird. Seine Rinde ist grau, braun, braunschwarz, im hohen Alter schwarz; kräftige junge Triebe haben im Frühjahr, in der Knospungs- und Blütezeit zuweilen eine helle, grauweisse, glänzende Rinde, als wären sie mit Emaillelack bestrichen. Die knorrigen, runzlichen, festen, mit langen, harten, spitzigen Dornen bewehrten Äste sind starr, wie aus Erz gegossen, sodass sie selbst von den heftigsten Winden nicht aneinander geschlagen und aneinander gerieben werden. Sie sind mit kleinen, schmalen, lanzettlichen, schülfrigen, lederartigen, oberseits trübgrünen, unterseits silbergrauen Blättern ausgestattet.

Schnelligkeit an die transpirierende Oberfläche der Bäume gelangen kann, während zugleich der Wind die Transpiration und Verdunstung steigert. In ähnlicher Weise wird nach Goebel[9]) die Vegetation der venezolanischen Paramos nachteilig beeinflusst, indem niedrige Bodentemperatur im Verein mit heftigen, kalten Winden die Leitungsbahnen verhindert, den Blättern den zum Ersatz des verdunstenden Wassers erforderlichen Saftstrom zu liefern.

Während nun auf diese Weise der Strauch sich durch seinen anatomischen Bau gegen das Verdunsten und Austrocknen schützt, wird er andererseits durch tiefgehende Wurzeln und weitkriechende unterirdische Sprossen, die an den verschiedensten Stellen neue Wurzeln und neue Pflanzen erzeugen, fest in den lockeren Sandboden verankert, sodass er auch dem starken Rütteln und Schütteln des Sturmes Widerstand leisten kann. Die 3—5 Meter langen Wurzeln dringen tief in den Boden, in einen stets feuchten Grund, und sind somit imstande, selbst in der allertrockensten Sommerzeit den Pflanzen die zur Erhaltung und zum Aufbau erforderlichen Wassermengen zuzuführen.

Am Sanddorn sehen wir also, in welcher bewunderungswürdigen Weise sich die Pflanzen auf der Insel dem Klima und den Bodenverhältnissen anpassen, um im Kampfe ums Dasein bestehen zu können.

Zur Vervollständigung der Beschreibung müssen wir noch folgendes hinzufügen: Die kleinen zweihäusigen Blüten wachsen in kurzen ährigen Blütenständen; die männlichen Blüten sind mit einer zweiteiligen, eiförmigen oder elliptischen, die weiblichen mit röhrenförmigen, an der Spitze geschlitzten Blütenhüllen umgeben. Der Sanddorn blüht im April und Mai; im Herbst und im Winter ist er mit weitleuchtenden, gelben oder orangefarbenen Beeren geziert, die einen sauren Geschmack und einen angenehmen obstähnlichen Geruch haben. Der Strauch wächst langsam, im ersten Jahre um etwa 17 cm, während gleichzeitig die Wurzel die doppelte Länge erreicht. An der Wurzel befinden sich, besonders an den Einmündungsstellen der Nebenwurzeln, zahlreiche Knöllchen, welche durch die Tätigkeit der in ihnen sich entwickelnden Pilze Stickstoff assimilieren, ähnlich wie bei den Leguminosen, Erlen u. a. Somit spielen diese Pilze für die Ernährung der betr. höheren Pflanze, mit der sie zusammenleben (Symbiose), eine wichtige Rolle. Je zahlreicher und üppiger die Wurzelknöllchen sind, desto grösser und kräftiger ist in der Regel die Sand=dornpflanze.

Die nebenstehende Abbildung veranschaulicht uns eine einjährige Sanddornpflanze, die aus einem im Januar 1905 ausgesäten „Krähen-Gewölle" (s. Seite 09 und 10) gewonnen und am 11. November desselben Jahres ausgegraben wurde. Der oberirdische Teil ist 17 cm hoch, mit zahlreichen Winterknospen versehen; er ist schon zumeist entlaubt und trägt nur noch an den Endspitzen der Zweige einzelne Blätter. Der unterirdische Teil, die Wurzel, ist 35 cm lang, mit vielen Nebenwurzeln. Man bemerkt daran viele Knöllchen, besonders an den Stellen, an welchen die Nebenwurzeln mit der Hauptwurzel sich vereinigen.

Nicht nur der Bau, sondern auch der eigenartige Wuchs bietet dem Sanddorn eine wirksame Schutzvorrichtung gegen die zerstörende Kraft des Windes.

Abbildung 1.
Einjährige Sanddornpflanze mit Wurzelknöllchen.

Das kann man hier besonders beobachten auf dem westlichen Teile der Insel, wo die Sanddornbüsche auf Aussenweiden oder sonstigen ungeschützten Stellen in grösseren Beständen zusammen wachsen. Hier gestalten sie sich schirmförmig, polsterförmig, hügelförmig oder in Form eines schiefen, ungleichseitigen Daches, ähnlich gewissen Dünen, die nach der Windseite hin eine längere, flachere Böschung zeigen, während sie nach der Leeseite steiler abfallen. Diese Form kommt dadurch zu stande, dass die äussersten, am weitesten nach der Luvseite

hin wachsenden, also am meisten den Angriffen des Windes ausgesetzten Pflanzen, die krüppel-
haftesten und kleinsten sind, während jedes folgende Gewächs etwas kräftiger und höher wird,
und so weiter, bis das ganze Gebüsch an einer bestimmten Stelle seine grösste Höhe erreicht,
von wo es sich rascher abstufend nach der Leeseite zu abfällt. Die vorderen schützen also die
hinteren, nur wenig über die ersteren hinausragenden Pflanzen, die dadurch einen ruhigeren
und sicheren Standort bekommen und darum auch besser gedeihen. „Jeder in Lee folgende
Baum wird also," wie Buchenau sagt, „weniger stark geschüttelt und zerzaust; er wird, wenn
bei heftigem Sturme Sandflug stattfindet, weniger vom Anprall der Sandkörner getroffen werden.
Der Windschatten aller nach Luv hin stehenden Bäume wird also jedem in Lee folgenden Baume
zu Gute kommen, indem er die mechanische Kraft der heftigen Winde schwächt." Im beständigen Kampfe gegen den Wind sind diese Formen als Schutzmittel entstanden. Auf diese
Weise kann nach Hansen der Wind den Kronen nicht beikommen; „er läuft wie auf einer
schiefen Ebene über das Blätterdach hin, ohne in dasselbe einzudringen". Dabei biegt und
stutzt der Wind die Zweige wie ein Gärtner und bringt sie in eine bestimmte Richtung. Deutlicher noch wie beim Sanddorn tritt uns diese Erscheinung in einigen Weissdornsträuchern auf
der Bill entgegen. die dachförmig nach Nordwesten geneigt und dabei so glatt abgeschnitten
sind, als wären sie künstlich mit der Heckenscheere bearbeitet. Sehr lehrreich sind in dieser
Hinsicht ferner einige Birken auf der Insel, die hier nicht wie anderwärts zu Bäumen gediehen sind,
sondern sich zu niedrigen Büschen entwickelt haben; auch hier sieht man eine nach der Windseite
abfallende schiefe Dachform. Auch bei einem Erlengebüch bemerkt man dieselbe Erscheinung.

Im harten Kampfe mit Wind und Seewasser hat sich der wetterfeste Sanddorn seine
Existenz auf der Insel errungen und er ist deshalb als ein echter Insulaner zu betrachten.
Hier wird er nicht verachtet und als lästiges kulturfeindliches Unkraut ausgerottet; hier steht
er in Ehren und Ansehen und wird mit Recht möglichst geschont, da er sich nur als nützlich
erweist. Im Schutze der Sanddornbüsche wachsen auf der Außenweide vielbegehrte
Gräser und Kräuter, auch finden wir hier das süßduftende Heiligengras [1]) (Hierochloë odorata),
ferner in den Dünentälern Brombeeren in seltener Menge, die einigen Inselbewohnern lohnenden
Verdienst gewähren; in seinem dichten Gestrüpp finden Hasen, Fasanen, Enten und andere
Vögel Schutz gegen Wilddiebe und Raubvögel und gegen die Unbill der Witterung; seine Beeren
dienen den vielen Vögeln zur Nahrung; unter oder in seinen dichten Zweigen nisten viele Brutvögel:
Brandenten, Stockenten, ferner Hänflinge, Dorngrasmücken u. a., die sich durch Vertilgung
vieler schädlichen Insekten und Raupen nützlich erweisen; vermöge seiner oben dargestellten
Eigenschaften trägt der Sanddorn, wie der Helm, viel zum Schutze und zur Erhaltung der
Dünen bei.

Wenn auch der Sanddorn über der ganzen Insel verbreitet ist, so überwiegt er doch
auf dem westlichen Teile. Durchwandern wir die Dünen vom Strande zum Watt, so
sehen wir, wie Hippophaës von Norden nach Süden zunimmt.

Nur vereinzelt wächst er an den Südabhängen der hohen, wallartigen
Nord-Stranddünen, dem eigentlichen Gebiete der Helmgräser, (Psamma arenaria, Hordeum
arenarium und Triticum junceum), wo er wie diese oft von dem Strande herüberwehenden
Sandmassen verschüttet wird und im Verein mit wenigen Exemplaren von Sonchus arvensis,
Hieracium umbellatum und Anthyllis vulneraria die Vegetation bildet..

Das Hauptgebiet des Sanddorns liegt in den Binnendünen, wo er besonders
in feuchten Dünentälern in Form von mächtigen Gebüschen auftritt, die, von Kriechweiden
durchsetzt und von Brombeerranken durchflochten, oft ein undurchdringliches Dickicht bilden.
Im Schatten dieses Gebüsches wächst massenhaft das anmutige, duftige Wintergrün (Pirola
rotundifolia und P. minor) und das schöne, weißleuchtende Herzeinblatt (Parnassia palustris),
von den Orchideen häufig Epipactis palustris, seltener Gymnadenia conopoea und Listera ovata.
Auf den die Täler umgebenden trockenen Dünenhügeln, wo der Sandorn spärlich wächst, macht

---

[1]) Das Heiligengras enthält wohlriechende Substanzen, in solcher Menge und von solcher Dauer, daß
der liebliche Wohlgeruch der Pflanzen auch in getrocknetem Zustande jahrelang erhalten bleibt. Von den
Inselbewohnern wird deshalb das Heiligengras des Wohlgeruchs halber in Schubladen von Kommoden gelegt
und aufbewahrt. Auch zur Bereitung von Bowlen wird er benutzt, indem man die Pflanzen zerschneidet und
5—10 Minuten durch Rheinwein ausziehen läßt; alsdann entwickelt sich ein intensives, liebliches und dauerhaftes
Aroma, das dem Wohlgeruch des Waldmeisters ähnlich ist, ihn aber noch bedeutend übertrifft. Die aromatischen
Stoffe gehen auch in die Milch über und machen sie wohlschmeckend und wohlriechend, zur Blütezeit, im Mai
und Juni, wo das junge, saftige Grün von den Kühen zuweilen gefressen wird. [11])

4*

sich neben ihm die eigentliche Dünenflora, vertreten u. a. durch Silene otites, Viola tricolor, Jassione montana, Lotus corniculatus, Festuca rubra, Koleria glauca geltend. Dagegen ist der nach Süden abfallende Dünenrand oft dicht mit üppigen Sanddornbüschen bedeckt.

Charakteristisch für Juist ist das Auftreten des Sanddorns auf dem südlichen, den Wattweiden vorgelagerten Vordünengelände, das im Osten und Westen ein verschiedenes Aussehen zeigt.

Auf dem östlichen Teile der Insel besteht es aus einem schmalen Saum von kleinen, niedrigen, trockenen Sandhügeln, die nur spärlich mit Sanddorn bewachsen sind und auch eine entsprechende spärliche Begleitflora zeigen. Hier finden wir u. a. Meersenf (Cakile maritima), Salzmiere (Honckenya peploides), selten Männertreu (Eryngium maritimum), Salzkraut (Salsola Kali), Dünengräser (Amophila arenaria, Elymus arenarius, Agropyrum junceum), Mastkraut (Sagina nodosa, S. maritima), vereinzelt Löffelkraut (Cochlearia danica) und Tausendgüldenkraut (Erythrea linariifolia.)

Im Westen dagegen, besonders auf der Bill, haben wir ein breites, ausgedehntes, teilweise sumpfiges, tief in die Wattweide eingreifendes Vordünenland, das mit Sanddorn dicht bedeckt ist. Hier wächst er in Form von mächtigen Gebüschen, sowohl auf den Hügeln als in den Niederungen, ja, sogar auf den Wattweiden, die häufig von dem Salzwasser der Nordsee überflutet werden.

Demgemäss finden wir hier als Nachbarn die Halophyten Glasschmalz und Schmalzmelde (Suaeda maritima und Salicornia herbacea), ferner die Grasnelke (Armeria maritima), die Strandnelke (Statice Limonium), den Meerstrands-Wegerich (Plantago maritima), den Meerstrands-Dreizack (Triglochin maritima), die Meerstrands-Aster (Aster tripolium), das Meerstrands-Milchkraut (Glaux maritima), die Gerards-Binse (Juncus Gerardi) und sonstige Wattweide-Pflanzen.

Das an und für sich schon dichte Sanddorngebüsch auf diesen Vordünen ist oft noch von Brombeerranken durchflochten und mit Weiden (Salix repens, S. cinerea, S. aurita, S. pentandra), ganz vereinzelt auch mit Flieder-, Weissdorn- und anderen Sträuchern untermischt und bildet auf diese Weise ein schier undurchdringliches Gestrüpp, zumal wenn noch die Hundsrose (Rosa canina) mit ihren scharfen Stacheln sich hinzugesellt und der bittersüsse Nachtschatten (Solanum dulcamara) mit seinen kletternden Ranken das Geäst umschlingt.

Dazwischen liegt ein sumpfiges, ebenfalls mit Sanddorn dicht bewachsenes Gelände, das als Pflanzengenossenschaft eine seinem Charakter entsprechende Sumpfflora aufzuweisen hat. Wir finden hier u. a. als Begleitpflanzen: Hierochloë odorata, Phragmites communis, Carex Goudenoughii, Eriophorum angustifolium, ferner das Sumpf-Herzblatt (Parnassia palustris), das Sumpf-Fingerkraut (Potentilla palustris), den Sumpf-Hornklee (Lotus uliginosus), die Schotenweideriche (Epilobium angustifolium, E. parviflorum, E. montanum, E. palustre), den Wassernabel (Hydrocotyle vulgaris), das Sumpf-Vergissmeinnicht (Myosotis palustris), die Wasserminze (Mentha aquatica), das Sumpf-Labkraut (Galium palustre), den Wasserdost (Eupatorium canabinum), die Sumpf-Kratzdistel (Cirsium palustre.)

In diesem Gestrüpp lebt eine mannigfaltige Vogelwelt. Oben in dem Geäst des Sanddorns nisten der Hänfling (Acanthis canabina), die Dorngrasmücke (Sylvia sylvia), der Wiesenschmätzer (Pratincola rubetra), tiefversteckt unter den dichten Zweigen der Phasan (Phasianus colchicus), die Stockente (Anas boschas), die Brandente (Tadorna tadorna). Die mit den zartesten Daunen sorgfältig ausgepolsterten Brandentennester gewähren einen reizenden Anblick, besonders wenn sie mit Dunenjungen gefüllt sind. Auf der Aussenweide und in Dünentälern mit spärlicherem Buschwerk nisten dazwischen auf freien Stellen am Boden der Wiesenpieper (Anthus pratensis) und die Feldlerche (Alauda arvensis), auf den Lichtungen im sumpfigen Dorngebiet die Tüte (Totanus totanus), selten die Wiesenralle (Crex pratensis). In dem mit Schilfrohr untermischten Dorngestrüpp horstet vereinzelt die Kornweihe (Circus cyaneus) und die Wiesenweihe (Circus pygargus). Selten findet man auch unter niedrigen Sanddornsträuchern das Nest der Sumpf-Ohreule (Asio accipitrinus). [1])

---

[1]) Auf den holländischen Inseln fanden wir eine ähnliche Kleinvogelwelt in der Sanddornlandschaft. Dort entdeckten wir auf Schirmonnikoog zu unserer grossen Überraschung auch Brandentennester unter Sanddornbüschen. Also auch hier die merkwürdige Erscheinung, dass aus Höhlenbrütern Freinister geworden sind, eine Tatsache, die um so mehr hervorgehoben werden muss, sofern auf Schirmonnikoog zahlreiche Kaninchen und Kaninchenhöhlen vorhanden sind, in denen die Brandenten gewöhnlich zu nisten pflegen. In Juist sind mit der Ausrottung der Kaninchen die Höhlen längst verschwunden, sodass die Brandente hier notgedrungen ein Offenbrüter geworden ist.

Auch Schmetterlingen gewährt der Sanddorn gastlich ein Heim, freilich, wie wir später sehen werden, zu seinem Verderben.

So bietet der Sanddorn mit seiner Umgebung auf den verschiedensten Bodenarten, im Zusammenleben mit den zahlreichen und mannigfaltigen Bewohnern aus der Pflanzen- und Vogelwelt einen landschaftlichen Reiz, den gewiss alle, die Sinn für urwüchsige Natur haben und das Schöne in der Natur nicht nur im Grossen, sondern auch im Kleinen und in jeder Gestaltung erkennen und zu würdigen wissen, empfinden werden.

Die Sanddornlandschaft ist nicht öde und eintönig, wie sie manchem bei oberflächlicher Beobachtung erscheinen mag, im Gegenteil, sie ist lebendig und zeigt einen zwar nicht blendenden, aber doch eigenartig schönen Farbenschmuck. Vor allem im Vordünengebiet auf der Bill. Hier ist das hügelige Gelände, wie wir oben ausgeführt haben, mit Sanddornbüschen dicht bewachsen. durchrankt mit Brombeeren und untermischt mit Weiden, woraus zur Sommerzeit rotblühende Epilobien hervorleuchten, ein mannigfaltiges Gewirr, das noch bunter und belebter wird, wenn sich die Hundsrose mit ihren dunkelroten Stämmen, mit hellrosa Rosen hinzugesellt, oder vereinzelt ein Schneeballbusch.mit seinen hellleuchtenden, schneeweissen, ballähnlichen Blütenständen das Auge erfreut. Dazu kommt ein angenehmer lebhafter Duft, mit welchem Heiligengras und Wasserminze rings die Luft erfüllen. Eigenartig schön ist auch der Sanddorn im Frühlingsschmuck, ausgestattet mit hellbraunen, deutlich von dem dunklen Geäst sich abhebenden Knospen. Dazwischen glänzen Weiden mit goldigen und silberigen Kätzchen an grauen, roten und gelben Zweigen, die mit dem knospenden Sanddorn sich zu einem anmutigen Frühlingsbilde vereinen. Am prachtvollsten erscheint der Sanddorn im Herbst- und Winterkleide, wenn er über und über mit weitleuchtenden, roten, gelben oder orangenfarbigen Beeren bedeckt ist, umkränzt mit Brombeerranken, deren Blätter der Herbst mit den schönsten roten, blauen und gelben Farben gezeichnet hat. In scharfen Umrissen treten die dunklen, knorrigen Äste des Sanddorns hervor aus einem grünen Moosteppich, hin und wieder mit bärtigen, grauen, silberfarbigen Flechten, mit Usneen, Ramalinen u. a. verziert, und daraus ragen Wasserdost, Reith und Rohrgras empor, ihre grauen und schwarzen Häupter im Winde schüttelnd. Dieses Gestrüpp passt harmonisch zur ganzen Landschaft; im Hintergrunde, nach Norden, durch malerische Dünenketten abgeschlossen, vor sich, nach Süden, das Wattenmeer, bietet es uns ein Bild urwüchsiger, wilder Schönheit.

Dazu kommt das bunte Leben und Weben der gefiederten Welt, die im Gebiete des Sanddorns nistet oder hier Nahrung findet und in der Natur ihr tausendstimmiges Konzert zum besten gibt: Über der ganzen Landschaft der Jubelgesang unzähliger Feldlerchen, die fröhlich trillernd in den blauen Äther emporsteigen; bald niedrig am Boden herstreichend, bald hoch sich erhebend, fliegt im schnurrenden Gaukelflug der Kiebitz bald hier, bald dort, hin und her, kreuz und quer, im raschen Wechsel bald die helle Unterseite, bald den dunklen, metallisch glänzenden Rücken nach aussen, wendend und die tollsten Purzelbäume in der Luft schlagend, wobei er beständig sein frohes, lautes „Kiewitt" erschallen lässt; hier und da steigt eine rotschenklige Tüte empor, ihr sanftes, melancholisches „Tjü", „Tjü", „Tjü" flötend oder ihr munteres „Dlidel", „Dlidel" trillernd; in den Tümpeln auf den umgebenden Wattweiden ergötzen sich Brandenten und sonnen ihr farbenprächtiges Gefieder; in prasselndem Fluge erhebt sich ein Fasan, um bald darauf im tiefsten Dorndickicht wieder einzufallen; das ganze Gebüsch ist von Krähen, Drosseln, Hänflingen, Finken u. a. belebt, die an den Sanddornbeeren reichliche Nahrung finden; hier rüttelt ein Turmfalk, dort kreist hoch in der Luft ein Bussard, ein Sperber schiesst wie ein Blitz über das Sanddorngestrüpp, über die Dünen gleitet taleinwärts eine Kornweihe, in langsamem, schwerem Fluge zieht in der Ferne ein Seeadler dahin: — Naturszenen, die man besonders zur Zugzeit im Frühling und Herbst beobachten kann, wenn rings die Luft von Wandervögeln der verschiedensten Art erfüllt ist, und alle Sträucher vorübergehend von rastenden Wandergästen belebt werden. Wahrlich, ein Bild, so schön, so eigenartig, dass man immer wieder dadurch angezogen und nie müde wird, es anzuschauen, eine wahre Freude und ein Hochgenuss nicht nur für den Naturwissenschaftler, sondern auch für den Jäger und Naturfreund! Unvergesslich werden mir stets die Stunden bleiben, die ich in dieser Dornlandschaft verlebt habe.

Wer den Sanddorn jaraus jahrein beobachtet, wie er in beständigem Kampfe mit klimatischen Elementen sich siegreich behauptet, und wie er sich nützlich erweist in der Natur; wer ihn beobachtet, wie er knospet, blüht und Früchte trägt und wie er in landschaftlicher

Hinsicht zu der mitwohnenden Pflanzengenossenschaft und Tierwelt sich verhält, der wird ihn nicht für eine hässliche Landplage halten. Der muss ihm seine Achtung und Anerkennung zollen und ihn auch in ästhetischer Hinsicht schätzen.

Der Sanddorn ist verbreitet von Norwegen und Schweden durch Mitteleuropa bis zu den Kaukasusländern, Sibirien und Persien, wo er besonders auf Kiessandbänken in den Gebirgsströmen gedeiht. Ebenso ist er in den Voralpen, in Vorarlberg und Tirol, in Ober- und Mittelitalien u. a. heimisch. In Deutschland findet man ihn auf den Ostsee- und Nordseeinseln heimisch, in der Rheinebene im Elsass und in Baden, während er im Harz, in Ostthüringen, Sachsen, Schlesien und in Norddeutschland, mit Ausnahme von Schleswig-Holstein, fehlt.

Da ist es eine merkwürdige Tatsache, dass der Sanddorn auf unseren ostfriesischen Inseln, namentlich auf Borkum und Juist, so massenhaft gedeiht und so in den Vordergrund tritt, dass er in erster Linie als Charakterpflanze bezeichnet werden muss. Wie ist der Sanddorn nach Juist gekommen? Ist er hier einheimisch, d. h. wuchs er schon hier, als die Insel vom Festlande abgerissen wurde? Oder ist er später von auswärts eingewandert? Ist er durch Wind und Wellen angetrieben, oder durch Vögel übertragen, oder durch Menschen eingeführt?

Die Möglichkeit, dass der Sanddorn im Urzustande auf Juist heimisch ist, kann man nicht von der Hand weisen.

Zur Erklärung müssen wir die Naturgeschichte des Bodens, die geschichtliche Geologie und die Entstehungsgeschichte der Vegetation heranziehen.

Juist, wie auch die übrigen ostfriesischen Inseln, wird gebildet aus einem Teile des zur Eiszeit abgelagerten Diluvialsandes, der sich mit wellenförmig gekrümmter Oberfläche unter dem Festlande von Ostfriesland hinzieht und in der Nordsee zu Tage tritt, wo er sich teils in Form von Sandbänken bis zum Meeresspiegel erhebt, teils in Gestalt von Inseln darüber hinausragt. Aus der geognostischen Beschaffenheit, besonders aus der Lagerung der Bodenarten nimmt man an, dass die Inseln früher mit dem Festlande in Zusammenhang gestanden haben. [12]

Die ganze Inselkette längs der Nordsee von Holland und Deutschland war früher mit dem Festlande verbunden und bestand nach Focke [13] und Buchenau [14] wesentlich aus diluvialem Geestboden, der von Wäldern und Mooren durchsetzt war und in welchem die Flussmündungen sumpfige Niederungen bildeten. Dementsprechend muss die Vegetation eine mannigfaltige gewesen sein. Mutmasslich war auch die Flora des niederen Sandbodens stark vertreten.

Nachdem England vom Festlande abgetrennt war und das Wasser des grossen Atlantischen Meeres sich nach Süden und Osten in das Nordseebecken ergoss, fanden an unserer Küste im Laufe der Jahrtausende grosse Veränderungen statt. Infolge des säkularen Wegsinkens des Nordseebodens drang das Wasser immer weiter vor und verwüstete und zertrümmerte besonders durch gewaltige verheerende Sturmfluten das Küstenland, von welchem einzelne Teile abgerissen wurden. Diese Inseln bildeten anfangs noch grössere Komplexe, die aber nach und nach durch die beständigen Angriffe des Meeres verkleinert, zerstückelt und in einzelne Teile zerlegt wurden, wie wir sie noch heute vorfinden. Noch zur Römerzeit war Burchana oder Fabaria (Borkum) eine grosse, volkreiche Insel von bedeutendem Umfang; sie umfasste ausser Borkum, Juist und Norderney u. a. noch Bant und Buise, zwei Inseln, deren letzte Reste im 16. und 17. Jahrhundert von der Nordsee verschlungen worden sind. Nur Borkum, Juist und Norderney sind davon übrig geblieben. Diese mannigfaltigen, durch Naturgewalten verursachten Umgestaltungen und Veränderungen des Bodens der friesischen Küste und der Inseln hatten notwendigerweise auch eine Änderung der Vegetation zur Folge. Nachdem die Inseln vom Festlande abgetrennt waren, bildete sich hier nach und nach an der Küste der Marschboden, auf dem sich eine entsprechende artenarme Flora entwickelte. Ferner wurden durch kulturelle Einwirkungen, durch das Eingreifen der Menschenhand Wälder ausgerodet, Sümpfe ausgetrocknet und Moore urbar gemacht, wodurch viele Charakterpflanzen zu Grunde gingen. So ist die Verschiedenheit der Flora der Inseln von der des Festlandes zu erklären, indem hier viele Pflanzen der diluvialen Geest verschwunden sind, die sich auf den Inseln erhalten haben.

So ist es auch erklärlich, dass der auf der nur 15 qkm grossen Insel Juist 61 Pflanzen-Familien mit nicht weniger als 386 Arten vorhanden sind, in einer Reichhaltigkeit und Mannigfaltigkeit, wogegen das gegenüberliegende Festland arm erscheint, und wie wir sie wohl selten anderswo in der Welt auf einem so kleinen Gebiete vereinigt finden. Wir haben hier die merkwürdige Tatsache — worauf Focke besonders hingewiesen hat — dass auf den Inseln Salz- und Dünenpflanzen, Wald-, Marsch-, Geest-, Moor-, Sumpf- und Wasserpflanzen auf engbegrenztem Raume zusammengedrängt und in buntem Wirrwarr zwischen einander wachsen, die anderwärts räumlich auf ihre bestimmten Gebiete angewiesen sind.

Demnach ist es möglich, dass Hippophaës früher auch in den Küstengebieten des ostfriesischen Festlandes im Urzustande heimisch gewesen ist, dass der Dornstrauch hier aber durch kulturelle Einwirkungen und durch die Veränderung der Bodenverhältnisse zu Grunde gegangen ist, weil ihm dadurch die Existenzbedingungen entzogen wurden. Auch mag er dort wohl als kulturfeindliches Unkraut ausgerottet worden sein. Auf den Inseln dagegen hat er sich erhalten, weil er hier geschont wird und in dem Sandboden und in dem feuchten Seeklima günstige Bedingungen für sein Wachstum und sein Gedeihen findet.

Im Sandboden ist der Sanddorn in seinem wahren Element, sodass man ihn geradezu als „psammophil", als sandliebend bezeichnen kann. Zu dieser Meinung bin ich auf Grund von Kulturversuchen gelangt, indem ich Sanddornbeeren in verschiedene Bodenarten einpflanzte. Es ergab sich, dass die Pflanzen in frischem, reinen Strandsande am besten gedeihen, besser als in gedüngter Erde.

Oft wird die Ansicht ausgesprochen, dass in dem nahrungsarmen, trockenen Sandboden der Insel keine Pflanzen gedeihen können, dass überhaupt das ganze Land hier unfruchtbar sei. Das ist aber nicht allgemein der Fall. Zwar ist der feinpulverige, staubförmige Sand, den wir unter der Moosdecke auf trockenen alten Dünen finden, nahrungsarm und unfruchtbar. Im übrigen ist aber unser Sandboden, wenn wir ihn auch nicht als erstklassigen rühmen können, doch nicht als unfruchtbar zu bezeichnen. In der Tat sehen wir, dass auf dem Inselboden, wenn er nur gegen den Wind geschützt wird, Pflanzen gut gedeihen, dass namentlich in den „Tunen", jenen tief in den Boden eingegrabenen, windgeschützten Ackern, Kartoffeln, Bohnen und sonstige Gartenfrüchte und Gemüse von vortrefflicher Beschaffenheit gewonnen werden. Auch wachsen auf einigen ostfriesischen Inseln, auf Borkum, Spiekeroog z. B., in dem Sandboden an windgeschützten Orten recht stattliche Bäume. Von Nährstoffarmut des Bodens kann also deshalb nicht die Rede sein.

Besonders hält man den Sandboden wegen seiner grossen Trockenheit für vegetationsfeindlich. Auch das ist nicht richtig; nur die Oberfläche ist trocken, während man selbst in den Dünen bei grosser anhaltender Trockenheit schon in verhältnismässig geringer Tiefe feuchten Grund findet. Und aus diesem Grunde gehen auch Pflanzen mit längeren Wurzeln nicht an Wassermangel zu Grunde. Die langen Wurzeln dienen dazu, die Pflanzen gegen Austrocknung zu schützen. So kommt es, dass wir oft mit Staunen und Verwunderung in dem weissen, trockenen, scheinbar unfruchtbaren Sande auch in heissen, regenarmen Sommern grünende, blühende Pflanzen entdecken. Das bekannte Stiefmütterchen, Viola tricolor, welches hier in den Dünen massenhaft gefunden wird, hat z. B. Wurzeln, die zuweilen über 1,50 Meter tief in den Boden eindringen. Vor allem sind hier aber als Charakterpflanzen neben dem Sanddorn der Helm (Psamma arenaria) und die Kriechweide (Salix repens) zu erwähnen, deren Rhizome bis zu 5 Meter lang sind. Dazu kommt noch der Umstand, dass reichliche Niederschläge, die nach zehnjährigem Durchschnitt für Juist jährlich 820 mm betragen, für genügende Wasserzufuhr sorgen, zumal da diese günstig verteilt sind, indem gerade in den Sommermonaten der meiste Regen fällt. Trockene, regenlose Zeiten, wie sie zuweilen auf dem Festlande vorkommen und daselbst z. B. im Jahre 1904 in verderblichster Weise geherrscht haben, sind auf den Inseln unbekannt. Während dort die grosse Hitze und anhaltende Dürre in vielen Provinzen Wälder und Felder versengte, Flüsse austrocknete und allgemein Wassermangel verursachte, hatten wir hier, abgesehen von einigen heissen Tagen, angenehmes, mildes, kühles Wetter; während dort Regenmangel herrschte, fielen hier immerhin noch im Juni in 8 Regentagen 46,7, im Juli in 5 Regentagen 58,5 mm, im August in 14 Regentagen 41,3 mm Regen. [15])

Klima und Bodenbeschaffenheit der Insel sind also dem Sanddorn günstig. Zwar gedeiht er hier wie auch anderwärts am besten auf feuchtem Boden, findet aber auch oben auf den Dünen sein Fortkommen, da er, wie der Helm, mit langen Wurzeln ausgerüstet ist, die oft 5 Meter tief gehen, mithin in einen Untergrund, der auch im trockensten Sommer genügende Feuchtigkeit enthält. Dazu kommt noch der Umstand, dass der Sanddorn in hervorragendem Masse die Eigenschaften besitzt, welche Gerhardt[6]) von Holzarten auf den Inseln fordert: Grosse Genügsamkeit und Anspruchslosigkeit an den Boden, möglichst hohe Unempfindlichkeit gegen die schädlichen Einflüsse der herrschenden Winde, Sturmständigkeit, die Fähigkeit sich lange geschlossen zu halten und durch Laubabfall den Boden zu verbessern.

Möglich ist es aber auch, dass der Sanddorn erst später, nach der Abtrennung der Insel vom Festlande, eingewandert ist.

Rätselhaft ist nicht nur die Herkunft des Sanddorns, sondern überhaupt vieler Pflanzen auf der Insel. Wie kommt es — so fragen wir mit Buchenau — dass hier Pflanzen vorhanden sind, die weder auf dem gegenüberliegenden Boden von Ostfriesland, noch sonst im nordwestlichen Deutschland vorkommen, Pflanzen, die im östlichen Deutschland, an der Ostseeküste, im Rheingebiet, im Harz, in französischen Küstengebiet gefunden wurden? Woher stammen z. B. Anthyllis vulneraria, Silene otites, Thalictrum minus, Cerastium tetandrum, Rosa pimpinellifolia, Erythraea linariifolia, Convolvulus Soldanella, Juncus maritimus, Schoenus nigricans, Juncus atricapillus, Carex punctata, Phleum arenarium, Amophila baltica? Auf welchem Wege ist Ophrys fuciflorus[1]), die Hummelragwurz, jene prachtvolle Orchidee, welche vereinzelt im Rhein- und Nahegebiet und in Süddeutschland, öfters in Oesterreich, Tirol, in der Schweiz und im Mittelmeergebiet gefunden wird, nach Juist gekommen?

---

[1]) Leider ist Ophrys seit zwei Jahren wieder von der Insel verschwunden.

Ein Teil dieser Pflanzen ist wahrscheinlich durch die Meeresströmungen hierher gelangt, während andererseits auch der Wind durch Übertragung von Sämereien für die Ausbreitung gesorgt haben mag. Auf diese Weise ist z. B. die Vegetation auf dem Memmert, einer im Entstehen begriffenen Insel, auf einer südlich von Juist gelegenen Sandbank, zu erklären. Hier haben sich in den letzten 20 Jahren ohne menschliche Beihülfe Dünen gebildet, aus welchen bereits Hügel bis zu 5 Meter Höhe emporragen. Hand in Hand damit hat sich hier in kurzer Zeit eine Flora angesiedelt, wie wir sie auf den benachbarten Inseln finden. Während auf dem Memmert vor 15 Jahren nur 6 Pflanzen gefunden wurden, sind dort jetzt bereits über 80 Arten festgestellt.

Es wäre nun möglich, dass durch die Meeresströmungen Sanddornbeeren etwa von den westlichen niederländischen Inseln, wo Hippophaës massenhaft wächst, nach Juist gegetrieben und hier an geeigneten Stellen abgelagert und ausgekeimt wären, und dass auf diese Weise der Sanddorn hier Verbreitung gefunden hätte. Tatsächlich ist der Sanddorn gegen Salzwasser wenig empfindlich; er gedeiht vorzüglich auf unseren salzigen Wattweiden, die oft vom Wasser der Nordsee überschwemmt werden. Weitere Anhaltspunkte liegen freilich für diese Verbreitungsweise nicht vor.

Sicherlich tragen aber die Vögel, welche teils auf Juist heimisch sind, teils hier ihre Winterquartiere haben, teils vorübergehend auf den Wanderungen im Herbst die Insel besuchen, zur Verbreitung des Sanddorns bei. Auf diese Weise wird Hippophaës u. a. verbreitet durch Fasanen, Krähen, Drosseln, Bluthänflinge, Buchfinken, Grünfinken, Berghänflinge.

Herr Dr. Fritze fand merkwürdigerweise in dem Mageninhalt von Buntspechten (Picus major), die von hier aus dem Provinzial-Museum in Hannover eingesandt waren, viele Sanddornbeeren. Daraus geht hervor, wie begehrt diese Früchte der Vogelwelt sind; nicht nur den eigentlichen Beerenfressern dienen sie zur Nahrung, sondern sie werden auch von solchen Vögeln gefressen, die sich in der Regel von Insekten und Würmern ernähren.

Ausnahmsweise nehmen auch Seemöven (Larus argentatus) mit Sanddornbeeren vorlieb. Die Ansicht Buchenaus, dass Hippophaës vorzugsweise durch Möven verbreitet werde, ist jedoch eine irrige.

Merkwürdig ist nun die Tatsache, dass einige von diesen Vögeln, besonders Krähen und Drosseln, welche die Beeren in ungeheurer Menge verschlingen, diese nicht ganz verdauen, sondern die Hülsen und Kerne in Form eines Gewölles wieder ausspeien. Es scheint, als wenn die harten Kerne durch diesen Vorgang günstig beeinflusst, als wenn sie infolge der Einwirkung der Säfte des Magens bezw. des Kropfes keimkräftiger werden; denn überall, wo die auf diese Weise vorbereiteten Kerne von den Vögeln ausgeschieden werden, da sieht man nach Ablauf von 4—5 Monaten zahlreiche Dornpflanzen emporschiessen, während die Aussaat der natürlichen Beeren durch Menschenhand oft negative Resultate ergibt.

Ein „Krähen-Gewölle" besteht aus einem kompakten, durch Schleim und Speichel zusammengeklebten Ballen, der die Hülsen und Kerne der Beeren enthält, häufig durchsetzt von kleinen Schalen von Herzmuscheln und Tellinen; er ist zylinderförmig, nach beiden Enden konisch verjüngt, 4—5 cm lang, bei einem Durchmesser von etwa 2 cm. In der mattfarbigen rötlichen oder gelblichen Hülsenmasse sind die glänzenden braunschwarzen Kerne eingebettet. Man findet diese Gewölle im Spätherbst und Winter überall häufig in den Dünen, besonders auf Anhöhen. Durch die Einwirkung der Witterung zerfallen allmählich die Ballen, sodass die Kerne freiwerden und sich im Sande ausbreiten. Im April oder Mai keimen die kleinen Dornpflänzchen aus. Man zählt in einem solchen Gewölle zuweilen 130 und mehr Kerne, ein Beweis dafür, dass die Krähen in kurzer Zeit eine grosse Menge von Beeren verschlingen, da jede einzelne Beere nur je einen Kern enthält.

Von den Krähen, die auf der Insel überwintern und für die Verbreitung des Sanddorns sorgen, kommen die Nebelkrähe (Corvus cornix), die Rabenkrähe (Corvus corone) und die Saatkrähe (Corvus frugilegus) in Betracht. Vor allen die Nebelkrähe.

Leege, der sich mit der Frage der Bedeutung der Krähen für die Verbreitung des Sanddorns beschäftigt hat, sagt darüber u. a. folgendes [16]: „Fast alle auf den Inseln überwinternde Krähen sind Nebelkrähen, die sich hauptsächlich von den Beeren des Sanddorns (Hippophaës rhomnoides) ernähren und die hervorragendsten Verbreiter dieses für die Festlegung der Dünentäler so ausserordentlich wichtigen Strauches sind. Vor 30 Jahren war dieses stachliche Gewächs fast nur auf Borkum und dem westlichen Juist verbreitet, neuerdings haben vagabundierende Krähen die Samen von Insel zu Insel verschleppt, sodass sich der Dorn nach und nach fast alle Dünentäler erobert hat und nur noch auf Wangeroog fehlt."

Auch sämtliche hier vorkommenden 6 Drosselarten: Wachholderdrossel (Turdus pilaris), Singdrossel (T. musicus), Weindrossel (T. iliacus), Schwarzdrossel (T. merula), Ringdrossel (T. torquatus), Misteldrossel (T. viscivorus) nähren sich fast ausschliesslich von Sanddornbeeren. Unter diesen ist es vor allen die Wachholderdrossel, welche für die Ausbreitung des Sanddorns sorgt. Sie überwintert hier vom Oktober bis zum Mai in grossen Scharen, während die übrigen Drosselarten nur vorübergehend auf dem Durchzuge auf der Insel sich aufhalten.

Es würde zu weit führen, auf die Lebensweise und Bedeutung aller hier in Betracht kommenden Vogelarten näher einzugehen. Allgemein ist es eine bekannte Tatsache, dass viele Gewächse von Vögeln verbreitet werden, indem sie die Samen von einem Ruheplatz zum andern schleppen. Aus allem leuchtet die hohe wirtschaftliche Bedeutung der gefiederten Welt hervor. Deshalb ist es unsere Pflicht, diese nützlichen Lebewesen zu schonen und alle Bestrebungen zum Schutze der Vogelwelt dankbar zu begrüssen und zu unterstützen.

Schliesslich wollen wir noch die Möglichkeit einer anderen Verbreitungsart erörtern; es wäre möglich, dass Menschen den Sanddorn zu wissenschaftlichen oder forst- und landwirtschaftlichen Zwecken eingeführt hätten..

So haben Leege [17]) und ich mit freundlicher Unterstützung von Herrn Capelle in Springe und Herrn Dr. Bitter in Bremen die Flora der Insel zu bereichern versucht, indem wir über 100 verschiedene Pflanzenarten aus Deutschland und anderen Ländern und Erdteilen hier einführten, die dort unter ähnlichen klimatischen und Boden-Verhältnissen gedeihen. Es bleibt aber abzuwarten, welche von diesen sich wirklich einbürgern werden. Der grösste Teil ist kurz nach der Aussetzung oder wenige Jahre später eingegangen, und es wird noch längere Zeit darüber vergehen, bis die überlebenden Arten sich dem Klima und dem Boden so angepasst haben werden, dass ihnen ein dauernder Platz in unserer Flora gesichert ist. Diesen Werdegang zu verfolgen, ist gewiss vom floristischen und pflanzengeographischen Standpunkt von grossem Interesse.

Von der Königlichen Dünenbauverwaltung sind im Jahre 1895 zwei Ginsterarten, Sarothamnus scoparius und Ulex europaeus, mit Erfolg eingeführt, die bei weiterer Verbreitung zum Schutze und zur Erhaltung der Dünentäler dienen können.

Neuerdings bemühe ich mich, eine neue, aus Nordafrika stammende Ginster, Scoparium multifolium album [1]), ferner Hippophaës salicifolia [2]), eine am Himalaya heimische Sanddornart, und Rubus illecebrosus [2]), eine Brombeere aus China, hier anzusiedeln. Diese Neulinge sind in einigen Dünentälern auf Juist angepflanzt.

In ähnlicher Weise könnte nun in früherer Zeit auch unser Hippophaës rhamnoides, ein so nützlicher und interessanter Strauch, nach Juist gebracht worden sein. Insofern ist die Vermutung Buchenaus, dass der Sanddorn vielleicht aus dem niederländischen Dünengebiete bei uns eingeführt worden sei, nicht ganz von der Hand zu weisen. Möglich wäre es auch, dass unsere einheimischen Schiffer zu jener Zeit, wo die Bewohner unserer Inseln noch zumeist aus Seefahrern bestanden, die das Ausland besuchten, den Sanddorn etwa aus Norwegen und Schweden oder aus den Ostseeprovinzen mit nach Hause gebracht hätten.

Schon im 18. Jahrhundert ist auf die Bedeutung dieses Dornstrauchs zur Erhaltung und Befestigung der Dünen hingewiesen und seine Einführung auf den Inseln empfohlen worden.

Nach den Forschungen Buchenaus wird der Sanddorn zuerst erwähnt in einer amtlichen Beschreibung des Amtes Greetsyhl von 1743, wonach dieser Strauch massenhaft auf dem Ostende von Borkum gefunden wurde, mit den Worten: „Es wächst auch daselbst in Überfluss eine Art Dornen, so mit grossem Nutzen zur Konservierung der Dünen angewandt und verbraucht werden. Ferner sagt Leonhard Euler in einem Artikel in den Leipziger Sammlungen von Wirtschaftlichen, Polizey-, Cammer- und Finantz-Sachen, 1746, III, betitelt: Erfahrungsmässige Betrachtungen der nützlichen der Ostfriesischen Natur zur Vormauer der Seedünen, sodann der natürlichsten und wohlfeilsten Mittel wider die Abnahme, p. 313 § 48 folgendes: Und weilen auf dem Ostlande der Insel Borkum viele Dornsträuche befindlich, welche zum Sandfangen gebrauchet werden mögen; so würde wohl zu rathen seyn, auf allen Insuln von diesen Dornsträuchen Saamen zu säen, und dadurch einen nothdürfftigen Vorrath von Buschwerk allenthalben ohne Kosten zu verschaffen." Sodann beschreibt J. H. Tannen in den Ostfriesischen Mannigfaltigkeiten, 1786, III, unter neuen Pflanzen den Sanddorn unter dem Namen „Weidendorn, finnische Beere oder europäischer Sanddorn" folgendermassen: „Diese Staude traf ich auf der Insel Juist, auf den niedrigen südöstlichen Dünen, doch nicht so

---

[1]) Samen bezogen von Haage & Schmidt in Erfurt.
[2]) Beeren erhalten von Dr. Bitter, Direktor des botanischen Gartens in Bremen.

häufig an, auf der Insel Borkum aber waren einige Ländereyen damit sogar eingehägt und 5—6 Fuss hoch, trugen auch reichlich Früchte, welche in schönen goldgelben, feuerrothen nnd pommeranz-farbenen Beeren bestehen. . . . Es werden jetzt Versuche gemacht, um diesen Strauch, welcher, als ein freiwilliges Produkt, dem Boden der Insel angemessen zu seyn scheint, und zum Teil die Dienste der kostbaren von Sträuchern geflochtenen Hürden, welche man Flaaken nennet und jährlich, um in den eingerissenen Dünen wiederum Sand zu fangen, vom festen Lande herüber gebracht werden müssen, verrichten können, anzupflanzen! Er wird zu diesem Ende schon im 3. Bande der Leipz. Sammlung v. J. 1746, § 313 empfohlen."

Hieraus geht hervor, dass man bereits vor mehr als 200 Jahren die hohe wirtschaftliche Bedeutung des Sanddorns für die Befestigung und Erhaltung der Dünen erkannt und gewürdigt hat. Wahrscheinlich wird man deshalb auch wohl schon zu der Zeit den Versuch gemacht haben, den Sanddorn von Insel zu Insel zu verbreiten.

Auffallend ist die allmähliche Ausdehnung des Sanddorns von Westen nach Osten. Massenhaft wächst er auf den westlichen ostfriesischen Inseln, auf Borkum und Juist, wo er nach den obigen Zitaten Buchenaus schon im 18. Jahrhundert eine grosse Rolle gespielt haben muss, während er auf den östlichen Inseln bis 1824 noch nicht vorhanden war. G. F. W. Meyer sagt darüber im Hannoverschen Magazin von 1824, über die Vegetation der ostfriesischen Inseln: „Hippophaës kommt nur auf den ehedem vereinigt gewesenen Inseln Borkum und Juist vor". Erst im Jahre 1856 entdeckte Buchenau auf Norderney wenige Sträucher, während Nöldeke noch 1851 trotz sorgfältigen Suchens kein einziges Exemplar dort gefunden hat. Erst später in den achtziger Jahren des vorigen Jahrhunderts ist Hippophaës in grösseren Mengen durch den Königlichen Gartenmeister Lampe von Juist nach Norderney eingepflanzt worden. Auf Baltrum wurde 1873 nach Buchenau nur ein einziges Exemplar beobachtet; 1895 war er dort schon in grosser Menge vorhanden. Auf Langeoog und Spiekeroog hat sich der Sanddorn im letzten Jahrzehnt eingebürgert; für Wangeroog hat ihn Focke erst im Jahre 1904 festgestellt.

Merkwürdiger Weise verhält es sich auf den holländischen, westfriesischen Inseln ähnlich; auch hier sehen wir die Ausbreitung des Sanddorns von Westen nach Osten. Auf den östlichen Inseln fehlte er früher. Noch im Jahre 1870 führt der holländische Botaniker Holkema den Sanddorn nur für die drei westlichen Inseln Texel, Vlyland und Terschelling an. Im Juni 1906 fanden wir ihn dagegen auf Ameland und Schirmonikoog massenhaft verbreitet. Auf Ameland soll er vor 30 Jahren durch ein gestrandetes Schiff eingeführt worden sein. (?)

Auf den nordfriesischen Inseln kam der Sanddorn früher nicht vor, mit Ausnahme von Helgoland, wo ihn Hallier im Jahre 1861 vorfand. Nach Focke[18] ist er hier vielleicht schon seit mehreren Jahrhunderten heimisch. Neuerdings werden Versuche gemacht, den Sand-dorn auf Sylt einzuführen; u. a. sind Sanddornbeeren aus Juist dorthin gesandt worden.

Wenn wir uns nun nach diesen Forschungen über die Herkunft des Sanddorns nochmals fragen: Wie ist Hippophaës rhamnoides nach Juist gekommen? dann muss die Antwort lauten: Wir wissen es nicht mit Sicherheit. Fest steht nur die Tatsache, dass der Sanddorn bereits im 18. Jahrhundert auf Juist vorhanden war, und dass er sich hier in letzterer Zeit ohne menschliche Hülfe, teils durch Sprossung, teils durch die Tätigkeit von Vögeln, besonders von Krähen und Drosseln, stark vermehrt hat. Ich halte es für wahrscheinlich, dass Hippophaës auf Juist wie auf dem benachbarten Borkum, die früher vereinigt waren und zusammen eine Insel bildeten, ursprünglich, und dass der Strauch von hier aus durch Menschen und Vögel auf die östlichen Inseln ausgebreitet ist.

Schliesslich wollen wir hier noch eine interessante, bis dahin unaufgeklärte Erscheinung erörtern: das typische, gruppenweise Absterben des Sanddorns.

Neuerdings haben namentlich Hansen und Buchenau zu dieser Frage Stellung genommen und darüber Meinungsverschiedenheiten geäussert, die wir hier vorstellen wollen.

Hansen hält den Wind für die Ursache des Absterbens und sagt darüber folgendes: „Zu diesem Grundsatze bin ich durch meine Beobachtungen immer mehr gedrängt worden und glaube es aussprechen zu dürfen, dass der Wind einer der allerwichtigsten pflanzengeographischen Faktoren ist. Nachdem ich den ganzen Sommer hindurch täglich seine unausgesetzte Tätigkeit empfunden und an den Bäumen beobachtet hatte, lag es auf der Hand, dass der Wind auf die strauchartige und krautartige Inselvegetation in irgend einer Weise einwirken müsse. Dass die Art der Einwirkung da zu suchen sei, wo sie bei Bäumen sich zeigt, ist ebenfalls eine berechtigte Annahme. Die Beobachtung bestätigte bald, dass an dem Winde ausgesetzten Stellen die niedrigen Sträucher von Hippophaës rhamnoides in derselben Weise vom Winde beschädigt werden können, als die

Bäume der Inseln. Die Struktur der Blätter ist nur eine derartige, dass sie dem ewigen Nagen des Windes gewachsener sind, als Crataegus, Fraxinus und Ampelopsis. Das Vertrocknen der Blätter geht hier viel langsamer vor sich, und es dauert Jahre, ehe der Hippopaë-Strauch sich ergeben muss, verdorrt und als blattlose Mumie dasteht. In Dünentälern, welche dem Winde durch Wanderung oder Einsturz der schützenden Dünen geöffnet werden, erblickt man ganze Gebüsche von Hippophaës, die auf die oben beschriebene Weise vom Winde entblättert und abgestorben sind. Diese Tatsache der toten Büsche ist mehrfach beobachtet, aber nicht erklärt worden. Buchenau giebt auch in seiner Flora, wie früher in seinen Abhandlungen an, dass Hippophaës aus unbekannten Gründen oft völlig absterbe."

Dagegen legt Buchenau seine Überzeugung über den Vorgang des Absterbens mit folgenden Worten klar: Hippophaës gedeiht am besten auf reinem und in seinen oberen Schichten trockenem Sande. Den auf unseren Inseln wehenden Wind erträgt der Strauch sehr gut und wird selbst an sehr freiliegenden Stellen von demselben nicht geschädigt. Er vermehrt sich stark aus Früchten und aus Wurzelbrut und bildet daher in flachen Dünentälern bald zusammenhängende dichte Gebüsche. Hier siedeln sich nun unter ihm und in seinem Schutze dichte Mengen von Gräsern und anderen Stauden (z. B. Potentilla anserina und die Pirola-Arten) an. Die abgestorbenen Teile dieser Gewächse können wegen der den Wind brechenden Hippophaës-Sträucher vom Winde nicht fortgeführt werden; sie verwesen und bilden eine für Wasser wenig durchlässige Humusschicht. Hierdurch versumpft das Dünental; das im Winter angesammelte Wasser bleibt unter dem Schutze der Dornen während des Frühlings und selbst bis in den Vorsommer hinein stehen. Das widerstrebt der Organisation des Sanddorns, und er stirbt daher in dem ganzen Dünentale nahezu gleichzeitig ab. Die Sträucher von Hippophaës bereiten sich also durch Veränderung des Erdbodens selbst den Untergang. Der Wind spielt bei ihrem Absterben keine Rolle, denn diejenigen Hippophaës-Sträucher, welche auf kleinen Hügeln am Rande oder in der Mitte der Niederung wachsen, sterben nicht ab, obwohl sie weit exponierter stehen als die Sträucher inmitten des Gestrüppes. Es liegt also gewiss viel richtige Beobachtung darin, wenn die Insulaner sagen, dass der Sanddorn in den Dünentälern nur sieben Jahre lang wächst und dann abstirbt."

Mit grossem Interesse habe ich von diesen beiden Äusserungen Kenntnis genommen, da ich hier an Ort und Stelle wohnend, jahraus jahrein die merkwürdige Erscheinung des Absterbens des Sanddorns beobachtete, ohne eine genügende Erklärung dafür zu finden. Auf Grund meiner Beobachtungen und Nachprüfungen kann ich mich aber mit den Ansichten von Hansen und Buchenau nicht ganz einverstanden erklären.

Was zunächst die Meinung Hansens anbelangt, so halte ich den Wind nicht für die Hauptursache des Absterbens. Wohl können einzelne Sanddornbüsche auf freien, ungeschützten Plätzen arg beschädigt werden, indem die vorherrschenden Nordwestwinde einzelne Zweige entblättern und allmählig dauernd nach der entgegengesetzten Seite richten. Aber nur die Luvseite des Strauches ist kahl und verdorrt, während die Leeseite grünt, blüht und Früchte trägt. Der Sanddorn ist infolge seines Baus so wetterfest und widerstandsfähig, dass er sogar oben auf den Kuppen der Dünen, wo er der vollen Wucht des Windes ausgesetzt ist, ausdauert und nicht völlig abstirbt, wenn er auch einen schiefen, niedrigen und krüppeligen Wuchs zeigt. In ganz auffälliger Weise betrifft aber das plötzliche und gruppenweise Absterben gerade die kräftigsten und üppigsten Sträucher, und zwar mitten im dichtesten Gestrüpp, an den Südabhängen der Dünen und in geschlossenen Dünentälern, also an den geschütztesten Stellen, wo sie gegen die zerstörende Kraft des Windes gesichert sind.

Auch die Ansicht Buchenaus, dass die Sanddornsträucher durch die Verwesung abgestorbener Begleitpflanzen und die dadurch herbeigeführte Versumpfung des Bodens in flachen Dünentälern zu Grunde gehen, dass sie sich „durch Veränderung des Erdbodens selbst den Untergang bereiten", kann ich in diesem Sinne nicht bestätigen. Im Gegenteil gedeiht Hippophaës, wie ich früher sagte, in den feuchten Niederungen; wir finden oft gerade in dem sumpfigen Vordünengebiet im Westen der Insel die kräftigsten Büsche. Ganz charakteristisch ist in dieser Hinsicht das Auftreten des Sanddorns in einem kleinen Dünentale auf der Bill — Eulenbusch genannt, weil hier die Sumpfohreule (Asio accipitrinus) mit Vorliebe sich aufhält — wo Hippophaës, untermischt mit einigen äusserst kräftigen Grauweidenbüschen, sehr üppig gedeiht und eine Höhe von mehr als 3 m erreicht. Hier wachsen in seinem Schutze nicht nur die gewöhnlichen Begleitpflanzen, sondern auch fremde, im letzten Jahrzehnt neu eingeführte und eingebürgerte Arten, wie Asperula odorata, Lilium Marthagon, Scilla non scripta, Leucojum vernum, Anemone ranunculoides, Viola odorata u. a., Gewächse, deren abgestorbene Teile im Verein mit dem abfallenden Laube der Dornen und Weiden eine dichte Humusdecke erzeugen. Diese Humusschicht schadet aber dem Sanddorn nicht, sie ist ihm im Gegenteil sehr förderlich, wovon der üppige Wuchs ein beredtes Zeugnis ablegt. Was das Alter anbelangt, so sind diese

Büsche mindestens 30 Jahre alt. Die Ansicht der Insulaner, wonach der Sanddorn in den Dünentälern nur sieben Jahre lang wächst und dann abstirbt, kommt für uns nicht in Betracht. Auf trockenen, alten Dünen und Vordünen geht der Sanddorn nach und nach ein, wenn sich rings auf dem Sandboden eine dichte Decke von kulturfeindlichen Moosen und Flechten bildet. Wenn Hippophaës zuweilen in feuchten Niederungen und auf sumpfigem Boden gruppenweise abstirbt, so ist die Ursache eine andere, wie Buchenau meint.

Möglicherweise könnte insofern durch Veränderung der Bodenbeschaffenheit der Sanddorn zu Grunde gehen, als dadurch etwa die Wurzelknöllchen und die in ihnen lebenden Pilze geschädigt würden. Wenn auch Beweise fehlen, so hat doch diese Ansicht viel für sich, sofern, wie wir oben erwähnt haben, bei den Ölweidegewächsen, ähnlich wie bei den Leguminosen, Erlen und anderen höheren Pflanzen, symbiotische, stickstoff-assimilierende Pilze eine grosse Rolle spielen.

Auf Grund mehrjähriger, sorgfältiger Beobachtungen auf Juist und auf anderen Nord-seeinseln können wir feststellen, dass das typische Absterben des Sanddorns zum Teil durch Raupenfrass verursacht wird. Anfang Mai 1905 fiel Herrn Leege und mir bei einem Ausfluge nach der Bill das welke, vertrocknete Aussehen einiger kräftiger Sanddornbüsche auf, um so mehr, da diese mitten in gesundem Gebüsch, an einem windgeschützten Standorte wuchsen. Bei näherer Untersuchung fanden wir fast sämtliche jungen Triebe dieser Sträucher matt und schlaff; in den Blättern der Endspitzen hatten sich unzählige kleine, grüne Raupen eingewickelt.

Als ich dann überall auf der Insel den Sanddorn auf Raupen untersuchte, fand ich sie an den verschiedensten Standorten, sowohl an den Dünenabhängen als in geschlossenen Dünentälern.

Sind sämtliche Triebe des Sanddorns von den Schmarotzern ergriffen, dann verdorrt nach und nach bis zum Herbst der ganze Busch, besonders wenn noch andere schädigende Momente, wie anhaltende Dürre und heftige Winde hinzukommen. Aber auch in geschützten, feuchten, sumpfigen Dünentälern, mitten von dichtem Gebüsch umringt, findet man die Raupen in den Blättern, und man sieht auch hier abgestorbene Sträucher, die mit ihrem schwarzen, kahlen Geäst deutlich von dem umgebenden Grün sich abheben. Oft werden von den Raupen mehrere zusammenstehende Büsche ergriffen und zerstört, sodass sie in ganz typischer Weise in Gruppen völlig absterben. Zuweilen verschonen die Schmarotzer einzelne Teile des Sanddorns, setzen aber im folgenden Jahre ihr Vernichtungswerk fort, bis der ganze Strauch entblättert und verdorrt ist.

Im Juni bemerkt man oft in den in der Nähe des Dorfes gelegenen Dünentälern Hunderte von jungen Staaren und Sperlingen, die lärmend in das Gebüsch einfallen und hier die Raupen absuchen.[1] Ich schoss einmal einige von diesen Vögeln, obduzierte sie und fand in dem Mageninhalt tatsächlich zahlreiche Reste von Raupen.

Von anderen Raupenfeinden kommen vor allen die Kuckucke in Betracht, die man hier im Mai und Juni häufig im Dorngestrüpp findet, ferner die in den Sanddornzweigen nistenden Vögel: Dorngrasmücke (Sylvia sylvia), Hänfling (Acanthis canabina) und Wiesenschmätzer (Pratincola rubetra).

Die Raupe lebt in den Zweigspitzen der jungen Triebe des Sanddornbusches, wo sie nach Wicklerart zwei oder mehrere Blättchen zusammenleimt und darin in einem zarten, weissen Gewebe sich einhüllt. Sie nähren sich von den zarten Endblättchen und bringen dadurch die Pflanze zum Absterben. Die Räupchen sind glatt, einfarbig, grasgrün, von verschiedener Grösse, 1—2 cm lang, mit grünen, schwarzen, vereinzelt auch mit rotbraunen Köpfen. Anfangs war ich darüber in Zweifel, ob es sich um ein und dasselbe Tier in verschiedenen Entwickelungs-stadien oder um verschiedene Arten handelt. Man findet in einer Wohnung gewöhnlich nur eine Raupe, selten mehrere. Die Tiere sind sehr scheu und sehr lebhaft in ihren Bewegungen; bei Eröffnung ihrer Behausung schnellen sie hurtig heraus zur Erde nieder. Man findet sie in den Monaten Mai, Juni und Juli, am meisten im Juni. Bei Zimmerzucht erfolgt die Verpuppung

---

[1] Dieselbe Erscheinung beobachtete ich auf der holländischen Insel Ameland, in der Nähe des Dorfes Hollum.

der Anfang Juni gesammelten Raupen im Juli, die Entwickelung der Falter Ende September und Anfang Oktober.

Auf Empfehlung von Herrn Amtsrichter von Vahrendorff aus Guhrau habe ich im Juni 1908 die Raupen dem Entomologischen National-Museum in Berlin zur Bestimmung eingesandt. Es entwickelten sich dort nach einer Mitteilung von Herrn Sigmund Schenkling 6 Schmetterlinge, die als Motten: „Gelechia acupediëlla v. Heyden", erkannt wurden. Ich verfehle nicht, hierfür nochmals meinen ergebensten Dank auszusprechen. Herrn Professor Korschelt-Marburg a. L., Herrn D. Alfken und Herrn A. Brinkmann-Bremen danke ich verbindlichst für die Übermittelung der einschlägigen Literatur.

Nach Kaltenbach[19]) entdeckte Senator von Heyden die Raupe zuerst im Hochsommer bei Ragaz auf Hippophaës rhamnoides. Den Falter erhielt er während des Oktobers und übergab ihn zur Bestimmung an Professor Frey in Zürich, der die Gelechia acupediella, wie folgt, beschrieben hat[20]):

„Grösse und Gestalt der allgemein bekannten G. Pedisequella Hbn.; doch sind die Vorderflügel etwas schmäler und spitzwinkliger.

Kopf, Brust, Vorderflügel tragen als Grundfarbe ein eigentümliches hellgrau; letztere sind ziemlich grob beschuppt. Die Taster zeigen nach aussen das Mittelglied mit schwärzlich grauer Spitze, das Endglied mit 3 schwärzlichen Halbringen. Sie besitzen im übrigen die gleiche hellgraue Grundfarbe, welche auf der Unterseite des Laubes fast weisslich erscheint, während die Rückfläche lichtbräunlich grau sich zeigt. Beine hellgrau, äusserlich mit einigen schwärzlichen Schüppchen. Fühler in dem gewöhnlichen Grau des Tieres, verloschen dunkel geringelt.

Die Vorderflügel besitzen an der Wurzel des Costalrandes ein dunkles schwärzliches Fleckchen, ein zweites steht ebenfalls der Wurzel nah, doch fast in halber Flügelbreite. Ein grösserer schwärzlicher Fleck erscheint in zwei Fünfteln der Flügellänge, aber dem Vorrande näher als dem Innenrande. Schief unter ihm, doch der Wurzel beträchtlich näher, bemerkt man einen ähnlichen, aber weniger deutlichen gleichfarbigen Fleck. Ein dritter ähnlich grosser zeigt sich in zwei Dritteln der Flügellänge, genau die Mitte der Flügelbreite einhaltend, die Flügelspitze von schwärzlicher Linie eingefasst. Die Franzen bräunlichgrau mit ganz verloschener Teilungslinie.

Hinterflügel licht bräunlichgrau; ihre Franzen gleich denjenigen des vorderen Flügelpaares. Die Unterseite zeigt den Vorderflügel glänzend dunkelgrau; nur der Costalrand und die Spitze sind weisslichgrau eingefasst.

Ich verdanke dieses Tierchen der Güte des Senators von Heyden. Mein verewigter Freund traf die Raupe an Hippophaës rhamnoides bei Ragaz im Hochsommer und erzog eine mässige Anzahl von Exemplaren nach seiner Rückkehr während des Oktobers in Frankfurt a. M. Ich habe dieselben in seiner Sammlung früher gesehen und wenig Wechsel bemerkt. Es mag so unsere Beschreibung nach einem Weibchen gerechtfertigt sein."

Es handelt sich beim Sanddorn um zwei verschiedene Arten von Gelechia, die im Katalog von Staudinger und Rebel so bezeichnet sind:

2545. Gelechia hippophaella Schrk. Fn. B II, 115; Stt. Nat. Hist. IX, t. 1 fr. 3; Hein. 198; Snell. Tijds. XXXII p. 59; Meyr. 600; basipunctella H. S. 530, V. p. 164. Eur. c. (exc. Helv).

2546. Gelechia acupediella Frey. Mitt. III (1870) p. 250. Lep. 357. Helvetia, Tirol.

Gelechia Hippopaella wird nach einem Auszug aus „Heinemann, Kleinschmetterlinge" daselbst unter dem Namen Depressaria Pallorella Zll., wie folgt, beschrieben:

„198. Pallorella Zll. Vdfl. hell fahlgelb, auf den Rippen bräunlich angeflogen, mit zwei schwarzen Punkten vor und hinter der Mitte und einem unbestimmten braunen Längsstreifen über dem I. R., das Endglied der Palpen einfarbig, der Bauch mit zwei seitlichen schwarzen Längsstriemen. 4—5 L. (3). Zll. Js. 1839. 195. — Linn. Ent. 9. 204. —? H. S. 5. 127. fg. 448. — Fr. Tin. 83. — St. Tin. 85. — Man. 2. 321. — Nat. bist. 6. 91. tf. 2 fg. 3. — Sparmanniana HG—5. 127. fg. 449.

Der vorigen Art (Liturella V. oder Flavella Hb.) sehr ähnlich, nur durch wenige zum Teil auch nicht konstante Merkmale unterschieden. Die Vdfl. meist etwas breiter, ihr V. R. in der Mitte schwach eingedrückt, vor der Spitze stärker gebogen und daher die letztere mehr gerundet, der Saum schräger. Die Fläche nicht so glänzend, der Farbenton verschieden, indem das Gelb etwas in Fleischrot zieht, ohne alle rostrote Einmischung, die beiden Punkte deutlich und scharf schwarz, der am I. R. nahe der Wurzel ist immer vorhanden und grösser als die anderen. Die Rippen bräunlich angeflogen, besonders vor dem Saume; ein brauner, ein rötlicher, etwas veränderlicher Schattenstreif zieht über dem J. R. aus der Nähe der Wurzel bis etwas über den hinteren Querast; die Saumpunkte gross und schwarz. Die Htfl. grau mit dunkleren Rippen. Die beiden äusseren Fleckenreihen des Bauches sind zusammen geflossen, nur hinten bisweilen unterbrochen, die Punkte der innern Reihe sehr fein. Alles andere ist wie bei Liturella. Übrigens sind die meisten der angegebenen Unterschiede nicht konstant, da die Merkmale der einen Art sich auch bei einzelnen Stücken der anderen Art finden, ich habe nur die abweichende Färbung, den Mangel der roten Einmischung, die dunklen Rippen, sowie die stärker ausgedrückten schwarzen Punkte, besonders an der Wurzel und dem Saume, bei Palorella beständig gefunden.

Ein Stück aus einer alten Sammlung, welches ich als Sparmanniana F erhielt, zeichnet sich durch auffallend schmale Vdfl. und die stärker gerundete Spitze derselben aus.

Palorella II. S. fg. 448 möchte ich eher zu Liturella ziehen, wegen der schmälern und weniger gerundeten Vdfl., des dunklen Querschattens vor dem Saume und des Mangels der dunklen Bestäubung der Rippen, auch die grobe, nicht dichte schwarze Bestäubung, die in der Beschreibung erwähnt ist, spricht dafür.

Ziemlich verbreitet, vom August an, die grüne Raupe mit rotbraunem Kopfe im Juni und Juli auf Centaurea jacea und scabiosa, in ähnlicher Weise wie die Raupe der·Liturella (nämlich in röhrenförmig zusammengesponnenen Blättern)."

Wie im entomologischen Museum in Berlin entwickelten sich bei mir im Zimmer einige Motten, die nach der Beschreibung von Frey zu Gelechia acupediélla gerechnet werden müssen, während dieselben nach Staudinger und Rebel nur in der Schweiz und in Tirol vorkommen sollen. Anderseits habe ich in Sanddornbüschen auf Juist Kleinschmetterlinge gefangen, die der im Heinemannschen Werke beschriebenen Gelechia Hippophaëla entsprechen. Durch Raupenzucht im Zimmer habe ich jedoch diesen Falter bislang noch nicht erhalten.

Da ich hier verschiedene grüne Raupen, mit grünen, schwarzen und rotbraunen Köpfen auf dem Sanddorn gefunden habe, so darf ich wohl annehmen, dass es sich um verschiedene Arten von Schmetterlingen handelt. Merkwürdig ist es, dass Heinemann das Vorkommen der Gelechia Hippophaëlla auf Hippophaës, nach dem das Tier doch benannt ist, garnicht erwähnt. Zur Aufklärung dieser Fragen werden wir in Zukunft sorgfältige Beobachtungen und Untersuchungen über diese Falter anstellen und darüber weiter in unserer Zeitschrift berichten.

In der mir bekannten einschlägigen Literatur über die ostfriesischen Inseln habe ich keine nähere Auskunft über Gelechia gefunden. Nur Schneider [22] erwähnt kurz unter „Kleinschmetterlinge", dass er im Jahre 1895 zwei Stück Gelechia hippophaëlla Schrk. auf Borkum gefunden habe, ohne Angabe wie und wo.

Allgemein führt Kaltenbach folgende Pflanzenfeinde aus der Klasse der Insekten für Hippophaës auf

a. Käfer.

1. Graptodera Hippophaës, Aubé.

b. Falter.

2. Vanessa V-album, Gmel. (Siehe Betula.)
3. Deilephila Hippophaës.
4. Gelechia Acupediella, v. Heyd.

c. Schnabelkerfe.

5. Rhopulosiphum (Aphis) Hippophaës, Koch.
6. Psylla Hippohaës, Heyd.
7. Capsus Hippohaës, Mey.
8. Capsus Rhodanni, Mey.

Als Herr Dr. Hendel-Hamburg, Leege und der Verfasser im Juni 1906 zu ornithologischen und botanischen Forschungen die holländischen Inseln besuchten [23]), fanden wir auch hier fast überall die grünen Gelechia-Räupchen auf dem Sanddorn.

Hier trat uns aber zu unserer Überraschung noch eine andere Erscheinung entgegen, die wir nach wie vor weder auf Juist noch auf anderen ost- und nordfriesischen Inseln beobachtet haben: hier waren viele Sanddornbüsche von den Raupen eines uns unbekannten Spinners befallen.

Vor allen auf der holländischen Insel Ameland. Während bei uns die Gelechia-Raupen den Sanddorn nur vereinzelt und in kleinen Gruppen zum Absterben bringen, hatten auf Ameland die Spinnerraupen die Büsche in grosser Ausdehnung verwüstet. Besonders beobachteten wir auf dieser Insel die Verheerung in den Dünentälern zwischen Nees und Ballum. Hier hatten die gefrässigen Tiere meilenweit die Sanddornbüsche abgefressen; ringsum war der Untergrund von ihrem Kote bedeckt. Wo sich noch vereinzelt einige Blätter an den Zweigen zeigten, da waren sie über und über von unzähligen Spinnerraupen ergriffen. In den Zweigkronen hatten sie graue, filzige, bis faustgrosse Nester gesponnen, die von Ferne wie Vogelnester aussahen. Merkwürdigerweise hatten sich unter einigen alten vorjährigen Nestern Blattknospen entwickelt. Im übrigen erschien alles Leben an und im Sanddorn abgestorben zu sein. Waren in einem Bezirk alle Büsche kahl abgefressen, sodass kein Blatt mehr daran vorhanden war, dann krochen die hungrigen Raupen zu Tausenden über den trockenen Sand, um andere Nahrung zu suchen. Sie verschonten keine der spärlich vorhandenen Pflanzen der Umgebung; vom Hornklee (Lotus corniculatus) frassen sie nicht nur die Blätter sondern auch die

Blüten, auch mit Salix repens. Anthyllis vulneraria, Festuca rubra und Sigelinia decumbens nahmen sie vorlieb, ja, selbst die harten Blätter der Dünendistel (Eryngium maritimum) griffen sie an. Die ganze Gegend bot einen unsagbar traurigen, trostlosen Anblick dar; aus dem weissen Untergrunde der öden Sandwüste ragten die kahlen, abgestorbenen, schwarzen knorrigen Äste des Sanddorns hervor.

Diese Raupen waren mittelgross, 3—4 cm lang, langhaarig, braunschwarz, mit gelbem Zickzack auf dem Rücken.

Die von uns gesammelten Exemplare sind leider unterwegs eingegangen, sodass wir sie nicht zur Entwickelung bringen konnten. Auch später ist es mir nicht gelungen, den Namen der Raupe bezw. des zugehörigen Falters und weiteres darüber zu ermitteln; vergeblich habe ich mich deswegen mit verschiedenen Naturwissenschaftlern in Deutschland und Holland in Verbindung gesetzt.

Mögen meine Bemerkungen über Hippophaës Fachgelehrte zu Nachprüfungen und weiteren Forschungen anregen, um die noch vorhandenen Lücken in der Erkenntnis der Naturgeschichte dieses eigenartigen Inselstrauches auszufüllen. Der Sanddorn ist es wert, dass man sich mit ihm beschäftigt; er ist nicht nur ein hochinteressantes wissenschaftliches Objekt, sondern auch in praktischer, forstwirtschaftlicher Hinsicht von grosser Bedeutung, sofern er in hervorragender Weise zur Befestigung und Erhaltung der Nordseeinseln dient.

Literatur-Verzeichnis.

1. **Hansen, Adolf:** Die Vegetation der ostfriesischen Inseln. Ein Beitrag zur Pflanzengeographie, besonders zur Kenntnis der Wirkung des Windes auf die Pflanzenwelt. Darmstadt 1901.

2. **Focke, W., O.:** Einige Bemerkungen über Wald und Heide. Abh. Nat. Ver. Brem. III, 1872.

3. **Focke, W., O.:** Zur Flora von Wangeroog. Abh. Nat. Ver. Brem. 1903, XVII, 2, p. 440.

4. **Friedrich, Edm.:** Über den Salzgehalt der Seeluft, die Fortführung der Salzteile aus dem Meerwasser und die therapeutische Verwertung der wirksamen Faktoren der Nordseeluft. Deutsche Medizinalztg. No. 61—63, 1890.

5. **Borggreve, B.:** Über die Einwirkung des Sturmes auf die Baumvegetation. Abh. Nat. Ver. Brem. 1872, III. p. 251 sq.

6. **Gerhardt, Paul:** Handbuch des Deutschen Dünenbaus. Berlin 1900.

7. **Buchenau, Franz:** Der Wind und die Flora der ostfriesischen Inseln. Abh. Nat. Ver. Brem. XVII, 3, 1903.

8. **Kihlmann:** Pflanzenbiologische Studien aus Russisch-Lappland. Helsingfors 1890, ct. bei Hansen.

9. **Goebel:** Die Vegetation der venezolanischen Paramos. Pflanzenbiologische Schilderungen, Bd. II, ct. bei Hansen.

10. **Warming, Eug.:** Lehrbuch der ökologischen Pflanzengeographie. Deutsche Ausgabe. Berlin 1896.

11. **Arends, Enno:** Zur Frage der Milchhygiene etc. Deutsche Vierteljahrsschrift für öffentliche Gesundheitspflege. XXXVIII. 4, 1906.

12. **Prestel, M., A., F.:** Der Boden, das Klima und die Witterung von Ostfriesland, sowie der gesamten Norddeutschen Tiefebene in Beziehung zu den Land- und Volkswirtschaftlichen Interessen, dem Seefahrtsbetriebe und den Gesundheitsverhältnissen. Emden 1833.

13. **Focke, W., O.:** Untersuchungen über die Vegetation des nordwestdeutschen Tieflandes. Abh. Nat. Ver. Brem. II, p. 405—456, 1871.

14. **Buchenau, Franz:** Flora der ostfriesischen Inseln. p. 16—25, 1881.

15. **Arends, Enno:** Bericht über die Entwickelung des Nordseebades Juist im Jahre 1904. Manuskript.

16. **Leege, Otto:** Die Vögel der friesischen Inseln nebst vergleichender Übersicht der im südlichen Nordseegebiet vorkommenden Arten. Emden und Borkum. 1905.

17. **Leege, Otto:** Ein Beitrag zur Flora der ostfriesischen Inseln. Abh. Nat. Ver. Brem. XIX, 2, 1908.

18. **Focke, W., O.:** Änderungen der Flora an der Nordseeküste. XVIII, 1, 1905, p. 177.

19. **Kaltenbach, J., H.:** Die Pflanzen-Feinde aus der Klasse der Insekten. Abt. 1, Stuttgart, 1872, p. 521.

20. Stettiner Entomologische Zeitung. Stettin 1871, p. 106.

21. **Staudinger und Rebel:** Katalog der Lepidopleren des palaearktischen Faunengebiets. III. Aufl., Berlin 1901, I. Teil, p. 142.

22. **Schneider, Oscar:** Die Tierwelt der Nordseeinsel Borkum, unter Berücksichtigung der von den übrigen ostfriesischen Inseln bekannten Arten. Abh. Nat, Ver. Brem. XVI, 1898, p. 95.

23. **Leege, Otto:** Ein Besuch bei den Brutvögeln der holländischen Nordseeinseln. Ornitholog. Monatsschrift XXXII, No. 9, 1907.

Verzeichnis der in der palaeontologischen Sammlung des Provinzial-Museums zu Hannover aufbewahrten Originale.

Von Johannes Roemer.

Bei Aufstellung der folgenden Liste ergab sich, dass eine Anzahl von Originalen verloren gegangen ist, andere zur Zeit nicht aufzufinden sind. Falls sich von diesen noch einige finden sollten, werden sie zusammen mit den neuerdings geschaffenen Originalen in einem Nachtrag des nächsten Jahrbuches bekannt gegeben.

Literatur.

D. Brauns. Der obere Jura im nordwestlichen Deutschland mit besonderer Berücksichtigung der Molluskenfauna. 1874.

W. Dames. Die Echiniden der nordwestdeutschen Jurabildungen.
I. Reguläre Echiniden.
II. (Nachtrag.) Symmetrische Echiniden. Zeitschrift der d. geol. Ges. 1872.

P. Favreau. Die Ausgrabungen in der Einhornhöhle bei Scharzfeld. Zeitschrift für Ethnologie. 1907.

A. v. Koenen. Die Ammonitiden des norddeutschen Neocom. 1902. Abhdl. zur geol. Karte von Preussen u. benachbarten Bundesstaaten. Neue Folge. Heft 24.

M. Neumayr und V. Uhlig. Ammonitiden aus den Hilsbildungen Norddeutschlands. 1881. Palaeontographica III. Folge, 3. Bd.

H. Potonié. Die Silur- und die Culm-Flora des Harzes und des Magdeburgischen. 1901.

H. Salfeld. Über das Vorkommen von Zamites Buchianus Ettingbausen im Wealden Nordwestdeutschlands. Jahrbuch des Provinzial-Museums zu Hannover für 1906/07.

ders. Beitrag zur Kenntnis jurassischer Pflanzenreste aus Norddeutschland. 1909. Palaeontographica. Bd. 56.

U. Schloenbach. Über den Eisenstein des mittleren Lias im nordwestlichen Deutschland. 1863. Zeitschr. d. d. geol. Ges. Bd. 15.

C. Struckmann. Der obere Jura der Umgegend von Hannover. 1878.

ders. Die Wealdenbildungen der Umgegend von Hannover. 1880.

ders. Neue Beiträge zur Kenntnis des oberen Jura und der Wealdenbildungen der Umgegend von Hannover. 1882. Palaeontologische Abhandlungen. Bd. 1.

ders. Die Portland-Bildungen der Umgegend von Hannover. 1887. Zeitschr. d. d. geol. Ges.

ders. Über die bisher in der Provinz Hannover und den unmittelbar angrenzenden Gebieten aufgefundenen fossilen und subfossilen Reste quartärer Säugetiere. Nachträge und Ergänzungen. 1892.

ders. Über die im Schlamme des Dümmersees in der Provinz Hannover aufgefundenen subfossilen Reste von Säugetieren. 1897.

A. Wollemann. Die Bivalven und Gastropoden des deutschen und holländischen Neocom. 1900. Abhandl. zur geol. Karte von Preussen und benachbarten Bundesstaaten. Neue Folge. Heft 31.

Brauns.

Ammonites (Aspidoceras) bispinosus Ziet. I, 1—3.

Dames.

Hemicidaris Hoffmanni var. hemisphaerica. VI, 3 a — d.
Stomechimis gyratus Ag. sp. XXII, 1 a u. b.
Pedina aspera Ag. XXII, 2.
Pygurus Blumenbachi Dkr. u. K. XXII, 4 a u. b.
Echinobrissus n. sp. XXIII, 5 a — c.
Pygaster umbrella Ag. XXIV, 1 d.
Pygaster humilis Dames. XXIV, 2 a — c.
Echinobrissus Baueri Dames. XXIV, 3 a — c.

Favreau.

Die Originale Favreau's befinden sich teils in der palaeontologischen, teils in der prähistorischen Sammlung des Provinzial - Museums.

v. Koenen.

Crioceras Roemeri Neum. u. Uhl. juv. XVI, 5a — e.
Ancyloceras impar v. Koenen. XXXIV, 2 a — c.
Ancyloceras brevispina v. Koenen. XXXV, 1 a — c.

Neumayr und Uhlig.

Olcostephanus (?) Phillipsi Roemer. XV, 7a — c.
Hoplites Ottmeri Neum. u. Uhl. XXXV, 1a — c.
Hoplites amblygonius Neum. u. Uhl. XXXVI, 1 a — d.
Hoplites oxygonius Neum. u. Uhl. XXXVIII, 2a — c.
Crioceras Römeri Neum. u. Uhl. XLII, 1 a — c.
Hoplites cf. curvinodus Phill. XLII, 2 a, b.
Hoplites oxygonius Neum. u. Uhl. XLII, 5 a, b.
Hoplites amblygonius Neum. u. Uhl. XLIII, 2 a, b.
Hoplites hystrix Neum. u. Uhl. XLVI, 4 a — c.
Crioceras n. f. cf. capricornu Röm. LIII, 5.

Potonié.

Asterocalamites scrobiculatus Zeiller. 46.
Stylocalamites Suckowi Brongn. sp. 55.
Bergeria sp. 64.
Lepidodendron Veltheimii Sternberg. 74.

Salfeld.

Zamites Buchianus Ettingh. X, Jahrb. d. Prov.-Mus. 1906/07.
Widdringtonia Lisbethiae n. sp. V, 4—7.
Lomatopteris Schimperi Schenk. VI, 3.
Sphenolepidium sp. cf. S. Sternbergianum Dunk. VI, 5.
Palaeocyparis Falsani Saporta. VI, 6.
Cladophlebis sp. cf. C. gracilis Saporta. VI, 7 a, b.
Pagiophyllum sp. VI, 8.

Schloenbach.

Ammonites curvicornis n. sp. XII, 4.

Struckmann.

Oberer Jura der Umgegend von Hannover.
Terebratula coarctata Park. I, 1 a, b.
 do. I, 2 a, b.
Terebratula (Megerlea) pectunculus Schloth. I, 3 a, b.
 do. I, 4 a — c.

Terebratula trigonella Schloth. I, 5 a, b.
Pecten cf. subspinosus Schloth. I, 9 a, b.
Avicula Credneriana P. de Loriol. I, 10.
Modiola abbreviata Thurm. I, 11 a, b.
Lima alternicosta Buv. I, 12 a, b.
Modiola Hannoverana n. sp. II, 1 a — c.
Modiola bipartita Sow. II, 2.
Modiola (Myoconcha) oblonga A. Rmr. II, 3 a, b.
Myoconcha perlonga Et. II, 4.
Leda venusta Sauv. II, 5 a, b.
Astarte suprajurensis A. Rmr. sp. II, 6 a, b.
 do. II, 7.
Lucina substriata A. Rmr. III, 1 a, b.
 do. III, 2.
Lucina Credneri P. d. Loriol. III, 3 a, b.
Lucina plebeja Contej. III, 4.
Lucina portlandica Sow. III, 5 a, b.
Lucina circularis Dkr. u. K. III, 6.
Lucina Vernieri Et. III, 7 a, b.
Corbis scobinella Buv. III, 8.
 do. III, 9 a, b.
Corbis mirabilis Buv. III, 10.
Corbicella Barrensis Buv. sp. III, 11 a, b.
 do. IV, 1 a, b.
Corbicella Moraeana Buv. sp. IV, 2.
Corbicella Bayani P. de Loriol. IV, 3.
Cardium eduliforme A. Rmr. IV, 4 a, b.
Cardium suprajurense Cont. IV, 5.
 do. LV, 6.
Cardium collineum Buv. IV, 7 a, b.
Isocordia cornuta Kloeden. IV, 8 a — c.
 do. IV, 9.
 do. IV, 10.
Isocordia Letteroni P. de Loriol. V, 1.
 do. V, 2.
Anisocardia Legayi Sauv. sp. V, 3.
 do. V, 4 a — c.
Anisocardia veneriformis P. de Loriol. V, 5.
Anisocardia pulchella P. de Loriol. V, 6 a, b.
Anisocardia parvula A. Rmr. sp. V, 7 a, b.
Anisocardia globosa A. Rmr. sp. V, 8 a, b.
Cyprina Brongnarti A. Rmr. sp. V, 9 a, b.
Cyprina nuculaeformis A. Rmr. sp. V, 10 a, b.
 do. VI, 1.
Cyprina lediformis v. Seebach. VI, 2.
 do. VI, 3.
Cyprina callosa A. Rmr. sp. VI, 4 a — c.
Cyrena rugosa P. de Loriol. VI, 5.
 do. VI, 6.
 do. VI, 7 a, b.
Sowerbya sp. VI, 8 a, b.
Isodonta Kimmeridiensis Dollf. VI, 9 a, b.
Pleuromya tellina Ag. VI, 10 a, b.
Corbula Mosensis Buv. VI, 11 a, b.
Phasianella Kimmeridiensis Struckm. VII, 1.
Chemnitzia Sancti Antonii n. sp. VII, 2 a, b.
 do. VII, 3.
Tornatina cylindrella Buv. sp. VII, 4 a — c.
Tornatina Bayani P. de Loriol. VII, 5 a — c.
Tornatina Sauvagei P. de Loriol. VII, 6 a — c.
Bulla suprajurensis A. Rmr. VII, 7 a, b.
Trochus calenbergensis n. sp. VII, 8 a — c.
Pileopsis jurensis Muenster. VII, 9 u. 10.
Nerita Micheloti P. de Loriol. VII, 11 a, b.
 do. VII, 12 a, b.
Nerita corallina d'Orb. VII, 13 a, b.
Natica hemisphaerica A. Rmr. VII, 14 a, b.

Natica suprajurensis Buv. VII, 15 a, b.
Chemnitzia paludiniformis Buv. VII, 16 a, b.
do. VII, 16 c.
Cerithium nodosum A. Rmr. sp. VII, 17 a, b.
Chemnitzia abbreviata A. Rmr. sp. VIII, 1 a, b.
Chemnitzia Lorioli n. sp. VIII, 2 a, b.
do. VIII, 3.
Chemnitzia striatella v. Seeb. VIII, 4 a.
do. VIII, 4 b.
Aporrhais cingulatus Dkr. u. K. sp. VIII, 5 a, b.
Aporrhais intermedius Piette. VIII, 6 a, b.
Nerinea gradata d'Orb. VIII, 7.
Nerinea Curmontensis P. de Loriol. VIII, 8 a, b.
do. VIII, 8 c.
do. VIII, 9.
Serpula spiralis Münster. VIII, 10.

Wealdenbildungen der Umgegend von
Hannover.

Unio porrectus Sow. I, 1.
Unio Mantelli Sow. I, 4.
Unio porrectus Sow. I, 5.
Unio Dunkeri n. sp. I, 6.
Unio subporrectus A. Rmr. I, 7.
do. I, 8.
Unio tenuissimus n. sp. I, 9 a, b.
do. I, 10.
Mytilus membranaceus Dkr. I, 11.
do. I, 12.
Unio planus A. Rmr. II, 1.
Unio elongatus n. sp. II, 2.
do. II, 3.
Corbula sublaevis A. Rmr. sp. II, 4.
Corbula inflexa A. Rmr. sp. II, 5 a, b.
do. II, 7.
do. II, 8 a, b.
Corbula alata Sow. II, 8 c, d.
do. II, 9.
do. II, 10 a — c.
do. II, 11.
do. II, 12.
Cyrena Parbeckensis Struckm. II, 13 a, b.
do. II, 14.
Cyrena lentiformis A. Rmr. II, 15 a — c.
Cyrena subtransversa A. Rmr. II, 16.
Gervillia obtusa A. Rmr. II, 17.
do. II, 18.
Gervillia arenaria A. Rmr. II, 19 u. 20.
Valvata helicoides Forbes. II, 21 a, b.
Valvata Deisteri Struckm. II, 23 a — c.
Littorinella elongata Sow. sp. II, 24 a, b.
Littorinella Sussexiensis Sow. sp. II, 25.
do. II, 26 a — c.
Hybodus marginalis Ag. III, 1.
Pholidophorus splendens n. sp. III, 2.
do. III, 3.
do. III, 4.
Eugnathus sp. III, 5.
Pycnodus Mantelli Ag. III, 6.
do. III, 7.
Microdon Hugi Ag. sp. III, 8.
Hybodus polyprion Ag. III, 9.
Hybodus dubius Ag. III, 10 a, b.
Littorina Völksensis. V, 4.
Cyrena Mantelli Dkr. V, 5.

Neue Beiträge zur Kenntnis des oberen
Jura und der Wealdenbildungen der
Umgegend von Hannover.

Cidaris Blumenbachi Muenster (Stachel). I, 1.
do. I, 2.
Cidaris cervicalis Ag. (Stacheln). I, 3 — 6.
Pseudocidaris Thurmanni Etallon. I, 7 a, b.
Pseudodiadema planissimum Desor. I, 8 a — c.
Echinobrissus Damesi Struckm. I, 9 a — c.
Echinobrissus Peroni Etallon. I, 10 a — c.
do. I, 11 a, b.
Serpula turbiniformis Etallon. I, 12.
do. I, 13.
Spirorbis compressus Etallon. I, 14 a — c.
Ceriopora dendroides Struckm. I, 16 a, b.
Thecidea Deisteriensis Struckm. I, 18.
do. I, 19.
do. I, 20.
do. I, 21.
Pecten globosus Quenstedt. I, 22 a, b.
do. I, 23 a, b.
Pecten comatus Muenster. III, 1.
Pecten sublaevis A. Roem. III, 2.
Pecten concentricus Dkr. u. K. III, 3.
Avicula multicostata A. Roem. III, 4.
Mytilus Autissiodorensis Cotteau. III, 5 a, b.
Lithophagus ellipsoides Buv. sp. III, 6 a — c.
Lithophagus gradatus Buv. sp. III, 7 a — c.
Lithophagus arcoides Buv. sp. III, 8 a, b.
do. III, 9 a, b.
Unio inflatus Struckm. III, 10.
do. III, 11 a, b.
Cardinia suprajurensis. III, 12 a, b.
do. III, 13 a, b.
Cardita Coeuilti P. de Lor. III, 14 a — c.
Astarte Lorioli Struckm. III, 15 a, b.
Opis suprajurensis Contej. III, 16.
Corbicella ovalis A. Rmr. sp. III, 17.
Cardium dissimile Sow. III, 18 a — c.
Isodonta (Sowerbyia) Dukei Damon sp. III, 19.
Anisocardia Liebeana Struckm. IV, 1.
do. IV, 2.
do. IV, 3.
Anisocardia isocardina Buv. sp. IV, 4 a, b.
Mactromya Koeneni Struckm. IV, 5 a, b.
do. IV, 6.
Anatina Ahlemensis Struckm. IV, 7.
Corbula Deshayesea Buv. IV, 8 a, b.
do. IV, 9 a, b.
do. IV, 10 a, b.
Corbula prora Sauvage. IV, 11 a, b.
do. IV, 12 a, b.
Corbula Autissiodorensis Cotteau. IV, 13 a, b.
do. IV, 14 a, b.
Corbula Forbesiana P. de Loriol. IV, 15 a, b.
do. IV, 16 a, b.
do. IV, 17 a, b.
Patella Neumayri Struckm. IV, 18 a, b.
do. IV, 19 a, b.
Delphinula ornatissima Struckm. IV, 20 a — d.
Pileolus Mosensis Buv. IV, 21 a — c.
Turritella minuta Dkr. u. K. IV, 22 a, b.
do. IV, 23 a, b.
Melania Laginensis Struckm. IV, 24 a, b.
do. IV, 25 a, b, IV, 26 a, b.
Pteroceras Oceani Brongn. IV, 27.
do. IV, 28.

Cerithium Volborthi Struckm. IV, 29 a—c.
Cerithium Trautscholdi Struckm. IV, 30 a—c.
Natica Veriotina Buv. V, 1 a, b.
    do. V, 2.
Natica Evadne P. de Loriol. V, 3 a, b.
Natica semitalis P. de Loriol. V, 4 a, b.
    do. V, 5.
Natica Calenbergensis Struckm. V, 6 a, b.
Natica turbiniformis A. Roem. V, 7.
    do. .V, 8 a, b.
Natica Royeri P. de Loriol. V, 9 a, b.
Fusus Zitteli Struckm. V, 10 a, b.
    do. V, 11 a, b.
Pteroceras Oceani Brongn. V, 12 a, b.

Die Portland-Bildungen der Umgegend
von Hannover.
Anisocardia portlandica Struckm. IV, 1 a—c.
Thracia Tombecki P. de Loriol. IV, 2 a, b.
Cerithium Kappenbergense Struckm. IV, 3, 4.
Ammonites Gravesianus d'Orb. V, 7 a, b.
Ammonites gigas Zieten. VI, 10.

Über die bisher in der Provinz Hannover und den unmittelbar angrenzenden Gebieten aufgefundenen fossilen
und subfossilen Reste quartärer Säugetiere.

Fossiles Hirschgeweih (Cervus sp.). I.

Über die im Schlamme des Dümmersees
in der Provinz Hannover aufgefundenen
subfossilen Reste von Säugetieren.
Cervus Alces L. I, 1.
Cervus (Rangifer) tarandus L. II u. III, 2—7.
Cervus capreolus L. IV, 8—10.

Wollemann.
Thracia Phillipsi A. Roemer. VI, 6.

Zur Ausgestaltung der vorgeschichtlichen Sammlung des Provinzial-Museums zu Hannover als Hauptstelle für vorgeschichtliche Landesforschung in der Provinz Hannover.

Bericht für das Jahr 1909/10.

Im Anschluss an die im Jahrbuch für 1908/9 dargestellten Leitsätze dieser Organisation soll hierdurch Bericht erstattet werden über die Erfolge derselben im letzten Jahre.

Eine feierliche Weihe erhielt die 1909 wieder eröffnete **vorgeschichtliche Sammlung** auf der I. Hauptversammlung der Deutschen Gesellschaft für Vorgeschichte unter dem Vorsitz des Herrn Universitätsprofessor Dr. Kossinna-Berlin, die am 6.—9. August 1909 auf Einladung des Provinzialmuseums in Hannover tagte. Ueber den erfolgreichen und schönen Verlauf dieser Versammlung ist im „Mannus", dem Organ der Deutschen Gesellschaft für Vorgeschichte, Bd. II, Heft 1/2 ausführlich Bericht erstattet. In das Programm dieser Versammlung war die feierliche Eröffnung der neugeordneten vorgeschichtlichen Sammlung des Provinzial-Museums aufgenommen.

Unter reger Anteilnahme der Versammlungsbesucher und im Beisein von Vertretern des Landesdirektoriums und der Kgl. techn. Hochschule fand dieselbe am 7. August statt. Herr Direktor Dr. Reimers hielt eine Begrüssungs-Ansprache, der Unterzeichnete einen einleitenden Vortrag über die Geschichte und den jetzigen Stand der Sammlung.

Die Sammlung erfreut sich seit der Wiedereröffnung eines immer reger werdenden Interesses, was sich auch durch Geschenke äussert (siehe das Verzeichnis der Neuerwerbungen), und vor allem dadurch, dass zu wiederholten Malen Führungen und wissenschaftliche Erläuterungen erbeten wurden seitens der Klassen höherer Schulen und anderer Interessenten-Gruppen. Auch viele Einzelpersonen aus der gelehrten Welt besuchten zu Studienzwecken die Sammlung; besonders erfreulich war der Besuch des Altmeisters unserer Wissenschaft, Herrn Prof. Dr. Montelius, des Reichsantiquars von Schweden, sowie mehrerer anderer skandinavischer und deutscher Vorgeschichtsforscher. Der Herr Oberpräsident der Provinz Hannover, Wirkl. Geheimrat Dr. v. Wentzel, beehrte die Sammlung mit einem eingehenden Besuche und zeigte sehr grosses Interesse für die Arbeit unserer Wissenschaft.

Der weiteren Ausgestaltung der Sammlung nach den früher dargelegten Grundsätzen steht als Haupthindernis der auch in unserer Sammlung immer dringender werdende Raummangel entgegen, der es bereits nicht mehr gestattet, wichtige Neuerwerbungen überhaupt auszustellen. Die Vorarbeiten für die geplante grosse Veröffentlichung des vorgeschichtlichen Materiales unseres Museums sind ein grosses Stück gefördert.

Dem **Archiv** für vorgeschichtliche Landesforschung in der Provinz Hannover galt ein grosser Teil der Arbeiten des letzten Jahres, da ja die Sichtung und Sammlung der quellenmässigen Nachrichten über vorgeschichtliche Funde der Provinz die sicherste Gewähr bilden für die von uns vorgesehenen weiteren Arbeiten am Inventar und der archäologischen Karte der Provinz. Mehrfach haben auch schon auf dem Gebiete der Vorgeschichte arbeitende Herren unser Archiv als Auskunftsstelle benutzt.

Sehr erfreulich und erfolgreich gestaltete sich die Arbeit der **Museenvereinigung für vorgeschichtliche Landesforschung in der Provinz Hannover.** Der Vereinigung waren sogleich alle Museen der Provinz, welche vorgeschichtliche Interessen pflegen (im ganzen 16) beigetreten. Sitzungen fanden seither ' unter dem Vorsitz des Direktors des Provinzial-Museums statt:

> am 21. Dezember 1908 (Gründungs-Sitzung) und
> „ 5. Juni 1909 im Provinzialmuseum;
> „ 9. Oktober 1909 im Museum Lüneburg;
> „ 12. März 1910 im Provinzialmuseum.

Die Verhandlungen der stets sehr gut besuchten Sitzungen galten vorzugsweise den gemeinsamen Interessen an der Landesforschung, den Grundsätzen der musealen Aufbewahrung und wissenschaftlichen Verwertung des Fundmateriales, sowie der ausserordentlich brennenden Frage energischerer Ausgestaltung der Denkmalpflege auf vorgeschichtlichem Gebiete. Viele wertvolle, praktische Winke für alle diese Gebiete wurden ausgetauscht und es wurde durch die immer wiederkehrende persönliche Berührung der Museumsleiter und Sammlungsvorstände die durch die Museenvereinigung angestrebte engere Verbindung unserer Museen erfreulich gestärkt: das hat sich im Laufe des Jahres bei verschiedenen Unternehmungen auf unserem Gebiet, wie gemeinsamen Ausgrabungen, Unterstützung von Ausgrabungen kleinerer Museen, Verständigung über allerhand „schwierige Fälle" der Gebietsabgrenzung der einzelnen Museen, bewährt.

Im Anschluss an die Sitzung in Lüneburg fanden Besichtigungen und gemeinsames Studieren der Baudenkmäler, der Museumsschätze und einiger geologisch und vorgeschichtlich wichtiger Stätten der Umgebung statt, sowie wissenschaftliche Vorträge über unser Gebiet. An diesen Veranstaltungen nahmen die wissenschaftlichen Kreise Lüneburgs regen Anteil.

An die März-Sitzung in Hannover schloss sich am Abend und dem folgenden Sonntag eine wissenschaftliche Tagung des Hannoverschen Landesvereins für Vorgeschichte an, ebenfalls mit Vorträgen, Ausflügen und Museumsführungen. In dieser hannoverschen Sitzung wurde seitens der Mitglieder und der, wie jedesmal, eingeladenen, auf anderen Gebieten arbeitenden Museen der Provinz der Beschluss gefasst, dass unsere Museenvereinigung aus dem engeren Rahmen der Pflege der Vorgeschichtsforschung heraustritt. Als Museenvereinigung der Provinz Hannover soll sie künftig die Interessen aller Gebiete der Museumsarbeit verfolgen, und es hat auch bereits eine weitere Anzahl Museen der Provinz ihren Eintritt angemeldet.

Im Entstehen begriffene Zusammenschlüsse und Neu-Organisationen der die Vorgeschichte pflegenden Museen in anderen Provinzen haben sich bereits an uns gewendet um Rat in ihren Angelegenheiten, veranlasst durch die Erfolge unserer Provinzial-Organisation.

Der Hannoversche Landesverein für Vorgeschichte ist auf der erwähnten Tagung für deutsche Vorgeschichte im August 1909 gegründet worden mit sofortiger Anteilnahme von 30 Mitgliedern. Im Laufe des Jahres ist die Zahl auf 80 gestiegen. Den Vorstand bilden zur Zeit: der Unterzeichnete als Vorsitzender und die Herren M. M. Lienau (Museum Lüneburg) und Professor Reischel-Hannover.

Der Verein bildet eine wichtige Ergänzung zu unserer Museenvereinigung, und manche wertvolle Hilfe in der Arbeit unserer Gesamtorganisation ist uns aus den Reihen seiner Mitglieder, die über die ganze Provinz verteilt sind, bereits zuteil geworden.

Der Hannoversche Landesverein hat vom Januar bis heute monatlich eine Sitzung abgehalten, jede unter Anteilnahme zahlreicher Gäste. Seitens der Stadt Hannover ist uns dankenswerter Weise der Singsaal der Höheren Töchterschule I als Vortragsraum zur Verfügung gestellt. In den Versammlungen wurden (meistens mit Lichtbildern) Vorträge gehalten: Eine Serie Vorträge über die vorgeschichtlichen Perioden in der Provinz Hannover, über die Geographie der Provinz und ihre geologischen Grundlagen, über die Abstammungslehre und die diluviale Urzeit des Menschen, über frühmittelalterliche Funde, über das germanische Haus, über Handel zwischen den Kulturländern des Altertums und dem germanischen Norden und über verschiedene Einzel-Ausgrabungen.

Nach jeder Versammlung fanden am nächsten Tage (Sonntag früh) Ausflüge in die Umgebung Hannovers nach geologisch und vorgeschichtlich wichtigen Stellen und Führungen im Museum und in Privatsammlungen statt.

Nach den Erfolgen dieses Jahres scheint es also, als ob die von unserer Organisation eingeschlagenen Wege geeignet sind, unser Ziel, wie es in der anfangs erwähnten Denkschrift im vorigen Jahrbuch skizziert ist, zu erreichen: Die Erforschung der heimatlichen Vorgeschichte zu fördern, und die gebildeten Kreise der Provinz mehr und mehr zu Anteilnahme an derselben heranzuziehen.

H. Hahne.

Jahrbuch

des

oinzial=Museums zu Hannover

umfassend

die Zeit 1. April 1909—31. März 1910.

II. Teil.

Hannover.
Druck von Wilh. Riemschneider.
1911.

Jahrbuch

des

Provinzial=Museums zu Hannover

umfassend

die Zeit 1. April 1909 — 31. März 1910.

II. Teil.

Hannover.
Druck von Wilh. Riemschneider.
1911.

Inhalts-Übersicht.

Die Moorleichenreste im Provinzial-Museum zu Hannover.

Von H. Hahne.

Einleitung (Allgemeines über Moorleichen).

Mit dem Schlagworte „**Moorleichen**" bezeichnet man menschliche Leichen, die in bestimmten Gebieten Nordeuropas im Torfmoor, vielfach nachweislich in dessen mittleren und tieferen Schichten gefunden werden: durch chemische Einflüsse mumienartig konserviert, nackt oder mit Kleidung altertümlicher Art, die auf frühgeschichtliche Zeit hinweist, und nicht selten in auffälliger Lage und Stellung mit Anzeichen von Fesselung und absichtlicher Versenkung.

Abtorfung der Moore ist die Voraussetzung dafür, dass derartige Funde zu Tage treten; das Torfstechen ist aber nach Prejawa erst seit 200, nach anderen schon 300 Jahren in Norddeutschland in Übung [1]).

Zusammenfassend bearbeitet sind die Moorleichen zuletzt 1900 und 1907 von Johanna Mestorf [2]), die 52 Funde aus dem XVIII. und XIX. Jahrhundert zusammengestellt hat. Seitdem sind mir vier weitere Moorleichen aus der Provinz Hannover bekannt geworden. — Die **nunmehr 56 Moorleichenfunde** verteilen sich folgendermassen:

Dänemark	19 (Jütland 16, Falster 2, Fünen 1)
Schleswig	7
Holstein	4
Provinz Hannover	18
Oldenburg	2
Holland	5
Irland	1

Aus verschiedenen Gründen werden bei Moorleichenuntersuchungen herangezogen auch die „**Moorschuhe**" und „**Moorkleider**" [3]), d. h. Funde von einzelnen Kleidungsresten und paarweise, öfters auch in grösserer Zahl beisammenliegend im Moor zum Vorschein kommende Lederschuhe.

Die wenigen bisher bekannt gewordenen Moor-Kleiderfunde standen meist im — oft allerdings nicht einwandfreien — Zusammenhang mit Moorleichenfunden, gehören aber nach Ausweis der Fundumstände, der Form und besonders der Gewebetechnik nach Mestorf zeitlich und kulturell zu der Fundgruppe der Moorleichen, ebenso die Moorschuhe nach Form, Technik und Fundumständen. Mestorf führt an aus

Schleswig-Holstein	23 Schuhe,
Grossherzogtum Oldenburg mindestens	4 „
Holland	4 „

Mir sind weiter bekannt geworden aus der

Provinz Hannover	4 „ bezw. der Bericht

über dieselben (s. u. Seite 20).

---

[1]) Prejawa, „Die Ergebnisse der Bohlwegsuntersuchungen in dem Grenzmoor zwischen Oldenburg und Preussen und in Mellinghausen, Kreis Sulingen." Osnabrück 1896. Sep. aus den Mitteilungen des hist. Vereins Osnabrück, S. 72. — C. A. Weber, „Das Moor" in „Hannov. Geschichtsblätter", 1911, S. 255 ff., s. bes. S. 265.

[2]) Joh. Mestorf, „Moorleichen" im 42. Bericht des schleswig-holsteinischen Museums vaterländ. Altertümer bei der Universität Kiel. 1900, S. 10—34 und 44. Bericht 1907, S. 14—54; siehe auch J. Mestorfs zusammenfassende Arbeit von 1871 im Globus, illustr. Zeitschr. für Länder- und Völkerkunde XX, Nr. 9, S. 139—142. — Im folgenden werden die Angaben von J. Mestorf über einzelne Moorleichen nach der Nummer zitiert, die sie in den Tabellen der beiden Kieler Berichte haben.

[3]) Moorkleider: Mestorf, 1907, Seite 47. — Siehe auch Mestorf, 1907, Nr. 46.
Moorschuhe: Mestorf, 1907, Seite 51—54.

Aus den Arbeiten J. Mestorfs von 1900 und 1907, die sich ergänzen, ergibt sich folgende Skizze vom **Stand der Moorleichenforschung im Jahre 1907:**
Durch die ganze Reihe dieser in den Torfmooren der westlichen Ostsee- und der östlichen Nordseeländer gefundenen Leichen geht sichtlich ein „verwandtschaftlicher Zug". Hinsichtlich der vermutlichen Todesursache ist zu beachten, dass Männer und Frauen gleichmässig vertreten scheinen; die Frauenleichen können kaum als Opfer von Verbrechen angesehen werden, da wohl nur selten Frauen in der Öde des Moores ohne Begleitung wandern. Bei einer Reihe von Leichen liegen zweifellos Anzeichen für gewaltsame Versenkung vor: In den Moorgrund sind z. B. Pfähle getrieben, die sich über der Leiche kreuzen; Knüppel, Stöcke, Reiser, Soden liegen über anderen; der Kopf liegt bei einigen tiefer, als die (öfters gekrümmten) Beine; manche lagen mit dem Gesicht nach unten; Schädelverletzungen, eine Wunde in der Herzgegend sind beobachtet; ein Bastseil, eine Schnur, ein Shawl fand sich um oder neben dem Halse; mehrere Leichen waren ganz nackt oder die Kleider waren sichtlich über den Kopf gezerrt oder lagen teilweise neben der Leiche; wo nur Kleider zutage kamen, kann man vermuten, dass die dazu gehörige Leiche nur nicht gefunden wurde. Das häufige Vorkommen arg zerschlissener und mit Flicken besetzter oder aus Lappen genähter Kleidung und das Fehlen eines Schuhes lässt Mestorf an „Schandkleider" denken. — Anderseits schien die Lage mancher Leiche vielmehr die eines sanft gebetteten Leichnams zu sein: in einer „moosausgekleideten Grube" im Torf, unter einem „Pfahlgerüst, wie eine Grabkammer", auf einem „Reisiglager" —, und von mehreren Moorleichen wird ausdrücklich berichtet, dass sie in Fell oder Wollzeug eingehüllt waren oder überdeckt waren mit einer Decke (bezw. Mantel). — Die Kleidungsstücke waren keineswegs immer zerschlissen, sondern zeigten, wenn sie auch nur in Resten zutage kamen, grosse Mannigfaltigkeit, und manches Stück ist von grosser Feinheit, so besonders Schmuckbänder und verzierte Lederschuhe. Ja bei einigen Leichen fand sich Schmuck, wie Perlen und einmal eine Fibel; und das Moor hat wohl noch manche Gegenstände, z. B. aus Metall und Knochen, völlig zerstört. Einmal fand sich ein Knochenkamm eingewickelt in ein Stück Tierblase.

Wenn Unglücksfälle und Verbrechen zu allen Zeiten Menschen ins Moor versinken lassen konnten, beweisen alte Berichte der frühgeschichtlichen Zeit und des Mittelalters für die germanischen Stämme des Nordens die Ausübung eines grausamen Strafverfahrens für verschiedene Verbrechen, wie z. B. Ehebruch, nämlich die Versenkung in Sumpf oder offenes Wasser. Tacitus bezeugt es schon für die Germanen seiner Zeit im XII. Kapitel seiner Germania; in der älteren Edda wird des Brauches im III. Gudrunlied gedacht, und bis in die Gegenwart lebt die Erinnerung an ihn in Sagen und Erzählungen. Auch scheinbar „sanft gebettete" Moorleichen und solche, die vor der Versenkung getötet zu sein scheinen, könnten Opfer dieses Rechtsbrauches sein, aber zugleich Zeugen für „humanere" Ausübung dieser „entsetzlichen Strafe". — Es sind sicher noch längst nicht alle, die versenkt im Moore liegen, wiedergefunden. Die weitere Untersuchung lässt nun aber annehmen, dass alle diese Leichen innerhalb weniger Jahrhunderte ins Moor gerieten; Moorleichen gibt es aber nur in den westlichen Ostsee- und östlichen Nordseeländern: auf dem ganzen Fundgebiet zeigen sie aber Übereinstimmung ihrer Merkmale — das spricht alles für eine vorübergehende Rechtssitte bestimmter Völkerstämme. —
Die dreimal (viermal?) vorkommende Kinderleiche allerdings würde nicht zu der Annahme passen, dass die ganze Fundgruppe ganz einheitlich ist.
Bei der Untersuchung betreffend die Zeitstellung der Funde lässt sich zunächst sofort sagen, dass Kleidungsstücke, wie sie bei den Moorleichen gefunden sind, seit manchen Jahrhunderten nicht mehr im Gebrauch sind, dass dagegen die zeitgenössischen Berichte über germanische Kleidung in den ersten nachchristlichen Jahrhunderten und bildliche Darstellungen von Germanen z. B. auf römischen Bildwerken in auffälliger Übereinstimmung stehen mit der „Moorleichen-Garderobe": hier wie dort der Mantel in Gestalt grosser viereckiger, oft mit Fransen und farbigen Streifen versehener wollener Decken, die Hose, die Binden an Füssen und Beinen, der einfache Leibrock als Kittel mit oder ohne Ärmel, das Pelzwerk (bezw. Fellkleidungsstücke), das fast regelmässige Fehlen der Kopfbedeckung, der Leibgurt und die einfach geschnittenen „Bundschuhe". Dazu kommen zwei

für die „Sachforschung" besonders, ja ausschlaggebend wichtige Feststellungen: die Bronze-fibel von Corselitze[1]) setzen Montelius und Salin in die Zeit um 300 n. Chr., Almgren „vielleicht etwas früher"; auf dieselbe Zeit weisen die Perlen von Corselitze, die Vergleichsstücke im Torsberger Moorfund „aus der Zeit um 300" haben. Zwei Silber-kapseln von der Leiche von Obenaltendorf vergleicht J. Mestorf mit einem ähnlichen Schmuck-stücke von Darzau, diese Vergleichung würde auf das I.—II. Jahrhundert n. Chr. weisen.

Die Kleidung der Moorleichen zeigt fast durchweg im Schnitt und besonders auch in der Technik der Gewebe auffallende Übereinstimmung mit Funden, die archäologisch sicher datierbar sind auf das III. bis IV. Jahrhundert n. Chr.: das sind besonders die grossen Moorfunde in Jütland und Schleswig-Holstein, in denen Waffen, Geräte, Kleidungsstücke und Schmuck in grossen Mengen beisammenliegen, offenbar Beute aus grossen Kämpfen, nieder-gelegt auf dem Moor, das seit der frühesten Vorzeit eine bevorzugte Stellung einnahm unter den Plätzen für Weib-Opfer an die Götter.

Besonders eingehende Untersuchung widmete Joh. Mestorf der **Spinn- und Webe-Technik** der Moorleichenkleider und fand hier weitgehende Gleichartigkeit bei allen Funden mit Kleiderresten: Alle Gewebereste sind aus bald sehr fein, bald grob gesponnener Wolle hergestellt in der Webetechnik des Zweitriftes (Leinwand), des Köpers und des Drelles. Kette und Einschlag sind bald aus gleichartigen Fäden hergestellt, bald ist die Kette aus linksgedrehten, der Einschlag aus rechtsgedrehten Fäden hergestellt: eine Technik, die die Festigkeit des Gewebes erhöht und schon an den Geweben der Bronzezeit zu beobachten und noch heute geübt wird. Öfters sind die Einschlagfäden doppelt, die Kettenfäden einfach; in sehr feinen Geweben liegen die Kettenfäden versenkt unter sehr feinen dichtgeschlagenen Einschlagfäden.

Einmal zeigte ein Gewebe regelmässiges Ausfallen von Einschlagfäden, aber Eindrücke an der Kette lehrten, dass sie einst vorhanden gewesen sind: sie waren wohl aus Leinen, und das hat sich im Moor aufgelöst; so erklärt sich auch das gelegentliche Fehlen von Naht-fäden. Bänder in der Technik der Brettchenweberei, Fransen in Knüpftechnik (Macramé-Arbeit), Flanell-Rauhung von Wollengeweben und einmal ein Netzgewebe unbekannter Technik (M. 1907, S. 49) sind seltene Besonderheiten. Die Breite der Webestücke ist zwar an demselben Stück, z. B. bei den grossen Manteldecken, oft nicht gleichmässig, was für mangelnde Spannvorrichtungen am Webstuhl spricht, aber viele Feinheiten weisen auf hohe Ausbildung der Webetechnik hin: so die zweckmässigen, oft ausserordentlich kunstvoll angelegten Webekanten, und die grosse Mannigfaltigkeit der Musterung, besonders der Drellgewebe, unter denen das Rautenmuster auffällt und vorwiegt. Im Nähen und Ausbessern, im „Beschlängen", Säumen, Flickensetzen und Stopfen zeigen die Kleidungsstücke viel geschickte Arbeit. Eine bestimmte Naht, von J. Mestorf als Torsberger Naht bezeichnet, ist charakte-ristisch für fast alle Kleiderreste dieser Zeit und fand sich bisher nur an diesen, scheint somit zeitbestimmend zu sein: sie besteht darin, dass zwei zu vereinigende nach innen umgekippte Stoffränder so vernäht werden, dass die durch beide Lagen der umgekippten Ränder laufende Naht etwa 1 cm weit von der Umkippfalte entfernt eingreift. Von innen sieht man also die beiden Umkippfalten und daneben je einen freien Stoffrand.

Auch die Verwendung farbiger Fäden zu gefälliger Musterung der Gewebe ist nicht selten zu beobachten, vielfach ist eine Musterung hergestellt durch Verweben naturfarbig heller Fäden in Gewebe aus naturfarbig dunkler Wolle und umgekehrt: das Moor hat die einst helle Wolle rostig-rotgelb, die dunkle rotbraun gefärbt, wie es das Haar aller Leichen fuchsig rot verfärbte und die Körperoberfläche lederartig braun gerbte.

Hinsichtlich **somatisch-authropologischer Fragen** ergab die Kritik der alten Be-richte und die Untersuchungen erhaltener Leichenteile[2]) eigentlich nur die Bestätigung dafür,

---

[1]) M. 1900. Nr. 15 und S. 25.
[2]) Handelmann und Pansch „Moorleichenfunde in Schleswig-H." 1873. Kiel. S. 17, 26, 28. M. 1900, S. 6 ff.

dass das nasse Moor die Fähigkeit besitzt sehr lange Zeit hindurch gewisse organische Reste zu konservieren, einerseits infolge des Luftabschlusses, anderseits mittels „spezifischer" chemischer Wirkung der „Moorsäuren", die sich als Gerbung „häutiger Gebilde" (d. h. bindegewebiger Organe) äussert, während „eiweissreichere Weichteile", besonders die Muskeln, verwesen und „gelöst" werden, wie auch aus den Knochen durch die „Säuren" die „Knochen-erde" gelöst wird.

Dass trotzdem der Erhaltungszustand der Leichen so verschieden ist, und dass die einen nach der Berührung mit der Luft verwesen, die anderen mumienartig eintrocknen, wird auf örtliche chemische Verschiedenheiten (Zutritt von Luft und Kohlensäure wird von H. und P. erwähnt) der Moore zurückgeführt, wie z. B. auch die Tatsache, dass sich in dem einen der grossen Moorfunde der Völkerwanderungen (Nydam) die Eisenwaffen sehr gut, in einem anderen (Süder-Brarup) fast gar nicht erhalten haben.

Die Knochen und Zähne haben fast völlig ihre Kalksalze und somit ihre Härte und Starrheit durch die Moorsäure eingebüsst und sind beim Auffinden elastisch-biegsam und von der Schnittfestigkeit sehr weichen Leders; durch das Trocknen werden Knochen wie Zähne holzartig und schrumpfen ein. Die Nägel sind ebenfalls geschrumpft, aber in ihrer Form erkennbar; das Gehirn, das Fettgewebe und die eiweissreichen Teile, Muskeln und Ein-geweide sind meist bis zur Unkenntlichkeit geschrumpft, oft ganz verschwunden, wohl von den Torfpflanzen aufgezehrt. Die Moorleichen sind oft völlig plattgedrückt zu zentimeterdicken, von Torfpflanzenfasern fest eingehüllten Massen, die aus den bindegewebigen Körperresten gebildet sind; da aber u. a. besonders die Haut und die Knochen in ihrer Form, wenn auch geschrumpft, erhalten sind, kann man noch viele Einzelheiten des ehemaligen Körperbaues dieser Germanenleichen Hollands, Deutschlands und Dänemarks, die Mestorf zu den Stämmen der Friesen, Chauken, Sachsen, Angeln und Dänen zählt, erkennen.

Die „Moor-Geologie" hat seither so gut wie gar keine Rolle bei der Zeit-bestimmung der Moorleichenfunde gespielt. Wo man, wie bei der Leiche von Drumkeragh (Irland)[1] und Marx-Etzel (s. u. S. 6), die Leichen auf oder in dem Moorunterband fand, nahm man ihre Lage einfach nur als Zeugnis besonders hohen Alters. Die Mutmassungen über das absolute Alter der Moorbildungen waren bei den früheren Behandlungen der Moorleichen erst recht völlig schwankend und unbestimmt, wo sie überhaupt erörtert wurden: „Etwa zwei Jahrhunderte" für das etwa 7 m tiefe irische Moor, einige Jahrhunderte für das 2 m tiefe ostfriesische Moor bei Marx-Etzel[2]), dann wieder „wohl mehr als 2000 Jahre" für das ostfriesische Hochmoor[3]).

Handelmann und Pansch (a. a. O. 1873) gehen auf diese Frage nicht ein. 1900 bemerkt Joh. Mestorf kurzweg (S. 29): „ . . . Die Tiefe ihrer Lage kann . . . . kaum massgebend sein, weil das Wachsen der Moore durch die Beschaffenheit des Bodens und ver-schiedenartige Einflüsse bedingt, sich hier rascher, dort langsamer vollzieht." — 1907 wird die Frage von Joh. Mestorf gar nicht mehr berührt. Auf Seiten der Geologen ist bezüglich der Altersbestimmung der Moore und ihrer einzelnen Horizonte ja bis heute noch keine Einigung erzielt[4]).

Anhangsweise werden von J. Mestorf 1907 noch die **Moorschuhfunde** behandelt[5]), die auf dem ganzen Gebiet der Moorleichen vorkommen. Sie sind fast alle nach demselben Grundschnitt, wie die bei Moorleichen gefundenen aus einem Stück oft noch mit Haaren ver-sehenen Leders hergestellt; die Höhlung für den Hacken ist durch eine Naht hergestellt; der Verschluss geschieht so, dass ein Riemen durch eine Anzahl an den seitlichen Schuhrändern geschnittener Löcher oder Schlaufen gezogen wurde.

Einige sind auch ähnlich verziert, wie mehrere der Moorleichenschuhe, denen sie in den Grundzügen des Schnittes völlig gleichen. Fast alle sind stark verschlissen;

[1]) „Archaeologia". 1783. S. 112.
[2]) Neues vaterl. Archiv. 1823. l. c.
[3]) Auricher Zeitung. 1817. Nr. 100.
[4]) Vgl. z. B. Wahnschaffe in der Zeitschrift der deutschen geologischen Gesellschaft 1910, S. 278. (dort weitere Literatur).
Ders. „Ursachen der Oberflächengestaltung des norddeutschen Flachlandes." Berlin 1910 s. unter „Moore".
C. A. Weber i. d. Ztschr. d. dtsch. geol. Ges. 1910. S. 143—162.
[5]) Mestorf l. c., 1907. S. 51—54.

selten fand sich ein zusammengehöriges Paar. Diese Schuhfunde stammen, wie viele Moorleichen, aus der Tiefe der Torfmoore. Joh. Mestorf weist zur Erklärung der Moorschuhfunde einerseits auf den heute noch mehrfach bezeugten offenbar „abergläubischen" Brauch, altes Lederzeug nicht auf den Kehricht, sondern „hinter die Hecke" zu werfen: anderseits finden sich auch literarische Spuren des Brauches, Lederreste den „Göttern" zu opfern, so im Ragnarök-Mythos der Edda, wo vom Schuh des den Fenriswolf bekämpfenden Widar gesagt wird, dass er „aus Leder gemacht sei, das die Menschen zu diesem Zweck gesammelt haben", woran noch die Mahnung geknüpft wird: „darum soll man das Leder, das man bei dem Zuschneiden der Schuhe an den Fussspitzen und Hacken abschneidet, hinwerfen". —

Neben Feststellung vieler interessanter Einzelheiten ist das wichtigste Ergebnis der bisherigen Bearbeitung der Moorleichen der durch möglichst vollständiges Zusammentragen der Berichte und Funde erbrachte Nachweis, dass die „Moorleichen" eine geographisch beschränkte Gruppe darstellen, und dass allerlei gemeinsame Züge besonders hinsichtlich der Todesart und der Kleidung die Mehrzahl dieser Funde umschliessen; hierdurch wird die Annahme nahegelegt, dass auch kulturelle und zeitliche Grenzen für die Fundgruppe bestehen. Joh. Mestorfs Arbeiten zeigen deutlich die Hauptlinien des Problems und wichtige Richtlinien für die weitere Forschung.

Die beschränkte geographische Verbreitung, die übrigens nicht etwa abhängt von dem Vorkommen der Torf-Moore, wie ein Blick auf die Karte Nordeuropas lehrt, spricht schon für eine kulturelle oder ethnographische Zusammengehörigkeit; zum zweifellosen Nachweis und zur genaueren Präzisierung derselben fehlt aber vor allem die notwendigerweise zu fordernde einwandfreie Zeitbestimmung für jeden einzelnen Fund. Joh. Mestorfs Arbeiten haben das Ziel, diesen mit dem vorliegenden Beobachtungsmaterial nicht zu führenden direkten Beweis zu ersetzen durch eine grösstmögliche Häufung indirekter Beweisgründe, die zugleich schon die kulturelle Zusammengehörigkeit im einzelnen beleuchten. —

In der Richtung der Mestorfschen lagen auch meine ersten Untersuchungen über die im Provinzialmuseum zu Hannover befindlichen Moorleichenreste. Bei ihrer museumstechnischen Bearbeitung ergaben sich zunächst allerlei die früheren Berichte ergänzende und korrigierende Beobachtungen bezüglich der Form der erhaltenen Kleidungsstücke und der Beschaffenheit der körperlichen Reste unserer Moorleichenfunde. Die Abnutzungsstellen und die Moor-Verfärbung der Kleidungsstücke gaben dabei wesentliche Fingerzeige, zumal da es sich herausstellte, dass sich auch die alten Tragefalten von jüngeren Faltungen dadurch unterscheiden lassen, dass sie dem Stoff geradezu unverwischbar eingeprägt sind und mit den Abnutzungsstellen in deutlichem Zusammenhang stehen. — Das Entgegenkommen der Museen in Emden, Stade und der Königl. Museums für Völkerkunde in Berlin ermöglichten dann auch die Untersuchung der Reste weiterer 3 hannoverscher Moorleichen, die, ebenso wie die Verfolgung der nur literarisch bezeugten weiteren 12 Funde aus der Provinz, sowie die Ergänzung der Fundberichte durch Rückfragen und örtliche Untersuchungen, manches neue brachte.

Das alsdann erfolgende eingehendere Studium der webe- und nähtechnischen Eigenarten der erhaltenen Kleidungsreste der hannoverschen Funde sollte das Bild dieser Moorleichen-Gruppe vervollständigen. Bei diesen Arbeiten ergab sich aber schliesslich eine solche Fülle wichtiger Hinweise auf Erörterungen moorgeologischer, siedelungsgeographischer und archäologischer Art, die mit dem „Moorleichenproblem" im weiteren Sinne im Zusammenhang stehen, dass die Ausdehnung der Untersuchungen auf die Gesamtheit der nordeuropäischen Moorleichenfunde wünschenswert wurde. — In der Reihenfolge, in der sie ausgeführt sind, soll über diese Untersuchungen Bericht erstattet werden, zunächst also über die Fundberichte, die Kleidungsform und die Besonderheiten der körperlichen Reste [1]) der drei Moorleichenfunde des Provinzialmuseums zu Hannover, sowie einen mit ihnen in Beziehung stehenden Schuhfund.[2])

[1]) Eine spezielle authropologische Bearbeitung der Moorleichen würde zweifellos noch manches wichtige Ergebnis bringen; sie würde sich auch lohnen bei der Anzahl der vorhandenen Reste.

[2]) Einen vorläufigen Bericht über verschiedene Ergebnisse der Untersuchung sämtlicher Moorleichenfunde aus der Provinz Hannover brachte mein Vortrag auf der II. Hauptversammlung der Deutschen Gesellschaft für Vorgeschichte vom August 1910 in Erfurt. — In der internationalen Hygiene-Ausstellung zu Dresden 1911 ist eine Gruppe meiner Rekonstruktionen hannoverscher Moorleichen-Kleidungsstücke ausgestellt. —

Die Moorleiche von 1817 aus dem Hilgenmoor bei Marx-Etzel (Kr. Wittmund).

Tafel I—VI.

Die Auricher Zeitung brachte 1817[1]) folgende Nachricht: „Im Monat Julius wurde bei Friedeburg in der Gemeinde Etzel beim Torfgraben mitten im Moore in der Tiefe des Torfbodens ein menschliches Gerippe gefunden. Seine Bekleidung und Lage deuten auf ein unerhörtes Altertum." Es folgte eine kurze Beschreibung des Fundes (s. weiter unten), die sich mit dem Ergebnis einer von der „Kgl. Justizkanzlei" in Aurich angeordneten amtlichen Untersuchung[2]), sowie mit den Berichten von gelehrten Augenzeugen[3]) und endlich mit meinen eigenen örtlichen Erkundigungen[4]) zu folgendem Fundbericht ergänzt:

Etwa 10 km südwestlich von Wilhelmshaven liegt eine im Norden, Westen, Süden und Südosten von Moor, im Osten und Nordosten von sumpfiger Marsch umgebene Geestfläche; nur im Nordosten besteht eine natürliche Landverbindung dieser „Halbinsel", die selbst wieder von kleinen Wasserläufen und begleitendem Wiesengelände in mehrere Teile zerschnitten wird. Auf dem südlichsten dieser kleinen Landteile liegt Marx, auf einem mittleren Friedeburg, einem nördlichen Repsholt, auf dem nordöstlichen Zipfel des fast inselartig abgetrennten östlichen Teils liegt das Dorf Etzel, südwestlich davon Stapelstein.

Das Hochmoor, das sich nordöstlich zwischen Marx und Stapelstein und gegen Etzel hin erstreckt, heisst „Hilgen-Moor'.

Sein östlicher Teil ist heute längst urbar gemacht. Es gehört[5]) z. T. zu Etzel, z. T. zu Marx, die Grenze bildet die „Meenenhelmte". Die Marxer nennen beide Teile „Hilgen-Moor", weil es ursprünglich Kircheneigentum von Marx war (St. Mauritius), die Etzeler nennen das Moor „Fillkofe" (etwa „Gebrauchsmoor"). Diese Verhältnisse sollen schon vor 1817 bestanden haben.

In diesem „Hilgen-Moor" wurde am 11. Juni (Juli?) 1817 an einem kleinen zur Feldmark Marx gehörigen zwischen Marx und Etzel liegenden Moorstück (heutiger Besitzer Heinr. Taleiassen(?)-Marx), ¼ Stunde (östlich?) von Marx vom Tagelöhner Nanne Hinrichs eine Moorleiche gefunden. Der Finder vergrub sie sogleich wieder an Ort und Stelle; auf Anordnung des Gerichtes in Aurich, dem eine Anzeige von dem „Leichenfunde" gemacht wurde, wurde eine örtliche Untersuchung unter Zuziehung des Medizinalrates Toel vorgenommen, durch die die Fundumstände festgestellt und die Fundstücke gerettet wurden[6]).

Die Leiche „ist in einer Torfgrube gefunden, die bis auf den sandigen Untergrund des Moores hinabreichte; das Gerippe lag mit Kleidern angetan auf dem festen Sandgrund", ungefähr 2 m (6') unter der Oberfläche, von ungefähr 1 m (3') schwarzem Torf bedeckt „und dann braunem, sowie das übrige Moor" — also wieder in 1 m starker Schicht, sodass die Leiche also unter 2 m Torf lag.

---

[1]) Auricher Zeitung 1817 Nr. 100.

[2]) Die Akten sind nicht mehr vorhanden. „Ein Auszug ist verwertet in „Neues vaterländ. Archiv", Heft II, Bd. I, Lüneburg 1822 S. 59 flgde. in einem Aufsatz vom Justizkanzlei- und Konsistorialdirektor Ritter v. Vangerow „über einen in Ostfrieslands Möören ausgegrabenen uralten Leichnam" (mit Abbildung). Wie aus den Akten des Archives für vorgeschichtliche Landesforschung im Provinzial-Museum zu Hannover (im Folgenden citiert als Arch. f. vorg. L. im P. M. H.) hervorgeht, sind auch dem Histor. Verein f. Niedersachsen die „hierüber verhandelten Untersuchungsakten mitgeteilt" zus. mit der Übersendung der Fundstücke. (s. a. Nachrichten über d. Histor. Verein f. Niedersachsen 1859 Nr. 22.)

[3]) a) Friedr. Arends „Ostfriesland und Jever" Emden 1818, Teil I, S. 15—16.

b) Westendorp „Antiquiteiten" für 1819. Groningen 1820, S. (113)—(121) mit 1 Taf. — deutsch wiedergegeben in „Neues vaterländ. Archiv" 1823, S. 174 flgde. (v. Vangerow).

c) Friedr. Arends „Erdbeschreibung des Fürstentums Ostfriesland und des Harlingerlandes", Emden 1824, S. 161—165.

d) Derselbe „Beschreibung der Landwirtschaft in Ostfriesland", Emden 1818, I. S. 15.

[4]) Archiv f. vorg. L. V. im P. M. H. Acta Marx, Kreis Wittmund. Es sei vorweg bemerkt, dass der Fund mit allerlei Varianten bezw. Unrichtigkeiten an vielen Stellen der älteren und jüngeren Literatur behandelt ist.

[5]) Das Folgende über die örtlichen Verhältnisse nach freundlichen Mitteilungen des Herrn Försters Brünig-Hopels und des Herrn Gemeindevorstehers Steinmetz-Etzel. —

s. Messtischblatt 1109 (Neustadt-Gödens), wo das Hilgen-Moor bezeichnet ist und Papensche Karte Nr. 12 (1844 und Nachträge 1887), wo das Hilgen Moor nicht genannt ist. Die Fundstelle wird übrigens in älteren Berichten als zu Etzel gehörig bezeichnet. Die Bezeichnung Marx-Etzel scheint mir zweckmässig aus geographischen Gründen.

[6]) Bericht bei Arends „Erdbeschreibung" l. c. — Arends kritisiert S. 164 Anm. die bis dahin erschienenen Berichte, besonders auch den im „Antiquiteiten" sehr abfällig als oberflächlich oder nicht nach Augenschein berichtet.

„Zwei Pfähle (der Finder berichtete aber später an Arends, es seien vier gewesen) lagen kreuzweis darüber, welche an beiden Enden in die Erde gesteckt schienen, dem Ansehen nach von Birkenholz, doch so weich, dass man sie mit dem Spaten durchstechen konnte."

„Das Gerippe war schon bei der ersten Berührung zusammengefallen; die mehrsten Knochen fanden sich bei der Wiederaufgrabung noch vor, zum Teil zerbrochen und so mürbe, dass man sie mit den Fingern zerreiben konnte. Am Hirnschädel waren noch Spuren von rötlichen Haaren zu erkennen. Die Kleinheit mehrerer Teile, vorzüglich des Stirnbeines, der Rippen und Zähne, die Breite des Kreuzbeines und geringe Vertiefung der Hüftpfanne lässt vermuten, dass es ein weiblicher Körper gewesen und zwar ein ausgewachsener, der völligen Ausbildung der Knochen und dem Verwachsen der Ansätze (gemeint sind die Epiphysen H.) mit denselben zufolge." Die Weichteile waren nach den Bemerkungen anderer Berichte „ganz zergangen". — Die Gründe für die Annahme, dass es eine weibliche Leiche gewesen sei, sind m. E. nicht stichhaltig, da auch bei sicher männlichen Moorleichen infolge der Moor-Einwirkung Knochen und Zähne dadurch, dass sie schrumpfen, „zierlicher" und in ihrem Grössenverhältnis zueinander mannigfach verändert werden. „Rot" werden alle Haare durch Einwirkung der Moorflüssigkeit.

Arends bemerkt weiter: „Das Grab muss angelegt sein, als das Moor erst die Hälfte seiner jetzigen Höhe hatte, weil die Erde auf 3 Fuss Tiefe ebenso aus schwarzem Torf bestand, wie ringsum, von da an aus braunem. Wäre das Grab später gegraben, wie bereits der braune Torf da war, dann hätte solcher beim Zuwerfen des Grabes mit dem schwarzen sich vermischt, und wäre jetzt noch ebenso gefunden, da brauner Torf sich nicht in schwarzen verwandelt." Hieran ist wohl soviel richtig, dass in dem oberen Sphagnumtorf die Spuren einer Grabung durch denselben sichtbar geblieben wären.

Über die Kleidung berichtet die erste Fundnotiz (Auricher Zeitung 1817) nur ungenau:

„Das Gewand bestand aus einem groben Tuche ohne Nähte und Knöpfe, bloss mit weiten Armlöchern und einem Halsloche; die Beinkleider von gleichem Zeuge, und blos mit einem Zuge und Riemen zum Zuziehen um den Leib ohne alle Knöpfe. Die Schuhe aus einem Stück Leder, woran noch rötliche Kuhhaare zu sehen waren. Die Schuhe hatten über den Fuß herauf, von den Zehen an, Löcher mit Riemen zum Zuziehen, jedem Loch gegenüber war in der Außenseite des Fußes ein ausgeschnittener kleiner Stern mit einer Ründung umgeben, und diese Sterne standen in Verbindung mit sehr sauber und mit Geschmack ausgeschnittenem Laubwerk, alles wohl erhalten, indem im Moore, wegen der harzigen Teile, nichts leicht verweset."

Vangerow (N. vaterl. Archiv 1823, mit Akten-Auszug) schreibt: „Die Kleidungsstücke bestanden in einem bräunlichen groben Tuchmantel und einem Überreste von Beinkleidern, welches alles mit Torf durch- und völlig überwachsen war. Vorzüglich gut waren jedoch die Schuhe konserviert, in deren einem sich noch die Knochen des Fußes vorfanden. Die zierliche gewiss nicht ganz geschmacklose Lederbereitung des Schubes, dessen ganz eigener Zuschnitt und auffallende Verzierung führen vielleicht auf die Spur des Zeitalters, in dem die Verscharrung wahrscheinlich erfolgt sein kann; und ich lege eine getreue Abbildung des in unserer Registratur aufbewahrten Schubes zur gefälligen Ansicht und näheren Beurteilung hier bei. (Abbildung)." —

Nach dem Augenschein der Fundstücke Arends (1824) die Kleidung genauer, übrigens übereinstimmend mit einer etwas eingehenderen späteren, nur handschriftlich vorhandenen Beschreibung des Regierungsrates Ch. v. Boddiens[1]), der die Funde in der Justiskanzlei in Aurich, wo sie bis 1859 lagen, selbst gesehen und untersucht hat. — Nach diesen Berichten fand sich bei der Leiche folgende Kleidung:

1. „am besten erhalten" war ein „Wamms oder Rock" (Arends) „oder vielmehr weites Oberkleid mit Kopf- und Armlöchern", „. . . . Das . . Zusammennähen geht auf der einen Seite nur bis zu 6 Zoll herunter, wo sich indes die Naht. auch aufgelöst haben kann." . . . .

Westendorp berichtet (Antiquiteiten 1819) l. c. „Herr van Swinderen, der die Kleidung, welche man bei dem sog. alten Friesen gefunden hat, in Aurich sah, konnte dieselbe nicht besser, als mit dem groben Kleide eines Mönchs vergleichen. Das Zeug d. h. des „Wammses" war von demjenigen groben Tuche, welches man „Peelaken" nennt, und noch jetzt in der hiesigen Gegend

---

[1]) Das Manuskript „7. Cod. ms. germ. 7" in der Hamburger Stadtbibliothek ist sichtlich eine Kopie (Schriftcharakter und Schreibfehler besonders in lateinischen u. a. Worten) einer Notizensammlung des weil. Regierungsrates v. Boddien in Aurich aus der Zeit nach 1839 (jüngstes Citat i. d. Notizen) und wohl vor 1859, wo die Funde nach Hannover kamen.

(Holland) von den Landleuten getragen wird. Der Rock war vor der Brust und dem Unterleib zu, und weiter nach unten offen, jedoch nicht weggeschnitten; auch mit einem Halsloche versehen."

2. ein „Mantel", von dem „bloss einige ganz zerrissene Lappen noch da sind, welche ein Futter von demselben Stoff haben" (Arends). Von Boddien werden diese Reste nicht erwähnt, aber in dem Zugangsverzeichnis der Sammlungen des Historischen Vereins für Niedersachsen vom Jahre 1859 wird bestätigt, das Reste von 3 Kleidungsstücken an den Historischen Verein für Niedersachsen abgeliefert sind.

Die Berichterstatter sahen die Reste erst nach der Einlieferung in Aurich, sie interpretierten diese Stücke als Reste eines „Mantels", ohne ersichtlichen Grund, offenbar nur, weil ihnen zu dem Rock und der Hose ein Mantel als Vervollständigung der Kleidung zu gehören schien.

3. eine Hose, die „ebenfalls ganz zerrissen'' war, „und nur mit Mühe lassen sich die einzelnen Stücke zu einem Ganzen zusammenlegen; zum Teil ist sie auch gefüttert mit gleichem Zeug, ohne Knöpfe, doch oben mit weitem Saum eingefasst. . .''

4. „zwei Schuhe, in welchem einen noch die Knochen der Zehen steckten" . . . „Der eine Schuh, welcher nur mitgenommen, ... ist ganz besonderer Art, ohne Sohlen, dem Anschein nach von ungegerbtem Leder, schwarzer Farbe und oben der ganzen Länge nach offen."

„Er hält 9 $\frac{1}{2}$ Zoll Länge, besteht aus einem Stück Leder, hinten mit einer Naht und geht nach vorn zu in die Höhe wie eine Schaufel. Der Rand an beiden Seiten hat Löcher, wodurch Riemen gesteckt sind zum Zuschnüren; unter diesen Löchern ist, an der rechten Seite, eine Reihe kleiner Dreiecke eingedrückt, in jedem ein Sternchen, weiter nach hinten an derselben Seite mehrere Figuren von Laubwerk, Sternchen usw. symmetrisch eingedrückt oder gepresst; hinten geht rundum eine ähnliche Reihe solcher Figuren; die linke Seite ist aber ganz ohne Zieraten." (Arends).

Die Beschreibung des Schuhes passt auf den jetzt im Provinzialmuseum befindlichen und vielfach in der Literatur abgebildeten und beschriebenen verzierten rechten Schuh (s. unten S. 14 ff.).

Nach dem offenbar zuverlässigen Bericht von Arends ist also im Juli 1817 nur ein Schuh der Moorleiche nach Aurich mitgenommen, und zwar nach der Abbildung von 1822 eben der rechte, der dann 1859 ins Provinzialmuseum gelangte.

In der Abhandlung Westendorp's (Antiquiteiten l. e.) von 1819 findet sich nun in der Beschreibung des Marx-Etzeler-Fundes folgende Stelle:

„Der Herr Medizinalrat v. Halem zu Aurich gab dem Herrn Professor v. Swinderen unlängst (!) einen derjenigen Schuhe für die Akademie zu Groningen mit, welcher bei dem Skelett jenes Menschen im Vehne gefunden worden war. Das Komité des Unterrichtes war begierig, diesen Schuh zu sehen, über dessen Kleinheit man sich allgemein verwunderte. Auch hat Herr v. Swinderen eine Abbildung für die Zeitschrift Antiquiteiten anfertigen lassen" (Tafel l. c.).

„Wir bemerken, dass dieser Schuh von steifem Leder war, als wenn es türkisches Leder gewesen wäre, und dass er unter dem Fusse wenig oder garnicht abgenutzt gefunden wurde. Unter der Ferse befand sich eine kleine Naht, um dem Schuh eine Form zu geben, die sich dem Fusse ganz anschmiegte. Kuhhaare hat man nicht daran entdecken können . . . . Indessen war es auffallend, dass dieser Schuh eher für den Fuss eines nicht erwachsenen Mädchens, als für einen bejahrten Mann aus einem früheren Zeitalter bestimmt zu sein schien. Wenn man ihn misst, wird man finden, dass er kaum acht Zoll hält, sodass er wahrscheinlich für den Fuss eines erwachsenen Menschen nie hat dienen können. Wenn man annehmen darf, dass dieser Schuh von dem in dem Vehne gefundenen Menschen getragen worden ist, so ist es gewiss, dass dieser noch nicht ausgewachsener Jüngling oder ein Mädchen gewesen. Und wenn man Gründe hat zu glauben, dass das Gerippe einem erwachsenen Menschen angehörte, so sind diese Schuhe aus einer anderen Ursache zu dem Leichnam gekommen."

Westendorps Beschreibung, sowie die betr. Abbildung (Antiqiteiten l. c. Tafel zu S. 118) geben einen linken Schuh wieder, der aber in keiner Weise ein Gegenstück des oben erwähnten rechten Schubes ist! Er ist nur 8 Zoll lang, aus haarlosem Leder in viel einfacherem Schnitt hergestellt, ohne Verzierung, gar nicht abgenutzt usw.

Dieser Widerspruch ist seiner Zeit auch sofort von Seiten der deutschen Augenzeugen bemerkt.

So schreibt Boddien a. a. O. (also vor 1859): „Das Leder des hier in Aurich aufbewahrten Schubes ist durchaus nicht steif, sondern nach jahrelanger Auftrocknung noch in diesem Augenblicke weich und biegsam, wie das Oberleder von altem Fusszeuge; . . . . . einige Glanzstellen auf der Oberseite . . . . . .".

„Die Angabe des Masses des Schubes (bei Westendorp) zu 8 Zoll muss ein Irrtum sein, indem der hier (in Aurich) befindliche gut 10 Zoll misst, und der daraus gezogene Schluss scheint daher nicht haltbar, denn wenn vielleicht . . . . . . der Schuh von rohem, ungegerbtem Leder gemacht worden, so kann dasselbe durch die dem Gerben ähnliche Einwirkung der Moorerde zusammengezogen und auch demnächst nach der Ausgrabung zusammengeschrumpft sein, wie auch die jetzige Figur desselben andeutet. Der Schuh kann ursprünglich wohl 12 Zoll lang gewesen sein . . ." — „dass die Schuhe aus einer anderen Ursache zu dem Leichnam gekommen sein sollten, wird dadurch höchst unwahrscheinlich, dass nach der offiziellen Angabe . . (Vangerow im vaterl. Archiv 1823) . . . sich in einem derselben Knochen des Fusses gefunden haben —".

Boddien geht auf diese Verschiedenheit der Berichte l. c. in seinen Hamburger Notizen ein, erwägt alle Möglichkeiten der Erklärung und glaubt an einen Irrtum der Beschreibung van Swinderens; er erwähnt nichts darüber, ob er selbst vor Swinderens Veröffentlichung etwas von der Tatsache gewusst hat, dass einer der Schuhe der Moorleiche nach Groningen gebracht, bezw. zunächst an Medizinalrat v. Halem gegeben sei.

Die Abtrennung des einen Schubes von dem Funde müsste bei Gelegenheit der Untersuchung, bald nach dem Auffinden der Leiche, stattgefunden haben, wie auch aus dem Fundberichte von Arends (s. d.) gefolgert werden muss; denn dort ist ja ausdrücklich bemerkt, dass zwei Schuhe gefunden, aber nur ein Schuh nach Aurich mitgenommen sei; von einem Unterschiede der beiden Schuhe in Technik und Ausführung wird nichts erwähnt.

Andererseits wird aber ausdrücklich berichtet,[1] daß v. Swinderen die Funde in der Justizkanzlei in Aurich — kurz vor der Veröffentlichung von 1819 — gesehen hat; bei der offenbar auf seinen Angaben beruhenden Mitteilung Westendorps (Antiquiteiten l. c. 1819) wird aber auch nichts erwähnt, dass ihm ein Unterschied des linken Schuhes, den er von Herrn v. Halem erhalten hatte, von dem in Aurich aufbewahrten rechten aufgefallen wäre. Diese Widersprüche lassen sich m. E. nur aufklären mit der Annahme, daß der linke Schuh erst später an v. Swinderen gegeben ist! Er müsste dann allerdings keine genaue Vorstellung vom Aussehen des anderen Schubes mehr gehabt haben.

Es ist mir nun gelungen, das in Antiquiteiten beschriebene Groninger Stück aufzufinden und zur Untersuchung zu erhalten,[2] und so nachzuweisen, dass die beiden Schuhe tatsächlich den Beschreibnngen entsprechend ganz verschieden sind. Bei der Fundbeschreibung (unten S. 18—19) komme ich auf die Angelegenheit zurück.

Endlich sei noch darauf hingewiesen, dass weder von Arends noch in einem der Augenzeugenberichte gesagt ist, dass der Schädel der Leiche aufbewahrt sei; und der hannoversche Zugangsnachweis von 1859 zählt nur die „Reste von 3 Kleidungsstücken" auf. Der in der Literatur häufig behandelte „Schädel[3] einer Moorleiche von Marx", gehört, wie ich nachweisen kann, zu einer zweiten Moorleiche aus dem Hilgen-Moor, und zwar von Marx-Stapelstein (s. u. S. 20 ff.) vom Jahre 1861, deren Reste sich ebenfalls im Provinzialmuseum zu Hannover befinden; dieser Fund wurde bisher stets mit dem von 1817 vermengt.

Die Moorleiche von Marx-Etzel hat zum ersten Male die Aufmerksamkeit auf die Moorleichen hingelenkt, und ist in der Literatur seither vielfach behandelt, zumal wegen des auffällig gut verzierten rechten Schuhes.[4]

Im Provinzialmuseum zu Hannover befinden sich[5] von der Marx-Etzeler Moorleiche folgende Fundstücke:

1. Ein ärmelloses Rumpfkleid.
2. Eine Kniehose (Bruch).
3. Reste eines gefütterten Kleidungsstückes (Jacke?).
4. Ein rechter Schuh.

---

[1] Antiquiteiten l. c. S. 119. Referiert im neuen vaterländ. Archiv l. c. 1823.

[2] Ich danke der gütigen Bemühung des Herrn Conservators Dr. Feith vom Altertumsmuseum in Groningen, wo sich der Schuh jetzt befindet.

[3] Er ist bekannt geworden besonders durch die Untersuchungen Virchows (in „Zur phys. Antropologie der Deutschen" (1877) S. 231 und Zeitschrift f. Ethnol. 1874, Verhandlungen der Berliner Ges. f. Anthropologie S. 38—39), dem der Schädel mit einem unrichtigen Fundberichte vorgelegen hat. — Auch im Katalog des Provinzialmuseums zu Hannover sind die beiden Funde fälschlich bisher zu einem vereinigt gewesen.

[4] Ueberall ist aber der Schädel von Marx-Stapelstein zur Leiche gerechnet und die abgerissenen Hosenbeine sind gelegentlich als Aermeljacke beschrieben, zuletzt bei Mestorf l. c. 1907, S. 50, Fig. 10.

[5] Kat. Präh. Nr. 10362 bis 4 und 18609.

I. Das ärmellose Rumpfkleid (Überwurf)

Tafel I und Tafel VI, Abb. 3, 4.

ist aus einem Stück Wollköper von 174 cm Breite und 98 cm Länge hergestellt. Die Fäden der Kette sind linksgedreht, die des Einschlages rechtsgedreht. Die Wolle ist pigmentarm, war wohl „naturfarbig hell.[1])

Die Ränder a g und c d zeigen (seitliche) Webekante, die Ränder a b c und d e f g sind umgerollt und gesäumt. — Die Ränder a g und c d dieses Stückes sind zusammengelegt und zum Teil zusammengenäht: Die Ecke bei c ist mit der Ecke bei a durch eine ursprünglich 3 cm lange Naht vereinigt; von c bis A ist ein etwa 20 cm langer Spalt gelassen, von A bis B sind die Ränder wieder zusammengenäht gewesen, was deutlich aus Nahtspuren, Fadenresten, Zerrungen und Falten hervorgeht. Dieser Zustand ist offenbar auch noch von den ersten Berichterstattern gesehen, wie deren Beschreibungen erkennen lassen. Die Strecke von B bis d bezw. g ist als ein Schlitz (g B d) offengelassen. In der der Seite a c—g d im fertigen Gewandstück gegenüberliegenden Seite b—e f ist ein dem Schlitz g B d entsprechender Schlitz e C f eingeschnitten und umgesäumt. In dem Winkel C ist das Gewebe eingerissen. Am oberen Rande a b c des Gewandstückes sind keine Spuren längerer Nähte nachweisbar, wohl aber sind bei den Punkten I, II und III des Randes a b und den Punkten IV, V und VI des Randes b c grössere und kleinere Verletzungen nahe dem Rande vorhanden; bei den Stellen II, III und V ist das Gewebe besonders fadenscheinig. Von den Punkten II und III des Randes a b strahlen Züge von gepressten Zerrfalten in der Fläche a b f g aus: von II gegen A und B, sowie senkrecht nach unten und etwas nach links; von III in denselben Richtungen wie von II, nur in geringerer Menge. Ausserdem laufen durch a, b, f, g einige langgequetschte Falten, so von b und C her gegen A und senkrecht in den unteren Teil der Fläche, sowie neben dem Schlitz e C f. — Aus der Fläche a b f g ist nach a hin ein grosses Stück herausgerissen, in der Mitte ein kleineres, darunter findet sich ein scharfer Schnitt im Gewebe. Unterhalb von a ist der Rand verschlissen, weniger bei g.

Von den Punkten IV, V des Randes b c strahlen ähnliche Faltenzüge in der Fläche b c d e aus, deren Gesamtheit im Ganzen eine Spiegelbildfigur der Faltengruppe der Fläche a b f g ist; nur sind im unteren Teil der Fläche ausserdem noch bogenförmig (in nach unten konvexem Bogen) verlaufende Falten vorhanden. Auch hier laufen von dem Rande zwischen IV und VI aus nach der Mitte der Fläche einige lange stark gequetschte Falten, ähnlich denen im unteren Teile der Fläche a b f g. — Aus dieser Fläche sind einige kleine Stücke herausgerissen, bezw. geschnitten, wie die z. T. scharfen Ränder, besonders des grösseren in der Mitte der Fläche, zeigen; auch der Rand unterhalb von c ist eingerissen, gerade gegenüber der Verletzung des Randes a g, d. h. oberhalb des Beginnes der Naht A B.

Beide Flächen des Gewandstückes sind in ihrer Mitte etwas „ausgebeutelt", offenbar durch Benutzung, besonders die Fläche b c d e in ihrem unteren Teil, während die Fläche a b f g viel glatter, im oberen Teil eher straff gezerrt erscheint.

Die braune Verfärbung der beiden Flächen ist nicht gleichartig: in a b f g ist sie am intensivsten in dem Rande b f hin liegenden Teil, in b c d e ist sie mehr in Flecken, am wenigsten in dem unteren $^1/_3$ vorhanden. — Die auf Tafel I als Bildseite dargestellte Gewebeseite ist wesentlich mehr glatt infolge Abnutzung der Fäden, offenbar also „glattgetragen" und zwar besonders dort, wo grössere Faltenzüge zusammenlaufen; die andere Gewebeseite ist fast durchweg rauh, bis auf die Randpartien. Die Pressfalten haben ihren Grat, d. h. ihre Tiefe fast durchweg auf der rauhen Seite, wie z. B. auf Tafel I Fig. 1 durch das grosse Loch hindurch zu sehen ist. —

Die Saumnähte der Ränder a b c und d e f g sind nach der „rauhen" Seite hin eingerollt, die Ränder in der Naht zwischen a und c sind nach derselben Gewebefläche hin umgelegt. Endlich sind die scharfrandigen Risse in dem Gewande, die auf Spatenstiche zurückzuführen sind, von der glatten Gewebefläche aus eingedrungen, wie deutlich an den Schnitträndern zu sehen ist. Aus alledem geht hervor, dass die glatte Seite die Aussenseite des Gewandstückes ist. Der Rand d e f g ist der untere Rand mit den beiden Seitenschlitzen und dem verhältnismässig gut erhaltenen Saum, der keinerlei Nahtspuren und Abnutzungsstellen zeigt. Die stellenweise zusammengenähten Ränder a g und c d bilden die eine Seitenkante des (zusammengelegten) Gewandes, in der der Schlitz ac—A offenbar ein Ärmelloch bildete. Der Rand a b c ist also der obere Gewandrand, b—f e die zweite Seitenkante des Gewandes, in der aber ein Ärmelloch fehlt!

Legt man das Stück, bezw. eine mit allen Nähten versehene Kopie einem Erwachsenen von mittlerer Grösse und Fülle so an, dass ein Arm durch das Ärmelloch ac-A gesteckt und die obere Öffnung abc als „Halsausschnitt" benutzt wird, sodass also der andere Arm innerhalb des Gewandes bliebe, so fällt der obere Rand weit über die andere Schulter herab. Streckt

---

[1]) Die mikroskopische Untersuchung der Wollreste und Haare der Moorleichenfunde ergab, dass das natürliche körnige Pigment sich von der Verfärbung durch das Moor, die sich den Geweben fast gleichmässig mitteilt, meist gut unterscheiden lässt und dass sich die verschiedene natürliche Pigmentierung im Moor erhalten hat!

man nun den zweiten Arm bei b aus der oberen Öffnung heraus, so fällt der obere Rand faltig unter der betr. Achselhöhle herab, die ganze Schultergelenkgegend ist also auf diese Weise völlig frei, aber das Gewandstück hängt dann schief nach der Seite des freien Armes herunter. Fasst man nun den Rand a—b bei der Stelle II oder (bezw. und) III, den Rand b e bei IV oder (bezw. und) V, hebt diese Randpartieen von vorn und hinten her auf die Schulter und befestigt hier II an V und III an IV, so bildet die Strecke zwischen II + V und IV + III das „Achselsück", die Ränder III bis b und b bis IV das zweite Ärmelloch und das Gewandstück sitzt „gerade" am Körper, d. h. der untere Rand verläuft wagrecht.

Legt man in dieser Weise das Gewandstück so an, dass der linke Arm durch das Armloch a A c gesteckt wird, der rechte also durch das durch Raffung gebildete andere, dass also die in den Abbildungen I, 1 und VI, 4 dargestellte Seite die vordere ist, so finden zunächst alle Zerrfalten, d. h. Gebrauchsfalten und Beutelungen durch die Körperformen, sowie die Abnutzungen der Ränder und Nahtstellen ihre Erklärung und entstehen beim längeren Tragen auch ebenso an der Kopie des Stückes; andererseits werden die Pressfalten erklärlich, wenn man sich vergegenwärtigt, dass die Leiche in der Kleidung (wohl auf dem Rücken?) gelegen hat, wobei die Falten des losen Gewandes bei der allmählichen Zersetzung und Schrumpfung des Körpers stärker zusammengefaltet und gepresst wurden; es ist dadurch auch verständlich, dass die Falten nach innen gepresst sind, da von aussen das umhüllende Moor gegen den vergehenden Körper nachdrängte. —

Und endlich würde diese Anordnung des Gewandes auch deshalb recht zweckentsprechend sein, weil je nach Bedarf der rechte Arm sich entweder, ohne Raffung über der Schulter, völlig frei bewegen konnte, oder durch Raffung über der rechten Schulter das Gewand zwei Armlöcher und regelrechten Sitz bekam. Diese Raffung auf der rechten Schulter konnte sowohl an der bezeichneten beiden Stellen II + V und III + IV auf einmal stattfinden, wie oben beschrieben, oder aber entweder bei II + V oder bei III + IV bezw. in anderer Kombination je nach Bequemlichkeit oder zufälliger Vereinigung.

Diese Vereinigung geschah wohl nur zeitweise durch eine Nadel oder Fibel; dafür sprechen die Durchlöcherungen der Vereinigungsstellen und das Fehlen von Nahtspuren. —

Wollte man wegen der auffallenden Häufung der Falten an der linken Seite des Rockes auf die Lage der Leiche, nicht aber die des Rockes selbst, schliessen, so läge die Annahme nahe, dass sie nach links zusammengekrümmt evtl. auf der linken Seite auf (in?) dem Sandboden gelegen habe. Hieraus würde sich vielleicht auch erklären, dass die linke Seite vom Moor weniger verfärbt ist, als die rechte, die dem „schwarzen Torf" mehr ausgesetzt war.

II. Die Kniehose (Bruch)
Tafel II, und Tafel VI, Abb. 5, 6, 7, 8.

ist bei der Wiederausgrabung in zerfetztem Zustande zu Tage gekommen (s. Fundbericht). Durch genaueste Verfolgung der Gewebemusterung, der Nähte und Risslinien war sie einigermassen herstellbar zu der auf Tafel II und VI gezeigten Form. Auch der Schnitt und die weitere Schneiderarbeit konnte festgestellt werden, besonders infolge der eigenartigen Gewebebeschaffenheit der beiden Zeugstücke, aus denen die Hose geschnitten ist.

Das grössere Gewebestück a b e k hat ein Mittelfeld in Rautendrellmuster, an den Rändern entlang läuft Streifendrellmusterung, die Ecken werden von Köpermuster gefüllt. Die Fäden der Kette sind linksgedreht, die des Einschlages rechtsgedreht.

Das Stück ist als Webestück offenbar ursprünglich grösser gewesen, was auch durch die über a und b hinausgehende Zeichnung (VI, 7) angedeutet ist. Das kleinere Gewebestück ist offenbar in der Linie a b vom ganzen Webestücke abgeschnitten, was aus den Massen und dem Musterverlauf hervorgeht.

Das Schema Tfl. VI, 7 zeigt innerhalb des grösseren Gewebestückes mit weissen Linien umrissen das Schnittmuster, mit unterbrochener schwarzer Linie den Verlauf der Nähte, wie es die genaueste Untersuchung des Stückes ergab; das schmale kleinere Webestück ist so auf den oberen Rand des grösseren gelegt, wie es der Zusammensetzung des Originals entspricht.

Schnitt und Machart der Hose sind sehr einfach. Indem a l an b c gefügt wird, entsteht der Rumpfteil mit einer Ausweitung bei c l, also in Schritthöhe. Die weitere Zusammenfügung muss nun so geschehen, dass zunächst d an f, i an h gefügt wird und dann die Vereinigung von d c mit f g und i l mit h g und somit die Verschliessung der Schrittstelle c e g hergestellt wird. Hierbei ergibt sich an der Hose eine Ausweitung für das Gesäss auf der Seite der Naht a b c e + g. Die „Schrittnaht" liegt nach vorn etwas vor dem Schritt, auf der Vorderseite ist die Hose also „glatt" (Abb. Tfl. VI, 8). —

Der schmale Zeugstreifen m n o p ist, als Verstärkung des Rumpfteiles, wie eine Leibbinde innen in die Hose eingenäht mit der Schlussnaht m p - n o vorn in der Hose; sein unterer Rand ist auf Tfl. II, Abb. 2 sichtbar. —

Der obere Rand der Hose ist zwar besonders stark umgelegt und umgesäumt, aber ein absichtlich hergestellter „Zug" zum Durchziehen eines Hüftgurtes [1]) ist nicht erkennbar. Durch Aufeinandernähen der Zeugstücke ist eine nur stellenweise durchgängige Schlaufe entstanden, die aber an vielen Stellen durch Quernähte verschlossen ist. Es sind keine Schlitze, Knopflöcher oder dergl. vorhanden.

Die Hose wurde offenbar einfach mit einem Gurt um die Hüfte festgebunden.

Der Gesässteil zeigt viele Flicken (s. Tfl. II, Abb. 2): einen grossen links von der Hauptnaht, auf dessen zerfetzten und unteren Teil wieder einer oder mehrere kleinere gesetzt sind; unten, in der Schrittgegend sind offenbar mehrfache Überlappungen vorhanden, deren Umfang und Sitz bei der starken Zerfetzung dieser Gegend nicht mehr feststellbar ist. Oben am Rand schliessen sich mindestens 2 kleinere an. Rechts sind Reste von mehreren kleineren Flicken erhalten; es fehlen hier aber grosse Teile der ursprünglich äussersten. Zeugschicht; beim äusseren Rande des linken Oberschenkelteiles sitzt auch ein handgrosser untergesetzter Flicken; ferner vorn oben rechts unter dem Rande (an der Ecke von II, 1 links oben) ein grosser und darunter ein kleiner Flicken, neben dem grossen endlich ist die Stelle eines jetzt herausgerissenen viereckigen Flickens erkennbar. —

Vom linken Hosenbein ist der ganze untere Rand offenbar beim Ausgraben durch Spatenstich abgerissen, ebenso sind beide Hosenbeine vom Rumpfteil getrennt und auch sonst mehrfach frische Verletzungen (Spatenstiche!) vorhanden. —

Die Hose ist sehr stark zusammengeknittert und von sehr vielen Falten durchzogen.

Ausser verschiedenen lose gefalteten frischeren (durch Verpacken und Lagerung entstanden) sind folgende Gruppen Zerr- und Quetschfalten vorhanden:
Vorn laufen längs dem oberen Rande und senkrecht zu ihm kleine geknitterte Falten, von vielen fadenscheinigen Stellen begleitet (auf Tfl. II und Tfl. VI, 5, 6 sichtbar); sie sind offenbar die durch den Gürtel bedingten. Von den Hüften her zieht quer über den Rumpfteil (Bauch) eine Faltengruppe und kreuzweise, wie auch geradeaus in die Hosenbeine hinein. Im linken Hosenbein verlaufen sie meist geradeaus, von einigen queren Quetschfalten (später!) durchschnitten. Im rechten Hosenbein fallen besonders quere krause Quetschfalten neben einigen Längsfalten auf; am äusseren unteren Teil ist der Stoff stark fadenscheinig. Es ist aber zu bemerken, dass bei den Abbildungen der inneren Schenkelseiten der Beinteile, besonders des rechten, etwas zu stark nach vorn gedreht sind, was auch der Nahtverlauf zeigt. Bei richtiger Orientierung kommen auf die Hinterseite des rechten Beins mehr Längsfalten und die fadenscheinigen Stellen gerade auf die Vorderseite zu liegen, und die Hosenbein-Ränder verlaufen vorn in nach oben konvexem Bogen. —

Hinten verlaufen im Rumpfteil die im Flickengewirr überhaupt erkennbaren Falten ausser denen in grossen Flicken meist vom Hosenbund nach unten und in die Hosenbeine, die ausser einigen losen Längsfalten rechts und einigen kräftigen queren Pressfalten rechts und links (hier mit dem Rande wohl meist abgerissen) keine deutlichen Trag- und Press- (Liege-) Falten zeigen.

Das gesamte Bild der Abnutzungszeichen und der Falten entspricht dem einer stark benutzten kurzen Hose, z. B. einer Ruderhose.

Die Masse sind folgende:
Gesamtlänge ca. 85 cm,
Beinhöhe vom Hosenbeinrand bis zur Schrittmitte 45 cm also Rumpfhöhe ca. 40 cm,
Umfang am oberen Rande 130 cm.
Das Webestück war also 130 cm breit (vgl. Tfl. VI, 7).

Die Hose ist aus Wollenstoff hergestellt, der, wie die mikroskopische Untersuchung zeigt, ursprünglich schon dunkler war, als der des Überwurfes und des im folgenden beschriebenen Kleidungsstückes: wohl „naturfarbig dunkel."

Die Hinterseite ist vom Moor im ganzen weniger dunkel verfärbt, als die Vorderseite: Mit den bezüglichen Beobachtungen am Rock zusammen rechtfertigen die Verfärbungen und Falten die Annahme, dass die Leiche auf dem Rücken, vielleicht mit links seitwärts gekrümmtem Rumpf gelegen habe.

[1]) Die diesbezüglichen Angaben z. B. bei Mestorf 1900, Nr. 11, S. 22 beruhen offenbar auf den Vermutungen alter Berichte über die Befestigungsart der Hose!

III. Rest eines gefütterten Kleidungsstückes (Jacke?).

Tafel III.

Das vorliegende aus mehreren zusammengehörigen Fetzen[1]) bestehende 146 cm lange Stück zeigt zwei aufeinander genähte Lagen verschieden feinen wollenen Gewebes in Taffet-(Leinen-)bindung mit dicken Kettenfäden und doppelten dünnen Einschlagfäden. Ketten- und Einschlagfäden sind linksgedreht, und wohl „naturfarbig hell" gewesen.

Auf Abbildung III, 1 ist der feinere, auf III, 2 der andere, gröbere Stoff auf der Bildseite, auf beiden Abbildungen ist aber an zerfetzten Stellen auch jeweils die andere Stofflage zu sehen. — In der Linie d e vereinigt beide Stücke eine gerade Naht. Diese Naht ist von einer Webekante des feineren und einer Schnittkante des gröberen Stoffes gebildet. Die Schnittkante des gröberen ist dabei gegen die Webekante des feineren etwas verschoben, sodass die Webekante allein den wirklichen das Ganze abschliessenden Rand bildet. Bei h i sitzen Reste einer mit den Einschlagfäden parallel, also senkrecht zum Rande d e laufenden Naht, die scheinbar nur dem groben Stoff angehört hat, dessen Schnittrand hier nach innen zwischen die beiden Stofflagen eingekippt ist. Der feinere Stoff scheint über diese Stelle hinweggelaufen zu sein, wird aber von der Naht mitgefasst. Der grobe Stoff fehlt an g h i k und sitzt nur in ausgezerrten Resten in der Naht, der feinere Stoff ist längs der Naht scharf abgerissen. Nun zeigt sich am Rande c d aber ebenfalls eine fast gerade Risslinie beider Stoffe, die besonders scharf im feineren Stoffe ist. — Aneinanderpassung der Risslinien c d und i h, sowie Vergleichung der an den Rissstellen anliegenden Kettenfäden, die innerhalb desselben Stoffes und in ihrem Verlauf auffällig verschieden sind, machen wahrscheinlich, dass das jetzt gesondert liegende Stück g h i k bei c d und a f Zusammenhang mit dem a c d f gehabt hat; und zwar wahrscheinlich so, dass h i nahe bei c an c d zu sitzen kommt, somit g etwa bei a[2]).

Der feinere Stoff ist weit weniger zerschlissen und seine freie Oberfläche viel rauher (weniger abgetragen!) als die des gröberen. Die beiden Seiten des Kleidungsstückes gemeinsamen Falten sind schärfer und deutlicher im feineren Stoff zu verfolgen, der sich wohl leichter faltete und besser erhalten ist; im gröberen Stoff sind sie „lockerer".

Nähte, die zur Befestigung der beiden Stoffstücke aufeinander dienen, laufen an den bei I bis X bezeichneten Stellen in der auf Fig. 3 schematisch dargestellten Weise. Von a nach b läuft ferner bogenförmig eine Naht, die den gesäumten Rand eines bogenförmigen Ausschnittes des feineren Stoffes an dem gröberen Stoff festhält. Säumung und Naht sind so angelegt, dass der Rand des feineren Stoffes nach dem gröberen hin umgekippt ist. — Die Verfärbung des ganzen Stückes ist auf der Fläche a b c f am intensivsten, und zwar auf der einen Oberfläche des groben Stoffes (in der Photographie scheint das Verhältnis umgekehrt); am geringsten ist sie zwischen den beiden Stoffen.

Die Maasse dieses Kleiderrestes sind folgende:

$$f\ d\ =\ 120\ \text{cm}$$
$$l\ k\ =\ 26\ \text{,,}$$
$$b\ c\ =\ 65\ \text{,,}$$
$$b\ k\ =\ 18\ \text{,}$$
Breite bei d c $= 45$,,
,, ,, I $= 36$,,
,, ,, V $= 24$,,

Die Entfernung der Nähte vom Rande c d sind folgende:

$$I\ =\ 42\ \text{cm}$$
$$II\ =\ 54\ \text{,,}$$
$$III\ =\ 59{,}5\ \text{,,}$$
$$IV\ =\ 84\ \text{,,}$$
$$V\ =\ 96{,}5\ \text{,,}$$
$$VI\ =\ 102\ \text{,,}$$

Die Naht VIII ist vom Rande d f entfernt: 20 cm.
,, ,, VII ,, ,, ,, ,, ,, 30 ,,

Die bogenförmige Naht hat zwischen IV + V, näher bei V, ihre am weitesten nach dem Rande d f liegende Stelle, hier ist eine kleine gesonderte bogenförmige und eine kurze, grade gegen f hinlaufende Naht vorhanden.

Durch das ganze Stück laufen verschiedene Faltenzüge: Entlang dem Rand d f laufen besonders zwischen d und e bei e und auf e zu: grobe und stark geknitterte Falten; zwischen d

---

[1]) Auf Abb. III, 2 ist das kleine Stück g h i k weggelassen, auf III, 3 etwas abgerückt von dem grossen.

[2]) In Fig. 2 ist zudem links von g und rechts von a eine auffällig dicke Strecke eines Kettenfadens zu erkennen.

und b ziehen an dem ziemlich geraden Rande lange Falten hin, die sich bei b und besonders bei c in viele knitterige Falten verlieren. Von b c d und e ziehen lange gepresste Falten gegen die Mitte des Teiles b c d e, die selbst ziemlich glatt ist und bei der gerade die kleine Bogenfalte liegt! Auch die Mitte der Fläche a a^1 e^1 f ist ziemlich glatt, während von ihr aus gepresste Zerrfalten gegen a b e und f ziehen und gleichlaufend dem Rande f e grobe Knitterfalten.

In g h i k gehen knitterige Falten ähnlich denen bei c besonders von g gegen i k, also dieses Stück ist gewissermassen das Spiegelbild zum Zipfel bei c. Legt man nun, während g k an a liegt, das ganze Stück senkrecht zum Rande d e f so zusammen, dass der feine Stoff innen bleibt und der Rand h i an d c kommt, ferner die glatte Stelle in der Mitte von a a^1 e^1 f etwa auf der in b c d e liegt, so ergibt das ein bindenförmiges Stück von ca. 146 cm Weite: Legt man das Stück nun zusammen, sodass die Stelle M der bogenförmigen Naht a—b Mitte der Aussenfläche auf der einen Seite ist, so kommt die glatte Mitte von b c d e gerade in die Mitte der gegenüber-liegenden Seite.

Die Nähte II und XI sind hierbei ungefähr gerade die Zusammenfaltstellen. In die Nähe derjenigen bei II fallen denn auch die Stellen e und b und c, wohin die Bogennaht a—b und die ganzen bogenförmigen Falten auslaufen, und wo die Knitterfalten sitzen.

Alle die beschriebenen Erscheinungen fänden ihre kürzeste Erklärung darin, dass das ganze Stück der Rest eines kurzen Rockes oder einer Jacke ist, und zwar deren Rumpfteil. Die Annahme, die Bogennaht a b habe vorn innen auf der Brust gesessen, ent-spräche der Verteilung der Verfärbung, die dann auch an diesem Kleidungsstück vorn am stärksten wäre. Auch wäre wohl erklärt, dass der Brustteil am meisten zerstört ist, da er beim Aufgraben vermutlich früher getroffen wurde. Auch das Gewandstück I (Der Überwurf) ist vorn am meisten zerstört, und zwar ebenfalls links, wie diese „Jacke", auch die Bruch ist links mehr zerstört als rechts, und zwar sichtlich durch Spatenstiche; und endlich fehlt auch der linke Schuh der Leiche, und zwar ist er, wie unten dargelegt werden wird, wohl schon beim Aufgraben verloren gegangen. Die Torfgräber scheinen danach auf die Leiche von links und von oben her gestossen zu sein und sie zunächst teilweise zerstört zu haben.

IV. Der rechte Schuh
Tafel IV und V.

ist der von Vangerow und anderen a. a. O. abgebildete und beschriebene.

Er müsste seit der Auffindung recht gelitten haben, wenn die alte Abbildung a. a. O. seiner Zeit völlig richtig gewesen wäre. — Es wird aber bei eingehender Untersuchung klar, dass der Schuh zwar sicher allmählich mehr und mehr zerrissen ist, aber nur der vordere Teil stärkere Einbusse erlitten zu haben scheint, im übrigen aber die alte Zeichnung — allerdings in sehr mässiger Treue — den heutigen Zustand wiedergibt, sichtlich mit kühner Ergänzung von auch schon damals fehlenden Stücken. —

Der Schuh hat bis etwa in die 70er Jahre in der hannoverschen Sammlung gelegen, ohne irgendwie „präpariert" zu sein, dann ist er in Mainz „restauriert" und über einen Gypsfuss gezogen; von da ab ist er dann in seinem Bestande unverändert erhalten und so in der Literatur mehrfach abgebildet. Da der Schuh bei der Restaurierung sichtlich falsch zusammengesetzt und völlig fest gehärtet, sowie mit allerlei Substanzen getränkt ist, und weil der Gypsfuss, der ausserdem nicht passte, verhinderte, die Innenseite zu untersuchen, ist er jetzt wieder isoliert, auseinander-genommen, in Präparierflüssigkeit aufgeweicht und wird jetzt feucht aufbewahrt.

Tafel IV 1, 2 stellen die grossen Stücke richtig aneinandergefügt dar, allerdings jedes noch in der Form, wie es am Gypsfuss sass, also nicht ganz richtig gebogen; Tafel V zeigt die übrigen vorhandenen Stücke, Tafel IV Fig. 3 das Ergebnis der Zusammenfügung aller vor-handenen Stücke und den Ergänzungsversuch zum vollständigen Schnitt.

Der Schuh ist aus einem Stück Leder vom Rind[1]) hergestellt. Die Aussenseite zeigt Überreste des Unterhautbindegewebes und an einer Stelle noch Blutgefässbetten. Im Ornament-teil ist er glatt, sichtlich künstlich geglättet; an der Innenseite sind an Stellen, die beim Tragen wenig in Anspruch genommen werden, z. B. unter der Fussmitte und an den Schnür-Zipfeln, noch kurze straffe Haare erhalten, die durch die Moorflüssigkeit gelbbraun ver-färbt sind. Eine besonders aufgesetzte Sohle ist nicht vorhanden, auch nicht in Spuren oder Nahtresten.

Um den Hacken verläuft eine Naht, die zwei Seitenstücke mit dem Hackenteil der Sohle vereint; diese Seitenteile sind untereinander zu dem hinteren Schuhrand vereinigt in eigenartiger Weise, die wohl in Rücksicht auf das Ornament gewählt ist. Die Nähte um den Hacken sind grösstenteils noch vorhanden.

---

[1]) Das mikroskopische Bild entspricht dem von Kuhhaaren am besten.

Aus der Zeichnung Tafel IV 3 ist zu ersehen, dass die Mitte des Schubes zusammenhängend erhalten ist vom Innenrande bis zu der Verzierung am Aussenrande und bis zu dem ersten Schnürzipfel 1; auch vom Hackenteil ist das Hauptstück erhalten.

Die richtige Ergänzung der Hauptstücke des Schubes machte nicht allzu grosse Schwierigkeit; sehr viele Versuche dagegen erforderte die möglichst widerspruchslose Vereinigung der übrigen kleinen Stücke; sie gelang erst nach der Wiedererweichung des Schuhes in einigermassen befriedigender Weise, und indem zu jedem Versuch sogleich ein entsprechendes Modell zur Kontrolle hergestellt wurde. Die Heranziehung der alten, seiner Zeit in Aurich bald nach der Auffindung hergestellten Abbildung trug auch einiges zur Aufklärung bei.

Die drei Zipfel 4, 5, 6 sind heute noch von dem durch ihre Endlöcher laufenden Schnürriemen zusammengehalten und zwar so, dass der hintere Rand des Zipfels nach oben gewendet ist; diese Zipfelgruppe war zwischen 20 und 21 festgehalten, mit den Enden gegen den Sohlenteil hinweisend. Der Riemen lief weiter durch die Löcher von 20 und 21; er sass in den Löchern 20, 4, 5, 6 so fest eingeklemmt, dass unbedingt anzunehmen ist, dass er so beim Auffinden gesessen hat.[1])

An die Rissstellen jedes dieser Zipfel passt nun je ein sehr wesentliches von den kleinsten Bruchstücken des Schuhes: vgl. Abb. V, 1, 2. An den Zipfel 4 passt ein verziertes Stückchen, das zwei konvergierende, langgezogene Kerbschnittdreiecke trägt, jedes hergestellt durch zwei Längsschnitte und einen sie verbindenden gestanzten kleinen Halbkreis. Dieses Stück passt in der Abb. V, 1 wiedergegebenen Art an eine Rissstelle von Zipfel 4, also so, dass es im Winkel nach hinten abgeht. An 5 passt ein Stück mit Schlitz, in den der Anfang eines Riemens geknüpft ist, derart, dass der Riemen von der Aussenseite des Schuhes her soweit durch den Schlitz gezogen wird, bis sein Ende gerade noch aus dem Schlitz des Zipfels hervorsieht; dieses Ende des Riemens ist nun auch geschlitzt; indem nun der Riemen auch durch diesen Schlitz in seinem eigenen Ende hindurchgezogen wird, wird eine Schlinge gebildet, die am Riemenende in dem Schlitz des Zipfels festhält. An den Zipfel 6 endlich, der an der Rissstelle den Rest eines Schlitzes zeigt, passt zunächst ein kleines Stück, dessen an die Risskante von 6 passendes Ende den an 6 fehlenden Teil eines kleinen Schlitzes zeigt, und dessen anderes Ende längsgeschlitzt ist, sodass zwei Schenkel entstehen. An dem einen dieser Schenkel passt nun weiter der Rest eines Zipfels eines dreizipfeligen Stückes, an dem ausserdem noch die Zipfel 7 und 8 sitzen. Diese Zipfel hängen durch eine flächenhafte Lederpartie zusammen, die zum Sohlenteil des Schubes gehört. So schliessen sich die kleinen Bruchstücke zu einem Hauptteil der vorderen Schuhpartie aneinander.

Die Zipfel 7 und 8, und ursprünglich nach dieser Ergänzung auch Zipfel 6 (und 9), tragen am Ende Löcher und sind längsgeschlitzt durch zwei nach einem langgezogenen Dreieck auseinanderlaufende Schnitte, die ein kleiner bogenförmiger, nach den Zipfeln hin gekrümmter, mit der Halbkreisstanze geschlagener Schnitt verbindet, darunter dann noch kleine, wohl ebenfalls eingestanzte halbmondförmige, nach dem Sohlenteil hin gekrümmte Figuren, die das Leder vielleicht ursprünglich nicht durchdrangen. Form und Technik zuletzt genannter Figuren sind wegen der schlechten Erhaltung dieses Schuhteiles nicht genau festzustellen.

Der Riss-Rand R. dieses Stückes passt bei der geschilderten Zusammensetzung übrigens an die Stelle der erhaltenen Sohlenpartie des Schuhes, wohin er passen muss.

Die kleinen Halbmonde am Grunde der Schlaufen 6—8 (9) bilden auf diese Weise die Fortsetzung der Reihe von 4 Halbrosetten des in Kerbschnitt ausgeführten Hauptornamentes des Schubes, das aus den erhaltenen Resten in seinem wesentlichen Teile folgendermassen zu rekonstruieren ist:

Längs des äusseren Fussrandes liegen drei voll erhaltene, siebenstrahlige Halbrosetten und eine jetzt zerstörte; zwischen ihnen kleine dreieckige Zwickel.

Die Rosettenstrahlen sind ebenfalls in Kerbschnitt hergestellt durch zwei lange Schnitte und einen kurzen Querschnitt; die Zwickel durch drei kurze Schnitte mit dem Spitzmesser.

Von der ersten Rosette geht ein bandförmiges Ornament etwa im Winkel von 45° gegen die Rosettenseite ab, von zwei durch je zwei Längsschnitte hergestellte Furchen begleitet.

Das Band trägt ein Zickzackornament, das zwischen einer Reihe eingeschnittener Dreiecke ausgespart ist, die je durch 3 kurze Spitzmesser-Kerbschnitte hergestellt sind.

Vom ersten Zwickel geht, parallel dem ersten Ornamentband, ein zweites aus, auf der einen Seite von den Grenzlinien des ersten, auf der anderen ebenfalls von zwei Kerbschnittfurchen begleitet. Es ist ausgefüllt mit einem eigenartigen Ornament: durch zwei längere in spitzem Winkel aneinanderstossende Kerbschnitte und einen kleinen eingestanzten Halbkreis, der gegen das Innere des spitzen Winkels gekrümmt ist, wird je ein kleiner länglicher Zwickel aus dem Leder geschnitten.

Durch eigenartige Gruppierung derartiger Zwickelpaare wird ein Ornament ausgespart, das einer laufenden Spirale verwandt ist.

---

[1]) Jetzt ist er im Interesse der Untersuchung durchschnitten.

Die Ornamentbänder müssen an ihrem anderen Ende gegen zwei Kerbschnittfurchen gelaufen sein, die ihrerseits von der letzten Rosette aus fast rechtwinkelig von der Rosettenreihe abgegangen sind. Reste dieser zwei Furchen sind an demjenigen Stückchen von Zipfel 5 erhalten, in dem auch das Riemenende verknotet ist.

In den zwischen Ornamentbändern und Grenzfurchen freibleibenden Dreiecken sitzt in der Mitte eine etwas grössere 8strahlige Rosette, eingefasst von je 3 strahlenförmigen Dreiecken, deren lange Seiten je ein Kerbschnitt, deren kurze Querseite ein gestanzter, gegen das Innere des spitzen Winkels gekrümmter Halbkreis ist.

Auf der langen Seite dieses Ornament-Dreieckes, nahe der ersten Rosette sitzt nun der Rest von einer Art Gitterwerk, das die Schnürschlaufen des oberen Teiles des Schuhes trug, wie der Verlauf der an diesen Rest anschliessenden noch vorhandenen grossen ersten Schlaufe 1 zeigt. An der inneren Seite des hier vorhandenen Dreiecks ist der lange Rand mit der Halbkreispunze ausgezahnt. In der Fortsetzung dieses Randes liegen die zwei von Zipfel 4 ausgehenden Strahlen, deren kurze Querseiten ja ebenfalls von gestanzten Halbkreisen gebildet wird.

Von der Schlaufe 2 und 3 sind die äusseren Schleifen noch vorhanden. Die Ergänzung, wie sie Abb. IV, 3 zeigt, ergibt eine im Sinne der vorhandenen Reste gut schnürfähige Anordnung des ganzen Schnürteiles des Schuhes. Hierbei schliesst an die beiden von Zipfel 4 ausgehenden „Strahlen" die Vereinigungsstelle von vier Schlaufenschenkeln an, in deren Winkeln je ein gestanzter kleiner Halbkreis sitzt. — In den bandförmigen Schenkeln der Schlaufen sind je zwei Kerbschnittfurchen nebeneinander eingeschnitten, die aber in den Vereinigungsstellen und den Schnürenden der Schlaufen aussetzen, um hier das Leder nicht zu schwächen. — An der Vereinigungsstelle der Schenkel der Schlaufe 1 sind zwei mit je einem stumpfen Winkel gegeneinandergestellte Dreiecke durch das Leder hindurchgeschnitten und einige Längsfurchen zur Füllung des Ornaments eingefügt.

Die äusserste Längsfurche des hinteren Schlaufenschenkels läuft in den hinteren Schuhrand weiter; von der Vereinigungsstelle der Schlaufe 1 geht asserdem ein von zwei Längsfurchen begrenztes Ornamentband ebenfalls nach dem hinteren Schuhrande.

Dort, wo es von dem Schlaufen-Gitterwerk abzweigt, ist ein feines, mit zwei Kerbschnitten und zwei Kreisstanzen-Schlägen ausgeführtes Figürchen als Winkelfüllung eingefügt; es ist durch das Leder hindurchgeschnitten und hat die Form eines rundlichen Kopfes, der auf einem langen, spitzen Zipfel sitzt.

Das um den Hackenrand laufende Ornamentband wird gefüllt von kleinen länglichen, meist etwa dreieckigen Grübchen, die je zwei Längsseiten zeigen und je einen Querabschluss, der mit der Halbkreisstanze geschlagen ist, während die Seiten durch Kerbschnitt hergestellt sind.

Diese Dreiecke, die etwa die Form von Schwalbenschwanz-Pfeilspitzen haben, sind so gestellt, dass die Spitze einer Figur jeweils in den Ausschnitt der nächsten Figur blickt. Derartige Figuren sind nun auf dem Ornamentbande hintereinander so angeordnet, dass zwischen ihnen je eine winkelige Figur ausgespart ist, mit einer runden und einer eckigen Begrenzung. Diese so ausgesparten Winkel öffnen sich gegen die Mitte des Hackenrandes und zwar von beiden Seiten her; es muss also in der Mitte des hinteren Hackenrandes irgend eine Art Schlussstück iu das Ornament eingefügt gewesen sein, etwa in der Art, wie in Abb. Tfl. IV, 5 c angedeutet ist.

Das ganze Ornamentband sieht aus, als sollte es eine Schuppenkette darstellen. — Dieser Ornamentstreif verläuft sich nun an der inneren Knöchelseite des Hackenteiles des Schuhes gegen die Schlaufe 23, die die hinterste am Innenrande des Schuhes ist. Sie ist besonders kräftig; ihre Schenkel werden von Kerbschnittfiguren gefüllt; der hintere von 2, der vordere von 5, durch 2 lange und einen kurzen Schnitt gebildeten Strahlen. Unter jedem Strahle sitzt ein kleines Kerbschnittdreieck. Die Oeffnung der Schlaufe hat etwa die Form der Füllfigur am Grunde von Schlaufe 1 γ rechts und links von ihrem „Kopfe" sitzt je ein Kerbschnittdreieck.

Die Schlaufen 22 und 21 des inneren Schuhrandes sind sorgfältig ausgeschnitten, jede mit rundlichen, knaufartigen Verbreiterungen am Grunde des vorderen Schenkels.

Die vordersten Schlaufen Nr. 16—20 des Schuh-Innenrandes sind einfach durch Schlitzung des Schuhrandes hergestellt; ihre Öffnungen waren ursprünglich (vor dem Gebrauch, der sie weitete) nur kleine Schlitze, wie die der Schlaufen 4—8. — Die zwischen 8 und 16 fehlenden Schlaufen oder Zipfel sind so ergänzt, wie es sich bei Herstellung eines Ledermodelles des Schuhes für normale Fussform ergab und mit einiger Anlehnung an den Schnitt ähnlicher Moor-Schuhe.

Das Halbkreisornament am Grunde der vorderen Schlaufen läuft in der Rekonstruktion nur bis zum Kleinzehenrand, da es am vorderen Zehenrande das Leder zu sehr schwächen würde.

Der Schnürriemen ist aus einem Stück Leder durch Spiralschnitt hergestellt. — Sein eingerolltes Ende zeigt, dass hier das Zentrum des Lederstückes war, aus dem der Riemen geschnitten ist. Das jetzige mit Rissstelle versehene andere Ende sass im Zipfel 16 nach vorn blickend so festgeklemmt, dass das dem Zustand beim Finden offenbar entspricht; der Riemen läuft dann auch noch durch die Zipfel 17—20, dann durch die Zipfel 6, 5, 4 — weiter zeigen Falten und Abnutzungsspuren an den betr. Schlaufen und am Riemen selbst, dass er zunächst durch 21 ging, dann durch 3, weiter durch 22, 2 und 23 und zuletzt durch 1. — Von 16 aus nach vorn ist er sicher (nach Analogie anderer Schuhe) durch die Zipfel 15—7 gelaufen, von hier durch den unteren Schlitz von 6 und zu seinem Ende, das ja noch in den unteren Schlitz von 5 eingeknotet sitzt.

Den Gesamtschnürungsverlauf zeigt Abb. IV, 4. Die durch die Schnürung bedingte Lage, Biegung und Abnutzung der Schnürteile findet sich an den betreffenden Teilen des Originales wieder.

Der Schuh ist, nach Berücksichtigung der Schrumpfung und der Ergänzungen, vom hinteren Rande bis zum Zehenvorderrande des Fusses, um den sich die vordersten Schlaufen ja nach oben legten, etwa 27 cm lang gewesen, also wie ein normaler, nicht unnütz durch eine Spitze verlängerter Schuh eines Erwachsenen. Folgende Masse sind feststellbar:

Vom hinteren Sohlenrande bis zur Tiefe des Ausschnittes zwischen den 2 vordersten Zipfeln sind es 29 cm; die Gesamtlänge, wie sie gewesen sein muss, die vorderen Zipfel eingerechnet 36 cm. Die Breite des Fusses war in der Mitte etwa 11 cm, die des Schnittmusters im ganzen 28 cm bei Schlaufe 1 und 6, die der vollen unverzierten Fläche 13 cm von den Rosetten bis zur Basis von Schlaufe 22.

Die Nähte am Hacken sind an den wesentlichen Stellen so weit erhalten, dass Verlauf und Technik erkennbar sind. Das Nähmaterial besteht, soweit Reste vorhanden sind, nicht aus Leder oder Pflanzenfaserfaden, es ist wohl gedrehter Darm (oder gedrehte Aalhaut?).

Die Nähte bei g—h (Abb. IV, 1—3) sind noch vorhanden, im Anfange der Naht bei a + h ist der Faden doppelt, wohl infolge der Einfädelung in eine Nadel, und wird dann im weiteren Verlaufe einfach. Es ist die Technik der versenkten Naht angewandt, wobei die Nahtfäden nur an der Aussenseite des Schubes sichtbar sind; dadurch fällt an der Innenseite des Schubes die Möglichkeit weg, dass die Naht für den Fuss lästig wird.

Aus der Tatsache, dass die Nähte stellenweise in das Ornament übergreifen und es zerren, geht hervor, dass das Ornament in dem Leder ausgeführt ist vor dem Zusammennähen des Schubes; dass also der Schuhschnitt mit den Ornamenten wohl nach vorhandenem Muster auf das Leder, richtiger: auf das gegerbte Fell vorgezeichnet wurde.

Die Haare an der Innenseite laufen von der äusseren Fussseite gegen die grossen Zehen hin (s. den kleinen Pfeil auf der Zeichnung Abb. IV, 3). Am Innenrande des Schubes ist das Leder am dicksten, auf der Aussenseite des Schubes, also der Fleischseite des Felles, sind hier bei Schlaufe Nr. 22 einige Blutgefässeindrücke zu sehen, die nach der Schlaufe hin convergieren.

Die Machart des Schubes bezeugt sehr feines Gefühl für die Fussform und die Bewegung des Fusses beim Gehen, also das Können eines geschickten Schuhmachers!

Das Hauptornament mitsamt den Schlaufen 1—4 liegt auf der beim Gehen nicht geknickten Fussoberseite (dem Blatt oder Spann), dessen Form es nachahmt.

Die Schlaufen 21—23 am inneren, unbeweglichen Fussrand sind niedrig; und die am innern Knöchel liegende Nr. 23 ornamentiert. Die Zipfel 4—6 liegen etwas oberhalb dem untersten (proximalen) Zehengelenke, also oberhalb der Stelle der stärksten Knickung des Fusses beim Gehen. Die Bedeckung des vorderen Fussteiles, also der Zehenpartie, geschieht durch die Schlaufen 7—20 und ist durch den eigenartigen Verlauf des Riemens von der Schnürung des hinteren, oberen Fussteiles ganz abgesondert und wird durch die schmalen, beweglichen Zipfel gebildet; an der Innenseite des grossen Zehens liegen wieder festere Zipfel 16—20; zwischen 20—21 ist die Stelle des „Ballengelenkes".

Der jetzige Zustand der vorliegenden Schuhreste ist offenbar nicht nur Folge des langen Tragens des Schubes; es sind hie und da sichere Anzeichen von auflösenden Verwesungsvorgängen vorhanden (geschwürartige Defekte). Dass die Hackenpartie der Sohle und deren vorderster Teil innen besonders abgeblättert sind und keine Haare mehr zeigen, scheint Folge natürlicher Abnutzung; auffällig ist allerdings, dass die ganze Sohlen-Aussenfläche kaum Zeichen starker Abreibung zeigt, was doch zu erwarten wäre[1]).

[1]) Boddien u. a. ältere Beobachter vermuteten, dass der Schuh nur als „Socken" gedient habe, dass über den Schuh ausserdem Holzschuhe getragen seien, wie im Mittelalter und heute noch!

Der Verlauf und die Lage, sowie die Gebrauchs- und Abnutzungszeichen des Riemens und der Schlaufen weisen darauf hin, dass der S c h u h i n z u g e s c h n ü r t e m Z u s t a n d e a m F u s s d e r L e i c h e g e s e s s e n h a t, und wohl beim Finden erst zerstört wurde, natürlich am meisten an den zartesten Stellen.

Dass die Grössenverhältnisse des wieder aufgeweichten Schuhes die eines Schuhes für einen E r w a c h s e n e n sind, entspricht dem Befund am Skelett (s. Fundbericht: Epiphysen-Verwachsung.) Das L e d e r ist jetzt nach der Wiederaufweichung und Entfernung aller durch die „Restaurierung" und verschiedenmaliges Abformen[1]) aufgetragenen Öl- und Lackmassen i n n e n u n d u n t e r d e m F u s s r a u h, in den Ornamentpartien und an den Zipfeln und Schlaufen, also auf der gesamten Fussoberseite, jedoch glatt und s t e l l e n w e i s g l ä n z e n d. Boddien erwähnt schon, dass der Schuh in Aurich (vor 1859) „einige Glanzstellen auf der Oberseite" zeigte[2]). Nach Erkundigung bei intelligenten Schuhmachern ist anzunehmen, dass das Leder i n f o l g e d e r W i e d e r a u f w e i c h u n g j e t z t w i e d e r e t w a d i e A u s d e h n u n g haben wird, die der trockene Schuh beim Gebrauch gehabt hat; dafür spricht das Aussehen der Poren, der Oberfläche und, wie zugesetzt werden muss, auch das des O r n a m e n t e s, das jetzt s c h ö n d i e E i n z e l h e i t e n d e s K e r b s c h n i t t e s erkennen lässt.

Der M o o r f u n d v o n M a r x - E t z e l i s t a l s o d i e L e i c h e e i n e s E r w a c h s e n e n; d a s G e s c h l e c h t i s t n i c h t m e h r f e s t s t e l l b a r. D i e L e i c h e w u r d e b e k l e i d e t a u f d e m S a n d b o d e n e i n e s a u s 1 m o b e r e m, h e l l e m u n d 1 m u n t e r e m, s c h w a r z e m T o r f b e s t e h e n d e n M o o r e s i n h o r i z o n t a l e r L a g e l i e g e n d g e f u n d e n; s i e w a r d u r c h k r e u z w e i s e ü b e r i h r e i n g e r a m m t e P f ä h l e a u f d e m S a n d e f e s t g e h a l t e n, l a g i n R ü c k e n l a g e m i t n a c h l i n k s e t w a s z u s a m m e n g e k r ü m m t e m K ö r p e r u n d w a r b e k l e i d e t m i t L e d e r s c h u h e n, e i n e r w e i t e n w o l l e n e n u r s p r ü n g l i c h d u n k e l f a r b i g e n K n i e h o s e (B r u c h, B o x e), e i n e r w o l l e n e n u r s p r ü n g l i c h h e l l f a r b i g e n J a c k e (?), u n d e i n e m w o l l e n e n h e l l f a r b i g e n R u m p f k l e i d, d a s a l s Ü b e r w u r f, H e m d r o c k o h n e Ä r m e l, o d e r a u c h a l s K o t z e o d e r M a n t e l z u b e z e i c h n e n w ä r e.

Ob gewaltsame Versenkung eines Lebenden oder Versenkung eines Toten (Strafakt oder Begräbnis) vorliegt, ist aus dem Funde selbst nicht zu entnehmen.

Der Groninger Schuh
Tafel VII.

ist das in dem Westendorp'schen Bericht (Antiquiteiten 1819 a. a. O.) beschriebene und abgebildete Stück. Er liegt im Groninger Altertumsmuseum als Leihgabe der Akademie und, wie Herr Dr. Feith mitteilt, weisen ihn die zugehörigen Papiere aus als „der bei Etzel gefundene Schuh, welchen Professor van Swinderen damals (d. h. um 1819) vom Medizinalrat v. Halem zu Aurich für die Akademie zu Groningen empfieng".

Es ist ein l i n k e r S c h u h, aus einem Stück offenbar gut gegerbten und sorgsam enthaarten Leders in einfachem Schnittmuster hergestellt. Die Aussenseite ist jetzt rauh, bis auf die Randpartien und die Flächen der Zipfel. Der Schuh ist jetzt von hellbrauner Lederfarbe, viel heller als der von Marx-Etzel. Das Stück ist vorzüglich erhalten.

Der H a c k e n r a n d wird von zwei S e i t e n t e i l e n A und C gebildet, die nicht genau passend geschnitten sind, daher ist der ganze Schuh etwas schief. 4 grosse S c h l a u f e n (1, 2, 18, 19) bilden die Schnürung am hinteren Fussteil; 1, 2 und 19 sind durch einfache Ausschnitte geziert bezw. zu leichtem Spangenwerk gestaltet. Mit 2 ist ein schmaler Zipfel 3 verbunden, dessen Ende abgerissen ist. Hier war wohl der Anfang des Schnürriemens eingeknüpft, der nicht mehr vorhanden ist; nur ein kleines Riemenendchen sitzt jetzt an dem äusseren Hackenrande und ist hier verknotet gewesen (Fig. 8). Der Zipfel 4 trägt 2 Löcher; vielleicht war das auch an 3 der Fall (s. d. Marx-Etzeler Schuh); der v o r d e r e F u s s t e i l wurde von Zipfel 5—10 aussen über den Zehen, von Zipfel 11—17 über der Zehenspitze und dem grossen Zehen bedeckt.

Diesem Schnitt und den Benutzungsspuren entspricht die E r g ä n z u n g d e s g a n z e n S c h u h e s Tafel VII, 4.

[1]) Im röm.-german. Zentralmuseum iu Mainz ist ein Abguss des Fusses mit dem Schuh erhältlich, der die alte Rekonstruktion zeigt.

[2]) Vergl. die Beschreibung des Schuhes oben in den ältesten Fundberichten.

Der Schnitt dieses Schuhes ist also viel einfacher, aber auch weniger sorgsam ausgeführt, als der des oben beschriebenen von Marx-Etzel. Er ist dem normalen Fuss nicht
sehr gut angepasst.

Besonders ist der innere Rand zwischen 18—19 sehr niedrig und an der Fussspitze ist
eine übermässig grosse Lücke zwischen 10 und 11. Der Hackenraum ist durch zwei versenkte
Nähte gebildet, wie bei dem marx-etzeler Schuh. Die senkrechte hintere Hackennaht ist in Fig. 6 dargestellt. Die beiden geknoteten Enden der Quernaht liegen innen (in Fig. 1 ist das eine sichtbar).

Die Masse sind folgende:

Gesamtlänge des Schubes im geschürten Zustande etwa 19 cm;
Länge des Sohlenteiles des Schnittes von Hackenrand bis zum vordersten
Zipfel-Zwischenraum = 20 cm; bis zum vordersten Zipfelende = 23,5 cm.
Breite des Sohlenteiles zwischen 18/19 und 1/2 = 9,5 cm;
Breite vom Ende von 1 bis zum Ende von 19 = 19,5 cm.

Der Hackenrand ist 3 cm hoch, der Hackensohlenteil im Schnitt 6,5 cm breit, die Trittspur aber nur etwa 4 cm breit, die Länge der ganzen Trittspur des Fusses ca. 17,5 cm lang
(s. Fig. 3).

Berücksichtigt man die Schrumpfung des Schuhes im Moor, so ist der Fuss, für den
der Schuh gemacht ist, doch kaum 18 cm lang und kaum 8 cm breit, also vermutlich ein
Kinder- oder kleiner Frauenfuss gewesen.

Dass der Schuh getragen ist, beweisen besonders die Gebrauchsfalten.
Sie sind auf Tafel VII, Fig. 3, 5, 7, 8 dargestellt: es sind Zug- und Druckfalten an den
Stellen, wo der Fuss aufruhte und wo die Schnürung Zerrung veranlasste.

Ausserdem sind die ursprünglich gerade eingeschnittenen Schlitze in den Schnürzipfeln
(Fig. 9) rundlich ausgeweitet, und die Verknotungsstelle des Riemenrandes ist durch Benutzung
gefaltet (Fig. 8).

Eine unverkennbare Ähnlichkeit im Schnitt mit dem Schuhe von Marx-Etzel liegt zwar
vor, aber der Erhaltungszustand und die Farbe, vor allem die Masse, lassen es völlig ausgeschlossen erscheinen, dass dieser Groninger Schuh am linken Fuss der Marx-
Etzeler Leiche gefunden ist! — Die Tatsache, dass dies ganz zweifellos der von Westendorp
beschriebene Schuh ist, sowie die von Dr. Feith freundlicherweise unternommenen Nachforschungen,
lassen aber keinen Zweifel, dass dieser Schuh von Herrn van Swinderen z. Z. als aus Etzel
stammend in Aurich erworben ist (s. o. S. 8—9).

Nun wäre es einerseits möglich, dass der Schuh an derselben Stelle, wie die Moorleiche von
Marx-Etzel gefunden wurde, vielleicht aber in einer höheren Torf-Schicht, wodurch die hellere Farbe
auch erklärt wäre.

Aus den ersten Fundberichten geht hervor, dass „nur ein Schuh nach Aurich 1817 mitgenommen" ist (s. o. Arends a. a. O.), auch wird erzählt, dass „in dem einen Schuh" Knochen des
Fusses steckten. Ein zweiter Schuh ausser dem nachher in Aurich befindlichen rechten wird nirgends
ausdrücklich erwähnt. — Dieser andere Schuh könnte also entweder von vornherein gefehlt haben,
etwa abgegraben sein bevor die Leiche bemerkt wurde; oder er ist vor der amtlichen Untersuchung
an Herrn von Halem (der sonst übrigens gar nicht in den Berichten genannt wird) und später
(1819) an Herrn v. Swinderen gelangt; das würde aber vielleicht doch irgendwo in den Berichten bemerkt sein. — Herr v. Swinderen hat ausserdem sicher den Fund von Marx in Aurich
gesehen; den linken Schuh muss er erst danach erhalten haben, sonst hätte er sicher den Unterschied beider Schuhe bemerkt! Es scheint vielmehr, als sei keinem der Augenzeugen ein zweiter
Schuh wirklich zu Augen gekommen, und als sei vielmehr nur die sicher ungenaue Angabe der
Moorarbeiter und die Annahme, dass doch wohl 2 Schuhe vorhanden gewesen sein müssten, die
Veranlassung, gelegentlich von zwei Schuhen der Moorleiche zu sprechen; und danach wäre zu vermuten, dass etwa an Herrn v. Swinderen ein nicht zur Moorleiche gehöriger, aber auch bei Etzel
gefundener Schuh gelangt wäre.

Es könnte um dieselbe Zeit (1817) also vielleicht noch ein zweiter Fund
in der Gegend von Etzel gemacht sein, aus dem der Schuh stammen könnte[1]. Und
das ist tatsächlich der Fall, wie folgender Fundbericht zeigt:

[1] Im ersten Bericht über den Marx-Etzeler Fund in der Auricher Zeitung wird auch bereits bemerkt:
„Man hat in den Moorgründen dieses Landes schon vordem Schuhe gefunden, welche von sehr hohem Alter",
von denen aber ihre erstaunliche Grösse und die starken, aufgesetzten Sohlen hervorgehoben werden.

Der Schuhfund von Ardorf, Kr. Wittmund.

Von Etzel nach Friedeburg (5 km) und von dort nach NW. nach Leerhafe (10 km) führt die Landstrasse. Von Leerhafe 5 km nach W. liegt Ardorf und Wehle, 15 km auf der Landstrasse von Aurich entfernt, am Nordufer des grossen Moores östlich von Aurich.

Nordwestlich von Ardorf liegt jetzt das Vorwerk Neu-Heiligenstein, auf der Papen'schen Karte von 1844 Nr. 11 ist noch die Mühle „Heiligenstein" verzeichnet. Von dieser Mühle heisst es bei Arends[1]):

„1817 wurden in dem zur Mühle am Heiligenstein gehörenden Torfmoor, beim Torf-graben 12′ tief unter der Oberfläche, auf dem Muttersand, 3 alte Schuhe entdekt, einer für einen erwachsenen Mann passend, die beiden anderen für Kinder von etwa 12 Jahren. Sie waren von ganz alter Form, noch ganz unbeschädigt, und aus einem Stück gemacht, ohne Naht. Rötliche Haare sah man noch daran, aber keine Zierraten wie bei dem bei Friedeburg (d. h. Marx-Etzel. H.) gefundenen Schuh, sonst demselben ähnlich, auch mit Riemen über dem Fuss zum Festschnüren. Einer derselben ist im Besitz des Kauf-mannes Mammen zu Neuharlingersiel, ein anderer kleiner soll nach Groningen gekommen sein, ein dritter ist verloren gegangen."

Erkundigungen an Ort und Stelle haben keinen Erfolg gehabt; in Groningen befindet sich nach Dr. Feith's Mitteilung z. Zt. kein anderer „Moorschuh". Unser „Groninger Schuh" könnte der kleine Kinderschuh von Ardorf sein, der s. Zt. nach Groningen gekommen sein soll! Die Erwähnung der Haare an den Schuhen ist sehr summarisch und kann ebenso ungenau sein, wie ja kaum richtig sein wird, dass die Schuhe ganz ohne Naht gewesen seien.

Zu der Kleidung der Moorleiche von Marx-Etzel gehört unser Groninger Schuh sicher nicht, da er in keiner Weise zu dem erhaltenen rechten Schuh derselben passt. Stammte er wirklich von Marx-Etzel, so könnte er einen Fund für sich, vielleicht sogar aus der nächsten Nähe der Moorleiche dar-stellen. Wahrscheinlicher ist aber, dass er aus dem Schuhfund von dem nicht weit von Etzel gelegenen Ardorf stammt, der zu derselben Zeit zu Tage kam, wie die Moorleiche von Marx-Etzel.

Die Moorleiche von 1861 aus dem Hilgenmoor bei Marx-Stapelstein (Kr. Wittmund).

Tafel VIII.

Die „Zeitung für Norddeutschland"[2]) vom 24. Juli 1861 erhält folgende Nachricht: „Etzel bei Friedeburg, 20. Juli. Ein Menschengerippe, nach der Proportion verschiedener Teile zu schliessen, weiblichen Geschlechtes (hierzu vergl. die Bemerkung S. 7 oben) ist am 12. d. M. in den zwischen Etzel und Marx befindlichen Torfmorästen aufgefunden worden. Dasselbe ist in mehreren Teilen defekt, die Füsse sind schon früher abgegraben und die von den Schenkeln noch vorhandene Haut und das Fleisch derartig verwandelt, dass es von seit Jahr-hunderten im Moor gelegenen und darin häufig vorkommendem Tannenholz (Kienstubben) bezw. anderen Vegetabilien kaum zu unterscheiden ist. Von den Kleidungsstücken, die eben-falls die braune Moorfarbe angenommen haben, ist nicht soviel erhalten, dass sich daraus mit einiger Sicherheit auf die Formen derselben schliessen lässt. Nur soviel ist ersichtlich, dass ein Stück aus grobem und dunklem, ein anderes aus feinerem Ganzwollenzeug von hellerer Farbe und ein Drittes aus geköpertem Wollenzeug bestanden hat. Einige Stücke sind mit Wollgarn und mittelst ziemlich grober Stiche zusammengeheftet (Ostfr. Ztg.)[3])."

Die Fundstelle liegt im Hilgenmoor, in dem auch die Moorleiche von 1817 gefunden wurde. Da nach amtlichen Angaben (s. u.) die Fundstelle von 1861 zwischen Marx und

---

[1]) Arends „Erdbeschreibung des Fürstentums Ostfriesland" 1824. S. 516. Vergl. Müller „Statistik" a. a. O. S. 302.

[2]) Zeitung f. Norddeutschland. 1861 Nr. 3831 vom 24. Juli 1861.

[3]) Entnommen aus der Auricher Zeitung von 1861.

Stapelstein liegt, die von 1817 mehr nach Etzel hin, so schien mir die Bezeichnung Marx-Stapelstein zur Unterscheidung von der Moorleiche von Marx-Etzel berechtigt. Beide Funde sind in der Feldmark von Marx gemacht [1]).

Auf diese Zeitungsnotiz nimmt ein Schreiben [2]) Bezug, das der Historische Verein für Niedersachsen in Hannover an das Kgl. Amtsgericht in Aurich richtete mit folgender Bitte: „Falls . . . . . die obige Nachricht der Ostfr. Zeitung begründet ist, so vermuten wir, dass eine gerichtliche Untersuchung des Fundes stattgefunden hat, und in dieser Voraussetzung bitten wir Königliches Amtsgericht ergebenst, die betreffenden Akten . . . . . nebst den sämtlichen aufgehobenen Resten der Kleidungsstücke auf kurze Zeit . . . . . uns mitteilen zu wollen [3])“. Das Amtsgericht überwies das Schreiben an das Königl. Amtsgericht in Wittmund Abtlg. II als zuständige Stelle, und von dort ging an den Verein ein Schreiben vom 27. VIII. 1861 ein: „In Erwiderung . . . . . . übersende ich hierneben die Untersuchungsakten betreffend das Auffinden eines menschlichen Skeletts im Moore zwischen Marx und Stapelstein nebst den beim Skelett aufgefundenen Kleiderteilen und erbitte ich mir die Akten nach genommener Einsicht ergebenst zurück“ —. Auf dem Schreiben findet sich das Konzept eines zweiten Briefes des Vereins an das Amtsgericht Wittmund vom 5. IX. 1861: „Die mit dem gefälligen Schreiben vom 27. v. M. übersandten Untersuchungsakten betreffend (s. o.) . . . . lassen wir . . . hierneben zurückgehen und ersuchen ganz ergebenst, den von Harm J. Teten in Stapelstein aufbewahrten Schädel der Leiche . . . . . . uns zukommen lassen zu wollen“. Die Antwort vom 19. IX. besagt, dass der „hier eingelieferte und asservierte Schädel des Skelettes . . . .“ an den Verein übersandt ist.

Der Geschäftsbericht des Hist. Vereins [4]) von 1862 nennt als Eingang für die Sammlung „Schädel einer weiblichen Leiche, gefunden im Moore zwischen Marx und Stapelmoor (fälschlich statt Stapelstein, s. o.!), Geschenk des Amtsgerichts“.

In den Vereinsakten fand sich weiter ein Blatt mit folgender Notiz: „ . . . . „Kgl. Amtsgericht zu Wittmund, Untersuchungsakten wegen Auffindung eines menschlichen Gerippes im Moore zwischen Marx und Stapelstein am 12. Juli 1861“, besteht aus dem Bericht des Amtsr. Ihffen(?) zu Friedeburg vom 14. Juli, der namentlich in Zahlen Irrtümer zu enthalten scheint, und Vernehmung des Finders Harm Janssen Teten aus Stapelstein, die im wesentlichen übereinstimmen: „Letzterer fand beim Torfgraben etwa 1 Fuss tief unter der Oberfläche einen „Schädel und Knochen pp. eines menschlichen Gerippes in Ordnung, als ob es begraben sei“; auch lagen einige Lumpen von Kleidungsstücken dabei und er habe dieses aufgehoben. Damit wurde Reposition der Akten verfügt. Die eingesandten „Lumpen“ bestehen in Folgendem:“ Hier bricht die Notiz ab, die offenbar einen Auszug aus den Akten darstellt. Die Akten sind, wie die amtliche Auskunft auf unsere Anfrage lautet, jetzt nicht mehr vorhanden. —

Die beiden Moorleichenfunde aus dem Hilgenmoor von 1817 und 1861 sind gelegentlich vermengt, z. B. in Angaben Virchows, der den **Schädel,** [5]) der also von der Leiche von Marx-Stapelstein stammt, 1874 beschreibt [6]):

„Der fast schwarze, glänzende Schädel ist der eines Kindes. Er ist auf der rechten Seite noch stellenweise bedeckt mit mumifizierter Haut, in welcher braune, kurze aber ganz straffe Haare stecken. Seine Höhlung ist mit harten, braunkohlenartigen Stücken grossenteils gefüllt. Er ist lang und breit, jedoch niedrig, wobei zu bemerken ist, dass die Basis etwas verdrückt, der rechte Proc. condyloideus mehr gegen und in die Schädelhöhle hinein gedrückt und dass sich dicht vor ihm eine quere Fissur befindet, welche sich in eine Diastase der Sutura spheno-temporalis fortsetzt. Auch sind beide Schläfenschuppen zusammengetrocknet und abstehend. Im übrigen ist die Gestalt des Schädels anscheinend ziemlich gut erhalten [7]), jedoch sind die Knochen wie von Papiermaché, offenbar ausgelaugt durch das Moorwasser. Das Gesicht fehlt gänzlich. Tubera frontalia und parietalia stark vorspringend. Stirn niedrig, mit voller Glabella. Das Stirnbein hinter den Höckern sehr lang. An der Spitze der Lambdanaht ein Schaltknochen von länglich viereckiger Gestalt, 13 mm lang und 11 mm breit; er ist mehr nach dem rechten Seitenwandbein zu entwickelt und daher

---

[1]) Dem Herrn Gemeindevorsteher Steinmetz in Etzel verdanke ich mehrere freundliche Angaben über die Fundstelle, die Flurgrenzen u. a. m.

[2]) „Expediert am 1. August 1861.“ Acta d. Archives f. v. L. im Provinzialmuseum.

[3]) In dem Schreiben wird weiter gesagt, dass der Fund besonderes Interesse habe, da „vor einigen Wochen in einem Moor bei Meppen eine unbekleidete Moorleiche gefunden sei“ (b. Landegge) und am 11. VI. 1817 bereits eine Moorleiche im Hilgenmoor b. Marx gefunden sei: „die hierüber verhandelten Akten sind uns von dem Königl. Obergericht Aurich längst mitgeteilt und die Kleidungsstücke nebst dem einen aufbewahrten Schuh sind von dem Königl. Justizministerium der Altertümersammlung des Vereins überwiesen.“

[4]) Nachrichten über d. h. V. f. N. 1862, 25. Nachricht Seite 19.

[5]) Kat. Präh. Prov.-Mus. Hannover 11 187.

[6]) Zeitschrift f. Ethnologie etc. 1874, Verhandlungen S. 34/35 und 38/39. Virchow beruft sich bei seinen Angaben über Zugehörigkeit des Schädels auf Angaben des Studienrates Müller-Hannover, die er allerdings bezweifelt (l. c. S. 35 u. 39). Vergl. hierzu S. 22.

[7]) Hierzu s. u. S. 23 oben. Vergl. S. 27.

bei der Messung der Pfeilnaht zugerechnet. Der obere Teil der Hinterhauptschuppe bis zur Protuberanz springt stark vor. Sehr langes For. magnum.

Im ganzen lässt sich aus der Form dieses Schädels nicht viel schliessen. Sie ist vielleicht mehr kindlich, als ethnisch. Offenbar ist das Alter des Kindes ein noch sehr zartes gewesen; man kann es auf höchstens 3—4 Jahre schätzen. Der geringe Höhenindex von 59,2 erklärt sich durch die gewaltsame, jedoch wohl posthume Eindrückung des Schädelgrundes. Dagegen kann der Breitenindex von 81 als ziemlich korrekt angenommen werden. Indess ist dabei zu beachten, dass nur die starke Protuberanz der Scheitelbeinhöcker das grosse Breitenmass hervorbringt, dass dagegen der Schädel im ganzen einen viel mehr dolichocephalen Eindruck macht. Der Schätzung nach würde ich den Stamm, zu dem er gehörte, für einen Dolichocephalen und aller Wahrscheinlichkeit nach germanischen halten. Das rotbraune, sehr grobe Gewebe, welches dabei war, zeigt mikroskopisch Wollenfäden." —

Maße des Schädels nach Virchow (vergl. Tfl. VIH, Abb. 1—3).

Capacität	—
Grösster Horizontalumfang	442
Grösste Höhe	90,6
Entfernung des For. occip. von der vorderen Fontanelle	88
Entfernung des For. occip. von der hinteren Fontanelle	80
Grösste Länge	153
Sagittalumfang des Stirnbeines	105
Länge der Sutura sagittalis	109 } 314
Sagittalumfang der Hinterhauptschuppe	100
Meatus audit. bis Nasenwurzel	79
„ „ „ Spina nas. inf.	—
„ „ „ Alveolarrand	—
„ „ „ Kinn	—
Foram. occip. bis Nasenwurzel	73
„ „ „ Spina nas. inf.	—
„ „ „ Alveolarrand	—
„ „ „ Hinterhauptswölbung	42,2
Länge des Foramen occip.	34
Breite „ „ „	23
Grösste Breite	124
Oberer Frontaldurchmesser	51
Unterer „	81
Temporal „	92
Parietal „	124
Mastoideal „	95
Jugal „	—
Maxillar „	—
Querumfang (Bandmass)	250
Breite der Nasenwurzel	16,5
Breite der Nasenöffnung	—
Höhe der Nase	—
Breite der Orbitae	18
Höhe „ „	—
Höhe des Gesichtes	—
Unterer Umfang des Unterkiefers	—
Mediane Höhe	—
Länge des Kieferastes	—
Entfernung der Kieferwinkel	—
Diagonaldurchmesser	—
Gesichtswinkel (Gehörgang, Nasenwurzel, Spina nas. inf.	—
Die berechneten Verhältnisse ergeben:	
Breitenindex	81,0
Höhenindex	59,2
Breitenhöhenindex	73,0

Aus den weiteren Mitteilungen Virchows entnehmen wir ferner: „ . . . . . ist es bemerkenswert, dass der Kinderschädel von Friedeburg . . . . . einen ausgemacht brachycephalen Breitenindex ergeben. . . . . . so muss ich es dahin gestellt sein lassen, ob er wirklich der richtige Moorschädel ist, von dem Wächter geschrieben hat. Letzterer spricht in seinen Baudenkmälern Niedersachsens (herausgegeben vom Architektenverein in Hannover 1840, S. 151) ausdrücklich von einem „alten Ostfriesen" [1]), der bei dem Dorfe Marx im Amte Friedeburg gefunden sei (Hannoversches Magazin

---

[1]) Dieser Ausdruck ist dort sichtlich im Sinne von: „eines aus alter Zeit stammenden Ostfriesen" gebraucht.

1817), während der vorliegende Schädel ganz unzweifelhaft einem jungen Kinde angehört hat. Indess ist es nicht ohne Interesse, dass dieser Kinderschädel mit neueren friesischen Schädeln, die ich untersucht habe, manche Ähnlichkeit bietet."

Von der Ausfüllung des Schädels und von Haut und Haaren sind jetzt nur noch ganz geringe Reste am Schädel vorhanden. — Deutlich festzustellen ist, dass die Sphenobasilar-naht bereits fest verwachsen ist, danach gehört aber der Schädel einem Menschen an, der wahrscheinlich über 20 Jahre alt war. Kleinheit des Schädels, Zartheit der Knochen, niedrige Form der Stirn und Diastase einiger Schädelnähte, worauf Virchows Urteil, dass ein Kinderschädel vorliegt, offenbar begründet war, zeigen „Moorschädel" öfters (z. B. auch der Schädel der Leiche von Neu-Verssen s. u.) als Folge von Auslaugung durch die Moorsäuren. Virchow hatten wohl „Moorschädel" s. Z. noch nicht vorgelegen.

Übrigens erscheinen die Schädelnähte z. T. nur an der Schädeloberfläche als noch offenstehend, in der Tiefe sind sie grösstenteils bereits verwachsen, so auch die Sagittalnaht. Auch sind die Muskelansätze z. B. des Nackenteiles schon gut entwickelt, sehr zart (weiblich?) sind allerdings die Warzenfortsätze und auch die oberen Augen-höhlenränder, auch wenn man die Auslaugung der Knochen durch das Moor in Betracht zieht. — Eine Kinderleiche wäre übrigens wohl von den Augenzeugen s. Z. auch erkannt worden (s. S. 20).

In der vorgeschichtlichen Sammlung des Provinzialmuseums liegen eine Reihe durchweg wollener **Stoffreste**[1]), die (mit ziemlicher Sicherheit allesamt) zur Moorleiche von Marx-Stapel-stein gehören; sie lagen allerdings seit mindestens 1874, wo bereits nachweislich[2]) die beiden Leichenfunde aus dem Hilgenmoor fälschlich zu einem zusammen geworfen waren, bei dem Moorleichenfunde von Marx-Etzel von 1817. Aus den hier kritisch zusammen-gestellten Berichten über die beiden Funde sowie die Untersuchungen der Stücke ergab sich aber die nunmehr vorgenommene Sonderung.

Vielleicht könnten, was ich aber auch nicht glaube, einige kleinere unwesentliche Fetzen noch zu der Leiche von 1817 gehören, und in bisherigen Beschreibungen nur deshalb nicht genannt sein, weil bei oberflächlicher Untersuchung die Unterschiede in den bezügl. Geweben nicht bemerkt worden und sie also als Teile der Bruch und der Jacke angesehen wären.

Es liegen folgende Stoffreste vor:

1. (Tafel VIII Abb. 4). Ein aus mehreren Fetzen wieder zusammengefügter Rest eines aus zwei Stofflagen zusammengenähten schärpen- bezw. bindenförmigen Stückes, das an 2 Stellen der Ränder mit Brettchenweberei besetzt ist.

Das Gewebe beider Stofflagen ist aus Wolle in Leinenbindung aus durchweg links-gedrehten Fäden hergestellt. An dem einen Rande des Stückes bei d e sitzt ein 19 cm langer Rest einer Borde in Brettchenweberei[3]), an dem andern Rande bei m n ebenfalls ein 29 cm langes Stück solcher Borde von schmalerem Webemuster. Der im Bilde obere Rand des ganzen Stückes b bis f wird von b bis d von einem Saum der im Bilde unteren Stofflage gebildet, an dem der abgerissene Saumrand eines zweiten Stoffstückes angenäht sitzt; von d ab gegen e hin ist von diesem zweiten Stoffstück mehr, als nur der Saum erhalten; es ist aber nicht genau zu ermitteln, wieviel, weil dieses zweite Stoffstück zusammengerollt bezw. längsgefaltet und eingenäht ist in einen durch Umnähen der Randpartie des ganzen Stückes Schlauch, der von d bis e erhalten ist; rechts von e bis f ein stark längsgefalteter Zeugrest, der wohl die Fortsetzung jenes zweiten Stoffstückes (-streifens?) bildet.

Auf diesem schlauchförmigen, mit einem Zeugstreifen „gefütterten" Rande sitzt bei d e der erwähnte Rest einer Brettchenborde (Abb. VIII, 10), die ursprünglich sicher länger war; sie bildet den Webeabschluss eines Stoffstückes (fraglich, ob der oberen Stofflage des ganzen Stückes) und ist mit dem freien Rande grob vernäht.

Der im Bilde untere Rand i bis p des Stückes trägt von k bis l_1 einen einfachen Umlege-saum. Bei i macht dieser Saum einen auffälligen Knick nach unten.

Von m bis n sitzt der Rest einer zweiten Brettchenkante (Abb. VIII, 11) ebenfalls als Webekante u. z. der oberen Stofflage des ganzen Stückes benutzt.

Sie bildet hier den freien Rand des ganzen Stückes. — Bei n verläuft sie in einem scharfen (rechtwinkligen) Knick nach oben, wo ihr Ende, das etwas länger ist, als der zugehörige Stoff selbst, festgenäht ist. Dieser Knick entspricht scheinbar irgendwie dem Knick bei i; und diese Teilung

---

[1]) Kat. Präh. Nr. 18610 bis 16.

[2]) s. oben Anm. zu Virchows Angaben.

[3]) Die Borde dieses Stückes ist erwähnt bei Stettiner „Brettchenweberei i. d. Moorfunden von Damendorf, Dätgen und Torsberg". XIX. Mitteilung d. Anthrop. V. in Schleswig-H. Kiel 1911. S. 26 ff. — s. bes. S. 55.

des Randes hat vielleicht einen Zweck in dem ganzen Stück gehabt; denn der aus dem schlauchförmigen oberen Rand hervorragende Streifen e f hört bei f g fast geradlinig auf, was wohl nicht
zufällig ist, da f g umgelegt gewesen zu sein scheint. Das Aufhören der oberen Borde bei c bis d,
deren Ende hier abgerissen ist, entspricht etwa dem Knick bei n, sodass im Ganzen der Eindruck
entsteht, als bilde die Partie c bis f bis l bis n von ca. 60 cm Länge und 24 cm Breite einen
besondern Teil des ganzen Stückes. Dieser Eindruck wird dadurch verstärkt, dass dieses scheinbare
„Mittelstück" viel weniger stark von scharfgepressten Längs-Zerrfalten durchzogen ist, dagegen
sichtlich glatter (abgetragener) ist, als die übrigen Teile.

Das ganze Stück könnte der Rest von einer Art Schärpengurt sein,
und zwar im wesentlichen das Vorderstück, das ursprünglich zum Schmuck oben
und unten mit Borde besetzt war, soweit es beim Tragen vorn sichtbar war, d. h.
von c bis f und l bis n. Der Wulst am „oberen" Rande diente dabei wohl zur
Verstärkung.

Das Stück ist der Länge nach stark gezerrt und gefaltet und zwar im Gebrauch und nicht
erst nach dem Auffinden, dafür spricht, dass die Ausfüllung des „Schlauchrandes" und die Seiten-
partien besonders gezerrt und gefaltet ist.

Die Verfärbung ist nicht gleichmässig, und zwar in Zonen bei h bis i bis k, bei l ^{1} m e
und bei b d o n dunkelbrauner, als sonst. Der Stoff ist ursprünglich wohl „naturfarbig-hell" gewesen.

Die Masse sind folgende:

$$\text{Ganze Länge (d bis i)} = 129 \text{ cm;}$$
$$\text{grösste Breite (bei c n)} = 22 \text{ cm;}$$
$$\text{d n} = 32 \text{ cm;}$$
$$\text{n l} = 54 \text{ cm.}$$

2. (Tafel VIII Abb. 5). Ein an zwei rechtwinklig aneinander stossenden Seiten ge-
säumter Rest eines Wollstoffstückes, das an der dritten Seite eine seitliche Webekante trägt und von einem rechtwinkligen Stück (e. Tuch) zu stammen scheint.

Das Gewebe ist in Leinenbindung aus Wolle hergestellt, der Einschlagfaden ist stärker,
als die Kette, beide aus linksgedrehten Fäden gebildet.

Das ganze Stück ist in dem Teile a b c f von wenigen stark gepressten Falten in der
Richtung a b durchzogen, die am Rande a b zeigen, dass dieser umgeschlagen war. Der Teil d e f
ist stark zerknittert, sehr fadenscheinig und heller braun gefärbt als das übrige Stück.

3. (Tafel VIII Abb. 6). Ein mit einer seitlichen Webekante und einem Saum ver-
sehenes etwa rechtwinkliges Stück eines sehr feingewebten gestreiften Wollstoffes,
und ein aus demselben Stoff durch zusammennähen hergestellter, mit grobem Woll-
stoff „gefütterter" säckchenartiger Knopf.

Der Stoff ist ausserordentlich fein aus Wolle gewebt in Leinenbindung mit zwei-
fadigen Einschlag; Kette und Einschlag sind linksgedreht.

Die Streifung (s. Zeichnung VIII 6) läuft in der Richtung des Einschlages des Stoffes:
ein jetzt fuchsiger schmaler Streifen III wird von 2 breiten jetzt dunkel-braunen Streifen II eingefasst, und diese wieder von jetzt mattbraunen Streifen (III) von a bis b ist das Stück umgelegt
und ist gesäumt gewesen, wie die Nahtspuren zeigen. Der Rand c d zeigt scharfe (alte?) Schnitt-
spuren. Reste der Streifung II (und I?) sind auch in dem „Knopf" wiederzufinden, ebenso auch
der Rest einer der Kanten a d entsprechend hergestellten Webekante.

Die Masse sind folgende:

$$\text{Grösste Länge 9,5 cm;}$$
$$\text{grösste Breite 4,7 cm;}$$
Der „Knopf" ist 4,5 cm lang, 3 cm breit und jetzt ca. 1,5 cm dick.

4. (Tafel VIII Abb. 7). Mehrere Fetzen eines mit geradlinigen Säumen versehenen
Stoffstückes.

Das Gewebe ist aus Wolle in Leinenbindung hergestellt mit doppeltem Einschlagfaden; Kette und Einschlag sind linksgedreht.

Der Saum a d an dem grössten Stück ist eine lockere Kappnaht auf einem umgelegten
Rande. — Bei b c ist ursprünglich wohl auch eine Naht vorhanden gewesen (oder die eine Webe-
kante?). Das Stück ist im ganzen stark geknittert; die grössten Falten laufen in der Richtung a-b.
Das Stück ist bei a b d dunkler gefärbt und weniger zerknittert, als bei b c d.

5. (Tafel VIII Abb. 8). Reste eines grobgesäumten Stoffstückes; das in Bindenform
zusammengefaltet ist.

Das Gewebe ist aus Wolle in Leinenbindung hergestellt aus durchweg linksgedrehten Fäden.

In der Richtung des umgelegten und grobgesäumten Randes a b laufen stark gepresste Quetsch- und Zerrfalten, die andeuten, dass das ganze Stück in Bindenform zusammengefaltet war. — Von einem zweiten Rande ist kein Rest vorhanden. Die Stücke sind stark zerschlissen und rostigbraun verfärbt. Die Länge des grössten, hier abgebildeten Stückes ist 27 cm, die Breite im ausgebreiteten Zustande bis 7 cm.

6. Unzusammenhängende kleine Fetzen eines Stofistückes aus grobem Wollengewebe in Leinenbindung (nur linksgedrehte Fäden), das sehr stark abgenutzt und fadenscheinig und mehrfach geflickt und gesäumt gewesen ist und Anzeichen dafür bietet, dass es (bezw. nur seine Enden) im Gebrauch sehr kräftig gezerrt worden ist. Die Farbe ist jetzt hellbraun, heller als die der anderen Stoffreste. — Ein Stück solchen Stoffes ist in dem „Knopf" von No. 3 eingenäht.

7. (Tafel VIII Abb. 9). Fetzen eines Stoffstückes aus grober Wolle in Köper- bindung, mit geflickten gestopften und grob gesäumten Stellen, stark zerknittert und fadenscheinig, von jetzt hellbrauner Färbung. Kette und Einschlag sind von linksgedrehten Fäden gebildet.

Aus den vorliegenden Stoffresten lässt sich kein Bild der Kleidung der Moorleiche entnehmen. Nach den Falten scheinen die Reste z. T. zusammengeballt gelegen zu haben.

Gleichartig ist bei allen grösseren Stücken (ausser dem ersten) die Erscheinung, dass sie stark gefaltet und geknittert sind, und dass die stärker geknitterten Partien auch mehr zerstört, aber zugleich weniger dunkel verfärbt sind. Die dunkleren besser erhaltenen Teile sind vor- wiegend unter den vorliegenden Resten.

Wirft man das Stück 1 lose auf den Tisch, so zeigt sein „Mittelstück" besonders der Schlauchrand deutlich die Neigung, eine ringförmige Figur zu bilden; es verstärkt dieser Ein- druck die Annahme, dass das Stück ein Gurt war.

Die anderen Stücke mögen Reste der Kleider sein. Auffällig ist, dass sie alle von Stoffstücken stammen, die stark besonders in einer Richtung gefalten und zugleich geknittert sind und je einen glatten und einen krausen Teil haben; an einigen sind die Hinweise deutlich auf Verwendung als eine Art Binden, bei Stück 1 ist das besonders deutlich. Als ich den Schädel der Leiche noch nicht untersucht hatte und ihn noch für einen Kinderschädel hielt, schienen mir die ganzen Stoffreste Binden (Windeln?) zu sein. — Man könnte daran denken, dass die Leiche einem gewaltsam ertränkten etwa 20jährigen Menschen (Weib?) angehört, der mit Wollstoffstücken oder Kleiderresten gefesselt war! —

Die Moorleiche von Neu-Verssen (Kr. Meppen).

Tafel IX.

Am Ostrande des Bourtanger Moores liegen nahe bei Verssen a. d. Ems die Kolonien Tuntel und Neu-Verssen (Post Gr.-Fullen, Kirchspiel Wesuve) im hannoverschen Provinzialmoor[1]), hier fanden Torfgräber im November 1900, „20 Minuten Wegs" von den letzten Häusern von Neu-Verssen nach Nordwesten, „$^{1}/_{4}$ Stunde vom Rande (der Geest) entfernt" eine mensch- liche Leiche[2]), ungefähr $^{1}/_{2}$ m Tiefe unter der Mooroberfläche „zwischen hellem und dunklem Torf"; sie war unbekleidet; sie lag auf dem Rücken, von Westen nach Osten, den Kopf nach Westen, das Gesicht nach oben gewendet. — Die Leiche wurde in eine Holz- kiste verpackt und sollte in Wesuve beerdigt werden; sie ist dann aber am 16. XI. 1900 in das Provinzialmuseum eingeliefert worden[3]). „Ein Jahr später sind in 4 m Entfernung Reste von einem anscheinend grünseidenen Tuche in Grösse von einer zusammengerollten Pferdedecke gefunden; die Reste waren aber so zerfallen, dass sie kein Aufheben ertrugen".

Leider lässt aus dem betr. Angaben zur Zugehörigkeit zur Leiche, Tiefenlage, Gewebe und Form dieses späteren Fundes nichts schliessen; mit Seiden- und Leinengewebe wurden gelegent- lich auch sonst die Wollstoffe der Moorleichenfunde verglichen.

---

[1]) Messtischblatt 1656 (von 1896—98) und 1728. Papens Karte Nr. 55.

[2]) Act. Arch. f. v. L. i. Prov.-Mus. Herr Moorvogt Barjenbruch verschaffte uns von dem Finder nachträglich noch wichtige Angaben.

[3]) Durch Vermittelung des Herrn Geh. Forstrates Quaët-Faslem, Hannover erhielt das Provinzial- museum Nachricht, und durch Bemühungen des Herrn Sanitätsrates Többen, früher in Meppen, wurde der Fund gerettet. — Katalog Präh. des Prov.-Mus. Nr. 17 351.

Die Moorleiche von Neu-Verssen ist der Leichnam eines erwachsenen Mannes. An Kopf und Rumpf sind über den Knochen die Weichteile und die Haut teilweise erhalten, auch der Kinn-, Lippen- und Backenbart und Kopf- und Schamhaare.

An allen Teilen des Körpers haften Torfreste und viel feiner Sand, besonders auch in den Körperhöhlen.

Von den unteren Gliedmassen sind fast nur Knochen erhalten. Ein grosses abgetrenntes Hautstück scheint von einem Oberschenkel zu stammen (Abb. 2 b). Ein Hautstück mit einem Mittelfussknochen liegt gesondert bei der Leiche. Es fehlt ganz der linke Unterschenkel von der Mitte ab (die Fibula ganz) und die linke Kniescheibe; die Knochen des rechten Beines sind vorhanden mitsamt der Kniescheibe. Vom rechten Fuss ist nur Sprung- und Fersenbein vorhanden. Von beiden Händen sind die Finger abgetrennt; der Zeige- und Mittelfinger der linken Hand liegen getrennt bei der Leiche (Abb. 2 f). Die linke Handwurzel und Mittelhand ist vorhanden, von der rechten nur die Handwurzel und der zweite Fingermittelhandknochen, ausserdem ein isolierter (der dritte) Metacarpus. Der rechte Arm ist aus dem Schultergelenke gerissen und beide Unterarme aus den Ellenbogengelenken; bei ihrer Zusammenfügung ist u. a. aus den Rissflächen der Haut und der Sehne zu sehen, dass die Arme in der auf Tafel IX angegebenen Stellung vor der Eintrocknung lagen, oder vielmehr vor der Ausgrabung; denn die Gewebe sind im Moor wohl gelegentlich noch weich, aber doch so straff und brüchig, dass stärkere Bewegungen in den Gelenken bei der Aushebung aus dem Moor Zerreissungen hervorrufen, wie sie hier vorliegen.

Die Bauchdecken scheinen ganz vorhanden, sind aber geschrumpft und liegen im Hohlraume der Bauchhöhle, die jetzt vorn offen liegt, ebenso wie die Brusthöhle. Die Rumpfhaut der vorderen Körperseite ist in eingeschrumpften Resten (oder vollständig?) vorhanden, z. T. in die Brusthöhle hineingedrückt, z. T. zusammengerollt und -geschrumpft. Die rechten Rippen sind vom Brustbein losgelöst und flachgedrückt im Sinn einer Pressung von der Vorderwand der Brusthöhle her, die linken Rippen von vorn nach hinten so zusammengedrückt, dass ihre Brustbeinendigung etwa auf ihre Wirbelendigung gepresst und die Rippen distal von Angulus zusammengeknickt sind. (Abb. 2 d.) Das Brustbein liegt einzeln bei der Leiche; das Corpus ist vom Manubrium getrennt (es war ursprünglich eine Synchondrosis vorhanden). Das linke Schlüsselbein ist nicht zu sehen, aber wohl innerhalb eines Hautconvolutes vorhanden; das rechte liegt gesondert vor. Es zeigt einen gut geheilten, etwa parallel der tuberositas cornoides verlaufenden Bruch, wodurch sie jetzt nur etwas winkelig geknickt erscheint (Abb. 2 e). Die Lendenwirbel und das Kreuzbein sowie die Beckenhälften sind jetzt völlig von einander losgelöst, das Schwanzbein fehlt. Die linke Beckenhälfte ist vollständig, aber durch Spatenstiche verletzt (s. u.) und im ganzen von vorn nach hinten etwas durch Zusammendrückung verbogen; von der rechten ist das Schambein bis auf das corpus abgestochen (Abb. 2 c). Die Haut des Gesässes und die Genitalien (die Eichel ist von der Vorhaut bedeckt) sind vorhanden (Abb. 2 G).

An verschiedenen Stellen der Vorderseite des Körpers sind Schnitte, offenbar Spatenstiche, sichtbar.

Solche Schnitte gehen auch durch das linke Hüftgelenk und durch die Kniegegend beider Füsse; der linke Unterschenkelknochen ist zweimal durchstochen. Fügt man das Becken richtig an die im ganzen rechts seitwärts gekrümmte und nach rechts gedrehte Wirbelsäule, so liegt es selbst natürlich auch nach rechts hingedreht. Nun läuft der erwähnte Spatenstich im linken Hüftgelenk durch die Gelenkflächen des linken Oberschenkelkopfes und den hinteren Gelenkpfannenrand des Beckens. Fügt man das linke Hüftgelenk so ineinander, dass diese beiden Stiche, die sichtlich bei einem Spatenstich entstanden sind, in einer Richtung liegen, so steht der linke Oberschenkel nach rechts und oben. Dass der rechte Oberschenkel ähnlich gelegen hat, und die Unterschenkel beide gebeugt waren, der rechte im spitzen Winkel, der linke weniger, und dass sie in der Tfl. IX dargestellten Weise aufeinander gelegen haben, ergibt sich aus dem „Zusammenpassen" einer Anzahl von Schnitten in der Gegend des rechten Knies und im linken Unterschenkel. Der rechte Oberschenkel ist dicht über dem Knie quer von links, also oben her, durchschnitten, wie die Schnittflächen zeigen. Bei spitzwinkliger Beugung des rechten Knies liegt in der Richtung dieses Schnittes ein Schnitt, der nur wenig in den Hinterrand des rechten Schienbeines eingedrungen ist. Dicht unter dem Knie ist ein wenig tiefer Schnitt von der Innenseite des Beines her in das rechte Schienbein eingedrungen, das wiederum rechtwinklig auf dem vorher erwähnten etwas unterhalb liegenden steht. Dicht unter dem linken Knie hat von der Aussenseite her ein Stich das Schienbein durchstossen, ein zweiter etwas abwärts hat das linke Schienbein nochmals 12 cm weiter unten getroffen.

Die Schnitte durch das linke Schienbein stehen senkrecht aufeinander (wie die Stiche beim Ausstechen des Moores!). Wenn man das ausgestochene Stück des Schienbeines so über das rechte Knie legt und das beiden Knie so biegt, dass die Schnitte beider Teile sich gerade decken, so passen die Schnitte im linken Hüftgelenk ebenfalls gerade aneinander. Das Verhalten der am rechten Kniegelenk noch vorhandenen Weichteile spricht für eine ursprünglich vorhandene Beugung des rechten Knies in demselben Sinne.

Nach diesen Beobachtungen dürfte sicher sein, dass die Lage der Leiche im Moor die Tafel IX dargestellte, hockerähnliche war, und dass alle die beschriebenen Stiche in den Beinen durch (zwei) rechtwinklig aufeinanderstehende Spatenstiche entstanden sind. — Ausserdem hat ein Spatenstich, der dem das Hüftgelenk treffenden fast parallel ist, den oberen linken Beckenrand verletzt.

Auffällig ist, dass die Halswirbelsäule im Gelenke zwischen dem zweiten und dritten Halswirbel nach vorn ausgerenkt ist (die beiden ersten Wirbel sitzen am Schädel) und die Halsweichteile zerrissen sind bis auf einen Haut- und Muskelstrang, der etwa dem rechten Kopfnicker entspricht. Die Halswirbelsäule ist im ganzen stark nach vorn gebogen. — Es scheint als habe der Kopf ursprünglich auf die Brust gebeugt gelegen und sei erst nachträglich (wohl erst nach der Ausgrabung) nach hinten gesunken, wobei die Zerreissung und Ausrenkung erfolgte. Die hintere Körperfläche ist jetzt ziemlich flach, der Hinterkopf liegt jetzt in derselben Ebene wie die Schulterblätter und das Kreuz. Dass die Wirbelsäule im ganzen nach rechts gebogen ist, zeigen auch die Vorragungen der Wirbelfortsätze unter der völlig erhaltenen Rückenhaut.

In der Höhe der Ellenbogen bezw. der mittleren Lendenwirbel (und des oberen Beckenrandes) sind parallel dem Rippenverlauf zwei etwa 10 cm lange Schnitte in der Rückenhaut, ca. 10 cm rechts von der Wirbelsäule, zu sehen, die aber von der Bauchhöhle her eingedrungen zu sein scheinen und bei der Ausgrabung entstanden sein können.

Der Kopf der Leiche bietet mancherlei Beachtenswertes dar: Der Mund ist etwas geöffnet, die Zunge ist geschrumpft und liegt weit hinten im Munde. Das Gesicht erscheint jetzt breit, besonders der untere Teil. Die Wangenbeine springen trotz der Schrumpfung der Leiche nicht sehr stark hervor. Die Nasenwurzel ist jetzt noch als ehemals schmal zu erkennen, die Weichteile der Nase fehlen; die knöcherne Nasenöffnung spricht für eine ursprünglich lange schmale Nase. — Die Prognathie ist beim Lebenden sichtlich nicht stärker gewesen als die „normale des Europäers". Von den Zähnen sind viele offenbar erst nach dem Tode, wohl bei und nach der Ausgrabung, ausgefallen, wie der Zustand der Alveolen zeigt; die vorhandenen stehen gerade und sind stark abgekaut (I. Grad) und jetzt stark geschrumpft. Die Stirn erscheint jetzt übermässig (kindlich) gewölbt und mässig hoch, aber breit und gut geformt, der Scheitel gut gewölbt, das Hinterhaupt hoch und flach.

Von den Weichteilen der Nase sind nur geringe Reste vorhanden; die Nasenwurzel scheint zertrümmert zu sein. Die linke Oberlippe und Unterlippe fehlen, sind wohl zusammen mit der Nase abgetrennt. Die Augen sind geschlossen und eingesunken. Das rechte Ohr ist völlig abgerissen; vom linken sind Fetzen des unteren Teiles vorhanden. In der Umgebung beider Ohren ist, wie hierbei betont zu werden verdient, an Haut und Knochen sonst keinerlei Verletzungen festzustellen, sodass es besonders auffällig erscheint, dass nur die Ohren fehlen. Man könnte fast annehmen, sie seien bei Lebzeiten bereits abgetrennt.

Der Schädel ist stark geschrumpft, die Stirn daher jetzt sehr niedrig (vgl. Schädel von Marx-Stapelstein). Die Über-Augenwülste sind median kräftig entwickelt gewesen. In der Mitte der Stirn ist eine deutliche Crista vorhanden. Die Augenbrauen sind buschig und lang (1,5 cm), die Wimpern ebenfalls lang. Oberlippenbart, Kinnbart und Wangenbart sind dicht, der Wangen- und Kinnbart auf etwa 0,75 cm kurz geschoren, der Lippenbart seitlich auf etwa 1,5 cm, in der Mitte unter der Nase etwas kürzer.[1]) Auf dieselbe Länge sind nun auch ganz gleichmässig die Haupthaare zu beiden Seiten des Hinterkopfes bis zur Höhe des oberen Ohrrandes geschoren und ebenso die Haare in der Mitte des Hinterkopfes nach oben hinauf einschliesslich des Haarwirbels (s. bes. Abb. 4—9). Vom Haarwirbel nach vorn scheint eine längliche, dünnbehaarte Stelle (Stirn-Scheitelglatze) vorhanden gewesen zu sein. Die Haare der Stirn und Schläfe dagegen sind 115 mm lang, vorn auf den Scheitelbeinen 180 mm und weiter nach hinten 200 mm. Die Haare sind alle stark wellig, jetzt in Strähnen (ursprünglich Locken?) zusammengeklebt; Spuren von Zusammenflechtung oder dergl. sind nicht sicher nachweisbar, die Haare der rechten und linken Kopfseite sind offenbar durch einen Scheitel getrennt, sie liegen noch jetzt nach rechts und links ausgebreitet, nur die vordersten Strähne scheinen von rechts und links her ineinander gewirrt. Vorn rechts oberhalb der Stirn sind die Haare mitsamt der Kopfhaut von einer Fläche von jetzt etwa 10 qcm sichtlich bei oder nach der Ausgrabung losgerissen, sodass hier der Schädelknochen freiliegt (Abb. 5, 6); sie sind aber zum grössten Teil

---

[1]) Die Schrumpfung der Haut bedingt, dass jetzt die Haare „länger" sind, als bei Lebzeiten. —

4*

vorhanden und jetzt gesondert der Leiche beigefügt. An einigen Stellen, so neben dem Scheitel, sind Haare neuerdings abgerissen. Diese Stellen haben ein wesentlich anderes Aussehen, als die geschorenen Partien des Gesichtes wie des Schädels, an denen übrigens' auch überall T o r f t e i l e f e s t s i t z e n z w i s c h e n d e n k u r z e n H a a r e n; während sie am Grunde des erhaltenen Haupthaares fehlen und daher auch an den Stellen, wo das Haar erst neuerdings abgerissen ist.

Das m i k r o s k o p i s c h e B i l d d e r H a a r e n d i g u n g e n der langen, der sicher abgerissenen und der mutmasslich geschorenen Haupthaare, sowie der Barthaare zeigt, dass der Bart überall „rasiert" war, die langen Haupthaare offenbar lange Zeit ohne Scherung getragen sind und dass die geschorenen Kopfpartien wirklich — mit der Schere — gleichmässig geschoren sind, sicher nicht erst bei oder nach der Ausgrabung abgerissen! Vgl. hierzu Abb. IX, 10.

Erklärung zu Abb. IX, 10: a Wimper. b Schambaar. c Kopfhaar gespalten. d, e Barthaare rasiert. f, g Nackenhaare mit Scheerenschnitt. h, i, k abgerissene und gebrochene Haupthaare. — Zur Vergleichung in der Reihe darüber frische Haare in jeweils dem entsprechenden Zustande: d¹ mit scharfem, d² mit schlechtem Rasiermesser, f¹ mit scharfer, f² mit schlechter Scheere geschnitten, i¹ zerrissenes Haar.

Von den W e i c h t e i l e n d e r K ö r p e r h ö h l e n sind keine Einzelheiten erkennbar. T à t ö w i e r u n g e n oder sonstige Verletzungen oder Veränderungen der Haut sind nicht vorhanden, auch keine W u n d e n nachweisbar.

Die in einer Tabelle hier angefügten M a s s e geben wie bei allen Moorleichen nicht die Verhältnisse am Lebenden wieder, da die entkalkten Knochen geschrumpft und verbogen und teilweise auch verletzt sind und zwar an derselben Leiche in verschiedenem Grade; es sind auch nicht alle Masse regelrecht zu nehmen, wegen der Verhüllung mancher Knochen durch jetzt geschrumpfte hartgewordene Weichteile etc. — Der Vollständigkeit halber seien aber einige Masse wichtiger Stellen angegeben:

Gesamtlänge des Rumpfes jetzt . . . . 550 mm
Breite . . . . 350 „

L i n k e r A r m:'
  Länge des Oberarmes etwa . . . . 340 mm
  Grösste Länge der Ulna . . . . 280 „
  Breite des knöchernen Ellenbogens etwa . . . . 55 „
  Breite des knöchernen Handgelenkes etwa . . . . 40 „
  Breite der knöchernen Mittelhand etwa . . . . 40 „
  Länge des 2. Metacarpus . . . . 85 „

R e c h t e r A r m:
  Länge des Radius etwa . . . . 265 mm
Die Längenmasse sind z. T. infolge stärkerer Verbiegung etwas geringer als am linken Arm (Ulna z. B. 270 mm).

L i n k e s B e i n:
  Grösste Länge Femur . . . . 450 mm
    „   „ Gelenkkopf Trochanter . . . . 90 „
  Knöcherne Kniespalte (Femur) . . . . 65 „
  Erster Schnitt unter dem vorderen Kniegelenkrande . . 85 „ ⎫ vom Kniespalt.
  Zweiter Schnitt „   „   „ . . 205 „ ⎭
  Länge des abgestochenen Stückes, an der Vorderkante
    gemessen . . . . 120 „

R e c h t e s B e i n:
Die Längenmasse sind infolge starker Verbiegungen geringer als am linken Bein (z. B. Femur 440 mm).

  Schnitt vorn . . . . 53 mm über dem Kniescheibengelenkrande.
  Grösste Länge der Tibia (stark verbogen) 373 „
  Grösste Länge der Fibula „   „   360 „

Tibia: erster Schnitt ca. 35, zweiter ca. 100 mm unter der Kniespalte, Kniescheibe 35 mm lang, 35 mm breit.

Einzelner linker Zeigefinger . . . . ca. 70 mm lang
Einzelne Zehenphalange I . . . . 45 „   „
Einzelner Mittelhandknochen . . . . 70 „   „
Rechtes Schlüsselbein grösste Länge jetzt . . . . 128 „
Hautstück (wohl vom linken Oberschenkel) . . . . 200 „
Linke Beckenhälfte (verbogen s. o.) grösste Höhe . . . . . 210 „

Rechte Beckenhälfte grösste Höhe . . . . 210 mm
    „   „   grösste Breite . . . . 130 „
    Gelenkpfannenrand i. Lichten, horizontal. Durchmesser 66 „
Kreuzbein Länge. 110 „
    „   grösste Breite . . . . 100 „
Brustbein Gesamtlänge . . . . 146 „
Corpus . . . . 90 „
Gesamthöhe der 5 Lendenwirbel . . . . 127 „
Gesamthöhe der 7 untersten Brustwirbel . . . . 146 „
Länge der Wirbelsäule vom 5. Brustwirbel bis zum 3. Hals-
    wirbel jetzt . . . . 100 „
Gesamtlänge des vorhandenen Rumpfes . . . . 550 „ (Schulter-Gesäss).
Die Gesamtlänge der Leiche ist jetzt schätzungsweise annähernd 150 cm.

Schädel:

    Grösste Länge . . . . 157 mm
    Grösste Breite (liegt jetzt hinter den Ohren) . . . . . . 135 „

Der Längen-Breiten-Index wäre hiernach: 85, 94 mm, wobei zu bemerken ist, dass gerade
die Schädelkapsel sichtlich stark geschrumpft und in ihrer Form verändert zu sein scheint (vergl.
Schädel von Marx-Stapelstein s. o. Seite 23).

    Horizontalumfang. . . . . 47 mm
    Querumfang (annähernd) . . . . 27 „
    Sagittalumfang (annähernd) . . . . 25 „ (!)
    Kleinste Stirnbreite. . . . . 91 „
    Grösste Jochbogenbreite. . . . . 127,5 „
    Obergesichtshöhe (annähernd, da nasion fraglich) . . . . 63 „
    Grösste Orbitalbreite (l) (annähernd) . . . . 37 „
    Grösste Orbitalhöhe desgl. . . . . 31 „
    Nasenhöhe (Nasenstachel zerbrochen) . . . . 44 „
    Nasenbreite . . . . : . . . . 20 „
    Kinnhöhe . . . . 25,5 „

Zahnreihe. [1])

Rechts	(m) m m	p p	e	i i		i i	e	p p	m m m		Links

$$\frac{(m)\ m\ m \quad p\ p \quad e \quad i\ i\ |\ i\ i \quad e \quad p\ p \quad m\ m\ m}{m\ m\ m^{.} \quad p\ p \quad e \quad i\ i\ |\ i\ i \quad e \quad p\ p \quad m\ m\ m}$$

Die Moorleiche von Neu-Verssen lag also zwischen dunklem und hellem
Torf nackt in nach rechts zusammengekrümmter Stellung auf dem Rücken; die
Hände waren vor die Brust gezogen, die Beine in den Hüftgelenken und Knie-
gelenken gebeugt, der Kopf war wohl vor der Ausgrabung auf die Brust gebeugt; die Weichteile der Nase fehlen, ebenso das rechte Ohr ganz, das linke
zum grössten (oberen) Teil ist es nicht nachweisbar, ob diese Verletzungen
am Lebenden oder am Toten geschehen sind. Die Haare des Schädels und
Gesichts zeigen ganz kurz (urspr. ¹/₂ cm) gehaltenen (rasierten) Kinn- und
Wangenbart, etwas längeren Lippenbart (urspr. 1 cm) und langes Haupthaar
an Stirn und Scheitel. An den Schläfen und dem Hinterkopf sind die Haare
am Lebenden auf 1 cm Länge gestutzt (mit der Schere). — Spuren etwa im Moor
vergangener Kleider sind nicht nachweislich; die später in der Nähe der
Fundstätte ausgegrabene „Decke" könnte aber Beziehung zu der Leiche haben.
    Nacktheit und Lage deuten auf gewaltsame Versenkung eines Leben-
den; es ist aber kein sicherer Anhaltspunkt dafür aus dem Funde selbst zu
entnehmen, ebenso wenig aber auch dafür, dass Begrabung eines Toten
vorliegt.

    Von den hier beschriebenen Moorfunden ist keiner mit voller Sicherheit für
sich allein zu datieren. Die Funde mit Brettchenweberei, somit auch den Fund
von Marx-Stapelstein, weist Stettiner in die Zeit um 300 und die folgenden Jahr-

---

[1]) Die durchstrichenen Zähne sind nicht vorhanden; ob der dritte r. ob. Molar entwickelt ist, ist
nicht zu erkennen.

hunderte nach Christo, doch bezeichnet er selbst seine Beweisführung als vorläufig noch nicht bindend. Unter den vorhandenen datierbaren Funden Nordwesteuropas liegt zwar Brettchenborde bisher wohl nur vor in dem Moorfunde von Torsberg, aber z. B. die von ihm mit der Brettchenweberei in Beziehung gesetzte Stelle der Lex Frisionum weist auf spätere, wohl karolingische Zeit. — Das Rautenmuster der Bruch von Marx-Etzel und der Köper vom Hilgenmoor ist noch kein datierender Befund, wenn auch beide Webemuster auf etwa dieselbe Zeit wie jene Brettchenborden weisen, da Woll-Köper ebenfalls in datierbaren Funden derselben nordwesteuropäischen Gruppe der „Torsbergzeit" vorkommt und Rautenmuster gerade an römischen Germanenbildnissen der ersten nachchristlichen Jahrhunderte wiederholt dargestellt zu sein scheinen. Über die Kleidertrachten der Germanen, zumal der nordwestlichen freien Germanen, wissen wir, ebenso wie von den Haartrachten, noch nicht genug Bescheid, um mit Sicherheit das in unseren Funden Vorliegende datieren zu können. —

Das Vorkommen der Etzeler Bruch ist bisher an sich ebensowenig chronologisch zu verwerten wie die Form des Etzeler Überwurfes und des Etzeler und Ardorfer (?) Schuhes, von deren Schnittmustern dasselbe gilt, wie das von Brettchenborden und Köper Gesagte; zur Ornamentik des Etzeler Schubes bestehen keine chronologisch bindenden Parallelen.[1] Der kurzgehaltene Bart des Neu-Verssener Mannes und sein gescheiteltes langes Haar erinnern zwar an Haartrachtenbeschreibungen bei Germanen der „römischen" und der „Völkerwanderungszeit", liessen sich aber auch mit Beschreibungen und Darstellungen aus dem „Mittelalter" in Einklang bringen. Der auffällige Befund, dass der Mann von Neu-Verssen kurzgeschnittenes Hinterhaupthaar zeigt, wäre ebensogut zu verwenden als Beleg einer Haartracht, die z. B. P. Diaconus IV. 22 von den Langobarden des VI. bis VII. Jahrhunderts schildert, wie als Beleg der entehrenden germanischen Strafe des Abschneidens der langen Haare, die in den Quellen von Tacitus bis ins frühe Mittelalter belegt wird.[2]

Ins Moor versenkt (bezw. in „Sumpf", worunter Moor einbegriffen sein mag) wurden bei den Germanen Verbrecher, besonders aber Verbrecherinnen, lange Zeiten hindurch: Tacitus' Bericht ist die älteste Quelle, die aber über den Beginn des Brauches nichts sagt; andererseits begegnet man demselben noch im XV. Jahrhundert gelegentlich. Begräbnisse im Moor finde ich nirgends ausdrücklich bezeugt, eine Angabe im „Vörder Register"[3] aus dem XV. Jahrhundert spricht nur davon, dass Leichen, die nicht ein ehrliches Begräbnis haben sollten, auf dem Moor ausgesetzt wurden. Die Leichen Verunglückter liegen übrigens meines Wissens meist senkrecht im Moor.

Bei keinem unserer Funde liegen sichere Anhaltspunkte für ein Strafverfahren vor, wenn auch verschiedene Umstände, wie besonders die Nacktheit der Neu-Verssener Leiche, für ein Begräbnis mindestens auffällig wären. Dafür, dass die Kleidung etwa ganz aus Stoffen bestanden habe, die im Moor vergehen (Leinen), ist kein Anhalt vorhanden. Näher liegt, die später gefundene Decke mit der Leiche in Beziehung zu setzen, etwa als bei der Strafvollziehung verlorenes Gewand.

Nun ist aber von der Mitte der Bronzezeit bis in die Völkerwanderung, auf sächsischem Gebiete sogar bis gegen bezw. in die karolingische Zeit Leichenverbrennung bei den Westgermanen Sitte, also auch auf dem Gebiete, wo die deutschen Moorleichen vorkommen; Vergraben und Versenken unverbrannter Menschen ist andererseits gerade für die früh-nachchristliche heidnische Zeit der Germanen belegt durch die Hinweise auf Strafverfahren und Opfer. — Für die Verwendung dieses Hinweises für die Beurteilung der Moorleichen wäre aber wieder die noch fehlende Möglichkeit ihrer zeitlichen Ansetzung Voraussetzung.

Über etwaiges Zusammenfallen der Grenzen des Moorleichengebietes mit denen anderer in Frage kommender archäologischer Fundgruppen ist zur Zeit wegen der mangelhaften Sicherheit und Durcharbeitung des nordwestdeutschen vor- und frühgeschichtlichen Fundmateriales noch nichts Bindendes zu sagen: Eine Übereinstimmung fällt aber in die Augen: nämlich die

---

[1] Die „Figur mit Köpfchen" (s. o. S. 16) findet sich allerdings mehrfach als Form von Zierplättchen der „Merovingerzeit", z. B. in Selzen (VI. Jhdt.). — Auf die Ornamente kann erst im grösseren Zusammenhange näher eingegangen werden!

[2] s. z. B. Heyne „Hausaltertümer" und Grimm „Reichsaltertümer" unter d. betr. Stichworten.

[3] Bremer Geschichtsquellen 1856—58, II. Beitrag, S. 119. — Auf die Stelle machte mich Herr Dr. Bohls-Lehe aufmerksam.

der Moorleichen im NW. Deutscblands mit der der echten „sächsischen Urnenfriedhöfe der Völkerwanderungszeit"[1]), die schon mit dem 3. Jahrhundert beginnen (Fibel z. B. in Westerwanna, Münzen). Ich möchte hieraus aber nicht eher Schlüsse ziehen, bevor nicht die archäologischen Verhältnisse desselben Gebietes für die ersten nachchristlichen Jahrhunderte klargelegt sind.

Endlich ist aus der zwar gut bekannten Lage im Moor bei den Leichen von Marx-Etzel und Neu-Verssen, sowie der Schuhe von Ardorf bei dem heutigen Stande der Moorgeologie auch noch nichts sicheres zu entnehmen: Bemerkenswert ist, dass die Funde von Marx-Etzel und Ardorf 2 bezw. 4 m tief auf dem Sandgrunde des Moores lagen, besonders wichtig aber der ausdrückliche Hinweis darauf, dass der obere helle Torf nicht gestört schien, die Eingrabung der Leiche demnach vor der Bildung der Hauptmasse des oberen Torfs geschehen sein müsste.

Auffällig, aber zunächst an sich für nichts beweisend ist auch die Lage der Neu-Verssener Leiche zwischen dunklem und hellem Torf; wichtig wird vielleicht das Vorhandensein des Sandes in der Leiche.

Die Eingrabung der Etzeler Leiche und der Ardorfer Schuhe auf dem Grunde des Moores wird kaum ohne Zuhilfenahme besonderer Umstände haben geschehen können, die es gestatteten, durch das breiige nasse Moor auf den Sandgrund zu gelangen und die Leiche dort zu befestigen — das heisst: wenn sie ausgeführt ist, als schon das Moor in beträchtlicherer Stärke dort bestand. Man könnte daran denken, dass die Vergrabung im Winter geschah, oder in Zeiten grosser Trockenheit des Moores. Es muss nach C. A. Weber, und wie ich sehe, nach allen Geologen, die „Moorchronologie" aufzustellen versucht haben, angenommen werden, dass der untere schwarze Torf unserer nordwestdeutschen Hochmoore überall schon vor Christi Geburt vorhanden war. Nach C. A. Weber ist die Bildung des unteren schwarzen Torfes der Hochmoore bereits lange vor Christo (er nimmt an: mindestens 500 Jahre v. Chr.) abgeschlossen und anderseits der obere helle Torf zu Christi Geburt schon in Bildung begriffen und in seiner Hauptmasse seit dem „Mittelalter" entstanden. Für die absolute Chronologie unserer oben beschriebenen Funde ist aus alledem aber an sich ohne Heranziehung aller Moorleichenfunde noch nichts zu entnehmen, ausser, dass die als richtig vorausgesetzte Beobachtung, dass bei dem Marx-Etzeler Funde der obere helle Torf keine Störung, offenbar wenigstens nicht in seiner Hauptmasse, zeigte, dafür spräche, dass die Eingrabung nicht sehr lange nach Christo erfolgt sein könnte, die Eingrabung der Leiche von Neu-Verssen aber mindestens nach Abschluss der Bildung des unteren Torfes. Nach C. A. Weber entspricht aber der Grenzhorizont zwischen dunklem und hellem Torf einer Jahrhunderte (ein Jahrtausend) langen Trockenzeit, während der untere Sphagnum-Torf bis zu 2 m Tiefe verwitterte, wobei seine Bestandteile grossenteils unkenntlich wurden; danach ist anzunehmen, dass die Leiche von Neu-Verssen nicht in der Zeit des Grenzhorizontes, in dem, bezw. in dessen Nähe, sie lag, vergraben ist, sonst wäre sie wohl infolge der starken Verwitterung, die in der Zeit des Grenzhorizontes stattfand, kaum noch vorhanden; vielmehr muss vom oberen Torf schon mindestens ein Teil bei ihrer Versenkung bestanden haben und damit kämen wir auch für sie auf die Zeit nach Christo, aber ohne Begrenzung nach unten. Die Fundberichte von Ardorf und Marx-Stapelstein sind moorgeologisch belanglos; die geringe Tiefenlage der Leiche von Marx-Stapelstein ist möglicherweise auf bereits früher schon erfolgte Abtorfung des Hilgenmoores zurückzuführen und es fehlt vor allem die Angabe, in welcher Torfart die Leiche lag. — Der Schuhfund von Ardorf hat nur Bestehen von Moor überhaupt zur Voraussetzung, da sich das Leder nur bei Luftabschluss im Wasser bezw. nassen Moor halten konnte. Wegen der grossen Tiefenlage von 4 m, und weil unbekannt ist, wo der „Grenzhorizont" im Moor bei Ardorf lag, bietet sich kein sicherer Anhaltepunkt dafür, vom Schuhfund von Ardorf etwas Ähnliches zu sagen, wie von der Leiche von Neu-Verssen. —

---

[1]) Hierüber wird im grösseren Zusammenhange mehr gesagt werden. Aus den Angaben Schuchhardts (Zeitschr. d. Histor. V. f. Nieders. 1908, I., S. 103 ff.), die bereits mehrfach zu ergänzen sind, muss der Friedhof von Linmer, Kr. Linden, schon wegen der Gefässformen gestrichen werden, der vielmehr verwandt ist mit mitteldeutschen Friedhöfen mit Schalenurnen. — Die Verbreitung der importierten Bronzegefässe hat andere Grenzen, die offenbar durch den Handel bedingt sind. — Über die „sächsischen Burgwälle" ist wohl noch nicht das letzte Wort gesprochen.

Im grösseren Zusammenhange der eingangs erwähnten umfassenderen Untersuchung, die an anderer Stelle (Veröffentlichungen des Provinzial-Museums) demnächst vorgelegt werden wird, gewinnen die hier beschriebenen Funde des Provinzial-Museums zu Hannover wesentlich an Bedeutung und die erwähnten Hinweise chronologischer und kulturarchäologischer Art werden zu wichtigem Beweismaterial. — Die folgende Tabelle fasst die wesentlichen Tatsachen der hier behandelten Funde kurz zusammen.

Fundort.	Fundumstände.	Kleidungsreste.	Körperreste.
Moorleichen.			
Marx-Etzel, Kr. Wittmund, 1817. Im Hilgenmoor. Menschliche Leiche.	Ausgestreckt auf dem Sandgrunde, unter 1 m unterem schwarzem und 1 m oberem hellem Torf. Mit Pfählen niedergehalten. Bekleidet.	Überwurf: Wollköper. Jacke?: Wolltaffet, gefüttert m. desgl. Bruch: Wolldrell. Bundschuhe ohne Sohle, der rechte aufbewahrt: behaartes Leder, reich ornamentiert.	Erwachsener. Keine Körperreste aufbewahrt.
Marx-Stapelstein, Kr. Wittmund, 1861. Im Hilgenmoor. Menschliche Leiche.	„Wie begraben" ca. 1 m unter der damaligen Mooroberfläche, bereits z. T. zerstört. „Kleiderreste dabei."	Mindestens 6 verschiedene Wollstoffreste, darunter Schärpe (?) mit Brettchenborden, und sehr feines Gewebestück.	Nur der Schädel aufbewahrt. Etwa 20 jähriger Mensch. (Weib?)
Neu-Verssen b. Gr. Fullen Kr. Meppen 1900. Im Bourtanger Moor (Provinzialmoor bei N.-V.) Männliche Leiche.	Auf dem Rücken, zusammengekrümmt mit angezogenen Gliedmassen. Nackt. 0,50 m tief, zwischen dunklem und hellem Torf. (1 Jahr später eine „Decke" in der Nähe gefunden, ist verloren.)		Erwachsener Mann. Kurzrasierter Kinn-, Lippen- und Wangenbart. Langes, welliges Stirn-, Schläfen- und Scheitelhaar, gescheitelt. Hinterkopf kurzgeschnittene Haare.
Moorschuh.			
Groninger Schuh, vielleicht aus dem Schubfund von Ardorf, Kr. Wittmund (Moor beim Heiligenstein), aus dem J. 1817 stammend.	Der Groninger Schuh im Museum zu Groningen, angeblich vom Funde von Etzel 1817. Linker Kinderschuh (Frauenschuh?) unbehaart, unverziert, gut erhalten.	Der Ardorfer Schuhfund von 1817. 4 m tief auf dem Sandboden des Moores gefunden, 2 Schuh für Kinder, unverziert. „Ein Kinderschuh ist nach Groningen gekommen."	

Tafel I.

Die Moorleiche von Marx-Etzel, Kr. Wittmund. 1817.

I. Das Rumpfkleid.

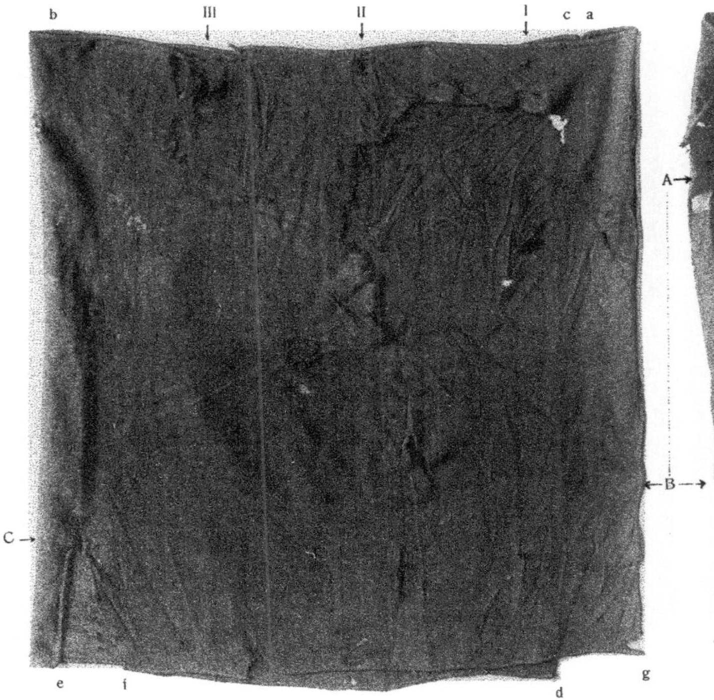

Abb. 1. Vorderseite.

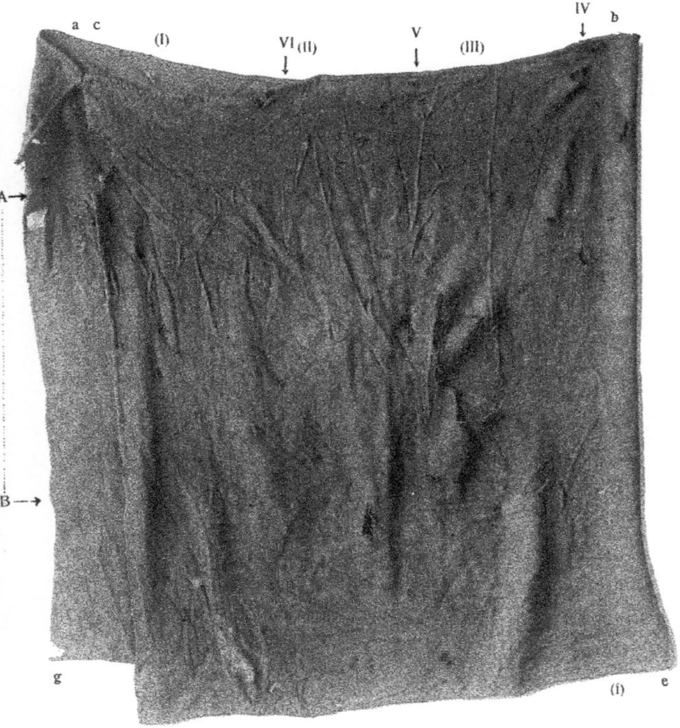

Abb. 2. Rückenseite.

Graph. Kunstanstalt Georg Alpers jun., Hoflieferant, Hannover.

Tafel II.

Die Moorleiche von Marx-Etzel, Kr. Wittmund, 1817.

II. Die Kniehose (Bruch.)

Abb. 2. Hinterseite.

Abb. 1. Vorderseite.

Graph. Kunstanstalt Georg Alpers jun., Hoffenfreunt, Hannover.

Tafel III.

Die Moorleiche von Marx-Etzel, Kr. Wittmund, 1817.

III. Rest eines gefütterten Kleidungsstückes (Jacke?).

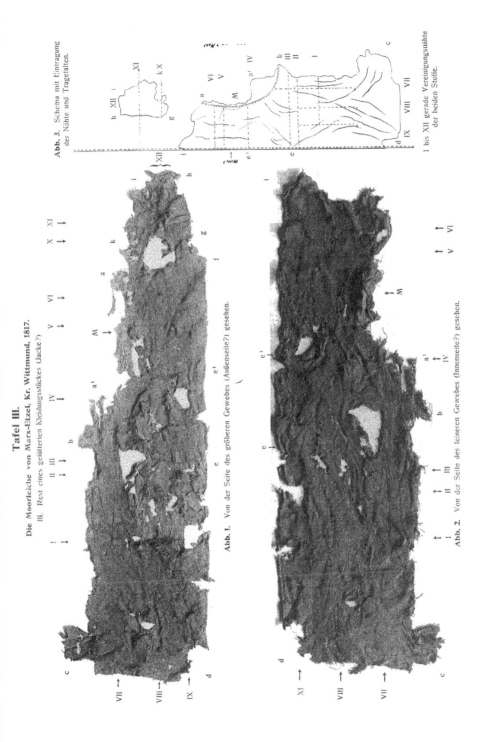

Abb. 1. Von der Seite des gröberen Gewebes (Außenseite?) gesehen.

Abb. 2. Von der Seite des feineren Gewebes (Innenseite?) gesehen.

Abb. 3. Schema mit Eintragung der Nähte und Tragefalten.

I bis XII gerade Vereinigungsnähte der beiden Stoffe.

Graph. Kunstanstalt Georg Alpers jun. Hildesheim1, Hannover.

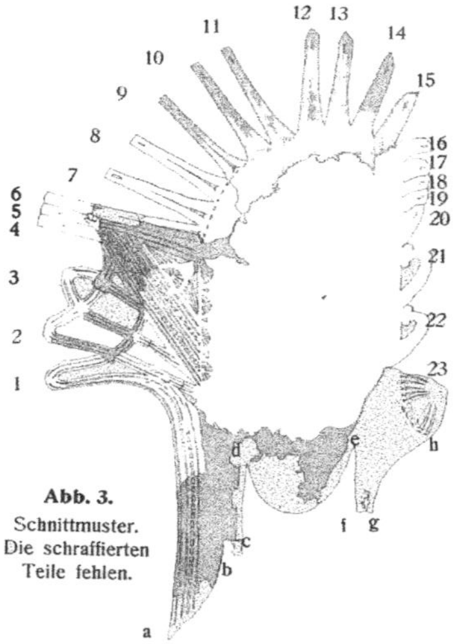

a h

(moderne Naht)

Abb. 1.

Abb. 1 und 2. Die noch zusammenhängenden Stücke.

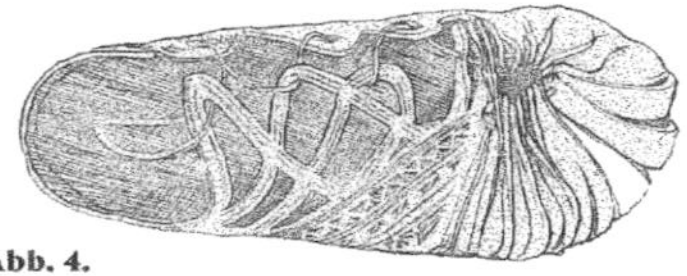

h a

Abb. 2.

15
14
12 13
11
16
17
18
19
20
10
21
9
22
8
23
7
h
6
5 g
4 f
3 e
2 d
c
1 b
a

Abb. 3.
Schnittmuster.
Die schraffierten
Teile fehlen.

Abb. 4.

a

b

c

Abb. 5.

Druck: Kunstanstalt Georg Aigner jun. Weißkirchen, Oberösterr.

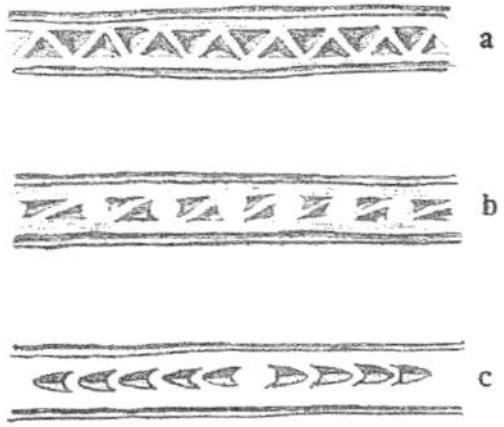

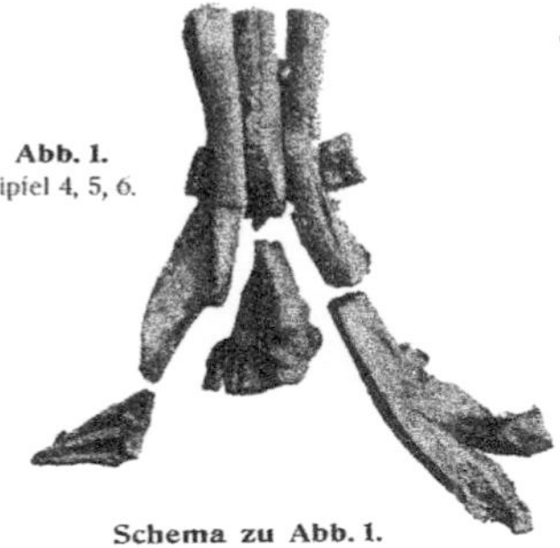

Abb. 5 a.

h a

Abb. 5 a u. b. Schlaufe 23 und Vernähung a–h.

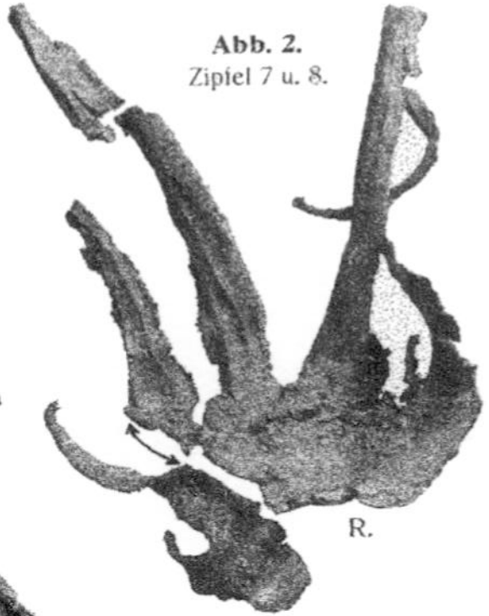

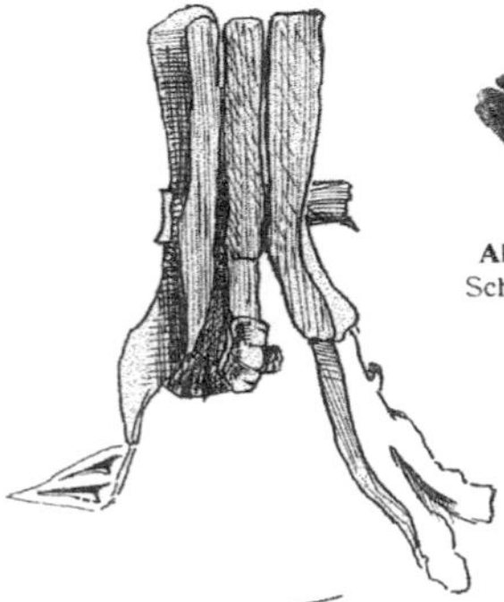

Abb. 5 b.

Abb. 10.
Kerbschnittmuster der Schlaufe 23.
(vgl. Abb. 5 a.)

Abb. 9.
Nähschema (Versenkte Naht) von der
Außenseite des Schuhes gesehen.

Abb. 2.
Zipfel 7 u. 8.

R.

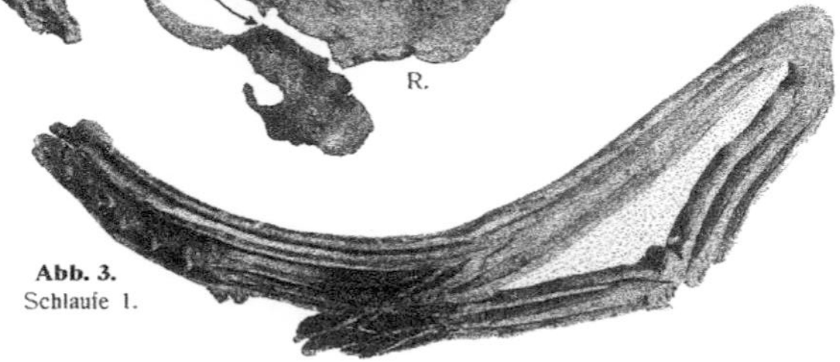

Abb. 3.
Schlaufe 1.

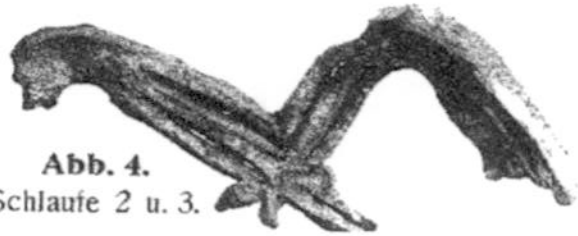

Abb. 4.
Schlaufe 2 u. 3.

h a

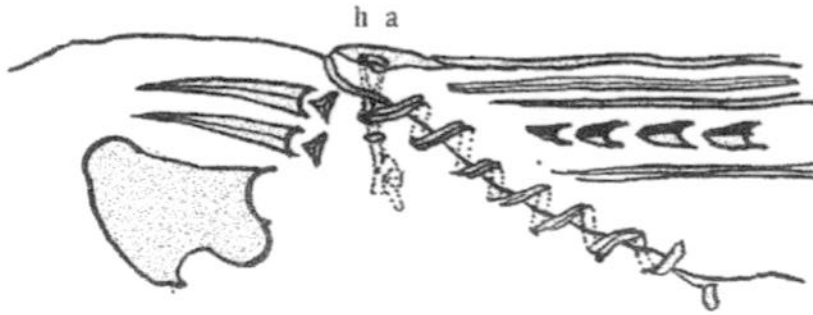

Abb. 8. Naht a h zwischen Schlaufe 23 und a b.
(vgl. Abb. 5 a.)

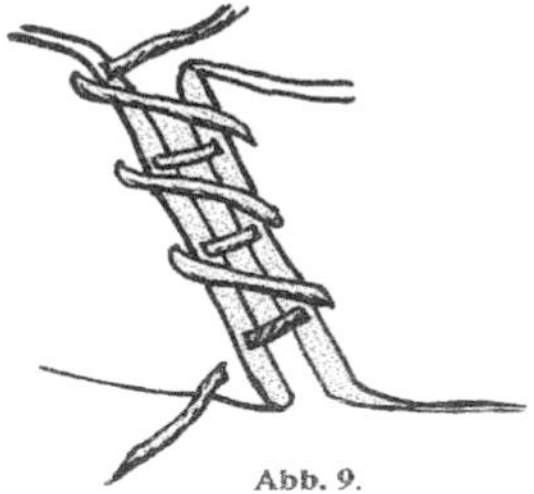

Abb. 1.
Zipfel 4, 5, 6.

Schema zu Abb. 1.

Abb. 6.
Kerbschnitt-Figur am Grunde
von Schlaufe 1.
(vgl. Abb. 3.)

Abb. 7. Kerbschnitt-Rosette.

Graph. Kunstanstalt Georg Alpers jun., Hahnlehrorn, Hannover.

Karte und schematische Zeichnungen.

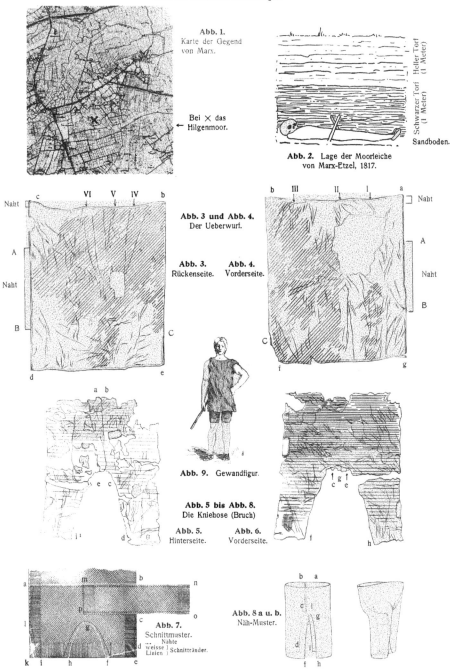

Abb. 1.
Karte der Gegend
von Marx.

Bei × das
← Hilgenmoor.

Heller Torf (1 Meter)
Schwarzer Torf (1 Meter)
Sandboden.

Abb. 2. Lage der Moorleiche
von Marx-Etzel, 1817.

Abb. 3 und Abb. 4.
Der Ueberwurf.

Abb. 3.   **Abb. 4.**
Rückenseite.   Vorderseite.

Abb. 9. Gewandfigur.

Abb. 5 bis Abb. 8.
Die Kniehose (Bruch)

Abb. 5.   **Abb. 6.**
Hinterseite.   Vorderseite.

Abb. 7.
Schnittmuster.
—— Nähte
··· weisse } Schnittränder.
Linien

Abb. 8 a u. b.
Näh-Muster.

Graph. Kunstanstalt Georg Alpers jun., Hoflieferant, Hannover.

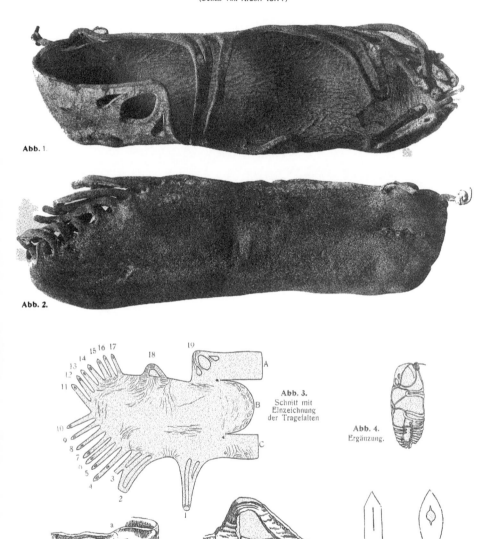

Tafel VII.
Der Groninger Schuh
(Schuh von Ardorf 1817?)

Abb. 1.

Abb. 2.

Abb. 3.
Schnitt mit
Einzeichnung
der Tragefalten

Abb. 4.
Ergänzung.

Abb. 7.
(Schema zu Abb. 3, 18)

Abb. 9.
a (Schnür-
ziptel) b
unbenutzt   benutzt

Abb. 5.

Abb. 6.
(Hackennaht bei 5, b—c)

Abb. 8.
(Abb. 5, a von oben gesehen)

Graph. Kunstanstalt Georg Alpers jun., Hoflieferant, Hannover.

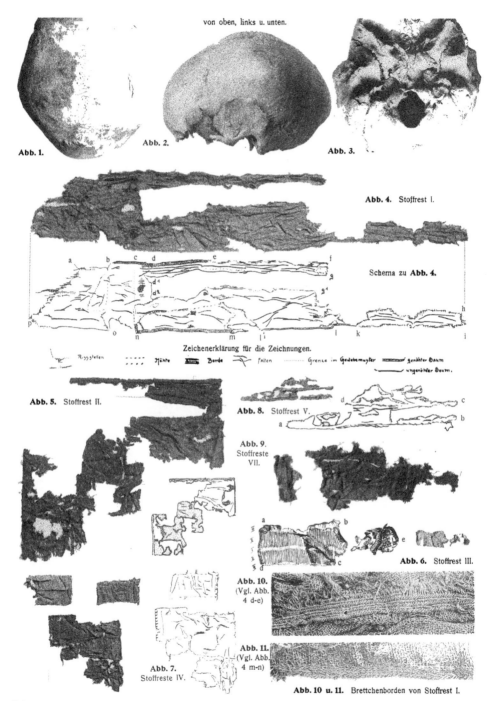

von oben, links u. unten.

Abb. 1.

Abb. 2.

Abb. 3.

Abb. 4. Stoffrest I.

Schema zu Abb. 4.

Zeichenerklärung für die Zeichnungen.

Rißstellen   Nähte   Borde   Falten   Grenze im Gedeckmuster   genähter Saum   ungenähter Saum.

Abb. 5. Stoffrest II.

Abb. 8. Stoffrest V.

Abb. 9. Stoffreste VII.

Abb. 6. Stoffrest III.

Abb. 10. (Vgl. Abb. 4 d-e)

Abb. 11. (Vgl. Abb. 4 m-n)

Abb. 7. Stoffreste IV.

Abb. 10 u. 11. Brettchenborden von Stoffrest I.

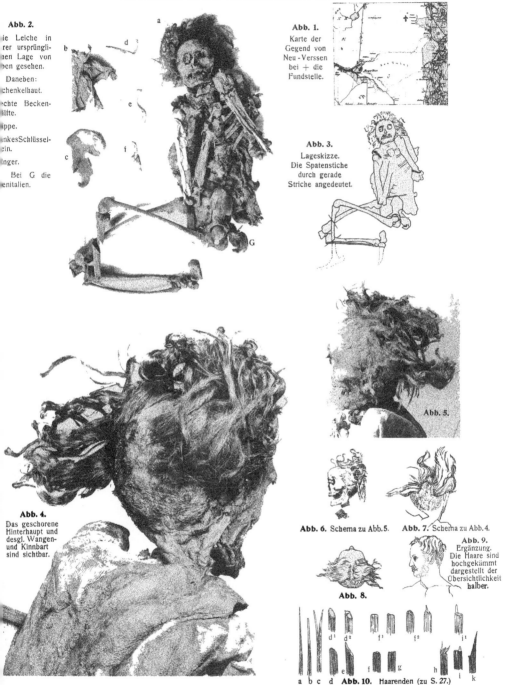

Tafel IX.
Die Moorleiche von Neu-Verssen, Kr. Meppen. 1900.

Abb. 2.
ie Leiche in
rer ursprüngli-
nen Lage von
ben gesehen.

Daneben:
chenkelhaut.

chte Becken-
ilfte.

ippe.

nkesSchlüssel-
ein.

lnger.

Bei G die
enitalien.

a

d

b

e

c

f

G

Abb. 1.
Karte der
Gegend von
Neu - Verssen
bei + die
Fundstelle.

Abb. 3.
Lageskizze.
Die Spatenstiche
durch gerade
Striche angedeutet.

Abb. 5.

Abb. 4.
Das geschorene
Hinterhaupt und
desgl. Wangen-
und Kinnbart
sind sichtbar.

Abb. 6. Schema zu Abb. 5.

Abb. 7. Schema zu Abb. 4.

Abb. 9.
Ergänzung.
Die Haare sind
hochgekämmt
dargestellt der
Übersichtlichkeit
halber.

Abb. 8.

d¹ d² f¹ f² i¹

e f g h i k

a b c d **Abb. 10.** Haarenden (zu S. 27.)

Graph. Kunstanstalt Georg Alpers jun., Hoflieferant, Hannover.

Jahrbuch

des

Provinzial-Museums zu Hannover

umfassend

die Zeit 1. April 1910 bis 31. März 1911.

———•◦❖◦•———

Hannover.
Druck von Wilh. Riemschneider.
1912.

Inhalts-Übersicht.

Am 7. Mai 1910 wählte der Provinzialausschuss an Stelle des Direktors Dr. Reimers, dessen Ausscheiden aus seinem während zwanzig Jahre bekleideten Amtes schon im Bericht des vorigen Jahres gedacht war, den Direktor des Landes-Museums der Provinz Westfalen, Dr. Adolf Brüning, zum Direktor des Provinzial-Museums. Da derselbe erst zum 1. September 1910 aus seiner bisherigen Stellung entlassen wurde, führte bis dahin der Abteilungsdirektor Dr. Fritze die Leitung der Geschäfte.

Aus dem Museumsdienste schieden ferner aus: am 1. April 1910 Herr Dr. phil. Ernst Wackenroder und am 1. Juli 1910 Herr Dr. Jan Fastenau, die als wissenschaftliche Hilfsarbeiter an den kunstgeschichtlichen Sammlungen mit Erfolg tätig waren.

Für die naturwissenschaftlichen Sammlungen erwies sich noch die Einstellung des entomologischen Präparators Füge notwendig, der seine Tätigkeit am 15. Juni 1910 begann. An die Stelle des ausscheidenden Hilfspräparators Friedrich Schwerdtfeger trat am 15. Februar 1911 Hermann Schwerdtfeger ein.

Die in Vorbereitung befindliche Veröffentlichung der prähistorischen Sammlung der Provinz erforderte am 1. Januar 1911 die Einstellung des Zeichners Julius Niehoff. Da derselbe auch bei Ausgrabungen zur Herstellung von Aufnahmen nicht nur, sondern auch zur Kontrolle der Grabungen, ferner bei den infolge der zahlreichen Objekte sehr vielfältigen und umfangreichen Arbeiten der Inventarisation und sonstiger Kleinarbeit nutzbringend beschäftigt werden kann, wird man wohl mit der dauernden Beschäftigung einer solchen Arbeitskraft in der prähistorischen Abteilung zu rechnen haben.

Am 15. Oktober 1910 fand im Museum eine von den Vertretern fast sämtlicher Museen der Provinz besuchte Sitzung der Museenvereinigung statt, bei der vor allem die Bedingungen einer gemeinschaftlichen einheitlichen Arbeit auf dem Gebiete der prähistorischen Forschung innerhalb der Provinz unter der Leitung des Provinzial-Museums als Zentralstelle eingehend besprochen wurde. Als Vorsitzender der Museenvereinigung wurde der Unterzeichnete gewählt.

Hannover, im Juni 1911.

Der Direktor:

Dr. Brüning.

Vermehrung der Sammlungen.

I. Historische Abteilung.

1. Vor- und frühgeschichtliche Sammlung.

Das Ziel, die vorgeschichtliche Sammlung des Provinzial-Museums ihrer Reichhaltigkeit und wissenschaftlichen Bedeutung entsprechend zur Hauptstelle für die vorgeschichtliche Landesforschung in der Provinz Hannover auszugestalten, bestimmte auch in diesem Jahre die Arbeiten in der Sammlung.

In der Schausammlung, besonders in deren systematischem Teile, soll einst eine, dem Begriff einer Landessammlung entsprechende Übersicht über die Erscheinungen der vor- und frühgeschichtlichen Perioden des Landes geboten werden: inhaltlich möglichst vollständig und museumstechnisch mustergültig. Bei den vorläufig zur Verfügung stehenden Mitteln und Kräften, besonders aber in den beschränkten und dunklen Räumen, ist eine dieser Aufgabe gerecht werdende Ausgestaltung der Sammlung unmöglich; ihr Ausbau durch systematische Ankäufe und Ausgrabungen wurde deshalb zurückgestellt gegenüber anderen Arbeiten, die zwar weniger unmittelbar in die Augen fallende Ergebnisse zeitigen, aber doch die notwendige Grundlage und wegweisenden Anfang bilden für künftige, der Bedeutung der Vorgeschichte innerhalb des Kreises moderner Wissenschaften angemessene Weiterarbeit. In erster Linie steht hier das Archiv für vorgeschichtliche Landesforschung, das ermöglichen soll, über die Bestände der Sammlung hinaus in Wort, Bild, Karten und systematischen Zusammenstellungen den vor- und frühgeschichtlichen Fundbestand der Provinz, bezw. des als „Niedersachsen" bezeichneten nordwestdeutschen Gebietes, dessen Kern die Provinz Hannover ist, zu übersehen und in einer angeschlossenen Spezial-Bibliothek zugleich auch die bereits vorhandene Literatur über den Gegenstand. Zu der Archivarbeit gehört unter anderem das Einziehen von Erkundigungen über frühere und neue Funde, ferner die möglichst weitgehende Sicherstellung alter Berichte, besonders über grundlegend-wichtige Materialien, dann besonders die mit schier unendlichen Schwierigkeiten verknüpfte Revision der älteren Fundbestände der Sammlung des Provinzial-Museums und der kleineren Museen der Provinz — alles Arbeiten, die die Festlegung möglichst umfangreicher „gesicherter Quellen" zum Ziel haben für die weitere Forschung, die durch solche Vorarbeiten in sichere Bahnen gelenkt werden soll.

Eine erste Frucht dieser Arbeiten ist die Vorbereitung der inventarmässigen Darstellung dieser Quellen in einem, dem gegenwärtigen Stande unserer Wissenschaft Rechnung tragenden Veröffentlichungswerke des Provinzial-Museums, dem der Titel „Vorzeitfunde aus Niedersachsen" („Funde und Fundgruppen nebst Zusammenfassungen zur Vorgeschichte der Provinz Hannover") gegeben ist und dessen erste Lieferungen nunmehr im Winter vorliegen sollen. Die in den letzten Jahren dankenswerterweise vielfach erfolgten Leihgaben von Funden anderer Museen an das Provinzial-Museum zum Zweck der Begutachtung, Untersuchung und Veröffentlichung gaben nebenher erwünschte Gelegenheit, von wichtigen Stücken Abbildungen, Nachbildungen und Kopien für die spätere Ausgestaltung der Landessammlung herzustellen und die technischen Eigenarten wichtiger Funde zu studieren. Der Rat technischer Fachleute auf verschiedenen Gebieten wurde mehrfach in Anspruch genommen zwecks tieferen Eindringens in die Technik der Vorzeit, was vielfach für die archäologischen Forschungen von grösster Wichtigkeit ist. Es ist infolge derartiger Untersuchungen bei der vorgeschichtlichen Sammlung des Provinzial-Museums allmählich eine eigene Werkstätte für solche Arbeiten entstanden, in der auch zum Zweck des Tausches Abbildungen und Nachbildungen von Museumsbeständen hergestellt werden können, und die bei weiterer Ausgestaltung z. B. auch nutzbar gemacht werden könnte für die Förderung des heimatkundlichen Anschauungsunterrichtes an Schulen.

Im Berichtsjahre waren besonders die Technik und sonstige Eigenarten der vor- und frühgeschichtlichen Gewebefunde und anderer Kleidungsreste (Schuhe und andere Moorfunde) und Guss-Bronzen, sowie die Beschaffenheit der Moorablagerungen unseres Landes Gegenstand eingehender Untersuchungen, die in dem Inventarwerk Veröffentlichung finden werden.

Vielfache örtliche Besichtigungen und Erkundigungen, sowie Bereisung der Museen der Provinz und der nächsten angrenzenden Gebiete dienten gleicherweise wissenschaftlicher Arbeit im dargelegten Sinne, wie dem Studium wichtiger oder vorbildlicher Einrichtungen und Arbeiten anderer Institute, und nicht zum wenigsten der persönlichen Fühlungsnahme zwischen den an der vorgeschichtlichen Landesforschung mitarbeitenden Stellen im Lande. Auch der staatlichen bezw. provinzialen Denkmalspflege auf vor- und frühgeschichtlichem Gebiete konnte vielfach die Mitarbeit der vorgeschichtlichen Abteilung des Provinzial-Museums mit Rat und Tat zur Verfügung gestellt werden.

Gegenüber den vorgeschichtlichen Bodenaltertümern wird von uns nach Möglichkeit die Erhaltung der Funde im Boden angestrebt, und — besonders unseres Raummangels wegen — sollen bis auf weiteres nur die zur Füllung wesentlicher Sammlungslücken nötigen Aufgrabungen vorgenommen werden; ausserdem wird natürlich nach wie vor bei Gefährdung wichtiger Fundstellen eingegriffen. Wenn irgend möglich, werden in solchen Fällen aber die Untersuchungen den zunächst den Fundorten gelegenen Museen überlassen, gemäss der Verabredung innerhalb der Museenvereinigung der Provinz Hannover, in deren Mitgliederkreise die Einstimmigkeit hinsichtlich der Ziele vorgeschichtlicher Landesforschung in erfreulicher Weise ständig zunimmt. Es ist zu hoffen, dass, trotz mancher prinzipieller Schwierigkeiten und noch zu lösender grundsätzlicher Fragen, die für gemeinsame singemässe Arbeit an der vorgeschichtlichen Landesforschung notwendigen Vereinbarungen allmählich feste Form annehmen werden. Es handelt sich auf vorgeschichtlichem Gebiete besonders um die Abgrenzung der Wirkungsgebiete der einzelnen Museen untereinander und den speziellen Aufgaben des Landesmuseums gegenüber, sowie um die Einrichtung eines regelmässigen Nachrichtendienstes betreffend neue Funde und Sammlungszugänge, und endlich die gegenseitige Unterstützung bei Sonderbestrebungen einzelner Museen. —

Der für die Entwickelung unserer Bestrebungen notwendigen Bemühung, das Verständnis und Interesse für die moderne Vorgeschichtswissenschaft in weitere Kreise zu tragen, wo es zur Zeit im ganzen noch recht mangelhaft ist, dient in Hannover auch der seit einem Jahre ins Leben getretene Landesverein für Vorgeschichte; dass er in seinem ersten Jahre bereits auf über 100 Mitglieder gewachsen ist, zeigt den guten Erfolg seiner Begründung ebenso, wie die mannigfachen Geschenke und praktischen Hilfeleistungen, die der vorgeschichtlichen Landessammlung und dem Archiv von Seiten seiner Mitglieder zugewendet sind.

Für das Berichtsjahr sind folgende Ausgrabungen, Untersuchungen, Erwerbungen, Geschenke und sonstige Zugänge zu verzeichnen:

A. Ausgrabungen.

1. Ausgrabung des Restes eines **germanischen Brandgräberfriedhofes** aus dem III. Jahrhundert n. Chr. bei Barnstorf, Feldmark Aldorf, Kreis Diepholz. (K.-No. 18139—18161 und 18514—18592.)

2. Beginn der Untersuchung und Ausgrabung einer germanischen **Ansiedlung der Völkerwanderungszeit** bei Letter, Kreis Linden. (S. unter D. 15.)
Bisherige Funde: Grundrisse von Wohnstätten mit vielen Tongefässcherben.

3. Ausgrabung und Untersuchung an der Fundstätte **frühsteinzeitlicher Siedlungsreste** in Ilmenautal bei Deutsch-Evern zur weiteren Aufgrabung in Gemeinschaft mit dem Museum in Lüneburg. (Funde im Museum zu Lüneburg.)

B. Untersuchungen.

1. Untersuchung der **Höhle im Iberg** bei Grund a. H., Kreis Zellerfeld. (Keine Funde, die zur menschlichen Kulturgeschichte Beziehung haben; Feststellungen zur geologischen Beschaffenheit der Höhle. K.-No. 18442—48.)

2. Untersuchung der durch Lehmgrubenbetrieb angeschnittenen **Siedelungsstelle** an der Quelle bei **Strodthagen**, Kreis Einbeck, zwecks Vorbereitung von Ausgrabungen der dort befindlichen neolithischen (bandkeramischen) und mittelalterlichen Wohnstättenreste. **Funde**: Neolithische und mittelalterliche Tongefässscherben aus „Wohngruben". (K.-No. 18 430—40.)

3. Untersuchung der Ruinen mehrerer steinzeitlicher **Megalithgräber** bei **Reddereitz**, Kreis Lüchow, zwecks Begutachtung. Die Stelle wurde von der Provinz als Denkmalsschutzbezirk angekauft. **Funde**: Tiefstichscherben und Silexgeräte. (K.-No. 18 487—99.)

Im Interesse der Denkmalpflege und der Vorbereitung von Ausgrabungen wurden ferner besucht:

4. Die **Hügelgräbergruppe** (Bronzezeit) bei **Garssen**, Kreis Celle, zwecks Verhinderung drohenden Raubbaues. Die Erhaltung wurde seitens des Besitzers zugesagt. (K.-No. 18 251.)

5. Die steinzeitlichen **Megalithgräber** der näheren und weiteren **Umgebung** von **Osnabrück** zur Revision und photographischer Aufnahme der im Provinzbesitz befindlichen Denkmäler. (K.-No. 18 602—04.)

6. Der **Süntelstein** bei **Vehrte**, Kreis Osnabrück und seine Umgebung, zur Vorbereitung eingehenderer Untersuchungen. (K.-No. 18 600—01.)

7. Das **Hügelgräberfeld** (späte Bronzezeit) in der **Düstruper Heide** bei Sandfort, Kreis Osnabrück, aus dem das Provinzial-Museum viele wichtige Funde besitzt (Münstersche Sammlung) zwecks genauer Aufnahme zur Ergänzung der alten Fundberichte und weiterer Ausgrabung in Gemeinschaft mit dem Museum zu Osnabrück. (K.-No. 18 252.)

8. Fundstätte vereinzelter **Urnengräber** (frühe Eisenzeit?) auf dem (früher von einer Kapelle gekrönten) „Glockenberg" bei **Marienwerder**, Kreis Neustadt a. R., zwecks Vorbereitung weiterer Ausgrabungen. (S. unter D. 9.)

9. Fundstätte des unter D. 2 genannten **Einbaumes** bei **Siedenburg** zur Feststellung der Fundumstände.

10. Untersuchung der Fundstätte eines **Steinplattengrabes**(?) bei **Binnen**, Kreis Nienburg, zwecks Vorbereitung der Ausgrabung in Gemeinschaft mit dem Museum in Nienburg. (K.-No. 18 162—65.)

11. Untersuchung der Fundstätte der unter D. 5 genannten **Tierknochen und Tonscherben** im Kies bei **Leinhausen**, Kreis Hannover. (K.-No. 18 217.)

C. Ankäufe und Erwerbungen durch Tausch.

1. **Kleine Steinkammer der späten Bronzezeit** mit Steinüberpackung aus dem künstlichen Hügel „Osterberg" bei **Harsefeld**, Kreis Stade, mit den Funden der beim Steinsuchen für den Chausseebau (!) abgetragenen Kammer. (K.-No. 18 298—99, 18 342, 18 384—423 und 18 359—66):
   a) Menschlicher Leichenbrand.
   b) Tongefässreste.
   c) d) Rasiermesser mit zurückgerolltem Griff und geschwungenes Messer mit Ringgriff und 2 eingehängten Ringen, beide aus Bronze gegossen und mit reichen Verzierungen (mit Schiffsdarstellung etc.).
   Die Grabkammer wurde mit einem Teil der Steinpackung im Hofe des Provinzial-Museums wieder aufgebaut mit Unterstützung des Herrn J. Müller aus Brauel, der bei der Abtragung zugegen gewesen war.

2. **Tongefässscherben etc.** von einem zerstörten Urnenfriedhofe und einem zerstörten steinzeitlichen Grabe aus der Nähe der **Harsefelder** Steinkammer. (K.-No. 18 424—31.)

3. Einige **Urnen** von dem sächsischen Urnenfriedhofe der Völkerwanderungszeit bei **Wester-Wanna**, Kreis Geestemünde (zwecks Studium der Leichenbeschaffenheit). (K.-No. 18 280—83.)

4. **Junger weiblicher Chimpanse** zwecks Präparierung des Skelettes und der Eingeweide (für die Sammlungsabteilung „Abstammung und Urgeschichte der Menschheit"). (K.-No. 18 605—06.)

5. **Urne** mit Leichenbrand und Bronzepinzette (späte Bronzezeit) aus **Alt-Bücken**, Kreis Hoya. (K.-No. 18 382—83.)

6. **Pfeilspitze** aus Silex, gefunden bei **Hülsen**, Kreis Fallingbostel. (K.-No. 18 296.)

7. **Keulenkopf** (?) aus doppelkonisch durchbohrtem rundlichen Geröll, gefunden bei **Westenholz**, Kreis Fallingbostel. (K.-No. 18 297.)

8. Eine Serie Originalskizzen von steinzeitlichen **Megalithgräbern** aus der Provinz **Hannover**. Aus dem Nachlasse des Malers G. Koken-Hannover. (K.-Nr. 18 343—58.)

9. **Photographie** des quartären Menschenskelettfundes von Ambe-Capelle-Montferrand; Süd-Frankreich (Homo Aurignacensis Hauseri). (K.-No. 18 201.)

10. **Photographie** des quartären Menschenschädelrestes von **Gibraltar**. (K.-No. 18 175.)

11. **Metall-Nachguss** einer Bronzestatuette des Pan (?), eines römischen Importstückes, gefunden bei Kl. **Fullen**, Kr. Meppen, Original im Provinzial-Museum zu Münster. Copie hergestellt von Hägemann-Hannover. (K.-No. 18 449.)

12. Für das Archiv eine Reihe **Photographien** von neueren Ausgrabungen und Funden anderer Museen.

D. Geschenke und Überweisungen.

1. **Vier Hornscheiden von** (wahrscheinlich) **Bos primigenius,** zum Teil anscheinend bearbeitet, zusammenliegend gefunden auf dem Sandboden des Neudorfer Hochmoores bei Strackholt, Kreis Aurich. Überweisung durch Vermittelung des Provinzial-Konservators. (K.-No. 18501—04.)

2. **Einbaum,** gefunden 2 m tief bei der Regulierung der Aue bei Siedenburg, Kreis Sulingen. Überwiesen vom Bauamt der Aue-Regulierung in Sulingen. (K.-No. 18367.)

3. **Serie von natürlichen Silextrümmern** aus dem Eocän von Belle Assise bei Clermont in Frankreich. Geschenk des Herrn Professor Dr. Breuil-Paris. Zur Serie „Trugformen menschlicher Geräte". (K.-No. 18460—85.)

4. **Menschen- und Tierknochen, Tongefäss, Eisenbeil und eiserne Speerspitze** fraglichen Alters aus Kieslagern bei Döhren, Kreis Hannover. Geschenk des Herrn Lehrers Ehlers in Döhren. (K.-No. 18212—16.)

5. **Tierknochen und Tongefässscherben** aus Kieslagern bei Leinhausen, Kreis Hannover. Geschenk des Herrn Lehrers Bock in Letter und des Herrn Ingenieurs Gräfe in Linden. (K.-No. 18507—10.)

6. **Funde von Siedlungsplätzen** bei Oldershausen, Kreis Osterode:
   a) Viele neolithische Geräte und Abfallsplitter aus Silex, Hämmer und Keile aus Stein.
   b) Mittelalterliche Gefässreste, Spinnwirtel u. a. m.
   Dazu viele Aufzeichnungen, Karten und photographische Aufnahmen. Geschenk des Herrn Lehrers Lampe-Harriehausen. (K.-No. 18187—88.)

7. Ähnliche Funde von Siedlungsstätten an der Quelle bei Strodthagen, Kreis Einbeck. Geschenk von demselben.

8. **Gefässe mit Leichenbrand, Gefässscherben und Beigefässe** aus einem spätbronzezeitlichen Urnenfriedhofe bei Letter, Kreis Linden. Geschenk des Herrn Lehrers Bock-Letter. (K.-No. 18312—38.)

9. **Reste von Urnengräbern** mit Leichenbrand und Beigefässen vom Glockenberg bei Marienwerder, Kreis Neustadt a. R., mit Fundskizzen. Geschenk des Herrn Ad. Thöl-Hannover. (K.-Nr. 18276.) Vgl. oben B. 8.

10. Reste von **Urnengräbern** (frühe Eisenzeit) von Eickhof, Kreis Nienburg, mit Fundbeschreibung des Herrn Studiosus Ohrt, z. Zt. auf Gut Eickhof. (K.-No. 18263—64.)

11. Menschliche **Skelettreste und viereckige eiserne Schnalle** von ebendort und demselben Geschenkgeber. (K.-No. 18265—67.)

12. **Tongefässscherben** von Stöcken, Kreis Isernhagen. Geschenk des Herrn Hofbesitzers Reutelmann-Stöcken. (K.-No. 18176—86.)

13. Natürliche **Eisensteinbildungen, Tongefässreste** vortäuschend, von Logabirum, Kreis Leer, zur Serie „Trugformen menschlicher Geräte". Geschenk des Herrn Hauptlehrers Harder. (K.-Nr. 18279.)

14. **Tongefässreste** etc. von einem zerstörten Urnenfriedhofe bei Scharmbeck, Kreis Osterholz. Geschenk der Hauptschule in Scharmbeck. (K.-No. 18593—98.)

15. **Tongefässreste** von einer Siedelung bei Letter, Kreis Linden. Geschenk des Herrn Lehrers Bock in Letter. (K.-No. 18339—41.) Vgl. oben A. 2.

16. Mittelalterliche **Tongefässreste** aus der Seelhorst bei Hannover. (K.-No. 18255.)

17. **Tongefässreste, Tierknochen, Eisen- und Glasreste** aus dem Wall der wüsten Stelle der „Burg Bierde" a. d. Aller, Kreis Fallingbostel. (K.-No. 18256—62.)

18. Aus der Höhle im Ith bei Scharfoldenburg, Herzogtum Braunschweig, **Menschen- und Tierknochen** fraglichen Alters, vorgeschichtliche (?) und mittelalterliche **Tongefässreste** und steinzeitliche **Silexgeräte:** künstliche Splitter und feinbearbeitete Rundschaber. Dazu Aufzeichnungen, Fundberichte und photographische Aufnahmen. Geschenk der Herren Jörres und Württemberger-Hannover. (K.-No. 18166—77, 18193—98 und 18220—250.)

19. Verwilderter oder primitiver heute lebender **Roggen** von der Stelle der keltischen Siedelung auf dem Bayer i. d. Rhön. Geschenk des Herrn Freiherrn Major von Bibra-Hannover. (K.-Nr. 18441.)

20. **Zwei Gipsabgüsse von Bronzestatuetten des Mercur** (römische Importstücke, gefunden bei Hildesheim und Drispenstedt, Kreis Hildesheim). Geschenk des Römermuseums in Hildesheim. (K.-No. 18450—51.)

21. Eine Serie von **7 Schnittmustern** von auf der Saalburg bei Homburg v. d. H. gefundenen **Lederschuhen.** Geschenk des Saalburg-Museums. (K.-No. 18205 - 11.)

E. In der Werkstatt des Provinzial-Museums wurden hergestellt:

1. Eine Reihe Gipsabgüsse von Funden aus verschiedenen vorgeschichtlichen Perioden, nach Originalen im Besitz verschiedener Museen und Privatsammler. (Zur Ergänzung der Landessammlung für Vorgeschichte.)

2. Zu demselben Zweck hergestellt: Copieen wollener Kleidungsstücke und lederner Schuhe u. a. m. aus Moorfunden innerhalb der Provinz. Originale im Provinzial-Museum und in den Museen zu Stade, Emden, Osnabrück und Groningen. (In der internationalen Hygiene-Ausstellung 1911 zu Dresden war diese Serie ausgestellt.)

3. Zahlreiche Photographieen und zeichnerische Aufnahmen von Funden aus der Sammlung des Provinzial-Museums und aus anderem Besitz, für das Archiv und zur Verwendung in dem Veröffentlichungswerk des Provinzial-Museums.

2. Die Sammlung für Völkerkunde.

Die Sammlung ist durch Geschenke entstanden und dann weiter ohne besonderes Ziel, mehr durch zufällige Zugänge vermehrt worden. Für die weitere Ausgestaltung der Sammlung ist besonders bei Ankäufen der Gedanke massgebend, einige wichtige Haupttypen primitiver und höherer aussereuropäischer Kulturen besonders auch in ihren unscheinbaren Einzelheiten des Alltagslebens darzustellen und dazu möglichst auch die leibliche Erscheinung ihrer Träger, sowie womöglich auch die „vorgeschichtlichen Stufen" der betreffenden Gruppen. Die Sammlung für Völkerkunde soll mit der vorgeschichtlichen Sammlung (so wie dieselbe dereinst auszugestalten sein soll) insofern eine Einheit bilden, als in ihnen aus der gesamten Entwickelungsgeschichte der Menschheit einerseits die Vorstufen geschichtlicher europäischer Kulturen und ihre Träger, andererseits die mehr oder weniger zurückgebliebenen oder einseitig entwickelten aussereuropäischen Menschengruppen mit ihrem Kulturbesitz dargestellt werden sollen.

Beide Darstellungsreihen werden gewissermassen an der Wurzel vereint durch eine bereits in ihren Anfängen vorhandene Sammlungsabteilung für Abstammungslehre und Urgeschichte der Menschheit.

Im Berichtsjahre hat die Sammlung viele schöne, auch in dem dargelegten Sinne höchst wertvolle Geschenke und Erwerbungen zu verzeichnen:

I. Die australische Sammlung,

die zu unseren wertvollsten Beständen gehört, wurde ergänzt durch Austausch mit dem Städtischen Museum in Frankfurt a. M.; wir erwarben dabei von Gegenständen aus Zentralaustralien (Aranda):

Tjurunga („Schwirrholz") vom Totem des grauen Känguru (Aranga). (K.-No. 5575.)

Haarpfeil aus Holz mit angeklebten Federn. (K.-No. 5576.)

Kopfschnur geflochten. (K.-No. 5577.)

Halsschnur von Jünglingen getragen. (K.-No. 5578.)

Schambedeckung aus hängenden Schnüren, von Männern getragen. (K.-No. 5579.)

II. Die Südseesammlung.

Ihr gingen von Frau Dr. Kolbe-Hannover als Geschenke folgende Gegenstände aus dem Bismarck-Archipel zu:

Weiberschurz aus Pflanzenfasern. (K.-No. 5565.)

Tanzmaske aus Holz und Stoff (einen menschlichen Kopf mit Putz darstellend). (K.-No. 5566.)

Holzkeule mit buntbemalter eingeschnitzter Figur (Tanzkeule). (K.-No. 5567.)

Fächer, geflochten aus Pflanzenfasern. (K.-No. 5568.)

Bemalte Decke aus Pflanzenfaserstoff (Tapa). (K.-No. 5569.)

4 Speere, 3 mit Widerhaken, einer mit einfacher Holzspitze. (K.-No. 5570—73.)

III. Die afrikanische Sammlung

wurde vermehrt durch 2 wertvolle Geschenke:

A. Herr Ingenieur Meyer-Hannover schenkte folgende selbsterbeutete Serie von Waffen ostafrikanischer Stämme:

Brit. Ostafrika. Massai, Naivasha.

Leder-Köcher mit 5 gefiederten Pfeilen mit Eisenspitze. (K.-No. 5423—28.)

Bogen. (K.-No. 5429.)

Schild aus Leder. (K.-No. 5430.)

Schwert in Lederscheide. (K.-No. 5431.)

2 Speere mit Eisenspitze und Eisenschuh. (K.-No. 5433—34.)

Albert Nyassa-See. Wahuma.

Speer mit Eisenspitze und Eisenschuh. (K.-No. 5435.)

Uganda. Wahuma.

Speer mit breiter Eisenspitze und Eisenschuh. (K.-No. 5436.)

Vakikuyn. Nairobi.

Speer mit breiter Eisenspitze und Eisenschuh. (K.-No. 5437.)

B. Herr Oberleutnant v. Frese-Hannover schenkte eine . Reihe von Eingeborenen hergestellter Gegenstände, darunter besonders schöne und wichtige Holzschnitzereien aus Kamerun.

Bakowen.

Geschnitzte fast lebensgrosse Holzfigur eines auf einem Schemel sitzenden Mannes mit Pfeife, Trinkflasche und grossem (Häuptlings-) Schurz. (K.-No. 5541.)

Kam-Thal. (Im Busch.)

2 Tanzmasken mit kugelförmigen Armen, ganze Figuren darstellend: eine Frau mit Kind auf dem Rücken und ein Mann, beide fast lebensgross. (K.-No. 5542—43.)

Bafu-Fondong.

2 geschnitzte Stützbalken des Daches eines Hauses, mit Tierfiguren. (K.-No. 5544—45.)

Gegend der Grenze zwischen Grasland und Busch.

Desgleichen mit Menschenköpfen. (K.-No. 5546—47.)

Türschwelle mit Tiergestalten und Türsturz mit Menschenköpfen, beide aus Holz plastisch geschnitzt. (K.-No. 5548—49.)

Aus dem Graslande.

3 hölzerne Schemel, einer ohne Schmuck, einer mit Tierfiguren, der dritte mit menschlichen Figuren. (K.-No. 5550—52.)

Als Träger der Sitzplatte:

5 Speere mit Eisenspitze. (K.-No. 5558—62.)

Balum.

2 hohle Stülp-Tanzmasken aus Holz geschnitzt, Tierköpfe phantastischer Art darstellend. (K.-No 5563 —64.)

Aus nicht näher bezeichneten Bezirken.

Stehende grosse Holztrommel eines Häuptlings. (K.-No. 5553.)

Holzklotz mit Loch zur Befestigung am Fusse, als Pranger verwendet. (K.-No. 5554.)

Doppelglocke aus Messingblech. (K.-No. 5555.)

Helm aus Tierfell mit Haarbüschel. (K.-No. 5556.)

Grosse Tasche aus Leopardenfell mit aufgenähten Verzierungen aus buntem Tuche. (K.-No. 5557.)

Dazu eine grosse Anzahl photographischer Aufnahmen von Landschaftsformen, Volkstypen und kulturgeschichtlich wichtigen Dingen aus dem Kamerun-Gebiet.

IV. Der amerikanischen Sammlung

schenkte Herr Wilh. Wissmann-Maracaibo eine Reihe von „vorgeschichtlichen" Höhlenfunden und modernen Indianerarbeiten aus Venezuela.

A. Funde aus Begräbnis- oder Kult-Höhlen bei Maracaibo in Venezuela.

2 groteske Tonfiguren, kauernde Menschen darstellend. (K.-No. 5438—39.)

Kleine stilisierte Tonfiguren, stehende Menschen darstellend. (K.-No. 5440—55 u. 5528—29.)

2 kleine dreibeinige Tongefässe. (K.-No. 5456—57.)

Aus „Speckstein" geschnittene Platten („Anhänger, Amulette"), verschiedener Grösse und Bruchstücke von solchen. (K.-No. 5458—82.)

Messer- und meisselartige Stücke aus demselben Gestein. (K.-No. 5483—96.)

Schmalmeissel desgleichen. (K.-No. 5497.)

B. Moderne Gegenstände aus der Gegend von Maracaibo in Venezuela.

2 Lama's, Spielzeug aus Hollundermark geschnitzt, Fell aus Wolle. (K.-No. 5500—01.)

2 Schlangen, Spielzeug aus Wurzeln hergestellt. (K.-No. 5502—04.)

Büchsen, Hornkamm, Rosenkränze, gestickte Amulette, Arzeneirinde (Briceño-Rinde). (K.-No. 5505—16 u. 5526—27.)

Silbernes **Armband** aus zusammengeflochtenen Silberdrähten, mit Siegelplatte (Minervakopf). (K.-Nr. 5517.)

Silberne **Votiv-Figürchen** zum Anhängen an Heiligenbilder (Tier- und Menschenfiguren). (K.-No. 5518—25.)

Dazu eine grosse Anzahl **photographischer** Aufnahmen von Landschaftsbildern, Volkstypen und kulturgeschichtlich wichtigen Dingen aus der Gegend von M a r a c a i b o (Pflanzen und Mineralien desselben Geschenkgebers aus derselben Gegend siehe bei der Naturhistorischen Abteilung).

Aus Mexiko

wurde eingetauscht vom Städtischen Museum für Völkerkunde in Frankfurt a. M.:

Ein **Lippenflock** aus Obsidian von Cerro Montoso. (K.-No. 5574.)

V. Der asiatischen Sammlung

gingen durch Kauf zu:

Aus Peking, angeblich aus dem Kaiserpalast:

Ein Paar feingearbeitete, verzierte feste **Lederschuhe** mit dicken Sohlen. (K.-No. 5530—31.)

Kleine **Bronzefigur** eines Buddah (Vergoldungsreste). (K.-No. 5536.)

2 **Schiebeschlösser** von Messing. (K.-No. 5538—39.)

Handgemaltes **Bild** einer weiblichen Göttin. (K.-No. 5537.)

Einige **gedruckte chinesische Bücher,** Teil eines grösseren Werkes. (K.-No. 5535.)

Aus Siam

als Geschenk des Herrn H. K l o p p - H a n n o v e r:

Ein **Regenmantel** eines Kuli, aus Cocosfasern hergestellt. (K.-No. 5532.)

H a h n e.

3. Landesgeschichtliche Sammlung.

Ankäufe.

1. **Vier Statuen** vom Altare der St. Michaeliskirche in R o n n e n b e r g bei Hannover, Lindenholz polychromiert, um 1400, 0,54—0,55 m hoch.

Die ursprüngliche Bemalung hat sich fast vollständig noch erhalten. Es sind folgende Farben angewandt: Gold für die Mitren der beiden Bischöfe, die Obergewänder aller vier Figuren, deren Unterseite blau ist, grün bezw. weiss für die Untergewänder und Fleischfarbe für die nackten Teile. Auch die Sockel und die Flügel des Erzengels Michael sind grün, der Drache hat eine braunrote Bemalung. Die Haare der Bischöfe sind schwarz, des Engels und der weiblichen Heiligen (St. Magdalena?) sind gelb.

In der eleganten Haltung der Bischöfe klingt noch die Schwingung der in den Hüften ausgebogenen Statuen des 14. Jahrhunderts nach. Die Faltengebung der Gewänder ist von einer vornehmen Einfachheit und Ruhe. Unten stossen die überlangen Gewänder auf und legen sich flach nach beiden Seiten auf die leicht gewölbten Sockel. Auffällig ist gegenüber den drei anderen Figuren die reliefmässige Gestaltung des Michael. Vielleicht geht dessen Komposition auf ein altes Siegel der Kirche zurück.

Mithoff (Kunstdenkmale und Altertümer im Hannoverschen, I. Bd., Fürstentum Calenberg, Hannover 1871, Seite 161) schreibt bei der Erwähnung des jetzt nicht mehr vorhandenen Altars: „Die Predella hat zu beiden Seiten eines in ihrer Mitte befindlichen vergitterten, an der Rückseite mit einer Klappe versehenen Raumes je zwei Heilige: St. Michael, zwei Bischöfe und St. Magdalena." Diese Predella ist indessen nicht mehr vorhanden, sondern es ist an ihre Stelle eine neue getreten mit einer Darstellung des Abendmahles in der Mitte und je einer schmalen Nische an den Seiten, in denen eine Madonna und ein Bischof, Holzfiguren aus dem Anfange des sechzehnten Jahrhunderts, stehen. Die Figuren des Altares, dessen Flügel fehlen, sind ziemlich derbe Schnitzereien aus der Mitte des fünfzehnten Jahrhunderts, die zu den vom Museum erworbenen Statuen nicht die geringste Beziehung haben. Die Darstellung des Abendmahles ist eine neuere Arbeit. Wahrscheinlich ist die alte Predella nebst Figuren bei dem im Jahre 1876 durch Hase vorgenommenen Umbau der Kirche entfernt worden. In den von Carl Wolff herausgegebenen Kunstdenkmälern der Provinz Hannover, Landkreise Hannover und Linden, 1899, werden sie nicht mehr erwähnt. (K.-No. 2131—2134.)

2. **Chormantel** (Pluviale) aus der Kirche der ehemaligen Johanniterkommende L a g e bei Rieste, Bez. Osnabrück, Anfang des sechzehnten Jahrhunderts, 3,10 m breit, 1,52 m hoch.

Auf dunkelblauem Sammet ist ein Granatapfelornament, das beliebte Muster gewebter italienischer Sammetstoffe des fünfzehnten Jahrhunderts, mit Goldfäden gestickt. Vier querlaufende goldgestickte Borten tragen als wiederkehrenden Schmuck ein Wappen: gespaltener Schild, rechts auf goldenem Grunde einen durch eine Wolkenlinie geteilten oben roten, unten silbernen Balken, links drei silberne Schellen (?) auf rutem Grunde. Auf dem Goldgrunde des Clipeus, des Rudimentes der ehemaligen Kapuze, erscheint dasselbe Wappen dreimal in gotischem Vierpass mit einbeschriebenem Achtpass, dessen Spitzen in lappiges Blattwerk endigen.

Die Gründung der Johanniterkommende in Lage geschah durch den Grafen Otto von Tecklenburg im Jahre 1245. Das denkwürdigste Ereignis aus der Geschichte der Kommende ist die Zerstörung derselben durch den Bischof des eigenen Landes. Als nämlich der Bischof von Osnabrück, Dietrich von Horne (1376—1402), nach einer harten Fehde mit dem Grafen von Tecklenburg, die seine Kassen erschöpft und das ganze Land in Not gebracht hatte, die Johanniter von Lage um die Übernahme von Steuern und Diensten anging, verweigerten diese jede Hilfe, obschon sie damals nichts weniger als 152 Höfe besassen. Darauf überfiel Dietrich von Horne sie am 18. Februar 1384 zur Nachtzeit und verwüstete und plünderte Lage vollständig. Später wurde die Kommende auf Kosten des Bischofs wieder hergestellt und die neue Kirche, aus der der Chormantel stammt, im Jahre 1426 eingeweiht. Zwei schöne aus dieser Zeit stammende Glasfenster vom Chore der Kirche besitzt das Museum in Osnabrück, ebenso mehrere Ölgemälde aus der Kommende, die indessen nur gegenständliches Interesse bieten. (K.-No. 2135.)

4. Münzensammlung.

Den Grundstock dieser wertvollen Sammlung bildet das von dem Grafen Karl zu Inn- und Knyphausen zusammengetragene Münz- und Medaillen-Kabinett. Der Bestand der Sammlung dehnt sich auf die Münzen und Medaillen Ostfrieslands, des ehemaligen Königreichs Hannover, des Herzogtums Braunschweig, der Regenten, Prinzen und Prinzessinnen des Welfischen Hauses, der geistlichen und weltlichen Herren, der einst münzberechtigten Städte und Stifter aus, sowie auf alle Medaillen von Personen, die entweder in den welfischen Landen geboren, oder dort eine hervorragende Stellung eingenommen haben.

Die noch vorhandenen Lücken in den einzelnen Abschnitten dieser Sammlung sollen im Laufe der Zeit durch Neuerwerbungen bezw. durch Austausch von Dubletten gegen fehlende Stücke ausgefüllt werden, eine Massnahme, die nach Vornahme der Katalogisierung des gesamten Materials zur Ausführung kommen soll.

Im Berichtsjahre sind der Sammlung folgende Geschenke und Erwerbungen zugeführt worden:

A. Ankäufe.

Erzbistum Bremen.

2 Schillinge (Prägejahr unleserlich). (K.-No. 81—82.)
2 „ vom Jahre 1560. (K.-No. 83—84.)
5 „ „ „ 1561. („ 85—89.)
2 „ „ „ 1562. („ 90—91.)
1 Schilling (Prägejahr unleserlich). (K.-No. 92.)
1 „ o. J. (K.-No. 93.)

Stadt Braunschweig.

Annengroschen vom Jahre 1533, 1537, 1538, 1539 und 3 Stück vom Jahre 1540 mit verschiedenen Stempeln. (K.-No. 94—100.)

Herzogtum Braunschweig.

Herzog Erich I., geb. am 16. Februar 1470, † am 26. Juli 1540.
Regierte von 1491 bis 1540.
$1/12$ Thaler vom Jahre 1537 (?). Umschrift undeutlich. (K.-No. 101.)

Herzog Erich II., Sohn Erichs des Ersten, geb. 10. August 1528, † am 8. November 1584, übernahm die Regierung im Jahre 1545; Geldstücke mit seinem Namen datieren schon vom Jahre 1540.
$1/12$ Thaler vom Jahre 1560. (K.-No. 102.)
2 Stück $1/12$ Thaler vom Jahre 1561. (K.-No. 103—104.)
$1/12$ Thaler vom Jahre 1563. (K.-No. 105.)
4 Stück $1/12$ Thaler vom Jahre 1566. (K.-No. 106—109.)
$1/12$ Thaler (Prägejahr unleserlich). (K.-No. 110.)
2 Stück $1/12$ Thaler o. J. (K.-No. 111—112.)

Mittlere Linie Braunschweig.
Wolfenbüttel.
Herzog Heinrich der Jüngere (1514—1568).
2 Stück ¹/₁₂ Thaler vom Jahre 1556. (K.-No. 113—114.)
¹/₁₂ Thaler (Prägejahr undeutlich). (K.-No. 115.)

Grubenhagensche Linie.
Herzöge Ernst, Wolfgang und Philipp gemeinschaftlich (1557—1567).
¹/₁₂ Thaler vom Jahre 1561, 1567. (K.-No. 116 117.)
3 Stück ¹/₁₂ Thaler (Prägejahr unleserlich). (K.-No. 118—120.)

Herzöge Wolfgang und Philipp gemeinschaftlich (1567—1595).
¹/₁₂ Thaler vom Jahre 1569. (K.-No. 121.)

Stadt Braunschweig.
10 Stück ¹/₁₂ Thaler (Fürstengroschen) o. J. (K.-No. 122 – 131.)

Stadt Göttingen.
3 Stück ¹/₁₂ Thaler (Fürstengroschen) vom Jahre 1558. (K.-No. 132—134)

¹/₁₂	„ (	„)	„ „	1559.	(„ 135.)
¹/₁₂	„ (	„)	„ „	1561.	(„ 136.)
4 Stück ¹/₁₂	„ (	„)	„ „	1566.	(„ 137—140.)
¹/₁₂	„ (	„)	„ „	1567.	(„ 141.)
3 Stück ¹/₁₂	„ (	„)	(Prägejahr unleserlich.)		(K.-No. 142—144.)

Grafschaft Schauenburg.
Graf Otto III. 1492—1510.
¹/₁₂ Thaler (Fürstengroschen) o. J. aus der Rintelner Münze. (K.-No. 145.)

Stadt Northeim.
¹/₁₂ Thaler (Fürstengroschen) vom Jahre 1558. (K.-No. 146.)
2 Stück ¹/₁₂ Thaler (Fürstengroschen) vom Jahre 1559. (K.-No. 147—148.)
5   „ ¹/₁₂ „ („) „ „ 1560. („ 149—153.)
¹/₁₂ Thaler (Fürstengroschen) vom Jahre 1561. (K.-No. 154.)
5 Stück ¹/₁₂ Thaler (Fürstengroschen) vom Jahre 1562. (K.-No. 155—159.)

6	„ ¹/₁₂	„ (	„)	„ „	1563.	(„ 160—165.)
3	„ ¹/₁₂	„ (	„)	„ „	1564.	(„ 166—168.)
3	„ ¹/₁₂	„ (	„)	„ „	1565.	(„ 169 – 171.)
2	„ ¹/₁₂	„ (	„)	„ „	1566.	(„ 172—173.)
2	„ ¹/₁₂	„ (	„)	„ „	1567.	(„ 174—175.)
5	„ ¹/₁₂	„ (	„)	Prägejahr unleserlich.		(K.-No. 176—180.)

Stadt Einbeck.
2 Stück ¹/₁₂ Thaler (Fürstengroschen) vom Jahre 1562. (K.-No. 181—182.)

6	„ ¹/₁₂	„ (	„)	„ „	1563.	(„ 183—188.)
2	„ ¹/₁₂	„ (	„)	„ „	1564.	(„ 189—190.)
5	„ ¹/₁₂	„ (	„)	„ „	1565.	(„ 191—195.)
2	„ ¹/₁₂	„ (	„)	„ „	1566.	(„ 196—197.)
14	„ ¹/₁₂	„ (	„)	Prägejahr unleserlich.		(K.-No. 198—211.)

Grafschaft Regenstein.
Graf Ernst und Caspar Ulrich. 1551—1581.
¹/₁₂ Thaler (Fürstengroschen) vom Jahre 1565. (K.-No. 212.)
2 Stück ¹/₁₂ Thaler (Fürstengroschen) vom Jahre 1566. (K.-No. 213—214.)
3   „ ¹/₁₂ „ („) o. J. (K.-No. 215—217.)

Grafschaft Tecklenburg.
Graf Arnold III. (Graf v. Bentheim). 1562—1606.
¹/₁₂ Thaler (Fürstengroschen) vom Jahre 1566 (?). (K.-No. 218.)

Sämtliche unter K.-No. 81—218 aufgeführten Münzen stammen aus dem bei Paderborn im Jahre 1909 gemachten Funde und sind in der aufgeführten Serie alle Stempel des Fundes vertreten.

Stadt Hannover.

10 Stück Helmbrakteaten mit verschiedenen Beizeichen. (K.-No. 225—234.)
3 „ Brakteaten mit Stadttor und Kleeblatt. (K.-No. 235—237.)
Mariengroschen vom Jahre 1539 (mit Stempelfehler), 1540 und 1551 (mit 1549, 51). (K.-No. 238—240.)
$^1/_{24}$ Thaler vom Jahre 1632, 1641 und 1642. (K.-No. 241—243.)
3 Pfennig o. J. (K.-No. 244.)
3 Pfennig vom Jahre 1649, 1650, 1659, 1661. 1663, 1665 und 1670. (K.-Nr. 245—251.)
4 gute Pfennige vom Jahre 1666 und 1667. (K.-No. 252—253.)
Mühlenzeichen vom Jahre 1546. (K.-No. 254.)

Stadt Hameln.

$^1/_{24}$ Thaler vom Jahre 1575, 1576, 1608, 1619 und 1639. (K.-No. 255—259.)
Kupferpfennig o. J. (K.-No. 260.)
4 Pfennig (Kupfer) vom Jahre 1635. (K.-No. 261.)
$^1/_{12}$ Thaler vom Jahre 1562. (K.-No. 262.)
4 gute Pfennige vom Jahre 1668. (K.-No. 263.)
3 Pfennig vom Jahre 1668. (K.-No. 264.)
Kupfermarke o. J. (K.-No. 265.)

Stadt Goslar.

1 Böhmischer Groschen mit Gegenstempel der Stadt Goslar. (K.-No. 266.)
2 Bauerngroschen mit Simon und Judas. (K.-No. 267—268.)
Mariengroschen vom Jahre 1525, 1527, 1534, 1543, 1546, 1553, 1554, 1555, 1714, 1716, 1717 und 1718. (K.-No. 269—280.)
Kupferabschlag von einem Mariengroschen des Jahres 1715. (K.-No. 281.)
$^1/_{24}$ Thaler vom Jahre 1621, 1623, 1714, 1718 und 1728. (K.-No. 282—286.)
6 Pfennig vom Jahre 1738 und 1741. (K.-No. 287—288.)
Schlüsselpfennig vom Jahre 1664. (K.-No. 289.)
$^1/_2$ Matthiasgroschen vom Jahre 1550. (K.-Nr. 290.)
4 Pfennige vom Jahre 1718 und 1733. (K.-No. 291—292.)
Kipperzwölfer vom Jahre 1621. (K.-No. 293.)
$^1/_{12}$ Thaler vom Jahre 1713. (K.-Nr. 294.)
Einseitiger Messinggroschen o. J. (K.-Nr. 295.)
Einseitiger Pfennig vom Jahre 1668. (K.-Nr. 296.)
Kupferpfennig vom Jahre 1751. (K.-No. 297.)

Stadt Göttingen.

Einseitiger Hohlpfennig o. J. (K.-Nr. 298.)
Körtling vom Jahre 1491, 1503, 1505 und 1535. (K.-No. 299—302.)
Mariengroschen vom Jahre 1554. (K.-Nr. 303.)
$^1/_{24}$ Thaler vom Jahre 1573, 1601, 1614, 1620 und 1622. (K.-No. 304—308.)
3 Pfennig vom Jahre 1675. (K.-No. 309.)

Stadt Stade.

Doppelschilling vom Jahre 1640. (K.-No. 310.)
Sechsling vom Jahre 1676. (K.-No. 311.)
$^1/_{16}$ Thaler vom Jahre 1616 und 1620. (K.-No. 312—313.)
Doppelschilling von Mecklenburg vom Jahre 1614 mit dem Schlüssel als Gegenstempel. (K.-No. 314.)

Stadt Northeim.

Hohlpfennig o. J. (K.-Nr. 315.)
Mariengroschen vom Jahre 1547 und 1665. (K.-No. 316—317.)
$^1/_{24}$ Thaler vom Jahre 1574, 1575, 1584, 1615, 1618. (K.-No 318—322.)
Dreier vom Jahre 1559, 1664, 1666, 1675. (K.-No. 323 - 326.)
Einseitiger Pfennig vom Jahre 1675. (K.-No. 327.)

Stadt Lüneburg.

5 Brakteaten (verschiedene Beizeichen). (K.-No. 328—332.)
10 Wittepfennige mit verschiedenen Stempeln. (K.-No. 333—342.)
1 Sechsling (15. Jahrh.). (K.-No. 343).
2 Stück $^1/_4$ Wittepfennige. (K.-No. 344—345.)
Wittepfennig vom Jahre 1502. (K.-No. 346.)
2 Schillinge o. J. (K.-Nr. 347—348.)

Schillinge vom Jahre 1554, 1623, 1626. (K.-No. 349—351.)
$^1/_2$ Schilling vom Jahre 1545 (K.-No. 352).
Kupferdreier vom Jahre 1621. (K.-No. 353.)
Kupferscherf vom Jahre 1555. (K.-No. 354.)
Piedfort (Probemünze) des Kupferscherfs vom Jahre 1555. (K.-No. 355.)
Kupferscherf vom Jahre 1684, 1691, 1718, 1743, 1751. (K.-No. 356—360.)
$^1/_{64}$ Thaler vom Jahre 1575, 1581, 1585, 1586, 1592, 1622, 1625, 1630, 1677. (K.-No. 361—369.)
Sechsling vom Jahre 1621 und 1622. (K.-No. 370—371.)
Einseitiger Kupferscherf o. J. (K.-No. 372.)
Dickgroschen oder Doppelschilling vom Jahre 1562. (K.-No. 373.)
$^1/_{16}$ Thaler vom Jahre 1616, 1626, 1633, 1636, 1645, 1677. (K.-No. 374—379.)

Stadt Einbeck.

Kipperpfennig o. J. (Kupfer). (K.-No. 380.)
Körtling vom Jahre 1536, 1537, 1539, 1540. (K.-No. 381—384.)
$^1/_{84}$ Thaler vom Jahre 1573. (K.-No. 385.)
$^1/_{24}$ Thaler vom Jahre 1617. (K.-No. 386.)
Mariengroschen vom Jahre 1551. (K.-No. 387.)
3 Pfennig vom Jahre 1635, 1669 und 1670. (K.-No. 388—390.)

Stadt Braunschweig.

16 Brakteaten (Braunschweigische Löwenpfennige um 1300 bis 1330). Beschrieben bei Schönemann. (K.-No. 391—406.)
11 Brakteaten mit verschiedenen Stempeln und Beizeichen. (K.-No. 407—417.)
3 Pfennig o. J. (K.-No. 418.)
3 Pfennig vom Jahre 1633 und 1642. (K.-No. 419—420.)
$^1/_{44}$ Thaler vom Jahre 1592, 1599, 1600, 1606 und 1622. (K.-No. 421—425.)
Einseitiger Pfennig vom Jahre 1653. (K.-No. 426.)
Brakteat vom Jahre 1657. (K.-No. 427.)

Stadt Hildesheim.

Brakteat mit vierfeldigem Wappen. (K.-No. 428.)
3 Pfennig vom Jahre 1608, 1687, 1694, 1712, 1723, 1754. (K.-No. 429—434.)
Mariengroschen vom Jahre 1523, 1525, 1530, 1547, 1548, 1661, 1685. (K.-No. 435—441.)
Halbreichsort vom Jahre 1624. (K.-No. 442.)
$^1/_{24}$ Thaler (Groschen) vom Jahre 1590, 1592, 1594, 1617, 1624, 1645, 1716, 1717, 1721, 1743, 1755. (K.-No. 443—452.)
4 Pfennig vom Jahre 1731, 1738, 1757. (K.-No. 453—455.)
2 Pfennig vom Jahre 1738. (K.-No. 456.)
Hohlpfennig vom Jahre 1691. (K.-No. 457.)

Deutsches Reich.

Kaiser Wilhelm II. (Regiert seit 15. Juni 1888.)

Jubiläumsdreimarkstück der Berliner Friedrich - Wilhelm - Universität. (K.-No. 224.)

B. Geschenke.

4 römische Kaisermünzen (Kupfer). Geschenk des Herrn Theodor Böttcher in Hannover. (K.-No. 220—223.)

5. Handbibliothek.

A. Ankäufe.

Adressbuch der Städte Hannover und Linden für das Jahr 1911. Hannover 1911, bei Berthold Pokrantz.
Aigner, August. Hallstatt, ein Kulturbild aus prähistorischer Zeit. München 1911, bei Ernst Reinhardt.
Alexander, Fr. W. Johann Georg Meyer von Bremen. Leipzig 1910, bei E. A. Seemann.
Alten, Friedrich v. Die Bohlwege im Herzogtum Oldenburg.
Arends, Friedrich. Erdbeschreibung des Fürstentums Ostfriesland und des Harlinger Landes. Emden 1824, bei Ww. Hyner & Sohn.
Aubert, Andreas. Die norwegische Malerei. Verlag von Klinkhardt & Biermann in Leipzig.
Baltische Studien, 46. Jahrgang.

Bartell, Wilh. und Waase, Karl. Die Burgwälle des Ruppiner Kreises. Würzburg 1910, bei Curt Kabitzsch (A. Stubers Verlag).

Behme, Friedrich. Geologischer Führer durch die Umgebung von Clausthal. Hannover 1909, bei der Hahnschen Buchhandlung.

Behn, Friedrich. Römische Keramik. Mainz 1910, bei L. Wilckens.

Beltz, Robert. Die vorgeschichtlichen Altertümer des Grossherzogtums Mecklenburg-Schwerin. (Text und Tafelband.) Schwerin i. M. 1910, bei Dietrich Reimer. (Ernst Vohsen), Berlin.

Bergener, Heinrich. Handbuch der kirchlichen Kunstaltertümer in Deutschland. Leipzig 1905, bei Chr. Herm. Tauchnitz.

Berliner Münzblätter, Jahrgang 1911. Berlin 1911.

Birkner, F. Der Diluviale Mensch in Europa. München 1910. Isaria-Verlag (G. m. b. H.).

Born, Friedrich. Die Beldensnyder. 1905, bei der Coppenrathschen Buchhandlung, Münster i. W.

Böcker, Franz. Damme als der mutmassliche Schauplatz der Varusschlacht etc. Köln 1887, bei J. P. Bachem.

Böttger, Heinrich. Hermann der Sieger. Hannover 1874, bei der Helwingschen Hofbuchhandlung.

Branca, Wilhelm. Der Stand unserer Kenntnisse vom fossilen Menschen. Leipzig 1910, bei Veit & Co.

Brandi, K. Das osnabrückische Bauern- und Bürgerhaus.

Braulik, August. Altägyptische Gewebe. Stuttgart 1900, bei Arnold Bergsträsser

Buschan, Georg. Vorgeschichtliche Botanik der Kultur- und Nutzpflanzen der alten Welt auf Grund prähistorischer Funde. Breslau 1894, bei J. U. Kerns Verlag.

Conrads. Über einen Urnenfriedhof zu Drivorden b. Emsbüren.

Creutz, Max. Die Anfänge des monumentalen Stils in Norddeutschland. Cöln 1910, bei der M. Dumont-Schaubergschen Buchhandlung.

Dahn, Felix. Urgeschichte der germanischen und romanischen Völker, Band I bis IV. Berlin 1899, 1883, 1889, bei Baumgärtel, Historischer Verlag.

Dake, C. L. Josef Israels. Verlegt von der Internationalen Verlagsanstalt für Kunst und Literatur in Berlin.

Demmin, August. Die Wirk- und Webekunst. Wiesbaden, bei Rud. Bechtold & Co.

Dünzelmann, E. Der Schauplatz der Varusschlacht. Gotha 1889, bei Friedrich Andreas Perthes.

Eccardi. De Origine Germanorum. Gottingae, bei Joh. Guil. Schmidt.

Esselen. Das Varianische Schlachtfeld im Kreise Beckum. Berlin 1874, bei C. G. Lüderitz.

Estorff, v. Die heidnischen Altertümer in der Gegend von Uelzen. Hannover 1846, bei der Hahnschen Hofbuchhandlung.

Fischbach, Friedrich. Die Geschichte der Textilkunst. Frankfurt a. M. 1883, bei August Osterrieth.

Frey, Karl. M. Georgio Vasari. Band 1. München 1911, bei Georg Müller.

Friedrich, Karl. Die Münzen und Medaillen des Hauses Stolberg und die Geschichte seines Münzwesens. Dresden 1911, bei Verlag C. G. Thieme.

Gebhardi, Ludwig Albrecht. Kurze Geschichte des Klosters St. Michaelis in Lüneburg. Celle 1857, bei der Capaun-Karlowaschen Buchhandlung.

Golther, Wolfgang. Handbuch der germanischen Mythologie. Leipzig 1895, bei S. Hirzel.

Gronau, Georg. Correggio. Des Meisters Gemälde in 106 Abbildungen. Stuttgart und Leipzig, bei der Deutschen Verlags-Anstalt.

Günther, F. Der Ambergau. Hannover 1887, bei Carl Meyer (Gustav Prior).

Günther, Konrad. Vom Urtier zum Menschen, 2 Bände. Stuttgart 1909, Deutsche Verlags-Anstalt, Stuttgart.

Hachenbergi, Pauli. Germania Media. Magdeburg 1709.

Hahne, H. Das vorgeschichtliche Europa, Kulturen und Völker.

Halke, H. Einleitung in das Studium der Numismatik. Berlin 1905, bei Georg Reimer.

Halke, H. Handwörterbuch der Münzkunde. Berlin 1909, bei Georg Reimer.

Hartmann, Heinrich. Johann Konrad Schlaun. Münster 1910, bei Franz Coppenrath.

Hartmann. Der römische Bohlenweg im Dievenmoore. Hannover 1892, bei Gebrüder Jänecke.

Haupt, Albrecht. Die Baukunst der Germanen von der Völkerwanderung bis zu Karl dem Grossen. Leipzig 1909, bei Spamer.

Heine, Ernst Wilhelm. Über den Germanismus. Hannover 1850, bei C. F. Kius.

Heinemann, Otto v. Geschichte von Braunschweig und Hannover, 3 Bände. Gotha 1882, 1886 und 1892, bei Friedrich Andreas Perthes.

Helms, Henrik Svenn. Neues vollständiges schwedisch-deutsches und deutsch-schwedisches Wörterbuch. Leipzig 1904, bei Otto Holtzes Nachfolger.

Helms, Henrik Svenn. Neues vollständiges Wörterbuch der dänisch-norwegischen und deutschen Sprache. Leipzig 1904, bei Otto Holtzes Nachfolger.

Hermann, Paul. Deutsche Mythologie. Leipzig 1906, bei Wilh. Engelmann.

Hermann, Paul. Nordische Mythologie. Leipzig 1903, bei Wilh. Engelmann.

Heyne, Moritz. Fünf Bücher deutscher Hausaltertümer, 3 Bände. Leipzig 1899, bei S. Hirzel.

Höfer, Paul. Die Varusschlacht. Leipzig 1888, bei Duncker & Humblot.

Höfer, Paul. Der Feldzug des Germanicus im Jahre 16 n. Chr. Bernburg und Leipzig 1885, bei I. Bacmeister.

Jahrbuch der Gesellschaft für bildende Kunst und vaterländische Altertümer in Emden. Band IX, XII, XIV. Emden 1897 und 1902, im eigenen Verlage.

Jahrbuch der Königlich Preussischen Kunstsammlungen, Band 31 und 32. Berlin 1910 und 1911, bei der Groteschen Verlagsbuchhandlung.

Jahrbuch des Provinzial-Museums Hannover 1909/10. Hannover 1910, Selbstverlag.
Jänecke, Wilhelm. Die Baugeschichte des Schlosses Iburg. Münster 1909, bei Franz Coppenrath.
Jantzen, H. Das niederländische Architekturbild. Leipzig 1910, bei Klinkhardt & Biermann.
Knapp, Fritz. Michelangelo. Des Meisters Werke in 169 Abbildungen. Stuttgart und Leipzig 1910, bei der Deutschen Verlags-Anstalt.
Knapp, Fritz. Andrea Mantegna. Des Meisters Gemälde und Kupferstiche in 200 Abbildungen. Stuttgart und Leipzig 1910, bei der Deutschen Verlags-Anstalt.
Knoke, F. Das Caecinalager bei Mehrholz. Berlin 1898, bei R. Gaertners Verlagsbuchhandlung (Hermann Heyfelder).
Knoke, F. Die römischen Moorbrücken in Deutschland. Berlin 1895, bei R. Gaertners Verlagsbuchhandlung (Hermann Heyfelder).
Knoke, F. Die Kriegszüge des Germanicus. Berlin 1887, bei R. Gaertners Verlagsbuchhandlung (Hermann Heyfelder).
Koch, Ferdinand. Die Gröninger. Münster 1905, bei Franz Coppenrath.
Kossinna, Gustav. Darstellungen über früh- und vorgeschichtliche Kultur-, Kunst und Völkerentwickelung, Heft 1 und 2. Würzburg 1910, bei Curt Kabitzsch (A. Stubers Verlag).
Kropp, Philipp. Latènezeitliche Funde an der keltisch-germanischen Völkergrenze zwischen Saale und weisser Elster, 2. Heft. Würzburg 1911, bei Curt Kabitzsch (A. Stubers Verlag).
Lichtwark, Alfred. Meister Bertram. Hamburg 1905, verlegt bei der Commeterschen Kunsthandlung.
Mertins, Oskar. Wegweiser durch die Urgeschichte Schlesiens. Breslau 1906, bei Preuss & Jünger.
Meyer, Edmund, In welchen Monat des Jahres 9 n. Chr. fiel die Schlacht im Teutoburger Walde? Berlin 1893, bei R. Gaertners Verlagsbuchhandlung (Hermann Heyfelder).
Meyer, Edmund. Untersuchungen über die Schlacht im Teutoburger Walde. Berlin 1893, bei R. Gaertners Verlagsbuchhandlung (Hermann Heyfelder).
Meyer. Richard M. Altgermanische Religionsgeschichte Leipzig 1910, bei Quelle & Meyer.
Michaelis, Heinrich. Unsere ältesten Vorfahren, ihre Abstammung und Kultur. Leipzig und Berlin 1910, bei B. G. Teubner.
Mitteilungen aus den Königlich Sächsischen Kunstsammlungen, Jahrgang 1. Leipzig 1910, bei Breitkopf & Härtel.
Moesch, F. und Diercks, G. Taschenwörterbuch der spanischen und deutschen Sprache. Leipzig 1907, bei Otto Holtzes Nachfolger.
Mogk, Eugen. Germanische Mythologie. Strassburg 1907, bei Karl J. Trübner.
Mommsen, Theodor. Die Örtlichkeit der Varusschlacht. Berlin 1885, bei der Weidmannschen Buchhandlung.
Montelius, Oskar. Die älteren Kulturperioden im Orient und in Europa. I. Die Methode. Stockholm 1903. Im Selbstverlag des Verfassers.
de Mortillet. Musée préhistorique. Paris 1903, bei C. Reinwald.
Moszeik, Otto. Die Malereien der Buschmänner in Süd-Afrika. Berlin 1910, bei Dietrich Reimer (Ernst Vohsen).
Müller-Brauel, Hans. Die vorgeschichtlichen Denkmäler des Kreises Geestemünde. 3 Exemplare. Hannover 1910, bei Ernst Geibel.
Müller, Johannes. Die vorgeschichtlichen Begräbnisarten auf hannoverschem Boden und die Periodeneinteilung unserer Vorzeit. Zeven 1887, bei Oskar Saffe.
Müller, J. H. Die Reihengräber zu Rosdorf bei Göttingen. Hannover 1878, bei der Hahnschen Buchhandlung.
Muther, Richard. Geschichte der Malerei im XIX. Jahrhundert. 3 Bände. München 1893 und 1894, bei G. Hirths Kunstverlag.
Muther, Richard. Ein Jahrhundert französischer Malerei. Berlin 1901, bei S. Fischer.
Muther, Richard. Geschichte der englischen Malerei. Berlin 1903, bei S. Fischer.
Neubourg, Hermann. Die Örtlichkeit der Varusschlacht. Detmold 1887, bei der Meyerschen Hofbuchhandlung (H. Denecke).
Pastor, Willy. Altgermanische Monumentalkunst. Leipzig 1910, bei Fritz Eckhardt
Pic, J. L. Die Urnengräber Böhmens. Leipzig 1907, bei Karl W. Hiersemann.
Ponten, Josef. Alfred Rethel. Des Meisters Werke in 300 Abbildungen. Stuttgart und Leipzig 1911, bei der Deutschen Verlags-Anstalt.
Poser, Eduard. Holländisch-deutsches und deutsch-holländisches Taschenwörterbuch. Leipzig 1907, bei Otto Holtzes Nachfolger.
Posse, Hans. Die Gemäldegalerie des Kaiser-Friedrich-Museums zu Berlin. II. Die germanischen Länder. Berlin 1911, bei Julius Bard.
Protokolle der Hauptversammlung des Gesamtvereins der deutschen Geschichts- und Altertumsvereine in Worms 1909. 2 Exemplare. Berlin 1910, bei E. S. Mittler & Sohn.
Ranke, Johannes und Thilenius, Georg. Archiv für Anthropologie. Neue Folge: Band 1—9. Braunschweig 1904, bei Friedr. Vieweg & Sohn.
Rautenberg, E. Bericht über ein Hügelgrab bei Wandsbeck-Tonndorf. Hamburg 1884, bei Th. G. Meissner.
Rautenberg, E. Ein Urnenfriedhof in Altenwalde.
Rautenberg, E. Römische und germanische Altertümer aus dem Amte Ritzebüttel und aus Altenwalde. Hamburg 1887, bei Lütcke & Wulff.
Rautenberg, E. Über Urnenhügel mit La Tène-Geräten an der Elbmündung. Hamburg 1886, bei Th. G. Meissner.
Reichskursbuch Oktober 1910. Berlin 1910, bei Julius Springer.

Ritter. Geographisch-statistisches Lexikon, 2 Bände. Leipzig 1905, bei Otto Wiegand. Leipzig 1905 und 1906, bei Otto Wiegand.

Rosenberg, Adolf. Raffael. Des Meisters Gemälde in 275 Abbildungen. Herausgegeben von Georg Gronau, Stuttgart und Leipzig 1909, bei der Deutschen Verlags-Anstalt.

Rosenberg, Adolf. Rembrandt. Des Meisters Gemälde in 643 Abbildungen. Herausgegeben von W. R. Valentiner. Stuttgart und Leipzig 1909, bei der Deutschen Verlags-Anstalt.

Rosenhagen, Hans. Uhde. Des Meisters Gemälde in 285 Abbildungen. Stuttgart und Leipzig 1908, bei der Deutschen Verlags-Anstalt.

Salomon, Pfeffer v. Der Bohlweg im Dievenmoore. Osnabrück 1893, bei J. G. Kisling.

Schaarschmidt, Friedrich. Geschichte der Düsseldorfer bildenden Kunst im neunzehnten Jahrhundert. Bei August Bagel, Düsseldorf.

Schaeffer, Emil. Van Dyck. Des Meisters Gemälde in 537 Abbildungen. Stuttgart und Leipzig 1909, bei der Deutschen Verlags-Anstalt.

Schierenberg, G. A. B. Von Feldrom nach dem Wiefelde zogen die Legionen des Varus. Detmold 1852, bei der Meyerschen Hofbuchdruckerei.

Schierenberg, G. A. B. Die Kriege der Römer zwischen Rhein, Weser und Elbe unter Augustus und Tiberius und Verwandtes. Frankfurt a. M. 1888, bei Reitz & Koehler.

Schierenberg, G. A. B. Die Rätsel der Varusschlacht. Frankfurt a. M. 1888, bei Gebrüder Staudt.

Schlemm, J. Wörterbuch zur Vorgeschichte. Berlin 1908, bei Dietrich Reimer (Ernst Vohsen).

Schmitz, Hermann. Die mittelalterliche Malerei in Soest. Münster 1906, bei Franz Coppenrath.

Schneider, Rudolf. Die antiken Geschütze der Saalburg. Berlin 1910, bei der Weidmanschen Buchhandlung.

Schottmüller, Frieda. Fra Angelico da Fiesole. Des Meisters Gemälde in 327 Abbildungen. Stuttgart und Leipzig 1911, bei der Deutschen Verlags-Anstalt.

Schrader, O. Reallexikon der indogermanischen Altertumskunde. Strassburg 1901, bei J. Trübner.

Schramm. Griechisch-römische Geschütze. Metz 1910, bei G. Scriba.

Schubring, Paul. Donatello. Des Meisters Werke in 277 Abbildungen. Stuttgart und Leipzig 1907, bei der Deutschen Verlags-Anstalt.

Schuchhardt, C. Ausgrabungen in der Düsselburg bei Rehburg. Hannover 1905, bei Gebrüder Jänecke.

Schuchhardt, C. Die Steingräber bei Grundoldendorf, Kreis Stade. Hannover 1910, bei Gebrüder Jänecke.

Schulz, Bruno. Das Grabmal des Theoderich zu Ravenna und seine Stellung in der Architekturgeschichte. Würzburg 1911, bei Curt Kabitzsch (A. Stubers Verlag).

Singer, Hans Wolfgang. Rembrandt. Des Meisters Radierungen in 408 Abbildungen. Stuttgart und Leipzig 1910, bei der Deutschen Verlags-Anstalt.

Sobotta, J. Die neuesten Ergebnisse der Paläontologie des Menschen und das Abstammungsproblem der heutigen Menschenrassen. Würzburg 1911, bei Curt Kabitzsch (A. Stubers Verlag).

Staatshandbuch über die Provinz Hannover für das Jahr 1910. Hannover 1910, bei B. Pokrantz.

Steinle, Alfons M. v. Eduard von Steinle, des Meisters Gesamtwerk in Abbildungen. Kempten-München 1910, bei der Köselschen Buchhandlung.

Storms Kursbuch fürs Reich. Leipzig 1910, bei C. G. Roder.

Thieme-Becker. Künstler-Lexikon. Band I—IV. Leipzig 1907--1910, bei Wilhelm Engelmann.

Thode, Henry. Thoma. Des Meisters Gemälde in 874 Abbildungen. Stuttgart und Leipzig 1909, bei der Deutschen Verlags-Anstalt.

Thoma, Hans. Im Herbste des Lebens. München 1909, Süddeutsche Monatshefte.

Vaterländisches Archiv. Hannover, 1822, 1825 und 1832.

Vaterländisches Archiv des historischen Vereins für Niedersachsen Hannover 1842 und 1843.

Veltmann, Hermann. Funde von Römermünzen in Westfalen und Oberschlesien. Osnabrück 1885, bei J. G. Kisling.

Vöge, Wilhelm. Die deutschen Bildwerke und die der anderen cisalpinen Länder. Berlin 1910, bei Georg Reimer.

Vogels Karte des Deutschen Reiches in 27 Blättern. Gotha, Justus Perthes.

Voll, Karl. Memling. Des Meisters Gemälde in 197 Abbildungen. Stuttgart und Leipzig 1909, bei der Deutschen Verlags-Anstalt.

Weigmann, Otto. Schwind. Des Meisters Werke in 1265 Abbildungen. Stuttgart und Leipzig 1906, bei der Deutschen Verlags-Anstalt.

Weisbach, A. Körpermessungen verschiedener Menschenrassen. Berlin 1878, bei Wiegandt, Hempel & Parey (Paul Parey).

Willers, Heinrich. Neue Untersuchungen über die römische Bronze-Industrie von Capua und von Niedergermanien, besonders auf die Funde von Deutschland und dem Norden hin.

Woermann, Karl. Geschichte der Kunst. Band 1, 2 und 3. Leipzig und Wien 1905 und 1911, bei dem bibliographischen Institut.

Wulff, Oskar. Altchristliche und mittelalterliche byzantinische und italienische Bildwerke. Berlin 1909, bei Georg Reimer.

Wurzbach, Alfred v. Niederländisches Künstlerlexikon. 3 Bände. Wien und Leipzig 1906, 1910 und 1911, bei Halm & Goldmann.

Zeitschriften.

„Globus", illustrierte Zeitschrift für Länder- und Völkerkunde, Heft No. 18. (3 Exemplare.)

Lindenschmidt. Die Altertümer unserer heidnischen Vorzeit. V. Band, Heft IX. Mainz 1902, bei V. v. Zabern.

„Mannus", Zeitschrift für Vorgeschichte. I. Ergänzungsband, Bericht über die erste Hauptversammlung zu Hannover im August 1909. Würzburg 1910, bei Curt Kabitzsch (A. Stuber's Verlag).

„Mannus", Zeitschrift für Vorgeschichte, Band II. 1910. Würzburg 1910, bei Curt Kabitzsch (A. Stuber's Verlag).

Museumskunde, Band VII. Berlin 1911, bei Georg Reimer.

The Journal of the Anthropological Institute of Great Britain and Ireland. Heft vom Monat Februar 1897. London. Bei Kegan Paul Trench Trübner & Co., Charing Cross Road.

Zeitschrift für Christliche Kunst, Band 17 — 23. Düsseldorf 1904—1910, bei L. Schwann.

Zeitschrift für Ethnologie, nebst Verhandlungen der Berliner anthropologischen Gesellschaft. Jahrgang 1—42. Berlin 1869—1910, bei Behrend & Co., Berlin.

Zeitschrift des historischen Vereins für Niedersachsen. Hannover 1854—1857 und 1859 bei der Hahnschen Hofbuchhandlung.

Zeitschrift: „Kunstchronik", Wochenschrift für Kunst und Kunstgewerbe, Jahrgang 1910/11. Leipzig 1910/11, bei E. A. Seemann.

Zeitschrift: „Die Kunst für Alle", Jahrgang 1—26. München 1886—1911, bei F. Bruckmann A.-G.

Zeitschrift: „Der Kunstmarkt", Jahrgang 1910/11, Leipzig 1910/11, bei E. A. Seemann.

Zeitschrift: „Kunst und Künstler", Band I—IX. Berlin 1903—1911, bei Bruno Cassirer.

Prähistorische Zeitschrift, 2. Band 1910. Berlin-Südende 1910. Verlag der prähistorischen Zeitschrift.

B. Geschenke und Überweisungen.

Bericht über die Ausgrabung des Rabbelsberges bei Süd-Dunum im August 1904. Überwiesen vom Landesbaurat Magunna. Emden 1905.

Bibliotheks-Katalog der Königlich Technischen Hochschule Hannover, Nachtrag von 1893—1904. Von der Verwaltung der Bibliothek überwiesen. Hannover 1904, bei der Göhmannschen Buchdruckerei.

Friedensburg, Ferdinand. Die Nachahmung fremder Münzbilder, besonders im deutschen Mittelalter. Vom Verfasser überwiesen.

Führer durch das Städtische Museum in Braunschweig, Abteilung für Völkerkunde. Von der Museumsdirektion überwiesen.

Hollack, Emil. Vorgeschichtliche Übersichtskarte von Ostpreussen nebst Erläuterungen. Vom Museumsdirektor a D. Dr. Reimers überwiesen. Glogau-Berlin 1908, bei Carl Flemming A.-G.

Jacobi, H. Führer durch das Römerkastell „Saalburg" bei Homburg v. d. Höhe. Vom Verfasser überwiesen. Homburg v. d. Höhe 1911, bei der Schudtschen Buchdruckerei.

Illustrierter Führer durch die prähistorische Abteilung des Museums für Völkerkunde in Leipzig. Überwiesen von dem Direktor des Museums, Professor Dr. Weule, Leipzig. Leipzig 1910, bei Spamer.

Jürgens, O. Hannoversche Geschichtsblätter. 14. Jahrgang, 1911. Vom Herausgeber überwiesen. Bei Th. Schäfer, Hannover.

Kalender für den Kreis Osterode a. H. Überwiesen vom Lehrer W. Lampe in Harriehausen. Osterode a. H. 1911, bei Giebel & Oehlschlägel.

Katalog der Gemäldesammlung Hofkunsthändler Albert Riegner, München. Von dem Besitzer der Sammlung überwiesen.

Katalog der Kollektion Dr. Ludwig v. Bürkel, Florenz. Von der Kunsthandlung Hugo Helbing, München, überwiesen.

Katalog der Sammlung Giovanni Segantini, Mailand. Überwiesen von Rudolf Lepkes Kunst-Auktionshaus, Berlin.

Katalog der Sammlung Lanna, Prag. II. Teil. Überwiesen von Rudolf Lepkes Kunst-Auktionshaus, Berlin.

Katalog der Sammlung Heinrich Leonhard, Mannheim. München 1910. Überwiesen von der Kunsthandlung Hugo Helbing, München.

Katalog der Sammlung Hans Schwarz, Wien. Überwiesen von R. Lepkes Kunst-Auktionshaus, Berlin.

Katalog der neuen Secession Berlin. I Graphische Ausstellung 1910. Von der Buchhandlung Maximilian Macht in Charlottenburg überwiesen. Berlin 1910, bei M. Macht.

Knorr, Friedrich. Friedhöfe der älteren Eisenzeit in Schleswig-Holstein, I. Teil. Vom Verfasser überwiesen. Kiel 1910, bei J. M. Hansen.

Krause, Eduard. Vorgeschichtliche Fischereigeräte und neuere Vergleichsstücke. Vom Provinzial-Konservator überwiesen. Berlin 1904, bei Gebrüder Borntraeger, Berlin SW. 11.

Kunstdenkmäler der Provinz Hannover, Heft II. 3. Der Kreis Marienburg. Vom Landesdirektorium der Provinz Hannover überwiesen. Hannover 1910, Selbstverlag bei der Schulzeschen Verlagsbuchhandlung.

Langewiesche, Friedrich. Germanische Siedelungen im nordwestlichen Deutschland zwischen Rhein und Weser. Vom Verfasser überwiesen. 1909/10.

Lorme, Ed. de. Die Wüstung Schmeessen im Solling. Vom Verfasser überwiesen. 1910. Heft 3.

Mitteilungen des Vereins für Geschichte und Altertumskunde des Hasegaues, Heft 1. Überwiesen vom Vorstand des Vereins.

Müller-Brauel, Hans. Die vorgeschichtlichen Denkmäler des Kreises Geestemünde. Von dem Privatdozenten Dr. Hahne überwiesen. Hannover 1910, bei Ernst Geibel.

Müller-Brauel, Hans. Der „Hexenberg" am Wege Brauel-Offensen, Kreis Zeven. Von dem Privatdozenten Dr. Hahne überwiesen. Hannover 1909, bei Ernst Geibel.

Neumann, W. A. Der Reliquienschatz des Hauses Braunschweig-Lüneburg mit 26 farbigen dazugehörigen Tafeln. Geschenk Seiner Königlichen Hoheit des Herzogs von Cumberland, Herzogs zu Braunschweig und Lüneburg. Wien 1891, bei Alfred Hölder.

Reimers, J. Handbuch für die Denkmalpflege in Hannover. Vom Verfasser überwiesen. Hannover 1909, bei Th. Schulze.

Schmid, Walter. Archäologischer Bericht aus Krain. Vom Verfasser überwiesen. 1910.

Schübeler. Der Langenberg bei Langen, ein Grabhügel der älteren Bronzezeit. 2 Exemplare. Vom Verfasser überwiesen. Hannover 1910, bei Ernst Geibel.

Schuhmacher, K. Verzeichnis der Abgüsse und wichtigeren Photographien mit Germanen-Darstellungen. Vom Verfasser überwiesen. Mainz 1910, bei L. Wilckens.

Schwantes, Curt. Slavische Skelettgräber bei Rassau in der Provinz Hannover. Vom Verfasser überwiesen. 1910.

Wozodeck, G. Die Entwickelung der Handfeuerwaffen seit der Mitte des 19. Jahrhunderts und ihr heutiger Stand. Leipzig 1908, Göschensche Verlagsbuchhandlung. Von Dr. J. Fastenau überwiesen.

C. Im Schriftenaustausch erhalten:

Basel. 12. Jahresbericht der öffentlichen Kunstsammlung in Basel. Neue Folge VI, Basel 1910, bei Emil Birkhäuser.

Berkeley. American Archaeology and Ethnology, Vol. VIII, No. 4. August, 7. 1908, bei Philip Stedmann Sparkmann.

— American Archaeology and Ethnology, Vol. IX, No. 1. Februar 1910, bei Roland, B. Dixon. Exchanges Maintained by the University Press, January 1910.

— University of California Publications in American Archaeology and Ethnology, Vol. VII, No. 5; Vol. V, No. 4; Vol. VII, No. 6 pp. 1910, bei T. T. Watermann.

— University of California Publications in American Archaeology and Ethnology, Vol. VII, No. 4; Vol. V, No. 5, pp. 293—380.

Berlin. Amtliche Berichte aus den Königlichen Kunstsammlungen in Berlin.

— Königl. Material-Prüfungsamt der Technischen Hochschule in Berlin. Bericht über das Jahr 1909.

Bielefeld. 24. Jahresbericht des Historischen Vereins für die Grafschaft Ravensberg zu Bielefeld 1910.

Bonn. Ausgrabungsberichte des Provinzial-Museums in Bonn.

Braunschweig. Verzeichnis der Gemäldesammlung im Herzoglichen Museum.

Bremen. 5. Jahresbericht des Vereins für niedersächsisches Volkstum. Bremen 1910.

— Jahrbuch der bremischen Sammlungen. III. Jahrgang, 1. und 2. Halbband.

— Jahresbericht des Kunstvereins in Bremen 1909—1910.

— Bericht des Gewerbe-Museums in Bremen über das Jahr 1909.

— Jahrbuch der bremischen Sammlungen. Jahrgang IV, 1911, 1. Halbband.

Cöln a. Rh. Jahresbericht des Museums für Völkerkunde in Cöln. I.—IV. (1904—1907.)

— 19. Jahresbericht des Kunstgewerbe-Museums in der Stadt Cöln für 1909.

— Foy, W. Führer durch das Rautenstrauch-Joest-Museum der Stadt Cöln a. Rh.

Danzig. Amtlicher Bericht über die Verwaltung des Westpreussischen Provinzial-Museums in Danzig für das Jahr 1909.

Drente. Verslag van de Commisie van Bestuur van het Provinziaal Museum van Oudheden in Drente aan de Gedeputeerde Staten, over 1910.

Dresden. Berichte aus den Königlichen Sammlungen in Dresden für 1909.

Düsseldorf. Erwerbungen aus den letzten Jahren für das Kunstgewerbe-Museum in Düsseldorf.

Frankfurt a. M. Veröffentlichungen aus dem Städtischen Völker-Museum in Frankfurt a. M. I, 3. Teil, 1910.

Geestemünde. Jahresbericht der Männer vom Morgenstern. Jahrgang 1908/1909.

Görlitz. Jahreshefte der Gesellschaft für Anthropologie und Urgeschichte der Oberlausitz. Band II. Heft III u. IV.

Halle a. S. Die Neuerwerbungen im Jahre 1909 des Museums für Kunst und Kunstgewerbe in Halle a. S.

— Jahresschrift für die Vorgeschichte der sächsisch-thüringischen Länder.

Hamburg.	Museum für hamburgische Geschichte. Bericht 1909.
Hannover.	6. Nachtrag zum Kataloge der Stadtbibliothek Hannover.
Homburg v. d. H.	IX. Jahresbericht der Saalburg. 1909.
Leeuwarden.	81. Verslag van het Friesch Genootschap van Geschied - Ondheid - en Taalkunde te Leeuwarden. (1908 — 1909.)
Leiden.	Katalog des Ethnographischen Reichsmuseums in Leiden. Band I. Borneo.
—	Katalog des Ethnographischen Reichsmuseums in Leiden. Band IV. Die Inseln ringsum Sumatra.
	Katalog des Ethnographischen Reichsmuseums in Leiden. Band V. Javanische Altertümer.
	Bericht des Ethnographischen Reichsmuseums in Leiden für die Zeit vom 1. Oktober bis 30. September 1909.
	Schmeltz, I. C. E. Catalogus van's Riyks Ethnographisch Museum. Deel III. Catalogus der Bibliothek.
—	Katalog des Ethnographischen Reichsmuseums. Band II Borneo. 2. Abt.
Leipzig.	Jahrbuch des Städtischen Museums für Völkerkunde zu Leipzig. Band III. 1908/09.
—	Veröffentlichungen des Museums für Völkerkunde zu Leipzig. Heft 1, 2, 3.
Lübeck.	Bericht des Museums Lübeckischer Kunst- und Kulturgeschichte über das Jahr 1909.
—	J. Warncke. Johann Friedrich Theodor Schmidt, Zeichner und Porzellanmaler in Lübeck.
	Bericht des Museums Lübeckischer Kunst- und Kulturgeschichte über das Jahr 1906.
Lüneburg.	Lüneburger Museumsblätter. Heft 7.
Magdeburg.	Führer durch das Kaiser-Friedrich-Museum der Stadt Magdeburg.
Mainz.	Mainzer Zeitschrift. Jahrgang V. 1910.
Münster.	Westfalen. Mitteilungen des Vereins für Geschichte und Altertumskunde Westfalens und des Landesmuseums der Provinz Westfalen. 2. Jahrgang, 1910.
Nürnberg.	Bayrische Landesgewerbeanstalt Nürnberg. Bericht über das Jahr 1909.
Posen.	7. Jahresbericht des Kaiser-Friedrich-Museums in Posen.
Salzwedel.	37. Jahresbericht des Altmärkischen Vereins für vaterländische Geschichte in Salzwedel.
Stockholm.	„Fornvännen" Stockholm 1909. Heft 5.
—	„Fornvännen" Stockholm 1909. Heft 1—5.
	„Bugge", Sophus. Der Runenstein von Rök in Oestergötland, Schweden.
Trier.	Jahresbericht des Provinzial-Museums in Trier für das Jahr 1907.
	Jahresbericht des Provinzial-Museums in Trier für das Jahr 1908.
Troppau.	Jahresbericht des Kaiser-Franz-Josef-Museums in Troppau 1909.
Upsala.	Hultkranzt, J. Vilh. The Mortal Remains of Emanuel Swedenborg.
	Benedicks, Carl. Synthèse du Fer Météorique.
—	I. Minuiškrift. II. Protokoll af 1711—1719 och 1728, Stadgar of III. Daedalus Hyperboreus.
Wolfenbüttel.	Jahrbuch des Geschichtsvereins für das Herzogtum Braunschweig. 9. Jahrgang, 1910.
—	Braunschweigisches Magazin. 16. Band. Jahrgang 1910.

II. Kunstabteilung.

Für die Erhaltung und Pflege der Werke der älteren Kunst der Provinz Hannover sorgen ausser den Museen der Stadt Hannover, dem Kestner-Museum, dem Kunstgewerbe-Museum im Leibnizhause und dem Vaterländischen Museum noch zahlreiche andere Museen der Provinz, von denen die Museen in Hildesheim, Goslar, Zellerfeld, Einbeck, Göttingen, Münden, Hameln, Osnabrück, Emden, Geestemünde, Stade, Harburg, Lüneburg, Lüchow, Celle, Walsrode und Nienburg eine jährliche Unterstützung aus Provinzialmitteln erhalten, Als Gegenstand einer weiteren Sammeltätigkeit tritt daher die ältere Kunst des Landes für das Provinzial-Museum, abgesehen von einzelnen etwa noch zu erwerbenden hervorragenderen Werken der Malerei und Plastik, fast ganz zurück.

Eine Ergänzung der in der Fideikommissgalerie des Gesamthauses Braunschweig-Lüneburg vorhandenen Bestände älterer deutschen, niederländischen und italienischen Gemälde ist bei der Seltenheit, mit der bedeutende Werke alter Malerei überhaupt noch auf dem Kunstmarkte erscheinen, und der dadurch bedingten ausserordentlichen Preissteigerung in Anbetracht der dürftigen Ankaufsmittel unseres Museums nur selten zu erhoffen. Es bleibt also als Sammelgebiet im wesentlichen die neuere Malerei übrig, als dessen zeitliche Grenze nach rückwärts man etwa die Mitte des neunzehnten Jahrhunderts setzen darf, da die wichtigsten Erscheinungsformen der deutschen Malerei sowohl auf dem Gebiete der Landschaft wie der religiösen und historischen Malerei aus der ersten Hälfte des vorigen Jahrhunderts in guten Beispielen in der Galerie vertreten sind. Dann tritt allerdings eine beträchtliche Lücke ein, die sich schon dadurch kennzeichnet, dass Namen wie Menzel, Feuerbach, Böcklin, Marées, Leibl u. a. völlig fehlen. Diesen Mangel auszugleichen, soweit das überhaupt noch möglich ist, und zugleich die führenden lebenden Künstler zu berücksichtigen, wird vorzugsweise die Aufgabe einer weiteren Sammeltätigkeit sein. Sie wird dabei bedacht sein müssen, die grossen Linien der Entwickelung der Malerei seit dem vierzehnten Jahrhundert, die in den Sammlungen des Museums, wenn auch in der älteren Zeit nicht immer ganz gleichmässig, so doch ziemlich deutlich und in geschlossener Folge zur Erscheinung kommen, durch Erwerbung typischer Werke weiter fortzuführen.

Da die Plastik in der Regel an die Architektur gebunden ist und zwar an die Architektur im weitesten Sinne, also auch Stadt-, Park- und Gartenarchitektur, ist ihre Einführung in ein Museum stets nur unter besonderen Bedingungen möglich. Sie kann demgemäss hinter der Malerei als Sammelobjekt zunächst zurücktreten.

Die in den letzten Jahren angesammelten Ersparnisse ermöglichten es, zwei hervorragende Maler, die ebenfalls bis dahin noch nicht in der Galerie vertreten waren, mit bedeutenden und charakteristischen Werken einzuführen, Thoma und Trübner, indem auf der am 29. November 1910 zu Berlin stattgefundenen Auktion der Sammlung Laroche-Ringwald aus Basel folgende Gemälde zu verhältnissmässig nicht zu hohen Preisen angekauft wurden:

1. **Hans Thoma, Mutter und Kind**, Ölgemälde aus dem Jahre 1885, 0,60 m hoch, 0,72 m breit (ohne Rahmen). In einem Garten sitzt ein kleines flachsblondes Mädchen auf einem Tische, sich an die Mutter lehnend, die es mit beiden Händen sorglich umfasst. Über den Gartenzaun sehen wir ab die von Wald und Busch umgrenzten Wiesen, auf denen Kühe grasen und ein Landmann auf umzäuntem Steg zu einem Bauerngehöft am Saum des Waldes schreitet. Es ist Frau Cella, die Gattin Thomas, mit ihrem Adoptivkinde und Nichte Ella. Ihre grossen stolzen Formen und ihr schwarzes Haar lassen es wohl verstehen, wenn Thoma uns in seinem „Herbst des Lebens" erzählt, dass man seine Gattin in Italien für eine Römerin gehalten habe. In denselben

Erinnerungen (Seite 73) erwähnt er auch unseres Bildes bei Gelegenheit des Berichtes über seine dritte italienische Reise im Jahre 1886: „Ein Freund, ein grosser Künstler" (Adolf Hildebrand), „der in Florenz wohnt, hatte mich eingeladen, es war Aussicht vorhanden, dass ich in einem Florentiner Kreise Porträte zu malen bekomme. Das wäre mir damals recht lieb gewesen und es wäre auch wohl gelungen, wenn ich mir in der Absicht, es klug anzufangen, die Sache nicht selber verdorben hätte. Ich nahm nämlich in der Meinung, die Sache recht sicher zu machen, einige Porträtmuster mit, z. B. das Selbstporträt mit Frau, welches sich jetzt in der Hamburger Kunsthalle befindet, dann ein Bild meiner Frau mit einem Kinde in einem Bauerngärtchen. Mein Freund freute sich freilich an meinen Mustern — aber die Porträtbesteller wurden durch dieselben gänzlich abgeschreckt, und da gerade eine Pastellengländerin eingetroffen war, unterlag ich der Konkurrenz und sie pastellte den ganzen Kreis ab; — ich bekam keinen einzigen Auftrag auf Porträte." Allerdings ist das Bild auch mehr wie ein Porträt. Über die Darstellung der individuellen Persönlichkeiten hat es der Künstler in seiner schlichten warmen Empfindung und treuherzigen Gesinnung zu einem Symbol allgemein menschlicher Beziehung erhoben. Nicht zum wenigsten hat er diese erhöhte Bedeutung seiner Modelle dadurch erreicht, dass er sie nicht in die Landschaft hineinsetzt und sie den in dieser wirkenden Raum- und Lichtverhältnissen untergeordnet hat, sie also nur als Teil des grossen Kosmos erscheinen, sondern die Landschaft den Figuren nur als Folie dienen lässt, sodass diese den Raum beherrschen, ähnlich wie auch Feuerbach dieses alte malerische Problem des Verhältnisses des Menschen zur Landschaft zu lösen versucht hat. Die grosse Gefahr, dass bei einer solchen Behandlung Figuren und Landschaft auseinanderfallen, und der Thoma nicht selten unterlegen ist, hat er hier glücklich umgangen, indem er sowohl in Linie wie Farbe die schön komponierte Gruppe mit der Landschaft zu einer Einheit zusammenschliesst. Den grünen und blauen Tönen in der Landschaft entsprechen ähnliche Farben im Kostüm der Figuren: das tiefblaue Kleid von Frau Cella und das stumpfgrüne Kleid und die hellblaue Schürze des Kindes, während dem gelbbraunen Topf mit grünen und gelben Flecken auf dem Tisch nicht nur die Funktion zufällt, raumandeutend zu wirken, sondern auch als Farbfleck zwischen den hellen fleischfarbenen Tönen der Köpfe und Hände und den dunkleren Farben zu vermitteln. Auch dem Zaun fällt eine ähnliche Rolle zu, den Raum zu vertiefen und zugleich der Breite nach zu erweitern und die Figuren mit der Landschaft zu verbinden.

Über den Stimmungsgehalt des Bildes und seine Technik möge der Künstler selbst sprechen: „Das Bild stammt aus der stillglücklichen Zeit, die ich in Frankfurt eine Reihe von Jahren erleben konnte, und ohne dass es beabsichtigt war, scheint mir dies Bild der richtigste Ausdruck dieses friedlich behaglichen Zustandes zu sein. Das Bild ist mit dünner Ölfarbe auf die einfachste Art fast prima Stück für Stück gemalt und ich glaube, dass in Bezug auf Haltbarkeit die Solidität der Technik sich jetzt schon bewährt hat und lange Dauer verspricht. — Als ich es nach Jahren in der Karlsruher Ausstellung wiedersah, so schien es mir, dass zum Vorteil des Bildes ein gewisses Ineinanderwachsen der Farben stattgefunden habe nach der Klarheit und Durchsichtigkeit der Farben hin." (Brief Thomas vom 8. Juni 1911.)

2. **Wilhelm Trübner, Rauchender Mohr**, Ölgemälde aus dem Jahre 1873; 0,60 m hoch, 0,48 m breit (ohne Rahmen).

Trübner hat das Bild als kaum Zweiundzwanzigjähriger während eines Aufenthaltes in Rom gemalt, wo er mit Karl Schuch ein gemeinsames Atelier hatte. Es ist überraschend, wie mit einem Schlage der junge Künstler in diesem und anderen Bildern der Jahre 1872—76 eine vollendete Meisterschaft offenbart, die er erst später nicht hinausgekommen ist. Innerhalb der Entwickelung der neueren deutschen Malerei bedeuten die Werke Trübners jener Jahre Marksteine an der Grenze einer neuen Zeit. „Vielleicht gibt es in der Kunst des neunzehnten Jahrhunderts kein grösseres Wunder als die Talentäusserungen dieses Goldschmiedsohnes aus Heidelberg zwischen seinem zweiundzwanzigsten und fünfundzwanzigsten Jahr" (Karl Scheffler, Deutsche Maler und Zeichner im neunzehnten Jahrhundert. 1911. S. 204).

Die besonderen koloristischen Werte, die die Hautfarbe des Negers bietet, haben schon früher grosse Maler angezogen. Bekannt ist die Vorliebe Rubens für Negertypen. Die Brüsseler Galerie besitzt ein Bild von ihm mit einem Negerkopf, von vier verschiedenen Seiten aufgenommen, und in seinen Gemälden mit der Anbetung der Könige ist es stets der Mohrenfürst, dessen Darstellung er eine besondere Sorgfalt zugewandt hat. In unserer Galerie befindet sich der Kopf eines Mohren von Gerhard Dou. Nichts ist lehrreicher als der Vergleich der genialen Technik Trübners mit der sauberen und glatten Manier Dous, bei dem jeder Pinselstrich sorgsam vertrieben ist.

In leichtem, dünnem Auftrag hat Trübner sein Bild in breiten Strichen hingesetzt, mit einer fabelhaften Treffsicherheit, die keine Korrektur von Nöten macht. Zug für Zug können wir das Entstehen des Bildes verfolgen, mosaikartig sind die Farbflecke nebeneinander gesetzt, mit denen er den roten, sammtartig schimmernden Grund, in dessen Farbenglut fast eine leidenschaftliche Bewegung zu zittern scheint, und das reiche Spiel der Lichter und Reflexe auf dem schokoladenbraunen Kopfe aufbaut. Wie packend ist der stumpfe stiere Ausdruck des Kopfes, welches Leben steckt in der grobknochigen, tierische Gier verratenden Hand!

Zur Aufhellung und Belebung der unteren Bildfläche hat der Künstler ein Portemonnaie auf den mattolivgrünen Tisch gelegt, auf dessen Metallbügeln helle Lichter glitzern, und das dem Bilde den wenig geschmackvollen Namen „Kassensturz" eingetragen · hat. Aber immer wieder kehrt der Blick zurück zum Kopfe, dessen äusseres und inneres Leben mit einer Meisterschaft auf die Leinwand gebannt ist, die Trübner in eine Reihe mit den grössten Malern der Vergangenheit stellt.

Der Künstler hat nach demselben Modell in Rom noch zwei andere Bilder gemalt, einmal den Kopf im Profil mit einem Blumenstrauss zur Seite, das andere Mal den Mohr in ganzer Figur sitzend und eine Zeitung lesend. Dieses Bild besitzt das Städelsche Kunstinstitut in Frankfurt a. M.

Von dem Verein für die öffentliche Kunstsammlung sind folgende Bilder angekauft und dem Museum zur Aufstellung überwiesen worden:

1. **Philipp Klein, Halbakt,** Ölgemälde aus dem Jahre 1893; 0,94 m hoch, 1,40 m breit (ohne Rahmen).

2. **Walter Püttner, Lesender Soldat,** Ölgemälde aus dem Jahre 1904; 1,50 m hoch, 1,60 m breit.

3. **Fritz v. Uhde, Drei Engel,** Ölgemälde; 0,88 m hoch, 0,73 m breit.

4. **Albert Weissgerber, Akt vor dem Spiegel,** Ölgemälde aus dem Jahre 1908; 0,64 m hoch, 0,80 m breit.

Brüning.

III. Naturhistorische Abteilung.

Das ungünstige Bild, das die Weiterentwicklung der naturhistorischen Abteilung bot, hat sich in keiner Weise gemildert, da die damals anscheinend so begründete Hoffnung auf Abstellung des jede erfolgreiche Weiterentwicklung unmöglich machenden Platzmangels sich wiederum als trügerisch erwies. Auch die Zahl und der Wert der Schenkungen sind zurückgegangen, was mit der Erlahmung des Interesses an einer Museumssammlung, die nach wenigen Jahren raschen, fröhlichen Aufblühens durch die Unmöglichkeit weiterer räumlicher Ausdehnung in den alten Dornröschenschlaf zurückzusinken verurteilt schien, im engsten Zusammenhang steht. So geht manches schwer ersetzliche Stück, manche namentlich für die Kenntnis unserer engeren Heimat wichtige Sammlung unserm Museum verloren, denn die Besitzer ziehen es begreiflicher Weise vor, ihre Schätze, von denen sie sich oft nur höchst ungern trennen, einem Museum zu übergeben, in dem sie in absehbarer Zeit der Allgemeinheit auch zugute kommen. Mancher aber hält mit seinen wertvollen Einzelstücken und Sammlungen noch zurück, weil er noch immer auf das Eintreten von Zuständen hofft, die ihre würdige Unterbringung und Nutzbarmachung im Landesmuseum Gewähr leisten. Gross ist auch die Zahl derer, die in Erwartung der frohen Kunde, dass endlich der Bann gebrochen wird, bereit sind, ihr Interesse, ihre Erfahrung und ihre Arbeitskraft in den Dienst der guten Sache zu stellen. Möge ihre Geduld nicht mehr auf eine zu harte Probe gestellt werden!

Von grösseren Schenkungen sind diejenigen des Herrn Ingenieur Eisenhofer in Bangkok, und der Frau Georgius in Hamburg besonders zu erwähnen, jene bestehend aus zahlreichen Bälgen und Insekten aus Zentral-Siam, diese aus vielen zoologischen und botanischen Gegenständen aus Südostbrasilien. Eine Gabe von hervorragendem Werte ist auch der von Herrn Fabrikant Wilkening in Hannover geschenkte Narwalschädel.

Aus der Säugetiersammlung sind besonders zu erwähnen die Aufstellung einer schönen Rehgruppe (vergl. Tafel XVI); die übrigen zur Aufstellung gelangten Stücke wurden, so gut es eben gehen wollte, in den Schauschränken untergebracht. Aus der Vogelsammlung ist zu erwähnen die Bearbeitung der 1909/10 von Herrn Schwarzkopf geschenkten Hainan-Vögel durch Herrn Dr. Detmers.

Besondere Fortschritte hat die Insektensammlung zu verzeichnen. Durch die Anstellung einer technischen Hilfskraft für Entomologie war es möglich, die s. Z. in stark beschädigtem Zustande hier eingetroffene Schwarzkopf'sche Sammlung von Schmetterlingen aus Hongkong (148 Arten, circa 680 Exemplare) völlig umzupräparieren, sodass dieselbe nunmehr ein ebenso wertvolles wie reichhaltiges Studien- und Schau-Material darstellt. Ferner konnte endlich mit der Bearbeitung der vom Unterzeichneten in den Jahren 1889 — 1891 in Ostasien gesammelten und s. Z. dem Museum geschenkten grossen Insektensammlung begonnen werden. Zunächst wurden die Käfer in Angriff genommen, von denen bis zum 31. März d. Js. die folgenden Familien bezw. Unterfamilien fertig gestellt waren: Cicindelidae (6 Arten, zirka 80 Exemplare), Carabidae (113 Arten, 1560 Exemplare), Dyticidae (21 Arten, 160 Exemplare), Gyrinidae (7 Arten, 500 Exemplare), Hydrophilidae (11 Arten, 100 Exemplare), Staphylinidae (20 Arten, 60 Exemplare), Silphidae (31 Arten, 400 Exemplare), Lucanidae (14 Arten, 300 Exemplare). Die Artenzahl wird sich bei einer weiteren Bearbeitung durch Spezialforscher noch bedeutend vermehren. Eine grössere Anzahl von Arten, namentlich von Yezo und den Liu-Kiu-Inseln, werden sich überhaupt als neu für die Wissenschaft erweisen. — Zu einer bis jetzt fehlenden wissenschaftlich brauchbaren Sammlung einheimischer Insekten wurde der Grund gelegt, und es ist zu hoffen, dass hier bald etwas Tüchtiges zustande kommt.

Auch an dem weiteren Ausbau der vergleichenden Skelettsammlung einheimischer Säugetiere ist mit gutem Erfolg gearbeitet worden, sie enthält jetzt 16 Spezies, einige weitere sind bereits in Arbeit.

An auswärtige Gelehrte wurden mehrfach Gegenstände aus unsern Sammlungen zu Studienzwecken ausgeliehen, ebenso an Mitglieder hiesiger naturwissenschaftlicher Vereine zu Demonstrationszwecken. Führungen von Vereinen durch die Abteilung bezw. durch einzelne Sammlungen haben auch in diesem Amtsjahr mehrfach stattgefunden. —

Im Mai besichtigte der unterzeichnete Abteilungsdirektor mit dem Präparator Schwerdtfeger das Museum in Altona und das naturhistorische Museum in Lübeck; im August beteiligte er sich am Internationalen Zoologen-Kongress in Graz, bei welcher Gelegenheit das dortige Steiermärkische Landesmuseum Joanneum und das K. K. Naturhistorische Hofmuseum in Wien besichtigt wurden. Eine weitere Besichtigungsreise galt dem Museum in Harburg (Elbe). —

Wie in den Vorjahren, so haben sich auch im verflossenen Amtsjahr die Herren Rentner Andrée und Medizinalrat Brandes der Mitarbeit an unserer mineralogischen resp. botanischen Sammlung unterzogen, und sagen wir beiden Herren hierfür auch an dieser Stelle unsern verbindlichsten Dank, ebenso Herrn Dr. Detmers, der einzelne Teile unserer ornithologischen Sammlung bearbeitete, und Frl. Polack, die seit dem 1. Januar als Volontär an unserer entomologischen Sammlung tätig ist.

Für die Sammlungen der naturhistorischen Abteilung sind folgende Zugänge zu verzeichnen:

1. Zoologische Sammlungen. [1])

Säugetiere.

A. Ankäufe.

1 Schimpanse (Anthropopithecus troglodytes L.) ♂ aus Liberia. —
* 1 Guereza (Colobus [Guereza] guereza Rüpp.) ♂ vom Kongo. —
* 1 Rotsteiss-Meerkatze (Cercopithecus [Cercopithecus] pygerythrus F. Cuv.) ♂ aus Afrika. —
1 Hamlyns Meerkatze (Cercopithecus [Cercopithecus] hamlyni Pocock) ♀ vom Kongo. —
1 Brazzas Meerkatze (Cercopithecus [Pogonocebus] neglectus Schleg.) ♂ vom Kongo. —
* 1 Roter Vari (Lemur varius Js. Geoffr. var. ruber E. Geoffr.) ♂ aus Madagaskar. —
1 Plumplori (Nycticebus tardigradus L.)) ♂ aus Djampank (Java). —
1 Edwards Flugfuchs (Pteropus [Pteropus] edwardsi E. Geoffr.) ♀ aus Madagaskar. —
1 Javanisches Spitzhörnchen (Tupaia [Tupaia] javanica Horsf.) aus Java. —
1 Brauner Bär (Ursus [Ursus] arctos L.) aus den transsylvanischen Alpen. —
1 Putorius [Ictis] boccamela Cetti ♂ aus Ogliastra (Sardinien). —
1 Skelett vom Haushund (Canis [Canis] familiaris L.) —
1 Wolf (Canis [Canis] lupus L.) ♂ vom Südabhang der transsylvanischen Alpen. —
1 Schädel vom Wolf (Canis [Canis] lupus L.) ♀ vom Südabhang der transsylvanischen Alpen. —
* 1 Schwarzer Jaguar (Felis [Leopardus] onça L. ab. nigra) ♀ aus Südamerika. —
* 1 Panther (Felis [Leopardus] pardus L.) ♂ aus Indien. —
* 1 Sardinische Wildkatze (Felis [Felis] caligata Bruce. var. sarda Lataste) ♀ aus Cagliari (Sardinien). —
1 Luchs (Felis [Lynchus] lynx L.) ♂ aus Nordrussland. —
1 Seehund (Phoca [Phoca] vitulina L.) ♂ aus der Nordsee. —
* 1 Europäisches Flugbörnchen (Sciuropterus volans (L.)) aus Nordrussland. —
2 Urson (Erethizon dorsatus (L.)) ♂, ♀ aus Nordamerika. —
* 1 Mittelländischer Hase (Lepus [Lepus] mediterraneus Wagn.) ♂ aus Ogliastra (Sardinien). —
* 1 Klippschiefer (Procavia [Procavia] abyssinica Hempr. & Ehrbg.) aus Erythräa. —
1 Doppelnashorn (Rhinoceros [Ceratorhinus] bicornis L.) ♂ aus Deutsch-Ostafrika. —
1 Skelett vom Hausschwein (Sus scrofa domestica Gray) aus Hannover. —
1 Schädel vom Trampeltier (Camelus bactrianus L.) ♀ aus Hannover —
* 1 Schädel vom Moschustier (Moschus moschiferus L.) ♂ aus Zentral-Asien. —
* 1 Chinesischer Muntjac (Cervulus reevesi Og.) ♂ aus China. —
* 1 Geweih im Bast vom Elch (Alces machlis Og.) ♂ aus Schweden. —
* 1 Gehörn vom Bastardhartebeest (Damaliscus lunatus (Burch.)) vom Zambesi. —
* 1 Gehörn vom Blessbock (Damaliscus albifrons (Burch.)) aus Betschuanaland. —
1 Buntbock (Damaliscus pygargus (Pall.)) ♀ aus Britisch-Südafrika. —
* 1 Gehörn vom Roten Riedbock (Cervicapra fulvorufula (Afzel)) ♂ aus dem Oranje-Freistaat. —
* 1 Oberschädel vom Springbock (Antidorcas euchore (Forster)) aus dem Oranje-Freistaat. —
1 Rappenantilope (Hippotragus niger (Harris)) ♂ aus Afrika. —

[1]) Die mit einem * bezeichneten Objekte in diesen, sowie in den folgenden Sammlungen der Naturhistorischen Abteilung sind in der Schausammlung aufgestellt.

* 1 Gehörn der Rappenantilope (Hippotragus niger (Harris)) aus Basutoland. —
1 Schirrantilope (Tragelaphus scriptus (Pall.)) ♂ aus Westafrika. —
* 1 Gehörn der Elenantilope (Oreas canna Desm.)) ♂ aus dem nördlichen Transvaal. —
1 Schädel des Alpensteinbocks (Capra [Ibex] ibex L.) ♂ aus Piemont. —
1 Skelett der Hausziege (Capra aegagrus L.) aus Hannover. —
* 2 Mufflons (Ovis [Ovis] musimon Schreb.) ♂, ♀ aus Sardinien. —
1 Skelett vom Hausschaf (Ovis [Ovis] aries L.) aus Hannover. —
1 Tamandua (Tamandua tetradactyla (L.)) ♀ aus Brasilien. —
1 Skelett des Fuchskusu (Trichosurus vulpecula (Kerr.)) ♀ aus Australien. —
1 Gezäumtes Känguruh (Onychogale frenata (Gould)) aus Australien. —

B. Geschenke.

1 Wasserspitzmaus (Crossopus fodiens (Pall.)) von Hannover-Wülfel,
2 Eichhörnchen (Sciurus [Sciurus] vulgaris L.) ♀ ♀,
* 1 Schädel vom Wildkaninchen (Lepus [Oryctolagus] cuniculus L.), sämtlich von Ahnsbeck (Ldkr.
      Celle); Geber: Herr Lehrer Asche in Hannover. —
* 1 Weisshändiger Gibbon (Hylobates lar L.) ♂,
2 Skelette, ad. u. juv., vom Weisshändigen Gibbon (Hylobates lar L.),
* 1 Schlankaffe (Semnopithecus [Lophopithecus] obscurus Reid.) ♀,
2 Schädel von Tupaia spec.,
* 1 2 Eichhörnchen (Sciurus [Heterosciurus] finlaysonii Horsf.,
* 1 3 Eichhörnchen (Sciurus spec.) in 2 Arten,
1 Skelett vom Zwergmoschustier (Tragulus spec.), sämtlich aus Zentral-Siam; Geber: Herr Ingenieur
      Eisenhofer in Bangkok. —
1 junger Edelhirsch (Cervus [Cervus] elaphus L.) ♂ von Schiesshaus im Solling; Geber: Herr
      Wildhändler Ernst in Hannover. —
* 1 Rehbock (Capreolus caprea Gray.) von Bennemühlen (Kr. Burgdorf); Geber: die Herren Fabrik-
      direktor Fricke und Ingenieur Paul Schmidt in Hannover. —
1 Tschakma (Papio [Choeropithecus] porcarius Bodd.) ♂ aus Südafrika,
1 junger Mandrill (Papio [Mormon] maimon (L.)) ♂ aus Westafrika,
* 1 Panthergenette (Genetta pardina J. Geoffr.) ♀ aus Südafrika,
* 1 Pudubirsch (Pudua humilis (Bennet.)) ♀ aus Chile; Geber: Herr Tierhändler Ruhe in Alfeld a. d. L. —
1 Hermelin im Winterkleid (Putorius [Ictis] ermineus (L.)) ♀ von Kl. Furra (Braunschweig); Geber:
      Herr Landwirt Schiedung in Kl. Furra. —
1 Igel (Erinaceus europaeus L.) ♂ aus der Eilenriede bei Hannover; Geber: Herr Hilfspräparator
      F. Schwerdtfeger in Hannover. — .
1 Fuss mit 5 Zehen vom Hausschwein (Sus scrofa domestica Gray.) von Sievershausen im Solling;
      Geber; Herr Präparator Schwerdtfeger in Hannover. —
1 Hermelin im Winterkleid (Putorius [Ictis] ermineus (L.)) ♂ aus Misburg,
* 1 Schädel vom Narwal (Monodon monocerus L.) ♂ aus dem nördlichen Eismeer; Geber: Herr
      Fabrikant Wilkening in Hannover. —
1 Schädel vom Frettchen (Putorius [Putorius] putorius furo (L.)) aus Deutschland,
2 neugeborene Wölfe (Canis [Canis] lupus L.) aus Ost-Europa,
1 Schädel der Eyra (Felis [Catopuma] eyra Fisch.) ♀ aus Brasilien,
1 Schädel vom Rotluchs (Felis [Lynchus] rufa Guldenst.) aus Nordamerika; Geber: Zoologischer
      Garten in Hannover. —

Vögel. [1])

A. Ankäufe.

* 1 Rotsterniges Blaukehlchen (Cyanecula caeruleculа (Pall.)) ♂ ad. im Frühlingskleid aus Lappland. —
2 Nordische Steinschmätzer (Saxicola oenanthe leucorrhoa Gm.) ♀ ♀ von Juist. —
1 Weisse Dohle (Lycus monedula (L.)) ♀ alb.,
1 Weisse Rabenkrähe (Corvus corone L.) ♂ alb., beide aus Deutschland. —
* 2 Töpfervögel (Furnarius figulus (Licht.)) ♂, ♀ aus Buenos-Aires. —
* 1 Pfefferfresser (Rhamphastus carinatus Sw.) ♂ aus Mexiko. —
* 1 Borstenkopf-Nestor (Dasyptilus pesqueti (Less.)) aus Neu-Guinea. —
1 Spiegelpfau (Polyplectron bicalcaratum (L.)) ♀ aus Malakka. —
* 1 Amerikanischer Fischreiher (Ardea çoiçoi L.) ♂ aus Nordamerika. —
1 Skelett vom Grauen Kranich (Grus grus (L.)) aus Deutschland. —
1 Skelett ♀ vom Oedicnemus grallarius (Lath.) aus Australien. —
* 1 Breitschnäbliger Wassertreter (Phalaropus fulicarius (L.)) ♂ im Winterkleid von Juist. —

---

[1]) Wenn bei einheimischen Vögeln das Geschlecht nicht angegeben ist, war dasselbe nicht mit Sicherheit zu erkennen, bezw. ist die Untersuchung aus irgend einem Grunde unterblieben.

* 1 Sumpfläufer (Limicola platyrrhyncha (Temm.)) im Sommerkleid aus Lappland. —
1 Singschwan (Cygnus cygnus (L.)) aus Nord-Russland. —
1 Höckergans (Anser chinensis Steph.) ♀ aus China. —
1 Königspinguin (Aptenodytes pennanti Gray) aus Patagonien. —

B. Eingetauscht.

* 1 2 Eulenpapageien (Stringops habroptilus Gray),
* 1 Kiwi (Apteryx mantelli Bartl.), sämtlich aus Neuseeland. —

C. Geschenke.

* 1 2 Nordische Steinschmätzer (Saxicola oenanthe leucorrhoa (Gm.)) ♀ ♀,
5 Feldlerchen (Alauda arvensis L.) ♂, ♂, ♀,
1 Goldammer (Emberiza citrinella L.),
19 Schneeammern (Plectrophenax nivalis (L.)) 11 ♂, 8 ♀,
12 Berghänflinge (Acanthis flavirostris (L.)) 9 ♂, 3 ♀,
* 2 9 Leinfinken (Acanthis linaria (L.)),
7 Haussperlinge (Passer domesticus (L.)) 3 ♂, 2 ♀,
3 Staare (Sturnus vulgaris L.) ♂, ♂, ♀, sämtlich von Juist; Geber: Herr Sanitätsrat Dr. Arends in Juist. —
1 Eichelhäher (Garrulus glandarius (L)) ♂,
* 1 Turmfalk (Cerchneis tinnunculus L.) ♂, beide von Ahnsbeck (Ldkr. Celle); Geber: Herr Lehrer Asche in Hannover. —
1 Kondor (Sacorhamphus gryphus (L.)) ♂ von La Paz (Bolivia); Geber: Herr Konsul Beer in La Paz. —
1 Grünfüssiges Sumpfhuhn (Gallinula chloropus (L.)) ♂ aus der Umgebung von Hannover,
1 Triel (Oedicnemus oedicnemus (L.)) von Langwedel (Kr. Isenhagen); Geber: Herr Rechtsanwalt Busse in Hannover. —
1 Gebirgsbachstelze (Motacilla boarula L.) ♂,
1 Alpenstrandläufer (Tringa alpina L.) ♀,
* 1 Flussuferläufer (Tringoides hypoleucus (L.)) ♂,
* 1 Waldwasserläufer (Totanus ochropus (L.)) ♂,
2 Haubentaucher (Colymbus cristatus L.) ♂, sämtlich aus der Gegend von Lingen a. ḍ. Ems; Geber: Herr Dr. Detmers in Hannover. —
2 Amadina punctulata (L.) aus Indien,
2 Estrelda cinerea (Vieill.) aus Nordafrika; Geber: Herr Lehrer Ehlers in Hannover. —
* 1 Garrulax diardi (Less.),
* 1 Gracula religiosa L.,
* 1 Corvus macrorhynchus Wagl.,
* 2 3 Spechte in 2 Arten,
* 1 6 Bälge und 2 Köpfe von Nashornvögeln in 3 Arten,
* 1 Falke, sämtlich aus Zentral-Siam; Geber: Herr Ingenieur Eisenhofer in Bangkok. —
1 Conurus erythrogenys (L.) ♂ aus Ecuador; Geber: Herr Schauspieler Engelhardt in Hannover. —
1 Kleiner Steissfuss (Colymbus fluviatilis Tunst.) ♂ aus der Umgegend von Hannover; Geber: Herr Werkmeister Franke in Hannover. —
* 1 3 Nonnenmeisen (Parus [Poecile] palustris subpalustris Brehm) ♂, ♀, ♀,
1 Blaumeise (Parus. [Cyanistes] caeruleus caeruleus L.) ♂, sämtlich aus der Eilenriede bei Hannover; Geber: Herr. Abteilungsdirektor Dr. Fritze in Hannover. —
4 Dunenjunge vom Rebhuhn (Perdix perdix (L.)) aus der Umgegend von Hannover; Geber: Herr Aufseher Fuhlenwiede in Hannover. —
1 Dacnis cyanomelas Cab. ♂,
1 Calliste festiva (Shaw.),
1 Calliste thoracica (Temm.),
1 Rhamphocoelus brasilius (L.) ♂,
1 Chlorostilbon aureoventris pucherani (Bourc. & Muls.) ♂,
1 Thalurania glaucopis (Gm.) ♂,
1 Chrysolampis mosquitus (L.) ♂,
1 Stephanoxis lalandei (Vieill.) ♂,
1 Lophornis magnifica (Vieill.) ♂,
1 Ceryle americana (Gmel.) ♀,
* 1 Nest und Gelege vom Töpfervogel (Furnarius figulus (Licht)), sowie mehrere andere Nester und Eier, sämtlich aus Südostbrasilien; Geber: Frau Georgius in Hamburg. —
1 Mittlerer Buntspecht (Dendrocopus medius (L.)) juv. aus der Eilenriede bei Hannover; Geber: Frl. Grevemeier in Hannover. —
1 Skelett vom Eulenpapagei (Stringops habroptilus Gray) aus Neuseeland; Geber: Museumsverein in Harburg, Elbe. —

1 Zwergrohrdommel (Ardetta minuta (L.)) ♂ juv. von Lemförde (Kr. Diepholz); Geber: Herr Lehrer Harling in Lemförde. —
1 Wasserralle (Rallus aquaticus L.) ♀ aus Hildburghausen; Geber: Herr Postdirektor Hasse in Hildburghausen. —
1 Weindrossel (Turdus iliacus L.) ♀ aus der Umgegend von Hannover; Geber: Herr Brauereigehilfe Huth in Linden. —
1 Arguspfau (Argusianus argus (L.)) ♂ aus Siam; Geber: Herr Kaufmann Klopp in Hannover. —
1 Fichtenstamm, vom Schwarzspecht bearbeitet, aus der Oberförsterei Steinkrug a. Deister; Geber: Herr Freiherr Knigge in Leveste. —
1 Feldlerche (Alauda arvensis L.) ♂ von Misburg (Ldkr. Hannover); Geber: Schüler Krone in Misburg. —
1 Alpenlerche (Otocorys alpestris (L.)) ♂,
1 Strandpieper (Anthus obscurus (Lath.)) ♂,
1 Eiderente (Somateria mollissima (L.)) ♀ juv., sämtlich von Ostermarsch (Kr. Norden); Geber: Herr Lehrer Leege in Ostermarsch. —
1 Ziegenmelker (Caprimulgus europaeus L.) ♂ aus der Umgegend · von Hannover; Geber: Herr Meier in Herrenhausen bei Hannover. —
1 Nonnenmeise (Parus [Poecile] palustris subpalustris Brehm) ♂.
1 Weidenmeise (Parus [Poecile] montanus salicarius Brehm) ♂, beide von Bonn a. Rh.; Geber: Herr Dr. le Roi in Bonn. —
1 Kapadler (Aquila verreauxi Less.) ♂ juv. aus Südafrika,
1 Temmincks Tragopan (Tragopan temmincki (Gray.) vom Himalaya; Geber: Herr L. Ruhe in Alfeld a. d. L. —
4 Vogelbälge aus China; Geber: Herr Kaufmann Schwarzkopf in Honkong. —
* 1 Rotsterniges Blaukehlchen (Cyanecula caerulecula (Pall.)) ♂ im Herbstkleid von Sievershausen i. S.; Geber: Herr Präparator Schwerdtfeger in Hannover. —
* 1 Haussperling (Passer domesticus (L.)) ♂ von Sievershausen i. S.; Geber: Herr Präparator F. Schwerdtfeger in Sievershausen. —
2 Dunenjunge vom Blesshuhn (Fulica atra L.) vom Dümmer,
* 1 Schädel vom Flamingo (Phoenicopterus roseus Pall.) aus Süd-Europa,
* 1 Schädel vom Marabu (Leptoptilus crumenifer (Cuv.) aus Afrika; Geber: Zoologischer Garten in Hannover. —
* 1 Zwergrohrdommel (Ardetta minuta (L.)) ♀ juv. vom Leineufer bei Hannover; Geber unbekannt. —

Reptilien.

A. Ankäufe.

3 Elephantenschildkröten (Testudo elephantina Dum. & Bibr.) von den Seychellen. —
1 Hechtkaiman (Alligator mississippiensis Daud.) aus Nordamerika. —

B. Geschenke.

1 Varanus spec. aus Siam; Geber: Herr Ingenieur Eisenhofer in Bangkok. — ·
Eine grössere Anzahl Schlangen und 1 Eidechse aus Südostbrasilien; Geber: Frau Georgius in Hamburg. —
1 Varanus spec. aus Australien; Geber: Herr Tierhändler Ruhe in Alfeld a. d. L. —
1 Schlange aus Maracaibo (Venezuela); Geber: Herr Wissmann in Maracaibo. —
3 Eier von Varanus spec.,
1 abgestreifte Haut der Tigerschlange (Python molurus L.) aus Südostasien; Geber: Zoologischer Garten in Hannover.

Amphibien.

Geschenke.

Eine grössere Anzahl Froschlurche aus Südostbrasilien; Geber: Frau Georgius in Hamburg. —

Fische.

Geschenke.

1 Igelfisch (Diodon spec.) aus dem südlichen Stillen Ozean; Geber: Herr Engelhardt in Olas de Moka (Guatemala). —
1 Süsswasserfisch aus Südostbrasilien; Geber: Frau Georgius in Hamburg.
1 Säge vom Sägefisch (Pristis antiquorum Lath.) aus dem Atlantischen Ozean; Geber: Herr Siebold in Mexiko. —

Conchylien.

Geschenke.

*1 Miesmuschel (Mytilus edulis L.) mit starker Perlbildung von Borkum; Geber: Herr Direktorial-
Assistent Dr. Hahne in Hannover. —
Eine grössere Anzahl Conchylien aus Port Elizabeth (Südafrika); Geber: Herr G. A. Meyer in
Crimmitschau (Sachsen). —

Insekten.

A. Ankäufe.

358 exotische Cerambyciden in 208 Arten. —

B. Geschenke.

Eine grössere Anzahl Insekten, hauptsächlich Coleopteren, aus Zentral-Siam; Geber: Herr Ingenieur
Eisenhofer in Bangkok. —
Eine grössere Anzahl Insekten und Insektennester aus Südostbrasilien; Geber: Frau Georgius in
Hamburg. —
57 Coleopteren in 11 Arten aus Neu-Guinea und Deutsch-Ostafrika; Geber: Herr Oberpost-
praktikant Nagel in Düsseldorf-Obercassel. —
Einige Coleopteren aus Maracaibo (Venezuela); Geber: Herr Wissmann in Maracaibo. —

Tausendfüsser.

Geschenke.

Mehrere Skolopendriden aus Brasilien; Geber: Frau Georgius in Hamburg. —

Spinnentiere.

Geschenke.

Eine grössere Anzahl Skorpione und Spinnen aus Südostbrasilien; Geber: Frau Georgius in
Hamburg. —
1 Skorpion aus Maracaibo (Venezuela); Geber: Herr Wissmann in Maracaibo. —

Krebstiere.

Geschenke.

Eine Anzahl Krebse aus Südostbrasilien; Geber: Frau Georgius in Hamburg. —

Würmer.

Geschenke.

1 Gordius aquaticus Duj. aus Schneewasser auf dem Brocken; Geber: Verein Linné in Hannover. —

2. Botanische Sammlungen.

A. Ankäufe.

Eine Anzahl Präparate zur Veranschaulichung des Aufbaus des Pflanzensystems. —

B. Geschenke.

Eine Anzahl Abnormitäten von Mais (Zea mays L.),
Seegras (Posidonia ozeanica König) und durch die Einwirkung der Brandung daraus entstandene
Ballen, beides von Cannes (Südfrankreich); Geber: Herr Rentier Andrée in Hannover. —
Eine Sammlung seltener Farne von verschiedenen Fundorten; Geber: Herr Apotheker Capelle
in Springe a. Deister. —
Eine Anzahl Früchte, Lianenranken, Baumschwämme usw. aus Südost-Brasilien; Geber: Frau
Georgius in Hamburg. —

3. Geologisch-Paläontologische Sammlung.

A. Ankäufe.

I. Palaeozoicum.

I. Cambrium.

* 3 Stück von Skrej, Tejrovic, Lohowitz (Böhmen). —

II. Silur.

* 5 Stück von Knezihora, Lochkow, Stankorka, Kopanina und Dlouhahora (Böhmen). —

III. Devon.

* (z. T.) 29 Stück von Blankenburg a. Harz, Michaelstein und Hüttenrode bei Blankenburg, Konjeprus, Hostim und Kuchelbad (Böhmen). —

IV. Perm.

2 Stück von Frankenhausen (Schwarzburg - Rudolstadt). —

II. Mesozoicum.

I. Muschelkalk.

* 1 Platte mit Ophioderma cf. squamosa Eck von Scharley (Schlesien). —

II. Lias.

c. 65 Stück von Quedlinburg und Dörnten (Kr. Goslar). —

III. Brauner Jura.

c. 250 Stück von Gerzen (Kr. Alfeld), Gretenberg (Kr. Burgdorf) und Sehnde (Kr. Burgdorf). —

IV. Weisser Jura.

c. 50 Stück von Wendhausen (Kr. Marienburg) und von Nammen (Prov. Westfalen). —

V. Untere Kreide.

c. 720 Stück von Cananohe und Ihme (Ldkr. Hannover), Kastendamm und Idensen (Kr. Neustadt a. Rbg.), Mellendorf und Alten Warmbüchen (Kr. Burgdorf), Hildesheim, Sarstedt und Algermissen (Ldkr. Hildesheim), Vöbrum und Gross - Bülten (Kr. Peine), Stadthagen und Müsingen (Schaumburg-Lippe), Niedermehnen (Prov. Westfalen, Reg.-Bez. Minden), Ahlum (Braunschweig). —

VI. Obere Kreide.

c. 240 Stück von Blankenburg a. Harz, Heimburg bei Blankenburg, Spiegelsberge bei Halberstadt, Gross-Bülten (Kr. Peine), Misburg (Ldkr. Hannover). —

III. Kaenozoicum.

I. Tertiär.

c. 25 Pflanzenreste von Priesen und Sobrusan (Böhmen). —

II. Diluvium.

2 Backzähne vom Mammut (Elephas primigenius Blum.) von Poggenhagen (Kr. Neustadt a. Rbg.) und Rolfsbüttel (Kr. Gifhorn). —

B. Geschenke.

1 Equisetites spec. aus dem Buntsandstein von Sievershausen i. S.; Geber: Herr Landwirt Fischer in Sievershausen. —

Mehrere Petrefakten aus der Westfälischen Steinkohle; Geber: Herr Werkmeister Franke in Hannover. —

1 Saurierzahn aus der oberen Kreide von Misburg; Geber: Herr Buchhalter Fratsche in Laatzen (Ldkr. Hannover). —

Eine grössere Anzahl Petrefakten von verschiedenen Fundorten; Geber: Herr Direktor v. Prondzynski in Hannover. —

4. Mineralogische Sammlung.

A. Ankäufe.

Eine Anzahl Mineralien aus dem Fichtelgebirge:

* Goethit, Pseudomorphose nach Bitterspat,
* Graphit in kristallinem Kalk,
* Phlogopit auf kristallinem Kalk,
* Amphibolitschiefer in kristallinem Kalk,
* Kristalliner Kalk,
* Spateisen traubig, sämtlich von Wunsiedel;
* Pseudophit, Pseudomorphose nach Orthoklas,
* Malthazit mit Arragonit in Basalt, beides von Redwitz;

* Mangandendriten auf Speckstein, angeschliffen,
* Speckstein, Pseudomorphose nach Chalcedon, beides von Göpfersgrün;
* Eisenglanz vom Gleisinger Fels;
* Malacolit von Markt Schorgast;
* Glagerit von Bergnersreuth;
* Spateisen von Sulzbach;
* Karlsbader Zwillinge (Orthoklas) vom Schneekopf;
* Muscovit vom Ochsenkopf;
* Serpentin von Schwarzenberg;
* Syenit-Granit, angeschliffen;
* Lusenburg-(Kösseine) Granit, angeschliffen. —
* 10 Boracite von Algermissen (Ldkr. Hildesheim). —
* Sylvin von Sehnde (Kr. Burgdorf). —
* Eisen in Basalt von Weimar bei Cassel. —
* Dolomit mit Quarz und Kupferkies aus Grube Prinzenstein bei St. Goar (Rheinpreussen). —
* Blaues Steinsalz, derb, von Berchtesgaden. —
* Labrador in Saurvik-Syenit aus Norwegen. —
* Cotunnit,
* Alunogen,
* Sylvin, kupferhaltig,
* Schwefel,
* Apthitalit, sämtlich vom Vesuv. —
* Linarit auf Cerrussit von Tsuneb, Otavi-Bezirk (Deutsch-Südwestafrika). —
* 3 Diamanten aus Deutsch-Südwestafrika. —
  2 Boleit von Boleo bei Santa Rosalia (Californien). —

B. Geschenke.

10 Quarzkrystalle von Suttorp (Westfalen); Geber: Schüler Manger in Hannover. —
* 15 Modelle berühmter Diamanten; Geber: Herr Dr med. Schmitz in Linden. —

5. Handbibliothek.

A. Ankäufe.

Zoologie.

Das Tierreich, Lieferung 24. — Berlin 1910 bei R. Friedländer & Sohn.
Novitates zoologicae, Band 17. — London and Aylesburg 1910. printed by Hazell, Watson and Viney, Ld.
Hesse und Doflein, Tierbau und Tierleben, Band 1. — Leipzig u. Berlin 1910. Druck u. Verlag B. G. Teubner.
Brauer, Die Süsswasserfauna Deutschlands, Heft 2 a, 16. — Jena 1909. Verlag von Gustav Fischer.
Meerwarth und Soffel, Lebensbilder aus der Tierwelt, Lieferung 41—65. — Leipzig bei R. Vogtländer.
Kuhnert und Graszmann, Farbige Tierbilder. Neue Folge, Heft 1—3. — Berlin, Verlag von Martin Oldenbourg.
Schäff, Die wildlebenden Säugetiere Deutschlands. — Neudamm 1911. Verlag von J. Neumann.
Fischer, Manuel de Conchyliologie. — Paris 1887. Librairie F. Savy.
Wytsman, Genera Insectorum, Lieferung 80 B, 82 B, 100--112 A. — Bruxelles, V. Verteneuil et L. Desmet.
Junk und Schenkling, Coleopterorum catalogus, Pars 1—28. — Berlin bei W. Junk. 1910—1911.
Heyden, Reitter und Weise, Coleopterorum catalogus Europae, 2. Ausgabe, 1906. — Berlin, Paskau, Caen 1906.
Seitz, Die Grossschmetterlinge der Erde, Band I, Lieferung 61—74, Band II, Lieferung 50—75. — Stuttgart, Verlag des Seitz'schen Werkes.
Matsumura, Die Hemipterenfauna von Riu-Kiu. — Reprinted by the transactions of the Sapporo Natural History Society 1905—1906.
Matsumura und Shiraki, Locustiden Japans. — Tokyo 1908. Published by the University.
Milne Edwards, Histoire naturelle des crustacées. Vol. I—III. — Paris 1834—1840. Librairie Roret.
Dahl, Anleitung zu zoologischen Beobachtungen. — Leipzig 1910 bei Quelle & Meyer.
Müller, Terminologia entomologica. — Brünn 1872 bei C. Winiker.
Niepelt, Der Insektenpräparator. — Zirlau bei Freiburg i. Schl.
Ziegler, Zoologisches Wörterbuch, 3. Lieferung. — Jena 1909 bei Gustav Fischer.

Botanik.

Engler, Das Pflanzenreich, Heft 41—47. — Leipzig 1910—1911 bei Wilhelm Engelmann.
Engler und Prantl, Die natürlichen Pflanzenfamilien, Lieferung 241—242. — Leipzig bei Wilhelm Engelmann.
Rabenhorst, Kryptogamen-Flora, Lieferung 118 120 und Band VI, Lieferung 10—13. — Leipzig bei Eduard Kummer.
Ricken, Die Blätterpilze, Lieferung 1—2. — Leipzig 1910. Theodor Oswald Weigel.
Ascherson und Gräbner, Synopsis der mitteleuropäischen Flora, Lieferung 68—72. — Leipzig 1910 bis 1911 bei Engelmann.

Geologie und Paläontologie.

Keilhack, Lehrbuch der praktischen Geologie. — Stuttgart 1908 bei Ferdinand Enke.
Stille, Geologische Charakterbilder, Heft 1—5. — Berlin 1910—1911 bei Gebrüder Bornträger.
Hoernes, Das Aussterben der Arten und Gattungen. — Graz 1911 bei Leuschner & Lubensky.
Philippi, Revision der unterliasischen Lamellibranchiaten-Fauna vom Kanonenberge bei Halberstadt. — Zeitschrift der deutschen geologischen Gesellschaft 1897.
Schlüter, Verbreitung der Cephalopoden in der oberen Kreide Norddeutschlands. -- Zeitschrift der deutschen Gesellschaft XXVIII, 3.

Mineralogie.

Hintze, Handbuch der Mineralogie, Lieferung 25. — Leipzig, Verlag von Veit & Comp.

Heimatkunde.

Konrich, Hannoverland. — Hannover 1910 bei Ernst Geibel.

An wissenschaftlichen Zeitschriften wurden gehalten:

Zoologischer Anzeiger mit Bibliographia zoologica. — Leipzig bei Wilhelm Engelmann.
Ornithologische Monatsberichte. — Berlin, Verlag von R. Friedländer & Sohn.
Entomologische Zeitschrift mit Societas entomologica. — Frankfurt a. M., Verlag des Internationalen Entomologischen Vereins.
Entomologische Rundschau mit Insektenbörse. — Stuttgart, Verlag des Seitz'schen Werkes.
Neues Jahrbuch für Mineralogie, Geologie und Paläontologie mit Centralblatt für Mineralogie, Geologie und Paläontologie. — Stuttgart bei Nägele & Sproesser.

B. Geschenke.

Richard, L'Océanographie; Paris, Vuibert Mony Editeurs; Geber: Herr Konsul Hohlt in Hannover. —
Leonhardt und Schwarze, Das Sammeln, Erhalten und Aufstellen der Tiere. Neudamm, Verlag von J. Neumann. —
Biedermann, Über Fusshaltung im Fluge; im Selbstverlag; Geber: Herr Oberleutnant a. D. Schlotfeldt in Hannover. —
3 Broschüren geologischen und paläontologischen Inhalts; Geber: die Herren Privatdocent Dr. Andrée in Marburg i. H., Apotheker Becker in Bonn a. Rh., Dr. phil. Hoffmann in München. --

C. Im Schriftenaustausch erhalten.

Mitteilungen aus dem Zoologischen Museum in Berlin, Band IV, Heft 3 und Band V, Heft 1. — Berlin bei R. Friedländer & Sohn.
Bericht über das Zoologische Museum zu Berlin im Rechnungsjahr 1909. — Halle a. d. S. 1910. Druckerei des Waisenhauses.
Abhandlungen, herausgegeben vom Naturwissenschaftlichen Verein zu Bremen, Band XX, Heft 1. — Bremen 1910 bei F. Leuwer.
41. Bericht der Senckenbergischen Naturforschenden Gesellschaft in Frankfurt a. M. Heft 1—4. — Frankfurt a. M. 1910. Selbstverlag.
58. und 59. Jahresbericht der Naturhistorischen Gesellschaft zu Hannover. — Hannover 1910 bei Hahn.
Jahreshefte des Naturwissenschaftlichen Vereins für das Fürstentum Lüneburg, Band XVIII. — Lüneburg 1910. Druck von H. König.
Abhandlungen und Berichte aus dem Museum für Natur- und Heimatkunde und dem Naturwissenschaftlichen Verein in Magdeburg, Band II, Heft 1. — Magdeburg 1909. Druck von R. Zacharias.
Missouri Botanical Garden, 21. Annual Report. — St. Louis, Mo. 1910. published by the Board of Trustees.

Report on the geology of the country south and east of the Murray River. — Adelaide 1910 bei
R. E. E. Rogers, North Terrace.
Jahrbücher des Nassauischen Vereins für Naturkunde, Jahrgang 63. — Wiesbaden 1910 bei
J. F. Bergmann.
Natuurkundig Tidschrift voor Nederlandsch-Indië, Deel LXIX. — Weltevreden 1910 bei Visser & Co.
8. Report on the Sarawak-Museum. — 1910 printed at the Sarawak Government Printing Office.
Journal of the College of Agriculture, Imperial University of Tokyo, Vol. II, No. 1–3. — Tokyo
1909—1910. published by the University.
Tromsö Museums Aarshefter No. 30—32. — Aktietrykkeriet i Trondhjem 1909—1910.
Tromsö Museums Aarsberetning 1908 & 1909. — Tromsö 1909—1910. J. Kjeldseths bogtrykkerie.
Nova acta regiae societatis scientiarum upsaliensis, Ser. IV. Vol. II, No. 7 & 8. — Upsaliae. Apud
C. J. Lundström.
Proceedings of the Royal Society of Victoria. New series, Vol. XXII, Part II & Vol. XXIII, Part I. —
Melbourne, Ford and Son.
Transaction of the Royal Society of Victoria, Vol. V, Part I. — Melbrourne 1909. J. Kemp.
U. S. Department of Agriculture. North American Fauna Nr. 31. — Washington 1910, Government
Printing Office.
Lantz, Raising Deer and other large gaime animals in the United States. — Washington 1910,
Government Printing Office.
38. Jahresbericht der zoologischen Sektion des Westfälischen Provinzial-Vereins für Wissenschaft
und Kunst. — Münster 1910. Regensberg'sche Buchdruckerei.

6. Verschiedenes.

A. Ankäufe.

* 1 Photographie eines Skeletts von Bos primigenius Boj. aus Gross Renzow. —
Leuckhardt und Nietsche, Zoologische Wandtafeln, Tafel 12. —

B. Geschenke.

Moisel, Karte von Deutsch-Ostafrika 1 : 2 000 000. —
1 Messtischblatt. —

Fritze.

Das Brandgräberfeld von Barnstorf, Kr. Diepholz.

Mit Tafel I—VIII.

Nordöstlich von der Kreishauptstadt Diepholz liegt Barnstorf auf dem rechten Ufer der Hunte. die hier heute etwa 3 km östlich vom Rande des grossen „Moores" nordwärts fliesst. Etwa 2 km nördlich von diesem Dorf, 500 m westlich von der Landstrasse nach Aldorf ist gegen das von sumpfigen Niederungen begleitete Huntetal eine sandige Anhöhe vorgeschoben, 2 km südlich vom heutigen Rande der Kgl. Forst Markonah[1]). Die Gegend nördlich von Barnstorf entspricht der wenig über 8 km breiten geringsten Entfernung zwischen dem grossen Moor im Westen und dem Wiettingsmoor im Osten. Barnstorf im Norden, Wagenfeld im Südosten und Aschen im Südwesten sind die Ecken eines von sandigen Erhebungen gebildeten, zwischen Mooren und Niederungen eingeschlossenen Dreieckes, mit Kornau im Zentrum, dem Kern des Kreises und der ehemaligen Grafschaft Diepholz, deren Südzugang sich in der Gegend von Lemförde östlich am Dümmer befindet. Das nördliche Eingangstor ist die Landenge bei Barnstorf. — Eine grosse Anzahl Schanzwerke, deren Entstehungs- und Benutzungszeiten sämtlich noch nicht feststehen, scheinen zum Teil zu alten Sicherungen dieser von der Natur gegebenen Verteidigungslinie bei Barnstorf zu gehören: so auch der Rest einer mächtigen Landwehr zwischen Vilsen und Rödenbeck am linken Hunteufer westlich von Aldorf, und vielleicht auch ein kleiner Rest eines Walles. der am Rande des Huntetales in der Feldmark Barnstorf, südlich nahe bei Aldorf zum Vorschein kam bei der Untersuchung der bezeichneten Anhöhe, die den Namen „Im krummen Diecke"[2]) trägt.

Für die Aufhellung der geographischen und kulturellen Zustände der Früh- und Vorzeit dieser Gegend ist von Wichtigkeit, dass zu der Westecke bei Aschen eine grosse Anzahl von Bohlwegen aus sehr verschiedenen Zeiten vom westlichen Ufer des Aschener Moores herüberführen[3]), mit denen wieder vielfache alte Strassenzüge in Verbindung stehen. Auch über die Zeitstellung dieser Anlagen ist noch nicht das letzte Wort gesprochen. Prejawa's Ansetzungen und die mit ihnen zusammenhängenden von Knoke u. a. sind keineswegs einwandfrei, weder vom geologisch-geographischen noch vom archäologischen Standpunkte aus! —

Über die archäologischen Verhältnisse der Gegend sei zur allgemeinen Orientierung Folgendes bemerkt: Der Kreis Diepholz liegt ausserhalb der (Aller-) Grenze der grossen Steinzeitgräber, es sind bisher auch keine anderen sicher neolithischen Gräber von dort bekannt; die Gegend bietet aber nicht wenige Einzelfunde von Steingeräten aus der Steinzeit, z. T. schon von mitteldeutschem Gepräge, namentlich im Südzipfel des Kreises. Aus den Mooren und besonders dem Dümmer sind auch allerlei z. T. wohl der sogenannten mittleren Steinzeit angehörige Funde bekannt geworden z. B. bearbeitetes Hirschhorn etc. aus dem Dümmer. Viele Grabhügel, wahrscheinlich zumeist der Bronzezeit angehörig, befinden und befanden sich überall im Kreise Diepholz, besonders im Norden um und nördlich von Barnstorf. Bei Walsen ist eine Bronze-Schaftlappenaxt der Periode II gefunden mit rundlichen Absatz.

„Urnengräber mit Beigefässen" scheinen in der Gegend von Barnstorf mehrfach gefunden zu sein, z. T. in kleinen Gruppen, z. T. als Flachgräber und auch als Nachbestattungen· in älteren Hügeln: nach der Beschreibung, die ich von Laien erhielt, scheinen es Gräber aus der späten Bronzezeit und frühen Eisenzeit gewesen zu sein. Im Provinzial-Museum befindet sich eine Tonurne mit Leichenbrandresten „aus einem Hünengrabe", der Form nach früheisenzeitlich. Aus den letzten Jahrhunderten vor Chr. sind keine sicheren Funde aus dem Kreise Diepholz bekannt

---

[1]) Die „früher" bis Aldorf oder darüber hinaus gereicht haben soll.

[2]) Wohl mit Deich bezw. Wall zusammenhängend. — Eine andere Erklärung dieses Wallrestes s. u. Seite 69.

[3]) s. Prejawa. „Die Ergebnisse der Bohlwegsuntersuchungen i. d. Grenzmoor zw. Oldenburg und Preussen . . ." Osnabrück 1896.

geworden, aus den ersten nachchristlichen eine silberne Domitianmünze, bei Lemförde gefunden [1]), und eine Bronzestatuette (Mars), gefunden in der Gegend von Aldorf [2]).

Aus der Zeit der Wende der Römer- zur Völkerwanderungszeit stammen die Funde aus dem zerstörten Brandgräberfriedhofe [3]) auf der Meyer'schen Heidekoppel bei Aldorf, Feldmark Barnstorf, dessen letzte Reste seitens des Provinzial-Museums zu Hannover im April (7—9) und Mai (10—26) 1910 ausgegraben wurden. Schon wiederholt waren dort in früheren Jahren Urnen, Feuerstellen und Bronzegefässe gefunden, so im April—Mai 1893. Damals erwarb Herr Sanitätsrat Dr. Ummethun-Barnstorf 5 als Brandurnen benutzte Eimer und 3 Becken, 1 Napf, 1 muschelförmige Schüssel, alles aus „Bronze", sowie zwei Tongefässe und Reste eines Kasserolls und eines Siebes aus Bronze, sowie einige Kleinigkeiten (Schildreste, Kamm, Perlen etc.), die als „Beigaben" in den Gefässen und in „Feuerstellen" gefunden sein sollen. Die Funde sind jetzt im Museum zu Osnabrück deponiert, ebenso wie 2 Eimer und 1 Becken, die im März 1910 an derselben Stelle gefunden sind. Als Ende März 1910 zwecks Urbarmachung mit der Einebnung der ganzen Koppel begonnen wurde, traten wieder „Feuerstellen" und „Knochenstellen" zu Tage, sowie 2 Becken und ein grosser Napf aus Metall. — Leider hat bei früheren Funden keine Untersuchung stattgefunden. Eine Besichtigung und Voruntersuchung sowie Erkundigungen an Ort und Stelle ergaben folgendes über die früheren und letzten Funde:

Die Meyer'sche etwa 8 Morgen grosse Koppel liegt zwischen 2 Feldwegen, deren westlicher nordwärts an die Hunte führt, deren östlicher von der Barnstorf-Aldorfer Chaussee $1/_2$ km südlich von der Koppel abzweigt und dann mit ihr parallel anch Norden an den Huntetalhöhen entlang an Aldorf vorbei auf die Markonah zu läuft. — Der grösste Teil war 1910 bereits urbar gemacht und zu diesem Zwecke eingeebnet; in der Mitte der Koppel war noch eine flache mit jungen Bäumen und Heide bewachsene sandige Erhebung von etwa 3600 qm unberührt geblieben, deren höchste Stelle 5,90 m über der Huntesohle lag. Nach allen Seiten flacht diese Erhebung sehr allmählich ab, das Huntethal zeigt in dieser Gegend einen ca. 2—3 m hohen Steilrand. Im Osten grenzt an den die Koppel berührenden Feldweg eine sumpfige Wiesenniederung mit einem kleinen nordwärts gerichteten Wasserlauf (jetzt Entwässerungsgraben), dessen Sohle 2,90 m über der Huntesohle liegt. Westlich von dem Feldwege schneidet der Rand dieser mit anmoorigen Boden versehenen Niederung, wie Sondierungen ergaben, zackig in den Sandboden ein: sie ist wohl ein ehemaliges Seitental der Hunte oder ein alter Lauf derselben. — Auf dem östlichen Hang der Erhebung sind dieser Niederungsgrenze zu die genannten Funde 1893 zutage getreten [4]), als zur Auffüllung der Niederungswiese jenseits des Feldweges Sand vom Rande der damals unter Heide noch völlig brach liegenden Anhöhe abgefahren wurde. Es soll hierbei eine grössere Anzahl „Feuerstellen" mit Kohle und Asche sowie „Knochenhaufen", beides z. T. „auf Steinen liegend" gefunden sein, sowie die 10 Bronze- und 2 Tongefässe, alle mit gebrannten Knochen gefüllt. Von den Tongefässen soll das eine dem mit Leichenbrandresten gefüllten anderen als Deckel gedient haben. Aus „Feuerstellen" soll ein Teil der „Kleinigkeiten" von 1893 und die zerbrochenen und zerschmolzenen Metallstücke stammen. — Die Funde lagen in $1/_2$—1 m Tiefe. Auf dem Acker fand ich noch 1910 hie und da Gerölle bis zu Faustgrösse, wie sie hier sonst im Sande nicht vorkommen, sowie Leichenbrandreste; beides stammte nach Aussage Meyer's von den früheren Funden.

Seit 1893 ist dann weiter bis an den westlichen Feldweg ein breiter Streifen der Koppel urbar gemacht, dabei sollen vereinzelt wiederum kleine Aschen- bezw. Feuerstellen und Tongefässscherben gefunden sein; über ähnliche Beobachtungen berichtete der Besitzer betreffs des nördlichen Koppelteiles, wo mit der Urbarmachung ebenfalls 1910 (oder früher) begonnen war. Nirgends sind aber an den beiden letztgenannten Stellen Dinge gefunden, die den Findern des Aufhebens wert schienen. Auf dem gegen die Hunte hin liegenden südwestlichen Drittel der Koppel sind nie irgendwelche Funde zum Vorschein gekommen.

Im März 1910 hatte Meyer begonnen, gegen den erhöhten Mittelteil der Koppel mit der Planierung vorzugehen. Etwa 70 m nach Norden von der Fundstelle von 1893 sind dabei

---

[1]) Akten des Archives für vorgeschichtl. Landesforschung im Prov.-Aussch. zu Hannover.

[2]) Mus. Osnabrück.

[3]) Philippi „Der Barnstorfer Bronzefund" mit 1 Tafel. Mitteilung. d. histor. Vereins Osnabrück XVIII, 1893. Willers „Die röm. Bronzeeimer von Hemmoor . . . ." Hannover 1901 und „Neue Untersuchungen über die röm. Bronzeindustrie von Capua und von Niedergermanien. Hannover 1907.

[4]) Also nicht an dem Hang gegen die Hunte hin.

abermals „Knochenstellen" und „Brandstellen" zerstört. Reste von einigen Bronzegefässen, in denen sich Leichenbrand fand, sind wiederum durch Dr. U. nach Osnabrück gekommen. Ende März kamen 3 Metallbecken in $^1/_2$ m Tiefe, 3—4 m von einander entfernt „in der Peripherie eines Kreises stehend" zum Vorschein. Nach Verständigung mit Dr. U. und mit dem Museum zu Osnabrück nahm auf eine Benachrichtigung des Herrn Regierungspräsidenten hin das Provinzial-Museum die Untersuchung der Fundstätte in Angriff und erwarb auch die zuletzt gefundenen 3 Metallbecken, wovon eines ausgeleert war; eines enthielt noch — angeblich unberührt — Leichenbrand, in das dritte war der beim Finden ausgeschüttete und vergeblich vom Finder auf Beigaben durchsuchte Leichenbrand wieder eingefüllt. —

Ein grösserer Haufen Leichenbrand lag bei meiner Besichtigung noch ca. 20 m von dem östlichen Feldweg entfernt auf dem Acker; ich fand zwischen dem Leichenbrand einige Fetzen Köper-Leinengewebe. Dieser Haufen sollte aus dem vom Provinzial-Museum in leerem Zustande gekauften Becken stammen, an denen ·in der Tat auch die gleichen Gewebereste kleben (s. zu Tfl. VI, 3). Auf dem bereits urbar gemachten Koppelteil zerstreut fanden sich nicht wenige absichtlich zerschlagene Silex. 1911 sind drei „Steinbeile" beim Pflügen auf der Meyer'schen und der Nachbarkoppel beim Pflügen gefunden. —

An den durchschnittlich $1^1/_2$ m hohen Abstichrändern des Osthanges des Koppelmittelteiles fielen bei der Besichtigung sofort mehrere dunkele muldenförmige Stellen in dem gelben Sandboden auf, und an einer Stelle war eine starke Ansammlung von Holzkohle durchgraben.

Der Grund und Boden der ganzen Erhebung besteht (angeblich bis in mehrere Meter Tiefe) aus sehr feinkörnigem, gerölle- und geschiebe-freiem Sande, der bis in eine Tiefe von durchschnittlich 10—20 cm (s. S. 36) humifiziert und von Heidwurzeln durchsetzt ist (Heidhumus). Darunter folgt eine durchschnittlich 30 cm starke Zone von fleckiger brauner bis rostroter Verfärbung (Infiltration und Verwitterung), die nach unten von einer fast überall deutlichen feingewellten, intensivbraunen z. T. in Ortstein übergehenden Linie begrenzt ist; darunter ist der Feinsand dann hellgraugelb bis weissgelb. —

Die Meyer'sche Koppel ist zunächst vermessen [1]: und durch dieselbe sind mehrere Grundlinien an das Ausgrabungsfeld gelegt, das mittelst mit Nummern bezeichneter Holzpfähle eingeteilt ist in 18 Quadrate von 10 m Seitenlänge und 6 Halbquadrate von 10 × 5 cm, zum Zweck der Ortsmessungen bei der Ausgrabung. Die zur etwaigen Wiederauffindung des Grabungsfeldes nötigen Pfähle, z. B. auch die Endpunkte der Grundlinien I und II, sind für dauernde Erhaltung bestimmt und sollen durch Steine ersetzt werden. —

Die höchste Stelle der Erhebung entsprach genau dem Punkte (1 + 2) des Massnetzes.

Die Fundstellen der früheren Funde, sowie überhaupt die ganze Koppel ausserhalb der eigentlichen Grabungsstelle wurde mittels Probeschürfungen, Sondierungen und Grabenaushebungen untersucht; die Fundstellen der Bronzegefässe wurden im ganzen Umfange 1 m tief umgegraben. Es ergab sich kein neuer Anhaltepunkt für die Lage der früheren Funde: der Boden war ja auch schon tief umgeworfen, besonders natürlich an den betreffenden Fundstellen. Es zeigte sich aber, dass überall, soweit Funde zutage getreten waren, der Boden von gleichartiger Beschaffenheit war und dass der erwähnte Niederungsboden erst ausserhalb und im Osten von den Fundstellen beginnt.

Der Übersichtlichkeit halber soll im Folgenden über unsere Ausgrabungen, und über die durch Umfrage noch feststellbaren Fundverhältnisse der früheren Zufallsaufgrabungen [2]), sowie über die Ergebnisse beider und die Funde selbst zusammen berichtet werden. Die Ergebnisse der wesentlichen Untersuchungen im Gelände und der Funde selbst sollen ausserdem Darstellung finden in den beigegebenen Tafeln.

Für die Untersuchung des Restes der Koppel stand leider nicht die wünschenswerte Zeit zur Verfügung, da der Besitzer die Urbarmachung möglichst beschleunigen wollte; deshalb hörten wir auch mit systematischen Nachgrabungen auf, als sich auf 10 m oder mehr keine Funde mehr zeigten. Bei der von einem Vertrauensmann ständig beobachteten weiteren Einebnung ist 1911 nur noch ein Urnengrab (Tfl. VIII, 10) gefunden, weit entfernt von den übrigen Funden.

---

[1]) Diese Arbeit hat Herr Landesbauverwalter Lucks in Hannover freundlichst übernommen.

[2]) Die Fundbeschreibungen von Philippi und Willers müssen sachlich wesentlich ergänzt werden. — Herr Dr. Ummethun und das Museum Osnabrück gaben liebenswürdigster Weise ihre Zustimmung zur Veröffentlichung und stellten ihre Funde zu eingehender Untersuchung dem Provinzial-Museum leihweise zur Verfügung.

Mit anerkennenswerter Bereitwilligkeit hat der Besitzer unsere Arbeiten aber in jeder Weise unterstützt, ebenso auch Herr Lehrer Möhle-Aldorf durch allerlei tätige und ideelle Hilfe. Herr Landrat Dr. Quassowski zu Diepholz hat sich für unsere Grabungen in dankenswerter Weise interessiert. Und endlich möchte ich Herrn Studiosus Winckler-Charlottenburg, der sich als mein Volontär an der Ausgrabung beteiligte, ganz besonders danken für seine wertvolle, tatkräftige Hilfe. —

A. Die Ausgrabung 1910.
Tafel I—IV.

Die vom 7.—9. April und 10.—26. Mai vorgenommenen systematischen Untersuchungen und Ausgrabungen konnten nicht immer in der Reihenfolge und so langsam vorgenommen werden, wie es erwünscht gewesen wäre; wir mussten Rücksicht auf die vom Besitzer vorgeschriebene Richtung der Abtragung und auf möglichst schnellen Fortgang der Planierungsarbeiten nehmen. — Die Beschaffenheit, besonders die Farbe des Sandbodens, erleichterte aber die Arbeit wesentlich, da jede Störung und Einlagerung vorzüglich erkennbar war.

Als der ziemlich genau N.-S. laufende Rand der damaligen Abgrabung (Grundlinie II) gesäubert war (Tfl. I, 2, 3), zeigten sich die als „Feuerstelle I" und „Graue Stelle bei F. I" bezeichneten Stellen; sie waren bereits zu einem grossen Teil abgetragen; auch Feuerstelle II, „Grube I" und „Grube II" waren gerade angeschnitten — Grube II durch eine Kartoffelkuhle — und erschienen als schwärzlich verfärbte, muldenförmige Stelle: Grube I von ca. 70 cm, Grube II von ca. 1 m Tiefe.

Die weitere Ausgrabung lehrte, dass von Grube I und von Grube II je etwa $^1/_4$ bereits zerstört war; beim Auffinden ragten bereits Scherben aus der Erde. — Von Grube II nach Süden zeigten die Abgrabungsränder nichts Bemerkenswertes.

Unsere Ausgrabung musste aus Rücksicht auf die Abgrenzung der urbar zu machenden Flächen in Form der Abtragung bis auf ca. 1,50 m erfolgen und von der Grundlinie II aus so vorwärtsschreiten, dass ihre Ränder immer etwa Radien bildeten, die ungefähr von der Stelle der Grube I aus zunächst gegen Süden, dann allmählich mehr und mehr gegen Westen liefen.

Es wurde dabei Flächenabtragung und senkrechtes Abstechen kombiniert, je nach der Beschaffenheit der Fundstellen.

Die Fläche auf der F. II, Kn. I, Gr. III, Kn. II, T.—Kn. liegen, konnte während der Abtragung der Koppel-Ränder bis gegen die Linie $(1 + 2) - (4 + 2)$ planmässig horizontal bis ca. 30 cm tief abgetragen werden, bevor sie dann weiter durch vertikale Abhebung eingeebnet werden musste.

Allgemein sei bemerkt, dass alle irgendwie auffallenden Stellen, an denen sich örtliche Verfärbungen oder Störungen im Erdboden zeigten, auf horizontale und vertikale Erstreckung untersucht und ausserdem „entleert" wurden, um so die Beschaffenheit der Wandungen künstlicher Gruben festzustellen.

Als einführende Übersicht der Ausgrabungsergebnisse diene folgende **Erläuterung der Abbildungen auf Tafel I und II:**

Die Skizzen der Tfl. I und II habe ich nach dem Ausgrabungs-Feldbuch auf Millimeterpapier so gezeichnet, dass die Seiten der kleinsten Quadrate 2 cm entsprechen, die grösseren Quadrate demnach 10 cm-Seiten haben. Nur bei Abb. Tfl. I, 6 u. 7 gelten andere Masse, die beigeschrieben sind, und Abb. 9 ist etwas verkleinert dargestellt.

Die Zeichnungen sind möglichst wenig schematisiert und geben daher auch möglichst viele der bemerkenswerten Einzelheiten des Befundes wieder. — Alle Zeichnungen, ausser Tfl. II, 4—7, sind so orientiert, dass man die betr. Stelle vom Grabungsrande, also von Osten sieht, Abb. 4, 5 u. 7 sind von Norden gesehen. —

Es sind folgende Zeichen verwendet:

⋯⋯ Grabungsgrenzen,	Schraffierung: Asche,
⋁⋁ Humus,	⊗ Beigaben,
‖‖‖ stark infiltrierter Sand ⎱ ⎓⎓⎓ dazwischen	▮ Scherben,
⎪⎪⎪ schwächer „ „ ⎰ Infiltrationsgrenze,	△ Silex,
( )( ) Ortsteinbildung,	☉ sonstige Funde,
ohne Zeichen: reiner Sand,	und ⌣ Wegspuren.
✕ ✕ Kohle,	

Tfl. I, 1 gibt die Gegend von Barnstorf wieder nach den Messtischblättern Barnstorf und Goldenstedt (1663 und 1664), bei × liegt die Fundstelle. Tfl. I, 2 zeigt die Meyer'sche Koppel mit Eintragung unseres Vermessungsnetzes und den Ausgrabungen an der früheren Fundstelle.

Auf Tfl. I, 3 sind die Einzelheiten des Ausgrabungsfeldes angegeben, die mit den weiteren Abbildungen dieser und denen der folgenden Tafeln ihre Erklärung finden werden. Es sind auf Tfl. I u. II unterschieden:

1. „Feuerstellen": 2 ziemlich gleichartige, über 2 m lange, muldenförmige Anhäufungen von Asche und Kohle; in jeder Feuerstelle sind zerbrannte Scherben von jedesmal mehreren Gefässen und sehr wenige und geringe Reste verbrannter Knochen gefunden, die aber nicht als menschlich zu erweisen sind.

2. „Graue Stellen" bei den Feuerstellen I u. II und Grube IV: die beiden ersteren in der Form und Beschaffenheit ähnlich, wahrscheinlich sogleich bei der Herstellung wieder ausgefüllte, über 1 m tiefe, etwa trichterförmige, längliche Gruben von über 1 m Durchmesser.

   Bei F. II zeigten sich noch Spuren einer zweiten, vielleicht gleichartigen Anlage von etwas abweichender Beschaffenheit („ringförmige Stelle").

   Bei Grube IV lag eine in ihrer Bedeutung nicht genau feststellbare, grau verfärbte Stelle.

3. 5 „Gruben": mit Asche und Kohlenresten ausgefüllte nicht ganz gleichartige, i. A. runde, kesselförmige, meist etwa 50 cm tiefe Mulden von 0,50 bis über 1 m grösstem Durchmesser, in denen auch wenige geringe Reste von gebrannten Knochen, die aber nicht als menschlich zu erweisen sind, gefunden wurden, sowie Trümmer von bisweilen mehreren verschiedenen Gefässen und Gegenständen aus Bronze, Eisen, Silber und Bein.

4. „4 Knochenlager": in Gruben verschiedener Form (rund und eckig) von geringem Durchmesser und geringer Tiefe, mehr oder weniger sorgsam niedergelegter, mehr oder weniger mit Asche und Kohle gemischter menschlicher Leichenbrand. In einem Falle („Knochenlager mit Gefässresten") fanden sich dabei Gefässscherben.

5. Eine „Kohlenstelle" von 2 m Durchmesser und geringer Tiefe, ohne erkennbare Bedeutung lag abseits vom eigentlichen Fundfelde gegen Westen.

6. „Wegspuren" kamen an zwei Stellen in den obersten Erdbodenschichten zum Vorschein,

7. „Wallreste" in ca. 20 m Entfernung nach Westen von den zuletzt gehobenen Funden.

8. Auf dem Grabungs-Plane sind endlich noch einige unserer bei den Ausgrabungen aufgestellten Messpunkte ausserhalb des festen Messnetzes eingezeichnet (P. 9, P. 11), bei denen Funde zutage getreten sind. Als punktierte Linien sind eingezeichnet der von F. I über F. II nach Grube II laufende Abtragungsrand, an dem unsere Ausgrabung begann, sowie die Ränder der Grabung zur Untersuchung der westlichen Fläche der Koppel bis über den Wallrest hinaus.

In den obersten, durch Humifizierung sowie durch starke Infiltration und Verwitterung veränderten Erdboden-Schichten bis 20 cm und mehr Tiefe, gelang es uns nur selten, die Umrisse der Erd-Gruben zu erkennen: daher konnten in den obersten Bodenschichten die Grubengrenzen auf den Zeichnungen nicht mit Sicherheit wiedergegeben werden. Mit hie und da vermuteten Resten künstlich hergerichteter Holzteile (Balken, Stäbe, Bretter etc.) konkurrieren besonders auch in den obersten Schichten, bis zu völliger Unmöglichkeit der Unterscheidung Spuren von Baumwurzeln und Stämmen, sowie Wühlgänge von Tieren: dergleichen hat wohl auch schon Veranlassung zu mancherlei Verwechslungen bei manchen Ausgrabungen gegeben, bei denen sehr viel solche Reste verzeichnet wurden. Auch das Vorkommen von meist allerdings sehr kleinen Gefäss- und Leichenbrandresten in erheblicher Entfernung z. B. von den Gruben mitten in „intaktem" Boden konnte mehrfach durch Verschleppung erklärt werden. — Die Wände der Asche- und Kohle- gefüllten Gruben und Feuerstellen hoben sich deutlich im hellen Sande der tieferen Erdbodenschichten ab; bei den „Grauen Stellen" und einigen der Knochenlager liess nur leichte graue Verfärbung ohne scharfe Grenzen und gelegentliche Beimischung von Kohle-, Gefäss- und Knochenteilchen das Vorhandensein von künstlichen Anlagen erkennen; bei der

„Entleerung" erwies sich die „Füllmasse" der betr. Gruben dann allerdings auch noch als „weicher" als der umgebende Boden, wenigstens in grösserer Tiefe, und ermöglichte so z. B. bei „Grubenrest (Loch) bei F. H" (Tfl. I, Abb. 13—15) sowie unter ·Tongefäss-Knochenlager III die Freilegung der tieferen Grubenwände und die Aushebung der tiefen Löcher am Grunde; dabei kam noch der Umstand zu Hilfe, dass um die tieferen Teile sämtlicher Gruben der Sandboden auf einige Entfernung hin (bis 20 cm) infiltriert und dadurch noch besonders verfestigt (gefrittet) war. Unter einigen Stellen am Süd-Ost-Hang der Anhöhe (Kn. II, Gr. IV, Gr. V) fanden sich ortsteinartige Zonen.

Es sei weiter bemerkt, dass über einigen der künstlichen Anlagen im Erdboden nach Entfernung der Heide zweifellos flache Vertiefungen der Bodenoberfläche feststellbar waren, so z. B. über Gr. II, der Gr. III und dem T.—Kn. III, auch die Wegspuren zeichneten sich so ab, ebenso der Wallrest, beide aber relativ wenig. Von der „Infiltrationsgrenze", die wenig dunkler als die Füllmasse der Gruben war, konnte z. B. bei der grossen Stelle F. I mit aller Sicherheit festgestellt werden, dass sie durch bezw. über die Gruben hinlief, also ihre Entstehung nach dieser Anlage fällt, doch war dies Verhältnis infolge der stärkeren Verfärbung des Grubeninhaltes nicht bei den anderen Gruben deutlich erkennbar; jedenfalls war aber auch nirgends festzustellen, dass eine Grubengrenze jene Linie scharf abgeschnitten hätte. Ob die — nie scharfe — Grenze zwischen leicht infiltriertem und reinem Sande (bei ca. 70 cm Tiefe) von den Anlagen durchschnitten wurde oder umgekehrt, war erst recht nicht feststellbar. Die Grubengrenzen waren dagegen stellenweis deutlich bis in die über jener Linie liegende schwach humöse und braun infiltrierte Bodenschicht verfolgbar, allerdings nie bis in den 10—20 cm dicken Humus; endlich kamen im und dicht unter dem Humus mehrfach Einzel-Funde zum Vorschein: aus allem ist zu schliessen, dass zur Zeit der Anlagen der Erdboden wenigstens bis 10—20 cm unter der heutigen Oberfläche vorhanden gewesen ist; der gegen die Höhenlage wohl nur durch Windwirkung erklärbare geringe Oberflächenveränderung wird für die letzten Jahrhunderte dadurch wenigstens wahrscheinlich gemacht, dass die Wegspuren mit feinem grauem Sand ausgefüllt waren. Der Wallrest kann, nach der jetzigen Beschaffenheit des Bodenprofiles seiner Umgebung, absichtlich eingeebnet sein.

Bemerkt sei endlich noch, dass die dem Auge als „schwärzlich" bezw. dunkelgrau in dem gelbbraunen Sande erscheinenden Gruben auf der photographischen Platte gelegentlich, besonders wohl bei mässiger Beleuchtung, umgekehrt sich heller aus dunkler Umgebung abheben, so auf Tfl. II, Abb. 1, offenbar weil die mit weissen Aschenteilen und weissgebrannten[1]) Sande gemischten „dunklen" Stellen photochemisch stärker wirkten, als der ins rötliche spielende ferruginöse Sand. —

Unter Bezugnahme auf die obigen allgemeinen Ausführungen sollen nun **die einzelnen Fundstellen und Funde,** in der Reihenfolge ihrer Auffindung, die zugleich ziemlich genau ihre Folge von Osten nach Westen ist, beschrieben werden:

Feuerstelle I (F. I) (Tfl. I, 4—7) war beim Beginn der Ausgrabung nach Aussage des Besitzers bereits über die Hälfte abgetragen; sie soll über 2 m in der Richtung N.—S. lang (Tfl. I, 6) gewesen sein, was der untersuchte Rest wahrscheinlich macht, die außerdem eine mittlere Breite der Stelle von über 1 m (Tfl. I, 7), eine Bodenbreite von ca. 50 cm annehmen läßt. Die Mulde erscheint in zwei Stufen eingegraben. Nach unten hob sich ihre Grenze haarscharf gegen den weißen Sand ab. An den Wänden des tieferen Mittelteiles und besonders an dessen Peripherie hafteten noch größere Kohlenstücke, nach oben folgte mehr Asche. Ursprünglich scheint in der Mitte der Grube eine Anhäufung von Kohle bestanden zu haben. Es scheint sich um eine vertiefte Brandstätte zu handeln, die nach der Benutzung mit dem Boden der Umgebung zugeschüttet worden ist. —

Funde (Tfl. III, 1—4):

1. Kohle von zwei Holzarten: Eiche[2]) und ein zweites Laubholz (Buche?).

2. Im Feuer z. T. blasig gewordene und stark verbogene Scherben von jetzt ziegelroter Farbe. Ton, Gesamtform und Ornament-Cannellüren sind stark verändert.

[1]) Durch Zersetzung der durch Eisenoxyde gebildeten Rostfarbe.
[2]) Die Kohlenuntersuchungen verdanke ich der Liebenswürdigkeit des Herrn Apotheker Dr. Hartung-Hannover.

3. (Abb. 1.) Scherben mit Ornamentband, von dem nur die Hälfte, aus kurzen parallelen schrägen Linien zusammengesetzt, erhalten ist; links oben im Bilde ist noch der Rest von der anderen Hälfte des Bandes zu sehen, nämlich dieselbe Strichelung im entgegengesetzten Sinne; es war also ein Band mit Sparrenornament. Der Scherben ist ziegelrot verbrannt, einige Stellen graubraun und weniger verbrannt.

4. (Abb. 3.) Getriebener Buckel mit dünner Wand. Gutgeschlämmter Ton, jetzt ziegel-gelbrot verbrannt.

5—6. (Abb. 2 und 4.) 2 Stücke von einem Gefässumbruch mit horizontaler Canellüre, zu einem kräftigen, weiten Gefäss gehörend. Gutgeschlämmter Ton, jetzt grau, fast klingend. Die Oberfläche dieser Scherben war beim Finden sehr weich, sodass (an Abb. 4 sichtbar) durch Abbürsten die oberste Schicht abgerieben werden konnte: der Ton war also auch zerbrannt.

Die graue Stelle bei F. I (Abb. Tfl. I, 8), die bis etwa 1 m an die F. I heranreichte, konnte in ihrer Form und Ausdehnung nicht mehr festgelegt werden; sie ragte trichterförmig über 1,25 m tief in den „reinen" Sand und zeigte hiernach eine senkrechte, etwa 15 cm lange Vertiefung von etwa 25 cm Durchmesser, in deren Mitte eine senkrechte Zone von 10 cm Durchmesser tief grau gefärbt war; diese Verfärbung reichte nach oben in eine fleckig verfärbte Zone, in der einige Restchen von Holzkohle (sic)[1] sassen. Die Form des Durchschnittes im grössten N.-S.-Durchmesser konnte gerade noch festgestellt werden; sie zeigt nach S. einen treppenförmigen Absatz, dort, wo der unterste senkrechte Teil beginnt. Nach oben ist der Sand nur wenig verfärbt, sodass ihre Grenzen hier ganz unscharf waren; daher wurde sie zunächst nicht als künstliche Anlage erkannt. Beim weiteren Abtragen erweiterte sich unten der Umfang etwas (punktierte Linie in Abb. 8). Es scheint sich um eine Grube zu handeln, die angelegt ist, um eine senkrecht stehende Stange oder dergleichen aufzunehmen, die in den Boden der Grube eingerammt war. Als die Zuschüttung erfolgte, gerieten zuerst asche- und kohlehaltige Massen in die Grube, darüber dann hellere Erde. Ausdrücklich sei aber bemerkt, dass sich keine Holzspuren in der Grube fanden; der unterste senkrechte Teil war wie gesagt nur etwas intensiver graubraun gefärbt. Die „Infiltrationsgrenze" (s. o. Seite 35) lief in einer Tiefe von 25 cm unter der Oberfläche deutlich d u r c h diese Grube hindurch, ist also j ü n g e r als die Grube. Über dieser Stelle kam in der obersten Erdschicht eine W e g s p u r bezw. W a g e n r a d s p u r (Tfl. I, 3 „Wegspuren I" zum Vorschein; sie war 20 cm breit; die zugehörige östliche von ebenfalls 20 cm Breite lag 1,20 m entfernt, von Achse zu Achse der Geleise gemessen.

In 1,10 m Entfernung nach Westen (von Spurmitte zu -mitte gemessen) folgte von einer z w e i t e n W e g s p u r I b eine Radrinne von 25 cm Breite und die zu ihr gehörige zweite in einer weiteren Entfernung von 1,40 m. — Diese beiden Wegspuren waren verschieden tief: die Radrinnen der östlichen (1,20 m Spurbreite) reichten bis etwa 20 cm Tiefe, die der westlichen (1,40 m Spurbreite) bis fast 30 cm: die östliche Spur entspricht offenbar schmalspurigeren, leichteren Gefährten als die westliche. — Im Gelände von der Koppel gegen Norden, besonders im Acker, macht sich ein gerade in der Fortsetzung dieser Wegspur liegender leicht vertiefter Streifen bemerkbar, der etwa 200 m nordwestlich in den Feldweg nach der Markonah einmündet: unsere Spur war vielleicht eine alte Fortsetzung jenes Weges gegen die Hunte hin. — Etwa 7 m nach Westen stiessen wir dicht unter dem Humus dann nochmals auf ein w e i t e r e s P a a r W a g e n r a d s p u r e n (Tfl. I, 3, Wegspuren II) von etwa 1,20 m Spurweite, die wir bis an den Nordrand des Koppelrestes verfolgen konnten und nach Süden bis etwa zu Knochenlager III; sie lief ziemlich genau von Norden nach Süden, sodass ihre Fortsetzung, geradlinig gedacht, mit der Wegspuren I etwa 25 m nach Norden hätte zusammenlaufen müssen; wahrscheinlich gehören also diese Wegspuren zu einem alten breiten W e g e z u g e, der für viel jünger als die Friedhofsanlage zu halten ist, da er quer über die Grab- und anderen Stellen hinwegführte. Alle Geleise sind offenbar viel benutzt.

Im Humus fanden sich in den Wegspuren hier und da absichtlich geschlagene S i l e x - S p ä h n e, wie sie auf der ganzen Koppel in derselben Lage mehrfach zum Vorschein kommen;

---

[1] Als sicherste und zugleich einfachste Art, verkohltes und vermodertes Holz zu unterscheiden, hat sich mir erwiesen, dass man eine ganz kleine Probe zwischen den Schneidezähnen zerreibt: Holzkohle knirscht immer, zersetztes Holz nie.

es sei aber hier bereits darauf hingewiesen, dass sie auch in der Füllmasse einiger Gruben gefunden sind und zwar gelegentlich zerbrannt, d. h. cächeloniert bezw. von feinen Haarsprüngen durchsetzt. Das mehrfache Vorkommen neolithischer Fundstücke ausserhalb unserer Fundstellen auf und bei der Koppel (s. u. Seite 69 u. Tfl. III, 26, 30, 34; Tfl. VIII, 21—23) macht wahrscheinlich, dass alle die betr. Silexgeräte und -Abschläge neolithisch sind und mit dem Sande des Erdbodens den späteren Funden beigemischt wurden: sie lagen auch fast immer oben in den „Ausfüll-Massen" der Gruben. —

Feuerstelle II (Tfl. I, 9. 10) konnte völlig untersucht werden; sie ist nicht ganz ein Seitenstück der F. I: sie war weniger tief als jene; auch die stufenförmige Anlage war weniger deutlich als dort, aber die Hauptmasse der Brandreste fand sich hier ebenfalls im Mittelteil der Grube und zwar lag, wie auch in F. I, die dickste Anhäufung an der Peripherie dieses tiefsten Teiles. — Kohlen fanden sich in der ganzen F. II jedoch nur soviel, wie allein in dem Rest von F. I, ebenso viele Gefässscherben wie dort. — F. II erweckt den Eindruck einer flach-muldenförmigen Verbrennungsstätte, in deren am meisten vertieften Mittelteil die Verbrennung stattgefunden hat; infolge ihrer geringeren Ausdehnung und infolge der Anhäufung der Kohle um eine Mittelpartie herum erinnert F. II mehr als F. I an eine Herdanlage. Um den· „Kohlenring" lagen aschig verfärbte Sandmassen gegen Osten hin. Die Ausfüllmasse des oberen Grubenteiles war intensiver mit Kohlenresten durchsetzt als bei F. I; ausserhalb des Grubenrandes lagen gegen Norden noch einzelne kleine Kohle- und Gefässreste etwa 10 cm unter der Bodenoberfläche. Das Verhältnis der Grube zur „Infiltrationslinie" war nicht festzustellen. Nach unten gegen den weissen Sand war die Grubengrenze ganz scharf wie bei F. I. Die Achsen von F. I und II standen etwa senkrecht zu einander.

Funde (Tfl. HI, 5—7):

1. Kohle von Eiche und Birke (?), und Eichenrinde.

2. Einige kleine scharf gebrannte Knochenstückchen, nicht nachweislich vom Menschen.

3. Eine Anzahl Gefässscherben (III, 5, 6), stark zerbrannt, jetzt ziegelrot, porös und teilweise blasig. Einige sind förmlich zusammengerollt; der Ton war mässig grob. Trotz des schlechten Erhaltungszustandes ist erkennbar, dass sie wohl zusammengehören. Die Gefässform ist nicht mit Sicherheit feststellbar: an einigen (auf Abb. 6 oben quer verlaufend sichtbar) ist eine geradlinige Kannelüre erkennbar: sie schied ursprünglich einen dickwandigern Gefässteil von einem dickeren. Senkrecht zu ihr (vgl. Abb. 6) steht ein länglicher hohler Buckel der Gefässwand.

4. (Abb. III, 7.) Eine Scherbe, die der einen aus F. I (Abb. III, 1) sehr ähnlich ist: hier wie dort ein dickerer glatter Teil und ein Ornamentband mit Sparren, die in III, 7 etwas enger zu stehen scheinen, als in III, 2, dieses Stück ist aber weniger zerbrannt.

    Nun gleicht der glatte Teil z. B. von III, 6 in Dickengrad und bezgl. der Kannelüre etc. sehr den Scherben III, 2 u. 4 nur dass jene weniger zerbrannt sind.

    Auch der „Buckel" III, 2 gleicht fast völlig den an III, 5 u. 6 sichtbaren, und endlich sind

5. Randteile (III, 7c) aus F. II in Ton und Farbe sehr ähnlich den Scherben III, 2 u. 4 aus F. I.

Nach allem scheint es fast, als ob III, 2 u. 4 aus F. I und III, 5 u. 6 aus F. II entweder zu recht gleichartigen oder — zu einem Gefäss gehörten; ebenso III, 1 dort und III, 7 hier. Bei dem Suchen nach einer Gefässform aus Nordwestdeutschland, zu dem die Scherben sich etwa ergänzen liessen, schienen mir zunächst Schalenformen, wie sie aus nord- und mitteldeutschen Gräbern der späteren Kaiserzeit bekannt sind, in Betracht zu kommen, besonders wegen des Profiles von III, 3 u. 4 und des Ornamentbandes von III, 1 u. 7; auch der glatte Teil von III, 6 etc. passt dazu; nicht aber die Länge und Lage der Buckel (an III, 5 etwa halb abgebrochen, an III, 6 zusammengerollt) die dort kürzer, oft eckig und Nasen- oder Henkelförmig zu sein pflegen und meist hoch, auf der Schulter oder am Halse sitzen. — Als Beispiele vergleiche man: Gefässe von Dahlhausen (Weigel „Das Gräberfeld von Dahlhausen"), Rebenstorf (Mus. f. V. Berlin, Mus. zu Lüneburg u. Prov.-Mus. Hannover), von Heyrothsberge (Mus. Magdeburg) und von Butzow (Voss u. Stimming „Vorgesch. Altert. a. d. Mark Brandenburg" Abt. VI, Tfl. 2. F. 38, Tfl. 3, 21).

Dagegen sind solche Buckel charakteristisch für Gefässe mit ziemlich engem Hals, wie sie vor allem in den sächsischen Friedhöfen der Völkerwanderungszeit z. B. in Nordwesthannover vorkommen, aber auch in anderen z. B. mitteldeutschen Gegenden derselben Zeit. Hierhin gehört z. B. das Gefäss von Dienstedt b. Weimar (Höfer, Götze u. Ziesche „Die vor- und frühgesch. Altertümer" Thüringens, Abb. 267). Bei Dienstedt kam auch ein Eimer und Becken in der Art der Barnstorfer zum Vorschein!

Auf Tfl. HI ist als Abb. 7 b ein Gefäss aus dem grossen sächsischen Friedhof von Wehden (Prov.-Mus. Hannover) abgebildet: Ihm nächstverwandte Gefässe zeigen nun auch allerlei z. T. dem unsrigen ähnliche Ornamentbänder, und zwar über den Buckeln, am Übergang von Bauch zum Hals, der meist dickwandiger ist als die ornamentierte Partie, oft gleich stark wie der Gefässbauch. — Nach der Beschaffenheit dieser Gefässe könnten sogar alle Scherben, die auf Tafl. III aus F. I u. II photographisch abgebildet sind, zu einem Gefäss gehören; mit Ausnahme etwa des Randes III, 7 c, der vielmehr zu einem schalenartigen Gefäss zu gehören scheint, vielleicht zusammen mit III, 2 u. 4?

Vielleicht gehören F. I u. H irgendwie zueinander: man möchte an Holzbauten denken in Hinblick auf die mutmasslichen Pfostenlöcher, die jetzt als „graue Stellen" erscheinen.

Bei F. II, etwa 25 cm gegen Süden, lagen dicht beieinander, ausserhalb der Kohle- und Aschenreste im Humus 2 grosse Gerölle, die bei der sonstigen Steinfreiheit des Sandes auffielen und die sich bei genauerer Untersuchung als offenbar benutzt erwiesen (Abb. Tfl. III, 8, 9): das flache runde aus Granit zeigt in der Mitte der einen Fläche eine durch Zerstossung der Oberfläche entstandene seichte Grube, das andere, ein dreikantiges Granitgeröll mit einem dickeren und einem dünneren Ende, zeigt an dem letzteren ebenfalls deutliche Spuren von Zerstossung der Oberfläche. Es scheint sich um Geräte in der Art eines Stössers mit Unterlage zu handeln. — Das Alter ist aus der Lage und Beschaffenheit nicht feststellbar. Die Stücke sind nicht mit Brand in Berührung gewesen; da auch die erwähnten neolithischen Stücke im Humus liegen, ist es wohl möglich, dass auch diese Geräte neolithisch sind; war F. H aber eine Herdstelle, könnten sie zu ihr Beziehung haben. Nahe bei ihnen lag ein Bruchstück eines schönen messerförmigen Silexspahnes und eines zweiten mehr „formlosen" künstlichen Absplisses.

Die graue Stelle bei F. II (Abb. Tfl. I, 11, 12). Fast unmittelbar, östlich, an F. II angrenzend fand sich diese längliche, der „grauen Stelle bei F. I." ähnliche, grubenförmige Stelle, die sich in der Farbe stärker, aber im Gefüge der Füllmassen längst nicht so deutlich im Boden abhob, wie jene, und deren Inhalt nur gleichmässig schwach graubraun verfärbt war, in der Tiefe und an den Wänden etwas intensiver als oben und in dem zentralen Teil der Grube; Kohle, Scherben oder dergl. fand sich hierin garnicht. Am Boden liess sich nichts ähnliches, wie jener „senkrechte Fortsatz" in der „Gr. St. bei F. I." nachweisen, auch keine Spur von Holz.

Eine zweite graue Stelle (b) kam etwa 1 m nördlich von F. II. zum Vorschein, sie erschien in einer Tiefe von etwa 25 cm als ein graubrauner, ¹/₂ m breiter Ring von etwa 2 m Durchmesser, ohne scharfe Grenzen; etwa 0,50 cm tief verloren sich ihre Grenzen, es kamen auch keinerlei Funde zum Vorschein. Es schien sich um die Spur einer oberflächlicheren Anlage zu handeln.

Anlagen wie F. I und F. II kamen sonst nicht mehr zum Vorschein; aus der Aussage des Koppel-Besitzers ging nicht klar hervor, ob früher an anderen Stellen Ähnliches gefunden ist. Dass die „grauen Stellen" gleichaltrig sind den übrigen Anlagen, geht aus ihrem Verhalten zu den Erdbodenschichten hervor.

Auf einem etwa 5 m breiten Streifen, der von den beschriebenen Stellen aus etwas gebogen, nach Süden als auf die Höhe der Koppel ging, kamen die weiteren Fundstellen zu Tage, ausser dem „Urnen-Knochenlager V", das 1911 abseits und angeblich ganz isoliert nahe bei Punkt (2 + 2) gefunden ist.

Grube I (Tfl. II, 1–2) war bereits bei der Planierung angeschnitten, ¹/₄ der Anlage mochte entfernt sein. Es ist eine muldenförmige Grube gewesen, auf deren Boden in die Mitte ein etwa 25 cm hoher Haufen stark asche- und kohlehaltiger Sand geschüttet war, ringsherum und darüber folgte, mit Asche und anderen Brandresten wenig Kohle gemischter Sand, sowie folgende Funde (Tfl. III. 10, 11):

1. Kohle von Eichenholz.
2. Wenige Stückchen scharf gebrannter, ziemlich zarter Knochen, nicht nachweislich menschlich; ein Stück anscheinend von einem Tier stammend.

3. Ein künstlicher, nicht zerbrannter Silexabschlag (III. 10) lag oben unter dem Humus.

4. In der oberen Auffüllmasse lagen 2 Bruchstücke einer langen, silbernen Fibel-spirale mit eiserner Spiralachse und silbernen Endknöpfen (III, 11 und Zeich-nung III, 11 a in etwas mehr, als natürlicher Grösse). Der Draht ist kantig. In der Mitte sitzt noch das durchbohrte Fibelbogen-Ende. Es handelt sich wohl um eine Fibel von Almgren, Gruppe VI (III. Jahrhundert).

Grube II (Tfl. II, 3 · 5) kam ebenfalls — von einer Kartoffelkuhle — angeschnitten zum Vorschein; es mochte fast $^1/_3$ von ihr bereits entfernt sein. Zunächst erschien sie als kesselförmige Mulde (Abb. 3), auf derem Boden muldenförmig asche- und kohlehaltige Massen geschüttet waren, darüber eine mit humös aussehenden Flecken gemischte weniger kohlehaltige Ausfüllung. — Weiterhin in der Mittelachse der Grube (Abb. 4) erschien der Boden fast hori-zontal; hier trat sehr deutlich in der Füllmasse, besonders in der Tiefe, eine auffällige Verteilung zu Tage: eckige, längliche, intensiv schwarze Partien von etwa 20—30 cm Breite, 30 cm Länge und etwa 15 cm Dicke: es erweckte entschieden den Eindruck, als entsprächen diese Massen jedesmal einem Spaten voll Erde; vielleicht war die Grube mit Spaten zugeschaufelt.

Weiterhin erschien bei der Abtragung die Mulde wieder rundlicher (Abb. 5); die Kohlen-massen lagen besonders in der Mitte.

Regellos zerstreut, besonders in den tieferen, zumal den eingeschaufelten Partien, kamen folgende Funde in Gr. II zum Vorschein (Tfl. III, 12—19):

1. Kohle von Birke (?) und (Abb. III, 19) verkohltes Heidekrautholz.
2. Wenige scharf gebrannte, kleine und ziemlich zarte Knochenstückchen, nicht als menschlich zu erweisen.
3. Grobe Tongefäss-Scherbe, gelbbraun, durch Feuerwirkung mürbe geworden.
4. Ähnliche grobe Scherbe mit Reihen von Eindrücken, wahrscheinlich Fingerspitzen-Tupfen (Abb. III, 15).
5. (Abb. IH, 14.) Durch Feuerwirkung blasig und biscuitartig gewordenes Tongefäss-Randstück mit horizontalen Kannellüren über und unter einem schmalen Schulter-bande: darunter ein Ornamentband aus senkrechten, parallelen, kurzen Linien. Die Tonmasse ist jetzt von ziegelroter Farbe, die aber, ebenso wie die Leichtigkeit des Stückes und die kreidige Beschaffenheit der beigemengten Gesteinskörnchen, ebenfalls Folge von Feuerwirkung ist. Es gehört zu einer schalenförmigen Urne.
6. (Abb. III, 13.) Kleines (1 × 1 cm) Halsstückchen eines Terra-sigillata-Gefässes von roter, siegellackfarbiger Oberflächenglasur, innen mit Abdrehungsspuren. Auf dem Bruch hellrote, jetzt kreideartig abfärbende Tonmasse. Das Stück ist nicht ver-brannt, hat aber alte Bruchränder; es zeigt die Technik der späten römisch-gallischen Terra sigillata.
7. (Abb. III, 12; hierzu Tfl. IV.) Eine grosse Anzahl ebenfalls mit alten Bruch-rändern versehener Scherben eines römisch-gallischen Barbotinegefässes mit figürlichen Appliken, eines auf der Drehscheibe hergestellten Fussbechers aus feingeschlämmtem, grauem Ton, der jetzt, offenbar infolge von Feuerwirkung, ziemlich mürbe ist; die Bruchlinien deuten ebenfallss auf Feuerwirkung.

Das Gefäss hatte folgende Masse:

Grösster äusserer Durchmesser am Rande	76	mm
Duchmesser 5 mm unter dem Rande	70	,,
,, 26 ,, ,, ,, ,,	97	,,
(Grösster) ,, 82 ,, ,, ,, ,,	124	,,
,, 121 ,, ,, ,, ,,	100	,,
Höhe des Halses	18,5	,,
Breite des Randes	5	,,
Dicke ,, ,,	5	,,
Wand-Dicke { Hals	2	,,
Bauch durchschnittlich	2	,,
127 mm unter dem Rande	4	,,
147 ,, ,, ,, ,,	6	,,
Ganze Höhe	167	,,

Äusserer Durchmesser des Fusses . . . . 52 mm
Höhe des Fusses . . . . 13 „
Durchmesser der Ansatzstelle des Fusses . . . . . . 39 „
Höhe des Fussrandes . . . . 7 „
Dicke der Fusswand . . . . 6 „

An der Oberfläche aussen und innen, besonders unter dem Rande des Halses, haften Reste eines lackartigen, jetzt schwärzlichen Farbüberzuges. Aus den Scherben liessen sich einige grössere Partieen des Gefässes zusammensetzen, die schliesslich seine Rekonstruktion ermöglichten, die in den Werkstätten des römisch-germanischen Zentralmuseums zu Mainz in gewohnter vollendeter Weise mit Hilfe von Abgüssen der Scherben ausgeführt wurde; die Gefässreste selbst wurden auf meinen Wunsch nicht in ein so ergänztes Gefäss eingesetzt [1]).

Ich füge eine gutachtliche Äusserung des Herrn Dr. Behn-Mainz, dieses Gefäss betreffend, an:

„Das römische Tongefäss aus dem Gräberfeld von Aldorf-Barnstorf gehört zu einer in deutschen Funden ausserordentlich seltenen Gattung, die von Déchelette Vases céram. de la Gaule romaine II, S. 169 ff eingehend behandelt und den Fabriken von Lezoux und dessen Nachbarschaft zugewiesen wird (vergl.. auch Walters Catal. of roman pottery in the British Museum Tfl. XV). Die Technik des Barnstorfer Gefässes ist zweifellos Terra Sigillata, doch steht die Lasur dem Farbfirnis schon recht nahe: die Veränderungen in Ton und Überzug durch das Feuer, dem das Gefäss im Leichenbrand ausgesetzt war, sind die auch sonst beobachteten. Die Form darf so, wie sie in den Werkstätten des römisch-germanischen Zentralmuseum wiederhergestellt ist, als gesichert gelten, da sowohl von oben wie von unten genügend Originalmaterial vorhanden ist, um den Verlauf der Profilkurve erkennen zu lassen.

Die Verzierung dieser Gefässgruppe setzt sich zusammen aus den in besonderen Formen gepressten und dann auf die Gewandung des Gefässes aufgesetzten figürlichen Appliken und den die Zwischenräume füllenden, en barbotine aufgetragenen Ranken. Die Anzahl der Appliken ist nicht feststellbar. Für den geflügelten Eros, von dem der Oberkörper erhalten ist, fehlt eine völlig schlagende Analogie in Déchelettes Typenkatalog, obwohl unter den Figuren die Eroten durchaus nicht selten sind (Typus 31—43). Die Deutung des dreieckigen, gestreiften Gegenstandes zur Rechten der Figur hängt davon ab, ob der darüber erkennbare Knopf die linke Hand des Eros vorstellt oder nur ein beim Aufsetzen der Applike stehen gebliebener Tonknoten ist: im ersten Falle dürfte man in dem Gegenstande vielleicht die (auch sonst von Eroten gespielte) dreieckige Harfe erkennen, das Trigonon, im letzten den ungeschickt bezeichneten linken Flügel des Eros. Unter dem vorgestreckten Arm ist breit der Tongrund stehengeblieben. Von den Figuren der übrigen Appliken ist nur noch ein Paar auf einer Bodenlinie stehender Füsse erhalten, doch steht diese Figur, wie aus der Dicke der Gefässwand an dieser Stelle und den Drehfurchen im Innern hervorgeht, auf einem bedeutend niedrigeren Niveau als der fliegende Eros. Die Mehr-

---

[1]) Ich halte es nach mancherlei Erfahrung in allen Fällen für dringend ratsam, die Original-Fund-stücke möglichst weitgehend als noli-me-tangere zu betrachten; selbst die Reinigung kann bereits wichtige Merkmale verwischen, wie z. B. auch die Untersuchung Wolfs an bandkeramischen Anhängern der Hanauer Gegend gezeigt hat. Auch rate ich jede Einfügung von Originalresten in Rekonstruktionen möglichst zu vermeiden. Das bei unserem Barbotinegefäss angewandte Verfahren ist eine glänzende Leistung schonender „Rekonstruktion". Man sollte sogar eigentlich nur frische, bei der Ausgrabung entstandene Brüche heilen, und überhaupt nie Originale „ergänzen". Wir wissen noch zu wenig darüber, wo absichtliche Zertrümmerung vorliegt; und die Erkenntnis solcher Vorkommen kann wichtig sein für Beurteilung von Grabriten u. a. m. Ich erinnere an die Beobachtungen, dass an La Tène-Gefässen Mitteldeutschlands oft der eine von zwei Henkeln offenbar absichtlich vor der Bestattung abgeschlagen ist. Die Beobachtungen betreffs der zarten Blatt- und Gewebereste an den Metallgefässen (Tfl. V u. VI) war uns nur möglich an den — zum Glück — „schlecht" gereinigten Gefässen ohne Rekonstruktion und Ergänzungen.

In diesem Zusammenhange sei auch darauf hingewiesen, dass schon das Abnehmen von Angüssen die Originale schädigen kann, wenn es nicht in der schonendsten Weise geschieht: Bestreichen mit Öl ist sicher nicht vorteilhaft, schon weil es die Ergebnisse eventueller späterer chemischer u. a. Untersuchungen der Oberflächen fälschen würde: wir haben neuerdings auf Anraten des Herrn Gelbgiessers Hägemann-Hannover erfolgreich Versuche gemacht mit Abformung in feinstem Formsand, wobei überraschender Weise das Ausgiessen der Abdrücke mit Gips gelang. Das dürfte das schonendste Verfahren sein. — Wir müssen bedenken, dass an Originalfunde von späteren Untersuchern vielleicht noch ganz andere Fragen gestellt werden, als von uns, deshalb sollten wir ihnen diese möglichst unverdorben überliefern! —

6*

zahl der Fragmente stammt von den Barbotineranken, deren Formen sich aus den geringen Resten jedoch nicht mehr rekonstruieren lassen.

Die Fabrikation dieser Gefässe beginnt am letzten Ende des II., fällt aber in der Hauptsache in das III. Jahrhundert (Déchelette, S. 171 ff.). Die Vase von Barnstorf möchte man ihres scharfen Randprofiles wegen lieber noch dem II. als schon dem III. Jahrhundert zuweisen."

Hierzu möchte ich noch Folgendes bemerken: Am Rücken der Figur sind m. M. sichtlich beide Flügel, perspektivisch nicht schlecht, dargestellt; den Gegenstand, den die Figur vor sich trägt, würde ich nie für eine Harfe gehalten haben; vielmehr ohne Voreingenommenheit durch die l. c. abgebildeten Dinge an einen Spinnrocken oder ein Bündel etwa von Blättern (Palme?), oder auch an ein gewundenes Füllhorn denken, dessen Mündung aus der rechten Hand hervorzuragen scheint. Mit dem „Knopf" in Schulterhöhe neben dem Gegenstand scheint doch wohl die linke Hand gemeint zu sein.

Unter den Scherben zeigt übrigens eine (Tfl. IV, 1 f) einen menschlichen Fuss mit nach rechts gewandten Fussspitzen und gebogenem Knie, unter dem Knie wird er von einer Ranke gekreuzt; auch 1 g zeigt wohl ein Knie.

In Grube II fanden sich weiter:

8. Aus Bronze ein angeschmolzener und zerbrochener Gegenstand, anscheinend ein Teil eines Schnallenbogens (Abb. III, 18).

9. Aus Eisen ein Nagel mit flachem, rundem Kopf, auf dem jetzt als scheinbare Kuppe eine blasige Rostbildung sitzt (Abb. III, 16).
Der Nagelstift ist bei etwa 1 cm unter dem Kopf fast rechtwinklig umgebogen.

10. (Abb. III, 17.) Ein Gegenstand aus Eisen (mit anhaftendem Knochenstückchen rechts unten im Bilde), der nicht mit völliger Sicherheit zu erkennen ist, aber ein Fibelrest zu sein scheint: unter (im Bilde über) einer dünnen eckigen Platte sitzt ein Rost-Konglomerat, in dem ich den Rest einer Spirale zu erkennen glaube; über die Platte ragt ein jetzt (im Bilde nach links) gekrümmter Stift empor. Man könnte an eine Plattenfibel mit senkrechtem Stift (Tutulusrest?) denken.

11. Es fanden sich noch mehrere zerrostete, ursprünglich wohl geschmolzene Metallklümpchen, vielleicht von Silber oder Bronze.

12. Endlich scheint eines der Holzkohlestücke der ca. 1 cm lange Rest eines dünnen Brettchens zu sein, an einem Bruchrande ist der Rest eines geraden, senkrecht durch dasselbe gehenden, röhrenförmigen Loches zu sehen.

Bei Grube II, etwas nach Südosten, gegen Grube I hin, kam, ebenfalls von einer Kartoffelgrube zerstört, eine graue Stelle („Loch bei Gr. II", Abb. Tfl. I, 13—15) zum Vorschein, von der aber nur noch der tiefste Teil untersucht werden konnte: in der Kartoffelgrube liegend fanden sich kleine Stücke von sauberem Leichenbrand, es war aber nicht sicher festzustellen, ob bei der Anlage der Kartoffelgrube sonstige Funde gemacht worden waren, die Feldarbeiter erzählten etwas von Knochenstücken, die gefunden wären. —

Der Rest dieser Stelle bestand aus lockerem Sand von schwach grauer Färbung; es fanden sich dann zerstreut wenige ganz kleine Stückchen Holzkohle (sic.) und ein paar kleine, zarte, scharfgebrannte, nicht als menschlich erweisbare weisse Knochenstückchen. Durch Ausheben[1]) des lockeren Sandes konnte die Form des Erdloches sehr gut festgestellt werden: es war an einer Seite (im Norden) stufenförmig eingetieft, am Grunde gingen zwei rundliche Löcher nebeneinander und etwas divergierend noch etwa 20 cm in die Tiefe. Die Art der Anlage dieser Grube hat Ähnlichkeit mit der bei den beiden „grauen Stellen" bei F. I und F. H, nur war ihre Füllmasse fast aschenfrei und weiss, wie der umgebende Sand.

Bei der Lage dieser Stelle zwischen Grube I und II drängt sich der Gedanke auf, ob sie als „Pfosten"- oder wenigstens als „Stangen"-Loch in irgend einer Beziehung zu Gr. I und II steht. Man könnte ebenso auch weiter an eine „Zusammengehörigkeit" von F. II, den „grauen Stellen" a und b und den Gruben I und II denken; aus den Beobachtungen lässt sich aber nichts

---

[1]) — zumeist mit den Händen und nur kleinen Grabwerkzeugen, des feineren Fühlens wegen. Auf das Auge allein kann man sich nicht verlassen. Ich sah bei Ausgrabungen gelegentlich recht zweifelhafte Dinge im Erdboden entstehen durch grobes „Herauspräparieren" von Pfostenlöchern, Hüttengrundrissen etc.

Bindendes schliessen, zumal da diese Stellen nicht intakt zur Untersuchung kamen[1]). — Auffallend ist aber auch die Ähnlichkeit zwischen diesem „Loch bei Gr. II" und dem Boden der Grube, in der das Tongefässknochenlager III lag (s. u. S. 47 unten); die Annahme, dass das „Loch" der Rest eines Knochenlagers sei, ist nicht abzuweisen; und damit erhielt auch Gr. I oder II ihr zugehöriges „Knochenlager" wie es die übrigen Gruben (s. u.) zeigen.

Knochenlager I (Abb. Tfl. II, 7) war eine sehr dicht zusammengepackte, annähernd kugelige Masse scharfgebrannten Leichenbrandes von einem kräftigen, älteren, erwachsenen Menschen (Mann); es fand sich zwischen den Knochen nur wenig reiner Sand und ganz vereinzelte kleine Holzkohlenstückchen, aber keinerlei Beigaben. Die ganze Masse machte, vor allem durch ihre dichte Packung, entschieden den Eindruck, als sei sie in einem, eine Urne ersetzenden, jetzt vergangenem Behälter beigesetzt gewesen, von dem aber keinerlei Spuren gefunden wurden. Eine anatomisch begründete oder sonstwie auffällige Anordnung der Knochenstücke war nicht erkennbar[2]).

Grube III (Abb. II, 6) war eine kesselförmige, nicht ganz runde Mulde, unter der der intakte Sand fleckig infiltriert war. — In der aus aschenhaltigem Sand bestehenden Ausfüllung fanden sich:

1. Kohle von Eiche, Birke (?) und Heide (Abb. III, 24) ausserdem Rinde von Eiche (?).
2. Einige kleine, sehr zarte, scharf gebrannte, nicht nachweislich menschliche Knochenreste: Stückchen von Röhrenknochen und von einem zarten Unterkiefer, sowie eine Zahnwurzel von kolbiger Form, die ich nicht für menschlich halte.

Zerstreut in der Masse der Grube fanden sich ferner:

3. (Abb. III, 20.) Eine einzelne Scherbe[3]) eines aus feinem grauen, klingend hart gebranntem Ton hergestellten, mit **Drehscheibenriefelung** besonders innen versehenen Gefässes von jetzt graubrauner, matter Aussenseite und gelbgrauer roher Innenfläche; sie zeigt die Reste einer in **Kerbschnittmanier** sehr flott eingeschnittenen **Rosettenfigur** aus abwechselnd breiteren und schmaleren, spindelförmigen Figuren zusammengesetzt. Aus der Form der bis 3 mm dicken Scherbe ist nur zu schliessen, dass sie zu einem Gefässteil mit grossem Krümmungsdurchmesser gehört hat: es war wohl ein **eiförmiger Fuss-Becher** (olla), wie das Barbotinegefäss aus Grube II; ähnliche mit kerbschnittartigem Ornament versehene Gefässe fanden sich u. a. auch in Gräbern des III. Jahrhunderts, bei Oxsted bei Cuxhaven und bei Troisdorf im Siegkreis. Sie stammen ebenfalls aus Lezonx, wie der Becher aus Grube II[4]).
4. (Abb. III, 24c.) Rundes eisernes Stäbchen, dessen beide Enden, wohl durch Hämmerung in der Achsenrichtung, etwas verdickt sind und an dem entlang ein Roststreifen läuft. Das Stück sieht aus wie eine Charnierachse oder die Achse einer Fibelspirale.
5. (Abb. III, 24d.) Aus Eisen ein jetzt (durch Verrostung) hohles[5]) nadelförmiges Stück in einen Rostklumpen gehüllt (Fibelnadel?),

---

[1]) Bei Ausgrabungen von Brandgräberfriedhöfen müsste immer auch auf solche Dinge genau geachtet werden. Ergeben sich dabei auch keine „Funde", werden sich doch Beobachtungen machen lassen, die noch viel wertvoller sein können als solche.

[2]) Es scheint mir nach systematischer Untersuchung, die ich seit einiger Zeit begonnen habe, durchaus notwendig, bei der Hebung jedes Leichenbrandbegräbnisses genau auf die Lagerung und Behandlung der Knochenreste zu achten: Bei Untersuchung von Urnen der älteren Eisenzeit Nordwest- und Mitteldeutschlands fand ich wiederholt, dass bei der Einschichtung der Brandreste ganz sichtlich anatomische Vorstellungen massgebend waren: zuoberst lagen z. B. Schädelreste, wagrecht gelegt, darunter grosse Röhrenknochen und spongiöse Teile, bisweilen je in gegenüberliegenden Seiten der Urne gepackt mit wagrechter Schichtung; und in der Mitte der ganzen Masse die oft mit Asche verunreinigten kleineren Reste und die Beigaben.

Angedeutet fand sich dieses Verhältnis noch in Urnen jüngerer Zeit. In den daraufhin untersuchten Urnen der sächsischen Völkerwanderungszeit konnte ich keine solche Beobachtungen machen.

[3]) Siehe hierzu den Scherbenfund bei Punkt 9, Seite 48.

[4]) Mannus II, S. 5 u. Tfl. I, 2 ferner ibid. S. 207 u. Fig. 4, 5. Vgl. Rautenberg „Römische und germanische Altertümer aus dem Amte Ritzebüttel und Altenwalde". Jahrb. d. hamb. wissenschaftl. Anstalten IV, 1887, S. 10 ff. und Tfl. II, 1—3 — Ein Gefäss wie das unsere s. Walter „Catalogue of roman pottery in the british Museum" S. 77 u. Fig. 81, 156. —

[5]) Wie gelegentlich auch z. B. die Klingen von Eisenwaffen dadurch „hohl" werden, dass der Kern des Stückes zu Pulver zerrostet gefunden wird, während die äussere Schicht als schwärzliche, feste Masse

6. (Abb. III, 22.) Einzelne Eisenklümpchen, verrostet.

7. (Abb. III, 23.) Mehrere Bruchstücke eines zerbrannten Knochenkammes, die sich nicht zusammensetzen lassen, mit Eisennieten. Es lässt sich aber erkennen, dass sie zu einem Kamm gehören, der aus einer gezahnten Mittelplatte und beiderseits aufgenieteten Schmuckplatte bestand. Es ist zu vermuten, dass er die aus Funden der späten Kaiserzeit auch sonst bekannte, etwa halbkreisförmige Gestalt hatte[1]).

8. (Abb. III, 21.) Ein kleiner, absichtlich geschlagener, durch Feuerwirkung rissig gewordener Silexspahn.

Knochenlager I und Grube III lagen nur 40 cm von einander (Abb. Tfl. II, 8), und von anderen Stellen viel weiter entfernt; der Gedanke liegt nahe, dass beide zusammengehören, dass vielleicht die eine Grube bestimmt war, den sauber ausgelesenen Leichenbrand. etwa in ein Tuch geschlagen, aufzunehmen, die andere die sonstigen Reste die sich auf der Verbrennungsstätte vorfanden. Auffällig ist dabei allerdings, dass die kleinen Knochenreste in der Grube, soweit erkennbar, von anderer Beschaffenheit sind, als die Leichenbrandreste des Knochenlagers: sie s c h e i n e n von einem zarteren Individuum herzurühren, und stammen nachweislich nicht vom Menschen bezw. wahrscheinlich von einem Tier. Man könnte deshalb daran denken, dass in der Grube III Reste eines Opfers (Schmauses?) gesammelt sind. Dass sich nur ein einzelner Gefässscherben und nur wenige Reste eines Knochenkammes und von Eisengerät (Schmuck?) fanden, deutet aber wieder mehr auf Scheiterhaufenreste, zumal da sich bei dem Leichenbrand keine „Beigaben" fanden.

Form und Inhalt der Grube III hat mit dem der Grube I und II grosse Ähnlichkeit. — Bei Grube I und II sind keine „Knochenlager" gefunden: sie waren. aber vielleicht schon zerstört: möglicherweise war das „Loch bei Gr. II" der Rest eines solchen. —

Knochenlager II (Abb. II, 3) ähnelte in der Anlage dem Kn. I, nur war hier der von einem kräftigen jüngeren Erwachsenen stammende, ebenfalls dichtgepackte Leichenbrand mit Asche und kleinen Kohlenresten vermischt. Er war auch nicht so scharf gebrannt, daher bröckeliger als der in Kn. I; das hatte vielleicht (nach der jetzigen Beschaffenheit ist es wahrscheinlich) zur Folge, dass die reinliche Auslese (Siebung?!) nicht so gut durchführbar war.

Beigaben fanden sich auch in diesem Knochenlager nicht. — In etwa 20 cm Tiefe unter der Grube lief horizontal eine Zone mit kleinen ortsteinartigen, klumpigen Sandkonkretionen hin. Nahe bei Kn. II fanden sich oben unter dem Humus 7 absichtlich geschlagene Silextrümmer, darunter ein kleiner Nucleus.

Grube IV (Abb. II, 10—13) lag 2 m von Kn. II nach Süden; sie war eine regelmässige rundliche Mulde, ausgefüllt mit Sand, der mit

1. Holzkohle (Kiefer?) und Asche gemischt war.
   Verstreut fanden sich einige Tongefässscherben, nämlich:
2. eine durch Feuerwirkung nicht wesentlich veränderte grobe, gelbbraune Scherbe von dem Mittelteil eines weiten Gefässes, und
3. ein kleines gerades Randstück von ähnlicher Tonbeschaffenheit, mit Finger (?) — Tupfen oben auf dem dadurch etwas breitgedrücktem Rande (Abb. III, 35). —

Die Annahme liegt nahe, dass auch Knochenlager II und Grube IV in ähnlichem Zusammenhang stehen, wie Kn. I und Gr. III.

Neben Grube IV nach Süden kam eine „**graue Stelle**" in den obersten Erdschichten zum Vorschein, die aber keine feststellbare Form hatte und keine Funde ergab.

Als „**Knochenlager III mit Tongefässresten**" (Abb. Tfl. II, 18—21) ist ein Fund bezeichnet, der etwa 4 m östlich von Kn. I und Gr. III zum Vorschein kam. Bei der Flächenabtragung liess sich in etwa 25 cm Tiefe, wo die starke humöse und braune Infiltration aufhörte, eine länglich runde, graubraune, fleckige Stelle erkennen. Daneben nach Westen eine graue ringförmige Verfärbung, die aber weder in die Tiefe reichte, noch sich als eine Erdgrube oder dgl. entpuppte (vgl. die graue Stelle b bei F. II . Etwa 5 cm tiefer zeigten sich in dem

erhalten bleibt und oft allein die Form des Ganzen bewahrt. Wie Herr Iugenieur Gräfe-Linden vermutet, handelt es sich um Bildung von Phosphoreisen an der Oberfläche, unter Einfluss des Leichenbrandes. Möglicherweise spielen Folgen des Schmiedens auch eine Rolle bei diesen Vorgängen?

[1]) Ein Exemplar aus dem sächsischen Urnenfriedhof von Wehden (Provinzial-Museum Hannover) ist abgebildet bei Willers „Bronze-Eimer" l. c. Fig. 46, S. 21. — S. a. den früher in Barnstorf gefundenen Kamm Tfl. VIII, 16.

aschehaltigen Sande der Stelle Kohlestücke und einzelne gebrannte Knochenreste; die Stelle war in etwa 35 cm Tiefe in der Mitte ein etwas schiefes Viereck (in Abb. 21 etwas schematisiert), in dem Bruchränder von Tongefässen zwischen verschieden stark sand-, asche- und kohlehaltigen Leichenbrandresten hervorsahen; in den Ecken des Vierecks lag besonders viel Kohle und Asche. Um das Viereck herum blieb zunächst die Stelle als rundlicher Fleck, wie in der oberen Schicht, durch grauen Sand markiert; besonders in tieferen Schichten waren aber die Grenzen dieser Verfärbung so unsicher, dass keine bestimmte Grubenform feststellbar war. Die Aushebung des Leichenbrandes und der Asche etc. ergab eine oben viereckige, nach unten muldenförmige Grube, in der flach die, je etwa einer Gefässhälfte entsprechenden Reste v o n z w e i T o n g e f ä s s e n lagen, gleichsam als Unterlage eines nicht festgepackten und stark mit Sand, Asche und Kohle gemischten Leichenbrandhaufens, i n dem auch noch einige kleine Scherben lagen, wie eine kleiner nicht an die grossen Stücke passender Gefässrest, und Teile der einen grösseren Topfhälfte. In der grauverfärbten Zone um das eigentliche Knochenlager fanden sich weder Knochen noch andere Funde. — Auffallend war, dass sich in dem Knochenlager zwischen den Scherben und den Asche-, Kohle- und Leichenbrandmassen stellenweis gelber, reiner Sand vorfand, und dass überhaupt die Asche- und Kohlereste mehr im oberen Teil des Ganzen lagen (Abb. II, 20).

Vom Boden der Grube unter der NO.-Ecke des Vierecks (in Abb. II, 21 rechts) gingen 2 etwa 10 cm tiefe, etwa 15 cm von einander entfernte runde Vertiefungen senkrecht nach abwärts, in denen ausser lockerem grauen Sande nichts gefunden wurde.

Die F u n d s t ü c k e aus dieser Grube waren:

1. mässig gebrannter Leichenbrand eines kräftigen älteren erwachsenen Menschen.
2. Kohle einer anderen Holzart, als sich in den anderen Stellen vorgefunden hat: Koniferenholz.
3. (Abb. III, 27). Die — nicht zerbrochen aufgefundene — Hälfte eines braunen, groben, napfförmigen Tongefässes ohne Verzierung mit steilem, leicht nach aussen gebogenem Rande, das keine Veränderung durch Feuereinwirkung aufzuweisen scheint: einige Risse könnten allerdings so erklärt werden. Wegen der Form s. zu Tfl. VIII, 10.
4. (Abb. IH, 28). Eine Seitenwand (etwas mehr als 1/3) eines jetzt gelblichen, groben, aber ziemlich fest gebrannten Gefässes, das anscheinend durch Feuer verändert ist, (Risse. Stumpfe gelbe Farbe) und gerundete, bröckelige Bruchränder zeigt. Vom Boden und dem Rande ist nichts erhalten, vom Rand-Schulterknick ein kleiner Rest oben an einem grossen kräftigen Henkel.
5. (Abb. III, 29). Eine kleine, gelbliche, ebenfalls ziemlich grobe Scherbe mit schwärzlicher, wolkiger Fleckung (von Schmauchfeuer); sie ist stellenweise rissig, was auf Feuerwirkung hinweist, und dünner als die anderen Scherben, sowie in zwei Flächen stärker als irgendeine Stelle der anderen Gefässreste gekrümmt.
6. (Abb. III, 30). Ein feiner, absichtlich hergestellter, lanzettförmiger Silexspahn fand sich an dieser Stelle in den obersten Schichten, da wo der Leichenbrand und die Kohle- und Asche-Massen begannen.

Knochenlager IV (Abb. II, 22—23), kam fast genau auf dem jetzt höchsten Punkte der Koppel bei Punkt (1 + 2) zum Vorschein, als am weitesten nach S.-W. gelegener Fund. Es war eine rundliche, kesselförmige Mulde von fast halbkreisförmigem Durchschnitt. In etwa 15 cm Tiefe fand sich hier im Humus, wo die Grenzen der Grube noch nicht erkennbar waren, eine sehr grobe, aber offenbar durch Feuer nachträglich nach d. eigentlichen Gefässbrand fast klingend hart gebrannte aber grobe Scherbe, deren Zugehörigkeit zu Knochenlager IV nicht erweisbar ist, die also auch nichts beweist bezügl. der oben (S. 38) aufgeworfenen Frage, ob die Oberfläche zur Zeit der Anlage der Gräber dieselbe war wie heute; sie könnte aber in die Zeit der übrigen Funde gehören. — Nahe bei dieser Scherbe fand sich ein absichtlich geschlagener, durch Feuer veränderter Silexspahn. — Die Grube war ziemlich gleichmässig angefüllt mit mittelstark gebranntem Leichenbrand eines kräftigen, älteren Erwachsenen; dazwischen aber lag ein Wirbelrest und andere Knochenreste, deren zarte Beschaffenheit nicht übereinzustimmen scheint mit den übrigen Resten. — Der Leichenbrand lag nicht dicht gepackt und war mit wenig Eichen-Kohle und Asche gemischt. Beigaben fehlten, wie auch bei Kn. I u. II.

Grube V (Abb. II, 14—16), lag allein, etwa mitten zwischen Kn. IV und Kn. II bezw.
Gr. IV. — Etwa 10 cm unter der Erdoberfläche zeigte sich zunächst eine schwarze Stelle mit
Kohle- und Aschespuren (Abb. 16) von etwa 80 cm Durchmesser, ohne sonstige Funde; erst
10 cm tiefer erschien deutlich die oberen Grenzen einer rundlichen, kesselförmigen Mulde, deren
aus stark mit Kohle und Asche gemischtem Sand bestehende Ausfüllung etwa Sackform zu
haben schien, während sich nach oben um die dunkle Masse herum hellerer Sand fand. Auch
unter dieser Grube lief eine Ortstein-Zone hin.

Die Füllmasse enthielt ausser Asche, ungleichmässig verteilt folgende Funde:

1. Kohle von Eiche, Birke (?) und Heide,
2. Wenige kleine gebrannte Reste zarter Knochen,
3. (Abb. III, 26) eine gelbliche, anscheinend nicht durch Feuer, sondern durch Verwitterung bröckelig gewordene Scherbe, deren leicht gewölbte Oberfläche ein ganz
charakteristisches **neolithisches** Ornament zeigt.
4. (Abb. III, 25), ein Stäbchen aus Eisen, an einer Seite (frisch) abgebrochen, das
andere (im Bilde untere) rundlich abgestumpft, ähnlich wie das Stück 2 aus
Grube III; da es etwas kantig ist, könnte hier an eine Fibelspiralachse gedacht
werden.
5. 4 Steinbrocken, wohl Reste eines durch Feuerwirkung zersprungenen Gerölles.
6. drei durch Feuerwirkung veränderte, absichtlich hergestellte Silextrümmer, darunter
ein kleiner Nucleus.

Soweit die Befunde von den Feuerstellen, Knochenlagern und Gruben. — **Ausserhalb
dieser Stellen** fanden sich zerstreut über den ganzen Streifen, in dem Funde gehoben sind,
im Humus oder wenig tiefer, noch einige Gegenstände, die erwähnenswert sind:

1. Bei **Punkt 9** fanden sich dicht beieinander liegend 3 Scherben (Abb. HI, 31—33),
durch Feuer verbogen und stark mürbe und rissig geworden, aus feingeschlämmtem,
jetzt lederbraunbelbem Ton, die offenbar zusammengehören: sie zeigen Spuren von
Drehscheibenriefelung aber kein Ornament, und gehören sichtlich dem Unter-
teil eines **Fussbechers**, wohl auch römisch-gallischen Ursprungs, an; die Stelle
des Überganges zum Fuss ist erkennbar. — Punkt 9 liegt wenig über 2 m südwestlich von Grube III, in der die einzelne Scherbe eines Bechers gefunden ist,
zu dem sehr wohl diese Scherben gehören könnten.
2. Bei **Punkt 11**, wiederum nicht weit von Punkt 9, fand sich unter dem Humus etwa
10 cm tief ein **Spinnwirtel** aus Ton (Abb. III, 34), ohne Ornament, von einer
gewöhnlichen Form, wie sie aus kaiserzeitlichen Funden auch sonst bekannt sind.
3. Bei **Punkt 0** (20 cm südlich von ihm), also etwa in der Mitte zwischen Gr. I
und Kn. III fand sich unter dem Humus ein leicht nach aussen gebogenes **Randstück** eines groben, lederbraunen, aussen und innen gut geglätteten Tongefässes,
oben innen mit Andeutung von Facettierung ohne erkennbare Zerstörung durch
Feuer. Dem Rand-Profil und dem Tone nach gehört es zu einem Gefäss etwa wie
Abb. III, 27.
4. Bei Abhebung des Humus der Gegend bei P. 9 bis 11 kamen noch verschiedene,
absichtlich geschlagene Silextrümmer zum Vorschein, darunter ist bemerkenswert
ein schön gearbeiteter, ohrförmiger **Schaber** (Abb. III, 35) in der Form, wie sie
mindestens seit der Moustier-Stufe der älteren, bis in die jüngere Steinzeit vorkommen. Das Stück ist, wie die Mehrzahl der Silexspähne- und Geräte von der
Koppel, intakt und leicht patiniert bezw. „natürlich poliert"; es ist neolithisch.

Eine „**Kohlenstelle**" (Abb. II, 17) endlich kam abseits von den Gruben usw., aber
nicht weit von den Funden bei Punkt 9 und 11, und fast halbwegs zwischen Kn. III und
dem Urnenfund von 1911, zum Vorschein, die nicht ohne weiteres zu einer der Gattungen
der anderen Fundstellen zu stellen ist: In fast 2 m Umkreis lagen ziemlich gleichmässig verteilt von etwa 5 cm bis zu 20 cm Tiefe abwärts, grosse und kleine Holzkohlestücke (Koniferenholz) z. T. noch mit Rinde versehen. Ausser einem ganz kleinen scharfrandigen, zerbrannten (?)
Gesteinsstückchen, kam nichts weiter zum Vorschein, und im Erdboden zeigten sich auch
keinerlei Anzeichen für eine etwaige künstliche Anlage; eine durch Asche und Kohlenstaub
bedingte Schwärzung ging noch einige Zentimeter tiefer in den Sand hinunter. Die Stelle

machte zunächst den Eindruck des Restes eines an seinem Standort verbrannten Baumes, allerdings fehlten die Wurzelreste oder deren Erdboden-Löcher. Wegen der Nähe der übrigen Funde musste die Stelle hier aufgeführt werden, schon deshalb, weil in der Nähe von Kn. III, im Gegensatz zu den anderen Knochenlagern keine wahrscheinlich zugehörige Brandgrube gefunden wurde. Es wäre nicht ganz unwahrscheinlich, dass die Kohlenstelle und vielleicht auch die nach Kn. III hin zerstreut gefundenen Stücke, wie der Wirtel bei P. 11, vielleicht auch die Scherben bei P. 9, Reste der Brandstelle für Kn. III wäre, die nicht in eine Grube gesammelt wären: die (allerdings recht oberflächlich liegenden) Holzbrandreste blieben vielleicht an Ort und Stelle liegen, die Reste von Gefässen und Beigaben (Wirtel) dort, wohin sie beim Brand gefallen waren. Die geringe Sorgfalt der auf Topfscherben gebetteten Leichenbrandbestattung Kn. III würde mit der „oberflächlicheren" Anlage dieser Verbrennungsstätte zusammenpassen.

Überall auf der untersuchten Fläche sind nach der Abtragung des Heidehumus hier und da Holzkohlenrestchen, auch gelegentlich kleinere und grössere, durch Kohlenstaub entstandene oberflächliche Flecken im Erdboden zum Vorschein gekommen, ohne dass an ihnen eine bestimmte Gesamtform, die etwa auf Gruben hindeutete, festgestellt werden konnte. Solche Kohlenstellen finden sich auf jeder Heidefläche, die ja schnell einmal mitsamt ihrem Baumbestand in Brand geraten kann; im Hinblick auf die übrigen Funde wäre aber auch vielleicht damit zu rechnen, dass im Bereiche eines Gräberfeldes Kohlenreste mit den Gräbern in Beziehung stehen.

Eine Gesamt-Übersicht über unsere Funde soll die angehängte Tabelle I geben.

B. Die früheren Funde.

I. Fundbericht.

Über die Fundumstände der früheren Funde ist nichts weiter auszusagen, als was aus den bereits oben wiedergegebenen geringen Angaben der Finder und meinen Beobachtungen an Ort und Stelle zu entnehmen ist: Vgl. oben S. 2 u. 3.

Die von 1893 bis zum März 1910 aufgesammelten Fundstücke sind folgende:

6 Metalleimer, als Leichenbrandurnen benutzt, einzeln, mit Leichenbrand gefüllt aufgefunden.

Reste von I Eimer, der zerbrochen und angeschmolzen aufgefunden wurde.

2 grosse Näpfe, | wahrscheinlich alle als Leichenbrandurnen benutzt aufgefunden;
7 Becken, | in einigen noch Reste von Leichenbrand.

I Kasseroll, | zusammengeschmolzen und zerbrochen aufgefunden.
I Sieb, |

Reste von 2 Becken, angeschmolzen und zerbrochen aufgefunden.

2 Tongefässe, zusammen (als Leichenbrandurne mit Deckel) aufgefunden; darin Leichenbrand.

Reste eines Schildbuckels,
.. einer Schildfessel, | angeschmolzen und zerbrochen aufgefunden.
„ vom Schildrandbeschlag, |

Kopf eines Ziernagels und | angeschmolzen und zerbrochen
Beschlagreste, vielleicht zum Schild gehörig. | aufgefunden.

I Fibel, stark beschädigt |
3 Fibelspiralen, | zerbrochen aufgefunden.
I Fibel-Nadelrast, |

Geschmolzene Metallreste (Gefässränder und Griffreste).

Reste eines Knochenkammes, zerbrochen und gebrannt.

Geschmolzene verschiedenfarbige Glasreste (Perlen).

Durch Hitzewirkung rissig gewordenes Bruchstück eines flachen Glasgegenstandes . (Gefässwand?).

I Schleifstein.

Menschliche Leichenbrandreste.

Geschmolzene Reste eines Metallgefässes, 1910 in einer „Knochenstelle" gefunden.

I. Die Eimer.
Tafel V.

Die Eimer[1]) scheinen alle, bis auf den zerschmolzenen Eimer 7 in viel besserem Erhaltungszustande aufgefunden zu sein, als sie jetzt vorliegen; wahrscheinlich haben sie noch völlig heil in der Erde gestanden: denn wirklich von Rost „zerfressen" scheint keiner zu sein und die jetzt vorhandenen Brüche sind fast alle frisch. Die Wände sind meist sogar auffällig gut erhalten und zeigen dabei im Bruch das reine Metall; wo es — selten — völlig oxydiert ist und daher sehr brüchig, ist die ehemalige Form trotzdem gut erhalten; das alles beweist nach sachverständigem Urteil Nachbearbeitung der Oberfläche durch Politur[2]). Die Ränder, Henkel und Füsse haben sich immer besonders gut erhalten, die Henkel sind z. T. frisch zerbrochen (Eimer 1 und 6), bei Eimer 3 fehlt der Henkel. Die Gefässmitte, die immer am dünnsten ist, zumal am Umbruch, ist stets am stärksten beschädigt. Die Patina der Eimer ist verschieden: einige (Eimer 3 und 5) sind von schöner blaugrüner Farbe und zeigen hochglänzende Oberfläche mit mehr (5) oder weniger (3) körnigen oder warzigen Rostflecken; das Metall ist bei Eimer 5 nur wenig zersetzt. Andere (1, 2, 3) haben dunkelgrüne, aber ebenso wenig zerstörte Oberfläche, einige aber sind völlig oder stellenweise mit rauhem (2) bis körnigem Rost bedeckt; ausserdem wechselt das Aussehen der Gefässoberfläche an verschiedenen Stellen desselben Eimers. Aussen zeigen sich grosse rundliche, oft scharf begrenzte Flecke, die den Eindruck machen, als sei das Gefäss mit irgend welchen chemisch anders als der Sand des Fundortes wirkenden Dingen in Berührung gewesen. Die Innenfläche ist bei Eimer 5 grösstenteils metallisch und hochglänzend, bei den anderen fast durchweg wenigstens rostfreier, als die Aussenseite. Ob und wie das damit zusammenhängt, dass Leichenbrand in den Eimern gelegen hat und ausserdem ständig Feuchtigkeit darin angesammelt gewesen sein muss, da die Eimer aufrecht im Boden gestanden haben, wäre eine chemische Untersuchung wert. An der Innenwand der meisten Eimer (1, 3, 4, 5, 6) sind Spuren (Abdrücke) oder Reste vorhanden von einer Umhüllung des Leichenbrandes mit Geweben; man kann sogar noch die Falten der Tücher gut erkennen und aus ihrem nach oben konvergierenden Verlauf schliessen, dass diese Umhüllungen oben zusammengenommen waren. — Über der oberen Grenze dieser Spuren haftet bis zum Rande bei allen Eimern gelber Sand innen an der Gefässwand, die im übrigen hier immer besonders gut erhalten und jetzt dunkelgrün und rauh patiniert ist. Tiefer im Gefäss, wo der Leichenbrand lag, zeigen die Wände rauhe schmutzige Patina.

Alle noch untersuchbaren Gewebereste bestehen aus links gedrehten Leinenfäden. In Eimer 3, 4, 5, 6 ist das Gewebe grob und in zweischäftiger Leinenbindung: Taffet, hergestellt mit der Patrone ▭. Die Fäden sind sehr ungleich gesponnen, sowohl in der Kette, wie im Schuss. Die Fadenzahl auf 1 □ cm ist

im Eimer 3: 8 × 8 gleich dicke,
   „   „   4: 16—18 dickere × 14 dünnere,
   „   „   5: 12 × 14.

Das Gewebe, von dem Reste und Abdrücke im Eimer 1 vorhanden sind, ist ein sehr gleichmässiger Taffet von 17 dünneren × 20 dickeren linksgedrehten Leinenfäden auf 1 □ cm.

In Eimer 5 sind ausser von Taffet auch noch Abdrücke von einem Rautenköper so deutlich an der noch metallischen Wand zu erkennen, dass die Fäden zu zählen sind: es sind 12 × 14 auf 1 □ cm. Die Patrone ist ziemlich sicher so:

o			o		o	o	o		
	o		o		o				o
o		o		o				o	o
o		o		o			o	o	

es wäre demnach ein nicht versetzter vierschäftiger Batavia-Rautenkörper. —

---

[1]) Bis zu Willers Untersuchung waren aufgefunden Eimer 1, 2, 3, 4, 7. 1910 kamen 5 und 6 hinzu.

[2]) Ausser der Beratung verschiedener Modellarbeiter, Gusstechniker und Gelbgiesser habe ich bei den in meine Untersuchung hineinspielenden metallurgischen Fragen mich vor allem der Unterweisung und der tatkräftigen Hilfe des Herrn Dozenten Dr. Jänecke an der Königlich Technischen Hochschule zu Hannover zu erfreuen gehabt, dem ich besonders auch die Anleitung zur mikroskopischen Untersuchung und die ersten derartigen Präparate verdanke. — Es war eine interessante und erfreuliche Tatsache, dass meine aus technischen Erwägungen gezogenen Schlüsse durch die mikroskopische Untersuchung bestätigt und in wertvoller Weise

Diese Spuren von Geweben sind bei den betr. Barnstorfer Eimern nur innen vorhanden, reichen aber in den verschiedenen Eimern verschieden weit nach oben (s. Tabelle II); die Eimer waren also verschieden weit gefüllt. Das Verhältnis des ehemaligen Füllungsgrades entspricht gut dem verschiedenen Rauminhalt der Eimer: die grössten wurden von Leichenbrand nicht ganz ausgefüllt, der kleinste (5) bis zum Rande. Die erhaltenen Reste von Leichenbrand aus Barnstorfer Eimern gehören Erwachsenen an, wie auch die in allen Eimern aus Hemmoor; und in Barnstorf ist überhaupt nur in dem einen Deckel-Urnengrab Kinderleichenbrand gefunden. —

Bei Eimer 2 und 6 (vielleicht auch 1) fanden sich nun ausserdem aussen und innen am Eimerboden Reste von Blättern (1) und zwar Eichenblättern; die Art, wie diese an den Gefässen festsitzen, zeigt, dass die Blätter mit den Gefässen zugleich in die Erde gekommen sind. dass sie also wohl als Beigaben bei der Urnenbeisetzung gedient haben. Diese Annahme wird bestätigt durch gleiche Beobachtung an den Barnstorfer Näpfen und Becken (s. u.), sowie an Gefässen aus Hemmoor. Am Eimer 2 finden sich Eichenblattreste [1] an der Aussen- und Innenwand (Tfl. V. 2), an den Trümmern des Eimers 6 nur an der Innenseite, in Eimer 1 nur fragliche Reste an der Innenwand. Beide Male haften grosse Blattstücke glatt an der Gefässwand, an der hier keine Sandreste angerostet sind. Es scheint aber viel mehr Laub an und in den Eimern gelegen zu haben [2]. —

Nach Willers sind die Eimer vom Hemmoor-Typus sämtlich bereits sehr dünn gegossen und dann nachträglich weiter verdünnt und verziert durch Drehbank-Abdrehung, Andere Forscher, die über diese Metallgefässe gearbeitet haben, hatten sie kurzerhand für getrieben erklärt. Willers stützt sein Urteil, wie es scheint [3], ganz auf das Vorhandensein der Anzeichen von Abdrehung. Sehr eingehende Untersuchung der Barnstorfer, sowie auch der übrigen im Provinzial-Museum aufbewahrten Metallgefässe der selben, wie auch älterer und jüngerer Zeit führten mich auch zur Nachprüfung ihrer technischen Merkmale und ergab allerlei neue Tatsachen und Gesichtspunkte zu deren Beurteilung.

Schon der blosse Augenschein (Tfl. V und die Tfln. von Willers) lehrt, dass die sämtlichen Eimer der Form nach zwar offensichtlich einem „Typus" angehören, dass sie aber weit von der Schablonenarbeit entfernt sind: sowohl im Grössenverhältnis, wie im Verhältnis ihrer Maasse zu einander und in den Einzelheiten ihrer Ausstattung; ein jeder ist gleichsam ein Individuum, — es scheint, als seien von allen, Willers s. Z. bekannten 86 Eimern nicht zwei einander gleich. Schon dieses Verhältnis legt die Vermutung nahe, dass, falls sie ihre Form lediglich im Guss erhalten hätten, sie nicht in festen Formen, sondern nach Wachsmodell und zwar in „verlorener Form" gegossen wären. — Die Grundform der Eimer ist eine Art „Eierbecherform" wie sie Willers nennt. Die Achse keiner der von mir untersuchten Eimer steht exakt senkrecht zum Rand oder zum Standring; die Aussenwand [4] im obersten Teile des Eimerkörpers, wo die Verzierungen (s. u.) sitzen, ist drehrund, wie es auch die Füsse immer sind — die als nachträglich zu erkennenden oder zu vermutenden Verbiegungen natürlich abgerechnet [5]); weiter nach unten ist die Aussenwandkurve nicht mehr exakt ein Kreis; der Umbruch aber und die nächstliegenden Partien oberhalb und unterhalb sind noch weniger exakt gerundet. —

Das Gesamt-Profil der Eimer ist infolge aller dieser Ungenauigkeiten nicht in allen „Meridianen" des Gefässes gleich, was ein Blick auf die Profilaufnahmen (Tfl. V, und Willers' Tafeln von 1901) lehrt; ebenso zeigt sich beim Anblick der Gefässe von oben oder unten in der Richtung der Achse die Abweichung von der Kreisform der Umfangskurve. Die Eimer mit

ergänzt wurden. Die Einzelheiten aller betreffenden Untersuchungen mitzuteilen, würde den Rahmen dieser Arbeit überschreiten, die im Wesentlichen auch programmatischen Charakter tragen sollte, betreffend die m. M. für die moderne Vorgeschichtswissenschaft notwendige Fragestellung, die über den blossen Fundbericht und die chronologischen und typologischen Erwägungen hinausgeht und mit naturwissenschaftlicher Methode möglichst tief in die technischen Details, die ihrerseits weite Ausblicke eröffnen, auf die letzten kulturarchäologischen Probleme.

[1] Ich verdanke die botanische Untersuchung Herrn Medizinalrat Brandes-Hannover.

[2] S. u. zu Becken Tfl. VII, 2.

[3] 1901, Seite 121: „. . . sind sie abgedreht, so rühren sie auch aus dem Gusse her."

[4] Nach der Untersuchung der Kurven der Gefässaussenwände mittels des anthropologischen Kurvenschreibers nach Lissauer-Klaatsch.

[5] Diese sind bei einigermassen gut erhaltenen Gefässen gering, da der verdickte Rand und die ganze Wandkonstruktion vorzüglich geeignet sind, die Form des Ganzen zu erhalten.

angelötetem Fuss scheinen übrigens exakter achsenrecht gearbeitet zu sein. — Diese Profilierung erinnert an die Erzeugnisse primitiver Drehscheiben, bezw. an Treibarbeiten. Sind die Eimer, wie Willers will, in ihrer Form gegossen, so gälte der Modellherstellung dieses Urteil.

Die W a n d d i c k e wechselt innerhalb der Horizontalen nicht merklich, wohl aber von unten nach oben so, dass sie vom Rand bis zum Umbruch fast stetig abnimmt, dann bis zum Boden wieder wächst. Nirgends an den Wänden, Rändern, Attachen und Füssen findet sich an den Barnstorfer und den 14 anderen, im Provinzial-Museum aufbewahrten Eimern auch nur eine Andeutung für das Vorhandensein von Gussnähten oder ihrer Nebenerscheinungen (Spalten u. a.). Das spräche gegebenenfalls auch für den Guss in der verlorenen Form, oder für starke nachträgliche Abdrehung, für die aber die Exzentrierung der mittleren und unteren Gefässpartien nicht gerade spricht. —

Aus bestimmten Gründen soll der folgende Bericht über die t e c h n i s c h e U n t e r s u c h u n g erst die Füsse, dann Gefässböden, Henkel, Attachen und Eimerwände berücksichtigen.

Die E i m e r f ü s s e sind n u r b e i E. 3 u n d 5 von Barnstorf an das Gefäss a n g e l ö t e t [1]; sie haben hier die Form von Deckeln mit geschweiften Seitenwänden und mit mehr oder weniger, entsprechend dem Gefässboden, gebogenem Bodenteil. Die dicken Wände des Eimerfusses 3 tragen über der Standfläche eingedrehte Linien, ebenso die untere Bodenfläche der Füsse beider Eimer, besonders tiefe der von Eimer 5, der durch eine breite Furche und eine sie ausen begleitende Linie förmlich modelliert erscheint (Tfl. V, 5). Die Füsse s ä m t l i c h e r a n d e r e r Eimer bilden einen, unter dem Gefässboden sitzenden S t a n d r i n g von sehr verschiedenem Querschnitt. Die Seitenwandungen dieser nicht angelöteten Eimerfüsse sind immer etwas dünner, als die Ränder der betr. Eimer. Die Füsse scheinen auf den ersten Blick in ihrer jetzigen Gestalt in eins mit den Eimern gegossen zu sein [2]. Die Übergänge von der äusseren Gefässwand zur Fusswand sind völlig glatt, ebenso die von den inneren Fusswänden zu dem Gefässboden. Die Grenze zwischen innerer Gefässwand und Gefässboden, der also zugleich auch die obere Fläche des Bodens des Fusses ist, ist aber gegen die Gefässwand hin immer von einer kreisförmigen seichten Furche begleitet, und zeigt ausserdem ringsherum gegen den Gefässboden hin feine unregelmässige Risse und Spalten, die hier und da deutlich den Eindruck erwecken. als seien sie von der Furche her „verstrichen". Der freie Fussrand ist innen und aussen stets glatt und seine Wandungen scheinen völlig massiv zu sein. Nun lässt aber der zerbrochene und angeschmolzene Fuss, der u. a. nach Beschaffenheit des Metalles und seinem Erhaltungszustande zu dem Frieseimer-Rest Nr. 7 gehört, erkennen, dass seine Wände aus 2 Blättern bestehn, bis auf den freien Rand, der massiv ist. Die beiden Blätter liegen stellenweise fest aufeinander, klaffen aber nach oben hin unregelmässig weit infolge der Zerstörung durch das Feuer. Das innere Blatt geht nahtlos in den gemeinsamen Boden des Fusses und des Gefässes über, das äussere ebenso in die Gefässseitenwand. Die Übergangsstelle von den Gefässseitenwänden in das äussere Blatt der Fussringes zeigt aber im Querschnitt eine gegen den Gefässboden kantig vorspringende Verdickung und von der ebenfalls etwas verdickten Kante, die den Umbruch vom Gefässboden nach dem inneren Fussring-Blatt darstellt, springt eine feine Leiste gegen die Gefässwand bezw. die innere Kante zwischen Gefässwand und äusserem Fussring-Blatt vor (Tfl. V, 7 f.). Die beiden Kanten hatten sich ursprünglich im unzerstörten Gefäss offenbar dort getroffen, wo sämtliche Eimer mit nicht angelötetem Fuss die beschriebenen von einer Furche begleiteten Risse zeigen. Die Ansägung des Fusses von Eimer 6, die Durchbrechung eines Eimerfusses von Hemmoor, sowie die Untersuchung der Bruchstellen am Fuss eines zweiten Hemmoorer Eimers und die Beobachtung bei der Entnahme von Metallproben aus mehreren Eimerfüssen hatten alle das übereinstimmende Ergebnis, dass die Seitenwände dieser nicht angelöteten Fussring a l l e aus 2 Blättern bestehen, die aber fest aufeinander liegen, sodass z. B. beim Beklopfen durchaus der Eindruck entsteht, als sei der Fussring massiv. Wie bei Eimer 7 geht das äussere Blatt immer nahtlos einerseits in die Eimerwand andererseits aber auch unten an der Standfläche in das innere Fussblatt, das seinerseits wieder nahtlos in den gemeinsamen Boden übergeht. Der obere Rand des Spaltes zwischen beiden Blättern ist im Gefässinnern überbrückt, und zwar zweifellos durch Treiben

---

[1] Ebenso bei einem Eimer von Hemmoor, dort aber in anderer Weise gestaltet, wie bei den Barnstorfer Exemplaren. — Ausser diesen tragen nach Willers 1901, S. 140, nur noch wenige andere Eimer vom Hemmoortypus a n g e l ö t e t e Füsse.

[2] Was auch Willers a. a o. annimmt.

leistenförmiger Kanten von dem Boden und der verdickten Stelle her, die den Übergang der Gefässwand in das äussere Fussblatt bildet. Die deutlichen Spuren der Treibarbeit sind am Boden radiallaufende niedrige Wülste und Beulen, und auf der Gefässwandseite die beschriebene, kreisförmige Furche, deren Aussehen an sich schon die Treibarbeit verrät; sie war in der Tiefe des Gefässes nicht absolut exakt ausführbar, so erklären sich die übrig gebliebenen feinen Spalten! — Durch nachträglich eingedrehte Linien (s. u.) sind diese Arbeitsspuren innen am Gefässboden kachiert.

In der Mitte des Bodens ist überall das „Korn" vorhanden, das Grübchen, in dem der Reitstift der Drehbank lief. — Die äusseren und inneren Fussringwände, sowie vor allem die untere Gefässbodenfläche tragen deutliche Spuren von Hämmerung und kräftiger nachträglicher Abdrehung, so besonders in der unteren Bodenfläche tief eingerissene Drehlinien. In der Mitte der unteren äusseren Bodenfläche liegt ebenfalls bei allen Eimern vom Hemmoortypus ein „Korn".

Der Boden ist in der Mitte stets am dicksten, und das Reitstiftkorn liegt immer auf einer mehr oder weniger markierten Stelle von durchschnittlich 1 cm Durchmesser, die bei einigen Gefässen, so bei Eimer 1, als rundliche Warze [1]), bei anderen als nachträglich schlecht beseitigte Erhöhung mit scharfen Rändern, bei einigen als deutliche kleine Bohrgrube (Eimer 4) mit erhabenem Hof, bei allen andern aber im spiegelnden Lichte wenigstens als Rauhigkeit erkennbar ist. Die Frage liegt nahe: handelt es sich hier vielleicht um die Reste eines Gusszapfens? — oder um den Rest der ursprünglich vorhandenen Dicke des Bodens: beim Verdünnen durch Abdrehen konnte man das Zentrum bezw. die Mitte des Bodens von 1 cm Durchmesser, wo der Reitnagel der Drehbank eingesetzt war, natürlich nicht bearbeiten: dann blieb eine Art Hof um das Korn als Erhöhung stehen. An einigen Eimern ist dieser Hof nachträglich überarbeitet: dabei sind (sehr deutlich auch an dem Eimer von Grethem im Provinzial-Museum) die Ränder des Reitnagelgrübchens dann zum Teil zerstört bezw. geglättet. —

Auf die Frage ob Gusszapfenrest oder nicht, ist an dieser Stelle des Untersuchungsberichtes noch keine sichere Antwort zu geben, wir kommen unten darauf zurück. —

Der Bogen der Eimer-Henkel ist in Barnstorf meist ein Rundstab (1, 2, 7) mit umlaufenden ringförmigen Wülsten, Riefen und Reifen (Perlstäbe, Astragalenstäbe; einmal ein unverzierter vierkantiger, wohl geschmiedeter Stab (3), einmal (6) eine aus dickem Draht gewickelte Spirale. Die Verzierung der Henkelbögen scheint mir nicht so gleichmässig und scharf, dass man mit Willers ihre Entstehung durch Abdrehung ohne weiteres annehmen müsste; an dem Henkelbogen von Eimer 1 (wie auch an Hemmoorer Exemplaren) scheinen ausser dem Reste zweier Gussnähte auch sonstige Anzeichen dafür vorhanden zu sein (Verschiebung des Ornamentes), dass das Ornament bereits im Guss hergestellt war. Bei den andern verzierten Henkeln mag es ebenso gewesen sein. In den Enden der meisten Rundstabhenkel aber sitzt ein Korn als Beweis für Anwendung der Drehbank [2]). Die den Enden zunächst liegenden Teile zeigen meist viel schärfer profilierte und exakter geformte Wülste, Riefen und Endknöpfe [3]). Die Endteile der Henkel sind hakenförmig nach oben gebogen und tragen sämtlich Spuren von Abfeilung, bezw. Meisselung und von Schmiedearbeit, wie Hämmerungsfacetten, Zangengriffurchen usw.; auch an den Bögen selbst, so zumal bei Eimer 1, sind facettenartige Abplattungen in den Wulstornamenten vorhanden (Tfl. V, 1 . .), zweifellose Zangen- oder Schraubstockspuren, wohl beim Biegen der Henkel entstanden. — Ausserdem verlaufen längs der Henkelbögen vielfach faltige Risse, die auf den ersten Blick Gussnahtrisse sein könnten, aber wohl Folgen der Formung der Henkelbögen durch Zurechtbiegen sind; sie treten nämlich immer an den Seiten der Bögen auf, wo die „neutrale" Zone bei der Biegung der Stäbe liegt. Auch gewisse (bei allen Eimern vom Hemmoortypus vorhandene) Ungleichmässigkeiten in der Gestaltung der Henkel, und Zeichen von nachlässigem Zurechtschmieden und -biegen beweisen m. E., dass die Henkel aus Stäben hergestellt sind, von denen nach Bedarf Stücke abgeschnitten wurden und die dann zunächst

---

[1]) Besonders auffällig auch bei einem Eimer von Hemmoor.
[2]) Nicht z. B. an einem Henkel in Hemmoor, der ausserdem sicher nicht nachträglich eingedrehte Wülste zeigt, und nur Feilung am Endknauf.
[3]) Weder die Abnutzung der Henkel, die natürlich die Enden wenig betraf, auch nicht das Biegen des Stabes zum Henkelbogen genügt, die Ungleichmässigkeit, die sich auf Feinheiten erstrecken, zu erklären.

gänzlich oder stellenweise durch Abdrehen verziert sind, soweit das Ornament nicht bereits gegossen war, und deren Enden fast immer durch gedrehte Knäufe abgeschlossen wurden. Dann erst bog man sie zurecht, führte ihre Endteile in die Attachen ein und bog sie hakenförmig nach oben.

Die Eimer-Attachen sitzen immer so auf dem — stets verdickten —· Eimerrande, dass ihre Aussenfläche in die Aussenfläche des Gefässes glatt übergeht; sie sind bei sämtlichen Eimern des Hemmoortypus zusammen mit dem oberen Gefässrand hergestellt, aber dünner als dieser und stark mit Stichel und Feile bearbeitet, meist in sehr flüchtiger, handwerksmässiger Weise; sie sind das am wenigsten schöne der sonst so eleganten Gefässe. Über ihre Form [1] wird in grösserem Zusammenhang mehr gesagt werden: Grundform ist das Dreieck; sie sind aber sichtlich Nachklänge reicher gegliederter Attachenformen älterer Eimertypen und gehen wohl zurück auf Gestaltungen, wie sie z. B. italische Bronzeeimer der vorchristlichen Zeit zeigen [2]. Die Durchbohrung sitzt auffälligerweise so gut wie nie in den Mittellinien der Attachen, ist aber meist in beiden Attachen nach derselben Gefässseite hin verschoben (s. Tfl. V) [3]. Ob diese exzentrische Einfügung der Henkel in die Attachen etwa absichtlich geschah zwecks Ausbalancierung der Eimer, ist bei dem Erhaltungszustande nicht mehr zu entscheiden.

Die oberen, stets verdickten Eimerränder sind gegenüber den Füssen auffällig unscharf und unexakt modelliert. Die Eimerwand verdickt sich ca. 2 cm unter dem Rande nach oben schnell auf das 4 bis 8 fache und diese Verdickung schliesst oben mit einer Fläche ab, die den Eimerrand bildet; diese Fläche liegt aber meist nicht genau in der Horizontalebene, sondern fällt gegen das Eimerinnere oder nach aussen ab, (aber auch nicht völlig gleichmässig), sodass der eigentliche Eimerrand somit eine Kante ist. Diese Rand-Kante liegt aber auch nicht in einer Horizontalebene, sie steigt vor allem meist beiderseits gegen die Attachen an, seltener auch ab (Eimer 2). Die Randfläche ist ausserdem auch nicht gleichmässig breit, vor allem beiderseits in der Mitte zwischen den Attachen am breitesten, gegen die Attachen hin schmaler. Bei allen Eimern mit getriebenem Fuss steigt die äussere Gefässfläche senkrecht bis zum Rande auf, dessen Verdickung eine nach dem Gefässinnern vorspringende scharfe Lippe bildet (s. Tfl. V, 1, 4, 5, 6, 7). An dem Eimer Nr. 5 mit angelötetem Fuss verdickt sich der Rand nach aussen und innen gleichmässig, und bildet also eine äussere und innere Lippe, deren gemeinsame obere Randfläche im Verhältnis zur Wandstärke so breit ist, wie die der anderen Eimer. Bei Eimer Nr. 3 ist nur die äussere Lippe deutlich entwickelt, nach oben verdickt sich der Rand innen nur ganz allmählich und die innere Kante der Randfläche ist nach innen schwach vorgewulstet und unter diesem, übrigens ungleichmässigen Wulst läuft eine ebenso schwache und ungleichmässige Rinne [4].

Bei allen mir bekannten Eimern vom Hemmoortypus mit getriebenem Fuss vermindert sich nun aber an der Stelle, wo die Attachen sitzen, die innere Randverdickung allmählich (2, 5) oder plötzlich (1, 4, 6, 7), nie aber mit exakter Grenze, und verläuft innen unter den Attachen nur noch als flacher rundlicher Wulst ohne obere Rand-Fläche.

Bei den Eimern mit angelötetem Fuss [5] fehlt die Randlippe bezw. der Wulst und die Rinne, sogar völlig hinter den Attachen, und die an diesen Eimern vorhandene äussere Randverdickung und Lippe läuft bei Eimer 3 um den Attachenrand herum, bei Eimer 5 aber verliert sie sich in der Attache.

[1] Willers bezeichnet die Attachen als „herzförmig" und „durch Einkerbung gegliedert".

[2] Vgl. Willers 1907, S. 23 u. Tfl. IV, 2.

[3] Auf der Tafel sind jedesmal die beiden Attachen so übereinander gezeichnet, dass die eine, als untere gezeichnet von aussen gesehen, die gegenüber liegende als obere und von innen gesehen gezeichnet ist.

[4] Willers nimmt an, dass bei unserm Eimer 3 gar keine Unterbrechung der inneren Randwandung vorliege und folgert, dass dieser Eimer vielleicht über festem Tonkern gegossen sei, was bei den andern Eimern unmöglich gewesen sei, da die innere Lippe die Entfernung des Gusskernes verhindert hätte. Der Wulst und die Rinne, würden aber natürlich auch schon ein solches Hindernis gegen die Attachen bieten, vorausgesetzt, dass sie aus dem Guss stammten. Der Eimer von Hemmoor mit angelötetem Fuss und auch unser Eimer Nr. 5, der 1910 gefunden ist, den Willers 1901 also noch nicht kannte, zeigen aber äussere und innere Randlippe, können also auf Grund der Randbildung nicht ohne weiteres in eine Sondergruppe getan werden, die Willers auf Herkunft aus einer anderen Fabrik zurückführen möchte. Allerdings zeigen sich noch andere gemeinsame Abweichungen vom Haupttypus, auf die wir noch zurückkommen müssen, die eine andere Erklärung, nämlich durch zeitlichen Unterschied, zulässt.

[5] So auch bei dem Hemmoorer Eimer mit angelötetem Fuss.

Ein gemeinsamer Grund oder eine einheitliche Absicht muss diese allgemeine Erscheinung der Randverdünnung hinter den Attachen bedingen. Ein praktischer Zweck ist nicht ersichtlich[1]). — Die nach dem Eimerinnern liegenden Flächen der inneren Randlippe sind nun überall wulstig und stehen so im starken Gegensatz zu allen übrigen Eimerflächen; besonders ist auch der Übergang von der Randverdickung in die innere Eimerwand völlig uneben und zeigt rundliche und eckige Eindrücke, sowie höcker- und leistenartige Stellen, besonders gegen die Attachen hin[2]). Es drängt sich der Gedanke geradezu auf, dass hier die unverwischten Spuren von der Modellierung der Randpartien vorliegen. Aus der Herstellung des etwaigen Wachsmodelles für den Guss ergibt sich aber diese Unebenheit eben so wenig ohne Weiteres, wie das Verhalten des Randes hinter den Attachen, denn die Attachenmodelle konnten ja gut auf den exakt fertig gearbeiteten Rand des Eimermodelles angesetzt werden. Die gemeinsame Erklärung scheint mir vielmehr darin zu suchen zu sein, dass der Eimerrand erst nach dem etwaigen Guss fertig modelliert wurde und zwar wiederum durch Treiben. Bei den Eimern mit nicht angelötetem Fuss, ebenso wie bei denen mit angelötetem Fuss, war der Rand zunächst nur eine wulstige Verdickung. auf der bei der ersteren Eimerart die Attachen wie aufgeklebt sassen; bei den andern Eimern jedoch lief die Verdickung um den Rand der Attachen herum. Sache nachträglichen Treibens war dann die Ausbildung der Randlippen und die Herstellung der oberen Randflächen; so ist dann auch ihr Fehlen und ihr Auslaufen bei den Attachen und die geringere nicht kantig ausgebildete Randverdickung hinter den Attachen, wohin der Treibarbeiter mit seinen Instrumenten schlecht gelangen konnte, erklärt, und vor allem die mangelnde Exaktheit des Randes überhaupt, die im starken Gegensatz steht zu der sorgsamen und drehrunden Ausführung der oberen Aussenwand des Gefässkörpers.

Es ist weiter ganz zweifellos, dass sämtliche Eimer einer Abdrehung nach der Treibmodellierung von Fuss und Rand unterworfen sind: wenigstens stellenweise! Über die Füsse ist bereits das Nötige gesagt; die Ränder konnten obenauf und innen nicht abgedreht werden, daran hinderten die Attachen; die betreffenden Randflächen behielten daher auch die beim Treiben entstandenen Unebenheiten.

Aussen unter dem Rande laufen bei den Eimern kräftig eingedrehte Linien rings um das Gefäss: die oberste dicht unter dem Rande. Gegenüber den in einer Horizontalebene liegenden Drehlinien tritt die Ungleichmässigkeit des Randes noch besonders deutlich zu Tage.

Bei den meisten Eimern ist nur ein ca. 10 cm breiter Streifen mit eingedrehten Linien versehen, dieselbe Stelle, die bei andern mit dem Schmuckfries verziert ist. Nur die Eimer mit angelötetem Fuss bilden auch hier wieder eine Ausnahme, indem bei ihnen auch noch fast bis zur Gefässmitte, bei Eimer 3 sogar noch einmal am Gefässumbruch, Linien eingedreht sind; aber nur vereinzelte und einfache. Dagegen sind die bei ihnen, wie bei allen Eimern in dem Streifen unter dem Rande eingedrehten Linien teils mit dem Spitzstahl, teils mit meisselartigem Geräte eingerissen und zwar so, dass in mehrfacher Wiederholung ein zwischen zwei Linien ausgespartes Band dadurch derart modelliert ist, dass es nicht als scharfbegrenztes eckiges Band, sondern als leichter Wulst erscheint: ein technisch der Wulstbildung der Eimerbögen ähnliches Verfahren. Nur bei Eimer 1 und 2 sind auch aussen oberhalb der Umbiegung zum Fusse, an der Gefässwand nochmals einfache Linien eingedreht. — Innen ist nur bei Eimer 1 und 4 je eine einfache Linie auf dem Boden ausserhalb der Treibfurche (s. o. S. 52) eingerissen, in den Eimer 5 mit angelötetem Fuss dagegen sind 5 einfache breite Linien auf den Boden in Gruppen verteilt, angebracht.

Ausser diesen eingedrehten Linien und Wülsten lassen sich nun nirgends an den Gefässwänden der mir zugänglichen Eimer, weder innen noch aussen, sicher als solche erkennbare Spuren von Drehbank-Überarbeitung mittels meisselartiger Instrumente zwecks Verminderung

---

[1]) Für die Einführung des Henkels z. B. würde sie zwar eine Erleichterung bedeuteten, so war hierfür aber wohl unnötig. Für eine Einkerbung zwecks sicherer Befestigung, etwa mittels eines Spannfutters auf der Drehbank, ist sie nicht exakt genug und es ist sehr fraglich, ob die gressenicher Drehbänke schon Spannfutter kannten.

[2]) Sehr schön ist das auch an dem fast ganz rostfreien Eimer von Grethem zu sehen und besonders auch zu fühlen!

der Wanddicke nachweisen, wohl aber lassen die Eimer an verschiedenen Stellen der Aussen-
und Innenwände viele ausserordentlich feine und auch gelegentlich etwas gröbere Kritzen und
Schrammen erkennen, die im Sinne von Drehspuren um das Gefäss laufen: So sehen die Spuren
von S c h l i f f durch Abdrehung mit Schmirgel, Sand oder Bimsstein und dergl. und von P o l i t u r
aus. — Nur wieder bei den Eimern mit angelötetem Fuss sind aussen unterhalb des Umbruches
— und nur hier —, rings dicht um den angelöteten Fuss herum im Kreise verlaufende etwa
3 mm breite facettenartige Spuren zu bemerken. Es ist aber nicht zu sagen, ob sie von
Abdrehung mittels eines scharfen Gerätes herrühren; denn sie sind nicht flach und scharfrandig, wie Meissel-Abdrehungsfacetten; sie scheinen vielmehr unter Druck entstandene Streifen
zu sein. wie sie bei der modernen Technik des „D r ü c k e n s" entstehen.

An Eimer 3 und 5 wären ja Meissel-Abdrehspuren hier zu erwarten, wenn sie gegossen
wären und bei ihnen die etwaige Eingussstelle mit dem Gusszapfen unten am Boden gewesen
wäre. Die mittelste Bodenpartie hätte zunächst dicker gegossen werden müssen um guten
Einsturz des Metalls zu erreichen dann aber abgedreht[1]) werden zwecks Verdünnung der Wand.

Für die Frage, ob die Eimer vom Hemmoortypus wirklich zunächst g e g o s s e n sind,
wäre einwandfreie Aufklärung der Technik der plastisch ausgeführten F r i e s e die einige dieser
Eimer tragen, von besonderer Wichtigkeit: Von denen im Provinzial-Museum haben plastische
Friese der Eimer von Börry und einige von Hemmor. Diese Friese sind nicht getrieben, sondern
aus der Fläche herausgearbeitet; die Technik ist völlig deutlich bis in Einzelheiten zu erkennen.
Die Lupenuntersuchungen der einzelnen Flächen und Linien zeigen, dass sie höchstwahrscheinlich
n i c h t i m M o d e l l geformt und dann nur nachgearbeitet, sondern erst im Metall und zwar mittels
Z i s e l i e r e n ausgeführt sind, dann durch Punzung etc. überarbeitet, sowie mit den für die
Metallplattierung nötigen Rauhigkeiten und Vertiefungen versehen. Auch die
nur in Linienmanier[2]) ausgeführten Friese sind sichtlich in das Metall g r a v i e r t bzw. g e p u n z t.

Sämtliche Flächen, auch die der plastischen Bilderfriese liegen ausserdem unter der Oberfläche der Gefässaussenseite : ein Lineal an die Gefässwand und die Wand des Randteiles gelegt,
berührt also höchstens die am meisten platisch gearbeiteten Tierkörper! Dasselbe gilt von den
an dieser Stelle angebrachten Wülsten der anderen Eimer. Wären die Friese bereits im Modell
mehr oder weniger fertig geformt gewesen, so wäre es immerhin auffällig, dass sie nicht er-
habener wären; sie sind aber nach allem wohl erst in die bereits geglättete äussere Gefässwand eingearbeitet. Jedenfalls beweist nichts einwandfrei das Gegenteil. —

Die Frage nach der Herstellung und Formung der seitlichen G e f ä s s w ä n d e wurde
erst durch das M i k r o s k o p gelöst. Ähnlich wie bei Meteoriten auf Schliffflächen infolge von
Ätzung mit Salpetersäure das kristallinische Gefüge zu Tage tritt, so auch bei der gleichen
Behandlung das Gefüge anderer Metalle und Metallegierungen; derartige Präparate von zwei
unserer Eimer von Hemmoor zeigten nun in den F u s s w ä n d e n und den R a n d l i p p e n, wie
zu erwarten, einwandfrei das durch H ä m m e r n verdichtete Gefüge, ebenso
aber auch, und besonders deutlich, in der Wandung des Umbruches! Dagegen
z e i g t e d i e A u s s e n w a n d dicht unter dem Rande, sowie die Umbiegungs-
stelle vom Gefässboden zum Fuss das vom Guss herstammende, nicht mehr
durch Druck und Stoss veränderte, Gefüge der Metallegierung.

Die Legierung bei den zwei bisher chemisch untersuchten Eimern vom Hemmoortypus
ist folgende[3]):

---

[1]) Wegen des angelöteten Fusses könnte dieses Verhalten nur durch eine Zerstörung von Fuss- oder
Gefässboden nachgewiesen werden.

[2]) Dagegen Willers a. a. O. — Unsere Annahme ist auch durch das Experiment erhärtet.
Der Gedanke, ob nicht etwa die stärker modellierten Linien und Wülste, die an den andern Eimern
an der Stelle der Friese sitzen, im Modell vorgearbeitet sein könnten und im Metall nur nachgezogen, wie auch
z. T. von den Henkeln angenommen wurde, findet eine scheinbare Stütze in der Tatsache, dass diese Linien
nicht ringsum am Gefäss gleichweit von einander entfernt sind, was auf ungleichmässiges Schwinden des Metalles
nach dem Guss zurückzuführen werden könnte. Aber auch eine nicht sehr präzise Einstellung auf der Drehbank
kann so etwas hervorrufen, noch dazu, wenn, wie es hier der Fall ist, die Entfernungsdifferenzen nicht ungleichmässig verteilt sind, sondern so variieren, dass gleichmässig auf der einen Gefässseite die Linien einander näher,
auf der anderen entfernter von einander verlaufen und zwar in voller Übereinstimmung mit der Abweichung
von der achsenrechten Rundung des Eimers! —

[3]) Vergl. Willers 1901, S. 140.

Eimer mit platischem Fries von Börry (Provinzial-Museum Hannover) . . . . 77,7 % Kupfer, 17,9 % Zink, 3,7 % Zinn und wenig (0,4) Blei und Eisen in Spuren (0,4).

Einfacher Eimer mit getriebenem Fuss von Garlstedt (ebendort) . . . . 77,4 %   „   , 17   %   „ , 4,7 %   „ und wenig (0,5) Blei und Eisen in Spuren (0,4). — Leider konnten die in Auftrag gegebenen Analysen sämtlicher Gefässe von Barnstorf bis zum Abschluss dieses Berichtes nicht zu Ende geführt werden*, ebensowenig wie die technisch getreue Nachbildung einiger solcher Gefässe; doch liess sich nach der Farbe der entnommenen Spähne bereits sagen, dass die Eimer vom Hemmoortypus ohne Schmuckfriese, ausser denen mit angelötetem Fuss, etwa die gleiche Legierung haben werden, die übrigens zugleich für Guss wie für Treibarbeiten gut geeignet ist; sie erfordert nach dem Guss erst vorsichtiges länger dauerndes Hämmern, wird dann aber geschmeidig und zugleich sehr zäh. Durch den hohen Zinn- und Zinkgehalt erhält das Metall ausserdem die hellgoldige Farbe. *(Während der Korrektur sind die Analysen fertiggestellt; vergl. Tabelle am Schluss.)

Aller Wahrscheinlichkeit nach erhielten die Eimer vom Hemmoortypus zunächst im Guss die Form eines ziemlich dickwandigen Beckens[1]) mit verdicktem Rande, auf dem die Attachen im Modell aufgesetzt waren, ähnlich wie sie bei älteren Eimern, z. B. denen mit gewundenen Kanellüren[2]) auf das fertige Gefäss gelötet sind. Der Fussteil war im Guss wohl als cylindrischer Fortsatz des Gefässes gebildet: wiederum wie bei den fertigen Eimern älterer Typen. — So können sie also zunächst sehr wohl gewissen älteren Bronzegefässen typologisch geglichen haben. Durch das Treiben, das am wenigsten oder gar nicht die Partie direkt unter dem Rande betraf, erhielten sie ihre besondere Form, durch Abdrehung, Punzung und Ziselierung Schmuck, Schliff und Politur. Die eigentümliche Fussbildung durch Einstülpung kommt übrigens bei der Keramik der nachchristlichen Zeit überraschend ähnlich vor[3]). — Andererseits zeigen uns schon die gleichzeitigen vielgestaltigen Metall-Kleinarbeiten, dass das Schmieden und somit sicher auch das Treiben eine weit verbreitete Kunst war. —

Die nachträgliche Abdrehung ist keineswegs ein Beweis für Guss, wie Willers meint: Wie heute, so konnten auch damals gut gearbeitete Treibgefässe zu Schmuck- und Schliffzwecken abgedreht werden[4]). Und wenn gar die Technik des „Drückens"[5]) angewandt wäre, würde die nachträgliche Abdrehung mit scharfen Geräten erst recht nichts befremdliches haben.

Soviel sei an dieser Stelle über die Technik der Eimer vom Hemmoortypus gesagt.

Wir wenden uns nunmehr wieder den Barnstorfer Funden zu:

Von einem Eimer mit in Zeichenmanier gearbeitetem Fries (Tfl. V, 6) vom Barnstorfer Grabfelde sind nur wenige Bruchstücke erhalten[6]), die verbogen und angeschmolzen in einer „Feuerstelle" (Beigaben-Grube) gefunden sind, mit anhaftenden Aschen- und Holzkohlenstücken. Es sind Reste des Fusses, des Henkels und der Wände. Am besten erhalten sind 5 Bruchstücke des Randes mit einer Attache und Teilen des Frieses: Eine Zahnschnittleiste schliesst den Fries nach oben ab, eine Wellenlinie nach unten[7]). Von den bildlichen Darstellungen ist noch vorhanden das Vorderteil eines von einem Panter verfolgten, Gehörn tragenden Tieres, eines „Damhirsches" nach Willers; auf einem kleinen Stück ist der Kopf eines Tieres dargestellt, das ähnlich ist den Hunden auf andern Friesen[8]). — Über dem Rücken des Panters ist als Raumfüllung ein „Felsblock" angebracht. — Endlich ist auf dem grössten Bruchstück, an dem

---

[1]) Die Dicke der Wandung war vermutlich so, wie sie jetzt dicht unter der Randverdickung und im Boden des Gefässes vorliegt: mehrere Millimeter.

[2]) Die ich ebenfalls für nach dem Guss getrieben halte, wie in anderem Zusammenhange gezeigt werden wird.

[3]) So in Hemmoor selbst bei dem von Willers 1901 als Abb. 6, S. 12 wiedergegebenem Fuss-Gefäss.

[4]) Natürlich mit nicht in der „Auflage" feststehenden Geräten.

[5]) Für die Bodenpartieen der Eimer 3 und 5 ist sie mir sehr wahrscheinlich (s. S. 56). Von älteren Gefässtypen sind z. B. die hochschultrigen Eimer der Spät-La Tène-Zeit gedrückt, wie ich an anderer Stelle darlegen werde (Willers 1907 hält sie für gegossen und abgedreht). Der Einsatz in dem grossen Mischkrug des Hildesheimer Silberschatzes ist erst gehämmert, dann z. T. noch gedrückt (Pernice und Winter „S. Hildesh. Silberschatz", S. 62 und Tfl. XXXIV.

[6]) Vergl. Willers 1901, S. 43. — Technische Einzelheiten betr. Rand, Fuss etc. s. Tfl. V, 7 und S. 52.

[7]) Bei Willers ist das Bruchstück mit der Wellenlinie nicht berücksichtigt.

[8]) Z. B. Willers 1901, S. 62 und Tfl. VIII, 1.

auch die Attache sitzt, der Rest einer nach Willers „bacchischen Darstellung"; ein Kopf („Frauenmaske") mit langem, gewelltem, vorn gescheiteltem, am Hinterkopf geknotetem Haar; vor ihm ein schildförmiger Gegenstand, durchbohrt (Verf.) von einem lanzenartigen Gerät: „ein Thyrsos, an dem ein Tympanon befestigt ist" (Willers); hinter dem Kopf eine zweite entschieden einem Thyrsosstab ähnliche Zeichnung, und weiterhin der Rest eines „breiten Altares". — Die Hauptzüge der Zeichnung sind in grober Strichmanier durch Punzung ausgeführt. Einzelne Punzschläge sind angewandt zur Darstellung der Augenwimpern des menschlichen Kopfes, des Felles der Tiere und als Strichelungen auf dem schildartigen Gegenstand und an dem rechten Thyrsosstab, sowie in der Fläche des „Felsens" und des „Altares". Willers vermutete nach Analogie anderer Eimer, sicher mit Recht, dass die genannten Flächen tauschiert bezw. emailliert gewesen sind, denn auch die noch mit Tauschierung bezw. Email versehenen Flächen in den Friesen der Eimer von Hemmoor zeigen diese offenbar als „Rauhung" dienende Strichelung [1]). —

Weiter findet sich an dem 1910 [2]) gefundenen Eimerrest 6 (Tfl. V, 6), der in Form und Technik völlig dem gewöhnlichen Typus von Hemmoor mit getriebenem Fuss angehört, und dessen Henkel ein spiralig gewundener, dicker Draht ist, ein Schmuckfries, von einer Art, wie von Willers nicht beschrieben und mir auch nicht weiter bekannt geworden ist. Die Eimerwände sind durchweg geglättet, auch die Randpartien der äusseren Gefässwand, die bis zu 4 cm Breite mit einfachen Drehlinien versehen ist, und zwar so, dass drei, zusammen 3,8 cm breite Bänder entstanden sind: zu oberst 2 Drehlinien, dann ein 0,5 breites leeres Band, dann wieder drei Drehlinien und wieder ein 0,5 breites leeres Band. Auf diese Bänder, die, wo sie heute wieder freiliegen, so glatt sind, wie die übrigen Eimerwände, sind mit einer dicken Schicht Weisslotes gestanzte Zierbänder aus sehr dünnem Silberblech aufgelötet. Das mittlere breite stellt ein Flechtband von 3 zusammengeflochtenen Bändern dar, mit in die Lücken der Flechtbiegungen eingefügten Punkten. Auf diesem Bande, bezw. je an den Zusammenfügungsstellen seiner 4 Teilstücke, sitzen neunstrahlige Rosetten mit sechsstrahliger Mitte: je eine unter jeder Attache, zwei weitere einen viertel Eimer-Umfang von diesen entfernt. Diese Rosetten scheinen nicht aus Silber, sondern Kupfer zu bestehen, sie sind jetzt stark oxydiert. — Die 2 schmaleren Silber-Bänder stellen ein einfaches Flechtband aus je 2 Bändern dar, mit denselben die Windungen füllenden Punkten.

Als Abschluss der Friese treten übrigens bei manchen Eimern vom Hemmoortypus eingepunzte Flechtbänder auf, aber nur aus zwei Bändern geflochten; mehrmals [3]) mit deutlicher Punktfüllung. —

Die Rosetten erinnern entfernt an die Blumenkelche des formverwandten Silbereimerchens von Montcornet [4]), dessen Ornamentfries (Rankenfries) ebenfalls aussen unter dem Rande angebracht ist. Das Flechtband in den an unserm Eimer vorliegenden beiden Formen ist ein in der antiken Kunst sehr häufiges Ornamentmotiv, das in der „Völkerwanderungszeit" auch in der germanischen Ornamentik beliebt wird [5]). —

Die wesentlichen Eigenschaften und Sondermerkmale der Barnstorfer Eimer sind in der obigen allgemeinen Darstellung bereits erörtert und erwähnt und in den Schlusstabellen übersichtlich zusammengestellt. Einige Hinweise mögen diese Angaben noch ergänzen:

Eimer 1 ist bis auf einige Defekte der Wand gut erhalten, schön dunkelgrün patiniert und glatt. Der Henkelbogen zeigt starke Ungleichheiten der Wülste und Gussnahtreste, sicher keine nachträgliche Abdrehung; die Henkelhaken (nur einer noch vorhanden, abgebrochen, aber ganz erhalten) tragen Feilspuren, sein Ende das Reitstachelgrübchen und zeigt nachträgliche Abdrehung. Starke Abnutzung des Hakens und der Attachen beweisen langen Gebrauch als Eimer.

Eimer 2 ist zerbrochen und zeigt starke Defekte sowie starke Abnutzung der ganz einfach kantig gestalteten Haken des Henkels, der aber doch ein Korn am Ende trägt;

[1]) Die in Strichmanier hergestellten Friese an Hemmoorer Eimer zeigen nur Emaillierung.
[2]) Also nach der Untersuchung von Willers.
[3]) Willers, Tfl. IX 1, 2 (Eimer von Häven und Heddernheim).
[4]) Willers, S. 179, Abb. 67.
[5]) Vergl. Salin „Die altgermanische Tierornamentik" 1904. S. 160.

die Wulstverzierung des Bogens ist seicht, aber exakt. Die Attachen sind stark benutzt. An diesem Eimer haften Eichenblattreste, keine Gewebespuren.

Eimer 3. Der Henkel fehlt, die Attachen sind soweit abgenutzt, dass die letzte schmale Metallbrücke jetzt durchgebrochen ist. — Die Leinenspuren zeigen oben deutlich bogenförmige Grenzen, hindeutend auf ein gefülltes, zusammengeknotetes Tuch. Zwischen Gefässboden und Boden des Fusses muss ein Zwischenraum sein; möglicherweise ist er ausgefüllt, z. B. mit Blei, wie Willers a. a. O. S. 140 von einem Eimer berichtet. Der Fuss zeigt andere, rauhere Patina als das Gefäss..

Eimer 4. Hier sind die neben den eingedrehten Linien bei allen Eimern herlaufenden feinen „Fehllinien" besonders deutlich: ein sicheres Zeichen für vorsichtige, nicht absolut exakte Drehbankarbeit mittels „Handauflage". Die eingedrehten Wülste am Henkelrande sind durch Schmieden verdrückt.

Eimer 5. Hier ist ohne Zerstörung des Gefässes nicht zu ermitteln, ob der Boden des schweren Fusses dem des Gefässes dicht anliegt. Der Henkel und der Fuss des Eimers zeigen keine Politur, der Eimer ist sehr schön patiniert und zeigt einen so lichten Metallglanz, wie nur noch ein getriebenes Becken von Barnstorf (s. zu Tfl. VII, 1). Aussen an dem Bodenteil, rings um den Fuss herum, findet sich ein, im Gegensatz zu den übrigen Wänden, jetzt braun patinierter „Hof", der vielleicht mit der Lötung im Zusammenhange steht.

Eimer 6. Im Henkelhaken ist der runde Draht, aus dem der Henkel hergestellt ist, kantig geschmiedet, statt durch Abdrehung, für die der Drahthenkel ja nicht geeignet war, ist ein Knauf am Ende dadurch gebildet, dass der Draht verdünnt ist und durch eine fingerhutartig gebogene auf einen Längsseite offene Blechhülse gesteckt und an seinem Ende platt gehämmert ist zur Befestigung der Hülse (Tfl. V, 6 h). — An einigen Stellen hat sich das Zinnlot der Friese mit der Eimerwand verbunden, sodass diese jetzt fleckenweis silberweiss glänzt (vergl. die vielfache Verzinnung späterer Gefässe!).

Eimer 7. An allen Bruchstücken haften Asche und Holzkohlenreste von nicht bestimmbarer Holzart. Die Zugehörigkeit der nicht zum Fries gehörigen Bruchstücke ergab sich aus dem Aussehen der Stücke, besonders der Patina, sowie der Gleichheit der Metallstriche auf dem Probierstein[1]) gegenüber den anderen Resten.

2. Schalen, Näpfe und Becken.

Tafel VI und VII.

Ausser den 6 (7) Eimern sind im Barnstorfer Friedhofe noch 2 Metallschalen oder Näpfe mit Fuss und 6 flache Metallgefässe in Beckenform gefunden[2]), ausserdem Reste von 2 Becken und eine Fußschale in Muschelform. Willers behandelt 1907 ganz kurz einige Funde von **steilrandigen Becken**. (darunter einen aus Barnstorf),[3]) die technisch den Hemmoor-Eimern sichtlich nahe stehen, und weist darauf hin, dass sie deshalb vermutlich auch dieselbe niedergermanische römisch-provinziale Heimat haben (Gressenich), wie die Eimer vom Hemmoortypus und dieselbe zeitliche Stellung, d. h. dass sie von etwa 150 n. Chr. ab, sicher bis nach 250 n. Chr., wahrscheinlich sogar bis zu Dioacletians (284—305) oder Constantins (323—337) Zeit[4]) hergestellt sind. —

Eine auf technischen Einzelheiten beruhende Ähnlichkeit, wenigstens der hier als Becken 1 bis 3 (Tfl. VI, 3—5) bezeichneten Gefässe mit den Hemmoor-Eimern fällt sofort auf; die Ränder sind verdickt und oben flach, bei allen drei Gefässen springt eine Lippe nach aussen vor und die Randverdickung erfolgt ziemlich schnell. Im Gegensatz zu den Eimern sind Aussen- und Innenwände der Becken überall gleichmässig geglättet, bei 1 und 3 ist die Politur noch vorhanden, besonders schön blaugrün ist 3 gefärbt, 1 ist von rauher, schmutziger Ober-

---

[1]) Methode nach Dr. Schwartz und Dr. Weiss-Breslau. Vergl. Korrespondenzblatt der Deutschen Authropologischen Gesellschaft 1909, S. 11 flgde.
[2]) Bis zu Willers' Untersuchung von 1901 und 1907 waren die in dieser Arbeit als Napf 1 und Becken 2, 4, 6, 7 bezeichneten Gefässe gefunden, 1910 kamen hinzu Napf 2 und Becken 1, 3, 5.
[3]) Willers „Neue Untersuchungen". 1907, S. 62.
[4]) Willers. 1907, S. 45.

fläche. Die Innenwand von Becken 3 ist innen zum grössten Teil noch metallglänzend, bei Becken 1 stellenweise, und zwar am Umbruch. Nur bei Becken 3 sieht man aussen um das Korngrübchen die abgearbeiteten Reste einer leichten Verdickung, wie unter den Böden der Eimer; sonst fehlen an allen drei Gefässen deutliche Spuren von Abdrehung mittels meisselartiger Geräte; aussen unter der Randlippe von Becken 3 sind grobe im Sinne der Gefässrundung verlaufende Kratzspuren zu sehen, die aber nicht exakt, wie die Drehlinien sind, sondern herrühren von der Formung des Randes, der bei allen drei Näpfen, wie die Eimerränder, offenbar getrieben („gestaucht") ist. Auch der Umbruch dieser Gefässe hat höchstwahrscheinlich wie dort durch Treiben seine endgültige Gestalt erhalten [1].

Unter der glatten Patina sieht man bei diesen Gefässen ebenfalls die feinen Schrammen, die von Schliff und Politur herrühren. Auf beiden Seiten der Böden sind „Körner", und in gewissen Abständen eingerissene Linien, meist Doppellinien vorhanden, ebenso aussen unterhalb des Randes; sie zeigen vielfach weit geringere Exaktheit und Tiefe als die der Eimer. Nur Becken 3 trägt auch innen unter dem Rande drei Doppellinien in die Wandung eingedreht [2]. Der Rand ist wie bei den Eimern weder gleichmässig breit, noch liegt er völlig in einer Ebene [3].

Die Profile dieser Näpfe sind bei aller Sorgsamkeit der Herstellung, wie auch die der Eimer, nicht achsen- und kreisrecht, besonders ist auch die Wandhöhe nicht überall gleich. Die Wanddicke ist unter dem Rande am beträchtlichsten, geringer am Boden, am geringsten im Umbruch; Becken 2 besitzt die dicksten Wandungen. — Füsse sind an diesen Gefässen nicht vorhanden, aber bei allen dreien sind je zwei nebeneinander liegende und gleich gestaltete Lötspuren erhalten, die auf ehemaliges Vorhandensein von je ein Paar angelöteten Henkelattachen oder je einen Henkel hindeuten. Die Lötstellen sind an 1 und 3 von der Form eines eiförmigen Blattes, dessen Spitze nach unten gerichtet ist, die des Beckens 2 erschienen mehr gleichmässig oval. Die ehemals angelöteten Stücke fehlen, doch weist das reichlich vorhandene Lot bei 1 wohl darauf hin, dass sie erst beim Auffinden verloren sind, bei 3 dagegen fehlten sie wohl schon bei Lebzeiten der ehemaligen Besitzer, denn über die offenbar sorgsam beseitigten Spuren geht die Politur hinweg, und ihre Stelle ist nur noch durch eingeritzte Konturlinien [4] und Spuren von Zinn zu erkennen: beides über die eingedrehten Linien fortlaufend.

Unter den im Jahre 1893 ins Museum zu Osnabrück vom Barnstorfer Grabfelde eingelieferten Metallresten ohne sichere Zugehörigkeit zu einem der damals gefundenen Gefässe oder anderen Gräbern, befindet sich ein etwa rhombisches leicht konvexkonkaves Blättchen, an dessen hohler Fläche Lötspuren sitzen und dessen eines spitze Ende eines ursprünglichen etwa röhrenartigen Umbiegung erkennen lassen. Dieses Stück passt sehr gut auf eine der Lötstellen des Beckens 2, wäre also vielleicht eine Attache für irgend eine Henkeleinrichtung, auf deren Art es aber nicht ohne weiteres einen Schluss gestattet [5].

Am Umbruch des Beckens 1 ist ein längliches Blechplättchen aufgelötet als Flicken auf einer hier befindlichen schadhaften Stelle (Tfl. VI, 3 d).

Auch bei den Becken sind aussen und innen Spuren des Inhaltes und von Dingen, die im Erdboden die Becken berührt haben, erhalten: Innen ist die Wand von Becken 1 bis 2 cm unter dem Rand rauh und zeigt anhaftende Erd- bezw. Sandreste, weiter oben ist sie glatt; aussen haften bis auf den Rand Reste und Abdrücke eines vierschäftigen geradlinigen farblosen Batavia-Köpers mit der Patrone (Tfl. VI, 3 g):

o	o	o	o		
o	o		o	o	
o	o			o	o
o	o		o		o

---

[1] Leider haben die mikroskopischen Untersuchungen dieser und der folgenden Gefässe nicht alle bis zur Drucklegung dieser Arbeit fertiggestellt werden können, die chemischen Analysen aber noch während der Korrektur (s. Schlusstabelle).

[2] Auf der Zeichnung Tfl. VI, 5 leider nicht angegeben.

[3] Auch nicht bei dem gut erhaltenen Nr. 3, ebensowenig wie bei dem von Willers 1907, S. 62—63 behandelten und abgebildeten Napf von Grethem, der in jeder Beziehung hierher gehört.

[4] Wohl beim Entfernen überflüssiger Lotmassen entstanden. Die Lotstelle reicht bis auf die Unterseite der Randlippe. — Wegen der Henkel dieser Näpfe vgl. Willers l. c., auch z. B. Ztschr. f. Ethnol. 1908, S. 910 (Dienstedt).

[5] Das Becken 2 ist auch 1893 gefunden. — Eine Attache ähnlicher Form am Becken von Grossneuhausen (Ende III. Jahrh.), s. Nachr. über deutsche Altertumsfunde. 1900. S. 36.

Er besteht pro ☐ cm aus durchschnittlich 15 dickeren ✕ 18 dünneren (den Einschlag bildenden) links gedrehten groben und ungleichmässigen Leinenfäden. Mehrmals tritt ein Webefehler auf: zwei Fäden statt eines bilden den Einschlag.

Im Beckeninneren sind von demselben Stoff Abdrücke vorhanden.

Aussen am Boden sind in drei grossen dreieckigen Flecken, deren Spitze gegen die Mitte weist, und vielen radial laufenden Streifen die Stoffreste besonders deutlich: Diese Flecke und Streifen sind Folge der Faltung des Stoffes. Die grösseren der vorhandenen Stoffreste zeigen auch jetzt festgepresste Falten.

Becken 2 ist bis auf einen Defekt hell, zeigt innen bis 2 cm unter dem Rand verrostete Spuren eines groben zweischäftigen farblosen Taffetgewebes von 10 ✕ 12 Fäden mit der Patrone

$\overline{\begin{array}{|c|c|c|}\hline \sigma & \sigma & o \\ \hline o & o & o \\ \hline\end{array}}$; die Faserart ist nicht mehr zu erkennen. Das Gefäss ist mit Leichenbrand

gefüllt gewesen. Aussen am Boden, sowie dicht unter dem Rande und innen am Boden haften erhebliche und gut erkennbare Reste von Eichenblättern und zwar auf einem Teil der innen haftenden sitzen Reste von Gewebe, was beweist, dass das Eichenlaub in das Gefäss getan war, bevor der in Gewebe gewickelte Leichenbrand in dasselbe gelegt wurde; und die aussen anhaftenden Blattreste zeigen, dass das als Urne benutzte Gefäss auch auf Eichenlaub stand, als es in die Erde gesenkt wurde. Genaues Verfolgen der Konturen der Blattreste und der ausserdem erkennbaren Blatt-Rippen-Abdrücke lassen erkennen, dass es belaubte Endzweige der Eiche waren, . auf die die ganze Urne und der Leichenbrandbeutel in der Urne gebettet wurden [1]) (Tfl. VI, 4 und VIII, 24).

Becken 3 ist am besten erhalten und zeigt innen und aussen noch Politur, innen ausserdem bis 2 cm unter dem Rand auch noch metallischen Glanz; im übrigen ist es schön blau patiniert. Weder Leinen- noch Blattreste sind an ihm zu finden, aber innen grosse scharfrandige Flecke dunklerer Färbung: vielleicht doch auch die letzten Spuren gefalteten Stoffes.

Auch die Reste dreier zerbrochener und angeschmolzener Becken, von denen 2 (Tfl. VII, 6 und 7) i. J. 1893 eingeliefert sind, eines 1910 „in einem Knochenhaufen" gefunden sein soll (Provinzial-Museum), gehören zu dieser Gefässgattung, die also in Barnstorf sechsmal vertreten ist, einmal weniger als die Eimer. (Hinzu kommt noch S. 66, 1, vergl. Tfl. VII, 8.)

Die zwei **Schalen oder Näpfe mit Fuss** aus Barnstorf (Tfl. VI, 1, 2)[2]) gehören einem Typus an, der besonders gut von dem schönen i. J. 1904 gefundenen Gefäss von Freden, Kreis Alfeld in der Provinz Hannover, vertreten wird, die von Willers[3]) bei Gelegenheit der Behandlung der capuanischen Bronzearbeiten der frühen nachchristlichen Zeit herangezogen wird. Bei Erwähnung des typologisch zu dieser Schale gehörigen, 1893 gefundenen Napfes 1 von Barnstorf weist Willers nur darauf hin, dass die „Bildung des Napffusses an den Boden der Kasserolle des Cipius Polybins erinnert", die zu den capuanischen Geschirren der Zeit bis 200 gehören.

Die beiden zu diesem Typus gehörigen Fussnäpfe aus Barnstorf sind typologisch von einander und von der Fredener Schale etwa so verschieden, wie die Hemmoorer Eimer unter einander, d. h. fast nur in den Proportionen, weniger in der Ausstattung. Napf 1 ist flacher und niedriger und von geringerem Durchschnitt und von geringerer Randbreite und Wanddicke, als Napf 2. Beide sind von fast gleicher, körniger Patina bedeckt; Napf 1 schimmert aber innen hier und da noch metallisch. Napf 1 fehlen die bei Napf 2 aussen unterhalb des Randes eingerissenen, einfachen Drehlinien. Der Rand selbst ist bei beiden Gefässen gleichartig gebildet: Die Gefässwandung verdickt sich schnell unter dem Rande, wie bei den Eimern und springt in einer oben flachen Lippe in das Gefässinnere vor, die aber etwa um $^1/_8$ breiter ist, als bei den Eimern. Dort wie hier weist der Eimerrand alle die erwähnten Anzeichen dafür auf, dass er nachträglich getrieben (gehämmert) ist: Ungleichmässige Breite, Abweichen von der Horizontalebene, innen wahrnehmbare Modellierspuren. Von den exakten Drehlinien

[1]) Besonders aussen sind dort, wohin die Hauptrippen zweier Blätter konvergieren, breitere, unscharfe knollig endende Abdrücke zu erkennen, wohl das Astende mit den Blattknospen.

[2]) Nr. 1 bereits von Willers 1901 berücksichtigt, Nr. 2 erst 1910 gefunden. (Provinzial-Museum Hannover.)

[3]) Vergl. Willers 1907, Tfl. III, 4, S. 26. Er scheint hier nicht anzunehmen, dass auch der eine „Napf" von Barnstorf 1901, S. 44 u. Abb. S. 41, 2 b zu diesem Typ gehört, erwähnt allerdings auch die Attachen-Lötspuren nicht.

aussen unter dem Rande ist die Randebene infolgedessen auch bei den Näpfen an verschiedenen Stellen verschieden weit entfernt. — Die Wandungen sind unter dem Rande ziemlich drehrund, nicht aber weiter unten[1]). Napf 2 ist ausserdem ganz auffällig „schief" (s. Tfl. VI, 2 a) in dem Sinne, dass die Randhöhe des Gefässkörpers auf einer Seite grösser ist und zugleich auch die Entfernung von Rand zum Fuss. Der nicht angelötete Fuss sitzt ausserdem nicht in der Mitte, d. h. nicht konzentrisch am Endpunkt der Gefässaxe. Der Fuss ist aber auch nicht gleichmässig hoch, sondern höher auf der Seite, wo die Gefässhöhe bereits eine grössere ist. Der Fuss ist aussen drehrund und trägt unten sehr kräftige und schöne Drehbank-Modellierung, sodass man fast von einer stark profilierten Fussscheibe sprechen könnte. Die äussere Fusswand, die, ebenso wie die Wülste gegen die Mitte hin beim Eindrehen der Furchen gleichsam nur ausgespart ist, erscheint deshalb verschieden dick und zwar dicker an der niedrigen Gefässseite, weil das Zentrum des Fusses nicht zugleich im Zentrum des Fusses liegt, ausserdem hat aber auch die Achse der Drehbank nicht senkrecht auf der unteren Fussfläche gestanden. Die Achse der Fuss-Abdrehung und die der Eindrehlinien aussen unter dem Rande ist aber dieselbe; hieraus folgt, dass der Napf nicht durch Abdrehung seine Gestalt erhalten hat, es sind auch nicht 2 Körner vorhanden als Anzeichen für zweimalige Drehbank-Einstellung. — Für den Schliff und die Politur schadete die, bei der Abdrehung des Fusses und Verzierung des Randes etwas schiefe, Einstellung des Napfkörpers nichts. — Es bestehen also m. E. nur zwei Möglichkeiten: Der Napf hat seine Form entweder im Guss erhalten und damit auch seine 1 mm dünne Wandung, oder er ist getrieben.

Alle diese technisch wichtigen Erscheinungen sind bei Napf 1 in weit geringerem Masse auch vorhanden; nicht so bei der Fredener Schale, die überhaupt viel exakter gearbeitet ist (vergl. die innere Bodenmitte und den Rand, s. Abb. bei Willers l. c.).

Aussen in der Mitte des Gefässes, genau dort, wo an der Fredener Schale die Henkelattachen angelötet sind, finden sich bei beiden Barnstorfer Näpfen, diametral einander gegenüber liegend, zwei Paare von Flecken mit Lotresten und zwar in derselben Form, wie sie auch die „Seedoggen"-förmigen Attachen der Fredener Schale bedingen (s. Tfl. VI, 1 e, f und 2 e, f), sodass also auch hierdurch für die Barnstorfer Schalen die Zugehörigkeit zum Fredener Typus erwiesen wird (s. auch die Analyse). — In der Mitte des Bodens haften in Napf 1 deutliche Eichenblattreste (Tfl. VI, 1 g), auch in Napf 2 sind an derselben Stelle Blattspuren zu erkennen.

Nun ist 1893 in Barnstorf noch ein **Fussnapf,** dessen Körper als stark stilisierte **Muschel** gebildet ist, gefunden (Tfl. VI, 6). Willers[2]) hat sie mit Metall-Gefässen in Muschelform aus Pompeji u. a. Fundorten in Bereich der Antike zusammengestellt und sie wegen der glatten Bodenfläche als Schüssel unterschieden von Kuchen- oder Pasteten-Formgefässen ohne Abplattung des Bodens. Er hält diese Schale ebenfalls für gegossen. —

Diese Muschelschale hat, wie die Eimer, einen verdickten Rand mit nach innen ausladender Lippe und oberer horizontaler Fläche. Die Aussenseite des Randes zeigt in ähnlicher Ausbildung, wie die Innenseite der Eimer 3 und 5, eine leichte Wulstung mit darunter liegender Rinne; innen verlaufen grobe, aber meist scharfe Modellierstriche und -schnitte; sichtlich ist auch der Rand dieser Schüssel getrieben („gestaucht"). Griff-Ansatzspuren sind nicht vorhanden.

Weiter aber sind an der Aussenseite des Randes noch andere ebenso zweifellose Meissel- bezw. Hämmerspuren vorhanden, die als kurze senkrecht am Rande stehen; sie setzen sich auf der äussern Gefässwand in schmale furchenförmige Treibrinnen fort, die die Begrenzung der Muschelwülste bilden und in denen noch jeder Meisselschlag zu sehen ist. Alle diese Spuren stammen sichtlich vom Bearbeiten des Metalles, nicht vom etwaigen Gussmodell her, denn sie sind scharfkantig, und sie sind auch nicht verputzt und nicht von dem Schliff betroffen, der an den ringsherum laufenden feinen Schrammen erkennbar ist, und der die Flächen des Gefässes geglättet hat vor der Bearbeitung: Das geht daraus hervor, dass die

---

[1]) Bei Napf 2 trotz der guten Erhaltung.

[2]) 1901, S. 44 als „Schüssel in Form einer gerippten Herzmuschel" ohne Datierungserörterung beschrieben. Siehe die Anmerkung daselbst über muschelförmige u. a. Formschalen. Willers 1907, S. 70 figde. und Abb. 41 erwähnte Muschelformschalen aus Pompeji, setzt mit ihnen aber die Barnstorfer nicht nochmals in Beziehung, wohl aber 2 Muschelschalen mit Standfuss in Museum f. Völkerkunde zu Berlin, die auch unserer Schale nahe stehen; jedoch fehlt die Randlippe und der Fuss ist nur ein ausgestülpter Teil des Gefässes, nicht ein Ring, wie an der Barnstorfer Muschelschale.

feinen Schrammen von Schlagspuren „überlagert" und gestört sind. Diese feinen Schrammen[1]) verlaufen im Sinne konzentrischer Kreise auf der inneren, wie auf der äusseren Wand, aber, soweit erkennbar, nur in den glatten Stellen zwischen den modellierten Rippen der Muschelfigur. Auf den konkaven Innenflächen dieser Rippen sieht man nun weiter ganz deutlich leichte Querwülste, ebenfalls sichtlich von Treibarbeit herrührend. Über sie hinweg laufen viele kleine Schrammen, aber nur in der Längsrichtung der Rippen; wo die Rippenfurchen gegen Boden und Rand auslaufen und daher seichter sind, gehen ausserdem auch im Sinne der Gefässrundung verlaufende Schrammen (Schliff!) durch sie hindurch. In der Art, wie die Rippenfurchen- bezw. -Wülste gegen den Boden auslaufen, ist ebenfalls die Treibarbeit erkennbar, besonders aber an dem Auslaufen am inneren Gefässrande. Hier verflachen sie dicht unter der Verdickung schnell, der Rand selbst aber zeigt an dieser Stelle jedesmal eine Eindellung genau in der Breite der Rippe, und am Aussenrande eine entsprechende Ausbiegung, die jedesmal beiderseits begrenzt wird von den eingangs erwähnten senkrecht eingeschlagenen Kerben. Durch diese Eindellungen ist eine förmliche Kräuselung des ganzen Randes entstanden (Tfl. VI, 6 g).

In der Mitte des inneren Schalen-Bodens liegt ein „Korn". — Der Übergang von den Gefässwänden zum Boden hat nun ganz dasselbe Aussehen, wie bei den Eimern, er zeigt den mit einer Drehlinie kachierten, durch Treiben „verstrichenen" Absatz mit feinen Rissen und die aussen herumlaufende Treibfurche, und aussen und innen von dem Übergang je eine seichte breite Drehlinie. Der Boden selbst ist gegen die Mitte hin leicht gewölbt und weist viele etwa millimeter-breite durch Schliff und Politur verwaschene facettenartige Abdrehspuren (vom Drück-Stahl?) auf, wie sie auch sonst an den Wänden der Schale zu sehen sind, zumal an den senkrechten Partien innen und aussen. Aussen sind dicht am Fuss zwei scharfe Linien in die Gefässwand eingedreht, der Fussring ist drehrund und scheint exakt abgedreht zu sein, ebenso die untere Fläche des Fusses, die zugleich die äussere des Gefässbodens ist: auch hier ist ein Korn im Zentrum vorhanden und ein Linienpaar mit etwa 2 cm Radius scharf eingerissen, und das noch völlig scharfrandige Reitnagelgrübchen liegt in einer leichten Erhabenheit von etwa 1 cm Durchmesser. Der Fuss der Schale ist also getrieben, wie der der meisten Eimer vom Hemmoortypus, ebenso auch der Rand und die Muschelfigur. Die Wände zeigen ausserdem Spuren von Abdrehung mittels Geräten und von Schliff die vor der Formung durch Treiben erfolgten, sowie von Politur.

Die mikroskopische Untersuchung der Randpartie der Muschelschale brachte die kaum noch nötige Bestätigung, dass das Gefüge des Metalles in seiner ganzen Dicke stark verdichtet ist.

Nun sind noch weiter **drei einfache Becken** in Barnstorf[2]) gefunden, die in vieler Beziehung von den bisher beschriebenen Gefässen abweichen: Tfl. VII, 1, 2, 3. In den Schlusstabellen sind sie als Becken IV, V, VI bezeichnet.

Ihre Metallegierung ist weit kupferhaltiger, wie schon die Farbe der Bohrspähne lehrt. Zwei dieser Becken (1 und 3) zeigen ziemlich übereinstimmende, den Becken Tfl. VI, 3—5 ähnliche Form bei geringem Grössenunterschiede, Becken 2 ist von etwas eckigerem Profil.

Die Ränder dieser Becken sind nach aussen gebogen und nicht dicker als die Wandungen. Rand, Wandung und Boden zeigen auf den ersten Blick deutlich die Spuren der Treibarbeit (besonders Becken 8, 1), dagegen keinerlei Drehspuren, aber wiederum ganz feine Politurschrammen, die jedoch kreuz und quer verlaufen. Auch Henkel-Lötspuren fehlen, dagegen sind bei allen drei Rand-Ösen in Form dreieckiger durch Hämmern hergestellter und nach unten zusammengebogener bezw. -gerollter Fortsätze, vorhanden. Becken VII, 1 besitzt zwei solche Ösen, Becken VII, 2 vier, von denen zwei ganz flach geklopft sind und eine abgebrochen ist (zeigt alten Bruch), Becken VII, 3 hat nur eine solche Öse.

Das Becken IV (1 auf Tfl. VII) ist völlig erhalten, Becken V (2) ist stark zerstört; es war das dünnste, Becken VI (3) ist ebenfalls gut erhalten und zeigt eine alte Ausbesserung im Boden dicht am Umbruch: ein von innen nach aussen durchgestossenes Loch ist verschlossen

---

[1]) Kreuz und quer laufen weniger, aber ähnliche Kritzen ebenfalls unter der Patina, sie rühren wohl her vom Putzen des Gefässes.

[2]) Becken Tfl. VII, 2 und 3 sind 1893 gefunden, Becken VII, 1 erst 1910 (Provinzial-Museum Hannover).

durch ein kleines von innen aufgelötetes Metallblättchen (Tfl. VII, 3 f, g). Becken IV war noch bis ca. 3 cm unter dem Rand mit Leichenbrand gefüllt: Soweit hat die Innenwand stellenweise Metallglanz bewahrt, zu etwa $^1/_3$ zeigt sie schwärzliche Flecken und körnigen Rost. Die von Leichenbrand freien oberen 3 cm sind glatt und blaugrün patiniert, wie alle übrigen Flächen des Gefässes. Abdrücke von Geweben sind nicht erkennbar, aber die Tatsache, dass zwischen Gefässwand und Leichenbrand rings eine dünne Schicht reinen Sandes lag, lassen annehmen, dass auch hier eine Umhüllung der Knochenreste vorhanden war. Der Leichenbrand gehört einem mässig kräftigen Erwachsenen an und ist mittelstark gebrannt. Eine anatomische Ordnung der Knochenreste im Gefäss war nicht erkennbar, (s. S. 45, Anm. 2) nur war deutlich, dass in der Mitte die kleinsten, durch Asche und Kohle verunreinigten Leichenbrandreste lagen. Eine blasig zerbrannte Tongefässscherbe und ein in Schuppenform abgeplatztes (charakteristische Feuerwirkung!) kleines Stückchen der gut geglätteten Aussenschicht eines grobmassigen Tongefässes, sowie an einem Röhrenknochen und einem Schädelbruchstücke anhaftende ganz geringe Reste von geschmolzenem blauem Glas (Perle?) waren die einzigen Beifunde aus dem Leichenbrande; sie lagen mitten zwischen den Knochenstücken, wie auch vereinzelte kleine Holzkohlenstückchen. Anatomisch auffällig ist ein Backzahn mit knolliger Verdickung einer Wurzel (Hypertrophie). Die zweite Phalanx des rechten vierten Fingers zeigt an ihrer Unterfläche vom Rande herkommende knöcherne Plättchen: sehr kräftige Sehnenansätze des oberflächlichen kurzen Fingerbeugemuskels (Tfl. VII, 1 e). —

In Becken VI liegen jetzt einige Reste von scharf gebranntem Leichenbrand eines kräftigen Erwachsenen. Innen zeigen die Gefässwände bis auf den Rand Abdrücke, aussen dagegen grosse gut erhaltene Stücke von in Falten gelegtem farblosem Gewebe, das in einfache Leinenbindung (Taffet) aus linksgedrehten groben Leinenfäden (12 × 12 auf 1 □ cm) hergestellt ist: Tfl. VII, 3 h. —

3. Ältere Beigabenfunde.
Tafel VII, 4, 5 und VIII.

Unter den aus Knochenhaufen oder aus Kohlenstellen stammenden Fundstücken befinden sich nun noch die zerbrochenen und angeschmolzenen **Reste eines Kasserolles und eines Siebes** (Tfl. VII, 4, 5).

Dass sie zusammengehören wird u. a. dadurch bewiesen, dass grosse Teile ihrer Wandungen jetzt zu einem Klumpen fest zusammengebogen und zum Teil geschmolzen sind. Griffe und Ränder, sowie Stücke der Siebwand liegen einzeln dabei. Der gut rekonstruierbare Typus gehört nach Willers[1]) den jüngsten in Bronze gearbeiteten Formen aus Capua an, die in die Zeit zwischen 150 bis nach 250 n. Chr. zu stellen sind. Durch genaue Vermessung der Reste konnte die Form und Ausstattung beider Stücke m. E. einwandfrei rekonstruiert werden in der auf Tfl. VII, 4, 5 wieder gegebenen Art. — Der Durchmesser des Kasserollrandes ist etwa 1 cm grösser, als der des Siebes, das mutmassliche Verhältnis der Gefässkörper zueinander ist das in Tfl. VII, 4 c, 5 c dargestellte. Es ergab sich ein Gefässtypus, der Ähnlichkeit hat mit unsern auf Tfl. VI und VII abgebildeten Becken. Die Ränder beider Gefässe sind nach aussen verdickt und laden in eine Lippe aus, aber der Beginn der Verdickung ist bereits der Umbruch des Randes, und dieser ist soweit nach aussen umgelegt, dass die ursprüngliche obere glatte und horizontale Randfläche nach aussen blickt (s. Profil Tfl. VIII, 4 d, e und 5 d, e), diese Erklärung der Randform entspricht zugleich m. E. ihrer Herstellung, denn ich halte den Rand nach seinem Aussehen auch für getrieben bezw. geschmiedet, was auch besonders das Aussehen der Übergänge von den Rändern zum Henkel zeigt, an denen einzelne Hämmerfacetten und -furchen erkennbar sind. Da die Gefässe im Feuer waren, würde die mikroskopische Untersuchung nicht massgebend sein.

In dem oberen Teil der Seitenwand des Kasserolles sind zwei Linienpaare eingedreht; aussen in seinem Boden, der etwa ebenso dick ist, wie die Wände, laufen um ein Korn im Zentrum: 2 mal 3 Linien, dann noch ein Linienpaar und endlich eine einzelne Linie (Tfl. VII, 4 b, 5 b). Ob auch innen Drehlinien vorhanden sind, ist nicht festzustellen.

Die Seitenwände des Siebes tragen in sechs horizontal ringsherum laufenden Reihen angeordnet, leicht konische Durchbohrungen von ungleichmässigem Durchmesser und nicht sehr sorgfältiger Verteilung; sie sind von innen nach aussen eingeschlagen oder eingebohrt. Der

---

[1]) Willers, 1907, S. 84. — Vergl. die Stücke aus Damme (Mittlgn. d. uckermärk. Mus. Prenzlau 1902. S. 54).

letzte Löcherkreis liegt nahe über dem Umbruch des Siebes. Die Durchlöcherung der B o d e n - f l ä c h e bildet eine Art Margeriten-Rosettenmuster, das aussen von kleinen Bögen begrenzt ist, die je von einem Ende der radialen Linien des Musters zur nächsten laufen. Im Bodenmittel- teil endigen diese Linien abwechselnd 5,5 und 3,5 cm vom Mittelpunkt entfernt, es folgt dann nach innen ein Kreis von 7—8 dreieckigen Gruppen von je 6 Löchern, dann ein solcher von etwa 6 Vierecken von je 4 Löchern, dann noch einer mit 3 Dreiecken von je drei Löchern. Das Zentrum ist weder innen noch aussen markiert. Die G r i f f e beider Gefässe sind gleich lang und ganz gleichartig gestaltet[1]) als flache, massive, 4 mm dicke Platten. Gegen den Gefässrand hin findet sich an ihrer Unterseite eine dreieckige vertiefte Stelle mit Hammer- spuren und mit erhabenen Rändern, die wieder in der Ebene der unteren Griffläche liegen. — An den Bruchstücken beider Gefässe haften Asche und Holzteile, aber nirgends Knochenreste. — Das Metall hat die Farbe des Materials der Becken Tfl. VII, 1—3. (Vergl. die Analysen.)

Unter den Funden aus „Knochenhaufen" oder „Kohlenstellen" finden sich eine Reihe von zerbrochenen und verbogenen, teilweise auch angeschmolzenen Bruchstücken, die wohl zusammengehören als **Metallteile eines Schildbeschlages:**

Ein S c h i l d b u c k e l (VIII, 3) hat flache Hutform mit breiter Krämpe, die in der Mittellinie symmetrisch verteilt sechs Durchbohrungen trägt. Der Rand ist von einem nach unten offenen rinnenförmigen Wulst gebildet. Der Buckel ist sichtlich getrieben, seine Wandung ist durchschnittlich 1 mm dick.

Eine S c h i l d f e s s e l ist aus ebensolchem Blech wie der Buckel hergestellt und zeigt die Tfl. VIII, 4 wiedergegebene Form.

Buckel und Fessel gehören einem Typus an, der z. B. in den jüngsten Teilen der grossen Moorfunde Dänemarks und Schleswigs vorkommt; auch nach der Typologie und Chronologie Kossinna's[2]) ist er in das IV. Jahrhundert zu stellen. — Wir werden sehen, dass auch andere Vergleiche das Barnstorfer Gräberfeld mit den grossen Moorfunden und gleich- zeitigen anderen Funden verbinden[3]).

Zu den Schildresten gehören weiter eine Anzahl rinnenförmiger Metallblech-Bruchstücke mit etwa halbkreisförmigem Querschnitt, deren Ränder in anscheinend gleichen Abständen von 12 cm durchbohrte flache, runde Fortsätze tragen, von denen infolge der Rinnenform des Bleches immer zwei einander gegenüberliegen; es sind Reste des S c h i l d r a n d b e s c h l a g e s (Tfl. VIII, 7). An einer Stelle steckt noch der Nagel, der durch das Schildbrett getrieben war, in den Löchern der Fortsätze (Tfl. VIII, 7 g).

Ein kleiner M e t a l l b l e c h - B u c k e l (Tfl. VIII, 5) mit zwei aussen oberhalb des Randes verlaufenden Zierlinien zeigt in der Mitte seiner Kuppe eine Einbeulung und innen an dieser Stelle eine kleine (viereckige?) Bruchstelle, wo offenbar ein Nageldorn gesessen hat. Das Stück war wohl ein Z i e r k n o p f vom Schildbeschlag, vielleicht vom Buckelrande.

Zum Schildbeschlag gehört vielleicht auch ein trapezförmiges Bruchstück (Tfl. VIII, 6) mit zwei glatten Rändern und dem Rest einer Durchlochung in einem der zwei Bruchränder (in der Abbildung unten) und mit drei nagelförmigen Nieten, die auf der einen Seite einen Metallstreifen, auf der anderen Seite Reste von Metallblech festhalten.

Zu den Funden von 1893 gehört auch ein Ton - Urnen - Grab (Tfl. VIII, 1, 2). Als U r n e ist ein grobes Tongefäss von 170 mm Höhe von bauchiger Topfform benutzt. Seine Aussenseite ist mässig gut geglättet, der Hals ist etwas eingezogen, der Rand leicht nach aussen umgelegt. Die flache Standfläche hat 89 mm, der Hals 112 mm äusseren Durchmesser. Die Wände sind 6,5—8 mm dick. Ein zweites Tongefäss von hoher Schalenform mit scharfem Umbruch, kurzem Hals und nach aussen gebogenem Rand war als D e c k e l über die Urne gestülpt. Es ist von etwas feinerer Machart wie diese, hat auch eine glattere Oberfläche von dunkelbrauner Farbe, das Innere seiner 9—13 mm dicken Wandungen ist sorgsam geglättet, der aussen flache scharfrandige Boden von 63 mm Durchmesser und 13 mm geringster Dicke

[1]) S. Willers 1901, S. 45 ; 1907, S. 84.
[2]) Zeitschrift für Ethnologie, 1905, S. 380 und Abb. S. 381. Vergl. auch Engelhardt „Nydam Mose- fundet" 1865, S. 24, Schildreste. Der Nydamfund gehört dem IV. Jahrhundert an (nach Kossinna um 375 deponiert).
[3]) Vergl. Engelhardt „Thorsbjerg Mosefundet", 1863. (Nach Kossinna Ende des III. Jahrhunderts (275) deponiert.) Schildbuckel Tfl. VIII. Fibeln Tfl. IV. Gewebe Tfl. I—III. „Vimose Fundet" 1869 (um 225—250 Ko.), Tfl. V. Schildfesseln Tfl. XIII, XIV. Schnalle Tfl. XII. Schildrand Tfl. XXIV—XXVII. Kämme Tfl. II. Knopf Tfl. XXI. „Kragehul Mosefundet" 1867 (um 425 Ko.) Tfl. IV. Schild, Kamm und Kessel.

9

ist innen rundlich ausgehöhlt. Dicht unter dem Umbruch ist an einer Stelle der Aussenwand ein kleiner massiver Knopf aufgesetzt. Das Gefäss passt gut als Deckel auf die Urne (Tfl. VIII, 1 c). Dass die Gefässe wirklich so im Erdboden gestanden haben, beweist die Verteilung der aussen an beiden Gefässen anhaftenden Heidewurzeln, die senkrecht an beiden Gefässen herunter laufen, aber den Hals der Urne frei lassen. Ähnlich verhalten sich auch anhaftende Sand- und Aschenreste, sowie Verletzungen durch Spatenstiche. Die Urne ist nach dem Aussehen der Innenwand bis etwa zum Umbruch gefüllt gewesen mit Leichenbrand, der noch vorhanden ist; es sind die mässig stark gebrannten Reste eines Kindes von etwa 2 Jahren. Das Skelett konnte ich zusammensetzen [1]) (Tfl. VIII, 2 d). Es fehlen nicht allzuviele wesentliche Teile; sie mögen erst nach der Auffindung abhanden gekommen sein. Von den Zähnen liegen nur die Kronen eines Mahlzahnes (unterer zweiter) und eines Eckzahnes vor (auf Abb. VIII, 2 d, rechts oben). Dem kindlichen Leichenbrand beigemengt fanden sich mehrere sicher nicht menschliche Knochen, anscheinend einem jugendlichen Tiere (die Epiphysen sind nicht verwachsen) angehörig (auf Abb. VIII, 2 d, rechts unten)[2]). Es scheint, dass sonst keine Beigaben in diesem Grabe gelegen haben.

Mit den Funden von 1893 sind ferner eine Anzahl **Kleinigkeiten** eingeliefert, von denen aber unbekannt ist, ob sie aus Metallgefässen, „Knochenlagern" oder „Feuerstellen" (wohl entsprechend unsern Gruben) stammen.

1. Eine Menge grösserer und kleinerer, zum Teil angeschmolzener Metallbruchstücke sind an keinem der vorhandenen Gefässe oder anderen Metallgegenstände unterzubringen. Dazu gehört ein Schmelzklumpen aus einer „Feuerstelle" in dem deutlich Gefässwandreste und ein Randstück von der Art der Beckenränder zu erkennen sind (Provinzial-Museum, Abb. Tfl. VII, 8); ferner ein flaches Stück Metall, wohl von einem Gefässgriff (Abb. Tfl. VII, 9 a, b), sowie ein vierkantiges, das z. B. zu einem Henkelende gehören könnte (Abb. Tfl. VII, 9 c, d; auf der photographischen Abb. VIII, 8 als VII, 9 bez.), und endlich eine Anzahl blechartiger dünner Stücke, die wohl von Gefässwänden stammen.

2. Von Gewandhaften (Fibeln) liegen fünf als solche erkennbare Reste vor.

a) Ein grosses Bruchstück mit Nadelhalter, Fuss, Nadel und Spirale (Abb. Tfl. VIII, 12 und auf Abb. 11 als 12 bez. Vergl. Willers 1901, Abb. 25 a). Es ist der Rest einer zweigliedrigen Armbrustfibel mit kurzer Spirale (4 Windungen jederseits) und ziemlich hohem Nadelhalter. Die Sehne — ohne Achse — läuft unter dem Fibelkörper hindurch, der Scheibenform gehabt hat, wie blechdünne Reste beweisen, die an beiden Seiten des Steges sitzen, der Kopf und Fuss verbindet. Vielleicht war das Stück eine Tutulus- oder Figurenfibel[3]).

b bis d) Ein angeschmolzenes (Abb. 11, 15 a) und zwei besser erhaltene Bruchstücke von Fibeln (Abb. VIII, 13 und 14) bestehen fast nur noch aus der Nadel und der langen Spirale (etwa 7 Windungen beiderseits) mit gesonderter Spiralachse, die bei 15 a aus Eisen ist. Es waren ebenfalls zweigliedrige Armbrustfibeln. An 15 a (Abb. VIII, 11 No. 15 a) ist noch der Rest eines kantigen Bügels erhalten.

c) Ausserdem hat sich ein einzelner ziemlich hoher nicht verzierter[4]) Nadelhalter erhalten (Abb. VIII, 15 und 11 No. 15) in dem noch das Ende der Nadel sitzt.

3. Ein als Schleifstein hergerichtetes und benutztes 156 mm langes, 37 mm breites, 16 mm dickes Stück Unter-Devon-Sandstein (Abb. Tfl. VIII, 9) von rechteckigem Durchschnitt zeigt an einer Stelle (auf Abb. 9 b links oben) einen körnigen grünen Rostfleck; es ist sichtlich mit kupferhaltigem Metall in Berührung gewesen. Nach den vorliegenden Vergleichmaterialien, die Wetzsteine in Verbindung mit Waffen zeigen, hat er wohl mit den Schildresten zusammengelegen[5]). In einem kleinen Spalt dieses Steines zeigte sich der Rand einer Versteinerung;

----

[1]) Die Schädelknochen sind nebeneinander gelegt, daher erscheint der Kopf zu gross.

[2]) Seit längern beschäftige ich mich mit der eingehenderen Untersuchung von Leichenbrandresten. Ich glaube, dass man bei genügendem Vergleichsmaterial mancherlei auch kulturell wichtige Schlüsse auf diesem Wege wird gewinnen können. Vergl. Anm. 2 S. 45. Zur Klarstellung gewisser sozialer bezw. religiöser Vorstellungen unserer Vorzeit und ihrer Beziehung zu literarisch bereits bekannten Dingen würde es dienen, wenn das Vorkommen von weiblichem und kindlichem Leichenbrand genau verfolgt würde.

[3]) Vergl. z. B. Almgren, „Studien über nordeuropäische Fibelformen", No. 223.

[4]) Wie es aber nach Abb. 25 b bei Willers 1901 scheinen könnte.

[5]) Vergl. z. B. den Fund von Hankenbostel aus der Mitte des 2. Jahrhunderts im Provinzial-Museum Hannover, den auch Willers 1901 S. 74 und Abb. 31—34 behandelt. — Auch in den grossen Moorfunden von Thorsberg und Vimose kommen sie vor.

durch vorsichtiges Herauspräparieren konnte sie gut freigelegt und als Abdruck der Querwand eines Stengelgliedes von Cyathocrinus bestimmt werden [1]), somit das Material des Wetzsteines als „vom Harz oder vom Rhein stammend", was im Hinblick auf die rheinländische Herkunft unserer Metallgefässe interessant ist. —

4. Von einem Beinkamm mit Nieten aus kupferhaltigem Metall sind Bruchstücke des gezahnten Mittelblattes und einer bezw. zweier ornamentierter Aussenblätter erhalten (auf Abb. VIII, 11 als No. 16, nicht gut angeordnet), aus denen sich durch genaue Messung der Abstände der Nieten und Beachtung der erhaltenen freien Ränder die in der Zeichnung Abb. 16 wiedergegebene Form rekonstruieren liess. Sie gehört zu demselben Typus, wie die Kammreste aus Hemmoor, den grossen Moorfunden usw. —

5. Eine Anzahl geschmolzener Glasstücke (auf Abb. VIII, als No. 17 und 19) von weisser und blauer Farbe lassen die ursprüngliche Form nicht mehr erkennen. Dagegen stammen

6. zwei gelbliche, wohl durch Feuerwirkung rissig gewordene, kleine Glasscherben wahrscheinlich von einem dickwandigen Glasgefäss her.

7. Endlich sind mit den Funden von 1893 und 1910 noch zwei Convolute menschlichen, mittelstark gebrannten Leichenbrandes eingeliefert, der durchweg von kräftigen Erwachsenen herrührt und dem keine Tierknochen beigemengt sind (auch nicht die von Willers 1901, S. 46 erwähnten Eberzahnreste; einige im Feuer gebogene Knochenlamellen haben aber grosse Ähnlichkeit mit solchen!). —

4. Funde vom Jahre 1911.

Tafel VIII, 10 und 21—23.

Im Verlauf der weiteren Planierungsarbeiten ist auf der Meyer'schen Koppel, nahe bei Punkt (2 + 2) eine **Ton-Urne mit Leichenbrand** (Abb. Tfl. VIII, 10), angeblich ganz vereinzelt und frei im Boden stehend, gefunden; sie ist vom Provinzial-Museum erworben und wurde uns durch Herrn Lehrer Möhle-Aldorf in gefülltem Zustande zugesandt [2]). Der Leichenbrand füllt nicht nur die Urne aus, sondern bildete noch einen Haufen auf ihr (Abb. 10 c). Das 122 mm hohe Gefäss hat 201 mm grössten äusseren Rand-Durchmesser und flachen Boden von 57 mm Durchmesser. Es gehört zu demselben Typus, wie der Deckel der Kinder-Urne Tfl. VIII, 2, es ist sauber gearbeitet und mit einer braunen glänzenden Glättschicht versehen. Die Wände sind durchschnittlich 4,8 mm dick, der Boden 7,5 mm. Bis zu 8 cm über den Rand lag stark mit Sand, aber nicht mit Asche oder Kohle, gemischter Leichenbrand, meist aus kleinen Stücken bestehend. Über dem Gefässrand ragten aber auch bereits Röhrenknochenstücke hervor. Der Leichenbrand gehört einem kräftigen Erwachsenen an. Eine erkennbare absichtliche Anordnung der Brandreste war nur insofern zu erkennen, als sich die grösseren Stücke mehr rings an den Wänden. in der Mitte der Masse aber die kleinsten Stückchen fanden, und zwar mehr, als die übrige Masse, mit Asche vermischt. — Über dem Gefäss sollen grobe Scherben (Deckel!?) gelegen haben. —

Endlich erwarb das Provinzial-Museum jüngst noch drei **Steingeräte**, die einzeln auf der Meyer'schen Koppel und ihrer nächsten Nachbarschaft gefunden sind:

1. Einen 7 mm breiten, 95 mm langen **Keil** aus Tonschiefer mit etwas schief stehender Schneide, wohl ein Bruchstück eines ursprünglich längeren Stückes. Das stumpfe weist jetzt Abnutzungsspuren auf, die Benutzung als Setzkeil wahrscheinlich machen (Abb. Tfl. VIII, 21).

2. Eine 160 mm lange, grob geformte **Spitzhacke** (Diorit?) mit doppelkonischer Durchbohrung, deren Oberfläche verwittert und deren Spitze stark abgenutzt ist.

3. Ein 130 mm langer **vierkantiger Stein** (Quarzit), etwa von Pyramidenform, dessen breite Spitze durch Klopfen entstandene Abnutzungsspuren zeigt und in dessen dickerer Hälfte in zwei gegenüber liegenden Flächen tiefere, in den beiden anderen flachere Grübchen, ähnlich angefangenen Vollbohrungen zu sehen sind. Das Stück ist entweder ein angefangenes beilförmiges Gerät oder (wegen der Abnutzung) ein Handschlägel. Die Grübchen könnten ähnliche,

---

[1]) Die Untersuchung des Steines verdanke ich Herrn Dr. Römer - Hannover. Der Schleifstein aus Hankenbostel besteht aus ganz ähnlichen, bezw. demselben Sandstein.

[2]) Mittels Torfstücken und in Torfstreu verpackt, was ich in Verbindung mit der Anwendung von Gips- oder Wasserglasbinden sehr als Packmaterial empfehlen kann.

der Erleichterung des Anfassens dienende Vorrichtungen sein, wie die Grübchen gewisser „Klopfsteine" aus dem Neolithikum, in das auch diese drei Geräte wohl gehören[1]).

Durch diese Steingerät-Funde wird wiederum bestätigt, dass auf dem Fundplatze des Brandgräberfeldes bereits eine Siedelung oder vorübergehende Arbeitsstelle in der jüngeren Steinzeit bestanden hat.

5. Zusammenfassung und Schluss.

Für die **Zeitstellung des Brandgräberfeldes** geben die auffälligsten Fundstücke, die Metallgefässe, weiter auch die Tongefässe römisch-provinzialer Herkunft, sowie die einheimische Keramik, endlich die Form der Fibelreste, der Schildbeschlagteile und der Kämme die wertvollsten Anhaltspunkte,

Nach Willers sind die Messing-Eimer vom Hemmoortypus etwa von 150 bis nach 300 (s. o. S. 59) n. Chr. hergestellt und zwar im damaligen Niedergermanien in der Gegend von Stolberg bei Aachen, im heutigen Gressenich, bei der Römerstadt Juliacum (Jülich). Die um 70 v. Chr. entdeckten Galmei (Zinkblende)-Lager gaben die gegebene Grundlage einer Messingindustrie. Diese „Provinzwerkstätten" ersetzten seit der Mitte des II. Jahrhunderts die italischen Bronze-Gefässe, so die der capuaner Werkstätten bald völlig. Sie selbst hätten ziemlich plötzlich aufgehört zu arbeiten; man wird nicht fehlgehen, den Grund hierfür in den kriegerischen Vorgängen der beginnenden Westwanderung der Germanen zu suchen.

Willers lehnt es ab, innerhalb des Hemmoortypus chronologische Unterabteilungen und Einzelbestimmungen zu geben.

Solche Eimer treten nun in Mittel- und Nordwestdeutschland, sowie in Skandinavien zumeist in Funden auf, die stets vor 400, aber wohl nie vor 200 anzusetzen sind, mit ihnen gehen auch die Metallbecken von der Art unserer Becken Tfl. VI und VII[2]), auch Kasserolle und Siebe wie die aus Barnstorf, und Fibeln, mit denen die unsrigen nächstverwandt sind, sowohl Scheiben- bezw. Tutulusfibeln, wie späte zweigliedrige Armbrustfibeln. Auch die Verzierung mit geperltem Silberdraht und die sehr langen Spiralen liegen gerade in diesen Fundgemeinschaften vor. Die bereits berührten Beziehungen zu den jüngeren der grossen Moorfunde, auch besonders das mehrfache Zusammentreffen der Hemmooreimer mit einheimischen Gefässen, die bereits die Buckelverzierung der „sächsischen Völkerwanderungsurnen" zeigen, was auch für Barnstorf wahrscheinlich gemacht werden konnte, weisen darauf hin, dass unsere nordwestdeutschen Funde eher in das IV. als das III. nachchristliche Jahrhundert gehören[3]).

Dieser Ansetzung widerspricht anscheinend die Datierung Behns (s. o. S. 44) für den Figuren-Becher mit Barbotineranken aus Grube II. Die mitgefundene Scherbe Tfl. III, 14, sowie die Silberfibel aus der benachbarten Grube I, ebenso den Kerbschnittgefässrest aus Grube III halte ich bereits für jünger. Nun scheinen mir aber die **Funde von Barnstorf** aus verschiedenen Gründen durch einen nicht ganz geringen Zeitraum hindurch zu gehen. Das zeigen einmal die einheimischen Gefässformen: das Buckelgefäss und die Schalenurne in F. I und II einerseits sind sicher relativ junge Formen; die Gefässe des Kindergrabes, wie des Urnengrabes

---

[1]) Die Stücke sind auf Tfl. VIII, Abb. 21 bis 23 zeichnerisch dargestellt in einer Methode, bei der die benachbarten Seiten wie bei einem Modellierbogen nebeneinanderstehen. Diese Darstellungsweise bringt bei genauer Beobachtung des Stückes, selbst bei ungeschickter Zeichentechnik wesentliche Markmale wie z. B. auch die Schneidenstellung u. a. zur Anschauung, worauf bei Fundberichten viel mehr geachtet werden müsste.

[2]) Betreffs der archäologischen Stellung der Eimer und Becken vergl. ausser den Arbeiten von Willers von 1901 und 1907 vor allem Kossinna in Nachrichten über deutsche Altertumsfunde 1903, S. 53—59, wo auch weitere Literatur verzeichnet ist. Die Skelettgräberfelder von Grabow und Häven, Mecklenburg, sind besonders ergiebig für unsere Überlegungen (s. R. Beltz, Die vorgeschichtlichen Altertümer des Herzogtums Mecklenburg-Schwerin 1910, Tfl. 63—67 und Text). Hemmooreimer liegen in wichtiger Fundgemeinschaft vor bes. in Dienstedt im Herzogtum Sachsen-Weimar (Zeitschrift für Ethnologie 1908, S. 902 ff.), in Voigtstedt, Kreis Sangerhausen (Museum für Völkerkunde Berlin) und Trebitz im Saalkreis (Nachricht über deutsche Altertumsfunde 1903, S. 51—53); endlich in Veltheimer Funde des Mus. zu Dortmund, der hoffentlich bald veröffentlicht wird (vergl. Präh. Ztschr. 1909, S. 204 ff.).

[3]) Willers stellt 1901, S. 46, die Fibelreste von Barnstorf zu den Fibeln mit hohem Nadelhalter, deren Blütezeit das III. Jahrhundert ist. Ich kann ihm nicht zustimmen, halte die Reste vielmehr für jüngeren Fibelformen zugehörig, wie oben dargelegt ist.

von 1911, sowie der grösste Gefässrest aus Kn. III lassen sich eher mit älteren Formen vergleichen. Eine endgültige feinere Chronologie der einheimischen Keramik unseres archäologischen Gebietes besitzen wir aber noch ebensowenig, wie eine solche für die „spätrömischen" Metallgefässe. — Auch die Frage, ob alle Barnstorfer Funde einem Gräberfelde angehören, oder ob nicht z. B. F. I und H einer andern Erklärung bedürfen, als der, dass es Ustrinen sind, lässt sich nicht mehr entscheiden, da die Barnstorfer Ausgrabung schliesslich doch nur eine Nachlese war. Systematische Ausgrabungen und Durcharbeitung der Funde aus unberührten Grabfeldern werden hoffentlich bald helfend eingreifen. — Wie das Barnstorfer, sind auch die von Hemmoor, Häven und leider viele andere, auch jüngster Zeit, nicht von vornherein in ihrer ganzen Ausdehnung fachmännisch untersucht.

Für Barnstorf könnte aus Analogie mit andern nachchristlichen Grabfeldern angenommen werden, dass die Belegung des Friedhofes vielleicht von Süden nach Norden bezw. von SW. nach NO., damit zugleich also auch von der Höhe der Koppel gegen die Niederung, fortgeschritten wäre: so würden sich die berührten zeitlichen Unterschiede erklären. Zugleich erführe auch die Tatsache, dass Metallgefässe nur in dem einen (späteren?) Teil im Norden gefunden sind, gegen Süden jedoch nur Beisetzungen in Form von Knochenlagern und in Urnen, eine chronologische Beleuchtung. Hieraus liesse sich aber auch vielleicht weiter ableiten, dass die zuletzt und zugleich am weitesten nach Norden gefundenen Metallgefässe, d. h. der kleine Eimer 5 mit angelötetem Fuss, sowie der Eimer 6 mit Silberfries und der Napf 2, die Becken 1, 3 und 5, wiederum eine zeitliche Sonderstellung einnähmen. Über die Lage der übrigen Metallgefässe zueinander ist nichts sicheres mehr festzustellen. Da ist es vielleicht bemerkenswert, dass unter den jüngsten nordeuropäischen Eimerfunden mindestens zwei, nämlich aus Altenwalde und Seeland (s. Willers 1901, S. 28 und 58), die durch begleitende Funde in relativ späte Zeit datiert werden, angelötete Füsse haben, wie unser Eimer 5, und weiter, dass nur 1893, also mehr im Süden des Friedhofes, „echte" Hemmoorer Eimer gefunden sind. Man könnte weiter daran denken, dass die kupferreichen dünnen getriebenen Becken 5—7 jünger seien, als die Eimer; das entspräche wiederum der Tatsache, dass gerade am Ende der späteren Kaiserzeit und in der Völkerwanderungszeit dünne getriebene Gefässe häufig sind (Kragehultypus u. a.), Eimer vom Hemmoortypus aber höchstens bis gegen 400 (einmal in Seeland) vorkommen. Längere Benutzung der kostbaren Stücke als Gebrauchsgefässe vor ihrer Verwendung bei den Bestattungen muss bei den chronologischen Überlegungen in Betracht gezogen werden. Diese Andeutungen mögen genügen bis zur Behandlung der chronologischen Fragen in grösserem archäologischem Zusammenhang.

Erwähnt muss endlich noch werden, dass der **Wallrest** ziemlich genau parallel lief einer Linie, die im Westen die Fundstellen begrenzt (s. Abb. I, 2, 3), und senkrecht zu deren Nordgrenze. Auf Abb. Tfl. I, 3 ist sein Profil rechts am Rande dargestellt; in dem Quadrat $(1+3)-(2+3)-(2+4)-(1+4)$ sind die im begleitenden Grabenspuren schraffiert. Die ganze Anlage war sehr verwischt und grösstenteils zerstört, doch liess sich an der Schichtung erkennen, dass der Wall entstanden war durch Aufschaufelung von beiden Seiten her. In dem Wall war keine Spur von Holzkonstruktionen zu finden. Er hat eher Ähnlichkeit mit dem aus einem Wall mit lebender Hecke gebildeten Flurgrenzen (Knicke), als einer Befestigung (Landwehr). Vielleicht war er eine Umfriedigung des Gräberfeldes, wie sie auch anderwärts festgestellt ist.

In die vorliegende Abhandlung, die nur als erweiterter Fundbericht und somit als „Quellmaterial" aufgefasst sein will, sind absichtlich viele eingehende Einzelbeobachtungen zumal über die Grabanlagen, und Untersuchungen besonders technischer Art aufgenommen, von denen ich wünschte, sie regten an vielen Stellen, besonders in unsern Museen, zur Nachprüfung an und somit zu möglichst tief eindringender Sachforschung, vor allem aber zu gewissenhaftester Hebung und Behandlung der Funde. Die sind zwar oft nur unscheinbar, aber doch die unersetzlich wertvollsten Quellen für die Vorgeschichts-Wissenschaft und die einzig sicheren Grundlagen für alle weiterblickende Forschung. —

Tabelle

Übersicht der Funde, die bei der

Funde		F. I	F. II	Gr. St. bei F. I	Gr. I	Gr. II	Kn. I	Gr. III	Kn. II	Gr. IV
Mensch	Gebrannte Knochenreste					Rein scharf gebr. Erw. kräft. ält.			Mit Asche, Kohle mässig gebr. Erw. kräft. jüng.	
?			Klein scharf gebr.		Klein scharf gehr. zart	Klein scharf gebr. zart		Klein zart (Tierzahn?)		
Tier					+ ?					
Kohle		Eiche und Buche (?)	Eiche und Birke (?) u. Eichenrinde		Eiche	Fragliche Holzart und Heide		Eiche, Birke (?) und Heide undRinde von ?	+	Kiefer (?) mit Rinden
Asche		+	+		+	+		+	+	+
Steine				2 als Geräte neben F. II						
Unverbrannte	Tongefäss-Scherben			1 kl.						
Zerbrannte		Von 1—2 Gefässen	Von 1—2 Gefässen (zu F. I ?)			Von 3 Gefässen				Von 1 (?) Gefäss
„Römische" Tongefässreste						Scherben eines Barbotine-bechers und 1 Terra sig. Scherbe		1 mit Kerbschnitt (Becherrest)		
Eisen						Nagel. Fibelrest (?)		Kl. Stange. Nadelrest von einerFibel? Klümpchen		
„Bronze"						Schnallen-rest (?)				
Silber					Fibelspirale mit Knöpfen u. Eisenachse					
?						Div. Klümpchen				
Ungebrannte	Silex			Bei F. II +	+				+	
Gebrannte								+		
Div. Reste						Holzrest, durchbohrt		Beinkamm-reste mit Eisennieten		

usgrabung 1910 zu Tage getreten sind.

Mit Asche und Kohle mässig gebr. Erw. kräft. ält. und einige zart. jung (?)	Mit Asche und Kohle mässig gebr. Erw. kräft. ält. und 1 jung. Wirbel		Klein zart	Rein klein scharf gebr.				
\iefer (?) it Rinde	Koniferen-holz	Eiche	Eiche, Birke (?) und Heide	1 Rest				Koniferen-holz und Rinde
+	+	+	+					+
			3 zusammengehörige (zerbrannt?)					1 Kl. zerbrannt?
	Teile von 3 Gefässen, wohl angebrannt		1 neolithische!					
Von (?) Gefäss							1	
					3 von 1 Becher			
			Kl. Stange (Fibelachse?)					
	+					Div., u. a. 1 Schaber		
			3					
					Spinnwirtel v. Ton			

Tabelle

Übersicht der Funde, die bei der Ausgrabung 1910 zu Tage getrete...

Foldout

Funde	F. I	F. II	Gr. St. bei F. I	Gr. I	Gr. II	Kn. I → Gr. III	Kn. II	Gr. IV	Kn. III mit	Kn. IV → Gr. V	Loch bei Gr. IV	bei F. ?
Menschl. Unbrannte Knochenreste												
"												
Tier		Klein scharf gebr.		Klein scharf gebr. zart	Klein scharf gebr.	Rein scharf gebr. Erw. kräft. äit.	Klein zart (Tierzahn ?)			Klein zart	Rein klein scharf gebr.	
Kohle	Eiche und Buche (?)	Eiche und Birke (?) in Reihenende		Klein scharf gebr. zart	Fragliche Holzart und Heide	Eiche, Birke und Buche mitRindenr...	+	+	Eiche und Birke	Eiche und Steine	
Asche	+	2 als Gürtel nebst F. II		+ ?	+	+		Esche	+	+	
Steine			i. d.	Eiche	Von 3 Gefässen						
Unver-brannte Tongefäss-Scherben		Von 1–2 Gefässen (zu F. I ?)		Nagel Fünfkett (?)				Von 10 Gefässen	Teile von 3 Gefässen zusammen	+ zusammen-gehörige	kl. Stange (Fibeln?)	3 von 2 Becher
"Römische" Tongefässreste				Schmalran-rot (?)	Schatterscherben	1 mit Kreisschnitt (Becherrest)	+	Kessler (?) auf Rande	Konifenln-holz	Eiche Birke (?) i. Rest	
Eisen				Friedgerät mit Knopten u. Einsenacher	Die Klümpchen	Kl. Nägel Nähr Kni...					
Bronze					Holzreste zusm.b(?)						
Silber		Bei F. II +		+		Bernkam-reste mit...	+				
?												
Tage-Versabl												
Bohrmite												
Die Reste	Stücx										

Tabell

	Osnabr. 2659	desgl.	desgl.	Osnabr. 3572, 3	Osnabr. 3572, 1	Osnabr. 3572, 4-9	Osnabr
Katalognummer Mus. Osnabrück u. Prov.-Mus. Hannover	Osnabr. 2659	desgl.	desgl.	Osnabr. 3572, 3	Osnabr. 3572, 1	Osnabr. 3572, 4-9	Osnabr
Nr. und Abbildung bei Willers 1901 (cf. Abbildung bei Philippi)	1. 1a	2. 1c	3. 1b	4. 1d			5. 22
Aeusserer Durchmesser am oberen Rande, an der Stelle der Attachen bzw. der Osen	258	219	232	234	193	192	
Desgl. rechtwinklig dazu	256	217	225	234	188	195	
Grösste Rand-Dicke bezw. -Breite	7,5	7	4,5	8	4	6	7,5
Grösste Höhe (Randhöhe)	254	208	203		146		
Dicke der Wandung in der Gefässmitte	1	0,4	0,8	0,4	0,8	durchschnittl.	0,8 unter dem Frie
Desgl. im Umbruch (Näpfe im unteren Drittel)	0,5	0,25	0,5	0,3	0,3	0,5	
Dicke des Bodens in der Mitte [M] (bezw. am Rande [R])	R 1,5 M. 1,5	R. 2,25 M. 3,25	R. 3,0 M. 14,5	R. 1 M. 1	R. 6 M. 11,5	R. 1 M. 2	
Höhe des Fussringes	23	15	22	25	16	20	(30)
Grösster äusserer Durchmesser desselben	119,5	91,5	85	100,5	81	86	(90)
Dicke der Fusswand — oben	4,5	5,5	1	2	6,5	3	
Dicke der Fusswand — unten	2,5	2,5	4	4,5	6	(Mitte 4) 3	2
Der Fuss ist — getrieben	+	+		+		+	+
Der Fuss ist — angelötet		+		+		+	
Der Fuss ist — angegossen							
Höhe							
Grösster Durchmesser							
Höhe	29	28	22,5	22	17	23,5	
Mittlere Dicke	3	2,5	2	4	2	2,6	
Höhe des Bogens	126,5	125		125	97	100	
Dicke der Bogenmitte	12	12		13	11×7	15,5	12
Länge des Hakens	82,5	47,5		59	18		
Reste und Spuren von Geweben (Taft, Köper, Rauten-Köper) aussen / innen	T.		T.	T.	T. u. R.	T.	
Reste und Spuren von Eichen-Blättern aussen (B = Boden, W = Wände)		B.					
innen		B.	(?) W.				B.
Spuren des Inhaltes (bezw. dieser selbst) reichen innen bis … mm unter d. Rand	100	50	50	80	0	10	

Vertikale Randbeschriftung (von oben nach unten): F zeichnung · Gefässkörper · Gefässfuss · Boden-einwölbung der Becken · Attachen · Henkel · Gewebe · Blätter · Inhalt

Tabelle I. (Die Maße in Millimetern.)

	Fussnäpfe		Becken mit dickem Rand			Muschel-Fuss-schale	Gleichmässig getriebene Becken			Kasse-rolle	Sieb	Beckenreste	
VI VII Osnabr. 3572, 4-9	I	II	I	II	III		IV	V	VI			VII	VIII
)snabr.	Osnabr.	P.-M. 18 139	P.-M. 18 140	Osnabr. 2659	Osnabr. 3572, 2	Osnabr. 2659	P.-M. 18 141	Osnabr. 2659	Osnabr. 2659	Osnabr.	Osnabr.	Osnabr.	Osnabr.
5. 2.	2 b				2. 2 a	3 b		3. 3 a	1. 2 c	4 a	4 b		
346	346	357	270	256	276	(296)	227	(320)	253,2	(265)	(258)	(224?)	(329)
346	346	366	263.5	247	264,5		227		256				
i.3	11	12	3,5	3,5	5	5	D. 1 B. 8	D. 1 B. 11	D. 1 B. 7,5	B. 10	B. 9		
	127	172	72	75	73,5	80	81	102	106				(100,5)
0,8 .. 0,5 6ca Fr.	0,5	0,8	0,5	1	1	0,5	0,5	0,3	1				
	0,5	0,5	0,3	0,5	0,5	0,25	0,75	0,25	1				
	M. 6,5	M. 2	M. 1,5	M. 3	R. 1,5 M. 1	R. 1 M. 1,5	M. 0,8	M. 1	M. 1				
(30)	9	9				11							
(90)	100,5	106				113							
	6	6				3							
(Line 4)	5,5	5				3							
						+							
	+	+											
			7	5	7								
			130	102	116								
			K.					T.					
			K.	T.				T.					
				B. W.									
	B.			B.									
	30		20	20	20	(gefüllt) 20		0					

10

Tabelle II. (Die Maße in Millimetern.)

Gegenstand	Eimer I	Eimer II	Eimer III	Eimer IV	Eimer V	Eimer VI	Eimer VII	Fussnäpfe I	Fussnäpfe II	Becken m. dickem Rand I	II	III	Muschel-Fussschale	Gr. reicher Becken IV	V	VI	Kasserolle	Sieb	Beckenreste VII	VIII
Katalognummer Mus. Osnabrück u. Prov.-Mus. Hannover	Osnabr. 2659	desgl.	desgl.	Osnabr. 3572,3	Osnabr. 3572,1; 3572,4-9	Osnabr.	Osnabr.	P.-M. 18139	P.-M. 18140	Osnabr. 2659	Osnabr. 3572,2	Osnabr. 2659	Osnabr. 2659	P.-M. 18141	Osnabr. 2659	Osnabr. 2659	Osnabr.	Osnabr.	Osnabr.	Osnabr.
Nr. und Abbildung bei Willers 1901 (cf. Abbildung bei Philippi)	1. 1a	2. 1c	3. 1b	4. 1d	5. 22			2b		2. 2a	2. 2a	3b	3b	3. 3a	1. 2c		4a	4b	VII	VIII
Äusserer Durchmesser am obern Rande, an der Stelle der Attachen bezw. der Osen	258	219	232	234	193	192		346	357	270	256	276	(206)	227	(320)	253,2	(265)	(238)	(224,7)	(326)
Grösste Rand-Dicke bezw. -Breite	256	217	225	234	188	195		346	366	256	247	264,5		227		256				
Desgl. rechtwinklig dazu	254	208	203	146						263,5										
Grösste Höhe (Randhöhe)	7,5	7	4,5	8	4	6	7,5	11	12	72	75	73,5	80	81	102	106			(100,5)	
Dicke der Wandung in der Gefässmitte	1	0,4	0,8	0,4	0,8	0,5	0,8	0,5	0,8	3,5	3,3	5	5	5			B. 10	B. 9		
begl. in füntel (Höhe in untere Drit)	0,5	0,25	0,5	0,3	0,8	0,5	0,8	0,5	0,6	0,5	1	1	0,25	0,5	0,3					
Dicke des Bodens in der Mitte [M] (bezw. am Rande [R])	R 1,5 M 1,5	R 2,25 M 3,25	R 3,0 M 14,5	R 1 M 1	R 6 M 11,5	R 1 M 2		M 1,5	M 2	M 3	R 1 M 1,5	R 1 M 1,5	R 1,5	B. 8 M. 0,8	B. 11 M. 1	B. 7,5 M.				
Höhe des Fussringes	23	15	22	25	16	20	(30)	9	9				11							
Grösster äusserer Durchmesser desselben	119,5	91,5	85	100,5	81	86	(90)	100,5	106				113	227	256					
Höhe	4,5	5,5	1	2	4	3		6	6	5	5	5	3	D. 1 B. 8	D. 1 B. 11	D. 1 B. 7,5				
Dicke der Fusswand oben	2,5	2,5	4	4,5	6,5	3	2	5,5	5				3							
Dicke der Fusswand unten																				
Der Fuss ist: getrieben / angelötet / angegossen	+	+	+	+	+	+	+	+	+				+							
Grösster Durchmesser (Gefässfuss)										130	102	116		81	102	106				
Höhe	29	28	22,5	22	17	23,5				7	5	7								
Höhe des Bogens	3	2,5	2	4	2	2,6														
Mittlere Dicke	126,5	125		125	97	100														
Dicke der Bogenmitte	12	12		13	11×7	15,5	12													
Länge des Hakens	82,5	47,5		59	18															
Reste und Spuren von Geweben (Taft, Köper, Rauten-Körper) aussen / innen	T.	B.	(?) W.	T.	T. u. R.	T.				K.	T.	B. W.		T.		T.				
Reste und Spuren von Eichen-Blättern aussen / innen		B.				B.				K.										
Spuren des Inhaltes (bezw. dieser selbst) reichen innen bis zum unter d. Rand	100	50	50	80	0	10		80		20	20	20		(gefüllt) 20		0				

Tabelle III.

Chemische Metall-Analysen (ausgeführt von Dr. Ernst Asbrand in Hannover-Linden)
mit einer kritischen Würdigung von H. Hahne.

Gegenstand	Kupfer	Zinn	Zink	Blei	Eisen (Fe₂O₃)	Arsen ¹)	i. S.
Eimer I	77,46	4,31	17,67	0,54	0,20		100,18
Eimer II	71,99	1,41	24,58	0,40	0,17		98,55
Eimer III	85,15	12,46	1,23	0,84	Spur		99,68
Eimer IV	72,85	2,76	24,13	0,43	0,11		100,28
Eimer V	84,12	14,79	0,03	0,41	0,06		99,41
Eimer VI	76,20	4,21	18,74	0,37	0,23		99,75
Eimer VII	78,45	5,86	14,11	0,78	0,13		99,33
Fussnapf I	88,11	10,95	0,84	0,18	0,21		100,29
Fussnapf II	87,98	10,72	1,47	0,20	0,28		100,65
Muschelschale	79,06	5,46	13,47	1,02	0,52		99,53
Becken I	80,49	6,42	12,87	0,37	0,13		100,28
Becken II	85,41	4,85	8,73	0,26	0,71		99,96
Becken III	86,69	10,47	0,10	1,27	0,31		98,84
Becken IV	83,83	12,62	0,58	2,34	0,50		99,87
Becken V	85,41	10,22	2,31	0,96	0,21		99,11
Becken VI	80,68	14,15	1,21	2,86	0,17		99,07
Kasserolle	89,74	9,16	0,38	0,52	0,17		99,97
Sieb	88,94	10,05	0,45	0,49	0,07		100
Schildbuckel*)	79,93	3,86	12,52	0,99	0,43		97,73
Schildrand*)	85,97	1,95	9,73	0,97	0,37		98,99

	Kupfer	Zinn	Zink	Blei	Eisen	Arsen	i. S.
Eimer I Henkel	76,55	4,77	15,93	2,34	0,77		100,36
Zum Vergleich:							
Eimer von Grethem (glatt)	74,64	5,39	19,49	0,64	0,40	0,038	100,56
Eimer von Börry (mit Fries)	77,7	3,7	17,9	wenig	Spur		
Eimer von Garlstedt (glatt)	77,4	4,7	17,0	wenig	Spur		
Eimer V Fuss	75,03	9,09	3,26	11,52	0,51		99,41
Eimer V Henkel	88,04	9,88	0,38	1,20	0,59		100,09
Eimer VII Henkel	75,02	5,28	16,29	2,75	0,20		99,54
Zum Vergleich:							
Fussnapf von Freden	85,70	12,59	1,11	0,10	0,57	0,022	100,07

(alte Analysen s. Willers 1901, S. 140)

Silberblech-Fries an Eimer VI: Eine kleine Probe zeigte „einen Gehalt von 82 % reinem Silber"

Lotmasse zu Becken I:

„Die Probe war fast völlig oxydiert; aus der Zusammensetzung des oxydierten Stückes wurde der Prozentgehalt des nicht oxydierten umgerechnet:

Oxydiertes Metall.		Umgerechnet auf reines Metall.
Zinn	36,37	 49,04
Blei	33,78	 45,55
Kupfer	3,47	 4,68
Eisen	0,54	 0,73
Antimon	geringe Menge . .	
Arsen	nichts	
Zink	nichts	
Silber	nichts	
Sauerstoff u. Wasser	25,84	
	100,00 %	100,00 %

Das Lot scheint aus ungefähr gleichen Teilen Zinn und Blei zu bestehen; das Kupfer stammt wohl von dem Gefäss?" —

¹) „Arsen war in allen Proben aber stets nur in Spuren vorhanden."

*) „Die Proben liessen sich nicht völlig von Oxyd befreien, sodass nicht ganz reines Metall zur Analyse vorlag."

Zu Tabelle III.

Die Übersicht der Metall-Analysen in Tabelle III ergibt eine Einteilung der Barnstorfer Metallgefässe in mehrere Gruppen:

Gruppe A. Eimer I, II, IV von Barnstorf und die von Grethem und Garlstedt, also die „glatten" Exemplare mit getriebenem Fuss zeigen:

Kupfer 71,99—77,46, Zinn 1,41—5,39, Zink 17,67—24,58, Blei 0,40—0,64, Eisen 0,11—0,4. (Der Henkel von E. I entfernt sich nur im Bleigehalt wesentlich vom Gefäss.)

In diese Gruppe fügt sich auch Eimer VI, dessen Silberfries ja auf einem i. Ü. „glatten" Eimer aufgelötet ist, mit:

Kupfer 76,20, Zinn 4,21, Zink 18,74, Blei 0,37, Eisen 0,23.

Sein Gehalt an Kupfer und Zinn ist verhältnismässig hoch auf Kosten des Gehaltes an Zink und Blei.

Gruppe B. Fries-Eimer VII von Barnstorf und der von Börry haben:

Kupfer 77,7—78,45, Zinn 5,39—5,86, Zink 14,11—17,9, Blei wenig—0,78, Eisen Spur—0,13. (Der Henkel von E. VII entfernt sich nur im Bleigehalt wesentlich vom Gefäss.)

Sie zeigen somit etwas höheren Kupfer- und Zinngehalt als Gruppe A, der Zinkgehalt dagegen ist geringer, um weniges geringer auch der Bleigehalt.

C. Die Muschelschale reiht sich an Gruppe B mit etwas höherem Kupfergehalt und höherem Blei- und Eisengehalt auf Kosten des Zinkgehaltes; sie könnte chemisch somit ebenso gut zu Gruppe D gestellt werden; während die Technik des Fusses sie zu Gruppe A—B verweist!

Gruppe D, I. Die Gruppe der Becken zeigt nach Form und Technik eine Zweiteilung: **a) I—III und b) IV—VI.**

Das chemische Verhalten ist folgendes:

Kupfer a) 80,49—86,69. Zinn a) 4,85—10,47. Zink a) 0,10—12,87.
       b) 80,68—85,41.   b) 10.22—14,15.   b) 0,58— 2,31.
Blei a) 0,20— 1,27. Eisen a) 0,13— 0,71.
     b) 0.96— 2,86.   b) 0,17— 0,50.

Bei annähernd in gleichen Grenzen schwankendem Kupfergehalt zeigt also b, die Untergruppe der „gleichmässig dünnen getriebenen Becken" IV—VI höheren Zinn- und Bleigehalt und geringeren Zinkgehalt; doch greifen die chemischen Zahlenverhältnisse beider Untergruppen ineinander, während sich die ganze Gruppe von A, B und C unterscheidet durch durchweg höheren Kupfergehalt und weit geringeren Zinkgehalt; der Zinngehalt ist mit einer Ausnahme (II) durchweg höher, als bei A und B. der Bleigehalt wenigstens bei 4 Becken.

Eine Gruppe D, II bilden die zwei Eimer mit angelötetem Fuss, die in dieser chemischen Aufstellung bei der Beckengruppe stehen müssen, wenn auch dabei ihr Zinngehalt relativ hoch und ihr Zinkgehalt dafür relativ niedrig ist, sie also dadurch sogar eher zu den erst weiterhin folgenden Gruppen E und F neigend dastehen. Die Technik schied ja bereits diese Eimer von unseren Gruppen A und B. Statt (s. oben S. 69) sie auf Grund ihres zeitlichen Vorkommens in Gräbern für jünger zu halten als jene, neige ich nach der Analyse der gegenteiligen Annahme zu. Der getriebene Fuss dürfte auch eine jüngere Technik darstellen, als der angelötete. Wie ich bereits ausführte, erinnert die Gestalt dieser Eimer, wenn man von den Füssen absieht, an ältere italische kuppelförmige Gefässe. Die exakte Arbeit (gegenüber den Gruppen A u. B) und die vermutliche Anwendung des „Drückens", vielleicht auch das einmalige Vorkommen figürlicher Attachen[1]) rückte sie ebenfalls an ältere Typen.

---

[1]) Urnenfeld v. Alteuwalde. Vergl. Willers 1901, S. 28.

Der Henkel und der Fuss des Eimers III entfernen sich chemisch auffallend von dem Gefässkörper und von einander.

Gruppe E bilden die zwei Fussnäpfe, deren Kupfergehalt höher ist, als der der Gefässe von Gruppe A bis D, während ihr Zink- und Bleigehalt verhältnismässig niedriger und ihr Zinn- und Eisengehalt etwa gleich ist dem der Gruppe D, also immerhin hoch gegenüber den Eimergruppen A und B.

Die Schale von Freden reiht sich der Gruppe E auch nach Form und Technik an, nur ist ihr Kupfergehalt noch niedriger, ihr Bleigehalt dagegen relativ hoch.

Gruppe F bilden das Kasserolle und Sieb insofern, als ihr Kupfergehalt höher ist, als in A bis E, ihr Gehalt an den andern Metallen etwa in gleichen Grenzen schwankt, wie der der Beckengruppe.

Die **Schildbeschlagteile** nähern sich am meisten der Beckengruppe D I a, doch gleicht ihr Zinngehalt dem der „glatten" Eimer.

Nach dem steigenden Gehalt an den einzelnen Metallen ergeben sich im Ganzen folgende Reihen der Gruppen:

Kupfer: A — B — C — D — E — F.
Zinn: A — B — C — F — D a — E — D b.
Zink: F — E — D b — D a — C — B — A.
Blei: E — F — A — B — C — D.

Es ist ersichtlich, dass Kupfer und Zink sich in der Reihenfolge A B C D E genau gegensätzlich verhalten, und annähernd das Zinn mit dem Kupfer und das Blei mit dem Zink geht, dass also bei dieser Reihenfolge der Gruppen der Zink- und Bleigehalt mit steigendem Kupfer- und Zinngehalt fällt, beziehungsweise Kupfer und Zinn abnehmen in dem Masse, wie Zink und Blei zunehmen.

Verlockend ist es aus dem Verhältnis der Gruppierungen nach Form und Technik und nach der Legierung Schlüsse auf zeitliche bezw. örtliche Verteilung der Gruppen zu ziehen.

Die Fussnäpfe, Kasseroll, Sieb und Eimer mit angelötetem Fuss einerseits und die Hemmoor-Eimer andererseits, dazwischen stehend die Becken: diese Gruppierung hat ja sichtlich Beziehungen zu der Unterscheidung zwischen italischer (capuanischer) und provinzialer (rheingermanischer) Ware und zugleich auch zu der Aufeinanderfolge von älteren und jüngeren Typen. Bezüglich des Friedhofes von Barnstorf passte das Fehlen von Eimern mit getriebenem Fuss in dessen südwestlichem Teil, der vermutlich der ältere ist, dagegen das Vorkommen von Fussnapf II und Becken I und IV an derselben Stelle, sowie das Vorkommen des Silberfrieseimers VI und des Eimers mit angelötetem Fuss III südwestlich von den Eimern der Gruppen A und B gut zu der Annahme, dass die Kupfer- und Zinnreichsten Gefässe ihrer Entstehung nach älter (und italisch?) seien, als die ja bereits von Willers für jünger und Provinzialprodukte erklärten echten Hemmoor-Eimer.

Die noch ausstehenden Ergebnisse der mikroskopischen Untersuchung der Gefässe wird wohl auf ihre Metalltechnik und somit wieder auch auf chronologische Fragen weiteres Licht werfen.

Wichtig ist im Hinblick auf unsere technischen Erörterungen besonders die Stellung der Gruppe D, II, der Eimer mit angelötetem Fuss ausserhalb der Eimergruppen A und B mit getriebenem Fuss.

In den hier nur gestreiften Fragen, wie in manchen anderen, die sich bei der Untersuchung der Barnstorfer Funde aufdrängten, erscheint mir doppelte Zurückhaltung geboten, bis alles hierhergehörige Material gründlichst untersucht sein wird, auch z. B. hinsichtlich der mutmasslichen Benutzungsdauer der Metallgefässe, und solange nicht die, trotz Willers' und anderer wertvoller Arbeiten noch nicht gelöste Frage nach dem italischen und nordeuropäischen Anteil an der Herkunft unserer nordeuropäischen Funde der ersten Jahrhunderte nach Christo auf breitester Grundlage Erörterung gefunden haben wird. — Dass technische und naturwissenschaftliche Untersuchungen hierbei. wie ja überhaupt in allen Fragen der Kultur-Archäologie sehr gewichtiges mitzusprechen haben, zeigen die hier vorgelegten Untersuchungen.

H. Hahne.

Figürliche u. a. Arbeiten der Eingeborenen von Nordwestkamerun.

(Gesammelt im Bezirke Dschang durch Oberleutnant von Frese.)

Hierzu Tafel IX—XI.

Die Holzschnitzereien und andere Erzeugnisse des Kunsthandwerkes der Einwohner des erst im ersten Jahrzehnt unseres Jahrhunderts eigentlich „entdeckten" nordwestlichen Hinterlandes von Kamerun, besonders des sogenannten kameruner Graslandes, gehören zu den wichtigsten völkerkundlichen Gegenständen unserer afrikanischen Kolonien. Sie stellen von keinem europäischen Einfluss veränderte westafrikanische Eingeborenen-Kunst dar. Die Graslandstämme gehören zu den kunstbegabten Sudân-Negern, im Gegensatz zu den Bantu-Stämmen des Waldlandes und der Küstengebiete Kameruns.

Die Reiseberichte von Ankermann in der Zschr. f. Ethnologie 1910, und vor allem die jüngst erschienene Arbeit von P. Germann im Jahrb. d. städt. Mus. f. Völkerkunde zu Leipzig (Bd. IV 1911) „über das plastisch-figürliche Kunstgewerbe im Graslande von Kamerun", liessen es angebracht erscheinen, eine Anzahl hierher gehöriger Gegenstände, die dem Provinzialmuseum zu Hannover im Jahre 1910/11 als Geschenk zugegangen sind (vgl. oben, Zugangsverzeichnis der Sammlungen) zu veröffentlichen [1]).

Tafel IX, 1. Besondere Beachtung verdient die aus sehr hartem Holze geschnitzte 1,14 m hohe sitzende männliche Figur, die durch Schemel, Schurz, lange Pfeife, Kürbisflasche mit übergestülptem Trinkhorn, Kopf- und Armschmuck, und die Schmucknarben (?) auf Bauch und Oberarm als Vornehmer gekennzeichnet ist, bzw. als Häuptling. Es ist eine sog. „Ahnenfigur" aus Bakowen. —

Die Augenhöhlen sind ausgetieft; mit Hilfe einer durchschnittenen Muschel oder Schnecke, deren Höhlung durch eine dunkle Kitt-Masse ausgefüllt ist, und die mit derselben Masse in der Augenhöhle befestigt ist, ist das Auge modelliert. Das Weisse des Auges ist dargestellt durch weissen Farbanstrich (Erdfarbe). Der Rand des Muschelstückes bildet die Grenze zwischen Iris und Sclera.

Auch die Bauchnarben und der Ring am linken Unterarm, sowie der Randteil des Trinkhorns und endlich die glatten Seitenflächen des Kopfputzes (Mütze?) sind weiss bemalt.

Sonst zeigt die Figur jetzt dunkle, schwarzbraune Holzfarbe.

Die oberen Vorderzähne sind zugespitzt dargestellt, die unteren sind jetzt weggebrochen. — Durch den rechten Oberkörper läuft ein mit modernem Eisendraht geflickter Riss.

Die Modellierung der Füsse und Hände ist auffallend plump, beide Füsse zeigen 6 Zehen.

Tafel IX, 2 u, 3. Die stehenden nackten Figuren eines Mannes (2) von 1,25 m und einer Frau (3) von 1,32 m Höhe sind **Tanzfiguren** aus dem Nkam-Thal; sie sind aus leichtem weichem jetzt hellbraunem Holz geschnitzt. Die henkelförmigen Oberarme bildeten die Griffe, an denen die Tanzenden die Figuren vor sich hielten; sie sind sichtlich stark abgegriffen, also viel benutzt.

Der Mann mit Zeichnungen an der rechten Bauchseite, die wohl Schmucknarben vorstellen, trägt auf dem Rücken ein kleines weibliches Wesen (Kind?). — Sein rechter Fuss zeigt 6 Zehen.

---

[1]) Siehe die Literatur in der Arbeit von Germann; ausserdem vgl. u. a. die zusammenfassende Darstellung v. Luschan's über Afrika in Buschan's „Illustr. Völkerkunde". Stuttgart 1909.

Die Frau mit starkem Bauch und Gesäss trägt auf dem Rücken anscheinend Schmucknarben, sowie Lochreihen, die wohl Tätowierung vorstellen. Vor der Brust hält sie zwei kleine weibliche Wesen (Kinder?).

Tafel X, 1—4 sind zwei Paare **Dachstützen** von Hütten; sie stammen aus dem Graslande und sind mit „Ahnenfiguren" und „Totemtieren" geschmückt.

X, 1 u. 2 sind je 4,53 m lang, aus jetzt braunem Holz, das rot, gelb und weiss angestrichen war, geschnitzt. Unten ist an 1 ein stehender nackter Mann mit hörnerartigem Kopfputz, an 2 eine stehende, ein Kind säugende Frau mit Kopf- und Halsschmuck dargestellt. Es folgen nach oben je 3 langschwänzige Vierfüssler; die zoologische Art der an 1 dargestellten ist unsicher, an 2 sind es wohl Eidechsen. Zu oberst sind hockende, tierköpfigen „Dämonen" ähnliche Wesen dargestellt.

Tafel X, 3,4 von 3,12 bzw. 3,41 m Länge sind aus hellerem härterem Holz ungeschickter und mehr „stilisiert" ausgeführt; sie zeigen Reste weislicher Farbe, und manche Einzelheiten der Ornamente an den Figuren sind in Tief-Brand-Technik ausgeführt.

Unten ist an 3 eine hockende männliche Figur dargestellt, mit Andeutung von Rumpf-Schmuck (nicht Kleidung, da Nabel und Brustwarzen dargestellt sind).

Darüber folgen 2 isolierte Köpfe, zu oberst eine nackte männliche und eine ebensolche weibliche Figur in einer Stellung, die einen geschlechtlichen Akt anzudeuten scheint. Die männliche Figur zeigt eine senkrechte Punktreihe vorn in der Mitte des Rumpfes: wohl Schmuck andeutend, da ausserdem die Brustwarzen dargestellt sind. — Das untere Drittel des Balkens ist mit plastischem Ornament (Palmstamm-Nachahmung?) bedeckt, das obere Ende ist gegabelt für die Einfügung in die Dachkonstruktion.

An 4 ist zu unterst eine weibliche (?) Figur mit Punktverzierung des Rumpfes, darüber sind drei ähnliche fragliche Menschen-Figuren angebracht. Der untere Teil des Balkens ist abgebrochen, er scheint glatt gewesen zu sein: das obere Ende ist ähnlich dem von 3.

Zwischen den Figuren am oberen Ende der Balken befinden sich an beiden Balken Kopfschmuckähnliche Gebilde. 3 und 4 stammen aus Fosi Mo im Bangwa-Gebiete.

Tafel XI, 1 u. 2 sind **Türbalken einer Hütte** aus dem Graslande. An den **Schwellenbalken** (2) sind zwei Tiere angebracht, von denen eins durch das in Tiefbrandtechnik gefleckte Fell als Leopard gekennzeichnet ist, das andere eher einen Affen (Hund oder Katze?) vermuten lässt. Die Tiere sitzen — aus einem Stück mit dem Balken geschnitzt — auf der Schwelle und blicken dem Eintretenden entgegen; drei menschliche Gesichter, symmetrisch gruppiert, sind vorn am dem Balken selbst angebracht. Der ganze Balken ist 1,28 m lang, neben den Köpfen 0,13 m hoch und 0,25 tief; mit der Tierfigur ist das Stück 0,32 hoch. In dem rechts und links von den plastischen Figuren herausragenden vierkantigen Balkenteil sind senkrecht durchgehende viereckige Löcher von 5 × 5 cm Weite eingeschnitten, deren nach der Mitte gerichtete Ränder 0.58 m von einander entfernt sind. Nach den Enden zu folgt dann noch ein massiver Zapfen mit rechteckigem Durchschnitt (etwa 6 × 10 cm.)

In die senkrechten Löcher waren als Seitenwangen der Türumkleidung Stäbe von etwa 1,50 m Länge, die also das Mass der Türhöhe geben, eingefügt.

Der obere Tür-Querbalken ist 1,26 lang und der Schwelle entsprechend gegliedert; er hat eine Höhe von 0,13 ohne die Figuren und von 0,35 mit denselben. Viereckige senkrechte Durchbohrungen von 0,5 × 5 cm sitzen 0,58 cm entfernt von einander an den entsprechenden Stellen, wie in der Schwelle.

Der geradezu monumental wirkende Figurenschmuck des Balkens besteht in 3 menschlichen Köpfen mit hohem Kopfschmuck. Beide Türbalken sind rot gefärbt. Sie stammen aus Banka.

Tafel XI, 10, 11, 12 sind aus je einem Stück Baumstamm geschnitzte **Schemel.**

XI, 11 von 41 cm Höhe und 50 cm Sitzdurchmesser ähnelt sehr dem Schemel der Figur IX 1. Die Sitzplatte des Schemels **XI, 10** mit 38 cm Höhe und 40 cm Sitzdurchmesser, wird von 2 nackten, wie unter einer Last gebückt stehenden weiblichen und einer ähnlichen männlichen menschlichen Figur getragen. Der Mann hat zugespitzte Zähne, die Weiber natürlich geformte.

Die Sitzplatte von **XI, 12** wird von einem ebenfalls sichtlich „belastet" dargestellten, durch sein geflecktes Fell und langen Schwanz als Leoparden gekennzeichneten Tier getragen, das allerdings einen auffälligen, ebenfalls gefleckten Kopfaufsatz trägt.

Tafel XI, 4 a u. b sind zwei **Tanzmasken** aus ungefärbtem Holz in der Form von phantastischen Tierköpfen (angeblich Elefanten) mit Hörnern und Rüsseln. Sie stammen aus Bamum. — Beide sind hohl und tragen nahe ihrem untern Rande an beiden Seiten viereckige Löcher.

a hat 59 cm, b 0,55 Länge, die Breite von a beträgt 43 cm, die von b 30 cm.

Beide Masken haben etwa eliptische Öffnungen und ca. 18 × 19 cm lichte Weite, sie können demnach nur als Kopfbedeckung oder als Gesichtsmasken benutzt sein. Das Fehlen von Gucklöchern spricht für das erstere.

Tafel XI, 3 ist eine aus einem ausgehöhlten Stamme hergestellte 1,05 m lange **Trommel** von 0,28 m grösstem Durchmesser.

Die Höhlung hat unten eine Öffnung von 0,11 m Durchmesser, oben von etwa 0,20 m. — Der freie Rand des seitlich noch schwarz behaarten Trommelfelles ist um eine Rute, die als Spannring dient. gewickelt und festgeschnürt. Das Fell selbst ist ringsherum mit Holzstiften an der Trommel befestigt und ausserdem noch mittels eines Bastseiles.

Ausser diesen figürlichen Schnitzarbeiten sind noch abgebildet:

Tafel X, 5. Ein Hand-Weberahmen für Pflanzenfaser-Stoffe, von 0,91 m Länge und 0,92 m grösster Breite. stammt aus Balúm.

Das Rahmengestell ist aus zwei seitlichen, einem unteren und zwei oberen Stäben zusammengepflockt.

Die Kettfäden sind zwischen den im Bilde unteren Querstab und einen zweiten, nur angebundenen Querstab gespannt. Die Fachbildung für das in einfacher Leinenbindung (Taffet) angefangene naturfarbige breite Band aus Bast- oder Palmblattstreifen wird durch Bast-Litzen (oben im Bilde) bewerkstelligt; die beiden, die zwei Serien der Litzen jeweils vereinigenden Stäbe (Schäfte) fehlen jetzt. Die quer an dem Rahmen z. T. mit modernem Bindfaden befestigten Baststreifen gehören wohl zu der Fachbildungs-Vorrichtung. Rechts unten im Bilde ist ein Bündel Webematerial befestigt.

Tafel XI, 9 ist eine **Doppelglocke,** benutzt zum Zusammenrufen von Versammlungen. Jede Glocke ist aus dünnem Eisen in zwei Hälften geschmiedet und an den Längsrändern mit 1 cm breiten Säumen zusammengeschweisst (sic.). Die eine ist 41, die andere 38 cm, das ganze Stück mit Griff 55 cm lang. Die kürzere (rechte) Glocke hat eine etwa eliptische Öffnung von 14 × 12,5 cm, die andere eine ebensolche von 13 × 10,5 cm. Der die beiden Glocken verbindende, mit Korbgewebe umflochtene Griff ist in einem Stück mit den Glocken hergestellt.

Klöppel und Vorrichtungen zum Befestigen von solchen fehlen. Die „Glocken" haben wulstig nach aussen getriebene untere Ränder, die sichtlich stark „benutzt" sind. Am besten bringt ein Schlag gegen diese Ränder die Stücke zum Tönen. Die kürzere hat als Grundton cis und klingt unrein. die grössere d und hat vollen guten Ton.

Tafel XI, 6 gibt die Spitzen von **5 Speeren** mit geschmiedeten Eisenspitzen wieder, deren grösste blattförmige je 44,5 cm lang sind (das Blatt allein 30 cm) und 5 cm breit.

Tafel XI, 7 ist ein **Helm** aus Rohrgeflecht, mit Ziegen(?)-Fell überzogen und mit einem Kamm, der einen Busch aus langen schwarzen Haaren trägt, versehen. Die Öffnung ist 19 cm lang, der ganze Helm mit dem Kamm, der nur oben und vorn (der Richtung der Buschhaare nach zu urteilen) über den Helm hervorragt, 26 cm lang.

Tafel XI, 8 ist ein 94 cm langer, 14 cm hoher. 20 cm breiter sehr schwerer **Strafblock,** in dessen einen Ende ein viereckiges 13 cm langes. 8,5 cm breites Loch eingeschnitten ist. In der einen, im Bilde unteren Seitenwand des Loches ist ein rundes Loch gebohrt, in die andere innen nur eine entsprechende Vertiefung: hier wurde der Riegel befestigt, der den Fuss des Opfers in dem Block festhielt. Der Block stammt aus Sandschu.

Tafel XI, 5 endlich ist eine 33 cm lange, 36 cm breite, geschmackvoll gearbeitete „**Markttasche**" aus „Buschkatzenfell" (Serval), die mit grobem Pflanzenfaser-Gewebe gefüttert und mit Verzierungen und Henkel aus rotem und blauem Stoff versehen ist. Unten trägt sie weisse Baumwollenquasten.

Der auch in unsern Stücken sich aussprechende „Realismus" der figürlichen Arbeiten, besonders der Menschenfiguren, mit seinem stark „konventionellen" Zug, das Zurücktreten des Ornamentes, die merkwürdig menschenähnliche Gestaltung der Tiergesichter u. a. m. kennzeichnet die unverfälschte Kunst der kameruner Grasland-Neger; ebenso die Beziehungen ihrer Kunst zum Ahnenkult und Totemwesen.

Wegen ihrer Bedeutung für die Entwickelungsgeschichte primitiver Kunst sind diese Stücke von grossem Werte für unsere Sammlung zur allgemeinen vergleichenden Völkerkunde, die der Abteilung für vorgeschichtliche Landesforschung angegliedert ist.

H. Hahne.

Tafel I.

Brandgräberfeld von Barnstorf.
Grabung 1910.

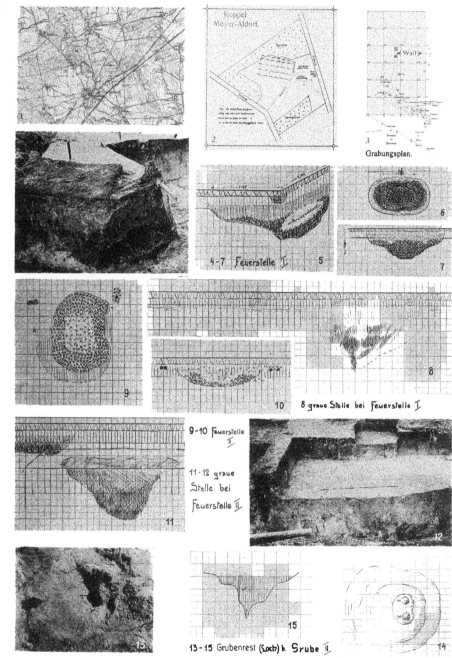

Grabungsplan.

4-7 Feuerstelle I

8 graue Stelle bei Feuerstelle I

9-10 Feuerstelle II

11-12 graue Stelle bei Feuerstelle II

13-15 Grubenrest (Loch) b. Grube II

Tafel II.
Brandgräberfeld von Barnstorf.
Grabung 1910.

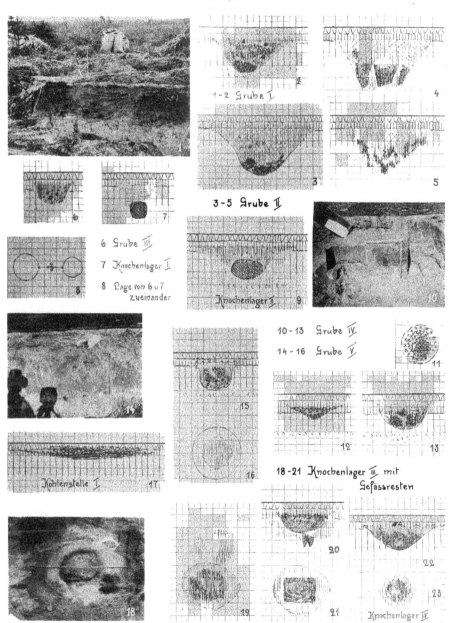

1-2 Grube I

3-5 Grube II

6 Grube III
7 Knochenlager I
8 Lage von 6 u 7
   zueinander

Knochenlager II 9

10-13 Grube IV
14-16 Grube V

Kohlenstelle I 17

18-21 Knochenlager III mit
          Gefässresten

Knochenlager IV

Tafel III.

Brandgräberfeld von Barnstorf.
Grabung 1910.

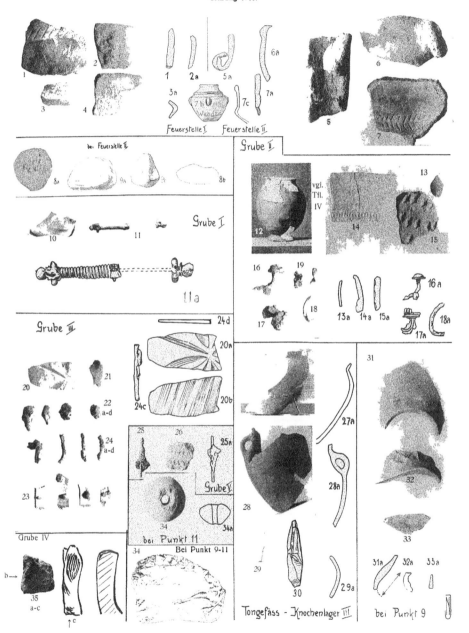

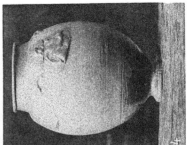

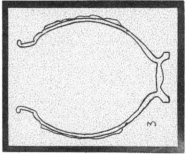

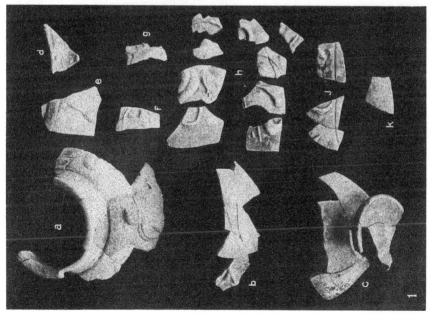

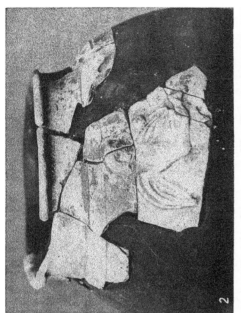

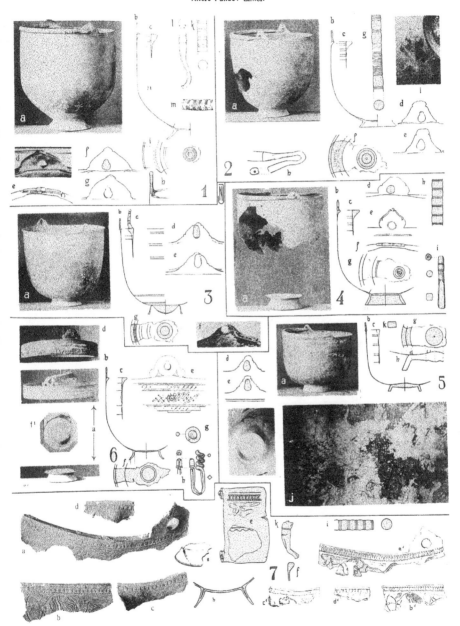

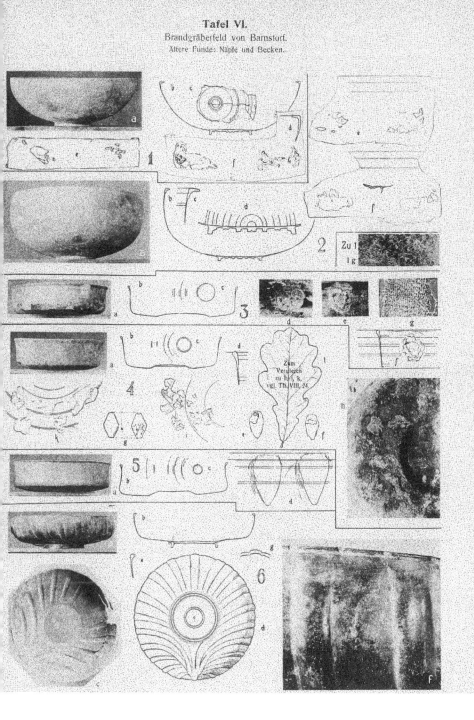

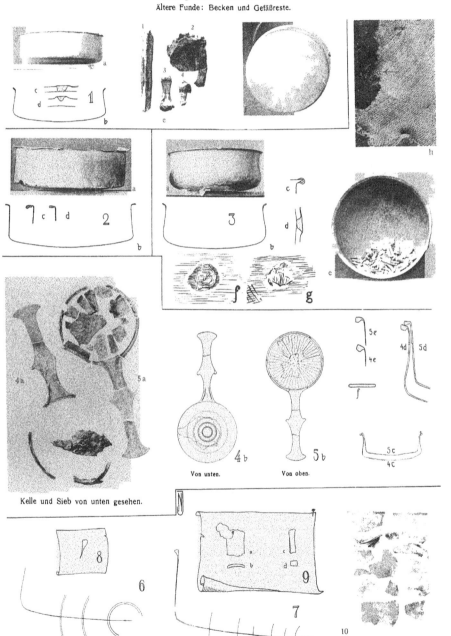

Kelle und Sieb von unten gesehen.

Von unten.

Von oben.

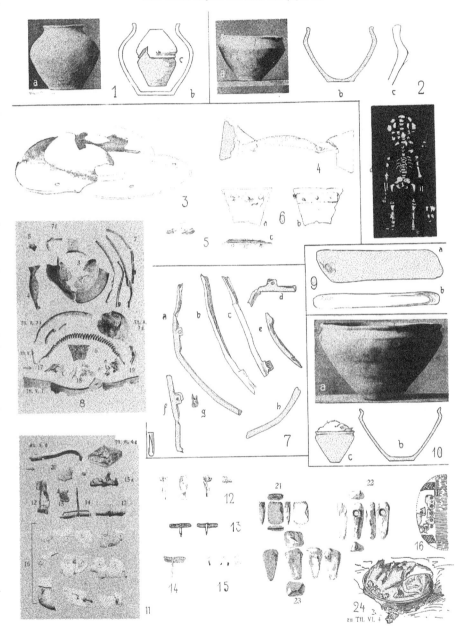

3

1 a

3 a.

Tafel X.
Kamerun.

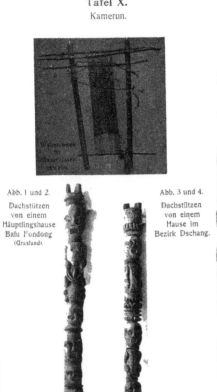

Abb. 1 und 2.

Dachstützen
von einem
Häuptlingshause
Bafu Fondong
(Grasland).

Abb. 3 und 4.

Dachstützen
von einem
Hause im
Bezirk Dschang.

1   2   3   4   1 a   2 a

3 a

4 a

Tafel XI.
Kamerun.

1. Oberer Balken einer Tür
hierzu Abb. 2 als Schwelle

Bez. Dschang

5.
Markt-
Tasche
aus
Leo-
parden-
fell.

4. Tanz-Masken. Holzschnitzerei. Balum.

7. Helm aus Fell.

6. Speere mit Eisenspitzen.

3. Häuptlings-Trommel. Holz.

8. Fuß-Block.

Metall-Glocken 9.

10-12. Sessel. Holzschnitzerei.

2. Thür-Schwelle
zu 1.

Vier Statuen vom Altare der St. Michaeliskirche in Ronnenberg bei Hannover.
Lindenholz polychromiert, um 1400.

Chormantel (Pluviale)
aus der Kirche der ehemaligen Johanniterkommende Lage bei Rieste
Bez. Osnabrück, Anfang des 16. Jahrhunderts.

Lightning Source UK Ltd.
Milton Keynes UK
UKHW010629170119
335514UK00003B/125/P